国家出版基金项目
NATIONAL PUBLICATION FOUNDATION

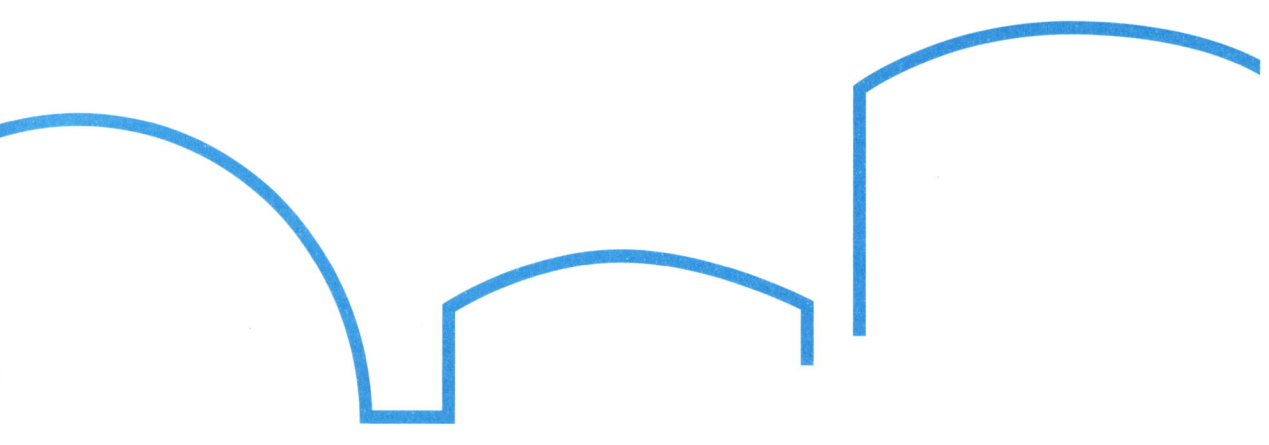

畜禽粪便
无害化处理与资源利用

主编　印遇龙

CSK 湖南科学技术出版社·长沙

《畜禽粪便无害化处理与资源利用》编委会

主　编　印遇龙

副主编　朱永官　谯士彦　董红敏　李国学　董仁杰　闫志英
　　　　武深树　杨兴明　张克强　沈玉君

编　者　汪　印　高立洪　李裕元　陈少华　李　季　袁　京
　　　　黄勇平　许道军　勾长龙　万　丹　王乐莅　杨凤娟
　　　　钟荣珍　颜丙花　朱万斌　余广炜　陶秀萍　岳彩德
　　　　王辉球　毛胜勇　涂　强　丁京涛　叶　欣　田雪平
　　　　潘兰佳　方　靓　韦秀丽　姬高升　吕青阳　杨　燕
　　　　周海宾　王　健　王　凤　刘　燕　董中俭　谭美英
　　　　魏胜娟　潘小芳　张朋月　蒋心茹　罗文海　刘　科
　　　　常新越　王茄灵　张　曦　杜会英　贺世奇　田　亮
　　　　叶志隆　马艳茹　马若男　孔艺霖　王伟传　杜亚玲
　　　　冯　志　宦臣臣　李　冉　沈仕洲　杜连柱　唐　炳
　　　　李　希　王　杰　傅珍检　王洪亮

前　言

　　党的二十大报告提出："实施全面节约战略，推进各类资源集约利用，加快构建废弃物循环利用体系。"2024 年 2 月 9 日，国务院办公厅印发的《关于加快构建废弃物循环利用体系的意见》强调，构建废弃物循环利用体系是实施全面节约战略、保障国家资源安全、推进碳达峰碳中和、加快发展方式绿色转型的重要举措。

　　我国畜禽养殖业发展迅速，有效供给了人们日益增长的肉蛋奶需求，保障了食品安全和营养健康。然而，畜禽养殖产生了大量粪污，成为重要的环境污染源。我国第二次环境污染源普查显示，畜禽养殖业化学需氧量排放量占总排放量的 46.7%，总氮和总磷排放量分别占总排放量的 19.6% 和 38.0%。此外，在畜禽养殖过程中不断调整饲料结构，大量使用饲料添加剂和兽药，导致粪污呈现典型的"现代化"特征，即蛋白质过剩、盐分含量高、重金属和抗生素残存量大，加大了环境污染和生态风险。因此，粪污高效无害化处理与资源化利用是畜禽养殖业绿色低碳高质量发展的重要驱动力，对实现农业生产稳定发展、资源永续利用、生态环境友好具有重大意义。

　　在党和国家大力支持和指导下，我国畜禽粪污无害化处理与资源化利用的基础理论、技术工艺和装备产品不断突破，逐渐形成肥料化、能源化、基质化、饲料化、材料化等多类型多维度协同发展的循环利用模式，粪污综合利用率逐年攀升。为进一步提升我国畜禽粪污循环利用水平，加快推动畜禽养殖业绿色低碳转型发展，依托国家生猪技术创新中心先导性项目《规模化猪场粪污高效处理关键技术研究与示范》，印遇龙院士牵头组织了科研院所、高校和龙头企业等长期从事畜禽粪污处理与资源化利用研究的编写团队，系统梳理了国内外规模化畜禽养殖的环境污染现状，对比阐述了我国与发达国家畜禽粪污无害化处理与资源化利用的政策法规和技术模式，重点论述了我国畜禽粪污"源头减控、过程处理、末端利用"的全链条高效循环技术体系、装备和典型案例，提出了减排固碳协同的区域模式。

　　本书总结了我国最新有关畜禽粪便无害化处理与资源化利用研究成果，把畜禽粪便进行无害化处理，变废为宝，降低畜禽粪便对生态环境的影响，提高作物产量和品质，确保养殖业的健康发展，增加农业效益，为实施乡村振兴战略和实现农业农村现代化提供强有力的科技支撑。在书稿即将出版之际，对关心、帮助和指导过书稿编写的各位同仁表示衷心的感谢。由于编者水平有限，书中难免有疏漏之处，敬请读者批评指正。

2024 年 2 月

目　录

第一章
规模化畜禽养殖污染现状

第一节
国内外农业环境污染问题

一、中国典型农业环境污染问题

农业环境污染是指在农业生产过程中，由于化肥、农药等化学品的过度使用，以及畜禽粪便、农作物秸秆等废弃物处理不当，导致土壤、水体和大气等环境要素受到污染的现象，具体包括土壤污染、水体污染、大气污染等。与工业污染不同，大多数农业环境污染具有分散性、不确定性和滞后性等面源污染的特点，其污染来源广泛、难以监测和控制。农业面源污染是指污染物通过地表径流、农田排水和地下渗漏等多种途径进入水体，对生态环境造成的污染。在农业生产过程中化肥、农药等的过量使用造成农田与水体污染；在农业生产过程中产生的废弃物，如农作物秸秆与畜禽养殖粪污，处置不当造成环境污染，这些都是典型的农业源污染。农业源水污染物及占污染物总量的比率见表1-1。

表1-1 农业源水污染物及占污染物总量的比率

水污染	COD	氨氮	总氮	总磷
污染物总量	2 143.98 万吨	96.34 万吨	304.14 万吨	31.54 万吨
农业源污染	1 067.13 万吨	21.62 万吨	141.49 万吨	21.20 万吨
比率	49.77%	22.44%	46.52%	67.22%

数据来源：《第二次全国污染源普查公报》。

农业环境污染的影响是多方面的，它不仅造成水体富营养化，破坏土壤和水体生态系统，还可能对人类健康构成威胁。农业环境污染的治理是实施乡村振兴战略、促进农业绿色转型的重要任务。控制和减少农业环境污染，合理使用化肥和农药，推广生态农业实践，加强农业废弃物的处理与循环利用，提高公众的环保意识，对于保护环境、维护生态平衡以及推动农业可持续发展具有重要意义。

1. 化肥与农药污染

化肥对农业生产的影响具有两重性。一方面，化肥对保证粮食产量具有重要的作用。伴随着化肥农药施用和农业科技进步，我国粮食产量从 1978 年的 30 476.5 万吨提高到 2014 年的 60 702.61 万吨。另一方面，农业生产中盲目加大施肥量，化肥对粮食的增产作用会减弱。1978 年化肥用量为 884 万吨，到 2014 年达到 5 996 万吨，而同期的粮食产量也增加了。目前我国农业化肥用量上限为每公顷 400 kg，远高于发达国家的上限 225 kg。

农田施用的任何种类和形态的化肥，都不可能全部被植物吸收利用。一般而言，氮肥的利用率为 30% ～ 60%，磷肥的利用率为 2% ～ 25%，钾肥的利用率为 30% ～ 60%。化肥尤其是氮肥和磷肥的大量施用会导致氨排放、地表水富营养化、地下水硝酸盐富集，这是造成水体、土壤和大气污染的主要来源之一。每年我国农业施入土地的氮肥损失量为 124.8 kg/hm^2、磷 38.8 kg/hm^2，这些肥料通过各种途径进入河流水体，造成了我国约 70% 的水体被污染。2010—2020 年我国化肥施用量见表 1-2。

表 1-2　2010—2020 年中国化肥施用量

单位：万吨

肥料种类	2010 年	2012 年	2014 年	2016 年	2018 年	2020 年
氮肥	2 970	3 113	3 054	2 828	2 588	3 096
磷肥	1 439	1 346	1 257	1 104	991	1 389
钾肥	741	1 100	1 175	1 089	999	892

数据来源：联合国粮食及农业组织（FAO）。

除化肥污染问题外，农药污染问题也不容忽视。农药在提高农作物的产量、保证农产品品质和保障人类粮食供给方面做出了重要贡献，但同时也伴随着过量施药和不规范施药行为的发生。大量喷施农药在大幅度提高粮食产量的同时，也把构成农药基本成分的多种高毒无机物质大量残留在土壤和植物体内。"毒生姜""毒韭菜""毒黄瓜"等食品中农药残留物超标，严重威胁到人民群众的身体健康。此外，农药会影响地下水和地表水的使用，有些农药成分不可降解，可能在水生生态系统中长期存在并富集，对淡水生物和海洋生物构成了威胁。近几年我国农药有效利用率逐步增加，由 2015 年的 36% 增加至 2020 年的 40%，但与美国、加拿大、英国等发达国家 60% 以上的农药有效利用率相比仍有较大差距。

2. 作物秸秆与畜禽养殖粪污

近十年来我国农作物秸秆产生量呈上升趋势，2019 年秸秆干物质量已达 10.50 亿吨，其中东北、华北、华中等地区秸秆资源量最为丰富；水稻、小麦、玉米、棉花、油菜等 5 类作物秸秆产出量占秸秆产出总量的 87% 以上（图 1-1）。农作物秸秆残茬以及未被充分利用的收集秸秆，由于自然腐烂或人为焚烧导致水体和大气污染。尤其是秸秆露天直接焚烧，会释放大量硫氧化物、氮氧化物等有害气体和大量烟尘。2019 年以来，可收集利用而未被利用的秸秆量有 2 亿吨，既是环境污染源，也是一种严重的资源浪费（图 1-1）。

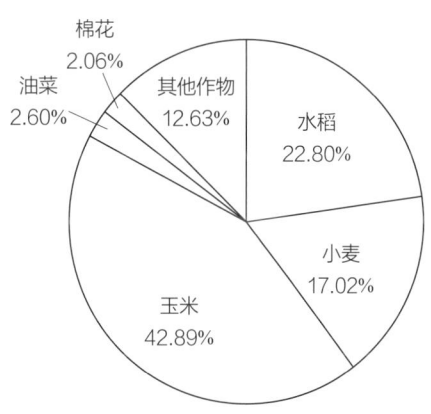

图 1-1 2019 年中国农作物秸秆产量种类分布

我国畜禽养殖业的飞速发展，在满足国民生活需求的同时也产生了大量养殖粪污废弃物。畜禽养殖粪污（粪、尿）主要来自生猪、奶牛、肉牛和家禽养殖，其干物质量占全国畜禽养殖粪污干物质量的 2/3。由于处理运行成本投入较大、缺少因地制宜的主推处理工艺和模式，大量粪污无法得到有效处理和利用，对养殖场周边的水域和土壤产生严重污染，导致水体富营养化、臭气与温室气体排放以及重金属污染等问题，已成为我国主要的农业面源污染源之一（图1-2）。

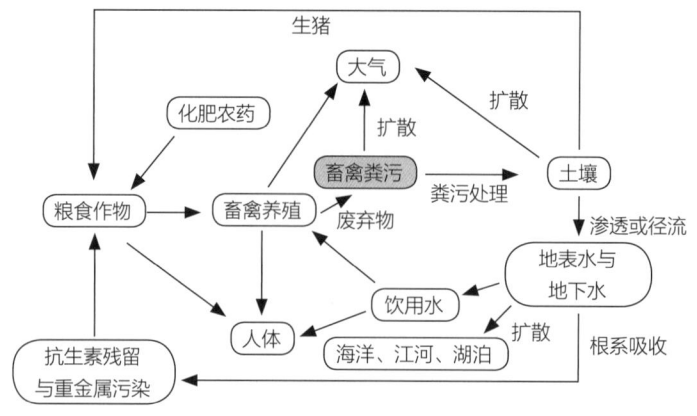

图1-2 农业面源污染扩散途径

二、国外典型农业环境污染问题

在全球范围内，由农业环境污染引起的不同程度的耕地退化高达1.44亿公顷。在许多国家，当今最大的水污染来源不是城市或工业，而是农业，目前全球有30%～50%的地表水体受到农业面源污染的影响。氮、磷是农业面源污染主要的污染物质，主要来源于农药化肥的过量使用以及农业废弃物的不当处理。2018年联合国粮食及农业组织和国际水资源管理研究所发布的《农业水污染全球评论》报告表明，不可持续的农业生产造成的水污染对人类健康和地球生态系统构成严重威胁。2010—2020年全球化肥及农药用量情况见表1-3。

表1-3 2010—2020年全球化肥及农药用量情况

单位：万吨

类别	2010 年	2012 年	2014 年	2016 年	2018 年	2020 年
氮肥	13 116	13 594	13 904	13 821	13 669	13 917
磷肥	5 762	5 753	5 787	5 617	5 530	5 803
钾肥	3 683	4 074	4 724	4 848	4 989	4 915
杀虫剂	294	305	306	308	297	293

畜禽粪污对环境的影响是多方面的，并且在全球范围内都引起了广泛关注。首先，畜禽粪污中富含的氮和磷等营养物质，如果未能有效处理和利用，可能会通过径流进入水体，导致水体富营养化。这种富营养化现象会引发藻类大量繁殖，形成有害的藻华，进而破坏水生态系统，影响水质和水生生物的生存。其次，畜禽粪污的处理和贮存过程中会释放大量温室气体，这些气体是温室效应的主要因素之一，对全球气候变化有显著影响。此外，畜禽粪污如果处理不当，还会污染土壤。未充分分解的有机物质在土壤中积累，会影响土壤结构和肥力，同时粪污中的病原体和抗生素残留也可能通过土壤和水体进入食物链，影响人类健康。

第二节
国内外畜禽养殖环境污染问题

一、国外的畜禽养殖环境污染问题

从 20 世纪 80 年代开始，发达国家就面临着畜禽养殖业环境污染问题的挑战；这一问题随着发展中国家畜禽养殖业的发展变得更为严峻。畜禽养殖业的环境污染问题主要表现在水体污染、大气污染、病菌传播、土壤污染以及温室气体排放等。

1. 美国

畜牧业在美国农业中占有极为重要的地位。美国 60% 以上的国土面积为农业用地，畜牧业产值占到农业总产值的 40% 以上。美国畜禽养殖经历了从小规模家庭农场到高度专业化、集约化的农牧结合的模式。第二次世界大战之前，美国生猪饲养以小规模家庭农场为主。第二次世界大战之后，人工合成氨肥的广泛应用割裂了养殖业与种植业之间通过畜禽粪污还田形成的传统养分循环链条，随后出现了种养完全分离的高度专业化、规模化的种植产业以及同样高度集约化发展的养殖业。1950—1972 年，美国水污染尤为严重，养殖粪污的养分流失进一步加剧了水体污染。相比牛粪和羊粪等反刍动物的粪污，猪粪和鸡粪在淹水条件下的铵态氮释放量更大。美国在 1995 年还发生过将生猪粪污直接排入河流的事件，造成河流、湖泊和地下水污染。

美国目前猪和家禽最常见的是规模化养殖，养殖设施称为集中或封闭式动物饲养作业设施（Concentrated Animal Feeding Operations，CAFOs）。美国环保局 2014 年将大型 CAFOs 的饲养规模下限定义为 1 000 头肉牛、2 500 头 25 kg 以上的猪、

10 000 头 25 kg 以下的猪、125 000 只鸡、82 000 只蛋鸡或 55 000 只火鸡。

大型 CAFOs 饲养家禽和牲畜需要从其他地方运输大量饲料并集中产生大量粪污，导致大量氮、磷、有机物和粪污微生物在 CAFOs 所在地沉积，并导致温室气体排放，占美国温室气体排放总量的 10% ～ 15%。

2. 日本

日本畜牧养殖所需要的饲料大量依赖于进口，其畜牧业养殖以小规模家庭农场经营和兼业经营为主，畜禽养殖和粪污产生量基本稳定（表 1-4）。

表 1-4　日本 2011—2019 年各类畜禽的粪污产生量

单位：t

种类	2011 年	2013 年	2015 年	2017 年	2019 年
奶牛	60 018	55 443	52 218	51 162	50 387
肉牛	127 884	124 369	118 379	117 572	118 597
肉鸡	14 885	62 630	54 710	64 219	65 531
蛋鸡	73 997	71 698	81 609	73 323	76 389
山羊	298	321	329	301	296
马	1 012	1 000	996	923	875
绵羊	258	269	281	305	323
猪	37 735	37 414	36 317	36 105	35 371

日本的畜禽养殖环境污染问题始于 20 世纪中后期并在 20 世纪 70 年代引起社会关注。政府出台《水污染防止法》和《恶臭防止法》等法规加强对畜禽养殖污染的监管。通过引进先进废弃物处理技术，如堆肥化和沼气利用，日本的养殖污染问题得到显著改善，水体和土壤污染明显减少，但规模化养殖带来的集中污染仍是挑战。

3. 欧洲

欧盟在猪肉、牛肉、家禽、牛奶和乳制品生产方面一直位居世界前列，畜禽养殖对欧盟经济的贡献占农业对经济贡献的 50% 左右。欧洲的畜禽养殖污染问题是一个长期存在且备受关注的问题。随着农业工业化和食品需求增长，养殖业规模不断扩大，但同时也带来了废弃物处理、水资源利用和空气质量等方面的环境问题。

欧洲的畜禽养殖污染问题始于 20 世纪中期，欧盟在 20 世纪 70 年代开始制定环保法规，如《水框架指令》和《氮素指令》，严格限制污染物排放，监管养殖场的废弃物处理过程，提供资金支持和激励措施来推动环保投资，促进技术创新和推广最佳管理实践。

尽管有着农牧混合发展的历史传统和现代技术，欧洲在畜禽养殖污染治理方面也面临着诸多挑战，例如荷兰 70% 与氨气有关的酸雨都来自家畜养殖。粪污中的有机物、氮、磷、病原微生物和某些重金属等不仅危害动物健康，也会通过土壤、地表水污染环境。

二、中国畜禽养殖业环境污染问题

我国畜禽养殖行业经过数十年的快速发展，在过去十年内相对稳定（表 1-5）。据统计，我国在 2007—2015 年畜禽粪污的年产生量高达 3.67 亿～ 4.18 亿吨（干重计），2021 年回落到近 3 亿吨。2019—2021 年中国七大片区的畜禽粪污量见表 1-6。

表 1-5　2015—2020 年我国畜禽养殖数量

种类	2015 年	2016 年	2017 年	2018 年	2019 年	2020 年
大牲畜头数	9 929.8	9 559.9	9 763.6	9 625.5	98 774	10 265.1
牛	9 055.8	8 834.5	9 038.7	8 915.3	9 138.3	9 562.1
马	397.5	351.2	343.6	347.3	367.1	367.2
驴	342.4	259.3	267.8	253.3	260.1	232.4
骡	104.1	84.5	81.1	75.8	71.4	62.3
骆驼	30.1	30.5	32.3	33.8	40.5	41.1
肉猪出栏头数	72 415.6	70 073.9	70 202.1	69 382.4	54 419.2	52 704.1
猪年底头数	45 802.9	44 209.2	44 158.9	42 817.1	31 040.7	40 650.4
羊年底只数	31 174.3	29 930.5	30 231.7	29 713.5	30 072.1	30 654.8
山羊	14 507.5	13 691.8	13 823.8	13 574.7	13 723.2	13 345.2
绵羊	16 666.8	16 238.8	16 407.9	16 138.8	16 349	17 309.5

数据来源：《中国统计年鉴》（2016 年至 2021 年）。

表1-6　2019—2021年中国七大片区的畜禽粪污量

单位：Mt

年份	地区	禽畜类别				
		生猪	奶牛	肉牛	蛋鸡	肉鸡
2019年	华北区	42	47	38	—	—
	东北区	52	26	40	—	—
	华东区	100	23	33	—	—
	华中区	152	8	56	—	—
	华南区	58	2	20	—	—
	西南区	110	24	137	—	—
	西北区	18	32	35	—	—
	总计	532	162	359	50	61
2020年	华北区	35	48	33	—	—
	东北区	46	27	34	—	—
	华东区	74	23	29	—	—
	华中区	112	9	54	—	—
	华南区	42	2	18	—	—
	西南区	87	24	128	—	—
	西北区	17	31	67	—	—
	总计	413	164	363	49	61
2021年	华北区	35	51	59	—	—
	东北区	46	27	63	—	—
	华东区	77	23	22	—	—
	华中区	116	9	48	—	—
	华南区	39	2	17	—	—
	西南区	97	25	113	—	—
	西北区	17	28	65	—	—
	总计	427	165	387	50	65

　　畜禽粪污含有大量有机物质和微生物，是植物养分的重要来源，可为农作物生产提供肥料，其无机营养素包括初级营养素（N、P、K和S）、次级营养素（Ca和Mg）和微量营养素（B、Cl、Cu、Fe、Mn、Mo和Zn）；但粪污中也包括重金属、抗生素和病原体（如隐孢子虫卵囊等）。如果粪污处理与利用不科学，这些营养物质和污染物会污染水体、土壤和大气。

1. 畜禽养殖造成的环境污染

畜禽粪污中含有大量的有机质、氮、磷、钾、硫及致病菌等污染物。粪污不加处理或处理不当，都会对水体、土壤和大气环境产生污染。畜禽养殖造成水土污染的主要途径见图 1-3。

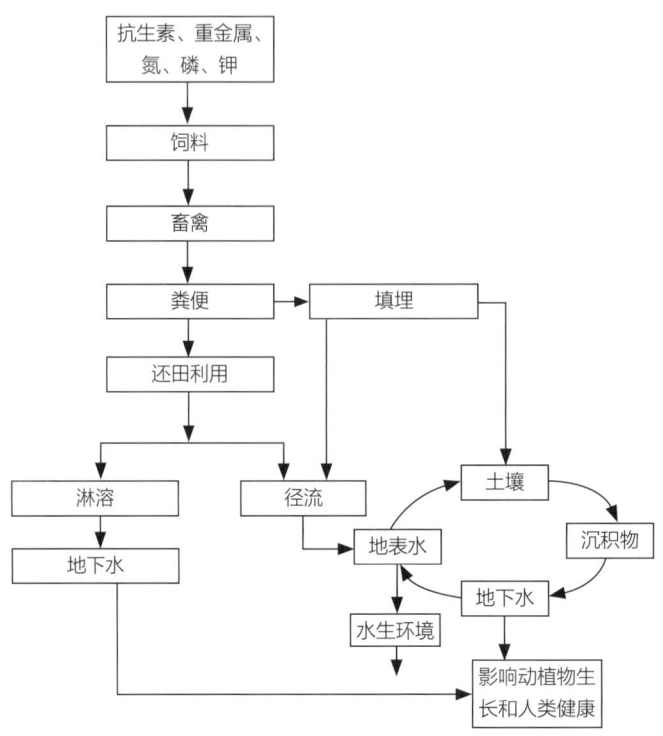

图 1-3　畜禽养殖造成水土污染的主要途径

（1）水污染

畜牧业已成为我国水体污染的主要原因之一（表 1-7）。畜禽粪污违法直接排入水体会导致严重污染，使水体溶解氧含量急剧下降。粪污不恰当地还田会通过地表径流污染地表水，也会通过土壤渗入地下污染地下水。水中过多的氮、磷会造成水体富营养化，引起藻类疯长，争夺阳光、空气，使水体变黑发臭，还会使鱼类及水生生物死亡。

表1-7 农业源水污染物统计及畜禽养殖所占比重

项目	COD	氨氮	总氮	总磷
农业源水污染	1 067.13 万吨	21.62 万吨	141.49 万吨	21.2 万吨
畜禽养殖业水污染	1 000.53 万吨	11.09 万吨	59.63 万吨	11.97 万吨
比重	93.8%	51.3%	42.1%	56.5%

（2）土壤污染

畜牧业对农田土壤的污染主要表现为畜禽粪污还田不当导致的养分过剩和重金属、病原菌、抗生素、抗性基因等有害污染物累积。畜禽粪污的过量施用也会造成农作物减产与产品质量下降。高氮施肥条件下作物体内积存大量氨素，导致其农艺性状恶化，农作物产量下降。若持续高氮施肥，土壤的贮存能力会迅速减弱，过剩养分将通过径流和下渗等方式进入河流或湖泊，又会进一步造成水环境污染。

偏施含盐分较多的畜禽粪肥（例如鸡粪）会造成土壤盐渍化，粪肥中大量的钠盐和钾盐可能通过反聚作用造成某些土壤的微孔减少，使土壤的通透性降低，破坏土壤结构并危害植物。

（3）空气污染

畜牧业对空气环境的污染主要来自恶臭气体和温室气体排放。畜禽养殖场的恶臭气体主要来源于畜禽粪污排出体外后腐败分解所产生的硫化氢、胺、硫醇、苯酚、挥发性有机酸、吲哚、粪臭素等上百种有毒有害物质。畜牧业温室气体排放主要包括畜禽饲养、粪污管理阶段，前端饲料和后端畜禽产品的加工以及运输阶段直接或间接排放的二氧化碳、甲烷、氮氧化物等气体。

2. 抗生素及其环境污染

（1）抗生素来源

抗生素作为一种抗菌药物，因能防治动物疾病、保障畜禽健康、显著促进动物生长和缩短饲养周期等而被广泛应用于畜禽养殖。抗生素一般以混入饲料、加入饮用水、注射等方式进入动物体内。因此畜禽养殖粪污是环境中抗生素和激素的重要来源。

据统计，2019年国内生产抗生素约21万吨，其中48%用于畜牧业。畜禽体内的抗生素有30%～90%会以原形或代谢物的形式排出体外，并通过各种途径进入环境中，当其进入土壤后会造成细菌耐药性增强和抗生素抗性基因（ARGs）加速传播，对人类和生态造成不同程度的危害。世界卫生组织已将抗生素滥用产生的ARGs问题列为21世纪人类健康面临的重大挑战之一。

（2）常见抗生素种类

抗生素根据在杀菌过程中的作用机制不同分为几大类，其中磺胺类（SAs）、β-内酰胺类（BLAs）、氟喹诺酮类（FQs）、四环素类（TCs）和大环内酯类（MLs）是畜禽养殖业中常用的五大类抗生素。畜禽粪污中抗生素含量因药物种类、动物和国家不同而异。在家禽粪污中检测到的抗生素最高的是氟喹诺酮类药物，尤其是恩诺沙星，环丙沙星是恩诺沙星的代谢产物。在家禽粪污中检测到磺胺嘧啶、甲氧苄啶与磺胺甲噁唑。猪粪中的抗生素与家禽粪便一样，氟喹诺酮类、磺胺类和四环素类的检测范围最广（表1-8）。

表1-8 常用抗生素种类

抗生素名称	适应证	用法用量	粪便残留 / ($\mu g \cdot kg^{-1}$)
磺胺嘧啶	用于各种动物敏感菌所致的全身感染，对畜禽球虫病、弓形体病等均有效。	内服：一次量，每1千克体重，家畜，首次量0.14～0.2g，维持量0.07～0.1g。一日2次，连用3～5日。	60.7
土霉素	用于治疗大肠埃希菌或沙门菌引起的仔猪黄痢和白痢；巴氏杆菌引起的牛出血性败血症、猪肺疫和禽霍乱等；支原体引起的猪气喘病等。对血孢子虫感染的泰勒焦虫病、放线菌病和钩端螺旋体病等也有一定疗效；还可局部用于坏死杆菌所致的坏死、子宫蓄脓、子宫内膜炎等。	肌内注射：一次量，每1千克体重，家畜，10～20mg。	481.9
替米考星	用于防治家畜肺炎（由胸膜肺炎放线杆菌、巴氏杆菌、支原体等感染引起）及泌乳动物乳腺炎。	混饲：每1000千克饲料，猪，200～400g，连用15日。	25.3

续表

抗生素名称	适应证	用法用量	粪便残留 / ($\mu g \cdot kg^{-1}$)
林可霉素	用于治疗革兰氏阳性菌和支原体感染。	内服：一次量，每1千克体重，猪，10～15 mg。	176.7
泰乐菌素	用于防治猪、禽支原体病，如猪的支原体肺炎和支原体关节炎等。	肌内注射：一次量，每1千克体重，猪，5～13 mg；一日2次，连用7日。	784.3

（3）抗生素环境危害

抗生素被广泛应用于畜禽、水产养殖中。由于动物在服用抗生素后，不能完全吸收，所以导致大量的抗生素以原形或代谢物状态排入环境中造成污染。抗生素在对环境产生污染的同时，也会导致病原微生物产生耐药性，给生态环境带来严重威胁。随着畜牧养殖集约化发展，其抗生素滥用情况更为严重，直接后果很可能是诱导动物体产生抗性耐药菌，并在环境中传播扩散。

3. 重金属及其环境污染

（1）重金属来源

在不同种畜禽粪污中，猪粪含有大量的重金属元素，主要来自于饲料。猪粪中含量最高的重金属主要为 Cu 和 Zn。Cu 是畜禽的必需营养元素，能促进猪的生长。一般情况下，畜禽对 Cu 的日需求量为 4～11 mg/kg，其中猪对 Cu 的需求量为 4～8 mg/kg。一些养殖企业为了追求最大效益，Cu 的添加量常常达到猪正常生理需求量的 20～40 倍，导致猪粪及其他畜禽粪污中普遍存在 Cu 超标问题。长期施用含高 Cu 和高 Zn 的猪粪有机肥将导致土壤中 Cu、Zn 含量显著提高，甚至超过我国《土壤环境质量　农用地土壤污染风险管控标准》中的标准限值（表 1-9）。

表1-9　不同畜禽粪便中重金属浓度

单位：mg/kg 干物质

种类	Zn	Cu	Pb	Cd
猪	100.26～4 638.72	72.66～1 288.00	0.27～22.88	0.04～59.66
鸡	165.68～578.00	18.24～314.00	2.99～32.58	0.03～4.09
鸭	97.82～682.10	34.68～198.76	4.51～40.79	0.29～2.53
牛	48.72～816.24	12.28～173.60	1.64～32.31	0.04～3.40
羊	42.38～431.70	8.37～214.70	1.74～19.80	0.28～1.40

续表

种类	Cr	Hg	As	Ni
猪	3.53～85.23	0.00～0.31	0.01～89.30	4.67～18.97
鸡	4.00～250.61	0.02～0.54	0.05～23.26	5.21～39.31
鸭	6.60～63.61	0.03～0.07	0.01～6.83	8.37～16.12
牛	0.76～79.38	0.02～0.60	0.01～6.33	4.19～18.86
羊	8.00～22.19	0.19～2.39	0.59～2.60	1.22～12.40

（2）重金属的环境污染

粪污还田是农田土壤重金属污染的重要来源。高含量的 Cu、Zn 随粪污施入土壤后，将导致土壤中重金属元素蓄积，重金属极易被农作物的根系吸收，过量的重金属进入植物体后，将会对植物细胞膜系统造成损伤，从而影响到细胞的结构和功能，影响作物正常生产。过量的重金属会破坏植物叶绿素结构，降低叶绿素含量，抑制其光合作用。土壤重金属污染影响到土壤微生物的生存，植物体内重金属向籽粒迁徙，然后再通过食物链进入人体，对人类的生命健康构成威胁。

土壤中的重金属还会随雨水迁移导致水源污染。高含量的重金属元素将降低水体的自净能力，使水质恶化，水生生物死亡。Cu 对水生生物的毒性很大，当水中 Cu 的浓度为 0.5 mg/kg 时，就能使 35%～100% 的原生淡水植物死亡；而水体中 Zn 含量过高将影响到水质，严重时也可导致鱼虾及水生植物绝迹。

4. 病原菌污染

畜禽粪污可能含有致病微生物（表 1-10）。研究表明，沙门菌、小肠结肠炎耶尔森氏菌、单核细胞增生李斯特氏菌和结晶孢子虫等微生物能够在畜牧场畜禽粪污储存条件下存活。土地施用粪肥后，可以在土壤中检测到这些微生物。

表 1-10　粪污中发现的致病微生物示例

细菌	病毒	寄生虫	真菌
沙门菌	脊髓灰质炎病毒	隐孢子虫	曲霉属真菌
弯曲杆菌	柯萨奇病毒 A&B	蓝氏贾第鞭毛虫	鞭毛孢子

续表

细菌	病毒	寄生虫	真菌
大肠埃希菌（产志贺毒素）	埃可病毒	痢疾	隐球菌
大肠埃希菌 O157：H7	轮状病毒	阿米巴虫	
单核细胞增生李斯特氏菌	腺病毒	弓形虫	
耶尔森氏菌	呼肠孤病毒	肠袋虫属	
产气荚膜杆菌	诺瓦克病毒	绦虫	
布鲁菌	禽流感病毒	裂头绦虫	
炭疽杆菌	甲型和戊型肝炎	棘球绦虫	
钩端螺旋体	感冒病毒	蛔虫	
分枝杆菌		鞭虫	
弧菌			

5. 畜禽养殖业温室气体排放

畜禽养殖业温室气体主要源于反刍动物肠胃发酵产生的甲烷、畜禽粪污处理产生的甲烷和氧化亚氮，从动物种类来看，反刍动物产生的温室气体排放最多，其次为猪，最少的是鸡。而根据《牲畜的巨大阴影：环境问题与选择》（FAO）中的相关调查数据显示，全球每年仅牛、羊、马、骆驼、猪和家禽的温室气体排放量的二氧化碳当量占到了全球人为温室气体排放量的 18%。

（1）畜禽养殖过程中的甲烷排放

畜禽养殖过程中甲烷排放主要源于反刍动物肠胃发酵产生的甲烷、畜禽粪污处理产生的甲烷，其中反刍动物最多。反刍动物的肠胃发酵量在四大牧区畜禽甲烷排放量中占到了 95%（图 1-4）。

畜禽粪污在施用到农田之前，对其进行贮存和处理过程中所产生的甲烷，是畜禽粪污在无氧状态下经过发酵分解而形成的。其主要受到动物类型、饲料、粪污管理方式以及气候条件等因素的影响。不同类型动物产生的粪尿等排泄物数量有很大差别，且不同畜禽粪尿的甲烷排放系数也有一定的差异。

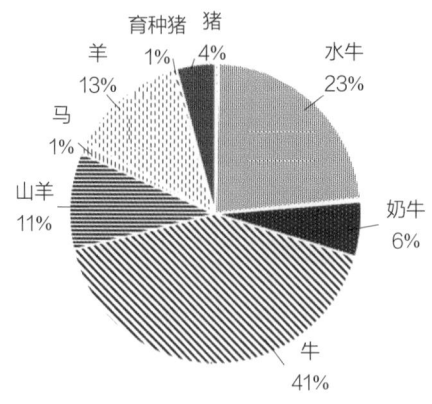

图 1-4　畜禽养殖过程中不同动物甲烷排放量占比

（2）畜禽养殖过程中的氧化亚氮排放

农牧系统氨挥发主要发生在畜禽饲舍、粪污储藏、粪污处理、粪污和化肥施用 4 个环节。畜禽生长需要足够的蛋白质以维持生存需求，但一般饲料中的氮仅 20% ～ 50% 可以被动物吸收固定利用，剩余 50% ～ 80% 氮随粪尿排泄出体外。畜禽尿氮一般以尿素或尿酸形式存在，极易在自然界中广泛存在的脲酶作用下水解形成氨挥发。畜禽粪污在贮存、处理过程中，通过好氧微生物或厌氧微生物将有机氮转化为氨态氮，管理不当也会造成大量氨挥发（图 1–5）。

施用于土壤的粪污产生氧化亚氮排放，包括来自粪污中的氮经土壤微生物硝化和反硝化过程（直接排放）以及在挥发 / 再沉积和浸出过程（间接排放）之后产生的排放。

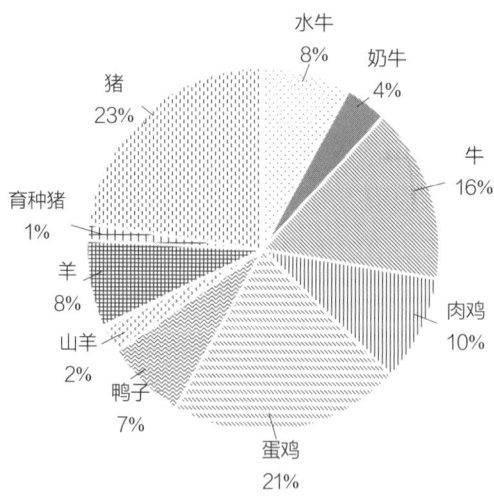

图 1-5　畜禽粪污施入土壤中氧化亚氮的排放

三、畜禽养殖粪污处理政策

1. 国内政策

2017 年中华人民共和国国务院发布《关于加快畜禽粪污资源化利用的指导意见》，旨在建立和完善畜禽粪污利用系统。《乡村振兴战略规划（2018—2022 年）》提出推进绿色农业生产，重点治理农业环境突出问题。《乡村振兴促进法》提出加强农业面源污染防治和废物回收利用，鼓励利用可再生能源。表 1-11 汇总了近年来畜禽粪污资源化利用等相关政策。

表 1-11 畜禽粪污资源化利用相关政策

发文时间	政策名称	相关内容
2020 年 3 月 2 日	农业农村部办公厅关于印发《2020 年农业农村绿色发展工作要点》的通知	提出积极推进农业绿色生产，增加绿色优质农产品供给；加强农业突出环境问题治理，净化产地环境；强化农业资源保护，提高资源利用效率；持续推进农村人居环境整治，不断改善村容村貌。
2020 年 6 月 4 日	农业农村部办公厅、生态环境部办公厅联合印发《关于进一步明确畜禽粪污还田利用要求强化养殖污染监管的通知》	进一步明确畜禽粪污还田利用有关标准和要求，全面推进畜禽养殖废弃物资源化利用，加快构建种养结合、农牧循环的可持续发展新格局。
2021 年 2 月 25 日	农业农村部发布关于落实好党中央、国务院 2021 年农业农村重点工作部署的实施意见	要求全力抓好粮食和农业生产，保障粮食等重要农产品有效供给；深入推进农业绿色发展，持续改善农业生态环境；推进乡村建设行动，建设美丽宜居乡村。
2021 年 8 月 25 日	《"十四五"全国农业绿色发展规划》	以高质量发展为主题，以深化农业供给侧结构性改革为主线，以构建绿色低碳循环发展的农业产业体系为重点，强化科技集成创新，搭建先行先试平台，推进农业资源利用集约化、投入品减量化、废弃物资源化、产业模式生态化。
2021 年 8 月 30 日	农业农村部关于贯彻实施《中华人民共和国固体废物污染环境防治法》的意见	聚焦畜禽粪污、农作物秸秆、废弃农用薄膜、农药包装废弃物等四类农业固体废物，坚持减量化、资源化、无害化的原则，强化农业固体废物的源头治理、综合利用、安全处置。
2021 年 10 月 14 日	农业农村部 国家发展改革委《"十四五"全国畜禽粪肥利用种养结合建设规划》	以畜牧业绿色循环发展、耕地质量提升和农业面源污染治理为主要目标，以畜禽粪肥就地就近科学还田利用为主攻方向，提升设施装备水平，壮大社会化服务组织，完善种养主体有效对接机制，实现畜禽粪污由"治"向"用"的转变，加快构建种养结合农牧循环的新型种养关系。

续表

发文时间	政策名称	相关内容
2021年10月14日	农业农村部 国家发展改革委《"十四五"重点流域农业面源污染 综合治理建设规划》	坚持突出重点、整县推进、多方参与、系统治理的指导方针，开展重点流域农业面源污染综合治理，深入推进农业投入品减量化、生产清洁化、废弃物资源化、产业模式生态化，促进流域水质和农业生态环境有效改善，助力重点流域绿色、高质量发展。
2021年12月1日	国家发展改革委等部门关于印发《"十四五"全国清洁生产推行方案》的通知	该政策提出以节约资源、降低能耗、减污降碳、提质增效为目标，以清洁生产审核为抓手，系统推进工业、农业、建筑业、服务业等领域清洁生产。
2021年12月27日	农业农村部办公厅生态环境部办公厅关于加强畜禽粪污资源化利用计划和台账管理的通知	提高畜禽粪污资源化利用的规范化、标准化水平，积极推动畜禽粪肥就近还田利用，加强畜禽养殖场（户）粪污资源化利用计划和台账管理。
2021年12月28日	国务院关于印发《"十四五"节能减排综合工作方案》的通知	完善实施能源消费强度和总量双控（以下称能耗双控）、主要污染物排放总量控制制度，组织实施节能减排重点工程，进一步健全节能减排政策机制，推动能源利用效率大幅提高、主要污染物排放总量持续减少。
2022年1月19日	关于印发《农业农村污染治理攻坚战行动方案（2021—2025年）》的通知	按照深入打好污染防治攻坚战总要求，坚持精准治污、科学治污、依法治污，聚焦突出短板，以农村生活污水垃圾治理、黑臭水体整治、化肥农药减量增效、农膜回收利用、养殖污染防治等为重点领域。
2022年1月30日	国家发展改革委 国家能源局关于完善能源绿色低碳转型体制机制和政策措施的意见	推动太阳能、风能、水能、生物质能、地热能等清洁能源开发利用。
2022年6月13日	农业农村部：推进农业农村节能降碳 全面助力乡村振兴	聚焦化肥农药减量增效、农业废弃物资源化利用、农村人居环境整治、农业农村减排固碳等重点工作，深入推进农业面源污染防治攻坚战、农业绿色发展五大行动、农村人居环境整治三年行动，农业农村节能减排降碳取得显著成效。
2022年10月30日	《中华人民共和国畜牧法》（第十三届全国人民代表大会常务委员会第三十七次会议修订）	从促进畜牧业高质量发展、做好畜禽粪污无害化处理、促进草畜平衡等方面，加强畜牧业绿色发展。

　　为便于对畜禽粪便耕地污染的控制，国家生态环境部生态司建议，将畜禽粪便换算成猪粪当量，计算其耕地负荷（t/hm²），再将畜禽粪便猪粪当量的耕地负荷除以农田有机肥理论最大适宜施肥量（一般为30 t/hm²），其比值即为区域

畜禽粪便负荷量承受程度的警报 R，当 R 值分别为 <0.4、0.4～0.7、0.7～1.0、1.0～1.5、1.5～2.5 和 >2.5 时，说明畜禽粪便对环境的影响程度分别为"无""稍有""有""较严重""严重"和"很严重"。R 值越大，说明环境对畜禽粪便负荷量承受能力越低，畜禽粪便对环境造成的污染威胁性越大。

2. 国外粪污处理政策措施

为了应对这些挑战，不同国家采取了各种措施，主要包括完善法规和标准、推广农牧结合的循环农业、控制养殖规模、采用先进的粪污处理技术以及政府的政策支持和经济补贴等。通过这些综合措施，可以有效减轻畜禽养殖业对环境的影响，实现养殖业与环境保护的协调发展。

（1）美国

1948 年，美国启动了《联邦水污染控制法案》（*Federal Water Pollution Control Act*，*FWPCA*），建立了国家污染物减排系统，将集约化畜禽养殖定义为点源污染的一种，提出应用"养分管理"方法来控制水污染。1972 年美国规定将畜禽养殖场按照点源污染源进行管理，在《清洁水法》（*Clean Water Act*）中制定了"国家污染物排放消减体系"许可证制度，要求畜禽养殖场必须获得国家污染物减排系统许可证后方能从事粪污排放。《清洁水法》第 319 条进一步规定要通过最佳管理实践对非点源污染进行治理。各州政府设立了比联邦政府更为具体的法律法规体系，以控制畜禽养殖污染。1973 年美国环保署公布了《全国污染物排放消除工作》。政策提出：①畜禽集中饲养；②在农作物的正常生长季节，任何养殖区的粪污不得贮存；③颁布农业废弃物管理保护实践标准，提出粪污贮存设施（Code 313）、堆肥设施（Code 317）、盖泻湖（Code 359）、粪污利用 – 还田（Code 633）等相关标准。2003 年，美国颁布了《集约化动物养殖场法规》，规定所有集约化动物养殖场必须设有养分管理计划。1976 年美国环保部为国家污染物排放消减体系确定了养殖场和集约化养殖场的定义。畜禽养殖场是指 1 年当中在无植物生长的地面上连续（封闭）饲养动物至少 45 天的养殖场。大型集约化养殖场指养殖量超过 1 000 个动物单位的养殖场［1 个动物单位是指重量为 1000 磅（454 kg）的牲畜］。1 000 个动物单位相当于 1 000 头肉牛、700 头奶牛、2 500 头重量超过 25 kg 的猪、125 000 只肉鸡、82 000 只蛋鸡。

1998 年美国清洁水行动计划实施。1999 年 3 月美国农业部和美国环保局联合发布畜禽养殖场治理统一国家战略，首次明确综合养分管理计划目标是帮助农场主将畜禽粪便作为有用的资源进行利用，实施生产和自然资源保护双赢。综合养分管理计划是按照美国农业部自然资源保护局的规划程序制定的，为处理水、土壤、植物、动物和空气资源问题提供了指导方针，主要内容包括粪便和污水贮存与处理、养分管理、土壤资源保护、饲料管理、操作记录以及可选择利用方式等。农业废弃物管理现场手册为涉及农业废弃物的规划、设计和管理系统提供了具体指导，将废弃物管理纳入整个农场经营，并将安全始终作为处理畜禽养殖粪污的首要因素。在此基础上，美国农业部推出了动物粪便管理，这是一种动物饲养操作的规划/设计工具，可用于估计粪便、垫料和工艺用水的用量，并确定储存/处理设施的规模。目前动物粪便管理已经升级，具备评估现有设施的能力，提供了八种动物的粪便特征，并根据作物数据库中列出的作物目标产量和作物面积，对总营养平衡进行规划。

2003年和2008年美国环保局先后修改了清洁水法案中有关集约化养殖场许可规定，规定所有集约化养殖场均需申请国家污染物排放消减体系许可。设立新的大型集约养殖场需要建筑许可、雨水许可、个人经营许可、公开听证以及制订综合养分管理计划或养分管理计划。中型规模化畜禽养殖场要求有雨水许可、建筑许可、通用经营许可和制订养分管理计划。典型规模化养殖场粪肥使用在无缓冲带条件下，距离下游水体 30 m；有植物缓冲带条件下，距离下游水体 10 m。

美国的农场基本都是农牧结合模式，即种植业与畜牧业相结合，形成"饲草、饲料、肥料"三者循环的体系。这样既可以合理利用资源，实现健康养殖；又可以减少化肥的施用量，提高土壤的肥力，生产出高端的有机农产品，完美地实现了畜禽养殖粪污的"零排放"。美国不足 5% 的养猪场应用厌氧设施处理粪污，而超过95% 的养猪场将粪污存放于储存池，待耕种季节进行适量、合理施肥，避免释放硫化氢、氨气等有害气体。养殖场定期检测土壤养分吸收能力和粪污的养分含量，合理安排粪污施用量，从而避免施用不合理引起磷、硝酸盐和重金属沉积以及地下水污染。

家禽养殖场的厌氧消化是美国环保署和美国农业部联合资助的一项自愿推广计划，鼓励在农业和畜牧业部门实施厌氧消化项目，以减少包括牲畜粪便在内的农业残留物的甲烷排放。这一计划为美国农业部农村能源计划提供技术投入，推出沼气工程操作手册，并为农场的厌氧消化系统提供赠款资金，为评估厌氧沼气池的使用提供公正的信息，以确定厌氧消化系统的合理性。

（2）日本

日本畜禽养殖场以中小规模为主，畜禽废弃物中的氮、磷、钾总量基本与日本的化肥用量相当，但是大部分养殖场周围没有足够的农田消纳畜禽粪污。畜禽养殖场普遍采用干清粪方式，固体粪污、粪浆和污水等不同形态废弃物，分别通过不同技术进行处理。

日本政府规定，养殖场畜禽养殖超过一定规模时，必须向所在地政府提出申请，得到许可方能经营；养殖场还必须遵守《恶臭防止法》规定，一旦有害气体超过允许浓度，影响周围居民生活，则勒令停产。日本对畜禽养殖污染治理的支持力度较大，对环保处理设施建设费给予高额补贴，50% 由国家财政补贴，25% 由都道府解决，农户只支付 25% 的建设费和运行费用。日本横滨市要求牧场主对畜禽产生的粪污和尿液、冲洗水分开，尿液、冲洗水全部进入下水道，由公共污水处理厂进行处理，但由畜禽场缴纳污水处理费。

日本政府制定了《水质污浊防止法》，规定了饲养规模在 50 m^2 以上的养猪场和 200 m^2 以上的养牛场的排泄物排放标准，例如总氮 < 120 mg/L，总磷 < 16 mg/L，以减少对水体的污染。同时，日本也在研究和开发牲畜粪便处理技术，一方面着重于高效脱氮除磷技术，另一方面，从资源的有效利用角度考虑，建立各种排水与废弃物处置的自立型循环共生系统。

（3）欧洲

欧洲通过种养循环解决畜禽养殖粪污处理与农田养分供给问题。畜禽粪污年施用量与土壤质地、肥力和气候等自然条件有关。欧洲将粪污养分还田的限量标准定为每公顷 70 kg 氮或 35 kg 磷，认为超过这个极限值将会带来硝酸盐或磷的淋蚀。欧洲部分国家农田养分负荷要求见表 1–12。

表 1–12　欧洲部分国家农田养分负荷要求

国家	每年最大氮承载量 / (kg / hm^2)
澳大利亚	100
丹麦	140
意大利	170 ~ 500

续表

国家	每年最大氮承载量 / (kg / hm²)
瑞典	170
北爱尔兰	170
德国	170

数据来源：HOLM-NIELSEN J B, AL SEADI T, OLESKOWICZ-POPIEL P. The future of anaerobic digestion and biogas utilization [J]. Bioresource Technology, 2009。

欧盟鼓励开发综合和可持续的脱碳可再生能源，厌氧发酵技术被视为一种可靠的方案，在欧洲循环经济中起到重要作用：它减少温室气体排放，以有机粪污的形式回收养分，防止氮泄漏到地下水中，避免通过填埋传播疾病。此外，厌氧消化是欧洲生物经济的重要组成部分，促进可生物降解废物的厌氧消化技术发展，将创造就业机会和经济机会。

德国颁布了《可再生能源法》，大力发展以生物废弃物为原料的沼气工程，近年来畜禽养殖粪污沼气工程数量逐年提升，沼气工程中畜禽养殖粪污的占比逐渐增加。但是沼气工程的沼液、沼渣需要长期贮存，因为德国规定每年11月到次年2月禁止向农田施用基于畜禽养殖粪污的肥料。

丹麦制定了对畜禽养殖粪污的管理措施和执行标准，以严格的法律法规约束手段和多种政策鼓励措施相结合，保证畜禽养殖粪污得到充分的利用。丹麦法律规定养殖场必须在中央畜牧管理登记处登记，在新设、扩建或变更畜舍、粪尿及青贮废液贮存设施时必须事先报告。中小型畜禽养殖场将种植业和养殖业有机结合。在生态补偿机制方面，尊重农民的意愿，提供丰厚的经济补贴，让农民不仅愿意配合政府，还能够积极响应政府的号召。

荷兰是全球主要养猪国家当中粪污管理最严格的国家之一。荷兰的监管政策覆盖动物生产、治污设施、施肥控制等各个方面，明确限定了单位家畜氨气最大排放量，并要求粪污存储设施必须密封以阻止氨气泄漏；减少粪污贮存流失量，在适当耕作季节施粪肥；制定氮肥施入标准，减少施肥操作损失量，合理供给作物养分。由于受到土地资源的限制，20世纪80年代中期，荷兰政府用配额的方式规定养殖数量和粪污施用量的最高限额来控制生猪养殖总量的发展。只有在配额规定的限额之内农户才能获得处理粪污的补贴激励，超过粪污施用量限额的粪肥被要求在当地无害化处理或者强制出口到欧盟其他成员国。

第三节 畜禽养殖污染控制途径

畜禽养殖粪污控制是畜牧业可持续发展的重要环节，主要途径包括粪便固液分离技术、固体堆肥化技术、粪污厌氧发酵技术、粪污全量还田技术等（图1-6）。畜禽养殖粪污控制是一个复杂的系统工程，不仅关系到污染治理、资源利用与环境保护，还涉及动物健康、公共卫生安全和农业绿色可持续发展，需要综合运用多种技术和管理措施，确保粪污得到有效处理和利用。

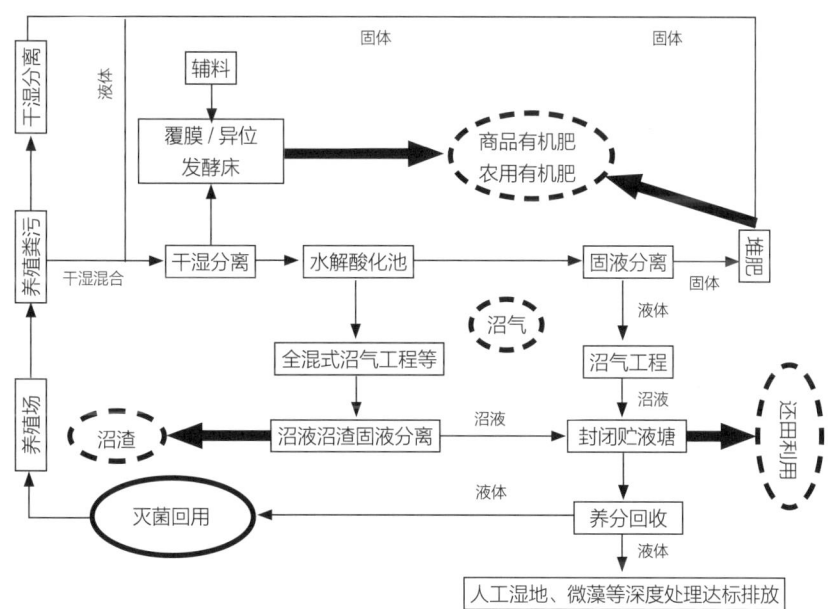

图1-6 畜禽养殖粪污控制流程图

一、粪污固液分离

　　粪污固液分离是指利用畜禽养殖设施结构特殊设计或特定机械将混合的畜禽粪污分离为固体和液体的操作方法，是开展畜禽粪便综合利用的重要前提。

　　国内有关畜禽养殖粪污的固液分离方法主要有三种：一是筛分式分离。它是根据含水物料中固体物颗粒粒径的不同进行固液分离的一种方法。二是离心式分离。它是利用转筒的高速旋转而使含水物料中的固体颗粒物产生离心力作用而实现干湿分离的一种方法，其能分离大粒径颗粒，处理量大，但是絮凝剂使用量大和使用成本较高。三是压滤式分离。其中螺旋挤压脱水是一种常见的压滤分离方式，螺旋脱水机操作过程采用密封设计，可减少异味排放和噪声干扰，极其适合处理含水率较高的畜禽粪污物料（图1-7）。

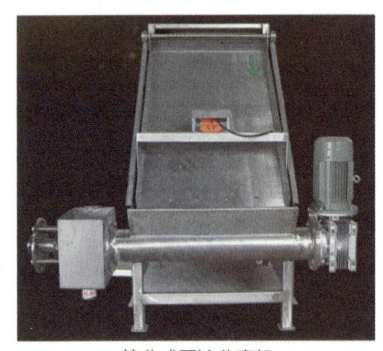 

筛分式固液分离机　　　　　　　　　　　离心式固液分离机

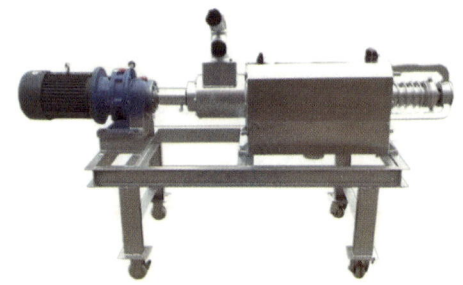

压滤式固液分离机

图1-7　固液分离机

二、固体粪污堆肥

　　堆肥是指在人工控制温度、水分、碳氮比、通风等条件下，依靠细菌、放线菌、酵母菌等微生物的高温发酵作用，促进固体废物中可降解有机物转化为稳定的腐殖质的过程（图1-8）。与未经处理的粪污相比，堆肥后的粪肥在田间施用时更加卫生且具有体积小、水分少、无异味、施肥均匀，以及便于储藏和运输等诸多优点。

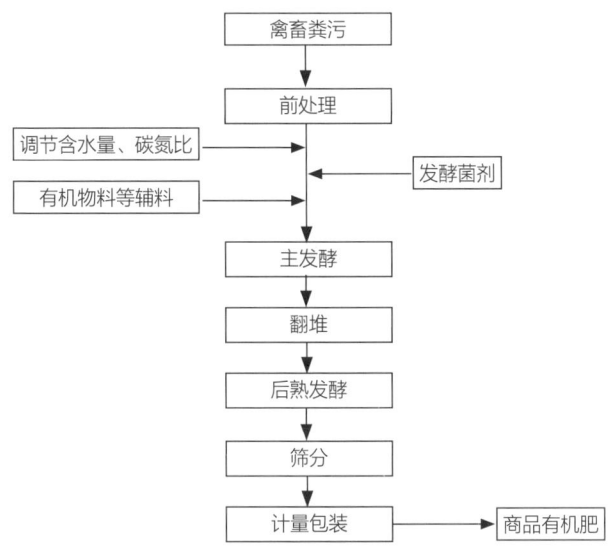

图1-8　堆肥技术工艺流程

堆肥工艺一般可以分为简易堆沤、槽式（条垛、覆膜）堆肥和反应器堆肥等三大类型。采用堆肥发酵工艺的养殖场中简易堆沤处理占比高达85%，采用槽式堆肥的养殖场占10%以上。不同畜禽养殖粪污堆肥工艺占比见图1-9。

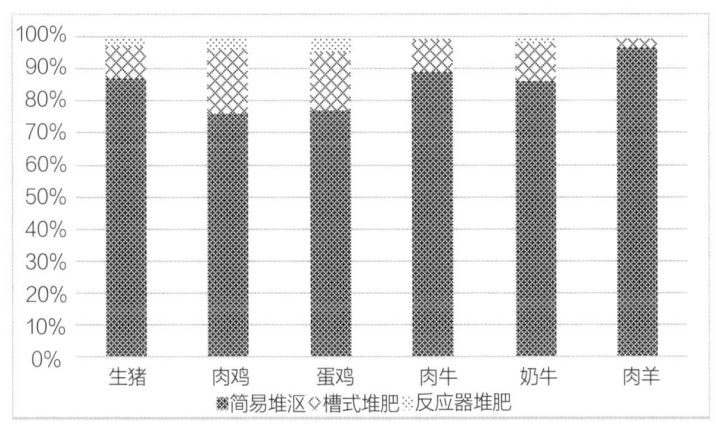

图1-9　不同畜禽养殖粪污堆肥工艺占比

1. 简易堆沤

简易沤肥技术是将固体粪污等有机废物混合堆积、糊泥密封，然后在自然条件下利用微生物的发酵作用，使堆料中的有机物腐熟，达到土壤可接受的稳定程度，成为一种含氮丰富的腐殖质，这一过程基本不进行或者很少进行人为控制。

2. 槽式堆肥

槽式好氧堆肥是我国目前使用最为普遍的好氧堆肥技术模式，物料在一个条状空间内发酵。通风供氧的手段为同时使用翻堆和强制通风系统。槽式好氧堆肥一般还配套有密闭的发酵车间和尾气处理系统，以确保堆肥过程的环保性。

功能膜覆盖好氧堆肥技术起源于20世纪90年代的德国，基于强制通风静态垛式好氧技术模式，使用纺织材料密封覆盖在堆体上，形成了功能膜覆盖好氧堆肥系统的技术原型（图1-10）。

图1-10　槽式堆肥与功能膜覆盖堆肥实例图

3. 反应器堆肥

反应器式好氧堆肥技术模式发展时间较短，比如目前在国内推广的筒仓式堆肥反应器于2005年由日本研发并引入中国。根据反应器外在的形态，可分为立式和卧式两种，其中立式又可分为塔式和筒仓式两种，卧式则以滚筒式为主。

三、液体粪污处理利用

中国规模养殖场液体粪污处理主要采用厌氧发酵沼液还田、贮存发酵（包括多级贮存池等）、异位发酵床等工艺。其中，采用厌氧发酵和贮存发酵的养殖场占比相近，均为40%左右，极少数养殖场采用异位发酵床技术。从不同畜禽养殖场来看，一半左右的生猪养殖场采用厌氧发酵沼液还田，60%的奶牛养殖场采用粪污贮存发酵（图1-11）。

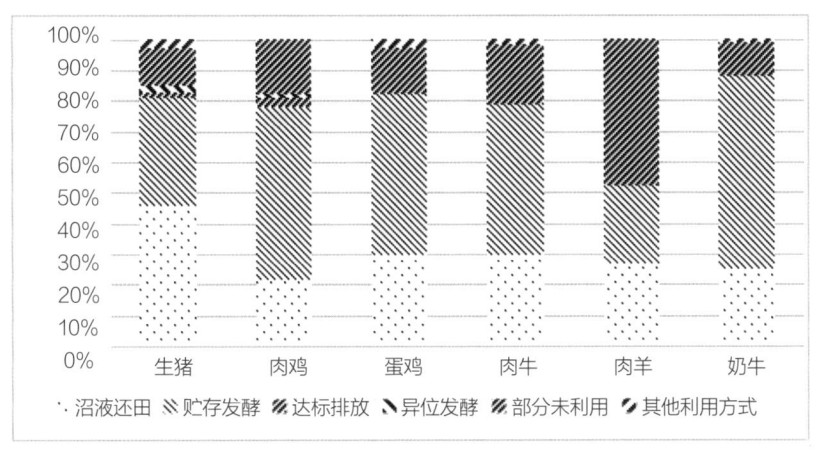

图1-11 不同畜禽养殖场液体粪污处理技术占比

1. 厌氧发酵与沼液还田

厌氧发酵是指畜禽养殖粪污在无氧条件下被厌氧微生物降解生产沼气、沼液和沼渣的过程。厌氧发酵工艺主要包括全混式、推流式和升流式厌氧发酵等。应用最广泛的为全混式厌氧发酵（Completely Stirred Tank Reactor, CSTR），工艺流程图如图1-12所示。该工艺特点是在常规的厌氧反应器内安装有搅拌器，使发酵原料和活性污泥处于完全混合状态。完全混合式厌氧反应器常采用恒温连续投料或半连续投料运行，适用于高浓度及含有大量悬浮固体原料的处理。

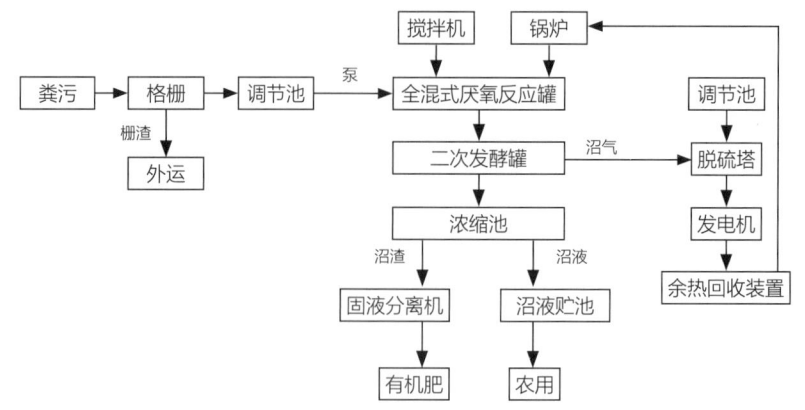

图 1-12　CSTR 工艺流程图

升流式厌氧发酵（Upflow Anaerobic Sludge Blanket, UASB）适用于低浓度养殖污水处理，工艺较为稳定，常用于固液分离后的污水处理，工艺流程图如图 1-13 所示。升流式厌氧污泥床在工程中的优势在于：反应器内部的颗粒污泥形成后，能较长时间地维持稳定的状态；不需要加热和搅拌装置，发酵反应就可以很好地进行；工程占地面积小、设备结构简单，建造时比较方便，成本较低。

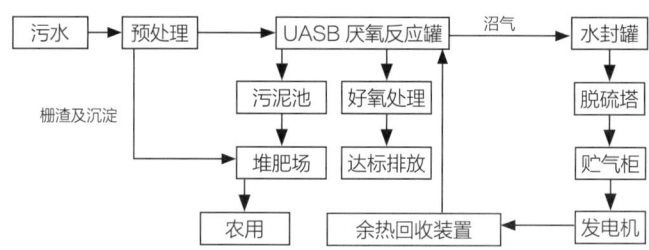

图 1-13　UASB 工艺流程图

推流式厌氧发酵（Plug Flow Reactor, PFR）具有保温效果好、能耗低等特点，工艺流程图如图 1-14 所示。相较于 CSTR 容易出现底物短流的现象，理想的 PFR 反应器不将底物与所有污泥完全混合，而是与部分污泥混合后从反应器的进料端进入反应器，使其在反应器长度方向呈活塞方式依次向前推进，直至反应器的出料端出料，从而能够避免短流现象，尤其是在处理高含固率有机物（如畜禽粪便、农作物秸秆）的发酵处理时，减小了动力消耗，降低了运行成本。

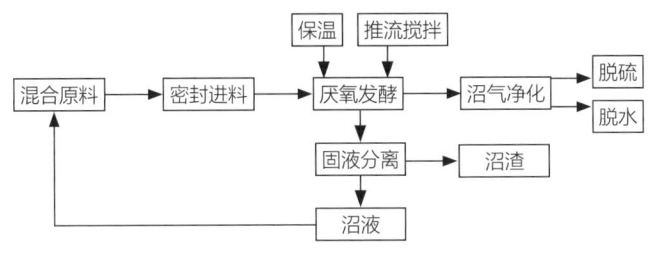

图 1-14　PFR 工艺流程图

2.贮存发酵

粪水贮存后还田利用是国内外较为普遍的粪污处理利用路径。美国和欧洲等发达国家生猪养殖场粪污收集主要采用水泡粪工艺，粪污经漏缝地板进入粪沟中，待粪沟存满后打开闸门将粪污输送至舍外贮存池，贮存一定时间后还田利用。德国、丹麦等国家很多生猪、奶牛场采用深粪坑系统进行粪污全量贮存处理，贮存 6 ～ 9 个月后直接还田。

美国猪粪贮存主要包括泻湖和坑槽两种方法。泻湖是一种大型的土制围护结构，使用蓄水池处理稀释的粪污，处理时间较长。粪坑或粪槽通常位于生猪生产设施下方，未经稀释和处理的粪肥通过板条地板滴入粪坑，并以泥浆形式贮存，直到可以在附近的土地上施用，以满足作物营养需求。2009 年，62% 的生猪粪污使用坑槽储存（1998 年为 37%），34% 的生猪粪污使用泻湖储存（1998 年为 55%）。

由于液体粪污在贮存过程中会挥发大量的臭气物质，其中以氨气为主，为防止污染环境和液体肥料肥效降低，粪浆酸化处理技术在丹麦应用较为广泛。该技术主要是使用一定量纯度为 95% 的工业硫酸与粪浆混合，使粪浆的 pH 值降到 5.5 以下，可减少 70% 以上的氨气排放。截至 2017 年底，丹麦化肥使用量较 20 世纪 90 年代降低了 60%，农产品品质提高且产量保持稳定，地下水水质指标由最差时的 Ⅲ ～ Ⅳ 类提升至 Ⅱ ～ Ⅲ 类水质，实现了粪肥科学利用和化肥有效减施，切实改善了生态环境。

四、粪污全量还田

粪污全量还田是一种简单经济适用的粪污处理技术。将养殖场产生的畜禽污染物进行集中收集后，全部进入氧化塘（主要有敞开式好氧发酵和覆膜式厌氧发酵两类）储存发酵，粪污在氧化塘中经过一段时间的发酵之后进行储存，在施肥季节进行农田施用。这种畜禽粪污处理方式的优势在于粪污收集、处理、储存设施成本低，畜禽粪污中的有机物得以全量收集，养分利用率高。但是粪污储存周期一般要达到半年以上，占地面积大，需要大量土地建设氧化塘及储存设施。此模式适合采用水泡粪工艺的猪场，或者已引入自动刮粪回冲工艺的牛场；要求附近地区有大片可以接受供肥的农田。粪污全量还田工艺流程见图1-15。

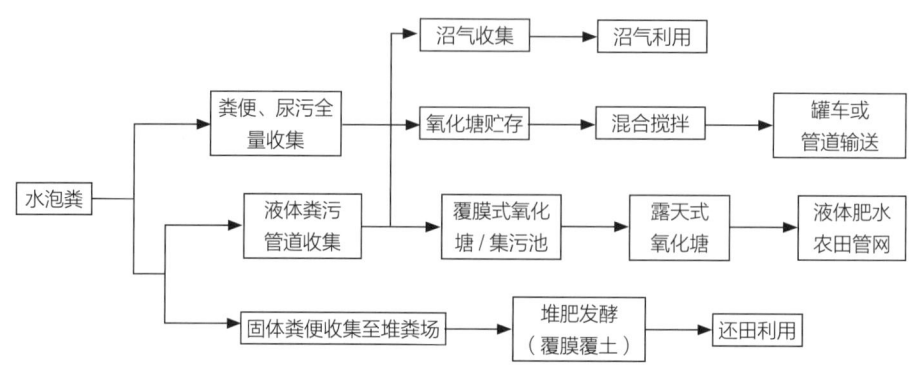

图1-15　粪污全量还田工艺流程图

第二章
发达国家畜禽粪污无害化处理与资源化利用

第一节
美国畜禽养殖业环境问题、政策法规和处理利用技术

一、美国畜禽养殖环境问题

20世纪50年代，美国的畜牧产业化经营起步，并逐步形成饲草供应科学化、生产专业化、产品商业化、服务社会化的经营格局。20世纪60—70年代，美国基本完成了从传统草原畜牧业向现代草原畜牧业的转变。在牧区现代化发展道路的选择上，主要体现在土地资源丰富、资金和技术实力雄厚，劳动力紧缺，以机械作业为主的大农场发展模式，大规模生产玉米为养殖业提供了充足、廉价的饲料，促进了养殖业的集约化发展，少则千只、多则几十万只的畜禽养殖场遍布美国农村和乡镇。从20世纪70年代起，美国的牲畜饲养量就位居世界第一，生产技术领先，生产效益突出，资金与技术实力雄厚，形成了高度集约化的产业化经营模式。

在20世纪90年代初期，随着畜牧业规模化的快速发展，畜禽养殖污染问题也不断显现，水体富营养化情况严重。如1995年夏季，北卡罗来纳州沿海区域七家大规模生猪养殖场的露天氧化塘发生泄漏，超过4 000万加仑（1加仑=4.54609 L）的猪场粪污泻入北卡罗来纳州东部海域，引起大面积毒费氏甲藻暴发，造成约1 500万尾鱼死亡。为了解决畜牧业养殖污染问题，实现废弃物资源循环利用，1999年3月，美国国家环境保护局（USEPA）和美国农业部（USDA）共同发布了《规模化畜禽养殖业战略》，提出所有畜禽规模养殖场应制订和实施技术合理、经济可行且因地制宜的综合养分管理计划，以减少对水质与公共卫生的影响，并形成了以综合养分管理计划（CNMP）为核心的政策体系。2003年2月，规模化畜禽养殖场的排污许可纳入"国家污染物排放消减体系"（NPDES），其后虽然经过2008年、

2012 年两次修订，但 CNMP 一直作为美国畜禽废弃物资源利用和排污许可制度的核心。到 2009 年已经有 82% 的养殖场实施了综合养分管理计划，据 2006 年统计，美国畜禽养殖污染防治与资源化利用面积已比 1990 年减少 65%。CNMP 既是受强制法规要求必须申请排污许可的大规模畜禽养殖场取得排污许可的重要依据，也是不受强制法规管理的畜禽养殖场的自愿行动。为了促进畜禽粪污资源化利用，减少环境污染，1990 年以来，美国的农业法案纳入了环境考虑因素，通过环境质量激励计划（EQIP）向规模化畜禽养殖场提供财政资金支持，重点用于制定养殖场 CNMP；基于相关法规和激励机制，到 2009 年已经有 82% 的养殖场实施了综合养分管理计划；到 2014 年，美国平均每公顷农田施用的氮、磷、钾肥量分别只占同期中国的 18.47%、16.5% 和 41.67%，有效控制了化肥的增长率。

二、美国畜禽养殖相关政策法规

美国目前的畜禽粪污治理体系基本成熟，配套设施较为完善，也建立了相应的政策、法律、法规、标准及措施。

1. 美国畜禽粪污相关的法规政策

（1）"国家污染物排放削减体系"许可证

1972 年的《联邦水污染控制法修正案》中确立了"国家污染物排放削减体系"（National Pollutants Discharge Elimination System, NPDES）许可制度。法案规定，任何设施若要通过点源向水体中排放污染物必须获得许可证，否则视为违法行为。美国的 NPDES 许可制度由国家环保署负责实施，各州也可通过与环保署签订协议，获得国家环保署授权后实施该项制度。对于非点源污染，2003 年美国环保署修订的《美国环保署管理的许可项目：国家污染物排放削减体系》（*EPA Administered Permit Programs: National Pollutants Discharge Elimination System*）和《污染物排放限制指导方针和标准》（*Effluent Limitation Guidelines and Standards*）中针对集约化畜禽养殖场（CAFOs）规定，没有国家污染物减排系统许可的授权不能排放污染物。

CAFOs 根据《美国环保署管理的许可项目：国家污染物排放削减体系》中的规定，按照养殖规模以及排污设备与方式被划分为大、中、小三种类型，并且不同规模的 CAFOs 的排污方式不同。为了获得许可证，CAFOs 需要向许可证颁发机构提供一系列材料与文件（饲养动物种类与数量，粪污产量，符合规定的养分管理计划，适用的污水排放限制与标准）。颁发机构对提交的文件进行合规性检查，若符合要求，则面向社会公示接受公众监督检查。一份完整的许可证由封面、污水排放限制与标准、监控与报告要求、记录保存要求、特殊条款、标准条款 6 要素组成。其中污水排放限制与标准是污染防治的基础。监控与报告要求规定了监控对象、数据收集频率、数据和信息的记录与保存等内容。记录保存要求则规定了需要就地保存的信息，包括粪污采样结果、检查与监控记录、粪污施用于土地的时间和地点、降水记录等。特殊条款主要是养殖场需要执行的养分管理计划。标准条款包括术语定义、检测程序、违规处罚等内容。

（2）畜禽养殖污染物排放限制

《污水排放限制指导方针和标准》为大型 CAFOs 设置了三种基于技术水平的排放限制，分别为目前可得的最佳可行控制技术（Best Practicable Control Technology Currently Available, BPT）、最佳传统污染物控制技术（Best Conventional Pollution Control Technology, BCT）和经济可行的最佳可得技术（Best Available Technology Economically Achievable，BAT）。而中小型 CAFOs 的排放限制则由许可证发放机构利用"最佳专业判断"（Best Professional Judgement）来决定。

除此之外，《污水排放限制指导方针和标准》还为行业的新进入者设置了新的执行标准（New Source Performance Standards，NSPS）。NSPS 规定在生猪养殖区不允许任何的粪便、废料和养殖废水排放到水域中，在粪污施用区，则必须实施基于技术水平的排放限制中规定的最佳管理实践（BMPs）。

（3）水质交易项目

由于各污染源的污染控制成本不同，水质交易项目通过允许污染控制成本较高的污染源向污染控制成本较低的污染源购买其降低污染排放量，来满足自身的污染排放要求，从而以较低的成本达到既定的流域水质目标。交易项目地由各州自愿建立。根据《水质交易政策》《许可证编写者水质交易工具包》，指导许可证颁发机构在许可证中纳入水质交易条款。交易方可以直接交易，也可以通过交易所进行交易。

（4）畜禽粪便综合养分管理计划（CNMP）

由于美国国土辽阔，农田面积大，美国政府提出了基于种养结合的 CNMP，规定所有规模养殖场必须制订和实施 CNMP，成功解决了畜禽粪污的环境污染问题。美国研究开发出畜禽粪便运输和利用、动物尸体堆肥处理的技术及其设备，开发应用养分平衡综合决策支持系统软件，为 CNMP 的有效实施提供了技术支持。CNMP主要包括 6 个部分：粪便和污水贮存与处理；养分管理；土壤资源保护；饲料管理；操作记载以及可选择利用方式；同时也关注到空气质量、病原菌等。为了保持畜禽养殖场的零排放状态，美国将畜禽粪便输送管道和把畜禽粪便直接施入的区域，称为粪便施用区域；将畜舍、粪便贮存及辅助设施列为生产区域。

美国畜禽粪肥在还田利用过程中同时综合考虑以下因素：①粪便运输施用地点对养分的影响，包括避让距离、营养缓冲区、水渠和其他通往地表水的沟渠、土壤特性和土壤侵蚀控制等。②粪便中的养分利用，包括粪便用到土地的量和特定作物 / 土壤系统的需求之间的平衡，以达到提高作物产量、降低对环境的影响等目的。③粪便的施用方法和时间，使用公认的最佳施肥方法将粪便的养分提供给作物，同时减少环境风险。美国规定雨季禁止施用粪肥，耕施畜禽粪肥只能用于播种前。④因地制宜，考虑当地作物、土壤、地势和气候的差异。⑤减少气味对邻居的不利影响，如在施粪便时，在住宅和敏感区域设置避让距离。

2. 美国畜禽粪污资源化利用的主要管理措施

通过严格细致的立法防治畜牧业环境污染。美国联邦政府制定了一系列政策法规，形成了联邦、州和地方三位一体的畜牧环境管理框架，在该框架下，各级机构各司其职，可以有效地放权给地方政府开展相关工作，给予地方政府较高的自由度。美国联邦政府出台的环保政策主要包括净水法案、联邦水污染法、可持续的农田和畜牧业饲养场实施法规等。联邦政府只提出环境质量标准，而对实现环境质量标准需要采用哪些措施，州一级政府会制定出更为详细的规章制度。许多市级和县级政府也都制定了更能反映当地社会团体环境保护意愿和要求的地方环境保护法，从而构成了控制畜禽养殖污染的三位一体的环境管理框架。

通过农牧结合来防治养殖污染。美国不允许排放畜禽养殖液体废弃物，在农场内部形成"饲草、饲料、肥料循环"体系。为确保粪便中的氮磷等养分含量达标，美国的猪场采用水泡粪方式，猪粪尿及污水长期贮存于猪舍下部的粪坑中，或定期从猪舍下的粪坑转移到舍外专用贮存池，直至进行农田利用；奶牛场采用干清粪的方式，清理出的奶牛粪尿进入舍外的专用贮存池存放，然后进行农田利用；鸡场则采用机械干清粪的方式，通过堆肥后利用或直接利用。除农田利用外，当畜禽粪便的养分供应量超过农作物的养分需求或土地承载力时，为避免产生环境风险，美国畜禽养殖会选用其他的粪污处理方法，例如堆肥处理、厌氧发酵处理等。

严格的规模养殖场准入制度。美国联邦水污染法规定，超过一定规模的养殖场建设必须报批，获得环境许可，并严格执行国家环境政策法案。其对大规模养殖场从数量上进行界定，并对其是否临近水源有严格要求。

3. 美国畜禽粪污资源化利用方式

（1）建立环保政策法规体系，发挥政府引导作用

美国畜禽养殖污染防治与资源化利用防控策略从关注农业生产向兼顾水体流域治理发展，其环境保护措施呈现联邦政府—州政府—县政府三级管理措施，整体上以立法为基础，以行政措施为主导，辅之以一定的经济手段，如责任赔偿、污染税收、津贴制等。联邦政府的许可证制度与各个州规定的水质量控制法相互结合，构成了一种有效的点源污染控制机制。1950年美国开始按照畜牧产业法经营，随着畜牧养殖、工业发展等引起了一系列环境问题，美国颁布了《联邦水污染控制修正法案》（1961年）、《水质法案》（1965年）、《水质改善法案》和《环境保护法》（1970年）、《清洁水法（CWA）》（1972年）、《土壤和资源保护法》（1977年）等。直到1999年3月，美国联邦国家环境保护局（EPA）和美国农业部（USDA）共同发布《规模化畜禽养殖业战略》，提出所有畜禽规模养殖场应制定和实施技术合理、经济可行的综合养分管理计划。美国的畜禽养殖污染防治和资源化利用一直都伴随着政府的支持和引导，一方面通过联邦政府制定的环境许可进行约束，另一方面通过地方政府制定的环境治理成本分摊资金补贴进行鼓励，补助金额可达总成本的75%。两个有力的指挥棒引导，强制养殖大户必须实施，鼓励养殖小户自愿实施综合养分管理计划。

（2）因地制宜地推行养分管理计划

结合美国土地资源丰富的特点，在以机械作业为主的大农场发展模式下，美国主要养殖大州，如北卡罗来纳州、艾奥瓦州、伊利诺伊州等，2%的大农场饲养量占全国农场动物数量的42%。美国养殖场普遍采用"氧化塘处理—贮存—还田"的模式进行养殖废弃物处置。养殖场多采用水泡粪和水冲粪工艺进行粪便清理，废弃物进入配套的厌氧塘进行发酵，处理后的养分主要利用在自身配套的农场或者合

作种植场的农作物种植中，在农场内部形成"饲草—饲料—肥料循环"的体系，实现种养结合。美国实行养殖废弃物养分管理计划，根据各地实际情况计算畜禽能够提供的养分量、作物所需的 N、P 养分量以及农用地土壤的养分水平，防止废弃物的过量施用，减少温室气体和硝酸盐淋洗对环境的影响。

（3）建立种养结合多元化管理服务组织模式

美国 2014 年农业法案中的保护管理计划（CSP）和环境质量奖励计划（EQIP）都向农民提供了多项与综合作物和畜牧业实践（ICLS）有关的服务，过渡到有机种植系统以及养分和饲料管理；在《动物废弃物管理实践》中，牲畜和禽类生产者现在可使用各种动物废弃物管理方法，制订区域性畜禽粪污养分管理计划。美国继续推行排污权交易法和最佳管理实践（BMPs）：排污权交易法（即点源－非点源排污交易法）解决非点源污染的有效途径及法律保障，最佳管理实践（BMPs）促使农户在生产过程中自觉使用环保型、生态型的耕作技术，在控制化肥、增加有机肥用量方面效果显著。美国以州立大学为依托，组建了先进的农业科技研究和产、学、研相结合模式（RDP 模式），该模式在政府、大学科研院所与农民之间建立了有机连接，使农业科技研究能切实为实际生产服务，最新农业科技能以最快速度推广到生产领域。联邦政府和州政府每年对隶属州立大学的农业科研所和农技推广站拨出大量经费，州立大学代表政府负责农业科技研究和推广工作，以州立大学为依托建立起农业教育、科研、推广有机结合的"三位一体"模式。采取试验示范、电话咨询、技术培训、社区活动等形式对农民实施 CNMP 及其相关技术进行指导，由有资质的人员帮助养殖场编制 CNMP，并确保养殖场有一人经过 CNMP 培训，从而有效推动了 CNMP 的顺利实施。

三、美国畜禽粪污资源化技术

种养结合粪污全量利用模式是美国和加拿大最主要的资源化利用途径，通过建设与养殖规模、粪污存放时间、降雨量相配套的粪污贮存池，通过自然发酵处理后，粪便和污水全部施到农田。这种处理利用方式占到 95% 以上。美国的奶牛场几乎都是采用自动刮粪、水冲粪方式，粪污通过沉淀池固液分离，固体粪便多采用地上粪便储存池技术，堆积发酵，发酵时间为 0.5 ～ 1 年，少量采用好氧堆肥技术；而生猪养殖场基本上采用水泡粪的处理工艺，畜禽粪污以液体形式在舍内贮存一段时间，同时舍外建有大型的氧化塘。在美国，养殖场污水不采用达标处理的方法进行处理，而是通过种养结合的方式，进行肥料化应用。污水多次循环利用冲刷圈舍，其处理方式主要采用厌氧粪池作为贮存设备，一般储存 6 个月以上，通过管网还田；有的甚至没有贮存设施，直接通过管网还田；美国相关技术推广机构开发了畜禽粪便综合养分计划软件，配套企业研发的液体粪肥农田运输系统，以及多种农田施肥技术和专用设备，实现畜禽粪污机械化、规范化还田利用。

在美国少数养殖场，当畜禽粪便的养分供应量超过农作物的养分需求或土地承载力时，这些养殖场会选用其他的粪污处理利用方法，如堆肥处理、厌氧发酵处理等，但这些技术在美国养殖场粪污处理中所占比重很小。上述技术之所以占比小，主要受沼气工程投资大、技术含量高、工艺复杂、故障率高等因素制约。美国的养殖业与种植业之间在饲草、饲料、肥料 3 个物质经济体系上形成了相互促进、相互协调的关系，养殖场的动物粪便或通过输送管道，或直接干燥固化成有机肥归还农田，既防止环境污染，又提高了土壤肥力。美国在实施 CNMP 的过程中，设置水生植物带、河岸带和缓冲区等，缓冲区域禁止施用粪肥，减少了粪肥还田利用养分流失和农业面源污染。

第二节
欧洲畜禽养殖业环境问题、政策法规和处理利用技术

一、欧洲畜禽养殖环境问题

第二次世界大战后，随着工业化进程加快，欧盟国家集约化农业迅速发展。化肥等化学物质的大量投入，一方面大幅度提高了农产品产量，给农民带来了机遇；另一方面，氮（N）和磷（P）等养分在土壤中贮存过量，并扩散到地下水、地表水和大气环境中，给欧盟农业发展提出了新的挑战。经历了先污染后治理的过程，如今欧盟农业环境已成为国际领先者，养分管理政策的作用不可忽视（曾韵婷，2011）。欧盟国家畜牧业生产专业化程度高、精准管理水平高、环保要求高，实施以养分平衡为基础的资源化利用模式，推动了畜禽养殖环境问题有效解决。为减少畜禽养殖在欧盟区域内造成的环境污染，欧盟成员国必须严格执行欧盟有关畜牧业生产环境污染控制的一系列法规和政策，如《硝酸盐指令》《共同农业政策》《良好农业做法指南》。其中：《硝酸盐指令》是为了解决粪肥不合理施用可能会造成地表水中硝酸盐含量增加的问题，要求欧盟各个国家控制农田施用粪肥最大用量，控制粪肥的施用时间，及时填写种植、养殖和粪肥管理的台账记录。根据以地定畜的规定，从20世纪80年代开始不再允许养殖户扩大经营规模，并且制定了畜禽养殖业准入政策，规定现有养殖场计划扩大养殖规模必须购买或租用土地来支持动物数量的增加，或者与其他农场企业签订粪污购买合同，以保证增加的动物数量所产生的粪污有足够的土地进行消纳。

欧盟各成员国还严格限定了畜禽粪便施用时间和施用量。荷兰基于欧盟标准，制定了《动物粪便法案》，指出粪污处理的核心是粪污的养分管理，在粪污处理过

程中注意污染的控制，重点目标是进行粪污的还田利用。荷兰《肥料法》规定允许耕地施肥的时间为每年 2 月 1 日到 7 月 30 日，每年 8 月 1 日到次年 1 月 30 日不允许施肥。德国《肥料法》对畜禽粪便和有机肥施用量、施用时间、粪便贮存时间的最低要求等有明确规定。有机肥施用量：冬小麦施用总氮量不超过 210 kg/hm²，一般作物耕地施用总氮量不超过 170 kg/hm²。施用时间：一般每年施肥 2 次，分别在春季和秋季，每年 11 月 15 日到次年 1 月 15 日原则上不允许施肥；在冬小麦种植期间，每年 9 月到次年 4 月不允许施肥；同时，在雨雪天气，为了防止氮流失，一般也不允许施肥。

由于实现畜禽废弃物达标排放或者委托其他企业处理的成本非常高（一般需支付 15 ~ 20 欧元 /t 的运输和处理费用），绝大部分养殖场都采用流转土地、与周边种植农户合作，以实现粪肥还田利用。丹麦要求猪场的粪污进行固液分离，固体部分经发酵处理后作为生物质能源，液体部分储存于粪浆池中，每年 2—5 月才能进行粪浆还田工作，规定每公顷土地能消化 27 t 固液分离前的粪浆或 35 t 固液分离后的粪浆。同时，丹麦规定水域面积 100 m² 以上的水体方圆 2 m 以内不允许施用粪肥，坡度大于 6° 的坡地方圆 20 m 内不得施用粪肥，100 m 内不得建设粪水贮存设施。同时鼓励农民采用酸化和深施等方式减少粪肥贮存和施用过程中的氨气排放。

对于超出土地承载力范围的粪便，欧盟各国也提出了不同的处理利用方式。1984 年推出的牛奶配额制度和生产权政策，促进了农民积极地提高资源利用效率。2014 年，欧盟取缔了牛奶配额制度之后，越来越多的猪粪和禽粪必须加工处理，部分作为发电厂燃料，部分生产有机肥出口到其他国家。荷兰采用《畜禽粪便处理协议机制》，要求粪便生产过剩的农民必须与种植者或加工商签订处理协议，不能处理过剩畜禽粪便的农户将面临减少饲养量或变卖农场的选择。现阶段，荷兰农场内部畜禽粪便直接处理利用比例占 74%，运送到荷兰境内其他农场的比例占 23.1%，出口其他国家的比例占 2.9%。荷兰境内的粪污运送范围为液态粪污最远 150 km，固态粪污最远达 300 km。用于出口的粪污及其产品也必须符合欧盟动物副产品的要求。

德国畜禽粪污资源化利用除肥料化外，主要采用能源化方式。德国《可再生能源法》规定可再生能源上网电价 20 年不变，以及强制电网采购，可再生能源优先上网。目前德国沼气发电上网价格至少为常规火力发电上网价格的 4 倍，这在很大程度上促进了德国沼气工程在过去 10 ～ 15 年的时间内迅速发展，德国目前利用畜禽粪便进行厌氧发酵生产可再生能源，计划到 2030 年，畜禽粪便厌氧发酵的比例提高到 30% 以上。

二、欧洲畜禽养殖相关政策法规

为了避免农田粪肥的过量施用，减少对水体的污染，欧盟制定了《共同农业政策》和《硝酸盐指令》等，规定了畜禽粪污贮存、处理和利用的基本要求，如液体粪污覆盖贮存、粪肥施用限量和施用时间要求等，实施了如"和谐原则"等养分平衡计划；欧盟各成员国需要根据自身情况并且基于《硝酸盐指令》制定单位耕地的各种畜禽承载量。对于采用农田利用方式来处理和利用畜禽粪便，则需要审查配套农田的面积、种植作物种类、农田地势、坡度及土壤类型等，以确定配套农田是否能够满足养殖场畜禽粪便的处理要求。如德国畜禽养殖场的规划设计需要报农业部门审批，畜禽粪便的处理利用工艺和具体做法是报批的重要内容。目前德国主要根据农场的土地面积、种植作物类型与消纳能力来确定动物饲养量，每公顷土地允许饲养数量为：牛 3 ～ 9 头、马 3 ～ 9 匹、羊 18 只、猪 9 ～ 15 头、鸡 1 900 ～ 3 000 只、鸭 450 只。丹麦在《废弃物处理法》中规定，每公顷土地可以饲养 1.4 个家畜单位，所有养殖场必须满足"和谐原则"，每户农民所施用畜禽粪便、化肥的数量和时间，要通过互联网向丹麦农业部报告，并接受技术顾问的指导和监测；芬兰规定每公顷土地动物养殖密度上限是 1.5 个动物单位，瑞士规定为 1.4 ～ 3.0 个动物单位。如果养殖场配套农田数量无法将所有粪便还田利用，则必须与其他拥有土地的农户或者企业签订粪便销售合同，以确保养殖场粪污不会对周围水体造成危害。

1.《共同农业政策》

欧盟《共同农业政策》是欧盟农业发展的基本纲要，在 1957 年《罗马条约》（ *Treaty of Rome* ）订立的时候，并没有考虑农业环境问题。直到 1973 年，才开始关注农业环境问题，如今已经发展到第 6 版。1986 年，欧盟《单一欧洲法令》（ *Single European Act* ）成为如今欧盟环境政策建立的基础，提出了维持、保护和提高环境质量，合理利用自然资源。1992 年，第五次欧盟条约中，把环境问题与可持续发展列为欧盟的共同政策之一。1997 年，《阿姆斯特丹条约》确认了欧盟的可持续发展战略，强调了环境问题在欧盟未来政策中的重要性。2000 年，欧盟颁布了《2000年议程》，进一步加大了对环境保护问题的重视，为了减少化肥和农药的使用，欧盟给生态脆弱地区以及无污染、无公害的农业投入品的农场提供补贴。2003 年，欧盟农业部长理事会通过了新的农业政策改革决议，欧盟向农场提供的补贴不再与产量挂钩，而是更注重环境保护。总之，欧盟《共同农业政策》对于环保和农业可持续发展的关注经历了一个从忽视到重视的过程，经过了几十年的发展，欧盟共颁布了 300 多项有关环境的法令，确保了环境政策的法律地位。

2.《水框架指令》

2000 年，欧洲议会和欧盟委员会通过了《水框架指令》，该指令的目的是建立一个保护内陆地表水、河流入海口、沿海水域和地下水的框架。2000 年指令生效；2003 年各成员国开始执行；2004—2015 年，为第一管理周期，各流域对指令的执行进行反馈，分析经济效应，建立环境监测网络，公布流域管理计划；2021 年和2027 年分别为第二和第三周期结束时间。具体管理内容包括：①对于每一个流域，需建立监测方案；②对于地表水应包括监测数据和流速，化学和生态监测指标；③地下水监测应包括化学指标；④每个流域应制定一系列措施方案以实现环境减排目标；⑤当环境目标不能实现时，应当结合其他措施作为辅助；⑥辅助措施可包括经济和财政奖励，排放限制和惩罚等。

3.《硝酸盐指令》

《硝酸盐指令》由欧盟委员会颁布，该指令颁布的目的是：对污水、畜禽排泄物的排放和化肥的过度使用做出调控和削减方案；并制定和实施行动方案，以减少由硝酸盐引起的水质污染。欧盟委员会在 1998 年 1 月 1 日向欧盟议会提交报告，要求成员国应在本指令宣布生效的 2 年内，测定出其领土区域内的脆弱地带，并在6 个月内将这一检测结果通知欧盟委员会；成员国应在之后每 4 年，酌情进行适当的修改或补充，并将修改或增补内容在 6 个月内告知欧盟委员会。2010—2013 年是本报告的第 4 版。指令的主要内容包括：①受污染的水域应当做出标识；②脆弱地带的识别与修订；③农业行为中氮素管理评估和管理计划；④成员国农业生态系统氮素投入、产出及其平衡账户及硝酸盐排放到环境的数量；⑤评价法令对农业生态的影响和对投入的经济效益进行分析。

4.《控制危险物质排放指令》

《控制危险物质排放指令》是由欧盟委员会颁布的，其主要目的是消除由一系列物质引起的污染。这些物质主要从其毒性、持久性和生物累积性方面进行选择。该指令于 1976 年生效，1980 年有关地下水部分被分离出来。该指令涵盖内陆地表水、领海水域、内陆水域和地下水的排放物，其具体危险物质分为有机卤素化合物、有机磷化合物、有机锡化合物、已被证明具有致癌特性的物质、汞及其化合物、镉及其化合物、石油烃等。

5.《新地下水指令》

《新地下水指令》由欧洲议会和欧盟委员会制定，其目的是在长期保护可利用水资源的基础上防止和控制地下水污染，促进水资源可持续利用。指令于 2000 年生效，地下水质量标准于 2008 年底出台。指令对地下水水质的评估标准为硝酸盐和农药的活性物质。其具体执行过程包括：①评估地下水化学指标的标准制定；②评估地下水化学指标；③对持续改善的地下水评估标准进行重新定义；④防止或限制地下水污染物排入的措施方法；⑤指令的实施和效果评估。

6.《空气质量指令》

《空气质量指令》由欧盟委员会制定，其目的是对二氧化硫，二氧化氮及氮氧化物，可吸入固体颗粒物和铅浓度，建立限定值和适当的警戒阈值，旨在避免、防止或减少对人类健康以及整个环境的有害影响。该指令于 1976 年 5 月 4 日生效，2006 年更新为最新版本。成员国应采取必要措施，确保环境空气中二氧化硫、二氧化氮及氮氧化物、可吸入颗粒物和铅的浓度在限定值内，成员国可以确定某些区域为限制排放区。

7.《国家空气污染排放限值指令》

欧洲议会和欧盟委员会颁布了《国家空气污染排放限值指令》，该项指令主要对某些大气污染物的国家排放制定上限，具体目标有：限制酸化、富营养化及温室气体等。该指令于 2001 年 11 月 27 日生效，制定出各成员国酸化、富营养化等指标的最大排放量标准，其指标实现最晚不得超过 2010 年。成员国应每年编制和更新国家排放清单及排放量预测，并向公众公布信息，国家计划应当包含测量方法以及量化污染物排放量，减排政策和政策影响评估。

8.《海洋策略框架指令》

欧洲议会和欧盟委员会为了更有效地保护欧洲海洋环境，保护基于海洋的相关经济和社会活动，于 2008 年颁布了《海洋策略框架指令》。该指令将在指令发布后第 20 日生效。所设定的指标最迟在 2020 年实现。指令需要对以下指标进行检测：地形和海底深度；年度和季节性温度，冰覆盖情况，流速，上升流，浊度，停留时间等；盐度时间和空间上的分布；养分（海洋溶解无机氮、总氮、溶解态无机磷、总磷、总有机碳）和氧气在时间和空间上的分布；pH，海洋酸度等。主要对化肥和其他富含氮、磷物质的输入（包括农业、水产养殖、大气沉降），有机物质的输入（如污水、海水养殖、河流输入）进行管理和控制。

三、欧洲畜禽粪污资源化技术

1. 肥料化利用技术

畜禽粪污肥料化是欧盟国家 90% 以上的中小型牧场普遍采用的做法，主要通过"源头控量、过程保质、末端配施"来综合实现养分管理和种养平衡。其中，"源头控量"是指根据养殖场供肥情况、土壤和作物需肥特点，建立肥料账户和施肥档案，逐年调控各场、各田块粪肥施用上限；"过程保质"是指面向畜禽养殖过程确保粪污中养分留存，突出在粪污处理和贮存环节的技术要求；"末端配施"是指依据牧场种养环境条件来匹配合理的粪肥和化肥施用量，实现定量化精准施肥。

2003 年以来，丹麦政府为所有私人牧场建立了肥料管理计划，规定每年以 $160\,kg/hm^2$ 折纯氮为肥料施用上限，同时创建肥料账户实行化肥配额制度；自 2002 年起，北欧国家针对北海、波罗的海等重点水域保护带，限定粪污中氮肥的施用标准为 $170\,kg/hm^2$，起初 4 年的过渡期可以允许施用 $210\,kg/hm^2$ 的氮肥，以及至少 26 周的粪肥贮存期；2007 年以来，英国针对硝酸盐敏感区限定最高施氮量（$< 170\,kg/hm^2$），并推荐拖管式表施和注射式施肥的方式。

通过密闭堆肥、酸化、覆盖等养分固持技术确保粪肥中的养分最大化还田施用是欧盟国家常用做法。比如采用滚筒、集装箱等反应仓式的密闭装置对畜禽粪污实现快速腐熟，同时确保碳氮养分减损，并综合物理（气味、颜色、粒径）、化学

（C/N、无机氮和重金属含量、腐殖化程度）、生物（植物毒性、病原微生物）等指标来评判腐熟效果。通过在粪水、沼液贮存环节添加酸化剂，液体粪污贮存顶部加盖、表层覆盖秸秆和牛粪结壳等来固持液态粪污中养分的方式也在欧盟国家广泛应用。丹麦还推荐液体粪污舍内贮存加酸酸化减排技术，通过向粪污贮存池中添加硫酸调节 pH 值至 6.0 以下，可减少 50% ~ 95% 的氮素损失。

通过合理配施动物粪肥和化肥的方式实现按需施肥、精准施肥，2011 年，Meade 等人基于 2007—2008 年间通过开展冬小麦 2 个连续生长季的 2 处田块实验研究，以作物氮吸收率、氮利用效率和谷物产量作为评价指标，评估了固液筛分后的液态猪粪与中等、高等水平的化肥配施对于冬小麦种植的影响。结果表明相比只施用化肥，粪肥、化肥配施产量增加 1.1 t/hm^2；配施氮肥利用率能达到 33%，接近只施用无机氮肥的效果。2017 年，Laura 等人统计了 107 篇文献研究结果，综合作物产量、氮素利用率、土壤有机质等指标，评估牛粪厩肥、液态粪浆、化肥 3 种肥料不同配施效果；发现混施厩肥和化肥相比，只施用化肥可提高 113% 的作物产量，混施粪浆和化肥相比只施用化肥可提高 17.4% 的土壤有机碳和 15.7% 的土壤有机氮，且作物产量持平。

源于上述做法，丹麦 2015 年氮素利用率（NUE）相比 1985 年提高了将近20%；德国农业试验与研究联合会于 2017 年根据农田氮磷钾养分管理五等级评价、土壤调酸改土五等级评价、农田质量百分比等指标，评估出德国化肥养分投入量相比 1980 年减少了将近 50%，而农产品自给率常年稳定；经过 20 余年的长期实践，欧盟国家各种肥料中氮、磷总用量分别下降约 30% 和约 50%。

2. 能源化利用技术

以德国、瑞典等为首的能源型国家鼓励大型牧场采用厌氧消化技术将畜禽粪污制备成沼气、生物柴油、生物天然气等生物质可再生能源，核心工艺技术主要包括湿式发酵和固态发酵（干湿同步发酵工艺）2 个方面，其中湿式发酵工艺占沼气工程的 90% 左右。

以德国为例，多采用畜禽粪污和玉米等能源作物作为混合湿式发酵物料，以提升沼气产量（10% ~ 80%），具体取决于预处理条件和干物质含量。在以猪粪为物料的湿式厌氧发酵中，全混合发酵占比高达 94%。在沼气利用方面，约 98% 的沼气工程采取热电联产方式，并且德国沼气工程使用的内燃机发电技术世界领先，

33% ～ 37% 的能量转换为电能，在发电的过程中产生大量的余热，用于给发酵装置加热，以及为牧场或社区供热，提高了沼气利用效率，增加了沼气工程的经济效益。德国、丹麦和瑞典在可再生能源利用方面成绩斐然，对欧洲及其他主要经济体国家具有重要影响。据估算，2030 年欧洲的牛、猪、禽粪通过厌氧发酵产生的总能源潜力为 670 ～ 890 PJ/a，其中猪粪为 320 ～ 420 PJ/a，牛粪为 280 ～ 390 PJ/a，禽粪为 60 ～ 80 PJ/a，畜禽粪污制备沼气在德国及整个欧洲生态能源政策中发挥了重要作用。

固态厌氧发酵具有有机负荷高、能耗低、消化残余物易处理等优势，2010 年后逐渐成为欧洲国家畜禽粪污资源化利用研究的热点。2010—2015 年间，欧洲固态厌氧发酵处理能力增长了 50%，处理量占厌氧消化总量的 35%。基于德国 Bioferm 公司研发的厌氧干式发酵技术，Kaiser 在 2003 年以青贮饲料和牛粪为底物的中试研究中发现，干发酵产气量为模拟湿式发酵产气量的 32% ～ 37%。2016 年，Degueurce 在研究中发现，在牛粪干式发酵的启动阶段，渗滤液回流频率对甲烷产量影响最大，回流间歇时间过长会导致甲烷产量降低，但这种情况在渗滤液很多和渗滤液与固体底物比例较低时将被弱化。由德国 Bekon 公司自 20 世纪 90 年代开始投资开发的车库型干式厌氧发酵工艺于 2003 年进行技术上线调试，到 2016 年在欧洲得到广泛应用，德国、意大利、瑞典等多个国家运用这项技术建立了超过 20 座高效运行的沼气工厂。

第三节
日韩畜禽养殖业环境问题、政策法规和处理利用技术

一、日韩畜禽养殖环境问题

1. 日本基本情况

为满足人口增长的需要，日本畜牧业快速发展，畜牧业产值占农业 GDP 的 40% ~ 50%，也导致了畜禽粪污快速增长，日本每年产生的畜禽粪污约为 9 000 万吨，占生物质废弃物总量的 25%。畜禽粪污是日本产生量最大的农业废弃物，畜禽粪污氮量甚至比年化学肥料氮产量还要高。20 世纪 70 年代，日本发生过严重的"畜产公害"事件，在此之后，日本先后制定了多个与畜禽污染管理相关的法律，包括《废弃物处理法》《水污染防治法》《恶臭防治法》《促进畜牧生产安全管理和使用法》等。日本《促进畜牧生产安全管理和使用法》规定，粪便应储存在具有水泥地板及有屋顶的贮存设施中，并在次年 3 月之前使其干燥，然后再运到田地里。日本《水污染防治法》规定了畜禽场的污水排放标准，即畜禽场养殖规模达到一定的程度（养猪超过 2 000 头、养牛超过 800 头、养马超过 2 000 匹），排出的污水必须经过处理，并符合规定要求。

日本人多地少，面临农地、水资源、能源等制约，主要实施以堆肥为核心的养殖废弃物资源利用模式，也通过能源化、基质化和原料化等多种方式进行利用。2010—2019 年的 10 年时间里，日本奶牛和肉牛粪污资源化利用率分别从 72% 和 42% 总体都提高到 89%，生猪粪污资源化利用率从 14% 提高到 20%。

2. 韩国基本情况

韩国主要家畜饲养量从 2008 年的 1.32 亿头增加到 2017 年的 1.86 亿头，增加了 29%，同时期耕地面积减少 13.8 万公顷，减少约 8%。猪粪产生量大约为每天 17.3 万立方米。畜禽粪污产生量巨大和处理量不足的双重叠加压力，引起水质、臭味等环境问题和投诉不断增加。2005 年和 2013 年韩国分别禁止陆地填埋和海洋倾倒有机废物，如食物废弃物、畜禽粪污等。

韩国畜禽粪污处理方法有肥料化、能源化、净化处理、焚烧等，如 2013 年起韩国落实《东京议定书》，通过粪便制备沼气能源以减少温室气体。从经济成本和处理效果出发，最现实的方法是肥料化和农田施用。2010 年，韩国 87% 的牲畜粪便资源化途径为堆肥和液肥利用，净化处理和海洋倾倒分别占牲畜粪便总量的 10% 和 3%。其中，100% 的牛粪和鸡粪进行堆肥处理，70.7% 的生猪粪便进行堆肥处理，24.0% 的生猪粪便进行净化处理，5.3% 的生猪粪便进行海洋倾倒。

二、日本畜禽养殖相关政策法规

日本相关法律法规对不同动物的饲养数量提出了不同的要求，若超过规定数量，则必须向所在地政府提出申请，得到许可后方能饲养。日本的畜禽养殖以农户小规模饲养为主，为防止畜禽废弃物的环境污染，先后出台了《水污染防止法》《恶臭防止法》《畜禽废弃物处理和利用法》等 7 部法规，其中《水污染防止法》主要是针对生化需氧量、化学需氧量以及大肠埃希菌等浓度做了排放阈值的规定。《恶臭防止法》对养殖场排出的有害气体浓度做了阈值要求。凡猪舍、牛棚和马厩面积分别为 50 m^2、200 m^2 和 500 m^2 以上且在公共用水区域排放污水的畜禽养殖场，需在都道府县知事处申报并建设废弃物处理设施，制定了畜禽养殖污水排放标准的，日本农林水产省对畜禽废弃物环境污染防治给予经济资助：对畜禽废弃物处理利用新技术研发和推广应用进行资助；日本在 1999 年修订了"农业环境三法"（《持续农业法》《家畜排泄物法》《环境管理法》），对畜禽在清洁生产中新品种的引进、养殖规模、贷款优惠，以及废弃物的处理等做出了具体规定。如畜禽养殖污染治理中 50% 的环保设施费由国家财政承担，25% 由都道府县承担，养殖户仅需支付 25% 的建设运行费；对畜禽养殖场环保设施采取减税或免税，日本政府于 2003 年出台了保证金制度、征收环境税和设立环保援助资金措施，并以每年新增 2 000

万日元的投资方式为农业种养业协调发展提供资金支持和保障，并对环保型农户提供贴息和税收减免政策。同时通过专业废弃物集中处理中心的建设和有效运行，以及发酵床养殖技术的开发，促进了畜禽废弃物环境污染的有效防治。

此外，日本经济发达，设施投入都较为先进，尤其是不同类型的堆肥发酵装置，畜禽粪污资源化利用主要采取高补贴、高投入、高去除效率、高环境效益的模式。由于对畜禽粪便的处理一般采用堆肥处理工艺，同时注重有机肥生产点环境建设，资金投入很大，但总体建设规模都不大。日本政府投入机制较为完善，政府实行农业基础设施补贴制度，对建设现代化的猪、鸡、牛养殖场，政府给予全部投入额 40% 的补贴，在低息贷款上落实有力，解决了农牧业发展所需的资金问题，并且对部分进口的饲料生产原料给予税收减免。

三、日本畜禽粪污处理利用

根据日本畜禽养殖场的技术需求，研究开发出畜禽养殖场粪便好氧堆肥、粪水厌氧发酵沼气工程、发酵床养猪等技术；日本畜产环境整备机构负责畜禽粪污处理利用相关技术的推广应用，通过畜禽粪污处理利用设施建设的政府补贴，促进了畜禽废弃物处理利用技术的应用及其装备的产业化，极大地提升了畜禽养殖场粪污处理利用设施的配套水平。

1. 肥料化利用

将畜禽粪污以肥料的形式投入土壤中是缓解粪污量过大及环境污染的有效方式之一。畜禽粪污堆肥利用方式占到畜禽粪污总量的 89%。长期施用牛粪堆肥，有利于提高作物产量、增加土壤碳积累、提高土壤有机质含量，减少温室气体排放。畜禽粪污还田施用替代并减施 70% 化肥施用量，氮肥利用率由 18.1% 提高到 35.1%。液体畜禽粪污通过测定电导率制定液体肥料质量认证和成熟度分类标准。液体粪污氮含量小于 100 mg/L 可直接排放，氮含量在 100 ~ 700 mg/L 范围的可以直接还田利用，氮含量大于 700 mg/L 的要经过处理才能还田。此外，合理确定畜禽粪污施用量，改变施用方式，加强土地管理，能够在保证产量的同时，减少养分淋溶损失。

2. 能源化利用

利用畜禽粪污制备沼气是能源化利用的有效途径之一。日本北海道大约有847 000头奶牛，占日本奶牛和肉牛总量的50%，并且奶牛养殖规模大，成为建设集中式沼气厂潜在的适宜地区。目前正在运营的沼气厂有40个，粪便处理量仅占粪污产生量的1%。

畜禽粪污制备生物质燃料技术取得明显进展。使用液化二甲醚（DME）脱除牛粪中水分后可有效地制备生物质燃料，最适条件下牛粪中98%的水分和一些粗脂肪可以在70分钟内被去除。此外，结合热干燥和DME脱水技术，粪便燃料的低位热值提高到13.8 MJ/kg，是原始牛粪便的18.1倍。

3. 基质化利用

生物炭作为一种新型肥料添加剂常应用于土壤，以提高肥料利用率，提高土壤有机质含量。通过自加热将湿粪便转化为干燥生物炭，转化率为80%。低温流化床中的畜禽粪便生物质经催化和蒸汽气化，转化为富氢合成气。

第三章
我国畜禽粪便污染物的处理原则及政策

第一节
畜禽粪便污染物的产生

畜禽养殖在给人类提供大量肉、蛋、奶的同时，也产生大量粪便。如果这些粪便没有得到及时有效处理和利用，或者其利用量超过了环境承载容量，则可能成为对土壤、水体、大气等造成污染的污染物。一般来说，畜禽粪便污染物包括畜禽粪、尿及其与冲洗水形成的混合物。

一、畜禽粪便污染物的形成

1. 粪的形成

畜禽采食的饲料经消化后一部分被机体吸收利用，一部分没有被消化吸收的剩余残渣，以及机体代谢产物和微生物等形成粪便。粪中所含各种养分并非全部来自饲料，还有少量来自畜禽消化道分泌的消化液、肠道脱落细胞、肠道微生物等内源性产物。畜禽粪便的产生量主要受品种、年龄、饲料、饲养等因素影响。

（1）畜禽种类

不同种类的畜禽，由于消化道的结构、功能、长度和容积不同，因而对饲料的消化力不一样。一般来说，不同种类动物对粗饲料的消化率差异较大，牛对粗饲料的消化率最高，其次是羊，猪较低，而家禽几乎不能消化粗饲料中的粗纤维。

畜禽从幼年到成年，消化器官和机能发育的完善程度不同，对饲料养分的消化率也不一样。蛋白质、脂肪、粗纤维的消化率随畜禽年龄的增加而呈上升趋势，但老年畜禽因牙齿衰残，不能很好地磨碎食物，消化率又逐渐降低。

同一品种、相同年龄的不同个体，因培育条件、用途等不同，对同一种饲料养分的消化率也有差异。

畜禽处于空怀、妊娠、哺乳、疾病等不同的生理状态，对饲料养分的消化率也有影响。一般而言，空怀和哺乳状态动物的消化率比妊娠动物好，健康畜禽对饲料的消化率比生病畜禽要好。

（2）饲料成分

不同种类和来源的饲料因养分含量及性质不同，可消化性也不同。一般幼嫩青绿饲料的可消化性较高，干粗饲料的可消化性较低；作物籽实的可消化性较高，茎秆的可消化性较低。

饲料的化学成分以粗蛋白质和粗纤维对消化率的影响最大。饲料中粗蛋白质愈多，消化率愈高；粗纤维愈多，则消化率愈低。

（3）饲料加工

饲料加工调制方法对饲料养分消化率均有不同程度的影响。适度磨碎有利于单胃动物对饲料干物质、能量和氮的消化；适宜的加热和膨化可提高饲料中蛋白质等有机物质的消化率。粗饲料用酸碱处理有利于反刍动物对纤维性物质的消化；凡有利于瘤胃发酵和微生物繁殖的因素，皆能提高反刍动物对饲料养分的消化率。

（4）饲养水平

饲养水平过高或过低均不利于饲料的转化。饲养水平过高，超过机体对营养物质的需要，过剩的物质不能被机体吸收利用，反而增加畜禽能量的消耗，如蛋白质每过量 1%，可供猪利用的有效能量相应减少约 1%。相反，饲养水平过低，则不能满足机体需要而影响其生长和发育。以维持水平或低于维持水平饲养，饲料养分消化率最高，而超过维持水平后，随饲养水平的提高，消化率逐渐降低。饲养水平对猪的影响较小，对草食动物的影响较明显。

2. 尿的形成

畜禽生长发育过程中，水是一种重要的营养成分。不同畜禽体内水的周转代谢的速度不同，牛体内一半的水 3.5 天更新一次，非反刍动物周转代谢较快。各种畜禽体内水的周转受温度、湿度等环境因素及采食饲料影响。采食盐类过多，饮水量增加，水的周转代谢加快。尿液是畜禽排放水分的重要途径，通常随尿液排出的水可占总排水量的一半左右。尿液排出的物质一部分是营养物质的代谢产物，另一部分是衰老的细胞破坏时所形成的产物。此外，排泄物中还包括一些随食物摄入的多余物质，如多余的水和无机盐类。动物摄入水量增多，尿的排出量则增加。动物的最低排尿量取决于必须排出溶质的量及肾脏浓缩尿液机制的能力。不同动物由尿排出的水分不同。禽类排出的尿液较浓，水分较少；大多数哺乳动物排出的水分较多。畜禽的排尿量主要受品种、年龄、饲料、使役、环境等因素影响。

（1）畜禽种类

不同种类的畜禽，其生理和营养物质特别是蛋白质代谢产物不同，影响排尿量。猪、牛、马等哺乳动物蛋白质代谢终产物主要是尿素，这些物质停留在体内对动物有一定的毒害作用，需要大量的水分稀释，并使其适时排出体外，因而产生的尿量较多；禽类的蛋白质代谢终产物主要是尿酸或胺，排泄这类产物需要的水很少，尿量较少。畜禽的健康状况也可使排尿量发生显著变化。

（2）饲料成分

同一个体，畜禽尿量主要取决于机体所摄入的水量及由其他途径所排出的水量。在适宜环境条件下，饲料干物质采食量与饮水量高度相关，采食水分十分丰富的牧草时动物可不饮水，尿量较少；采食含粗蛋白质水平高的饲粮，动物需水量增加，以利于尿素的生成和排泄，尿量较多。饲料中粗纤维含量增加，因纤维膨胀、酵解及未消化残渣的排泄，使需水量增加，继而尿量增加。日粮中蛋白质或盐类含量高时，饮水量加大，尿量增多。

（3）环境条件

环境温度是影响畜禽需水量的主要因素，最终影响排尿量。一般当生长环境温度高于 30 ℃，畜禽饮水量明显增加；低于 10 ℃时，需水量明显减少。生长环境温度在 10 ℃以上，30 ℃以下时采食 1 kg 干物质需供水 2.1 kg；当环境温度升高到 30 ℃以上时，采食 1 kg 干物质需供水 2.8～5.1 kg；当环境温度从 10 ℃以下升高到 30 ℃以上时，产蛋母鸡饮水量几乎增加 2 倍。高温时动物体表或呼吸道蒸发散热增快，尿量也会发生一定的变化。在外界温度高、活动量大的情况下，由肺或皮肤排出的水量增多，导致尿量减少。

3. 冲洗水

冲洗水是畜禽养殖过程中清洁地面粪便和尿液所使用的水，冲洗水与被冲洗的粪便和尿液形成混合物进入粪污处理系统。冲洗水的使用量与畜禽粪污的清理方式有关。不同清粪方式的冲洗用水量差别很大，如果采用发酵床养殖，畜禽饲养过程中的冲洗用水量很少，甚至不用水冲洗。

目前粪便主要清理方式有干清粪、水冲清粪和水泡粪。干清粪是采用人工或机械方式从畜禽舍地面收集全部或大部分的固体粪便，地面残余粪尿用少量水冲洗，冲洗水量相对较少。水冲清粪是从粪沟一端的高压喷头放水清理粪沟中粪尿的方式。水冲清粪可保持猪舍内的环境清洁，劳动强度小，但耗水量大且污染物浓度高，一个万头猪场水冲清粪的每天耗水量为 200 ～ 250 m^3。水泡粪主要用于生猪养殖，是在猪舍内的排粪沟中注入一定量的水，粪尿、冲洗和饲养管理用水一并排放至缝隙地板下的粪沟中，储存一定时间后，打开出口的闸门，将沟中粪水排出。水泡粪比水冲清粪工艺节约用水，但是由于粪污长时间在猪舍中停留，形成厌氧发酵，产生大量的硫化氢（H_2S）、甲烷（CH_4）等有害气体，恶化舍内空气环境，危及动物和饲养人员的健康。此种清粪方式使粪污的有机物浓度更高，后续处理也更加困难。

此外，降温用水也是影响畜禽粪污产生量的一个重要原因。夏季高温季节，一些养殖场以冲洗方式帮助畜禽降温，冲洗水也可能成为粪污的一部分。

二、畜禽粪便污染物的产生量

1. 畜禽粪便的产生量

畜禽粪便产生量的估算方法主要有四种：一是以不同畜禽粪便排放量之和作为总排放量，二是根据畜禽吸入养分等于生长吸收的养分与排出养分之和计算粪便排放量，三是按区域不同种类畜禽粪便日排放量与饲养期之积作为其年排放量，四是根据畜禽粪便干物质量等于畜禽出栏量与体重和料肉比的积进行计算。通常采用第三种方法进行估算。国家环境保护局测定的畜禽粪便排放系数见表 3-1。

表 3-1　畜禽粪便排放系数

项目	猪	牛	羊	鸡	鸭
粪 / (kg/d)	2	20	2.6	0.12	0.13
粪 / (kg/a)	398	7300	950	25.2	27.3
尿 / (kg/d)	3.3	10	未计	—	—
尿 / (kg/a)	656.7	3650	未计	—	—
饲养周期 /d	199	365	365	210	210

受畜禽种类、性别、生长期、饲料、环境条件、饲养水平等因素影响，不同畜禽在不同饲养阶段的粪便排放量与污染物特性存在较大差异。表 3-2 为畜禽不同养殖阶段的粪便日排放量。

表 3-2　畜禽不同养殖阶段的粪便日排放量

类别	日排粪量 /（kg/ 头或只）	类别	日排粪量 /（kg/ 头或只）
公猪	2.0 ～ 3.0	后备鸡（0 ～ 140 日龄）	0.072
空怀母猪	2.0 ～ 2.5	产蛋鸡	0.125 ～ 0.135
哺乳母猪	2.5 ～ 4.2	肉仔鸡	0.105
断奶仔猪	0.7	泌乳奶牛（28 月龄以上）	30 ～ 50
后备猪	2.1 ～ 2.8	青年奶牛（9 ～ 28 月龄）	20 ～ 35
生长猪	1.3	育成奶牛（7 ～ 18 月龄）	10 ～ 20
育肥猪	2.2	犊牛（0 ～ 6 月龄）	3 ～ 7
羊	2	24 月龄以上肉牛	20 ～ 25
肉鸭	0.1	24 月龄以下肉牛	15 ～ 20
种鸭	0.17	驴、马、骡子	10
兔	0.15		

2. 畜禽养殖污染物的产生量

畜禽养殖污染物的产生量和排放量一般采用产排污系数法核算。某类畜禽养殖的水污染物产生量等于其养殖量乘以产污系数。畜禽养殖的污染物产生量等于各类畜禽（生猪、奶牛、肉牛、蛋鸡、肉鸡等）养殖的污染物产生量之和。

畜禽养殖产污系数，是指在典型的正常生产和管理条件下，一定时间内，单个畜禽所排泄的粪便和尿液中所含的各种污染物量。不同动物在不同饲养阶段的粪尿产生量与污染物特性存在较大差异。2021 年 6 月，生态环境部发布《排放源统计调查产排污核算方法和系数手册》，按照畜禽生长期给出其污染物产生量，其中生猪和肉鸡饲养小于 1 年，按照不同饲养期特性乘以饲养天数进行累积求和获得；对于奶牛、肉牛和蛋鸡的饲养期超过 365 天的畜种，以年为单位给出单个动物的污染物产生系数。不同养殖区域、不同畜禽品种、不同饲养阶段的污染物产生量不同，我国不同地区的畜禽养殖产污系数见表 3-3。

畜禽养殖排污系数，是指养殖场在正常生产和管理条件下，单个畜禽产生的原始污染物未资源化利用的部分经处理设施消减或未经处理利用而直接排放到环境中

畜禽粪便无害化处理与资源利用

的污染物量，分为规模化养殖场排污系数和养殖户排污系数。不同养殖区域、不同畜禽品种、不同饲养阶段的养殖排污量不同，我国不同地区的畜禽排污系数见表 3-4。

表 3-3　不同地区的畜禽养殖产污系数

地区	畜禽种类/头或羽	畜禽规模化养殖场				畜禽养殖户			
		化学需氧量/kg	总氮/kg	氨氮/kg	总磷/kg	化学需氧量/kg	总氮/kg	氨氮/kg	总磷/kg
北京市	生猪	49.940	3.027	0.751	0.733	50.5	3	1	0.6
	奶牛	1 535.099	73.090	13.060	9.449	1 535.1	73.1	13.1	9.5
	肉牛	123 8.339	30.610	6.802	6.136	906.9	33.6	8.7	2.3
	蛋鸡	11.176	0.586	0.134	0.184	10.9	0.5	0.4	0.1
	肉鸡	2.527	0.110	0.05	0.032	1.1	0.1	0.04	0.01
天津市	生猪	50.291	3.044	0.753	0.738	50.5	3	1	0.6
	奶牛	1 535.099	73.09	13.06	9.449	1 535.1	73.1	13.1	9.5
	肉牛	1 252.011	31.264	6.874	6.314	906.9	33.6	8.7	2.3
	蛋鸡	11.187	0.587	0.135	0.184	10.9	0.5	0.4	0.1
	肉鸡	2.535	0.111	0.005	0.032	1.1	0.1	0.04	0.01
河北省	生猪	49.954	3.028	0.751	0.733	50.5	3	1	0.6
	奶牛	1 535.331	73.096	13.062	9.45	1 535.1	73.1	13.1	9.5
	肉牛	1 239.108	30.647	6.809	6.141	906.9	33.6	8.7	2.3
	蛋鸡	11.177	0.586	0.134	0.184	10.9	0.5	0.4	0.1
	肉鸡	2.528	0.11	0.005	0.032	1.1	0.1	0.04	0.01
山西省	生猪	49.947	3.028	0.751	0.733	50.5	3	1	0.6
	奶牛	1 535.855	73.109	13.065	9.453	1 535.1	73.1	13.1	9.5
	肉牛	1 238.629	30.624	6.805	6.138	906.9	33.6	8.7	2.3
	蛋鸡	11.176	0.586	0.134	0.184	10.9	0.5	0.4	0.1
	肉鸡	2.528	0.11	0.005	0.032	1.1	0.1	0.04	0.01
内蒙古自治区	生猪	49.94	3.027	0.751	0.733	50.5	3	1	0.6
	奶牛	1 537.913	73.16	13.076	9.463	1 535.1	73.1	13.1	9.5
	肉牛	1 273.737	32.301	7.104	6.354	906.9	33.6	8.7	2.3
	蛋鸡	11.193	0.587	0.134	0.184	10.9	0.5	0.4	0.1
	肉鸡	2.541	0.112	0.006	0.032	1.1	0.1	0.04	0.01

续表1

地区	畜禽种类/头或羽	畜禽规模化养殖场				畜禽养殖户			
		化学需氧量/kg	总氮/kg	氨氮/kg	总磷/kg	化学需氧量/kg	总氮/kg	氨氮/kg	总磷/kg
辽宁省	生猪	49.923	3.285	0.602	0.788	99.9	4.8	0.8	0.9
	奶牛	1 488.171	61.447	7.109	10.941	1 488.2	61.4	7.1	10.9
	肉牛	1 090.447	29.161	1.847	5.102	975.5	26.1	3.4	2
	蛋鸡	8.484	0.48	0.041	0.198	10.1	0.6	0.04	0.1
	肉鸡	1.859	0.076	0.007	0.019	1.9	0.1	0.01	0.03
吉林省	生猪	49.879	3.282	0.602	0.787	99.9	4.8	0.8	0.9
	奶牛	1 488.171	61.447	7.109	10.941	1 488.2	61.4	7.1	10.9
	肉牛	1 090.447	29.161	1.847	5.102	975.5	26.1	3.4	2
	蛋鸡	8.484	0.48	0.041	0.198	10.1	0.6	0.04	0.1
	肉鸡	1.859	0.076	0.007	0.019	1.9	0.1	0.01	0.03
黑龙江省	生猪	49.879	3.282	0.602	0.787	99.9	4.8	0.8	0.9
	奶牛	1 488.171	61.447	7.109	10.941	1 488.2	61.4	7.1	10.9
	肉牛	1 090.447	29.161	1.847	5.102	975.5	26.1	3.4	2
	蛋鸡	8.484	0.48	0.041	0.198	10.1	0.6	0.04	0.1
	肉鸡	1.859	0.076	0.007	0.019	1.9	0.1	0.01	0.03
上海市	生猪	69.111	5.551	1.542	1.327	75.5	3.5	0.4	1.2
	奶牛	1 696.002	62.468	4.06	9.407	2 170.9	72.4	3.3	8.3
	肉牛	1 288.153	32.189	7.655	5.196	1 860.4	45.6	3.2	7.5
	蛋鸡	12.398	0.613	0.048	0.174	10.4	0.7	0.1	0.2
	肉鸡	2.695	0.1	0.037	0.022	2.2	0.1	0.01	0.02
江苏省	生猪	69.111	5.551	1.542	1.327	75.5	3.5	0.4	1.2
	奶牛	1 696.002	62.468	4.06	9.407	2 170.9	72.4	3.3	8.3
	肉牛	1 288.153	32.189	7.655	5.196	1 860.4	45.6	3.2	7.5
	蛋鸡	12.4	0.613	0.048	0.174	10.4	0.7	0.1	0.2
	肉鸡	2.696	0.1	0.037	0.022	2.2	0.1	0.01	0.02
浙江省	生猪	69.02	5.544	1.54	1.325	75.5	3.5	0.4	1.2
	奶牛	1 696.002	62.468	4.06	9.407	2 170.9	72.4	3.3	8.3
	肉牛	1 288.154	32.189	7.655	5.196	1 860.4	45.6	3.2	7.5
	蛋鸡	12.398	0.613	0.048	0.174	10.4	0.7	0.1	0.2
	肉鸡	2.698	0.1	0.037	0.022	2.2	0.1	0.01	0.02

续表2

地区	畜禽种类/头或羽	畜禽规模化养殖场				畜禽养殖户			
		化学需氧量/kg	总氮/kg	氨氮/kg	总磷/kg	化学需氧量/kg	总氮/kg	氨氮/kg	总磷/kg
安徽省	生猪	69.111	5.551	1.542	1.327	75.5	3.5	0.4	1.2
	奶牛	1 696.002	62.468	4.06	9.407	2 170.9	72.4	3.3	8.3
	肉牛	1 288.153	32.189	7.655	5.196	1 860.4	45.6	3.2	7.5
	蛋鸡	12.403	0.613	0.048	0.174	10.4	0.7	0.1	0.2
	肉鸡	2.698	0.1	0.037	0.022	2.2	0.1	0.01	0.02
福建省	生猪	69.111	5.551	1.542	1.327	75.5	3.5	0.4	1.2
	奶牛	1 696.002	62.468	4.06	9.407	2 170.9	72.4	3.3	8.3
	肉牛	1 288.153	32.189	7.655	5.196	1 860.4	45.6	3.2	7.5
	蛋鸡	12.398	0.613	0.048	0.174	10.4	0.7	0.1	0.2
	肉鸡	2.695	0.1	0.037	0.022	2.2	0.1	0.01	0.02
江西省	生猪	69.111	5.551	1.542	1.327	75.5	3.5	0.4	1.2
	奶牛	1 696.002	62.468	4.06	9.407	2 170.9	72.4	3.3	8.3
	肉牛	1 288.153	32.189	7.655	5.196	1 860.4	45.6	3.2	7.5
	蛋鸡	12.398	0.613	0.048	0.174	10.4	0.7	0.1	0.2
	肉鸡	2.695	0.1	0.037	0.022	2.2	0.1	0.01	0.02
山东省	生猪	69.111	5.551	1.542	1.327	75.5	3.5	0.4	1.2
	奶牛	1 696.33	62.476	4.062	9.408	2 170.9	72.4	3.3	8.3
	肉牛	1 288.285	32.194	7.655	5.197	1 860.4	45.6	3.2	7.5
	蛋鸡	12.398	0.613	0.048	0.174	10.4	0.7	0.1	0.2
	肉鸡	2.695	0.1	0.037	0.022	2.2	0.1	0.01	0.02
河南省	生猪	69.081	4.139	0.713	1.196	69.1	4.2	0.7	1.2
	奶牛	1 788.824	48.977	3.068	16.124	2 114.8	44.4	1.1	29.4
	肉牛	973.957	23.937	5.727	3.959	1 869.2	50.3	2.1	13.4
	蛋鸡	8.606	0.457	0.253	0.11	9.6	0.5	0.02	0.1
	肉鸡	1.749	0.08	0.001	0.016	1.5	0.1	0.003	0.02
湖北省	生猪	69.086	4.139	0.713	1.196	69.1	4.2	0.7	1.2
	奶牛	1 788.824	48.977	3.068	16.124	2 114.8	44.4	1.1	29.4
	肉牛	974.149	23.941	5.728	3.96	1 869.2	50.3	2.1	13.4
	蛋鸡	8.588	0.456	0.253	0.11	9.6	0.5	0.02	0.1
	肉鸡	1.75	0.08	0.001	0.016	1.5	0.1	0.003	0.02

续表3

地区	畜禽种类 /头或羽	畜禽规模化养殖场				畜禽养殖户			
		化学 需氧量 /kg	总氮 /kg	氨氮 /kg	总磷 /kg	化学 需氧量 /kg	总氮 /kg	氨氮 /kg	总磷 /kg
湖南省	生猪	69.087	4.139	0.713	1.196	69.1	4.2	0.7	1.2
	奶牛	1 788.824	48.977	3.068	16.124	2 114.8	44.4	1.1	29.4
	肉牛	974.149	23.941	5.728	3.96	1 869.2	50.3	2.1	13.4
	蛋鸡	8.586	0.456	0.253	0.11	9.6	0.5	0.02	0.1
	肉鸡	1.749	0.08	0.001	0.016	1.5	0.1	0.003	0.02
广东省	生猪	69.083	4.139	0.713	1.196	69.1	4.2	0.7	1.2
	奶牛	1 788.824	48.977	3.068	16.124	2 114.8	44.4	1.1	29.4
	肉牛	974.149	23.941	5.728	3.96	1 869.2	50.3	2.1	13.4
	蛋鸡	8.586	0.456	0.253	0.11	9.6	0.5	0.02	0.1
	肉鸡	1.749	0.08	0.001	0.016	1.5	0.1	0.003	0.02
广西 壮族 自治区	生猪	69.087	4.139	0.713	1.196	69.1	4.2	0.7	1.2
	奶牛	1 788.824	48.977	3.068	16.124	2 114.8	44.4	1.1	29.4
	肉牛	974.149	23.941	5.728	3.96	1 869.2	50.3	2.1	13.4
	蛋鸡	8.586	0.456	0.253	0.11	9.6	0.5	0.02	0.1
	肉鸡	1.749	0.08	0.001	0.016	1.5	0.1	0.003	0.02
海南省	生猪	69.087	4.139	0.713	1.196	69.1	4.2	0.7	1.2
	奶牛	1 788.824	48.977	3.068	16.124	2 114.8	44.4	1.1	29.4
	肉牛	974.149	23.941	5.728	3.96	1 869.2	50.3	2.1	13.4
	蛋鸡	8.586	0.456	0.253	0.11	9.6	0.5	0.02	0.1
	肉鸡	1.749	0.08	0.001	0.016	1.5	0.1	0.003	0.02
重庆市	生猪	49.394	4.615	0.634	0.72	49.4	4.6	0.6	0.7
	奶牛	1 691.268	59.032	12.438	13.354	1 231.7	41.9	7	18.2
	肉牛	1 033.66	27.446	1.819	5.533	1 388.6	51.5	1.4	8.9
	蛋鸡	11.524	0.53	0.046	0.169	9.1	0.4	0.1	0.1
	肉鸡	2.543	0.095	0.005	0.033	2.4	0.1	0.01	0.03
四川省	生猪	49.42	4.617	0.634	0.72	49.4	4.6	0.6	0.7
	奶牛	1 691.268	59.032	12.438	13.354	1 231.7	41.9	7	18.2
	肉牛	1 033.665	27.447	1.819	5.533	1 388.6	51.5	1.4	8.9
	蛋鸡	11.529	0.531	0.046	0.169	9.1	0.4	0.1	0.1
	肉鸡	2.56	0.096	0.005	0.034	2.4	0.1	0.01	0.03

续表4

地区	畜禽种类/头或羽	畜禽规模化养殖场				畜禽养殖户			
		化学需氧量/kg	总氮/kg	氨氮/kg	总磷/kg	化学需氧量/kg	总氮/kg	氨氮/kg	总磷/kg
贵州省	生猪	49.394	4.615	0.634	0.72	49.4	4.6	0.6	0.7
	奶牛	1 700.154	59.267	12.454	13.401	1 231.7	41.9	7	18.2
	肉牛	1 055.304	28.202	1.978	5.704	1 388.6	51.5	1.4	8.9
	蛋鸡	11.565	0.532	0.046	0.17	9.1	0.4	0.1	0.1
	肉鸡	2.587	0.097	0.005	0.034	2.4	0.1	0.01	0.03
云南省	生猪	49.394	4.615	0.634	0.72	49.4	4.6	0.6	0.7
	奶牛	1 691.268	59.032	12.438	13.354	1 231.7	41.9	7	18.2
	肉牛	1 033.66	27.446	1.819	5.533	1 388.6	51.5	1.4	8.9
	蛋鸡	11.524	0.53	0.046	0.169	9.1	0.4	0.1	0.1
	肉鸡	2.543	0.095	0.005	0.033	2.4	0.1	0.01	0.03
西藏自治区	生猪	49.394	4.615	0.634	0.72	49.4	4.6	0.6	0.7
	奶牛	1 691.268	59.032	12.438	13.354	1 231.7	41.9	7	18.2
	肉牛	1 016.781	26.998	1.789	5.443	1 388.6	51.5	1.4	8.9
	蛋鸡	11.524	0.53	0.046	0.169	9.1	0.4	0.1	0.1
	肉鸡	2.543	0.095	0.005	0.033	2.4	0.1	0.01	0.03
陕西省	生猪	52.693	3.844	0.911	0.995	86.8	4.8	1.1	1.2
	奶牛	2 040.61	77.139	14.934	22.989	2 040.6	77.1	14.9	23
	肉牛	1 127.688	37.333	3.651	3.846	1 129.2	37.4	3.6	3.9
	蛋鸡	10.04	0.564	0.06	0.115	10.1	0.6	0.1	0.1
	肉鸡	2.075	0.092	0.007	0.02	1.6	0.1	0.01	0.02
甘肃省	生猪	52.698	3.844	0.911	0.995	86.8	4.8	1.1	1.2
	奶牛	2 040.61	77.139	14.934	22.989	2 040.6	77.1	14.9	23
	肉牛	1 129.221	37.384	3.656	3.851	1 129.2	37.4	3.6	3.9
	蛋鸡	10.051	0.564	0.06	0.115	10.1	0.6	0.1	0.1
	肉鸡	2.075	0.092	0.007	0.02	1.6	0.1	0.01	0.02
青海省	生猪	52.698	3.844	0.911	0.995	86.8	4.8	1.1	1.2
	奶牛	2 040.61	77.139	14.934	22.989	2 040.6	77.1	14.9	23
	肉牛	1 129.221	37.384	3.656	3.851	1 129.2	37.4	3.6	3.9
	蛋鸡	10.051	0.564	0.06	0.115	10.1	0.6	0.1	0.1
	肉鸡	2.075	0.092	0.007	0.02	1.6	0.1	0.01	0.02

续表 5

地区	畜禽种类/头或羽	畜禽规模化养殖场				畜禽养殖户			
		化学需氧量/kg	总氮/kg	氨氮/kg	总磷/kg	化学需氧量/kg	总氮/kg	氨氮/kg	总磷/kg
宁夏回族自治区	生猪	52.698	3.844	0.911	0.995	86.8	4.8	1.1	1.2
	奶牛	2 040.61	77.139	14.934	22.989	2 040.6	77.1	14.9	23
	肉牛	1 129.221	37.384	3.656	3.851	1 129.2	37.4	3.6	3.9
	蛋鸡	10.051	0.564	0.06	0.115	10.1	0.6	0.1	0.1
	肉鸡	2.075	0.092	0.007	0.02	1.6	0.1	0.01	0.02
新疆维吾尔自治区	生猪	52.698	3.844	0.911	0.995	86.8	4.8	1.1	1.2
	奶牛	2 044.085	77.254	14.946	23.001	2 040.6	77.1	14.9	23
	肉牛	1 130.456	37.431	3.665	3.865	1 129.2	37.4	3.6	3.9
	蛋鸡	10.058	0.565	0.06	0.115	10.1	0.6	0.1	0.1
	肉鸡	2.1	0.093	0.007	0.02	1.6	0.1	0.01	0.02

表 3-4 不同畜禽养殖排污系数

地区	畜禽种类/头或羽	规模化养殖场				养殖户			
		化学需氧量/kg	总氮/kg	氨氮/kg	总磷/kg	化学需氧量/kg	总氮/kg	氨氮/kg	总磷/kg
北京市	生猪	3.4014	0.1893	0.09	0.0417	3.4014	0.1893	0.09	0.0417
	奶牛	139.7096	11.2507	0.8594	0.7959	139.7096	11.2507	0.8594	0.7959
	肉牛	70.2136	4.9316	0.7396	0.1977	70.2136	4.9316	0.7396	0.1977
	蛋鸡	0.4285	0.0191	0.0119	0.0037	0.4285	0.0191	0.0119	0.0037
	肉鸡	0.0535	0.003	0.0025	0.0005	0.0535	0.003	0.0025	0.0005
天津市	生猪	3.5491	0.2046	0.093	0.0448	3.5491	0.2046	0.093	0.0448
	奶牛	141.5406	11.3985	0.8597	0.7496	141.5406	11.3985	0.8597	0.7496
	肉牛	72.4476	4.9882	0.6573	0.1956	72.4476	4.9882	0.6573	0.1956
	蛋鸡	0.5928	0.0257	0.0168	0.0057	0.5928	0.0257	0.0168	0.0057
	肉鸡	0.069	0.0039	0.003	0.0006	0.069	0.0039	0.003	0.0006
河北省	生猪	2.7604	0.1864	0.092	0.0336	2.7604	0.1864	0.092	0.0336
	奶牛	133.5583	11.0903	0.8551	0.6901	133.5583	11.0903	0.8551	0.6901
	肉牛	58.5795	4.6367	1.1921	0.1468	58.5795	4.6367	1.1921	0.1468
	蛋鸡	0.4889	0.0216	0.0137	0.0045	0.4889	0.0216	0.0137	0.0045
	肉鸡	0.0572	0.0032	0.0025	0.0005	0.0572	0.0032	0.0025	0.0005

续表1

地区	畜禽种类/头或羽	规模化养殖场				养殖户			
		化学需氧量/kg	总氮/kg	氨氮/kg	总磷/kg	化学需氧量/kg	总氮/kg	氨氮/kg	总磷/kg
山西省	生猪	2.9505	0.1832	0.095	0.0363	2.9505	0.1832	0.095	0.0363
	奶牛	126.53	10.9071	0.8158	0.6877	126.53	10.9071	0.8158	0.6877
	肉牛	56.8708	4.5933	1.2704	0.1407	56.8708	4.5933	1.2704	0.1407
	蛋鸡	0.5064	0.0223	0.0142	0.0047	0.5064	0.0223	0.0142	0.0047
	肉鸡	0.0601	0.0034	0.0026	0.0005	0.0601	0.0034	0.0026	0.0005
内蒙古自治区	生猪	1.9027	0.1358	0.09	0.0243	1.9027	0.1358	0.09	0.0243
	奶牛	130.5818	11.0127	0.7784	0.6579	130.5818	11.0127	0.7784	0.6579
	肉牛	60.7427	4.6915	1.1931	0.1544	60.7427	4.6915	1.1931	0.1544
	蛋鸡	0.3495	0.016	0.0095	0.0028	0.3495	0.016	0.0095	0.0028
	肉鸡	0.0521	0.0029	0.0023	0.0005	0.0521	0.0029	0.0023	0.0005
辽宁省	生猪	8.1563	0.6404	0.097	0.096	8.1563	0.6404	0.097	0.096
	奶牛	149.3622	10.2018	0.9636	1.1272	149.3622	10.2018	0.9636	1.1272
	肉牛	99.2823	4.5995	0.8052	0.2826	99.2823	4.5995	0.8052	0.2826
	蛋鸡	1.9537	0.1409	0.0159	0.0092	1.9537	0.1409	0.0159	0.0092
	肉鸡	0.1757	0.0088	0.0009	0.0026	0.1757	0.0088	0.0009	0.0026
吉林省	生猪	8.1403	0.6294	0.097	0.0979	8.1403	0.6294	0.097	0.0979
	奶牛	150.2335	10.6374	0.9571	1.1341	150.2335	10.6374	0.9571	1.1341
	肉牛	101.0534	4.6116	0.7907	0.2553	101.0534	4.6116	0.7907	0.2553
	蛋鸡	2.4077	0.1692	0.0131	0.0086	2.4077	0.1692	0.0131	0.0086
	肉鸡	0.1612	0.0081	0.0008	0.0024	0.1612	0.0081	0.0008	0.0024
黑龙江省	生猪	7.8047	0.617	0.0962	0.0937	7.8047	0.617	0.0962	0.0937
	奶牛	156.9351	10.8111	0.9738	1.1875	156.9351	10.8111	0.9738	1.1875
	肉牛	97.8312	4.9568	0.7407	0.2704	97.8312	4.9568	0.7407	0.2704
	蛋鸡	2.0586	0.1474	0.0153	0.0091	2.0586	0.1474	0.0153	0.0091
	肉鸡	0.1011	0.0051	0.0005	0.0015	0.1011	0.0051	0.0005	0.0015
上海市	生猪	6.2636	0.3461	0.0379	0.0923	6.2636	0.3461	0.0379	0.0923
	奶牛	227.7	7.2	0.2946	0.9144	227.7	7.2	0.2946	0.9144
	肉牛	164	5.5	0.3017	0.7125	164	5.5	0.3017	0.7125
	蛋鸡	0.216	0.0097	0.0009	0.0033	0.216	0.0097	0.0009	0.0033
	肉鸡	0.1152	0.0055	0.0006	0.0012	0.1152	0.0055	0.0006	0.0012

续表 2

地区	畜禽种类 /头或羽	规模化养殖场				养殖户			
		化学 需氧量 /kg	总氮 /kg	氨氮 /kg	总磷 /kg	化学 需氧量 /kg	总氮 /kg	氨氮 /kg	总磷 /kg
江苏省	生猪	6.8737	0.3721	0.0408	0.1055	6.8737	0.3721	0.0408	0.1055
	奶牛	228.9157	6.9219	0.2965	1.0488	228.9157	6.9219	0.2965	1.0488
	肉牛	169.6181	5.6841	0.322	0.78	169.6181	5.6841	0.322	0.78
	蛋鸡	0.557	0.024	0.0024	0.0074	0.557	0.024	0.0024	0.0074
	肉鸡	0.1612	0.0079	0.0008	0.0016	0.1612	0.0079	0.0008	0.0016
浙江省	生猪	5.7183	0.3299	0.038	0.096	5.7183	0.3299	0.038	0.096
	奶牛	214.685	6.6349	0.2737	0.9478	214.685	6.6349	0.2737	0.9478
	肉牛	165.1141	5.6464	0.3432	0.75	165.1141	5.6464	0.3432	0.75
	蛋鸡	0.3389	0.0148	0.0014	0.0035	0.3389	0.0148	0.0014	0.0035
	肉鸡	0.1196	0.0057	0.0006	0.0012	0.1196	0.0057	0.0006	0.0012
安徽省	生猪	5.8886	0.3387	0.0358	0.0897	5.8886	0.3387	0.0358	0.0897
	奶牛	188.4947	5.7001	0.2509	0.7829	188.4947	5.7001	0.2509	0.7829
	肉牛	164.0136	5.5406	0.3503	0.7444	164.0136	5.5406	0.3503	0.7444
	蛋鸡	0.4463	0.0193	0.0019	0.0054	0.4463	0.0193	0.0019	0.0054
	肉鸡	0.1304	0.0063	0.0006	0.0013	0.1304	0.0063	0.0006	0.0013
福建省	生猪	5.8669	0.3463	0.0349	0.0946	5.8669	0.3463	0.0349	0.0946
	奶牛	133.2873	3.5095	0.1442	0.5814	133.2873	3.5095	0.1442	0.5814
	肉牛	165.4676	5.5611	0.3806	0.7557	165.4676	5.5611	0.3806	0.7557
	蛋鸡	0.3058	0.0134	0.0013	0.0029	0.3058	0.0134	0.0013	0.0029
	肉鸡	0.0683	0.003	0.0003	0.0007	0.0683	0.003	0.0003	0.0007
江西省	生猪	6.4501	0.3711	0.0387	0.0978	6.4501	0.3711	0.0387	0.0978
	奶牛	223.67	6.6869	0.295	0.9838	223.67	6.6869	0.295	0.9838
	肉牛	164.9126	5.538	0.369	0.77	164.9126	5.538	0.369	0.77
	蛋鸡	0.3855	0.0168	0.0016	0.0043	0.3855	0.0168	0.0016	0.0043
	肉鸡	0.1172	0.0056	0.0006	0.0012	0.1172	0.0056	0.0006	0.0012
山东省	生猪	6.6495	0.3796	0.0419	0.1009	6.6495	0.3796	0.0419	0.1009
	奶牛	192.9813	6.0259	0.3065	0.9908	192.9813	6.0259	0.3065	0.9908
	肉牛	164.0545	5.5023	0.3511	0.77	164.0545	5.5023	0.3511	0.77
	蛋鸡	0.5497	0.0237	0.0023	0.0073	0.5497	0.0237	0.0023	0.0073
	肉鸡	0.1783	0.0089	0.0009	0.0018	0.1783	0.0089	0.0009	0.0018

续表3

地区	畜禽种类/头或羽	规模化养殖场				养殖户			
		化学需氧量/kg	总氮/kg	氨氮/kg	总磷/kg	化学需氧量/kg	总氮/kg	氨氮/kg	总磷/kg
河南省	生猪	6.4727	0.4814	0.0869	0.0983	6.4727	0.4814	0.0869	0.0983
	奶牛	129.0315	5.5897	0.2306	1.5224	129.0315	5.5897	0.2306	1.5224
	肉牛	127.1342	5.1363	0.2	0.5843	127.1342	5.1363	0.2	0.5843
	蛋鸡	0.8566	0.04	0.002	0.0065	0.8566	0.04	0.002	0.0065
	肉鸡	0.0932	0.0084	0.0003	0.0017	0.0932	0.0084	0.0003	0.0017
湖北省	生猪	5.6203	0.4419	0.077	0.0916	5.6203	0.4419	0.077	0.0916
	奶牛	152.7984	6.0594	0.2975	1.7899	152.7984	6.0594	0.2975	1.7899
	肉牛	130.1941	5.391	0.2	0.5911	130.1941	5.391	0.2	0.5911
	蛋鸡	0.8347	0.04	0.002	0.0048	0.8347	0.04	0.002	0.0048
	肉鸡	0.0873	0.007	0.0003	0.0015	0.0873	0.007	0.0003	0.0015
湖南省	生猪	5.7822	0.4532	0.0789	0.0941	5.7822	0.4532	0.0789	0.0941
	奶牛	137.5121	5.5714	0.2545	1.6179	137.5121	5.5714	0.2545	1.6179
	肉牛	126.0528	5.217	0.2	0.5883	126.0528	5.217	0.2	0.5883
	蛋鸡	0.8296	0.04	0.002	0.0044	0.8296	0.04	0.002	0.0044
	肉鸡	0.0819	0.0068	0.0002	0.0016	0.0819	0.0068	0.0002	0.0016
广东省	生猪	6.3615	0.4436	0.0856	0.1028	6.3615	0.4436	0.0856	0.1028
	奶牛	144.9728	5.2571	0.2473	1.6893	144.9728	5.2571	0.2473	1.6893
	肉牛	130.0406	5.4097	0.2	0.5553	130.0406	5.4097	0.2	0.5553
	蛋鸡	0.8211	0.04	0.002	0.0043	0.8211	0.04	0.002	0.0043
	肉鸡	0.0856	0.0066	0.0003	0.0016	0.0856	0.0066	0.0003	0.0016
广西壮族自治区	生猪	5.2192	0.392	0.0712	0.0769	5.2192	0.392	0.0712	0.0769
	奶牛	124.3953	4.4811	0.1976	1.4703	124.3953	4.4811	0.1976	1.4703
	肉牛	120.016	4.9021	0.18	0.5622	120.016	4.9021	0.18	0.5622
	蛋鸡	0.8258	0.038	0.002	0.0041	0.8258	0.038	0.002	0.0041
	肉鸡	0.0847	0.0064	0.0002	0.0014	0.0847	0.0064	0.0002	0.0014
海南省	生猪	5.253	0.4063	0.0707	0.0882	5.253	0.4063	0.0707	0.0882
	奶牛	118.15	4.5	0.189	1.5	118.15	4.5	0.189	1.5
	肉牛	116.9645	5.3547	0.2	0.4784	116.9645	5.3547	0.2	0.4784
	蛋鸡	0.8107	0.037	0.002	0.0029	0.8107	0.037	0.002	0.0029
	肉鸡	0.0775	0.0043	0.0002	0.0011	0.0775	0.0043	0.0002	0.0011

续表4

地区	畜禽种类/头或羽	规模化养殖场				养殖户			
		化学需氧量/kg	总氮/kg	氨氮/kg	总磷/kg	化学需氧量/kg	总氮/kg	氨氮/kg	总磷/kg
重庆市	生猪	3.3964	0.3192	0.0509	0.051	3.3964	0.3192	0.0509	0.051
	奶牛	216.0479	10.9599	1.6807	2.4141	216.0479	10.9599	1.6807	2.4141
	肉牛	57.6282	2.5983	0.0855	0.2382	57.6282	2.5983	0.0855	0.2382
	蛋鸡	0.3004	0.0103	0.002	0.0017	0.3004	0.0103	0.002	0.0017
	肉鸡	0.0882	0.0031	0.0003	0.0009	0.0882	0.0031	0.0003	0.0009
四川省	生猪	4.3975	0.359	0.0623	0.0658	4.3975	0.359	0.0623	0.0658
	奶牛	182.3157	10.0308	1.6132	2.2256	182.3157	10.0308	1.6132	2.2256
	肉牛	62.4513	2.7622	0.0919	0.2398	62.4513	2.7622	0.0919	0.2398
	蛋鸡	0.3181	0.0108	0.0022	0.0016	0.3181	0.0108	0.0022	0.0016
	肉鸡	0.0924	0.0032	0.0003	0.001	0.0924	0.0032	0.0003	0.001
贵州省	生猪	2.7072	0.278	0.0437	0.0426	2.7072	0.278	0.0437	0.0426
	奶牛	225.109	11.2094	1.6989	2.5185	225.109	11.2094	1.6989	2.5185
	肉牛	50.3819	2.352	0.0757	0.1858	50.3819	2.352	0.0757	0.1858
	蛋鸡	0.3829	0.0129	0.0028	0.0019	0.3829	0.0129	0.0028	0.0019
	肉鸡	0.0806	0.0028	0.0003	0.0009	0.0806	0.0028	0.0003	0.0009
云南省	生猪	3.0869	0.3007	0.0476	0.0441	3.0869	0.3007	0.0476	0.0441
	奶牛	131.7966	8.6395	1.512	2.4438	131.7966	8.6395	1.512	2.4438
	肉牛	44.6467	2.157	0.068	0.1901	44.6467	2.157	0.068	0.1901
	蛋鸡	0.4239	0.0143	0.0032	0.0021	0.4239	0.0143	0.0032	0.0021
	肉鸡	0.0777	0.0027	0.0003	0.0008	0.0777	0.0027	0.0003	0.0008
西藏自治区	生猪	4.2495	0.3701	0.0598	0.054	4.2495	0.3701	0.0598	0.054
	奶牛	135.2432	8.7344	1.5189	1.4835	135.2432	8.7344	1.5189	1.4835
	肉牛	52.0185	2.4076	0.0779	0.1931	52.0185	2.4076	0.0779	0.1931
	蛋鸡	0.2918	0.01	0.0019	0.0015	0.2918	0.01	0.0019	0.0015
	肉鸡	0.0476	0.0016	0.0002	0.0006	0.0476	0.0016	0.0002	0.0006
陕西省	生猪	6.5688	0.4813	0.1256	0.0892	6.5688	0.4813	0.1256	0.0892
	奶牛	115.1039	9.4719	3.2593	1.4266	115.1039	9.4719	3.2593	1.4266
	肉牛	73.5447	3.7235	0.2706	0.2706	73.5447	3.7235	0.2706	0.2706
	蛋鸡	0.8793	0.049	0.0049	0.0038	0.8793	0.049	0.0049	0.0038
	肉鸡	0.4583	0.02	0.003	0.01	0.4583	0.02	0.003	0.01

续表5

地区	畜禽种类/头或羽	规模化养殖场				养殖户			
		化学需氧量/kg	总氮/kg	氨氮/kg	总磷/kg	化学需氧量/kg	总氮/kg	氨氮/kg	总磷/kg
甘肃省	生猪	7.577	0.5383	0.1389	0.0959	7.577	0.5383	0.1389	0.0959
	奶牛	157.7329	11.5983	3.8162	1.9329	157.7329	11.5983	3.8162	1.9329
	肉牛	70.2291	3.6314	0.2552	0.2552	70.2291	3.6314	0.2552	0.2552
	蛋鸡	0.8752	0.0488	0.0049	0.0038	0.8752	0.0488	0.0049	0.0038
	肉鸡	0.4638	0.02	0.003	0.01	0.4638	0.02	0.003	0.01
青海省	生猪	4.4128	0.3592	0.0972	0.0701	4.4128	0.3592	0.0972	0.0701
	奶牛	115.8381	9.5086	3.2689	1.4354	115.8381	9.5086	3.2689	1.4354
	肉牛	73.4797	3.7217	0.2703	0.2703	73.4797	3.7217	0.2703	0.2703
	蛋鸡	0.7806	0.044	0.0044	0.0028	0.7806	0.044	0.0044	0.0028
	肉鸡	0.4802	0.02	0.003	0.01	0.4802	0.02	0.003	0.01
宁夏回族自治区	生猪	6.1571	0.5146	0.1534	0.0891	6.1571	0.5146	0.1534	0.0891
	奶牛	163.357	11.8789	3.8897	1.4997	163.357	11.8789	3.8897	1.4997
	肉牛	72.7162	3.7005	0.2667	0.2667	72.7162	3.7005	0.2667	0.2667
	蛋鸡	0.9433	0.0522	0.0052	0.0044	0.9433	0.0522	0.0052	0.0044
	肉鸡	0.4579	0.02	0.003	0.01	0.4579	0.02	0.003	0.01
新疆维吾尔自治区	生猪	10.347	0.6951	0.1755	0.0917	10.347	0.6951	0.1755	0.0917
	奶牛	130.9661	10.2632	3.4665	1.615	130.9661	10.2632	3.4665	1.615
	肉牛	68.8742	3.5937	0.249	0.249	68.8742	3.5937	0.249	0.249
	蛋鸡	0.8958	0.0498	0.005	0.004	0.8958	0.0498	0.005	0.004
	肉鸡	0.4448	0.02	0.003	0.01	0.4448	0.02	0.003	0.01

3. 畜禽养殖场的污水产生量

畜禽养殖场产生的污水量因动物种类、养殖场性质、饲养管理工艺、气候、季节等情况的不同会有很大差别。如肉牛场污水量比奶牛场少；鸡场的污水量比猪场少；采用乳头式饮水器的鸡场比水槽自流饮水者污水量少；各种情况相同的养殖场，南方比北方污水量大；同一牧场，夏季比冬季污水量大。采用水冲清粪或水泡粪工艺比干清粪工艺的污水量大且有机物浓度高。畜禽需水量直接决定着污水量。正常情况下，畜禽每天的需水量见表3-5。

表 3-5　畜禽每天需水量

种类	需水量 /（L/ 头或只）
成年母牛	80
公牛	50
2 岁以前的青年牛	30
6 月龄以前的犊牛	20
成年羊	10
1 岁以前小羊	3
种公猪，成年母猪	25
带仔母猪	60
4 月龄以上的幼猪及肥育猪	15
断奶仔猪	5

注：表中用水量标准包括家畜饮水，冲洗畜舍、畜栏、挤奶桶，冷却牛奶，调制饲料等用水。

不同养殖场因生产方式和管理水平不同，其用水量和排水量均存在较大差异。传统万头养猪场的年需水量为 2.9 万～ 3.7 万立方米，而规模化万头猪场的年需水量可达 7 万立方米。主要原因是，畜禽养殖场的污水产生量与其栏舍结构、地板结构、冲洗方式以及生产规模关联性很大。比如，传统猪舍设有运动场，猪活动时大部分粪便落在运动场内，可定期清除，减少废水的污染物浓度，其废水污染物浓度比不清粪猪舍低 40%～ 50%。同时，传统养猪采用人工定时冲洗方式，在冲洗前先清扫猪粪，再用水冲洗，其用水量和产生的污水量大大减少，而水冲清粪猪舍利用水压把粪便冲出猪舍，往往需要大量的水。北京市环境保护科学研究院经过调研与实测，提出了规模化畜禽养殖场每天的单位用水系数和污水产生系数（表 3-6）。

表 3-6　规模化畜禽养殖场每天的单位用水系数和污水产生系数

养殖种类	清粪方式	单位用水系数 /（kg/ 头或只）	单位污水产生系数 /（kg/ 头或只）
猪	水冲清粪	25	18
	干捡粪	15	7.5
肉牛	—	40	20
奶牛	—	80	48
蛋鸡	水冲清粪	1	0.7
蛋鸡和肉鸡	干捡粪	0.5	0.25
鸭	饮水槽	1.5	1.5

由于养殖场养殖种类不同、清粪方式不同、用水量不同，故其污水中污染物浓度会有很大差异。一般情况下的污水水质可参考表3-7及表3-8。

表3-7 不同畜禽养殖场的污水成分

污水类别	pH值	固体悬浮物浓度/（mg/L）	5天生化需氧量/（mg/L）	化学需氧量/（mg/L）	氨氮/（mg/L）	细菌总数/（个/L）	寄生虫卵/（mg/L）
猪场污水	7.5～8.1	5 000～12 000	2 000～6 000	5 000～10 000	100～600	10^5～10^7	5～7
牛场污水	7.2	19 000～60 000	3 000～8 000	6 000～25 000	300～1 400	10^7	10～20
生活污水	8.1	211.8	67.7	320.1	—	1.6×10^6	—

表3-8 不同清粪方式畜禽养殖场污水的污染物浓度和pH值

养殖品种	清粪方式	化学需氧量/（mg/L）	氨氮/（mg/L）	总氮/（mg/L）	总磷/（mg/L）	pH值
猪	水冲清粪	15 600～46 800	127～1 780	141～1 970	32.1～293	6.30～7.50
	干捡粪	2 510～2 770	234～288	317～423	34.7～52.4	
肉牛	干捡粪	887	22.1	41.1	5.33	7.10～7.51
奶牛	干捡粪	918～1 050	41.6～60.4	57.4～78.2	16.3～20.4	
蛋鸡	水冲清粪	2 740～10 500	70.0～601	97.5～748	13.2～59.4	6.53～8.49
鸭	干捡粪	27	1.85	4.70	0.139	7.39

由表3-8可以得知，尽管各养殖场畜禽污水中的污染物浓度差异很大，但其污染物浓度与清粪方式关系十分密切。以猪场为例，采用干捡粪方式的污水，比水冲清粪方式污水中的化学需氧量浓度的平均值约低一个数量级，其他指标相差比较大。

4. 畜禽养殖场的废气产生量

畜禽舍散发的臭气主要来自含蛋白质废弃物的厌氧分解，这些废弃物包括畜禽粪尿、皮肤、毛、饲料和垫料，而大部分臭气是由粪尿厌氧分解产生。畜禽排泄物中的有机物主要由碳水化合物和含氮化合物组成。在一定条件下，这些粪便发酵以及含硫蛋白分解产生大量氨气和硫化氢等臭味气体。碳水化合物转化成挥发性脂肪酸、醇类及二氧化碳等，这些物质略带臭味和酸味。含氮化合物转化生成氨、乙烯醇、二甲基硫醚、硫化氢、三甲胺等，这些气体有的具有腐败洋葱臭，有的具有腐败的蛋臭、鱼臭等。这些具有不同臭味的气体混合在一起产生恶臭。恶臭的成分复杂，现已鉴定出的恶臭成分在牛粪尿中有94种，猪粪尿中有230种，鸡粪中有150种，包括挥发性脂肪酸、醇类、酚类、酸类、醛类、酮类、胺类、硫醇类，以及含氮杂环化合物等9类有机化合物和氨、硫化氢两种无机物。按臭气阈值大小排列，畜禽粪便中最臭的9种化合物依次是：甲硫醇、2-丙硫醇、2-丙烯-1-硫醇、2，3-丁二酮、苯乙酸、乙硫醇、4-甲基酚、硫化氢和1-辛烯-3-酮。挥发性脂肪酸、吲哚、丁二酮和氨浓度较高，而它们的阈值又较低，可能是畜禽养殖场内较为主要的臭味化合物。目前，常用氨、硫化氢浓度来表示畜禽舍的臭气含量。氨是含氮有机物分解产生的，硫化氢是含硫有机物分解而来的，两者都与饲料中蛋白质含量及其消化率有关。

第二节
畜禽粪便污染物对生态环境的影响及负荷

随着畜禽养殖规模的不断扩大，生产集约化程度的不断提高，畜禽粪便污染物对生态环境造成的影响和破坏越来越大。尤其是一些养殖生产者为提高畜禽生产性能，违规使用微量元素、抗生素及其他药物和添加剂，增加了污染物种类及其对生态环境的危害，甚至引发一些社会问题。

一、畜禽粪便污染物对生态环境的影响

1. 对水体的影响

畜禽粪便中所含的大量氮、磷和药物添加剂残留物是对水体环境破坏的主要污染源。未经处理的粪便直接排放或通过淋洗、流失进入江河、湖泊或地下水中，造成污染。

（1）导致水体富营养化

畜禽粪便中的氮、磷进入江河湖泊后，一方面导致水中的藻类和浮游生物大量繁殖，产生多种有害物质；另一方面使水中固体悬浮物、COD、BOD 升高，造成水体富营养化，导致水体缺氧，使鱼类等水生动物窒息死亡，水体腐败变质。研究表明，对于湖泊、水库等封闭性或半封闭性水域，当水体内无机总氮含量大于 $0.2\ mg/L$、磷酸态磷的质量浓度大于 $0.01\ mg/L$ 时，就有可能引发藻华现象。畜禽养殖业的粪便、污水等进入水体是重要的营养物质来源，其对水体富营养化的作用相当大。

（2）污染地下水

畜禽粪便随意堆放或土壤粪肥施用，那些不能被土壤消纳的畜禽粪便则成为污染物，一部分随地表水或水土流失进入江河、湖泊污染地表水，一部分渗入地下污染地下水。畜禽粪便污染物中的有毒、有害成分进入地下水，会使地下水溶解氧含量减少，水质中有毒成分增多，严重时使水体发黑、变臭、失去使用价值。畜禽粪便一旦污染了地下水，将极难治理和恢复，造成较持久性的污染。硝酸盐如转化为致癌物质污染了地下水中的饮用水源，将严重威胁人体健康。研究表明，随着粪肥的施用，区域内地下水中污染物将随之增加；硝酸盐下渗到地下水的数量与所施用畜禽粪便关系密切，畜禽粪便过量排放是导致水源氮污染的关键影响因子。

2. 对土壤的影响

粪污未经无害化处理直接进入土壤，粪污中的蛋白质、脂肪、碳水化合物等有机质将被土壤微生物分解，其中含氮有机物被分解为氨、胺和硝酸盐，氨和胺可被硝化细菌氧化为亚硝酸盐和硝酸盐；碳水化合物和脂肪、类脂等含碳有机物最终被微生物降解为 CO_2 和 H_2O，从而通过土壤得到自然净化。如果污染物排放量超过了土壤本身的自净能力，则可能造成土壤污染。

（1）超出土壤自净能力

单位耕地面积上的畜禽粪便承载量，是衡量一个地区畜禽饲养密度的重要依据。施用超出土壤承载量的畜禽粪便，会出现降解不完全和厌氧腐解现象，产生恶臭物质和亚硝酸盐等有害物质，引起土壤的组成和性状发生改变，破坏其原有的基本功能；导致土壤孔隙堵塞，造成土壤透气性、透水性下降及板结，严重影响土壤质量，导致作物徒长、倒伏、晚熟或不熟，造成减产，甚至毒害作物而使之出现大面积腐烂。此外，土壤虽对各种病原微生物有一定的自净能力，但进程较慢，且有些微生物还可生成芽孢，增加净化难度，造成生物污染和疫病传播。

（2）导致重金属累积

畜禽粪便对土壤的污染包括过量施用的氮磷、微量元素等。钙、磷、铜、铁、锌、锰等矿物质元素是动物所必需的微量元素，但畜禽对这些元素的吸收利用率只有 5% ～ 15%，剩余的绝大部分通过粪便直接排出体外。长年过量施用矿物质元素含量偏高的粪肥，将导致土壤重金属累积，直接危及土壤功能，降低农作物品质。资料显示，英国耕地土壤中 25% ～ 40% 的 Zn、Ni、Cu 是过量施用含重金属畜禽粪便的结果，美国东部沿海岸的弗吉尼亚半岛由于家禽饲料中加入砷类化合物导致每年向环境中排放 20 ～ 50 t 的砷。

（3）抗生素残留

据张慧敏、章明奎等对浙北地区畜禽粪便和农田土壤中四环素类抗生素残留采样分析，畜禽粪中四环素、土霉素和金霉素残留量的平均值分别为 1.57 mg/kg、3.10 mg/kg、1.80 mg/kg。抗生素高残留的畜禽粪便主要来自规模化养殖场，散养畜禽的粪便中抗生素含量较低。施用畜禽粪肥的农田表层土壤中土霉素、四环素和金霉素的检出率分别为 93%、88% 和 93%，其表层土壤中土霉素、四环素和金霉素的平均残留量分别为未施畜禽粪肥农田的 38 倍、13 倍和 12 倍，畜禽粪肥是农田土壤抗生素的重要来源。

3. 对大气的影响

畜禽养殖场产生的恶臭、粉尘和微生物排入大气后，可通过大气的气流扩散、稀释、氧化和光化学分解、沉降、降水溶解、地面植被和土壤吸附等作用而得到净化，但当污染物排放量超过大气的自净能力时，将对人和动物造成危害。据测定，一个年产 10.8 万头的猪场，每小时可向大气排放 159 kg NH_4、14.5 kg H_2S、25.9 kg 粉尘和 15 亿个菌体，这些物质的污染半径可达 4.5 ～ 5.0 km。

（1）产生恶臭

畜禽对蛋白质饲料的利用率较低，未消化的饲料养分以畜禽粪便形式排出。这些粪便厌氧发酵产生大量氨气和 H_2S 等臭味气体，若未及时清除或清除后不能及时处理，将会使臭味成倍增加，产生甲基硫醇、二甲二硫醚、甲硫醚、二甲胺及多种低级脂肪酸等有恶臭的气体，造成空气中含氧量相对下降，污浊度升高，轻则降低空气质量、产生异味，妨碍人畜健康生存；重则引起呼吸道系统的疾病，造成人畜死亡。在畜禽养殖场发生的恶臭污染事件中，生猪养殖引发者占多数。资料显示，英国畜禽养殖的恶臭污染中，养猪业占 57%、养鸡业占 22%、养牛业占 17%。恶臭强度扩散范围与养殖场规模、生产管理方法、气温、风力等因素均有关，一般扩散范围在 100 ～ 1000 m。

具有强烈刺激性臭味的气体在畜禽舍内，常常被溶解或吸附在潮湿的地面、墙壁和家畜的黏膜上，刺激家畜外黏膜，引起黏膜充血、喉头水肿；氨气进入呼吸道可引起咳嗽、气管炎和支气管炎、肺水肿出血、呼吸困难、窒息等症状；吸入肺部的氨，可通过肺泡上皮组织进入血液，并与血红蛋白结合，置换氧基，破坏血液运氧功能，从而出现贫血和组织缺氧。当鸡舍内 NH_3 浓度达到 20 mg/m^3，球虫病等各类常见病、多发病的发病率会突然提高；当浓度升至 50 mg/m^3，可使鸡的呼吸频率减慢，引起鸡呼吸道黏膜充血、水肿，甚至发生支气管炎、肺炎、肺气肿及中枢神经麻痹等，蛋鸡的产蛋量会因此而减少，雏鸡增重和饲料利用率下降。当鸡舍内氨气浓度高于 78.3 mg/m^3 时，产蛋率下降 43.1%。当猪舍中氨气达 50 mg/m^3 时，小猪的生长效率下降 12%；当氨气达 100 ～ 150 mg/m^3 时，小猪生长效率下降 30%，气管上皮细胞和鼻甲骨受刺激而损害。

研究表明，硫化氢具有刺激性和窒息性。经肺泡进入血液的硫化氢可与氧化型的细胞色素氧化酶的三价铁结合，使酶失去活性，从而影响细胞的氧化过程，引起组织缺氧。长期处于含有低浓度硫化氢的空气中，畜禽体质变弱，抗病力下降，易发生肠胃病、心脏衰弱，并会出现自主性神经紊乱、多发性神经炎。高浓度的硫化氢可抑制呼吸中枢，直接导致畜禽死亡。由于硫化氢的比重大，越是接近地面，硫化氢的浓度就越大，故小动物受硫化氢的影响比大动物严重，阶梯式鸡舍的下层和平养鸡危害严重。鸡长期生活在含有低浓度硫化氢的环境中可导致生产性能下降，因此鸡舍内硫化氢浓度不应超过 10 mg/m^3。猪长期生活在含有低浓度硫化氢的空气中会感到不舒服，生长速度减慢；浓度为 20 mg/m^3 时，猪变得畏光、不愿采食、神经质；浓度为 50 ～ 200 mg/m^3 时，猪会突然呕吐，失去知觉，接着因呼吸中枢麻痹而死亡。

挥发性脂肪酸对畜禽的眼睛和呼吸道黏膜有刺激性，可引起畜禽烦躁不安、食欲减退、抗病力下降，易发生呼吸道疾病。长时间处于高浓度的挥发性脂肪酸环境中，畜禽会出现呕吐，严重者会出现呼吸困难、肺水肿充血。

（2）排出尘埃和微生物

由畜禽养殖场排出的大量粉尘携带数量和种类众多的微生物，并为微生物提供营养和庇护，大大增强了微生物的活力，延长了其生存时间。这些尘埃和微生物可随风传播 30 km 以上的距离，从而扩大了其污染和危害的范围。尘埃污染使大气可吸入颗粒物增加，恶化了养殖场周围大气和环境的卫生状况，使人和动物的眼和呼吸道疾病发病率提高；微生物污染可引起口蹄疫和大肠埃希菌、炭疽、布氏杆菌、真菌孢子等相关疫病的传播，危害人和动物的健康。

（3）导致温室效应

畜禽粪便产生的大量 CH_4、CO_2 是重要的温室气体。研究资料显示，CH_4 对全球气候变暖的增温"贡献率"达 15%，其中畜禽养殖业的 CH_4 排放量最大。1997年浙江省畜禽养殖业的甲烷气体释放总量中，养殖业对甲烷气体的排放量"贡献"最大，其释放的甲烷量占全省甲烷气体释放总量的 28% ～ 38%。据国家"八五攻关"课题研究，畜禽年释放甲烷量约占大气中甲烷气体的 1/5，尤其以反刍动物甲烷释放量最大。

4. 对微生物的影响

畜禽粪便是微生物的主要载体，畜禽粪便中潜在的病原微生物见表 3-9。有关资料表明，规模养殖场排放的污水中平均含大肠埃希菌 33 万个 /mL、肠球菌 69 万个 /mL；沉淀池内污水中蛔虫和毛首线虫卵分别高达 193 个 /L、106 个 /L。粪便中含有大量的病原微生物、寄生虫卵及滋生的蚊蝇，可使环境中病原种类增多、菌量增大，出现病原菌和寄生虫的大量繁殖，造成生态环境污染，不仅直接威胁畜禽养殖，还会严重危害人体健康。据对局部环境污染较为严重的规模化养猪场调查，其仔猪黄痢、白痢、传染性胃肠炎、支原体病及猪蛔虫病的发病率可高达 50% 以上。据世界卫生组织和联合国粮农组织的有关资料，目前已有约 200 种人畜共患传染病。其中较为严重的至少有 89 种，如由猪传染的约 25 种、由鸟（含家禽）传染的约 24 种、由牛传染的约 26 种、由羊传染的约 25 种、由马传染的约 13 种。人畜共患传染病的传播载体主要是畜禽粪尿排泄物。牛是血吸虫的中间寄主，是人感染血吸虫病的重要原因。

表 3-9　畜禽粪便中潜在的病原微生物

类别	病原种类
鸡粪	丹毒丝菌、李斯特菌、禽结核杆菌、白色念珠菌、鸡棒杆菌、金黄色葡萄球菌、沙门氏菌、烟曲霉、鹦鹉热衣原体、鸡新城疫病毒等。
猪粪	猪霍乱沙门氏菌、猪伤寒沙门氏菌、猪巴斯德氏菌、猪布鲁氏菌、铜绿假单胞菌、李斯特菌、猪丹毒丝菌、化脓棒状杆菌、猪链球菌、猪瘟病毒、猪水疱病毒等。
马粪	马放线杆菌、沙门氏菌、马棒杆菌、李斯特菌、坏死杆菌、马巴斯德氏菌、马腺疫链球菌、马流感病毒、马隐球酵母等。

续表

类别	病原种类
牛粪	魏氏梭菌、牛流产布鲁氏菌、铜绿假单胞菌、坏死杆菌、化脓棒状杆菌、副结核分枝杆菌、金黄色葡萄球菌、无乳链球菌、牛疱疹病毒、牛放线菌、伊氏放线菌等。
羊粪	羊布鲁氏菌、炭疽杆菌、破伤风梭菌、沙门氏菌、腐败梭菌、绵羊棒状杆菌、羊链球菌、肠球菌、魏氏梭菌、口蹄疫病毒、羊痘病毒等。

二、畜禽粪便的土地承载负荷

环境要素中的水体、大气、土壤都有各自的环境承载标准，这些标准是限制污染物在水体、大气、土壤中达到最大的限量，即环境承载负荷。畜禽粪便土地承载负荷是指在土地生态系统可持续运行的条件下，一定区域内耕地、林地和草地等所能承载的最大畜禽存栏量。

1. 畜禽粪便土地承载实行区域总量控制

畜禽粪便处理后得到的有机肥、沼液、沼渣仍然含有大量的氮、磷等元素，以种养结合为主体的土地消纳是较为经济可行的处理手段，但畜禽粪便或以畜禽粪便为主要原料的有机肥不便长距离运输，且土地的消纳能力有限，畜禽粪便施用量应实行区域总量控制。关于畜禽粪便氮素的承载负荷，德国规定凡是在供应水源保护区域，每公顷土地上家畜的最大允许饲养量不得超过规定数量，即牛 3 ~ 9 头、马 3 ~ 9 匹、羊 18 只、猪 9 ~ 15 头、鸡 1 900 ~ 3 000 只，鸭 450 只。荷兰规定草地的畜禽粪便氮施用标准为 250 kg/hm^2，耕地的畜禽粪便氮肥施用限制标准为 170 kg/hm^2。法国规定耕地氮、磷施用量分别不能超过 150 kg/hm^2、100 kg/hm^2。欧盟对硝酸盐易渗滤地区，粪肥年施氮量（以 N 计）的限量标准为 175 kg/hm^2。我国肥料专家的推荐施用量为 150 ~ 180 kg/hm^2。畜禽粪便土地承载负荷除了消纳土地的地力状况、种植作物、复种指数、环境条件等因素外，还需要考虑以下 3 个方面。

（1）畜禽养殖方式

在畜禽养殖种类和总量维持不变的情况下，可以通过降低单位畜禽的粪便氮磷产生量以减轻对环境承载的压力。一是改良畜禽品种，改变饲料结构，减少畜禽粪便氮磷含量。据测定，选用高消化率饲料至少可减少粪中 5% 的氮排放量。理想模型计算出的日粮粗蛋白质水平每下降 1%，粪便中氮的排放量可降低 10% ～ 20%；当日粮粗蛋白质水平降低 2% ～ 4% 时，氮的排放量可降低 38.9% ～ 49.7%。二是改进养殖方式，采用清洁养殖技术，如鸭子网上平养技术等，改变氮磷等污染物的载体形式，从源头上减少畜禽粪便氮磷对环境的直接影响。

（2）畜禽粪便处理

"固液分离—资源化—沼气化—沉淀"的畜禽粪便处理方式，可以较好地去除畜禽粪便中的 COD 等污染物，堆肥后氮磷的去除率分别约为 30% 和 10%，沼气化处理后的氮磷去除率为 10%。因此，在当前经济可行的技术条件下，畜禽粪便中的大部分氮磷仍然留在堆肥、沼液、沼渣或者垫料中，需要通过对畜禽粪便进行无害化处理，以减少粪便中的有害物质成分，同时提高土壤消纳能力。

（3）安全消纳半径

当某区域内部土地不能完全消纳畜禽粪便时，需要将其转移到区域外部进行消纳。但是，由于畜禽粪便的体积较大、重量较大，运输费用较高，跨区域转移消纳受到制约。在同等肥效下，畜禽粪便的重量是化肥（以常用的碳铵为例）的 35 ～ 50 倍。一般比较认可的运输半径为：人力运输 1 ～ 2 km，机械动力运输 1 ～ 5 km。根据对化肥和有机肥的价格比较以及运输成本的分析，对鸡粪、猪粪、牛粪而言，其盈亏平衡的运输距离分别为 43.9 km、13.3 km、5.2 km。但随着大型养殖企业发展和商品有机肥生产，畜禽粪便远距离消纳现象越来越多，有的养殖企业其畜禽粪便消纳半径超过 100 km。

2. 基于氮磷养分平衡的畜禽粪便土地承载力

畜禽粪便土地承载力及规模养殖场配套土地面积测算，一般以粪肥氮养分供给和植物氮养分需求为基础进行核算，对于以设施蔬菜等作物为主或土壤磷含量较高的特殊区域或农用地，可选择以磷为基础进行测算。畜禽粪肥养分需求量根据土壤肥力、作物类型和产量、粪肥施用比例等确定。畜禽粪肥养分供给量根据畜禽养殖量、粪污养分产生量、粪污收集处理方式等确定。《畜禽粪污土地承载力测算技术指南》根据不同植物形成的作物产量需要吸收的氮磷量（表 3–10）、土壤不同氮磷养分水平下施肥供给养分占比情况（表 3–11），对不同植物土地承载力进行测算（表 3–12、表 3–13）。

表 3-10　不同植物形成 100 kg 产量需要吸收氮磷量推荐值

作物种类		氮	磷
大田作物	小麦	3 kg	1 kg
	水稻	2.2 kg	0.8 kg
	玉米	2.3 kg	0.3 kg
	谷子	3.8 kg	0.44 kg
	大豆	7.2 kg	0.748 kg
	棉花	11.7 kg	3.04 kg
	马铃薯	0.5 kg	0.088 kg
蔬菜	黄瓜	0.28 kg	0.09 kg
	番茄	0.33 kg	0.1 kg
	青椒	0.51 kg	0.107 kg
	茄子	0.34 kg	0.1 kg
	大白菜	0.15 kg	0.07 kg
	萝卜	0.28 kg	0.057 kg
	大葱	0.19 kg	0.036 kg
	大蒜	0.82 kg	0.146 kg
果树	桃	0.21 kg	0.033 kg
	葡萄	0.74 kg	0.512 kg
	香蕉	0.73 kg	0.216 kg
	苹果	0.3 kg	0.08 kg
	梨	0.47 kg	0.23 kg
	柑橘	0.6 kg	0.11 kg
经济作物	油料	7.19 kg	0.887 kg
	甘蔗	0.18 kg	0.016 kg
	甜菜	0.48 kg	0.062 kg
	烟叶	3.85 kg	0.532 kg
	茶叶	6.4 kg	0.88 kg
人工草地	苜蓿	0.2 kg	0.2 kg
	饲用燕麦	2.5 kg	0.8 kg
人工林地	桉树	3.3 kg/m^3	3.3 kg/m^3
	杨树	2.5 kg/m^3	2.5 kg/m^3

表 3-11　土壤不同氮磷养分水平下施肥供给养分占比推荐值

土壤氮磷养分分级		Ⅰ	Ⅱ	Ⅲ
施肥供给占比		35%	45%	55%
土壤全氮含量 / (g/kg)	旱地（大田作物）	> 1.0	0.8 ~ 1.0	< 0.8
	水田	> 1.2	1.0 ~ 1.2	< 1.0
	菜地	> 1.2	1.0 ~ 1.2	< 1.0
	果园	> 1.0	0.8 ~ 1.0	< 0.8
土壤有效磷含量 / (mg/kg)		> 40	20 ~ 40	< 20

表 3-12　不同植物土地承载力推荐值

（土壤氮养分水平 Ⅱ, 粪肥比例 50%, 当季利用率 25%, 以氮为基础）

作物种类		目标产量	每亩土地承载力 / （猪当量 / 当季 ）	
			粪肥全部就地利用	固体粪便堆肥外供 + 肥水就地利用
大田作物	小麦	4.5 t/hm²	1.2	2.3
	水稻	6 t/hm²	1.1	2.3
	玉米	6 t/hm²	1.2	2.4
	谷子	4.5 t/hm²	1.5	2.9
	大豆	3 t/hm²	1.9	3.7
	棉花	2.2 t/hm²	2.2	4.4
	马铃薯	20 t/hm²	0.9	1.7
蔬菜	黄瓜	75 t/hm²	1.8	3.6
	番茄	75 t/hm²	2.1	4.2
	青椒	45 t/hm²	2.0	3.9
	茄子	67.5 t/hm²	2.0	3.9
	大白菜	90 t/hm²	1.2	2.3
	萝卜	45 t/hm²	1.1	2.2
	大葱	55 t/hm²	0.9	1.8
	大蒜	26 t/hm²	1.8	3.7
果树	桃	30 t/hm²	0.5	1.1
	葡萄	25 t/hm²	1.6	3.2
	香蕉	60 t/hm²	3.8	7.5
	苹果	30 t/hm²	0.8	1.5
	梨	22.5 t/hm²	0.9	1.8
	柑橘	22.5 t/hm²	1.2	2.3
经济作物	油料	2.0 t/hm²	1.2	2.5
	甘蔗	90 t/hm²	1.4	2.8
	甜菜	122 t/hm²	5.0	10.0
	烟叶	1.56 t/hm²	0.5	1.0
	茶叶	4.3 t/hm²	2.4	4.7

续表

作物种类		目标产量	每亩土地承载力 /（猪当量 / 当季）	
			粪肥全部就地利用	固体粪便堆肥外供 + 肥水就地利用
人工草地	苜蓿	20 t/hm²	0.3	0.7
	饲用燕麦	4.0 t/hm²	0.9	1.7
人工林地	桉树	30 m³/hm²	0.9	1.7
	杨树	20 m³/hm²	0.4	0.9

表 3-13　不同植物土地承载力推荐值

（土壤磷养分水平 II，粪肥比例 50%，当季利用率 30%，以磷为基础）

作物种类		目标产量	每亩土地承载力 /（猪当量 / 当季）	
			粪肥全部就地利用	固体粪便堆肥外供 + 肥水就地利用
大田作物	小麦	4.5 t/hm²	1.9	4.7
	水稻	6 t/hm²	2.0	5.0
	玉米	6 t/hm²	0.8	1.9
	谷子	4.5 t/hm²	0.8	2.1
	大豆	3 t/hm²	0.9	2.3
	棉花	2.2 t/hm²	2.8	7.0
	马铃薯	20 t/hm²	0.7	1.8
蔬菜	黄瓜	75 t/hm²	2.8	7.0
	番茄	75 t/hm²	3.1	7.8
	青椒	45 t/hm²	2.0	5.0
	茄子	67.5 t/hm²	2.8	7.0
	大白菜	90 t/hm²	2.6	6.6
	萝卜	45 t/hm²	1.1	2.7
	大葱	55 t/hm²	0.8	2.1
	大蒜	26 t/hm²	1.6	4.0
果树	桃	30 t/hm²	0.4	1.0
	葡萄	25 t/hm²	5.3	13.3
	香蕉	60 t/hm²	5.4	13.5
	苹果	30 t/hm²	1.0	2.5
	梨	22.5 t/hm²	2.2	5.4
	柑橘	22.5 t/hm²	1.0	2.6
经济作物	油料	2.0 t/hm²	0.7	1.8
	甘蔗	90 t/hm²	0.6	1.5
	甜菜	122 t/hm²	3.2	7.9
	烟叶	1.56 t/hm²	0.3	0.9
	茶叶	4.3 t/hm²	1.6	3.9
人工草地	苜蓿	20 t/hm²	1.7	4.2
	饲用燕麦	4.0 t/hm²	1.3	3.3

续表

作物种类		目标产量	每亩土地承载力 /（猪当量 / 当季）	
			粪肥全部就地利用	固体粪便堆肥外供 + 肥水就地利用
人工林地	桉树	30 m³/hm²	4.2	10.4
	杨树	20 m³/hm²	2.1	5.2

从畜禽粪便的土地承载力看，超出土地承载力的畜禽粪便，即为畜禽粪便污染物。单位耕地面积的畜禽粪便承载量小，即便畜禽粪便排放量少，其单位耕地面积的畜禽粪便污染负荷仍然可能很大。上海市农业科学研究院 1994 年对畜禽粪便负荷警报值进行分级（表 3-14），数值越大，畜禽粪便污染物对环境造成的污染威胁性越大。

表 3-14　畜禽粪便土地承载负荷警报值分级

预警值	< 0.4	0.4 ~ 0.7	0.7 ~ 1.0	1.0 ~ 1.5	1.5 ~ 2.5	> 2.5
预警级别	I	II	III	IV	V	VI
对环境的影响	无	稍有	有	较严重	严重	很严重

第三节
畜禽粪便污染物防治的基本原则及政策措施

随着畜牧业的规模化发展，我国对畜禽养殖污染物防治越来越重视，先后出台了一系列规范畜禽粪便污染物防治的法律法规。现有与畜禽养殖污染物防治相关的法律主要有：《中华人民共和国畜牧法》《中华人民共和国农业法》《中华人民共和国环境保护法》《中华人民共和国水污染防治法》《中华人民共和国大气污染防治法》《中华人民共和国固体废物污染环境防治法》《中华人民共和国清洁生产促进法》《中华人民共和国循环经济促进法》《中华人民共和国动物防疫法》《畜禽规模养殖污染防治条例》《生猪屠宰管理条例》《饲料和饲料添加剂管理条例》。其中，2014 年 1 月 1 日起施行的《畜禽规模养殖污染防治条例》是我国第一部专门针对畜禽粪便污染物防治的国家法规。贯彻落实国家法律法规规定，生态环境部、农业农村部等国家相关部委和地方人民政府相继出台了一系列规范畜禽粪便污染物防治的政策性文件和技术规范，基本构建了涵盖科学养殖、技术规范、行政管制、经济激励等方面的比较完备的畜禽粪便污染物防治政策体系。

一、畜禽粪便污染物防治的基本原则

1. 减量化原则

畜禽粪便污染物防治，要特别强调减量化优先原则，即通过养殖结构调整及开展清洁生产以减少畜禽粪便污染物的产生量。通过降低日粮中营养物质（主要是氮和磷）的浓度、提高日粮中营养物质的消化率、减少或禁止使用有害添加物以及科学合理的饲养管理措施，减少畜禽排泄物中氮、磷养分及重金属的含量。

比如，目前多数饲料的蛋白质含量都大大超过畜禽生长的营养需要量，将日粮蛋白质含量从 18% 降到 16%，将使育肥猪的氮排泄量减少 15%，荷兰商品化的微生物植酸酶添加后，可使猪对磷的消化率提高 23%～30%。从污染物超标情况看，镉、汞、砷、铜、铅、铬、锌、镍 8 种无机污染物点位超标率分别为 7.0%、1.6%、2.7%、2.1%、1.5%、1.1%、0.9%、4.8%。重金属微量元素对畜禽生长有一定促进作用，但过量添加既影响畜禽生长，也因吸收利用率低造成环境污染。一般成年动物对日粮铜的吸收率不高于 10%，幼龄动物不高于 30%，高剂量时的吸收率更低。为了减少高微量元素添加的不利影响，农业农村部发布了《饲料添加剂安全使用规范》，规定在配合饲料或全混合日粮中加添加剂，最多不得超过最高限量。还可以考虑使用有机微量元素产品，如蛋氨酸锌和赖氨酸铜等，按照相应需要量的一半配制日粮，生长猪的生长性能并不降低，且粪铜、锌排放量可减少 30% 左右，或使用卵黄抗体添加剂、益生素、寡糖、酸化剂等替代添加剂。从养殖场生产工艺上改进，采用用水量少的干清粪工艺，可大幅减少污染物的排放量，降低污水中的污染物浓度，降低处理难度及处理成本。畜禽粪便的含水量约为 85%，现代化养猪场运用机械化清粪工艺，进入集粪池的粪尿含水率大于 95%。因此可以采用多种途径，如干湿分离、雨污分离、饮排分离等科学手段和方法，减少粪便污水的数量及降低利用和处理难度，有利于在此基础上实施资源再生利用。

2. 资源化原则

畜禽粪污中含有农作物生长所需要的氮、磷等养分，是很好的有机肥原料。畜禽粪污经过处理后，固体部分可通过堆肥好氧发酵生产有机肥，液体部分可作为液体肥料，不仅能改良土壤和提供养分，而且能降低粪污处理成本，缓解环保压力。因此，农牧结合、种养循环，是解决畜禽粪便污染的最经济、最有效途径。解决畜禽粪污的根本出路是要坚持生态化发展思路，将整个畜牧业纳入生态循环的大农业中整体规划。要根据当地农作物的种植品种、种植规模、种植条件、种植方式，合理确定畜禽养殖的品种结构、规模结构、养殖区域和畜禽粪便的收集方式、处理方式、资源化利用方式，充分利用自然生态系统，在饲养规模上以地控畜，合理布局，让畜牧业回归大农业，并使之与种植业紧密结合，以畜禽粪污肥养土地，以农养牧，以牧促农，尽可能做到一定区域内的种养平衡，促进畜禽粪污的最大限度资源化利用。据专家预测，未来十年我国有机农业生产面积以及产品生产年均增长将达 25%，在农产品生产面积中占有 1.0% ～ 1.5% 的份额。当然，畜禽粪污以及以畜禽粪污为原料的有机肥，尤其是沼液等液态有机肥运输比较困难，且成本较高，提倡就近利用。因此，畜禽养殖场周边应当配套有足够的农田面积。考虑到农业生产的季节性强，肥料施用具有明显的季节性，畜禽粪污尤其液体肥料应有一定的贮存设施和施用设施。同时，要根据农作物生长规律、土壤保肥保水能力等，制定合理的施肥方式，防止施肥不足、施肥过量、施肥不当导致农作物减产，也防止给地表水、地下水和土壤环境带来污染。

3. 全程化原则

畜禽粪污污染的防治要坚持源头减量、过程控制、末端治理的全过程控制。源头减量，就是要通过选择优良畜禽品种、改进科学饲养方式、合理搭配饲料日粮等技术措施，减少畜禽粪污的排放量及其粪污中的污染物含量。要通过合理调整养殖区域布局、规范畜禽养殖管理，减少畜禽粪污的污染防治难度和可能对环境造成的直接污染。过程控制，就是要通过采取干湿分离、雨污分离、饲养管理等措施，一方面减少畜禽粪污污染物排放，另一方面排放的污染物能够及时收集，防止渗漏、流失和处理不及时造成环境污染。末端治理，就是通过物理、化学、生物等方式对畜禽粪污进行无害化处理、资源化利用。比如，堆肥发酵、有机肥生产、沼气利用、工业化治污，等等。

4. 无害化原则

畜禽粪污处理不当，将给水体、土壤、大气带来污染，尤其是粪污中的病原微生物影响人畜健康，导致生态环境安全、公共卫生安全受损。因此，畜禽粪污防治，不论是处理方式，还是处理过程，最终效果都必须符合无害化的要求。畜禽粪污在利用或排放之前必须进行无害化处理并达到无害化标准，使其在利用时不会对畜禽健康产生不良影响，不会对农作物产生不利因素，不会对人类生存环境和人类健康构成危害。

二、畜禽粪污防治的政策措施

1. 划定禁养区域

《中华人民共和国畜牧法》规定，县级以上人民政府畜牧兽医行政主管部门应当根据畜牧业发展规划和市场需求，引导和支持畜牧业结构调整；省级人民政府根据本行政区域畜牧业发展状况制定畜禽养殖场、养殖小区的规模标准；禁止在三类区域内建设畜禽养殖场、养殖小区：一是生活饮用水的水源保护区，风景名胜区，以及自然保护区的核心区和缓冲区；二是城镇居民区、文化教育科学研究区等人口集中区域；三是法律、法规规定的其他禁养区域。生态环境部《畜禽养殖禁养区划定技术指南》对禁养区、禁养对象及禁养区划定工作提出明确政策界定。禁养区指县级以上地方人民政府依法划定的禁止建设养殖场或禁止建设有污染物排放的养殖场的区域；禁养畜禽品种包括猪、牛、鸡等主要畜禽，其他品种动物由各地依据其规模养殖的环境影响确定；禁养畜禽养殖场和养殖小区指达到省级人民政府确定的养殖规模标准的畜禽集中饲养场所，并对不同禁养区的划定范围作出规定。

饮用水水源保护区，包括饮用水水源一级保护区和二级保护区的陆域范围。其中，饮用水水源一级保护区内禁止建设养殖场。饮用水水源二级保护区内禁止建设有污染物排放的养殖场。畜禽粪污、沼渣、沼液等经过无害化处理用作肥料还田，符合法律法规要求以及国家和地方相关标准不造成环境污染的，不属于排放污染物。

自然保护区，包括国家级和地方级自然保护区的核心区和缓冲区，按照各级人民政府公布的自然保护区范围执行。自然保护区的核心区和缓冲区范围内，禁止建设养殖场。

风景名胜区，包括国家级和省级风景名胜区，以国务院及省级人民政府批准公布的名单为准，按照其规划确定的范围执行。其中风景名胜区的核心景区禁止建设养殖场；其他区域禁止建设有污染物排放的养殖场。

城镇居民区和文化教育科学研究区，根据城镇现行总体规划、动物防疫条件、卫生防护和环境保护要求等，因地制宜，兼顾城镇发展，科学设置边界范围。边界范围内，禁止建设养殖场。依照法律法规规定应当划定的区域，指法律法规规定的其他禁止建设养殖场的区域。

2. 实施养殖环境影响评价

《畜禽规模养殖污染防治条例》规定，新建、改建、扩建畜禽养殖场、养殖小区，应当符合畜牧业发展规划、畜禽养殖污染防治规划，满足动物防疫条件，并进行环境影响评价。对环境可能造成重大影响的大型畜禽养殖场、养殖小区，应当编制环境影响报告书；其他畜禽养殖场、养殖小区应当填报环境影响登记表。生态环境部《建设项目环境影响评价分类管理名录（2021年版）》规定，根据建设项目特征和所在区域的环境敏感程度，综合考虑建设项目可能对环境产生的影响，对建设项目的环境影响评价实行分类管理。建设单位应当按照本名录的规定，分别组织编制建设项目环境影响报告书、环境影响报告表或者填报环境影响登记表。

环境影响评价重点应当包括畜禽养殖产生的废弃物种类和数量，废弃物综合利用和无害化处理方案和措施，废弃物的消纳和处理情况以及向环境直接排放的情况，最终可能对水体、土壤等环境和人体健康产生的影响以及控制和减少影响的方案和措施等。根据《生态环境部建设项目环境影响报告书（表）审批程序规定》及一些地方生态环境部门的规范性文件，畜禽规模化养殖建设单位向生态环境部门申请报批环境影响报告书（表）的，除国家规定需要保密的情形外，应提交建设项目环境影响报告书（表）报批申请书、建设项目环境影响报告书（表）、编制环境影响报告书的建设项目的公众参与说明。生态环境部门主要从五个方面对建设项目环境影响报告书（表）进行审查：一是建设项目类型及其选址、布局、规模等是否符合生态环境保护法律法规和相关法定规划、区划，是否符合规划环境影响报告书及审查意见，是否符合区域生态保护红线、环境质量底线、资源利用上线和生态环境准入清单管控要求；二是建设项目所在区域生态环境质量是否满足相应环境功能区划要求、区域环境质量改善目标管理要求、区域重点污染物排放总量控制要求；三是拟采取的污染防治措施能否确保污染物排放达到国家和地方排放标准；拟采取的生态保护措施能否有效预防和控制生态破坏；可能产生放射性污染的，拟采取的防治措施能否有效预防和控制放射性污染；四是改建、扩建和技术改造项目，是否针对项目原有环境污染和生态破坏提出有效防治措施；五是环境影响报告书（表）编制内容、编制质量是否符合有关要求。

3. 规范粪污处理设施建设

《畜禽规模养殖污染防治条例》规定，畜禽养殖场、养殖小区应当根据养殖规模和污染防治需要，建设相应的畜禽粪便、污水与雨水分流设施，畜禽粪便、污水的贮存设施，粪污厌氧消化和堆沤、有机肥加工、制取沼气、沼渣沼液分离和输送、污水处理、畜禽尸体处理等综合利用和无害化处理设施。已经委托他人对畜禽养殖废弃物代为综合利用和无害化处理的，可以不自行建设综合利用和无害化处理设施。未建设污染防治配套设施、自行建设的配套设施不合格，或者未委托他人对畜禽养殖废弃物进行综合利用和无害化处理的，畜禽养殖场、养殖小区不得投入生产或者使用。畜禽养殖场、养殖小区自行建设污染防治配套设施的，应当确保其正常运行。2022年，农业农村部办公厅、生态环境部办公厅联合印发的《畜禽养殖场（户）粪污处理设施建设技术指南》规定，畜禽养殖场应根据养殖污染防治要求和当地环境承载力，配备与设计生产能力、粪污处理利用方式相匹配的畜禽粪污处理设施设备，满足防雨、防渗、防溢流和安全防护要求，并确保正常运行。交由第三方处理机构处理畜禽粪污的，应按照转运时间间隔建设粪污暂存设施。畜禽养殖户应当采取措施，对畜禽粪污进行科学处理，防止污染环境。

（1）圈舍及运动场粪污减量设施

畜禽养殖场（户）宜采用干清粪、水泡粪、地面垫料、床（网）下垫料等清粪工艺，逐步淘汰水冲粪工艺，合理控制清粪环节用水量。新建养殖场采用干清粪工艺的，鼓励进行机械干清粪。鼓励畜禽养殖场采用碗式或液位控制等防溢漏饮水器，减少饮水漏水。新建猪、鸡等养殖场宜采取圈舍封闭或半封闭管理，鼓励有条件的现有畜禽养殖场开展圈舍封闭改造，对恶臭气体进行收集处理。畜禽养殖场（户）应保持合理的清粪频次，及时收集圈舍和运动场的粪污。鼓励畜禽养殖场做好运动场的防雨、防渗和防溢流，降低环境污染风险。

（2）雨污分流设施

畜禽养殖场（户）应建设雨污分流设施，液体粪污应采用暗沟或管道输送，采取密闭措施，做好安全防护，输送管路要合理设置检查口，检查口应加盖且一般高于地面5 cm以上，防止雨水倒灌。

（3）畜禽粪污暂存设施

畜禽养殖场（户）建设畜禽粪污暂存池（场）的，液体粪污暂存池容积不小于单位畜禽液体粪污日产生量［m³/（天·头或只或羽）］× 暂存周期［（天）× 设计存栏量（头或只或羽），固体粪污暂存场容积不小于单位畜禽固体粪污日产生量

［m³/（天·头或只或羽）］× 暂存周期（天）× 设计存栏量（头或只或羽），暂存周期按转运处理最长时间间隔确定。鼓励采取加盖等措施，减少恶臭气体排放和雨水进入。单位畜禽粪污日产生量参考值见表 3-15。

表 3-15 单位畜禽粪污日产生量参考值

项目		生猪 /m³	奶牛 /m³	肉牛 /m³	鸡 /m³	鸭 /m³	羊 /m³
固体和液体分别处理	固体粪污产生量	0.0015	0.025	0.015	0.00012	0.00035	0.001
	液体粪污产生量	0.0085	0.03	0.01	0.00008	0.00015	0.0003
固体和液体（全粪污量）同时处理	固体粪污产生量	—	—	0.025	0.0002	—	0.0013
	液体粪污产生量	0.01	0.055	—	—	0.0005	—

注：水冲粪工艺单位畜禽粪污日产生量推荐值为生猪 0.013 m³、奶牛 0.1 m³、肉牛 0.06 m³、鸭 0.0015 m³。

（4）液体粪污贮存发酵设施

畜禽养殖场（户）通过敞口贮存设施处理液体粪污的，应配套必要的输送、搅拌等设施设备，容积不小于单位畜禽液体粪污日产生量［m³/d·（头或只或羽）］× 贮存周期（天）× 设计存栏量（头或只或羽），贮存周期依据当地气候条件与农林作物生产用肥最大间隔期确定，推荐贮存周期在 180 天以上，确保充分发酵腐熟，处理后蛔虫卵、粪大肠埃希菌、镉、汞、砷、铅、铬、铊和缩二脲等物质应达到《肥料中有毒有害物质的限量要求》（表 3-16、表 3-17）。鼓励有条件的畜禽养殖场建设两个以上敞口贮存设施交替使用。畜禽养殖场（户）通过密闭贮存设施处理液体粪污的，应采用加盖、覆膜等方式，减少恶臭气体排放和雨水进入，同时配套必要的输送、搅拌、气体收集处理等设施设备。密闭贮存设施容积不小于单位畜禽液体粪污日产生量［m³/d·（头或只或羽）］× 贮存周期（天）× 设计存栏量（头或只或羽），贮存周期依据当地气候条件与农林作物生产用肥最大间隔期确定，推荐贮存周期在 90 天以上，确保充分发酵腐熟，处理后蛔虫卵、粪大肠埃希菌、镉、汞、砷、铅、铬、铊和缩二脲等物质应达到《肥料中有毒有害物质的限量要求》。鼓励有条件的畜禽养殖场建设两个以上密闭贮存设施交替使用。畜禽养殖场（户）采用异位发酵床工艺处理液体粪污的，适用于生猪、家禽全量粪污的处理，发酵床建设容积（单位：m³/ 头或羽）一般不小于 0.2（生猪）、0.0033（肉鸡）、0.0067（蛋鸡）或 0.013（鸭）× 设计存栏量（头或羽），并配套供氧、除臭和翻抛等设施设备。

表 3-16　肥料中有毒有害物质的限量要求（基本项目）

序号	项目	含量限值	
		无机肥料	其他肥料 [a]
1	总磷	≤ 10 mg/kg	≤ 3 mg/kg
2	总汞	≤ 5 mg/kg	≤ 2 mg/kg
3	总砷	≤ 50 mg/kg	≤ 15 mg/kg
4	总铅	≤ 200 mg/kg	≤ 50 mg/kg
5	总铬	≤ 500 mg/kg	≤ 150 mg/kg
6	总铊	≤ 2.5 mg/kg	≤ 2.5 mg/kg
7	缩二脲 [b]	≤ 1.5%	≤ 1.5%
8	蛔虫卵死亡率 [c]	—	95%
9	粪大肠埃希菌群数 [c]	—	≤ 100 个 /g 或 100 个 /mL

注：a，除无机肥料以外的肥料，有毒有害物质含量以烘干基计。b，仅在标明总氮含量时进行检测和判定。c，该指标不作要求。

表 3-17　肥料中有毒有害物质的限量要求（可选项目）

序号	项目	含量限值	
		无机肥料	其他肥料 [a]
1	总镍	≤ 600 mg/kg	≤ 600 mg/kg
2	总钴	≤ 100 mg/kg	≤ 100 mg/kg
3	总钒	≤ 325 mg/kg	≤ 325 mg/kg
4	总锑	≤ 25 mg/kg	≤ 25 mg/kg
5	苯并 [a] 芘	≤ 0.55 mg/kg	≤ 0.55 mg/kg
6	石油烃总量 [b]	≤ 0.25 mg/kg	≤ 0.25 mg/kg
7	邻苯二甲酸酯类总量 [c]	≤ 25 mg/kg	≤ 25 mg/kg
8	三氯乙醇	≤ 5.0 mg/kg	— [d]

注：a，除无机肥料以外的肥料，有毒有害物质含量以烘干基计。b，石油烃总量为 C6～C36 总和。c，邻苯二甲酸酯类总量为邻苯二甲酸二甲酯（DMP）、邻苯二甲酸二乙酯（DEP）、邻苯二甲酸二丁酯（DBP）、邻苯二甲酸二丁基苄酯（BBP）、邻苯二甲酸（2,乙基）乙基酯（DEHP）、邻苯二甲酸二正辛酯（DNOP）、邻苯二甲酸二异壬酯（DINP）、邻苯二甲酸二异癸酯（DIDP）八类物质的总和。d，该指标不作要求。

（5）液体粪污深度处理设施

固液分离后的液体粪污要进行深度处理的，根据不同工艺可配套集水池、曝气池、沉淀池、高效固液分离机、厌氧反应池、好氧反应池、高效脱氮除磷、膜生物反应器、膜分离浓缩、机械排泥、臭气处理等设施设备，做好防渗、防溢流。处理后排入环境水体的，出水水质不得超过国家或地方规定的水污染物排放标准和重点水污染物排放总量控制指标；排入农田灌溉渠道的，还应保证其下游最近的灌溉取水点水质符合《农田灌溉水质标准》，具体限值指标见表 3-18、表 3-19。

表 3-18 农田灌溉水质基本控制项目限值

序号	项目类别		作物种类		
			水田作物	旱地作物	蔬菜
1	pH 值		5.5 ~ 8.5	5.5 ~ 8.5	5.5 ~ 8.5
2	水温 /℃	≤	35	35	35
3	悬浮物 /（mg/L）	≤	80	100	60[a], 15[b]
4	五日生化需氧量（BOD_5）/（mg/L）	≤	60	100	40[a], 15[b]
5	化学需氧量（COD_{Cr}）/（mg/L）	≤	150	200	100[a], 60[b]
6	阴离子表面活性剂 /（mg/L）	≤	5	8	5
7	氯化物（以 Cl^- 计）/（mg/L）	≤	350	350	350
8	硫化物（以 S_2 计）/（mg/L）	≤	1	1	1
9	全盐量 /（mg/L）	≤	1 000（非盐碱土地区），2 000（盐碱土地区）		
10	总铅 /（mg/L）	≤	0.2	0.2	0.2
11	总镉 /（mg/L）	≤	0.01	0.01	0.01
12	铬（六价）/（mg/L）	≤	0.1	0.1	0.1
13	总汞 /（mg/L）	≤	0.001	0.001	0.001
14	总砷 /（mg/L）	≤	0.05	0.1	0.05
15	粪大肠埃希菌群数 /（MPN/L）	≤	40 000	40 000	20 000[a], 10 000[b]
16	蛔虫卵数 /（个 /10L）	≤	20	20	10[a], 10[b]

注：a，加工、烹调及去皮蔬菜。b，生食蔬菜、瓜菜和草本水果。

表 3-19 农田灌溉水质选择控制项目限值

序号	项目类别		作物种类		
			水田作物	旱地作物	蔬菜
1	氰化物（以 CN^- 计）/（mg/L）	≤	0.5	0.5	0.5
2	氟化物（以 F 计）/（mg/L）	≤	2（一般地区）	2（一般地区），3（高氟区）	2（一般地区），3（高氟区）
3	石油类 /（mg/L）	≤	5	10	1
4	挥发酚 /（mg/L）	≤	1	1	1
5	总铜 /（mg/L）	≤	0.5	1	1
6	总锌 /（mg/L）	≤	2	2	2
7	总镍 /（mg/L）	≤	0.2	0.2	0.2
8	硒 /（mg/L）	≤	0.02	0.02	0.02

续表

序号	项目类别		作物种类		
			水田作物	旱地作物	蔬菜
9	硼 /（mg/L）	≤	1[a]，2[b]，3[c]	1[a]，2[b]，3[c]	1[a]，2[b]，3[c]
10	苯 /（mg/L）	≤	2.5	2.5	2.5
11	甲苯 /（mg/L）	≤	0.7	0.7	0.7
12	二甲苯 /（mg/L）	≤	0.5	0.5	0.5
13	异甲苯 /（mg/L）	≤	0.25	0.25	0.25
14	苯胺 /（mg/L）	≤	0.5	0.5	0.5
15	三氯乙醛 /（mg/L）	≤	1	0.5	0.5
16	丙烯醛 /（mg/L）	≤	0.5	0.5	0.5
17	氯苯 /（mg/L）	≤	0.3	0.3	0.3
18	1，2 二氯苯 /（mg/L）	≤	1	1	1
19	1，4 二氯苯 /（mg/L）	≤	0.4	0.4	0.4
20	硝基苯 /（mg/L）	≤	2	2	2

注：a，对硼敏感作物，如黄瓜、豆类、马铃薯、笋瓜、韭菜、洋葱、柑橘等。b，对硼耐受性较强的作物，如小麦、玉米、青椒、小白菜、葱等。c，对硼耐受性强的作物，如水稻、萝卜、油菜、甘蓝等。

（6）固体粪污发酵设施

畜禽养殖场（户）可采用堆肥、沤肥、生产垫料等方式处理固体粪污。堆肥宜采用条垛式、强制通风静态垛、槽式、发酵仓、反应器或覆膜堆肥等好氧工艺，根据不同工艺配套必要的混合、输送、搅拌、供氧和除臭等设施设备。沤肥宜采用平地或半坑式糊泥静置等兼氧工艺。生产垫料宜采用密闭式滚筒好氧发酵工艺，配套必要的固液分离、进料、混合、发酵、除臭或智能控制等设施设备，分离出的液体粪污应参照液体粪污贮存发酵设施中的要求进行处理。堆（沤）肥设施发酵容积不小于单位畜禽固体粪污日产生量［m³/（d·头或只或羽）］× 发酵周期（天）× 设计存栏量（头或只或羽），确保充分发酵腐熟，处理后蛔虫卵、粪大肠埃希菌、镉、汞、砷、铅、铬、铊和缩二脲等物质应达到《肥料中有毒有害物质的限量要求》和堆肥的卫生学要求（表 3-20、表 3-21）。

表 3-20　畜禽养殖场（户）堆（沤）肥设施发酵周期参考值

处理方式	堆肥（65℃≥堆体温度≥55℃）			沤肥	
	条垛式（覆膜）	槽式	反应器	春、夏、秋	冬
发酵时间	≥15 天	≥7 天	≥5 天	≥60 天	≥90 天

注：1. 发酵时间是指堆体温度达到温度要求后维持的时间。2. 推荐堆肥时间可以满足无害化要求，如对含水率和腐熟度有进一步要求还应进行二次堆肥。3. 冬季温度高于 0℃ 的南方地区，沤肥时间可适当缩短，但应不低于 60 天。4. 春秋温度低于 0℃ 的北方地区，沤肥时间应不低于 90 天；冬季温度低于 -20℃ 的地区，沤肥时间不低于 180 天。

表 3-21　堆肥的卫生学要求

项目	要求
蛔虫卵死亡率	95%～100%
粪大肠埃希菌值	10^{-1}～10^{-2} 个 /kg
苍蝇	堆肥中及堆肥周围没有活蛆、蛹或新羽化的成蝇

（7）沼气发酵设施

畜禽粪污采用沼气工程进行厌氧处理的，应配套调节池、固液分离机、贮气设施、沼渣沼液贮存池等设施设备，并采取必要的除臭措施。根据不同工艺可配套完全混合式厌氧反应器、升流式厌氧固体反应器、干法厌氧发酵反应器、升流式厌氧污泥床反应器、升流式厌氧复合床、内循环厌氧反应器、厌氧颗粒污泥膨胀床反应器或竖向推流式厌氧反应器等设施设备。畜禽粪污采用沼气池进行厌氧处理的，应符合户用沼气池设计规范要求，建设必要的配套设施。沼气工程产生的沼液还田利用的，宜通过敞口或密闭贮存设施进行后续处理，贮存容积不小于沼液日产生量（m^3/d）× 贮存周期（天），贮存周期不得低于当地农作物生产用肥最大间隔期，推荐贮存周期在 60 天以上，确保充分发酵腐熟，处理后蛔虫卵、粪大肠埃希菌、镉、汞、砷、铅、铬、铊和缩二脲等物质应达到《肥料中有毒有害物质的限量要求》和沼气肥的卫生学要求（表 3-22）。沼气工程产生的沼渣还田利用或基质化利用的，宜通过堆肥方式进行后续处理。堆肥设施发酵容积不小于（沼渣日产生量 + 辅料添加量）（m^3/d）× 发酵周期（天），确保充分发酵腐熟，处理后蛔虫卵、粪大肠埃希菌、镉、汞、砷、铅、铬、铊和缩二脲等物质应达到《肥料中有毒有害物质的限量要求》。利用沼气发电或提纯生物天然气的，根据需要配套沼气发电和沼气提纯等设施设备。

表 3-22　沼气肥的卫生学要求

项目	要求
蛔虫卵沉降率	95% 以上
血吸虫卵和钩虫卵	在使用的沼液中不应有活的血吸虫卵和钩虫卵
粪大肠埃希菌值	$10^{-1} \sim 10^{-2}$ 个 /kg
蚊子、苍蝇	有效地控制蚊蝇滋生，池的周边无活蛆、蝇和新羽化的成蝇
沼气池的粪渣	应符合堆肥的卫生学要求

4.严格养殖污染排放标准

根据《固定污染源排污许可分类管理名录》，畜禽养殖污染物排污许可按两类实行分类管理。一类是牲畜饲养、家禽饲养，设有污水排放口的规模化畜禽养殖场、养殖小区（具体规模化标准按《畜禽规模养殖污染防治条例》执行）实行重点管理，无污水排放口的规模化畜禽养殖场、养殖小区和设有污水排放口的规模以下畜禽养殖场、养殖小区实行登记管理；另一类是其他畜牧业，设有污水排放口的养殖场、养殖小区实行登记管理。对实行重点管理的畜禽规模养殖场、养殖小区需要按规定取得排污许可证。环境保护主管部门按照排污许可证规定的许可排放量，确定排污单位的重点污染物排放总量控制指标。畜禽养殖污染物排放控制包括三个方面：一是总排放量的控制。畜禽养殖企业应按照国家规定，实行可控技术、节能技术、再生资源合理利用技术等，有效控制污染物的总排放量。二是污染物排放浓度的控制。畜禽养殖企业要按照国家规定，控制污染物排放浓度，并在排放口安装检测设备，实时监测排放浓度。三是季节性排放量的控制。畜禽养殖企业应根据当地自然条件，采取相应的节水、节能技术，适当控制季节性污染物的排放量。《畜禽养殖业污染物排放标准》按水污染物、废渣和恶臭污染物三个方面规定了排放标准。

（1）畜禽养殖业水污染物排放标准

畜禽养殖业废水不得排入敏感水域和有特殊功能的水域，排放去向应符合国家和地方的有关规定。畜禽养殖业的废水排放规定分别见表 3-23、表 3-24、表 3-25。

表 3-23 集约化畜禽养殖业水冲工艺每日最高允许排水量

种类	猪／（m³／百头）		鸡／（m³／千只）		牛／（m³／百头）	
季节	夏季	冬季	夏季	冬季	夏季	冬季
标准值	2.5	3.5	0.8	1.2	20	30

注：污水最高允许排放量的单位中，百头、千只均指存栏数。春、秋季污水最高允许排放量按冬、夏两季的平均值计算。

表 3-24 集约化畜禽养殖业干清粪工艺每日最高允许排水量

种类	猪／（m³／百头）		鸡／（m³／千只）		牛／（m³／百头）	
季节	冬季	夏季	冬季	夏季	冬季	夏季
标准值	1.2	1.8	0.5	0.7	17	20

注：污水最高允许排放量的单位中，百头、千只均指存栏数。春、秋季污水最高允许排放量按冬、夏两季的平均值计算。

表 3-25 集约化畜禽养殖业水污染物最高允许日均排放浓度

控制项目	BOD_5 ／（mg/L）	COD_{cr} ／（mg/L）	SS ／（mg/L）	氨氮 ／（mg/L）	总磷（以 P 计）／（mg/L）	粪大肠埃希菌群数 /（个／100 mL）	蛔虫卵 /（个／L）
标准值	150	400	200	80	8.8	1000	2

（2）畜禽养殖业废渣无害化环境标准

畜禽养殖业必须设置废渣的固定储存设施和场所，储存场所要有防止粪液渗漏、溢流的措施；用于直接还田的畜禽粪污，必须进行无害化处理；禁止直接将废渣倾倒入地表水体或其他环境中。畜禽粪便还田时，不能超过当地最大农田负荷量，避免造成面源污染和地下水污染。经无害化处理后的废渣，应符合表 3-26 的规定。

表 3-26 畜禽养殖业废渣无害化环境标准

控制项目	指标
蛔虫	死亡率 ≥ 95%
粪大肠埃希菌群数	≤ 10^5 个 /kg

（3）畜禽养殖业恶臭污染物排放标准

集约化畜禽养殖业恶臭污染物的排放规定见表 3-27。

表 3-27　集约化畜禽养殖业恶臭污染物排放标准

控制项目	标准值
臭气浓度（无量纲）	70 mg/m³

5.畜禽粪污综合利用

国家鼓励和支持采取粪肥还田、制取沼气、制造有机肥等方法，对畜禽养殖废弃物进行综合利用；国家鼓励和支持采取种植和养殖相结合的方式消纳利用畜禽养殖废弃物，促进畜禽粪便、污水等废弃物就地就近利用。同时，对畜禽粪便、污水还田利用必须符合有关规定。

（1）畜禽养殖污水的综合利用

畜禽养殖污水作为灌溉用水排入农田前，必须采取机械的、物理的、化学的和生物学的有效措施进行净化处理，并符合《农田灌溉水质标准》（GB5084—2021）的要求。农田灌溉水质控制项目分为基本控制项目和选择控制项目。基本控制项目为必测项目，选择控制项目由地方生态环境主管部门会同农业农村、水利等主管部门根据农田灌溉用水类型和农作物种类要求选择执行。

在畜禽养殖场与还田利用的农田之间应建立有效的污水输送网络，通过车载或管道形式将处理后的污水输送至农田，要加强管理，严格控制污水输送沿途的弃、洒和跑、冒、滴、漏。畜禽养殖场污水排入农田前必须采用格栅、厌氧、沉淀等工艺流程进行预处理，并应配套设置田间储存池，以解决农田在非施肥期间的污水出路问题，田间储存池的总容积不得低于当地农林作物生产用肥的最大间隔时间内畜禽养殖场排放污水的总量。

（2）畜禽粪便固体肥料的综合利用

根据施用不同 pH 的土壤，以畜禽粪便为主要原料的肥料中，其畜禽粪便的重金属含量限值应符合表 3-28 的相关限值要求。畜禽固体粪便必须经过无害化处理，且充分腐熟并杀灭病原菌、虫卵和杂草种子。制作堆肥以及以畜禽粪便为原料制成的商品有机肥、生物有机肥、有机复合肥的，应符合《肥料中有毒有害物质的限量要求》（GB38400—2019）和堆肥卫生学要求，禁止未经处理的畜禽粪便直接施入农田。

表3-28　制作肥料的畜禽粪便中重金属含量限值（干粪含量）

项目		土壤 pH 值		
		< 6.5	6.5～7.5	> 7.5
砷 /（mg/kg）	旱田作物	50	50	50
	水稻	50	50	50
	果树	50	50	50
	蔬菜	30	30	30
铜 /（mg/kg）	旱田作物	300	600	600
	水稻	150	300	300
	果树	400	800	800
	蔬菜	85	170	170
锌 /（mg/kg）	旱田作物	2 000	2 700	3 400
	水稻	900	1 200	1 500
	果树	1 200	1 700	2 000
	蔬菜	500	700	900

　　经过处理的粪便作为土壤的肥料单独施用或与其他肥料配施时，应满足农作物生长对营养元素的需要，适量施用，其用量不能超过作物当年生长所需养分的需求量。以生产需要为基础，以地定产，以产定肥。小麦和水稻田、果园、菜地畜禽粪便使用限量见表 3-29、表 3-30、表 3-31。

表3-29　小麦、玉米、水稻每茬猪粪使用限量

农田本底土壤肥力水平	Ⅰ	Ⅱ	Ⅲ
小麦和玉米田 施用限量 /（t/hm²）	19	16	14
稻田施用限量 /（t/hm²）	22	18	16

注：限值均指在不施用化肥情况下，以干物质计算的猪粪的使用限量。如果施用牛粪、鸡粪、羊粪等肥料可根据猪粪换算，其换算系数为：牛粪（0.8）、鸡粪（1.6）、羊粪（1.0）。

表3-30　果园每年猪粪使用限量

果树种类	苹果	梨	柑橘
施用限量 /（t/hm²）	20	23	29

注：限值均指在不施用化肥情况下，以干物质计算的猪粪的使用限量。如果施用牛粪、鸡粪、羊粪等肥料可根据猪粪换算，其换算系数为：牛粪（0.8）、鸡粪（1.6）、羊粪（1.0）。

表 3-31 菜地每茬猪粪使用限量

蔬菜种类	黄瓜	番茄	茄子	青椒	大白菜
施用限量 / (t/hm^2)	23	35	30	30	16

注：限值均指在不施用化肥情况下，以干物质计算的猪粪的使用限量。如果施用牛粪、鸡粪、羊粪等肥料可根据猪粪换算，其换算系数为：牛粪（0.8）、鸡粪（1.6）、羊粪（1.0）。

在确定粪肥的最佳使用量时需要对土壤肥力和粪肥肥效进行测试评价，并应符合当地环境容量的要求。对高降雨区、坡地及容易产生径流和渗透性较强的沙质土壤，粪肥施用量过高易使粪肥流失引起地表水或地下水污染时，应禁止或暂停施用粪肥。对没有充足土地消纳利用粪肥的大中型畜禽养殖场和养殖小区，应建立集中处理畜禽粪便的有机肥厂或处理机制。固体粪肥的堆制可采用高温好氧发酵或其他适用技术和方法，以杀死其中的病原菌和蛔虫卵，缩短堆制时间，实现无害化。

（3）畜禽粪便综合利用的激励措施

国家支持畜禽粪便综合利用，主要激励政策包括五个方面。一是粪污处理设施建设的用地支持。按照国家有关规定，畜禽养殖生产设施用地和必要的污染防治等附属设施用地，按农用地管理。二是粪污处理设施建设的资金支持。建设和改造畜禽养殖污染防治设施，可以按照国家规定申请包括生猪调出大县奖励资金、畜禽粪污整县推进项目、粪污处理设施建设项目、农业面源污染治理项目、污染治理贷款贴息补助在内的环境保护等相关资金支持。三是有机肥生产与使用支持。从事利用畜禽养殖废弃物进行有机肥产品生产经营等畜禽养殖废弃物综合利用活动的，享受国家规定的相关税收优惠政策；利用畜禽养殖废弃物生产有机肥产品的，享受国家关于化肥运力安排等支持政策；购买使用有机肥产品的，享受不低于国家关于化肥的使用补贴等优惠政策；畜禽养殖场、养殖小区的畜禽养殖污染防治设施运行用电执行农业用电价格。在有机肥使用补贴方面，浙江省 2020 年出台《关于促进商品有机肥生产与应用的意见》（浙政办发〔2010〕151 号），对种植粮食、蔬菜、茶叶、水果、中药材等主要农作物时推广应用商品有机肥的，每吨补贴 300 元，其中省级补贴资金每吨 200 元、县级财政补贴资金每吨 100 元。四是支持沼气发电。国家鼓励和支持利用畜禽养殖废弃物进行沼气发电，自发自用、多余电量接入电网。电网企业应当依照法律和国家有关规定为沼气发电提供无歧视的电网接入服务，并全额收购其电网覆盖范围内符合并网技术标准的多余电量。利用畜禽养殖废弃物进行沼气发电的，依法享受国家规定的上网电价优惠政策。利用畜禽养殖废弃物制取沼气或进而制取天然气的，依法享受新能源优惠政策。五是粪污减排支持。畜禽养殖场、养殖小区排放污染物符合国家和地方规定的污染物排放标准和总量控制指标，自愿与环境保护主管部门签订进一步削减污染物排放量协议的，由县级人民政府按照国家有关规定给予奖励，并优先列入县级以上人民政府安排的环境保护和畜禽养殖发展相关财政资金扶持范围。

第四章
畜禽粪污的源头
减控技术

第一节
氮磷源头减排技术

为进一步加强氮磷污染防治工作，我国生态环境部于 2018 年 4 月按《控制污染物排放许可制实施方案》《"十三五"生态环境保护规划》等文件的要求对加强固定污染源氮磷污染防治做出了重要指示。指示中指出畜禽养殖场粪污等排放作为固定污染源氮磷排放的重要来源之一，由于国家长期未对总氮、总磷的排放进行系统考核，因此不少地方对氮磷达标排放的监管不严，导致了氮磷排放存在底数不清的问题。指示要求各地须对氮磷污染防治工作高度重视，将规模化畜禽养殖场氮磷排放达标整治作为重点突破口之一，强化固定污染源氮磷污染防治。目前的矛盾是随着我国经济的持续发展，人们对于肉、蛋、奶的需求仍在不断提高，消费者意识的加强导致其对于食物的要求既要具有优良的食用品质又要干净卫生且安全。因此企业更高效益的生产将仍然是基本目标，而作为动物机体的重要构成成分的氮磷，其密切影响着畜禽健康和生产水平，在动物饲料中同样是必不可少的营养元素。在实际生产中，为获得更高生产性能，企业通常会在饲料中添加超出动物需要量的营养物质，饲料中氮磷含量通常高于畜禽生产需要量，使得畜禽的氮磷利用效率偏低，饲料中未被消化吸收的氮磷随粪尿排出体外。由于畜禽粪污中富含氮磷，无论是排放到土壤，还是排放到水体中，都会对环境造成严重的污染。因此高效益生产中畜禽所产生的氮磷过量排放导致的环境污染必须引起重视，减少畜禽粪污中氮磷的排放成为当今社会的一项重要任务。畜禽粪污氮磷源头减排技术的发展，为解决氮磷污染提供了有效的解决方案，是减少畜禽粪污氮磷排放、降低污染的必要技术，也是未来社会可持续发展的重要技术措施之一。

从源头减少氮磷排放就需要弄清楚动物粪便尿液中氮磷排放的主要营养因素。

对于单胃动物而言，影响氮排放的主要营养因素有饲料的原料成分、饲料中蛋白水平以及饲料中氨基酸的组成。影响磷排放的主要营养因素有饲料中总磷的含量、饲料中钙磷比例和饲料中各种磷源溶解度。对于反刍动物而言，影响氮利用效率的因素主要包括生理、饲料、饲养管理等方面。其中，瘤胃中能氮平衡值、饲料中降解蛋白比例、氨基酸水平和牧草质量能够直接影响氮利用效率。影响反刍动物磷利用效率的因素很多，比如反刍动物年龄、生理状况、饲料中钙磷比和反刍动物的磷采食量都会影响到磷的吸收和代谢。

低蛋白日粮是指在控制范围内降低日粮粗蛋白水平，同时保证畜禽日粮中各氨基酸的种类、数量和组成比例，不改变畜禽生产力，力争实现高饲料利用效率、高氮沉积低排放、提高免疫力和抗应激能力的日粮配制技术。低蛋白日粮是根据"理想蛋白质"模型开发的，随着学术界对蛋白质营养研究的深入，畜禽蛋白质需要量研究逐步从"粗蛋白"向"总氨基酸—可消化氨基酸—理想蛋白质"模型转变。当以"理想蛋白质"氨基酸模型作为衡量日粮实际生产中使用的标准时发现，如果按照目前使用的营养需要中蛋白质需要来配制饲料，则饲料中的各种必需氨基酸在不同程度上都含量过高。动物的蛋白质需要量实际上是动物对各种氨基酸的需要量，因此，可以通过添加额外的合成氨基酸来平衡饲料中的氨基酸，从而缓解常规传统饲料中由于玉米－豆粕添加导致氨基酸失衡造成的资源浪费。工业合成氨基酸的开发，使氨基酸比例均衡的低蛋白日粮的开发成为可能，可以减少蛋白质饲料的用量。值得注意的是，采用低蛋白日粮不仅可以降低饲料成本，还可以提高饲料中各种养分的利用率，显著降低畜禽粪便中的氮含量，有效减轻养殖业快速发展带来的环境负担。

一、饲料加工技术调控

蛋白原料从来源分类主要分为动物源、植物源和微生物源，虽然近些年农业农村部为扩大蛋白饲料来源发布了《猪鸡饲料玉米豆粕减量替代技术方案》，提高了非常规蛋白原料利用率，开始选择以菜籽粕、棉籽粕、花生粕等抗营养因子含量高、氨基酸不平衡的非常规蛋白原料替代豆粕，保证原料有效供给，但是在畜禽养殖中豆粕因其蛋白含量高、氨基酸组成合理、利用率高等优点，仍是饲料中必不可少的优异植物性蛋白来源。尽管豆粕仍作为目前最优质蛋白原料，但是豆粕中同样存在如抗原蛋白、胰蛋白酶抑制剂、大豆凝血素、低聚糖、植酸等抗营养因子，会严重影响动物机体对豆粕蛋白的吸收利用，导致动物的饲料消化率、营养利用率低的同时，未被吸收利用的大量养分通过粪污排放造成环境污染。豆粕中大部分的抗营养因子很难通过高温全部消除，为此在环保、饲料原料危机等严峻形势下，饲料加工技术得到飞速发展，目前饲料加工工艺中生物化学处理方法主要有发酵、酶解以及菌酶协同发酵等，基于酶解饲料的生产技术难度高、原料处理的单一性、较高的生产成本以及产品性能的欠缺，其应用领域、模式推广受到很大的制约，目前常使用发酵和菌酶协同发酵的方法，以求去除原料中抗营养因子，提高原料的营养价值，降低动物饲养成本，提高生态环境效益。发酵是通过益生菌在生长过程中产生的水解酶发挥作用，将饲料原料中的大分子物质部分分解，发酵过程中，益生菌分泌了丰富的代谢产物，如氨基酸、有机酸、微生物蛋白等营养物质以及虾青素等功能性物质，提高了动物的采食量、饲料的消化利用率，增强了动物的免疫力，并能减少粪污和氨气等有害物质的产生和排放。其生产工艺按照水分含量多少，可划分为固态发酵和液态发酵两类。由于液态发酵设备造价高，发酵过程中的废液处理难度大，因此在大规模生产中固态发酵技术应用较为广泛，尤其对于低质的豆粕发酵，目前采用的是固态发酵。菌酶协同发酵是指在发酵的基础上，添加益生菌和酶制剂，通过益生菌与酶制剂的协同作用，最大化地降解饲料原料中的大分子物质，同时在发酵过程中产生了有机酸及大量代谢产物。根据菌酶协同发酵饲料的原料组分，可分为菌酶协同发酵单一饲料原料和菌酶协同发酵混合饲料原料，发酵豆粕就属于应用菌酶协同发酵的单一饲料原料；根据菌酶协同发酵饲料的工艺，可分为菌酶协同耗氧发酵工艺和菌酶协同厌氧发酵工艺；根据菌酶添加工序，可分为菌酶同步发酵工艺和菌酶异步发酵工艺。菌酶协同发酵能提高营养物质包括大分子蛋白质、氨基酸和特定功能性小肽等的含量，同时改善饲料品质，提高适口性，促进动物机体对营养物质的消化吸收。饲料原料发酵基质中添加菌种与酶处理后，菌种的繁殖会分泌大量代谢产物降解饲料原料中的蛋白质，同时合成动物更容易吸收利用的菌体蛋白。蛋白原料中的抗营养因子植酸也会造成适口性差，而单胃动物缺乏植酸酶则无法水解植酸。添加植酸酶将植酸中的磷酸碱基水解，破坏植酸对钙磷等矿物质元素的亲和性，可提高机体对矿物质元素的吸收率，增加采食量，获得比单一发酵更好的效果。研究发现，通过使用黑曲霉和菌酶协同发酵处理菜籽粕，利用发酵过程中产生的多种酶进一步降解菜籽粕中的抗营养因子，结果表明相比一次发酵，植酸含量降低了 96.18%。

二、单胃动物饲料调控

1. 饲料调控降低单胃动物粪污氮排放的措施

从营养学的角度看，减少粪污氮排放的办法有两种：一是降低日粮中氮含量，二是提高氮消化吸收率。两种办法分别可以通过采用低蛋白日粮和在饲料中添加寡糖、膳食纤维、益生菌等来提高氮利用效率，减少粪污氮排放。

调节日粮，使其提供的蛋白质能够满足畜禽需求，是提高氮利用率的基本原则。如果日粮提供的蛋白质超过了畜禽的需要，则多余的氮会通过粪尿的形式从体外排出。研究表明，按照目前推荐的猪营养标准，使用理想的蛋白质模型，日粮中的蛋白质水平可降低 2% ~ 3%，动物对氨基酸的需求可通过补充适当的合成氨基酸来满足，而不损害动物生产性能和健康状况。使用低蛋白日粮不仅可以填补蛋白质资源的不足，降低生猪生产成本，还可以减少养殖生产中的氮排放，具有良好的经济效益、社会效益和环境效益。曾燕霞等人研究发现，给育肥猪饲喂低蛋白日粮后育肥猪的摄入氮、吸收氮、总氮排出量、尿氮以及血清中尿素水平均呈现出降低的趋势，在对育肥猪生产性能和健康状况无不利影响的同时，将降低日粮成本和增重成本，还可显著降低氮的排放。随着可消化氨基酸技术的发展和猪、鸡饲料中氨基酸原料成本的降低，低蛋白日粮技术正在逐步推进。此外，我国豆粕主要依赖进口，价格偏高，采用合成氨基酸制作低蛋白饲料，不仅可以减少豆粕用量，还可以降低饲料配方成本和氮排放。甚至有研究证明，在低氮日粮中补充支链氨基酸（亮氨酸、异亮氨酸和缬氨酸）不仅能够保证断奶仔猪的生长性能比不补充支链氨基酸更加接近正常日粮饲喂的断奶仔猪，还可以提高日粮氮的利用效率，减少氮排放。

果寡糖被归类为不可消化的可发酵糖，在饲料中添加适量的寡糖和植酸酶可以提高氮的利用效率。陈艳新等人研究发现，在育肥猪饲料中添加 4% 的果寡糖能够通过降低氮排泄量，提高氮沉积，改善日增重和饲料利用率。王彬等人研究发现，在饲料中添加适量的半乳甘露寡糖，可通过减少生长猪小肠黏膜对氨基酸和葡萄糖的氧化而促进肠外组织对其吸收利用，从而提高氨基酸和葡萄糖的机体利用率。改变饲料中可发酵膳食纤维类型或提高蛋白日粮中可发酵膳食纤维水平同样有助于改善氮利用。李娟花研究发现，在育肥猪的饲料中添加 7% 麸皮可在不影响饲料表观消化率的前提下提高氮沉积，减少氮排泄量。史慧玲等人在保育猪的饲料中添加不同的益生菌组合发现，氮表观消化率分别提高了 58.65% 和 39.00%，证明了复合益生菌能有效提高氮的表观消化率，降低粪污中的氮含量，减少粪污对环境的污染。

2. 饲料调控降低单胃动物粪污磷排放的措施

减少磷在饲料中的含量、使用高效的磷源以及在饲料中添加植酸酶可以提高单胃动物日粮中磷的利用效率。饲料中营养过剩是养分排放增加的重要原因之一。另外，饲料加工企业在饲料生产中普遍采用营养丰富的概念，即营养成分必须在饲喂标准之上，以保证在出现采食量低等问题时不出现营养缺乏。因此，结合生产实际，在不影响畜禽生产性能的情况下，考虑采用低磷日粮，降低饲料磷含量，可以减少磷在粪污中的含量。

磷是动物体内除钙以外含量最为丰富的矿物元素，饲料中的磷可以来自动物、植物以及矿物质三个不同来源，目前在饲料中使用的主要矿物质来源的磷添加剂有磷酸氢钙（DCP）、磷酸二氢钙（MCP）以及脱氟磷酸钙（DFP）。不同来源的磷的生物学效价有所不同，由于植物中磷通常以植酸磷的形式存在，因此动物和矿物质来源的磷生物学效价会高于植物来源的磷。有研究表明，在无植酸酶添加的饲料中选用磷酸一二钙（MDCP）或者 MCP 以 80% 或 60% 的添加量替代 DCP 补充磷源会增加肠道微生物的多样性，提高饲粮中磷的表观消化率，同时可以降低粪尿中磷的排放量。

近年来，随着植酸酶产业的发展，在饲料产品中添加植酸酶逐渐流行起来，通常单胃动物饲料中添加 300 ～ 500 U/kg 植酸酶可减少 0.1% 的有效磷添加量。在大量的研究中发现，在猪、鸡、鸭饲料中添加植酸酶能够显著提高来自植物中的磷利用率，从而减少在饲料中矿物质磷的添加，达到提高磷利用率和减少磷排放的目的。

三、反刍动物饲料调控

与单胃动物不同的是反刍动物的瘤胃中含有大量的微生物，微生物与反刍动物是一种互利共生的关系，反刍动物可以为微生物提供食物和生存环境，而微生物的生命活动又会给反刍动物带来营养。因此反刍动物营养需要分为两个部分，一是反刍动物个体所需要的营养，二是寄生于反刍动物体内微生物的营养需要。

1. 饲料调控降低单胃动物粪污磷排放的措施

进入反刍动物瘤胃的饲料蛋白质，首先通过瘤胃微生物的作用降解成肽和氨基酸，其中的氨基酸又进一步降解为有机酸、氨和二氧化碳。随后，经微生物降解所产生的部分氨和一些简单的肽类与游离氨基酸合成微生物蛋白质。微生物蛋白质与瘤胃未降解蛋白、内源性蛋白随瘤胃食糜进入小肠，在小肠消化酶的作用下再分解为氨基酸，被用于组织合成。而未经消化的氮、微生物和内源分泌物随粪尿排出。对于反刍动物而言，在保证营养需要的前提下，通过降低饲料中氮水平、调节饲粮能氮平衡、使用饲料添加剂、补充适量氨基酸等措施提高反刍动物氮利用效率，减少粪污中氮的排放。监测饲料中的氮平衡需要专业人士的参与。方法是通过牛瘤胃瘘管从牛场采集全混合日粮（Total Mixed Ration,TMR）和各种饲料原料，测定各种营养参数和分解率，评价瘤胃能量和氮平衡，进而优化配方结构，使瘤胃能氮平衡。通过测定大型奶牛场日粮中的能氮平衡值，调整日粮原料配比和营养参数，监测奶牛场氮消耗，大型牧场可以保证高品质生产力、高效率和环境友好。因此，在降低饲料中蛋白质含量的同时，根据饲料的精准营养参数分析对各种氨基酸进行补充，不仅能够保证动物对氨基酸的需求，还能提高氮利用效率。在实际生产中，饲料中的粗蛋白水平会直接影响反刍动物的氮采食量和粪污中的氮排泄量，在营养学家们对奶牛饲料蛋白质利用效率的大量优化研究中发现，蛋白质降解率不同的饲料对奶牛的氮代谢和生产性能都有着不可忽视的影响，饲料中蛋白质降解率低时可以减少氮排放，使得氮的利用效率提高。饲料中粗蛋白含量与反刍动物总氮排放中尿素氮的含量密切相关，减少饲喂高水平粗蛋白的饲料以及降低瘤胃可降解蛋白的水平，不仅能节省养殖成本，而且能提高氮利用效率，减少氮排放。

调控瘤胃发酵也可以作为反刍动物粪污氮减排的手段，瘤胃中微生物利用饲料中含氮物质在瘤胃中发酵后降解产生的氨基酸、氨等物质合成优质的微生物蛋白，而较多的微生物蛋白合成供反刍动物利用则能够减少饲料氮的摄入，并减少氮排放。研究表明，通过添加能调控反刍动物瘤胃发酵的饲料添加剂可以促进瘤胃发酵，继而使瘤胃微生物合成更多优质微生物蛋白，提高氮的利用率，从而减少粪污中的氮排放。

2. 饲料调控降低反刍动物粪污磷排放的措施

反刍动物的瘤胃中有大量的瘤胃微生物会产生植酸酶来分解植酸，从而提高反刍动物对植物来源磷的利用率。在反刍动物的饲料中，磷可以分为可利用磷和不可利用磷，当反刍动物采食后，一部分经过胃肠道的消化吸收和消化道中微生物的合成利用后用于维持、生产或者进入唾液磷循环，剩下的一部分可利用磷与不可利用磷一同随粪尿排出体外。奶牛营养需要（NRC—2001）中推荐奶牛饲料磷含量在每千克干物质为 3.2 ～ 3.8 g 时可以保持奶牛产奶 25 ～ 55 kg，即奶牛每生产 1 kg 奶且乳脂率为 4.5%，则奶牛需要磷 3.2 g。研究表明，在饲喂磷含量高于 NRC（2001）推荐磷水平时对生产性能没有显著影响。有研究表明，在满足崂山奶羊的正常营养需要下，不影响瘤胃微生态正常的消化代谢活动时，饲料中磷水平在 0.29% ～ 0.41% 便可以满足山羊对磷的需要，随着饲料磷水平的升高，粪尿中磷总排出量也随之增加。目前普遍认为生产中磷的供给是过量的，因此提高反刍动物饲料磷利用率和减少磷排泄的最好措施是降低饲料中磷的含量。

外源性植酸酶是一种单胃动物广泛使用的饲料添加剂，其可以利用酵母、黑曲霉菌等多种微生物获得。目前很少见到外源植酸酶用于反刍动物的商业产品，但是有研究表明在 TMR 中添加外源性植酸酶可以将植酸磷快速降解成无机磷，能有效地提高植酸磷的消化率。这个结果提示我们在反刍动物的饲料中添加外源性植酸酶或许可以促进饲料中植酸磷的降解，从而进一步减少饲料中总磷的添加，达到提高磷消化率、利用率，减少反刍动物粪污中磷排放的目的。

饲料中未被动物消化吸收和利用的氮磷就随粪尿排泄，部分氮和磷是畜禽粪污氮磷的主要来源，其通过各种途径污染大气、水体和土壤。粪污中的氮磷浓度与饲料加工工艺、饲料总蛋白、总磷的含量和饲料原料组成有着密切关系，为了实现畜禽粪污氮磷源头减排目标，使用动物生态营养学相关知识，通过优化饲料加工工艺，减少氮磷物质在饲料中的投入等途径，可以有效提高畜禽氮磷利用效率以及减少粪污中氮磷排放，在不影响动物生产性能发挥和健康的同时，可以起到节本、增效和减排的作用。

第二节
重金属和抗生素源头减排技术

我国作为世界上人口最多的国家意味着我国对畜禽产品的需求量也是巨大的，与欧美发达国家相比，国内养殖业相对落后。正是因为养殖技术相对落后，我国在畜禽养殖向集约化发展的进程中难免会遇到疾病多发、污染和肉品质安全等问题，大量畜禽排泄物引起的污染问题越来越严重，且高难度的净化需求和净化费用过高等原因，限制了养殖业的可持续发展。在目前集约化养殖过程中，畜禽生产所产生的污染物排放特点显著，企业在控制经济效益的前提下，为了促进生长和预防腹泻等疾病，畜禽饲料中通常使用大量高铜、高锌、抗生素等，使得铜、锌和抗生素等过量排放，畜禽饲料中大量重金属和抗生素的使用会引起畜禽产品中抗生素残留、大量兽用抗生素和重金属随粪污排入环境中引起生态风险，严重威胁人们的生命健康。因此，如何通过营养调控技术在使畜禽生产效率不降低的同时减少排泄物中重金属和抗生素的排放，成为目前以及往后一段时间养殖行业亟须解决的问题。

一、畜禽粪污重金属源头减排

在畜禽养殖过程中，为了提高饲料利用率，促进畜禽生长发育，降低养殖成本，较多规模化养殖场在饲料中添加铜、锌等重金属微量元素作为营养性添加剂，适当添加可以促进动物生长，过量添加则有一部分在动物肝、肾等器官中蓄积，其余大部分以粪便的形式排出。其中残留的重金属会向周围环境的土壤中富集或随周围水源迁移，对生态环境安全产生影响。由于重金属难以降解且容易富集，重金属元素还可随食物链进入人体，危害人体健康，因此加强治理畜禽粪污重金属污染势在必行。

1. 铜减排

作为许多酶的成分或辅助因子，铜对生物体的新陈代谢、生长和发育至关重要。在饲料中适量添加铜，可促进畜禽的生长，提高饲料转化率和抗病能力。目前，铜的添加大多采用无机铜，其中以成本低且易于使用的硫酸铜作为饲料中铜添加的首要来源。但硫酸铜在实际应用中吸收率低、排泄率高、污染环境，过量添加硫酸铜会导致饲料适口性差以及铁、锌等其他营养物质吸收不良等问题，有72% ~ 90% 未利用的铜通过畜禽排泄物从体内排出，造成土壤和水源的严重污染。因此，找到吸收率高、污染小且稳定存在的铜源替代饲料中的硫酸铜，是目前畜禽生产中铜源头减排的可行技术。

（1）氨基酸螯合铜

氨基酸螯合铜是一种新型有机态铜源，具有促进畜禽生长、生物学效价高等优点，被广泛应用于畜牧业。与高浓度的无机铜相比，低浓度的氨基酸螯合铜促进动物生长的效果更佳，但是生产成本较高。金成龙等使用不同浓度的甘氨酸铜代替断奶仔猪饲料中的硫酸铜，表明 100 mg/kg 甘氨酸铜便可以有效替代 200 mg/kg 硫酸铜，在不影响断奶仔猪的生长性能以及血液生化指标的情况下降低了仔猪粪便中41.1% 的铜含量。韩博等在育成牛对不同铜源生物利用率的研究中发现，在满足干旱地区育成牛的生长需要时，饲料中需要 15 mg/kg 硫酸铜，而蛋氨酸铜仅需添加5 mg/kg，大大提高了铜的利用率及减少了粪污中铜含量。

（2）碱式氯化铜

碱式氯化铜具有生物学利用率高、排放少等优点，早在 1995 年国外便有研究发现碱式氯化铜有促进断奶仔猪生长的作用，且大量研究表明碱式氯化铜促生长最佳剂量要低于硫酸铜促生长最佳剂量，使用碱式氯化铜替代饲料中的硫酸铜作为铜源为减少粪污中铜含量提供了新途径。宋毅等研究饲料中分别添加硫酸铜和碱式氯化铜对生长育肥猪粪便中铜含量的影响，结果表明碱式氯化铜组猪粪便中铜的含量比硫酸铜组显著降低 32.34%。

（3）酵母铜

酵母菌常被作为载体来富集各种元素，因为其具备细胞表面积大，易于吸收各种微量元素和繁殖性能强等优势。而铜酵母是在不同浓度的富含硫酸铜培养基中培养酵母，从中筛选出耐受最好的酵母菌株，优化培养后使该菌株酵母细胞最大限度地吸附硫酸铜，通过酵母吸附将硫酸铜转变为无毒副作用、生物学效价高的酵母铜。在不同生产条件下，动物所需的铜水平存在差异，研究表明在西门塔尔牛饲料中铜水平推荐值为 13.87 mg/kg 时，使用富铜酵母作为饲料铜源可以将饲料添加铜水平降低至 13.87 mg/kg 以下，并能确保同等生产水平。

目前的研究表明，使用氨基酸螯合铜、碱式氯化铜和酵母铜替代硫酸铜，都可以作为畜禽生产中铜源头减排的可行技术。

2. 锌减排

锌是生物体必需的微量元素，在生物的代谢、发育、核酸合成等生理过程中起着极其重要的作用。在饲料中添加合适剂量的氧化锌可以使畜禽腹泻率降低、免疫力增强、生长性能提高，但是由于氧化锌的生物学效价较低，饲料配方中的氧化锌通常会高剂量添加，这不仅会导致畜禽在后期生长缓慢甚至生长被抑制，还会使得过量未被畜禽利用的锌排放至环境中造成污染。目前常用于饲料中控制锌添加量的方法主要有使用生物学效价更好的有机锌替代氧化锌或者使用包被或缓释技术将氧化锌进行处理，减少氧化锌在胃中与胃酸反应，使其在肠道中释放并吸收，减少饲料配方中氧化锌的用量和粪污中锌的排放。

（1）有机锌替代无机锌

常见的有机锌可以分为蛋白锌、氨基酸螯合锌和多糖锌等，与无机锌相比，有机锌具有适口性好、稳定性高、生物学效价高等优势。目前大量的研究发现，在畜禽饲料中将有机锌作为锌源添加，不仅能在饲料中极大程度减少锌添加量，为畜禽生产补充需要的锌，达到与使用无机锌相同的生长性能，还可以发挥有机螯合物本身的生理功能，在畜禽生产中获得更佳的免疫功能、繁殖性能和抗氧化功能等。Wang 等在饲料中添加 100 mg/kg 甘氨酸螯合锌饲喂断奶仔猪，并与饲料中添加 3 000 mg/kg 氧化锌饲喂断奶仔猪做对比，发现低剂量的甘氨酸螯合锌与高剂量的氧化锌对断奶仔猪的生长性能效果一致，而低剂量甘氨酸螯合锌可以显著降低粪便中锌含量。

（2）包被、缓释技术

普通氧化锌在胃中会受胃酸影响发生解离，包被氧化锌是通过运用一种成膜材料把纳米氧化锌包覆起来制成的一种新型氧化锌，在胃中不与胃酸发生反应，因此能够经过胃到达肠道，以氧化锌形式发挥作用，在预防控制腹泻的基础上，还能减少氧化锌的用量，节约资源、减少组织蓄积和保护环境。目前，许多脂肪包被氧化锌（Fat-covered ZnO）产品已经在市面上开始销售，并且研究发现，在畜牧生产中，人们用低剂量的添加可以达到与药理学剂量氧化锌（2500～4000 mg/kg）相当的效果，而这种作用机制可能是：用脂肪包被的氧化锌能有效降低氧化锌在胃中的解离速度，防止氧化锌在胃中被酸解离成锌离子，使到达肠道后包被的氧化锌释放，有效成分增加，从而高效发挥作用。Xin等研究发现，低剂量包被氧化锌（500～1000 mg/kg）与添加药理学水平的常规氧化锌（2500 mg/kg）在促进断奶仔猪生长、缓解断奶后腹泻、改善小肠形态和提高营养物质消化率方面效果相同。使用低剂量的包被氧化锌与2500 mg/kg的常规氧化锌相比，仔猪粪便中的锌含量明显降低。由此可见，通过对氧化锌进行包被处理并应用到动物生产中，可以替代药理剂量无机锌，达到控制仔猪腹泻和锌减排的效果。

3. 其他重金属减排

饲料中重金属添加是作为畜禽粪便重金属污染的主要来源，但动物机体对重金属的需要量及利用率普遍较低，饲料中大量添加的重金属大部分都通过粪便迁移至养殖场附近土壤、水源中富集，环境中的重金属通过饲养管理再次进入动物体内恶性循环，成为环境中的一颗"重金属定时炸弹"。

在饲料源头严格控制重金属在饲料中的含量，需要弄清楚重金属的来源，目前饲料中重金属元素的主要来源有几个方面。一是饲料原料产地有较高水平的重金属元素，不合理的农业生产活动如污水灌溉，大量使用农药、化肥等会导致如铅、汞等重金属进入土壤水源中，而该地区饲用植物在生长过程中会富集环境中大量重金属，使用该地区饲用植物作为饲料原料将会导致饲料中重金属元素激增，从而导致畜禽粪污中重金属大量排放。二是饲料加工时饲料所接触到的所有金属设备均有可能含有重金属元素，便有可能在各种条件下进入饲料中，导致饲料遭到重金属污染。但最主要的原因是一些饲料生产商为了取得更高的经济效益，在饲料中添加数倍的重金属作为营养性添加剂以求更好地促进动物生长，获得更多动物产品。

为从源头减少粪污中重金属排放，需要严格控制饲料中的重金属含量，可以从以下三个方面进行把控：一是在饲料原料产地加强农用化学物质的管理，禁止使用含有重金属元素的农药、化肥和其他如含铅、汞等的化学物质，农田施用污泥或用污水灌溉时，要严格控制污泥和污水中的重金属元素含量和施用量，严格要求企业在饲料原料采购前进行重金属元素检测；二是严格控制饲料加工设备铅、镉等重金属含量，禁止使用重金属含量超标的不合格设备生产饲料；三是由政府部门对饲料中重金属元素进行监管，制定严格的饲料原料、配合饲料、添加剂预混料以及全价饲料中各重金属元素标准，并加强检测。

二、畜禽粪污抗生素源头减排

随着集约化畜牧业的发展，兽用抗生素广泛应用于畜禽生产中控制畜禽疾病，促进动物生长，提高畜产品质量，但兽用抗生素的比例难以把控，很难完全被动物吸收，残留的抗生素通过各种途径进入周围环境的土壤、水源中，不仅对环境造成了破坏，还对人体健康构成潜在威胁，甚至引起细菌耐药性，产生超级细菌。因此，我们在养殖过程中使用各种抗生素替代产品，通过精准营养供给、科学饲养管理提高动物生长性能、改善动物肠道健康，提高动物免疫功能、抗病力，以此减少兽用抗生素的使用，能有效减少畜禽粪污抗生素源头排放，对促进我国畜牧业在"绿色循环"基础上的发展具有重要意义。相较于抗生素，抗生素替代产品是无毒副作用、无药物残留、无环境污染的绿色饲料添加剂，目前市场上畜禽养殖中主要的抗生素替代产品主要可以分为植物提取物、益生菌、酶制剂和抗菌肽等。

1. 植物提取物

天然植物与传统抗生素的区别在于保健功效，即通过提高机体自身的免疫力，全面改善动物的健康状态，预防动物疾病，从而提高生产性能并改善产品品质。不同的天然植物得益于其内含多酚、精油（挥发油）、多糖、萜类和生物碱等各种类型的植物功能成分，可能通过在病原体感染前调控机体免疫功能，从而最大限度地减轻损伤性炎症反应和诱导保护性机制，成为应对耐药菌的可持续解决方案。抗生素对病原体无节制的刺激可能导致慢性炎症，这无疑会对畜禽生产性能造成很大的影响，因为免疫过程中会将大量的必需营养素优先供给相关系统的代谢活动，用于补充受损和坏死组织及免疫细胞的增殖。然而天然植物可清除病原体和防止动物胃肠道面临大量抗原持续炎症反应，维持平衡，减轻和预防炎症，有利于动物生产。天然植物增强免疫功能的作用机制主要在于恰如其分地调节。越来越多的证据表明，天然植物在降低炎症和自身免疫性疾病风险方面的作用，源于它们具有强大的抗氧化作用和调节炎症反应机制。目前已有大量研究表明，天然植物提取物可以在畜禽养殖中起到抗炎促生长，增强抗氧化能力，提高饲料转化率，改善生长性能、肠道形态和免疫功能等作用。抗生素长期滥用危及动物健康，破坏生态环境，最终威胁人类健康，饲用端禁用抗生素（禁抗）与替代抗生素（替抗）工作已是板上钉钉。在明确替抗产品目标和建立替抗评价体系之后，天然植物和植物提取物因其直接抑菌作用和增强免疫功能的双重作用机制功效，得到了学界和市场的认可。因为可饲用天然植物大多数也是药食同源的中药材，其安全性和资源优势成为替抗策略中的重点研究对象。不仅如此，天然植物在畜牧领域的广泛应用，源于其功能活性成分的多样性，且它们之间或与其他类型的替抗物质往往能产生协同作用。试验表明，多种植物提取物均可基本替代抗生素以用于抵御致病菌的侵袭，同时对畜禽的生长性能、抗氧化能力、肠道形态、菌群结构或免疫功能产生积极效应。与此同时，我们也应当看到天然植物在理论研究和生产应用中尚存的问题，亟待构建科研院校与龙头企业的产学研联合创新体系攻坚克难。可以预见，天然植物源的饲料添加剂产品的研发、应用及推广将进一步落实无抗养殖方案，促进我国畜禽养殖业的健康、可持续发展。

2. 益生菌

微生物制剂在无抗饲料的调制中被大量使用，而益生菌作为一类有助于改善肠道平衡的活性非致病微生物则是其中使用频率最高的一种微生物，益生菌的一个明显优势就是生命力顽强，因此在饲料加工和存放过程中依然能够保持存活。其作为一种活性成分，能够有效地带动动物体内的消化系统的蠕动，提高其消化功能。由于这种微生物能够直接口服喂养，因此在饲养的过程中会将其直接添加进畜禽饲料中。目前被广泛应用于饲料中的益生菌主要有益生芽孢菌、乳杆菌、酵母菌、双歧杆菌以及丁酸梭菌等。益生菌的使用除了能够有效促进动物体内消化系统的功能提升外，还能够提高动物的免疫能力，有效地抵抗病菌的困扰和侵袭，况且益生菌本身并不包含毒素，也不会对动物的身体产生任何副作用。益生菌另一个明显优势就是其内部带有大量的代谢活性细胞，当畜禽将益生菌食入体内后能够有效地提升其体内的代谢功能，除此以外，益生菌能够抵抗生物体内的酸性物质，能够稳定地生存在生物体内带有酸性物质的部位并正常地发挥效用，起到抑制动物体内有害菌体的成长的作用。研发益生菌作为绿色饲料添加剂，替代抗生素的使用范围也越来越广泛。

益生菌主要通过在肠道定殖来抑制病原菌的增殖，以降低疾病的发生。在家禽的饲料中添加枯草芽孢杆菌能够抑制病原菌调节肠道微生态平衡，增强免疫力；明显改善肠道组织形态学，提高绒毛高度、扩大细胞面积，对肉鸡生长有益，且改善肉的品质。在控制仔猪腹泻过程中，以前通过添加抗生素来抑制肠道微生物的生长，维持仔猪的生长发育。目前在断奶仔猪饲粮中添加益生菌（如酵母菌、丁酸梭菌或粪肠球菌）能提高饲料转化率，上调血液中促生长有关激素（如生长激素、三碘甲状腺氨酸、四碘甲状腺原氨酸和胰岛素生长因子 -1）的水平，以及通过提高小肠绒毛高度以增加小肠吸收面积，进而促进仔猪生长，增加血清中免疫球蛋白（如 IgA、IgG 和 IgM）和抗炎细胞因子（如 IL-2 和 IL-6）浓度，从而降低腹泻率、促进机体健康。益生菌不仅影响着食物消化、营养吸收，还兼具疾病预防和治疗以及免疫调节等生理功能。所谓益生菌疗法，就是通过改变微生物群的组成，使益生菌占优势地位，改善肠道环境，从而改善机体健康。

3. 酶制剂

饲用酶制剂是一种具有催化活性的蛋白类物质，主要由细菌等微生物发酵产生或在生物体内由活细胞原生质合成。酶制剂作为一种绿色饲料添加剂，有效提高了畜禽养殖的经济效益和生态效益，其按功能可分为两类：一类主要降解多糖、蛋白质等大分子物质，包括淀粉酶和蛋白酶等；另一类主要降解饲料中抗营养物质，包括植酸酶和果胶酶等。研究表明，在岭南黄羽肉鸡的饲料中添加酶制剂可改善其血清免疫指标，促进免疫器官发育，减轻炎症反应，增强免疫功能。酶制剂因其具有提高饲料消化率、改善生长性能、促进激素和内源性酶的分泌和维持动物健康等功能，在畜禽中应用的研究报道越来越多，在饲料业、养殖业、环保等方面具有重大意义。

4. 抗菌肽

抗菌肽是一类具有抗菌活性的多肽物质，如天蚕素、蛙皮素、蜂毒素、防御素等，通常都是由 20 ～ 50 个氨基酸组成，其具有生物学活性高、热稳定性强、绿色无残留、不易产生耐药性病原菌、水溶性好和广谱抗菌性强的特点，是生物天然免疫系统中的重要组成部分。目前已知抗菌肽对畜禽表现出提高生产性能、增强免疫力、防治疾病、改善肠道健康等积极作用，抗菌肽在动物生产中展现出了替代抗生素的潜力。抗菌肽作为饲料添加剂添加到畜禽饲料中时具有诸多优点，既可提高畜禽的生产性能，增强机体免疫，缓解肠道炎症，改善肠道菌群，维护肠道健康，又可有效防治疾病，消除应激反应带来的负面影响，同时抗菌肽为小分子多肽物质，不易产生耐药性，排放到环境中易降解，无污染，因此抗菌肽适合作为抗生素替代产品在动物生产中使用。有研究表明抗菌肽在实际畜禽生产中表现出比抗生素更加良好的促生长和治疗腹泻效果，断奶仔猪的饲料中使用猪重组 β–防御素 2 作为抗菌添加剂可以比硫酸黏菌素获得更好的生长性能，同时降低 2% 的腹泻率。抗菌肽安全、稳定、无毒副作用、不易产生耐药性，作为抗生素替代产品有着非常广阔的应用前景，是目前减少畜禽粪污中抗生素排放的可行技术。

抗生素替代产品具有抗生素的功能，却不会对动物的生长发育造成任何的损害，但是抗生素替代产品必须科学使用才能有效增强动物自身的抵抗力，降低患病的概率。科学使用抗生素替代产品，相关从业人员必须做到严格按照精准营养调控饲料配方，防止饲料中营养成分不达标导致动物发生疾病；技术人员要确保饲养成本在低水平下适量地添加新产品，更好地提升动物的抵抗力，保证动物生长发育；养殖人员要根据动物的不同生长阶段进行有针对性的饲料调配，确保充分发挥饲料效能。三者结合才能提高畜禽免疫力和抗病能力，确保养殖过程中避免使用抗生素。

当前养殖业面临着提高生产效益和减少污染物排放的双重挑战，营养调控技术成为关键的解决途径之一。以氨基酸螯合铜、碱式氯化铜和酵母铜等替代硫酸铜的使用，减少铜排放；以有机锌、包被氧化锌等替代高剂量氧化锌减少锌的排放；以政企联合监督减少其他重金属减排；以植物提取物、益生菌、酶制剂和抗菌肽等产品替代抗生素，是实现畜禽粪污重金属和抗生素源头减排、可持续发展的重要措施。

第三节
反刍动物甲烷减排技术

全世界反刍动物胃肠道发酵和粪污分解每年会产生57亿吨二氧化碳当量（CO_2-eq）的温室气体，约占畜牧业排放总量的80%。其中，胃肠道甲烷排放量占反刍动物温室气体排放总量的47%。甲烷（CH_4）是仅次于二氧化碳（CO_2）的世界第二大温室气体，甲烷的潜在全球变暖效应比CO_2高28倍，对全球气候变暖的"贡献率"占到15%～20%。减少瘤胃甲烷排放可以降低全球变暖的速度，这对减少全球温室气体排放具有重要意义。此外，甲烷排放也代表反刍动物养殖过程中的能量损失。甲烷作为瘤胃正常发酵的产物而存在，化学性质很稳定，在体内很难被吸收，主要以嗳气的形式经口排出，这部分能量损失占总能摄入量的2%～15%。

甲烷气体减排有助于延缓地球气候变暖趋势，减少瘤胃发酵能量流失，提升生产效率。目前，研究人员已经开始探索不同饲料添加剂在减少反刍动物甲烷排放中的作用。其中，含N_2的化合物、益生菌、益生元和植物提取物是对动物健康无害的饲料添加剂，已成为第一个研究对象，有望在未来成为理想的甲烷抑制剂。

1. 反刍动物产甲烷机制

反刍动物采食后，饲料中的营养物质（蛋白质、脂类和碳水化合物）被瘤胃微生物降解，产生氢气（H_2）和含有甲基的初级发酵产物，如甲酸、乙酸、甲醇和甲胺。随后，产甲烷菌将初级发酵产物转化为甲烷并获得能量。胃中的产甲烷菌有多个菌属，现已发现的有甲烷杆菌属、甲烷短杆菌属、甲烷微菌属和甲烷八叠球菌属。瘤胃甲烷的产生有三种途径（图4-1）：① CO_2-H_2 还原途径；②使用短链脂肪酸如甲酸、乙酸和丁酸作为底物的合成途径；③使用甲醇和乙醇等甲基化合物作为底物的合成途径。在这三种途径中，CO_2-H_2 还原途径是主要途径，因为利用乙酸的甲烷球菌的生长速度很低，并且乙酸产生菌对 H_2 的亲和力很低，此外，只有甲烷菌属的产甲烷菌能使用甲醇生产甲烷。

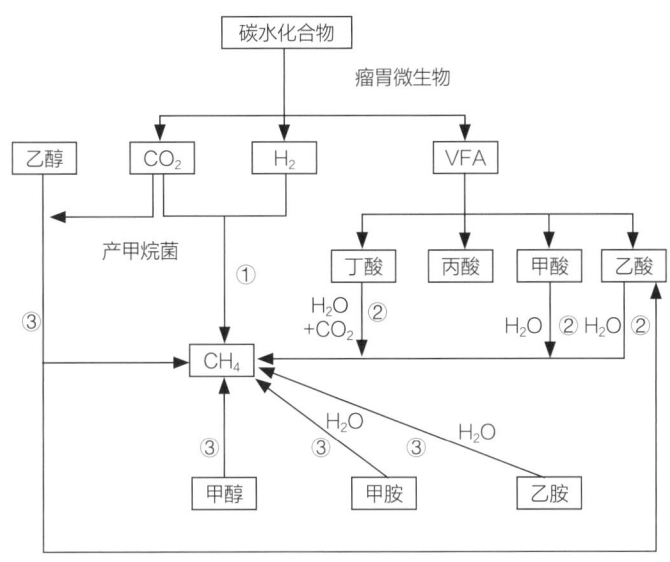

图 4-1　瘤胃甲烷产生的途径

2. 减少反刍动物肠道甲烷排放

针对甲烷产生的机制，大量研究表明，有两种方法可以降低反刍动物甲烷产生。一是影响瘤胃中 H_2 的可用性，即争夺 H_2，将 H_2 向其他物质转化，继而减少牲畜肠道甲烷的排放。因此，可以通过提高丙酸盐的产生减少瘤胃发酵过程中产生的部分 H_2，来减少甲烷的产生。另一种被广泛接受的方法是补充抗产甲烷剂，这种方法通过直接抑制瘤胃中的产甲烷微生物或通过增加更多的丙酸盐产量来抑制产甲烷过程。此外，减少反刍动物粪便甲烷净排放的目的是改变粪便性质。

减少甲烷排放可通过营养调控以减少对畜牧业系统的碳/氮输入，这类措施可能使每只动物排放的甲烷量减少，但这通常是提高生产效率的主要目标。此外，还有一些措施的主要目标就是减少或抑制畜牧业系统中甲烷的产生。优选的甲烷减排技术应该同时考虑动物生产效率和甲烷排放的平衡，保障在减少瘤胃甲烷产生量或甲烷向大气中的总释放量的同时，提高饲料的利用率。目前，常用的反刍动物甲烷减排技术是通过调控日粮营养结构、优化饲料品种、改善粗饲料品质、合理使用饲料添加剂来降低反刍动物肠道甲烷的产生，通过做好饲养管理和粪便管理减少甲烷排放，提高畜牧业生产效益。

（1）优化日粮营养结构

①适当增加日粮中精料的比例

瘤胃微生物发酵产生的甲烷是动物胃肠道甲烷排放的主要来源。合理搭配日粮营养结构能有效减少甲烷排放量，适宜的日粮精粗比是甲烷减排的关键。当我们在日粮中以较高比例的精料喂养反刍动物时，会导致甲烷排放量与能量摄入的比例降低。日粮中的精料比例与甲烷产量之间的关系呈曲线关系。当日粮淀粉高于40%时，观察到甲烷显著减少，用淀粉代替日粮中的植物纤维会导致挥发性脂肪酸（VFA）生产从乙酸盐向丙酸盐转移，从而减少 H_2 产生。越来越多的报道发现，高浓度的谷物精料对降低甲烷产生具有积极作用。甲烷的产生量取决于 H_2 通过溶解池的速率，不同饲养条件下，每只动物形成的甲烷的绝对量与饲料的特性有关，包括饲料的性质和数量、其降解程度以及由此形成的 H_2 的数量。但过高的精料比例会导致瘤胃酸中毒或亚急性酸中毒，影响动物健康。因此，如何在减少甲烷产生又不至于产生瘤胃酸中毒的前提下，优化日粮中的精粗比成为调控的关键点。

②饲喂合适的日粮类型

减少单位产品甲烷产量的最有效方法是通过生产系统加快反刍动物的生长和提高其繁殖率。干物质摄入和日粮组成等因素对瘤胃中产生的甲烷量至关重要。报道称，干物质摄入水平与日粮组成之间存在密切关系，因此，提供与高摄入水平相关的高消化率碳水化合物可能会导致甲烷气体产量下降。干物质摄入和甲烷排放（g/d）之间的比较证明，甲烷气体排放与动物干物质摄入的增加有关。日粮中补充蛋白质提高了营养消化率，并显著降低了瘤胃中的甲烷产量。

③适当提高日粮中的脂类含量

提高日粮中脂肪含量可能是一种有效的反刍动物甲烷减排技术，可以抑制瘤胃甲烷生成而不降低瘤胃 pH。在反刍动物日粮中添加油脂，体外减少高达80%的甲烷排放，体内减少约25%。脂类通过对产甲烷菌产生毒性、减少原生动物数量、减少与原生动物相关的产甲烷菌数量、减少纤维消化等作用，抑制甲烷的产生。通过关于日粮脂肪水平对甲烷排放影响的研究报道进行综述，含有月桂酸和十四烷酸的油对产甲烷菌具有很大毒性，在肉牛、奶牛和羔羊饲喂中，日粮中脂肪每增加1%（DMI 基础），甲烷（g/kg DMI）就会减少5.6%。但需要注意的是，当给动物喂食超过10%的脂肪或脂质时，它会对动物的消化和饲料摄入产生负面影响。

④改善粗饲料和青绿饲料的品质

改善粗饲料品质，对于节粮型动物来说，在能提高采食量的同时，还可降低动物单位体重甲烷排放量。例如，用青贮代替全贮饲喂奶牛，能显著提高动物采食量和日增重，有明显的育肥效果。将玉米秸秆青贮后饲喂相较于直接饲喂动物可以明显减少甲烷产量。

增加饲喂鲜嫩多汁的优质青绿饲料可减少甲烷排放量。新鲜牧草适口性强，蛋白质含量高，纤维素较少，还保留了大量维生素及矿物质，具有草香味，能刺激动物味觉，提高食欲，长期饲喂新鲜牧草还可预防动物异食癖。当反刍动物采食富含可溶性碳水化合物日粮时，瘤胃降解率提高，乳酸和挥发性脂肪酸含量增加，使瘤胃 pH 值下降，从而抑制了原虫和甲烷菌的活动，减少甲烷排放量。适度提高牧草或淀粉的饲喂量，可使瘤胃内进行低 pH 值和高降解率的协同作用，抑制原虫和甲烷菌的增殖，增加丙酸生成量，提高饲料转化率，降低甲烷排放量。

（2）适度的饲料加工方式

饲料加工可以通过增加其可消化能量含量和增加饲料摄入量来提高饲料价值。因此，尝试增加进料量可以减少甲烷排放。这些技术包括秸秆切碎和粉碎、秸秆和饲料的碱 / 氨处理、尿素糖蜜块。据报道，这些加工技术可将瘤胃甲烷排放量降低 10% 以上，这主要与丙酸盐产量的增加有关。例如，经过粉碎或制粒后的饲料，能提高瘤胃中丙酸比例，在采食量高时，能减少 20% ~ 40% 的甲烷排放量，但在采食量较低时，效果不明显。值得注意的是，饲料过度加工会降低其在瘤胃中的消化率，降低产奶量，缺乏有效的粗纤维消化也易引起瘤胃酸中毒，而且也会增加饲养成本。

此外，把握好饲料原料的收割期，对粗饲料原料采用青贮、微贮或氨化等方式进行加工处理后，纤维素类物质分解程度加深，细胞壁膨胀，有利于微生物纤维素酶的渗入，提高消化率，且在制作日粮时可适当提高精料水平，降低甲烷产量，从而进一步提高饲料的利用率以及反刍动物的生产性能。

（3）饲料添加剂的使用

①植物提取物

天然植物提取物活性成分如生物碱、皂苷、萜类、酚类和挥发性精油等具有抗菌、抗氧化、促生长和提高免疫力的功能。近年研究发现，植物提取物不仅可以调控瘤胃发酵模式，还可以减少甲烷的排放。大量研究表明，皂苷和含皂苷的植物对原生动物有毒性作用，进而可引起以原生动物为生的产甲烷菌的死亡。饲喂富含单宁的饲料也会减少反刍动物的甲烷产量。在模拟瘤胃的体外试验中，红莲中的单宁有效减少了每克有机物的养分降解和甲烷释放。有报道研究了饲喂苏拉对奶牛甲烷排放和产奶量的影响。饲喂苏拉的奶牛减少了每千克干物质摄入（19.5 g VS. 24.6 g）和每千克牛奶固体产量（243.3 g VS. 327.8 g）中产生的甲烷。饲喂莲蓬（莲花）的羔羊甲烷产量也减少了 16%，其可能是莲蓬（莲花）富含单宁所致。然而，如果单宁等含量过高，会影响日粮的适口性，进而影响动物采食，因此，需要调节单宁等植物活性成分的水平。

②益生菌和益生元

益生菌已被证明可以稳定瘤胃 pH 值，增加丙酸水平，减少乙酸盐、甲烷和氨的产生。益生菌有多种类型，不同菌株对甲烷排放的抑制作用不同。例如，醋酸杆菌 GA03 菌株在抑制甲烷生成方面比其他分离菌株更有效。一般而言，大多数益生菌是通过影响瘤胃微生物的活动来减少甲烷的产生，对动物没有不利影响。此外，益生菌可促进瘤胃发酵。长期用作饲料添加剂的乳酸菌不仅减少了单位挥发性脂肪酸的甲烷排放，还提高了青贮饲料的发酵质量和纤维消化率。反硝化细菌芽孢杆菌、地衣芽孢杆菌等均被证实具有减少甲烷产量，提高饲料能量和蛋白质利用率等作用。然而，乳酸菌抑制甲烷产生的机制尚不清楚。

益生元是不易被宿主消化或吸收的物质。它们选择性地刺激一种或几种瘤胃微生物的生长和活性，对瘤胃发酵具有积极作用。益生元可抑制反刍动物瘤胃甲烷的产生。益生元主要通过改变细菌群落结构、影响产甲烷菌细胞壁的通透性以及刺激其他细菌与产甲烷菌竞争 H_2 来减少瘤胃甲烷的产生。根据 Tong 等研究，益生元壳聚糖可以通过改变微生物种群组成来影响细菌群落结构，例如，通过用产淀粉水解酶的微生物（拟杆菌和变形杆菌）替代产纤溶酶的微生物（厚壁菌门和纤维杆菌门），从而减少甲烷的产生。壳聚糖可以通过改变挥发性脂肪酸的分布和增加丙酸浓度来影响瘤胃发酵过程，进而减少甲烷的产生。

③补充硫酸盐

在瘤胃发酵中，有三种利用 H_2 的微生物，即硫酸盐还原菌、产甲烷菌和二氧化碳还原丙酮，它们的 H_2 阈值分别为 0.0013 mmol/L、0.067 mmol/L 和 1.26 mmol/L，在这些阈值下，这些细菌充当主要的电子受体。因此，硫酸盐还原细菌似乎对瘤胃中的氢具有最高的亲和力，甚至优于产甲烷菌。补充硫酸盐有助于增加瘤胃中纤维降解酶的产生和纤维降解。由于硫酸盐 / 亚硫酸盐对利用 H_2 还原成硫化物具有很高的亲和力，因此，在反刍动物常用的纤维饲料中，补充硫酸盐 / 亚硫酸盐是改善瘤胃的有效策略，以改善纤维降解性和抑制甲烷产生，但必须考虑到硫酸盐还原产生的硫化物的毒性水平，添加适当剂量。

④卤烷类物质

迄今为止，有不同的卤化甲烷类似物被用作甲烷抑制剂，如四氯甲烷、水合氯醛、三氯乙酰胺、三氯乙醛、溴氯甲烷、氯仿、二氯甲烷、亚甲基溴、硝基吡啶等。溴氯甲烷可以通过与还原形式的维生素 B_{12} 发生反应，抑制产甲烷微生物，减少甲烷的产生。

（4）科学化的饲养管理

科学化、现代化的饲养管理模式可保障反刍动物机体健康，提升生产单位畜产品的效率，减少非生产性动物的数量，缩短生产性动物的饲养周期，从而减少能源和资源的消耗，降低养殖生产中甲烷等温室气体的排放量。在反刍动物的不同生长阶段、生理阶段和生存环境下，对饲养密度、环境温度、饮水以及光照等方面进行科学化、精准化的管理，可以有效减少反刍动物胃肠道和排泄物产生的甲烷总量。

①优化饲喂程序

采用先粗料后精料的饲喂程序可使更多能量通过瘤胃，甲烷产量降低；增加粗饲料和水的摄入可加快瘤胃食糜的后送速度，加大过瘤胃数量，减少甲烷排放；此外，少量多次饲喂动物能提高瘤胃食糜流通速率，降低乙酸的产生，减少甲烷产量。推行全价混合日粮以及混合饲喂技术也能提高饲料利用率，减少甲烷的产生。

②适宜的饲养密度

反刍动物的饲养密度是影响生长性能和畜产品的质量与生产效率的重要因素，进而影响生产单位畜产品的甲烷排放量。有研究表明，降低饲养密度可显著改善肉牛总采食量、饲料转化效率和生长性能，增加胴体重和背最长肌眼肌面积，减少生产单位肉牛的甲烷排放量。

③舒适的环境温度

环境温度降低会降低动物瘤胃甲烷的产量。有学者认为，随着温度降低，瘤胃发酵类型更趋于丙酸发酵，进而减少甲烷产生。也有学者认为温度降低会引起瘤胃食糜流通速率加快，从而降低甲烷产量。

④合适的光照管理

有研究证实，干预反刍动物光照周期可影响奶畜产奶量、绒山羊产绒量及繁殖性能，其可能的机制是光信号通过调控反刍动物下丘脑-垂体-性腺轴上相关的褪黑素、生长激素、促黄体素、催乳素和类胰岛素生长因子等激素的分泌水平，进而提高生产性能和缩短生产单位动物产品的时间，降低反刍动物在生产周期内的甲烷排放量。

⑤保障饮水品质和温度

饮水的来源、品质和温度与反刍动物瘤胃功能存在紧密相关性，也会影响甲烷的产生。有研究发现，在冬季给育肥期的肉牛饮用 25 ℃的温水能显著提高肉牛日增重和干物质采食量，提高肉牛饲料转化效率和生产性能，其主要原因可能是温水能够维持肉牛瘤胃微生物的活性和正常生理功能，进而起到减少甲烷排放的作用。

⑥驱除原虫

产甲烷菌与纤毛虫原生动物具有生态共生关系，并附着在原生动物的外表面。瘤胃中的原生动物与高比例的 H_2 生产有关，并通过为高达 20% 的瘤胃产甲烷菌提供栖息地。在驱除原虫的反刍动物中，产甲烷菌不能获得共生伙伴，甲烷合成受到部分抑制。驱除原虫后，结合反刍动物日粮中的各种因素，甲烷产量减少了 20% ～ 50%。

⑦瘤胃产甲烷菌疫苗接种

直接接种瘤胃产甲烷菌有可能通过减少瘤胃中产甲烷菌的数量或活性来减少甲烷排放。这种针对瘤胃微生物的疫苗接种方法已成功地为动物接种了针对瘤胃牛链球菌的疫苗。

（5）做好粪便管理

除了重要的胃肠道甲烷排放源外，反刍动物粪尿排泄物的发酵分解是甲烷的第二大排放源。在堆积过程中粪便中的碳以甲烷的形式损耗 0.4% ～ 9.7%，同时会释放 CO_2、N_2O、H_2S 和 NH_3 等有害气体。因此，高效资源化利用反刍动物粪便是畜牧领域甲烷减排的关键环节。大量研究表明，利用高温好氧堆肥技术分别与微生物菌剂、无机肥料和硫黄粉等添加剂配伍，有效提高了牛粪堆肥营养物质品质和缩短堆肥发酵时间，提高了粪便肥料化的利用效率和化肥替代比例，减少了甲烷等温室气体排放。

在用于农业用地和有机肥料、燃料木材之前，集约化畜牧业生产的粪便通常以固体或液体形式储存。然而，目前越来越多的粪肥在土地施用前堆肥，或有氧消化以产生甲烷作为生物燃料。通过调整粪便管理和处理措施，促进甲烷收集，厌氧消化产生的甲烷排放可以回收并用作能源。这种甲烷可直接用于农场能源，或用于发电和沼气，供农场使用或出售。发酵后的粪污可用作动物饲料、水产养殖补充剂和作物肥料。此外，可控的厌氧发酵是减少与粪便管理相关的环境和人类健康问题非常有效的方法。根据所使用的管理系统，粪便的温室气体（主要是甲烷和 N_2O）排放量差异很大。减少净排放的目的是改变粪便的性质或在粪便储存和处理过程中产生、消耗甲烷与 N_2O。回收甲烷的方法可以用密封的厌氧发酵池、全混合发酵罐、塞流式发酵罐。

①密封的厌氧发酵池

这是最简单的回收方法，可用于温带或温暖气候条件下的奶牛场或养猪场。粪便固体被大量水从牲畜饲养舍中冲走，产生的泥浆流入厌氧发酵池，粪便在发酵池中的平均停留时间为 60 天。厌氧条件导致大量甲烷排放，特别是在温暖的气候条件下。被覆盖的发酵池是密封的，形成厌氧条件，在厌氧条件下产生和回收甲烷，甲烷可以用作能源。发酵池最常用于大型密闭奶牛场和养猪场，外部的覆盖物可防止甲烷流向大气中。

②全混合发酵罐

这是防止反刍动物粪便产生甲烷的第二种方法。这种类型的发酵罐适用于所有气候下的甲烷回收。它们是可加热、固定容积、可机械混合的罐子，可分解中等的固体粪便（总固体含量 3% ～ 8%），产生沼气和生物稳定的发酵液。每天将粪便收集在混合罐中，调整总固体百分比，并对粪便进行预热。放置在发酵罐上的气密盖保持厌氧条件并收集产生的甲烷。产生的甲烷占粪便总量的 8% ～ 11%，从发酵罐中收集，进行处理，并运至最终使用地点。

③塞流式发酵罐

这是防止反刍动物粪便产生甲烷的第三种方法。这种类型的发酵罐只适用于奶牛粪便。这些是恒定体积的流通单元，可分解高固体奶牛粪便（＞ 11% 固体），产生沼气和生物稳定的发酵液。塞流式发酵罐的基本设计是一个长罐，通常建在地面以下，具有气密、可膨胀的盖子。气密盖收集沼气并保持罐内的厌氧条件。每头奶牛每天产生的甲烷量约为 1.13 m^3。

（6）遗传选育

在反刍动物甲烷生产遗传力度评估报道中，以甲烷绝对排放为基础（g/d CH$_4$），牛和羊的遗传力度分别为 0.40 和 0.29；而以采食干物质生产量为基础（g/kg CH$_4$），分别为 0.19 和 0.13。可知，不同反刍动物产生的甲烷量差异比较大。不同品种动物间生理特征差异主要是由遗传因素导致的，其中包括瘤胃产甲烷性状，可通过遗传选育的技术手段提高反刍动物饲料利用效率，降低单位干物质采食量的甲烷排放，实现反刍动物瘤胃的低甲烷产率，是有效可行的甲烷减排技术。

通过遗传选育的方式提高动物饲料利用效率或降低单位干物质采食量的甲烷排放量在国内的研究较少，相关领域的研究主要见于国外报道，主要原因是选育难度大和甲烷排放量测定复杂。适当的遗传选育可减少每天或每单位干物质采食量的甲烷排放，在过去的 60 年里，遗传选育得到了巨大发展，与提高动物管理相结合增加了美国北部 400% 的奶产量，奶产量增加的同时也相应减少了 64% 的奶牛数量和 57% 的单位产品甲烷排放量。虽然遗传选育被用于绵羊和肉牛中，但甲烷排放与动物生长的相互关系未被评估；虽然宏基因组用于加快选育进程，但仍未有在奶牛中应用潜力的相关研究，主要原因是动物高变异限制了遗传选育的发展。

大量国外研究表明，选择耐热性、抗病性、高适应性和低甲烷产率的性状可以显著增强反刍动物免疫能力，提高反刍动物生长性能和生产效率，缩短饲养周期和提升反刍动物出栏率，从而降低反刍动物生产单位畜产品的甲烷排放量。然而，有部分研究发现，基因选择低产甲烷性状会降低奶牛的产奶性能或饲料转化率。因此，遗传选育低产甲烷性状是否会影响动物生产性能和饲料消化率是未来研究的重要方向。

反刍动物瘤胃甲烷的产生不仅是饲料能量的浪费，而且还会增强温室效应，造成全球气候变暖。反刍动物日粮结构和营养水平、饲养模式、瘤胃微生物菌群结构、品种、生理发育阶段等都是影响反刍动物甲烷产生的重要因素。我们通过提高效率/生产力、生产高质量的牧草、使用高替代性牧草、改善精料比例和合理使用高含量单宁和皂苷的植物提取物，以及使用益生菌来改善瘤胃微生物区系，达到提高饲料利用率且降低甲烷产量的目的，如可以通过用精油抑制产甲烷菌来减少甲烷的产生；通过改善饲养管理和做好粪便管理，减少动物粪便甲烷产生；通过基因选育技术，提高家畜生产性能，可相对减少动物养殖数量，继而减少甲烷产量。不容忽视的是，甲烷是反刍动物正常的代谢产物，任何减排措施只能相对减少，不能绝对抑制。所以，实施的任何甲烷减排技术，都需兼顾到动物健康及动物产品安全，也要考虑其在生产实践中的应用，为便于养殖场适应改变，也须考虑必要的甲烷减排成本。

第四节
绿色精准养殖标准体系建设

随着人们对动物性蛋白质需求量不断增大和对动物源性食品质量要求的逐渐提高，绿色精准畜牧养殖的概念被提出并得到一致好评。构建我国绿色精准养殖标准体系不仅可以显著提高畜牧业生产效率，保障畜产品的有效供给和质量安全，还可以有效地提高养殖户的收入，对于促进我国畜牧业发展、国民经济增长也起到积极的促进作用，是实现畜牧业降成本、促环保、保安全、保供给、提高品质发展的必需途径。

一、发展绿色精准养殖的国家需求

我国是畜牧生产大国，饲料产量以及生猪、蛋禽、牛养殖量全球第一。当前我国畜牧业正处于由粗放生产方式向以科技为主导的集约化精准化生产方式转型升级的关键时期。以生猪养殖为例，我国生猪养殖业经历了家庭散养与圈养（1.0）、规模化人工养殖（2.0）、规模化机械养殖（3.0）阶段。同工业发展阶段一样，目前，我国养猪业也在向 4.0 时代迈进（图 4-2）。从改革开放以前的传统农耕时代到 20 世纪末、21 世纪初的工业化时代，再到如今的数字化、智能化时代。

图 4-2　我国生猪养殖业的发展历程

然而，我国畜牧业现代化发展面临养殖成本始终居高不下、饲料粮进口依存度越来越大、养殖污染压力持续加大、疫病防控形势越发复杂、饲料和畜产品安全问题层出不穷等严峻挑战。

1. 饲料资源严重短缺，粮食安全风险加剧

近十年来，伴随我国畜牧养殖业的快速发展，饲料工业也迎来高速增长期。饲料工业的快速增长，引发人们对国家粮食安全问题的担忧。据农业农村部统计数据，2021 年，我国饲料粮消费占全国粮食总量的 48.2%。饲料粮是国家粮食安全的主要问题，而饲料粮最关键的是豆粕问题。

通过对 2001 年以来我国大豆进出口数据的统计显示（图 4-3），我国大豆进口量由 2001 年的 1 394 万吨增长到 2021 年的 9 652 万吨，20 年年平均增长率高达 10.2%。大豆进口量历史峰值为 2020 年，进口量超过 1 亿吨，为 10 031.45 万吨。结合我国大豆产量数据和进口数据分析可知，我国大豆对外依存度由 2001 年的 47.50% 增长到 2021 年的 83.65%，对外依存度之高令人咋舌。在当前逆全球化思潮涌动、区域地缘政治冲突加剧以及疫情反复的影响下，饲料粮的安全问题着实需要引起重视。开展精准营养、智能化养殖等技术研究，提高饲料利用效率，对于缓解我国饲料粮安全问题具有重要意义。

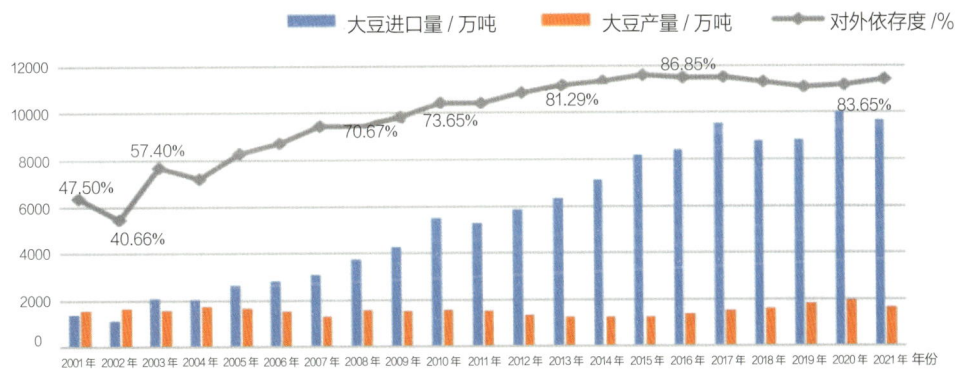

图 4-3　2001—2021 年我国大豆对外依存度变化

注：数据来源于国家统计局及农信研究院。

2. 畜牧生产环境污染问题严重压缩畜牧业发展空间，种养分离严重

畜禽养殖集约化和规模化的快速发展不可避免地会产生大量畜禽粪污。据估

算，2020 年我国畜禽粪污产生量约为 30 亿吨，约有 60% 未得到充分利用，大量畜禽粪污未经处理便直接排放。畜禽养殖已成为农业污染的主要来源，畜禽养殖与环境保护之间的矛盾已成为畜牧业健康发展的主要限制因素。开展种养结合绿色养殖技术研究，推进精准营养与饲养技术，是减轻畜牧业环境污染的有效技术途径。

种养结合是畜禽废弃物资源化利用的关键。然而，随着畜禽养殖规模化程度越高，养分损失越大，种养失衡率越高，种养分离越严重（表 4-1）。以生猪养殖为例，年出栏头数大于 500 头生猪的规模化比例从 1998 年的 8% 增加到 2021 年的 62%，年出栏头数大于 50 头和大于 100 头生猪的养殖比例从 1998 年的 23.2% 和 14% 分别增加到 2017 年的 84.1% 和 76.9%。而根据农业农村部统计，我国种植业经营组织的规模总体仍然以小农为主，并将在相当长一个时期保持这种状态：首先，小农户种植与规模化养殖脱节；其次，粪肥施用方式粗放、粪便养分利用效率低；再次，我国种养结合长效运行机制缺乏、粪肥农田利用竞争力弱。

综上，未来 15 ~ 20 年是我国畜牧业现代化进程的关键时期，面向我国粮食安全、畜牧业降本增效减排生产的国家战略需求，迫切需要发展绿色精准养殖标准体系建设。

表 4-1　种养一体化农业系统种养失衡

规模	样本数	耕地面积 / 亩	氮素失衡率 /%	种养失衡养殖场数	种养失衡率 /%
小规模	39	3.14	53.41	34	87.18
中规模	85	17.61	52.84	70	82.35
大规模	15	162.84	75.28	14	93.33

二、精准养殖体系建设与实践

同工业发展阶段一样，目前，畜牧业也在向 4.0 时代迈进，而畜牧业 4.0 时代的重要特征就是精准化、智能化、数字化。随着我国畜牧养殖行业的现代化和规模化水平持续提高，"降本增效"已成为企业发展的长期诉求。其中，"精准畜牧"或许能给养殖企业带来思路。"精准畜牧"包括两方面：一是"精准营养"，即在科学认知动物生长需求的基础上，通过精益化饲料配方设计，精准满足动物的营养需求；二是"精准养殖管理"，即利用现代数字分析技术和自动化设备，以更高效的方式监测、管控和管理动物养殖过程。

1. 精准营养技术

精准畜牧从饲料开始，养殖效率提升很重要的一点在于饲料。饲料是动物生产的物质基础，饲料成本通常占养殖成本的70% ～ 80%，因此，降低饲料成本是提高整个养殖业经济效益的重要环节。设计精准营养配方是饲料企业在激烈竞争中获胜的关键，也是"配方师"价值在产品中的体现。对于养殖企业来说，精确掌握动物的营养需求成为提质增效的迫切需要。

"精准营养技术"是动物营养界近几年提出的新概念，精准营养即饲养精准化，是动物处于正常的生理代谢前提下，通过改变日粮组成，充分挖掘饲料中潜在营养成分，使其被动物吸收利用最大化，从而降低养分流失，节约饲养成本的有效方法。精准营养技术建立在"互联网＋"这个大数据时代，它通过对饲料原料的精准测定和全数据分析，可以使饲料潜在的营养价值得以充分挖掘，从而使动物精准营养配方成为可能；通过精准营养配方设计，大量非常规饲料原料在养殖业中得以广泛应用，从而降低饲料成本和养殖成本，减少营养物质的排泄，减轻养殖给环境造成的压力。

（1）饲料原料营养价值评定及其模型化

精准营养也称为个性化的营养，个性化定制精准饲料配方能降低高达10%的饲料成本。准确评定饲料原料所含实际营养成分是做好精准营养配方的关键。不同的原料由于产地、环境、收获时机、加工、贮运方式、水分、霉变程度等的不同，其营养成分也会存在很大差异。个性化精准饲料配方首先需做好原料数据库的准确评价。

准确评定饲料原料营养价值的前提是要有统一的样品采集、分析和靶动物试验技术规程，针对此问题，农业农村部畜牧兽医局印发了《饲料原料营养价值评定及参数建立项目技术规程》的通知，制定了《饲料原料样品采集与制备技术规程》《饲料原料化学成分测定技术规程》《仔猪和肥育猪饲料原料有效能测定技术规程》在内的7项技术规程，为精准评定饲料原料营养价值奠定了基础。

经过不断积累，我国基本摸清了畜禽品种和饲料资源的家底，初步构建了主要饲料饲草资源的化学组成和营养价值数据库，研究建立了猪、家禽、奶牛对主要营养成分的需要量。在猪养殖方面，构建了89个饲料原料、58项概略养分指标、44项有效养分指标、10万个综合参数及有效养分动态预测模型的中国猪饲料原料营养价值数据库，包括化学组成、抗营养因子含量、有效能和氨基酸消化率等。建立了33种生长猪常用饲料原料有效养分的动态预测模型，使饲料厂能够使用有效能和可消化氨基酸设计配方，提高了饲料利用效率，降低了配方成本；建立了基于近红外光谱的猪主要饲料原料有效能快速预测模型，为企业快速获取饲料中有效养分、控制产品质量、提高配方的准确性提供了技术支撑。

（2）畜禽营养需要量及其动态预测模型

精准营养其实跟中医的"辨证施治"类似，根据不同情况设计个性化饲料配方。不同品种（系）、不同阶段、不同地域、不同饲养模式下畜禽对营养需求差异很大。以猪为例，不同品系猪的营养需要不同，美系、丹系两个品种代表着两类育种方向。丹系母猪繁殖性能优良，但抗应激能力、适应性相对较差，在饲料配方中应重视满足繁殖方面的营养，因此氨基酸能量比、矿物质和维生素含量要相应提高，同时要特别注意环境应激（如热应激）时的营养调控；而美系母猪由于体格较丹系大，背膘较厚，钙、磷等矿物质需要量较大，故不同阶段营养摄入与丹系猪差异较大。美系、丹系猪与中国地方猪相比差异更大。

当前，研究了主要畜禽品种对主要营养物质的需要量，制定了《猪营养需要量》《黄羽肉鸡营养需要量》《蛋鸭营养需要量》《肉羊营养需要量》《绒山羊营养需要量》等一批国家和行业标准。特别是在《猪营养需要量》中，构建了瘦肉型种猪和生长肥育猪的能量和氨基酸需要量模型，为饲料精准配方的配制奠定了重要基础。

（3）大数据算法模型和物联网设备

为了实现动物的精准营养，帮助我国畜牧业降本增效，2016年起，在农业农村部畜牧兽医局资助下，中国农业大学李德发院士和谯仕彦院士团队依托物联网、大数据、云计算等现代信息技术和配套设备，收集饲料原料营养价值、饲料加工工艺参数、工厂生产管理过程等数据，通过

图4-4　我国饲料原料营养价值数据库 FeedSaaS

运用人工神经网络、深度学习等大数据算法模型，研发出了基于互联网平台创建模型在线实时应用软件 FeedSaaS（软件著作权：2017SR712234）（图4-4）。FeedSaaS

适用于饲料厂和养殖场等复杂环境，可以满足大规模、高并发、强时效、多出口的精准计算要求。

（4）饲料精准配方技术实践

在上述工作基础上，应用物联网设备、数据库、算法模型、精准饲喂设备等，构建了基于大数据算法模型和物联网设备的畜禽精准营养技术体系。

以企业实践为例，温氏食品集团股份有限公司研究构建黄羽肉鸡、肉鸭、生猪等动物体外仿生消化系统平台，结合原料化学成分检测和近红外扫描分析方法，以可消化赖氨酸为核心参数对动物生长性能、屠宰性能等指标进行评估验证，建立了常用饲料原料常规化学成分与净能、可消化氨基酸的预测模型，由公司总部建设统一的饲料原料动态营养价值数据库，为各区域分公司制定精准饲料配方提供核心数据支撑。公司下属各饲料生产厂通过近红外扫描终端检测原料品质，结合动态预测模型，及时调整原料营养参数，控制杂粮杂粕原料的适宜用量，实现饲料配方精准、成本控制精确。在此基础上，采用可消化氨基酸参数确定猪禽必需氨基酸的添加种类和适宜水平，根据原料特性合理补充生物酶、脂肪酸、抗氧化剂、色素等添加剂。2021 年，公司配合饲料产量 1 150 万吨，豆粕平均用量占比为 7.4%，比养殖业消耗饲料中豆粕平均含量低 7.9%，相当于减少豆粕用量 90 万吨。

禾丰食品股份有限公司系统检测分析饲料原料的常规化学成分，应用动物消化代谢试验和体外仿生消化试验相结合的技术手段，准确测定原料的有效能值和可消化氨基酸含量，参照国内外原料营养价值数据库和《猪营养需要量》等数据，结合动物试验场的生产实践评估结果，及时校正更新公司自有数据库。应用原料净能和可消化氨基酸体系精准制定饲料配方，合理补充赖氨酸、蛋氨酸、苏氨酸、色氨酸等合成氨基酸。充分发掘利用豌豆、椰子粕、棕榈粕、木薯等资源，准确测定各类抗营养因子含量以及矿物质、色素、亚油酸等指标，采用酶解、发酵、高温调质等处理工艺，精准添加维生素和微量元素，针对性使用酶制剂，提高杂粮杂粕原料在配方中的使用比例。2021 年，公司生猪配合饲料产量 220 万吨，豆粕平均用量占比为 9.5%，比养殖业消耗饲料中豆粕平均含量低 5.8%，相当于减少豆粕用量 13 万吨。

2. 智能养殖技术及其未来发展

智能养殖是指通过融合数据采集（传感器技术）、数据存储（物联网技术）和基于人工智能工具的数据预测、分析、执行等，实现畜产品供应量的可持续增长，同时提升动物福利、降低养殖业的环境负担。智能养殖的核心特征是：状态感知/数据采集、实时分析、自我决策、精准执行，目前大多数智能养殖企业关注和从事的领域是状态感知/数据采集、精准执行，而实时分析、自我决策仍然是需要突破的技术瓶颈。

（1）精准饲喂技术

针对畜禽处于成长阶段有着不同的生理特征，并对养分有着不同的需求，结合国内产品质量、用途、价格以及销量等因素，实现精准投喂。所谓的智能精准饲喂就是：①智能下料，尤其在夏天饲料易发酸变质，危害动物健康。②智能下水，精准控制水料，干湿比例可调，更适口。③一键式设置下料方案，快捷方便，节约更多人工。此外，附带实现快速清仓和异常报警功能，信息实时推送到手机，一人管理更多猪只。精准饲喂技术的创新能够有效避免在定时定量饲喂中发生哄抢或浪费的现象，通过智能检测和料位监控，随时进行低料位补充、高料位停料的自动操作，从而节约饲料，增加收益。

（2）智能环境测控技术

养殖环境是影响畜禽健康和生产力的重要因素。现代规模化、集约化畜禽养殖舍易积蓄有害气体、悬浮颗粒以及气溶胶微生物等，利用小气候环境的智能调控，可为畜禽提供适宜的生产环境，对保障畜禽产品质量安全和提升养殖场经济效益有重要意义。

常见的养殖场环境调控系统含有信息采集、调节装备以及控制处理器，在系统正常运转时，利用各种传感器监测养殖环境的温度、湿度、空气质量，动物的体温、脉搏以及采食量等信息，处理系统利用以上环境及动物生理信息，得到适宜的环境调控决策，让动物处于舒适的生活环境。郭彬彬等提出了一种基于BP神经网络的种鹅养殖舍环境智能监控系统，能够根据舍内外环境变化实现温、湿度智能控制，减少了鹅夏季热应激和降低了病死淘汰率。

（3）无害化粪污处理

无害化粪污处理是通过干湿分离、氧化和发酵等一系列复杂操作，实现粪污的排放，不会对环境产生任何有害的影响。以家禽为例，工厂化养殖的多层笼养适宜采用干清粪方式进行粪污处理，即通过刮粪板、传送带和翻扒机等设备将固体粪便进行收集和转移，以实现废物固液分离、节省清洁用水，且废物利用率高。有研究报道了一种新型粪便翻扒装置，该装置对粪便进行翻扒，使粪便与发酵制剂充分混合，能够提高粪污无害化效果。

（4）智能监测和巡检

智能监测包括行为监测、盘点技术、体质量预估和健康状态评估等方面。南京农业大学沈明霞团队提出了一种基于实例分割的白羽肉鸡体质量估测方法，利用Mask R-CNN 和 YOLACT 两种实例分割算法获取白羽肉鸡位置与覆盖掩膜，并进行效果对比；通过双变量相关性分析验证白羽肉鸡背部投影面积与体质量间的显著相关性，在理想姿态、伸头、歪头以及部分遮挡情况下，2 种算法对 28 周龄和 48 周龄 2 种白羽肉鸡体质量估测平均准确率均能达到 97%。

智能巡检以人工智能技术为核心，利用物联网和互联网等技术辅助，代替人的双脚进行养殖场巡逻，对家禽舍异常情况及时进行预警和处理。巡检机器人是智能巡检技术中研究成本最高和制造难度最大的装备，也是实现工厂化家禽智能养殖的必备装置。

（5）未来发展技术展望

未来的智慧牧场如图 4-5，实现清洁能源、现代通信、智能机器人、智能节水、无人机和动物智能可穿戴设备等核心技术的突破。

图 4-5　未来智慧牧场展望

三、绿色养殖体系建设与实践

1. 种养结合的绿色养殖技术

种养结合是种植业和养殖业紧密衔接的生态农业模式，是将畜禽养殖产生的粪污作为种植业的肥源，种植业为养殖业提供饲草料，并消纳养殖业废弃物，使物质和能量在动植物之间进行转换的循环式农业。加快推动种养结合循环农业发展，是转变农业发展方式、促进农业循环经济发展、提高农业竞争力、治理农业生态环境的重要途径，是乡村产业振兴的重要支点。

（1）发达国家种养结合绿色健康养殖模式

随着各国种养结合机制创新和规范还田利用的普及，大多发达国家已实现了畜禽废弃物资源化利用，不仅解决了环境污染问题，还促进了农业的可持续发展。

美国以粪便养分综合管理计划为基础的全量还田模式：美国的大部分大型农场都是采用种养结合全量利用模式，从种植制度安排到生产、销售等各个方面都十分重视种植业与养殖业的紧密联系，而且是养殖业规模决定着种植业结构的调整，养殖业与种植业之间在饲草、饲料、肥料3个物质经济体系形成相互促进、相互协调的关系，养殖场的动物粪便或通过输送管道或直接干燥固化成有机肥归还农田，既防止环境污染又提高了土壤的肥力。

采用种养结合全量利用模式：欧盟国家畜牧业生产专业化程度高、精准管理水平高、环保要求高。欧盟各成员国必须严格执行欧盟在控制畜禽养殖环境污染方面出台的系列法规及政策。1991年，欧盟颁布实施的《硝酸盐指令》要求所有成员国采取措施减少农业源氮引起的水体污染，主要内容包括：控制农田非有机氮肥的施用，控制粪肥的施用，控制污泥和粪肥的施肥时间和土壤类型，保持农户种植、养殖和肥料管理的台账记录等。

（2）我国种养结合绿色健康养殖模式

加强和促进畜禽废弃物资源化利用，已经成为关系国计民生的大事。自2017年以来，《种养一体化循环农业示范工程建设规划（2017—2020年）》等中央文件，对畜禽粪污养分管理与综合利用做了明确的部署，强调要全面推进畜禽养殖废弃物资源化利用，推行高效生态循环的种养模式，不断提升种养一体化水平，构建农牧循环的可持续发展新格局。以下列举几个不同区域典型畜禽种养结合绿色健康养殖案例。

①黑龙江省宝清县种养结合循环案例：按照"畜禽粪污＋固态粪肥＋液态有机肥料"三位一体的技术路线，以培育粪污收集、处理、配送、还田服务组织为抓手，建机制、创模式、拓市场、畅循环，着力构建养殖场户、服务组织和种植主体紧密衔接，可复制可推广的绿色种养循环农业发展模式。结合绿色种养循环农业试

点项目，宝清县在七星泡镇中红村、红峰村、东太村和七星河乡新建村建立四处粪污集中处理点，并配套相应的粪污运输和抛撒设备；在养殖集中村建设了粪污收集点，对接养殖场 15 个，消纳畜禽粪污总量 8.8 万吨，为种养结合、有机肥还田提供了充足的原料，示范带动了县域内粪肥还田，大大提高了畜禽粪污综合利用率。

②江苏省镇江市丹徒区种养结合循环农业案例：明确"种养结合"发展定位，科学规划种植采摘、林下放养、鱼塘垂钓、餐饮休闲四大区域，拓展果树认养、亲子课堂等特色经营项目，形成线上线下、以旅带销的农产品综合销售模式，促进农场盈利模式多元化。走"综合种养＋农业科普园地＋休闲农业"的路子，将农场划分为种植采摘区、餐饮休闲区、鱼塘垂钓区、林下放养区四大区域。农场每年生产应时鲜果约 32.5 t、鸡蛋约 20 万只、家禽约 8 000 羽、鱼约 2.5 t。

③内蒙古土默特左旗种养结合循环农业案例：土默特左旗地处北方农牧交错带，属典型的西北干旱地区。按照"为养而种，以养定种"的发展思路，依托奶牛、肉牛和肉羊养殖等主导产业，形成"龙头企业（合作组织）＋园区＋基地＋农户"的生产运营模式。同时，大力发展集约化高产型粮经饲种植业，建设高产玉米、设施蔬菜和饲草种植基地，形成"龙头企业＋基地＋农户"的生产运营模式。打通种植、养殖、产品加工协调发展通道，以作物秸秆、畜禽粪污资源化处理和高效利用为纽带，在区域特色农畜产品精深加工基础上发展有机肥加工产业，实现有机废弃物资源化利用，形成养殖园区、种植基地、农畜产品加工和废弃物循环利用协同配套的建设模式。

虽然近年来我国种养结合绿色健康养殖取得了不错进展，但种养循环模式发展存在以下问题：种养结合农户数量急剧下降，积极性不高；单项措施多，统筹推进的合力不够；规模化集约化养殖与种植业脱节，缺乏鼓励种养结合相关政策；利益链条不完整，废弃物利用有效运营机制缺乏；超大规模和大规模养殖挤压散户养殖生存空间。未来，需要针对不同区域、不同动物、不同养殖规模优化种养结合绿色养殖模式。

2. 低蛋白日粮技术

低蛋白日粮技术是畜禽养殖污染源头减排的重要路径。在减少氮和有害气体排放，改善养殖场环境方面具有重要作用。

（1）低蛋白质日粮技术减排效果

①减少氮排放：饲喂低蛋白质日粮的动物从源头上减少了氮的食入量，且氨基酸之间的比例更加平衡，因而排出的粪氮和尿氮都有很大程度的下降。国内外大量研究表明，日粮蛋白质水平降低 2% 以上可显著降低粪和尿中氮的含量。张桂杰的研究表明，在 23 ～ 45 kg 体重的生长猪上日粮蛋白质水平比《猪饲养标准》（NY/T 65—2004）推荐值降低近 4%，生长猪氮的排放量相比高蛋白质日粮组下降了37.06%，日粮蛋白质水平每下降 1%，氮排放量减少 9.65%。

②减少排泄物总量：猪摄入日粮氮的 50% ～ 70% 随粪尿排出体外，低蛋白质日粮降低氮排泄的同时，还减少排泄物总量。Relandeau 等总结了低蛋白质日粮在减少排泄物总量和氮排泄量等方面对于环境保护的价值，发现日粮蛋白质水平每降低 1%，排泄物总量、总氮排泄量和猪舍氨浓度分别减少 5%、10% 和 13%。

③减少有害气体排放：日粮蛋白质水平的降低可以减少进入后肠的蛋白质含量和排泄物中氮的总量，从而减少臭气产生。王钰明等在春季大群商业性条件下的试验结果表明，体重 45 kg 猪的日粮蛋白质含量由 17% 降低到 15% 时，日粮粗蛋白质水平每降低 1%，猪舍氨气浓度减少 9.1%；体重 70 kg 猪的日粮蛋白质含量由15% 降低到 13% 时，日粮粗蛋白质水平每降低 1%，猪舍氨气浓度减少 5.6%。

（2）低蛋白质日粮技术

低蛋白质日粮不是一个简单的概念。这一技术至少涉及日粮能量，不同来源饲料原料的氨基酸在动物体内的代谢转化，日粮氨基酸的可消化性，日粮能量蛋白质平衡，蛋白质以及氨基酸之间的相互平衡等诸多方面。

①净能体系应用技术。净能是真正被畜禽利用的能量，但测定复杂。多年研究表明，配制低蛋白质日粮必须使用净能体系，否则会造成胴体变肥、瘦肉率下降等问题。猪净能体系应用技术主要以国家推荐标准《猪营养需要量》为依据，对各种饲料原料净能值和净能需要量进行科学、合理配制。

②净能赖氨酸平衡模式。净能赖氨酸平衡模式是指畜禽不同生理阶段日粮中净能与赖氨酸的适宜比例。国家推荐标准《猪营养需要量》中给出了各生理阶段猪的净能赖氨酸比；农业行业标准《黄羽肉鸡营养需要量》中给出了各生理阶段黄羽肉鸡净能赖氨酸比，以及有关白羽肉鸡和产蛋鸡的各生理阶段净能赖氨酸比。

③主要限制性氨基酸平衡模式。在饲料中蛋白质用量减少 1% ～ 4% 的情况下，能满足畜禽对主要限制性氨基酸的营养需求。以猪为例，在饲料中蛋白质用量减少

1%～4% 的情况下，能满足各生理阶段猪对赖氨酸、苏氨酸、含硫氨基酸、色氨酸、缬氨酸、异亮氨酸、亮氨酸等 7 个限制性氨基酸的需要量，并做到它们之间的相互平衡（表 4-2）。

表 4-2　各生理阶段猪低蛋白饲料营养需要技术参数

生理阶段	粗蛋白质 /%	净能 /（kcal/kg）	标准回肠可消化氨基酸 /%						
			赖氨酸	苏氨酸	色氨酸	含硫氨基酸	缬氨酸	异亮氨酸	亮氨酸
仔猪、生长育肥猪 /kg　7～20	18	2500	1.30	0.83	0.24	0.73	0.81	0.72	1.30
20～50	15	2420	1.01	0.63	0.18	0.58	0.63	0.57	1.03
50～75	13	2420	0.86	0.54	0.15	0.49	0.54	0.48	0.89
75～100	12	2450	0.75	0.48	0.13	0.42	0.48	0.42	0.77
100～120	11	2450	0.70	0.45	0.12	0.40	0.45	0.39	0.69
妊娠母猪	12.5	2435	0.58	0.38	0.10	0.34	0.39	—	—
哺乳母猪	16.5	2600	0.85	0.55	0.16	0.47	0.72	—	—

此外，合理应用微生态制剂、抗菌肽等畜禽养殖绿色投入品，改善畜禽健康，提高畜禽生长性能，保障畜禽产品的质量安全，也是畜禽绿色养殖标准体系建设的重要内容。

第五节
养殖场污水源头精准减量技术

规模化养殖场产生的畜禽粪污环境污染问题是制约畜禽产业可持续发展的因素之一。畜禽粪污的不科学处置不仅造成其中蕴含的氮、磷、钾等营养元素无法被利用，而且极易造成周边的生态环境污染问题和生物安全问题。如何促进畜禽粪污变废为宝是现代养殖业科学发展亟待解决的问题，而解决这一问题的前提条件就是污水源头减量。

一、养殖场污水源头减量的重要意义

2014 年实施的《畜禽规模养殖污染物防控条例》中明确规定了从事畜禽养殖活动，应当采取科学的饲养方式和废弃物处理工艺等有效措施，减少畜禽养殖废弃物的产生量和排放量。农业农村部《畜禽粪污资源化利用行动方案（2017—2020年）》也提出全面推进畜禽养殖废弃物资源化利用，加快构建种养结合、农牧循环的可持续发展新格局；建立科学规范、权责清晰、约束有力的畜禽养殖废弃物资源化利用制度，根据土地承载能力确定畜禽养殖规模，构建种养循环发展机制。文件明确提出坚持源头减量、过程控制、末端利用的治理路径。2019 年 12 月，农业农村部办公厅、生态环境部办公厅联合印发了《关于促进畜禽粪污还田利用　加强养殖污染治理的指导意见》，鼓励指导各地加快推进畜禽粪污资源化利用，畅通粪污还田渠道，加快畜禽养殖污染防治从重达标排放向重全量利用转变。

当前部分养殖企业并不太关注源头减量问题，而是把工作重心放于末端治理，不仅环保设施投入成本高昂，而且还存在运行费用高和日常管理技术难度大等后续问题。污染物治理与生产过程严重脱节，导致畜禽养殖污染防治始终处于"边污染、边治理"的恶性循环。在这一背景下，通过污水源头减排措施，采用最少的土地面积来消纳养殖场的粪污，降低粪污资源化利用的难度是做好粪污资源化利用的必要条件。特别是在目前我国大部分养殖场周边缺乏足够面积的土地用于粪污消纳的情况下，污水源头减排更为重要。

二、养殖场污水源头减量的技术原理

畜禽粪污的源头减量分为粪便的源头减量以及污水的源头减量两个方面。其中粪便的源头减量主要是通过动物营养的研究及产品来实现；而污水的源头减量则主要是从养殖场的设施设备、养殖技术和过程管理等方面来实现。

污水源头的精准减量技术是基于养殖场污水产生的关键控制点，从猪舍结构设计、通风设计、设施设备设计、粪污收集、生产技术及日常管理等多个维度，来减少一切非必要用水量，达到最大限度减少养殖场污水产生和排放量的效果，降低养殖场对周边环境的危害，实现有限面积耕地内种养结合的目的。

猪场污水总排放量＝总用水量＋饲料代谢产水量－动物的呼吸水汽量－动物机体含水量－栏舍蒸发水量－粪便部分含水量

正常情况下，饲料代谢产水量、动物机体含水量、动物的呼吸水汽量、粪便含水量基本是相对固定的。因此，猪场污水总排放量主要与总用水量和栏舍蒸发水量密切相关。栏舍蒸发水量则与养殖场的设计、所处地形地貌、所在区域密切相关，一般而言，通风透气的养殖场，干燥地区的蒸发量更大。

养殖场的固态粪污和液态粪污均为养殖污染源，但是二者的成分与处理方法不同。固态粪污主要为猪的粪便，其主要成分为蛋白质、脂肪、微生物、无机盐以及未消化完全的纤维素类物质。而液态粪污则主要是由少量溶解于水的粪便、可溶性无机盐、尿素、尿酸等组成。在处理方法上，固态粪便肥效高，一般采用好氧堆肥处理，适宜制作有机肥，固体粪污运输方便，且适合远距离运输，能够产生较好的经济和社会效益，所以养殖场的固体粪污一般不构成污染源。液态粪污量大，肥效相对较低，运输不方便，经济效益差，一般不适合远距离输送，因此液态粪污一般是经过适当处理后达标排放或利用养殖场周边土地进行还田消纳。由于我国大部分养殖场周边缺乏足够面积的耕地用于粪污消纳，因此，降低养殖场液态粪污的排放量，对养殖场就近就地资源化利用具有十分重要的意义。

欧美国家在畜禽粪污资源化利用方面具有十分成熟的技术和装备。以养猪业为例，欧美国家一般采用水泡粪工艺，猪粪尿直接进入漏粪板下方的水泡粪池，充分腐熟发酵后直接用于种植，施肥面积与养猪数量严格配套，做到种养平衡。水泡粪工艺一般而言并不需要采用污水源头减排措施，而是利用水来稀释、溶解高浓度的粪污及产生的有害气体，避免有害气体逸入猪舍空气中，对猪群产生不利影响。这一方案经过多年发展，技术已日趋完善。在施肥季节，一般按测土施肥标准，一次性将水、粪、尿通过大型施肥机械泵送到农田利用即可，不仅消纳了粪污，而且节省了化肥。该方案实施方便，环保投资成本低，实现了营养元素生态循环利用，经济效益高。

在我国大部分地区，由于可用耕地面积小、高低不平、土地分散，而且土地采用家庭承包方式，土地碎片化、种养脱节、缺乏大型施肥作业机具和条件等因素，造成目前养殖场畜禽粪污很难实现有效的种养结合。在这一现状下，污水源头减量是所有粪污治理措施有效实施的关键，需要从养殖场土建设计及污水减排设备等多个方面采取措施。

三、养殖场污水源头减排

污水的源头减排，需要从猪舍设计即开始规划，全面考虑养猪过程的污水排放与后续的污水处理过程。基于危害分析与关键控制点（HACCP）对养殖场污水产生关键点进行深入分析，建立高效节水猪舍模式，通过节水的优化设计，可以将养殖场液态粪污的产生量较传统养殖场降低 80% 以上。通过对该技术示范场的验证，检测结果表明污水源头减排技术的运用能够极大地降低养殖场污水排放量，为后续的粪污资源化利用和处理提供基础，其关键性的措施有以下几个方面：

1. 猪舍结构的节水优化设计

从养殖场设计起始就全面考虑生猪养殖过程的污水排放与污水处理问题。养殖场在设计建设时，必须严格做到雨水与液态粪污分离，防止雨水进入液态粪污管道。新建养殖场建议采用正负零向上架空层设计，而不要采用正负零向下挖粪沟方案。该方案的主要优势是能够有效防止雨水和地下水进入猪舍粪道，从而减少了污水的产生，而且污水排出方便，猪舍内部通风透气、干爽。相反，如果采用正负零向下挖粪沟的方式，则容易导致雨水和地下水倒灌，而且污水排出困难，猪舍内部较为潮湿。架空层高度在南方可以设计为 1.2 ～ 1.5 m，中部地区 1.0 ～ 1.2 m，北方地区 0.8 ～ 1.0 m。采用"漏粪地板 + 机械干清粪"模式，避免水冲粪模式。做到雨污分离、清污分流；以湖南为例，年平均降水量在 1 500 mm，一个万头养殖场，猪舍建筑面积大约在 10 000 m²，如果未能做到雨污分离，屋檐水进入液态粪污中，将增加 1.5 万吨左右的污水量。为了降低养殖场的污水处理量，必须做到雨污分离，而且液态粪污管道全封闭，粪污管道可采用 PVC 或 PE 管道，安装方便，不漏水。每隔一定距离建立一个沉淀池，沉淀池沿口必须高出地面，并采用水泥盖板封闭，防止老鼠进入、蚊虫滋生。

正负零向上架空层设计与正负零向下挖粪沟方案相比，另一优势是避免地下水进入猪舍粪沟，这在地下水位较高的地区更为重要。

标准化节水型育肥猪舍结构见图 4-6 至图 4-9。该猪舍设计的优势在于：①猪舍饲养层从平地抬高到 1.2 m，形成架空层，保证猪舍干爽；②清粪方式采用 3/4 漏粪地板 + 机械自动清粪模式，实心地板布置在猪栏中间，比例为 1/4，采用夹心式漏缝地板布局设计，每个栏舍两端为漏缝地板，中间为实心地板。观察发现猪群一般在两端的漏缝地板区排泄，在中间实心地板区休息，通过这种夹心式漏缝地板布局，能够保证良好的卫生条件，猪舍无须人工清洁即可保证良好的卫生状态，做到养殖全程免冲栏；③猪舍下层设置有三条负压风道，新鲜空气从吸顶通风窗进入猪舍，从上至下，穿过漏粪地板，从风道排出猪舍，该方式能保证最低的通风量即可保障猪舍内部优良的空气质量，显著降低猪舍内部有害气体浓度，猪群健康水平大幅上升。

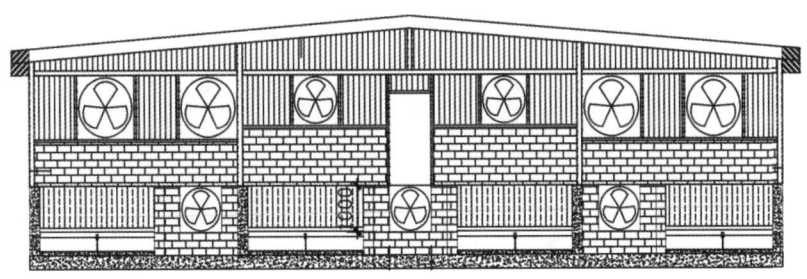

图 4-6　节水型育肥猪舍结构示意图

图 4-7　节水型育肥猪舍内景

图 4-8　粪道下方的机械平板刮粪系统

图 4-9　夹心式漏缝地板布局设计

2. 节水式饮水系统设计

猪场的饮水系统对于猪场污水源头减量具有重要影响。不科学的饮水器经常造成猪群饮水过程的大量浪费，而且存在饮水器跑冒滴漏的现象。传统的鸭嘴式和乳头式饮水器，经常造成猪只在喝水时大量的浪费，这些浪费的水进入污水中，从而极大地增加了污水的排放量。在高温季节，猪群经常玩咬饮水器，导致饮水器大量漏水，极大地增加了污水排放量。

采用气压阀式饮水系统，并且安装溢流孔（图 4-10、图 4-11），采用带溢流孔设计的节水饮水器，避免猪群喝水浪费和水位阀故障；也可以采用带溢流孔的凹墙式饮水碗，及时将饮水浪费的水通过专用溢流管道排出猪舍外。日常管理中，要特别注意检查水管及饮水系统，防止饮水系统出现漏水现象。

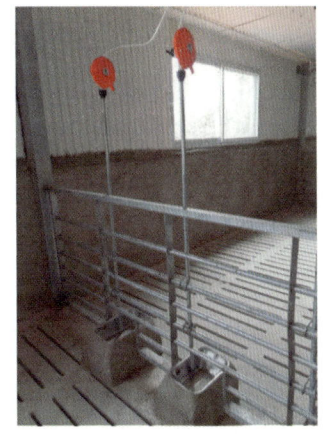

图 4-10　带溢流孔的水位阀节水饮水器　　　　图 4-11　带溢流孔的饮水碗

3. 防漏水型湿帘设计

夏季降温使用的湿帘是污水产生的另一个重要来源，特别是目前所采用的湿帘大部分存在设计缺陷，在使用的过程中湿帘出现滴水、漏水的现象非常普遍。对于这种情况，一是需要加强日常的管理，要及时检查湿帘的漏水问题，避免湿帘的漏水进入污水中；二是在使用中出现漏水现象，需要延长湿帘底框的挡水板长度，可以做到湿帘使用过程中不漏水（图 4-12）。

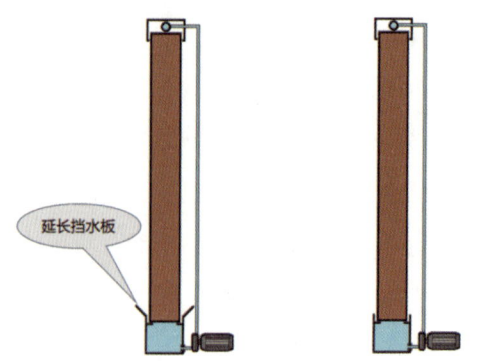

延长挡水板

图 4-12 带延长挡水板湿帘（左）和传统湿帘（右）

4. 采用高温高压清洗系统

除采用免冲栏技术、节水饮水系统外，降低液态粪污产生的另一措施是采用高温高压清洗系统。养殖场栏舍在空栏后必须彻底清洁栏舍，制定科学的清洗制度。实践证明，采用高温高压清洗机进行栏舍清洗，能够显著降低用水量，而且清洗效果更好，在清洗的时候还具有良好的消毒杀菌作用。在清洗时，为了降低液态粪污量，降低液态粪污中的 COD 等指标，需要采取科学的操作程序，能够显著地降低洗栏用水量，具体方法为：

（1）猪群转移出去后，及时采用人工干清扫的方法清除栏舍残留的猪粪，防止过多的固体粪污进入污水系统。

（2）采用小量水将栏舍及地板表面全面喷湿，软化粪污；软化时间在 2 ～ 4 小时。粪污软化后更容易冲洗，能够显著地降低后续的清洗时间和用水量。

（3）采用高温高压冲洗机进行彻底冲洗，要求物见本色，不留死角；空栏清洗的时候用高压清洗方法，将固态粪污清理后，用水（添加去污剂）将栏舍污染表面浸润一遍，间隔 1 ～ 2 小时后，再用高压清洗设备进行清洗。采取科学的节水措施，可以有效地将污水排放量较传统水冲粪养殖场减低 80% ～ 90%。

（4）喷洒消毒液进行消毒，消毒结束后再采用高压清水冲洗残留消毒药剂，再进行空气甲醛熏蒸或臭氧机空气消毒，干燥备用。

采用该程序对栏舍进行清洗，不仅能够节约清洗时间和减少清洗工作量，而且能够较传统方法减少 50% 以上的清洗用水，并且污水中的有机物量也显著减少。

四、污水源头减量效果评价

通过对猪舍结构设计、通风设计、设施设备设计、粪污收集、生产技术及日常管理等多个维度的节水优化设计，图 4-13 为采用污水源头减量设计的实验育肥猪场实测污水排放量数据。生猪从断奶后（体重 6.5 kg）开始饲养到 120 kg，平均每头猪的总排污量为 0.48 t，远低于行业平均排污量。

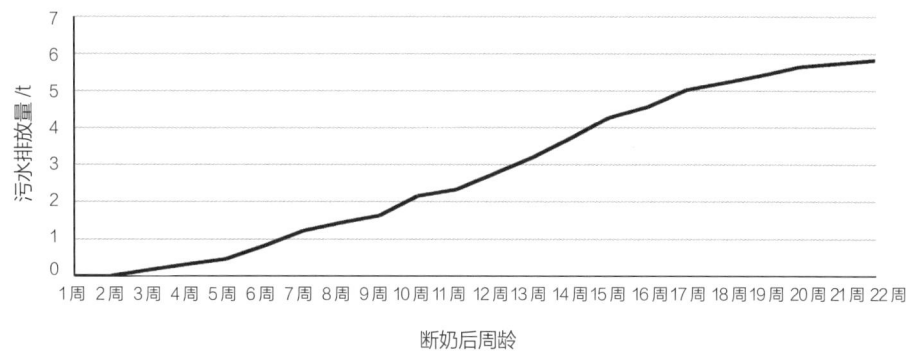

图 4-13 1 000 头育肥猪液态污水排放量统计

第六节
养殖场污水源头精准减量设计

近年来，随着国内规模化养殖场的相继投产，养殖业进入了一个全新的发展时期，养殖场的设计和建设日趋标准化、规范化，其精准减量技术应用直接关系到排污成效，精准减量设计成为污水源头减排的关键。

一、养殖场选址

从生物安全和源头减量方面考虑，养殖场的选址不宜在地势低洼处，防止内涝、山洪、滑坡等地质灾害以及次生地质灾害。养殖场地应符合以下要求：

（1）符合国家相关法律法规、建设用地规划。

（2）满足养殖及防疫要求，地势高燥、背风、向阳。

（3）与居民点、其他畜牧场、畜产品加工厂、主要公路和铁路的距离应符合《标准化养猪小区项目建设标准》规范要求。

（4）选址应在最近居民点常年主导风向的下风向或侧风向处。

二、规划设计

养殖场设计宜结合养殖工艺特点、充分利用自然地形（图4-14），尽可能保护原有场地特色风貌，因地制宜，对各功能分区、道路交通、给排水、供电、粪污排放及处理等进行合理设计。相关设计的要求如下：

（1）常年主导风向下的功能分区布置（从左至右，从上风向到下风向）：生活区、生产区、粪污处理区。

（2）不同地势下的功能分区布置（从左至右，从高到低）：生活区、生产区、粪污处理区。

（3）朝向及间距：猪舍朝向宜南北向方位、南北向偏东或偏西不宜超过30°，保持猪舍纵向轴线与当地常年主导风向呈30°～60°。猪舍间距宜为猪舍檐高的2～3倍。

（4）道路交通布置：结合功能分区和地势布置场内道路和出入口，净道污道不交叉，场内外道路不交叉，道路雨水顺势分区排放。

（5）竖向设计：在满足相关功能要求下，尽量减少填方范围、土石方和护坡工程量，确保排水通畅、不积水，做到土石方挖填平衡，节约项目投资。

（6）雨水及粪污排放：采用雨污分流设计，管道尽量采用重力式自流，污水管道外部应采取防护措施，如增加防雨盖板，沟壁墙体突出地面，防止雨水流入污水池（沟）。

图4-14 场地清表开挖效果图

三、地基及基础施工

地基分为天然地基和人工地基（复合地基）两类，其中天然地基分为岩石、碎石土、砂土、粉土、黏性土，实际工程应用中主要以土质地基作为基础的持力层，人工地基为经过人工处理或改良的地基，淤泥、淤泥质土、杂填土或其他高压缩性土层等软弱地基可采用换填垫层、预压地基、压实地基、夯实地基、复合地基、注浆加固或微型桩加固等方式对地基进行处理。

基础施工采用正负零向上设计架空层的设计方案，从节水的角度考虑，切忌向下开挖猪舍粪沟。结合养殖场粪污防渗的特点，宜采用现浇整体式扩展基础，降低基础沉降，增强粪道防渗性能，混凝土内宜放钢筋，防止混凝土开裂而造成粪污渗漏，混凝土浇筑前铺设好防渗膜（图4-15）。

图4-15　基础施工效果图

四、粪道层施工

粪道层采用砖混结构，粪道层布置有粪道和通风道，粪道与通风道平行交替布置，有利于排出粪道臭气，改善猪舍内空气环境、降低粪污含水率；桩基础的粪道地面可采用现浇楼板或预制板，防止地面沉降破坏防水层，造成粪污渗漏（图4-16，图4-17）。

图4-16　粪道地面施工

图 4-17　猪舍粪道层砖墙施工（猪舍正面）

猪舍宜采用机械干清粪工艺，降低粪污处理后的土地消纳压力。刮粪机选择方面宜采用平板式刮粪，由于早期的带导尿管的 V 型刮粪机粪道施工难度大，容易卡死刮粪机，目前已经较少采用。相比 V 型刮粪机，平板刮粪机结构简单，故障率低，而且粪道施工非常简单，目前得到了较好的应用。

采用机械自动清粪工艺，污水量显著降低，从而造成粪污浓度比较高，流动性不强，因此在粪道尾部需设置一定斜坡，便于刮板将粪污刮入公共粪道，再经公共粪道刮入集粪池内，二次转排或泵送至粪污处理区集中处理。

粪道与通风道之间采用实心砖墙分隔，架空层高度在南方可以为 1.2 ～ 1.5 m，中部地区 1.0 ～ 1.2 m，北方地区 0.8 ～ 1.0 m（图 4-18）。需要注意的是，粪沟不宜太低，一是不便于刮粪机维护检修，二是不利于通风除臭。通风口砖墙顶部设置 200 mm 的排风孔洞，间距 0.5 ～ 1 m，另一端排风孔间距小，其布置有利于粪道内部均匀排风，粪道内产生的臭气经排风孔经过风道，然后再通过风机排出；排出的臭气应符合环保评估要求，可采用相关除臭设施进行处理后排放。

图 4-18　猪舍粪道层施工（猪舍背面）

通风道顶棚铺设预制板或混凝土楼板，与地面和墙体形成密封的通道，风道砖墙表面采用水泥砂浆抹光，降低风阻；粪道上方铺设漏粪板，这种采用"漏缝地板＋实心地板＋漏缝地板"夹心式地板设计与传统的半漏粪地板相比，卫生条件更好，在整个养殖周期内，不需要冲洗地板，极大地节省了用水量，人工也更轻松（图4-19、图4-20）。漏粪板按材质可分为水泥漏粪板、复合漏粪板，其优缺点如下：

（1）水泥漏粪板：自重大，耐用，造价较低，但存在漏粪效果不佳的缺点。

（2）复合漏粪板：承载能力强，拐角光滑，便于清理，安装便捷，栏舍卫生状况良好，但造价较水泥板稍高。

综合各项因素，采用复合漏粪板有利于猪群饲养和清洁；但由于水泥漏粪板造价低，目前应用较为广泛。但在楼房养殖场内，则复合漏粪板具有安装方便、卫生条件更好等优势，在楼房养殖场使用量逐年增加。

图 4-19　猪舍通风道预制板施工

图 4-20　猪舍粪道顶棚铺设漏粪地板

五、围护结构施工

目前，国内的养殖场主要以单层建筑为主，楼房养殖近年来也快速发展。常见的建筑结构按材料类型不同，可分为砖木结构、砖混结构、钢筋混凝土结构和钢制结构，其结构特点及优缺点如下：

（1）砖木结构：采用砖墙、砖柱、木屋架作为主要承重结构的建筑。结构简单，就地取材，建造费用较低。

（2）砖混结构：采用砖砌墙体，钢筋混凝土和楼板、构造柱和屋顶作为主要承重结构的建筑。结构简单，原材料易得，建造费用低。

（3）钢筋混凝土结构：各承重结构全部采用钢筋混凝土的建筑。整体性好，耐久性好，施工周期较长，建造费用较高。

（4）钢制结构：由钢制材料组成的建筑，自重轻，强度高、抵抗变形能力强，耐火性差，耐腐蚀性差，可重复利用，施工周期短，建造费用较低。

随着现代化猪舍建设的快速发展，对其建筑结构提出了更高的要求，因钢结构具有诸多优势，使其在单层猪舍建设中得到广泛应用（图 4–21）。

猪舍外墙采用砖墙 + 复合彩钢保温墙组成，墙体底部采用 1.2 m 高砖墙，以抵抗猪只冲撞，避免轻质墙面损坏；复合彩钢保温墙采用彩钢板 + 岩棉 +PVC 板（从左到右，从外到内），其构造充分利用了彩钢板的强度，岩棉的保温和防火性能，PVC 板的防潮、防腐和耐擦洗。非承重部分区域和检修洞口宜采用阳光板、PVC板等材料密封，以防止雨水流入猪舍内。

根据猪舍建筑平面及设备布置，其结构形式以桁架为主，桁架可以充分发挥材料性能，节约用料，减轻结构重量。钢构件表面采用热镀锌饰面，以提高结构的耐腐蚀性能。

屋面主要采用金属保温屋面（图 4–22），其金属板种类有彩钢板、镀锌板、铝合金板、铝镁合金板、钛合金板、不锈钢板等，保温材料种类有挤塑板、岩棉板、发泡水泥保温板、玻璃棉、聚氨酯硬泡；彩钢板岩棉保温屋面因其防火性能优异、保温隔热性好、隔热吸声效果显著、安装方便等优势，广泛应用于各项目中。根据岩棉夹芯板的导热系数，考虑到猪场的保温隔热性能，推荐南方地区岩棉夹芯板的保温层厚度在 100 mm 以上，北方地区控制在 120 mm 以上为宜。

顶棚采用岩棉 +PVC 组合形式。屋面、吊顶和墙面均设有保温层，有效增加了建筑物内外的热，阻止夏季热量向室内传导，阻止冬季热量向室外传导，保持猪舍内气温的稳定，减少湿帘和风机设备的运行功耗，达到节能的效果。

图 4-21　猪舍钢屋架施工效果图

图 4-22　猪舍屋面施工效果图

六、设备安装

冬季气温低，为保障仔猪生长，在通风道上方的实心地板上需要设置地暖，地暖按照热媒介质不同分为水地暖和电地暖；水地暖一般采用空气能热泵作为加热源，具有加热面积大、受热均匀、节能、长期运行成本低的显著优势，能够实现无人化自动运行，是未来猪舍控温的发展方向。电地暖安装周期短，传热速度快，免清洁维护，适合于小面积铺装，运行费用比较高。猪舍宜根据猪舍实际能源利用情况进行选择。铺设完地暖后，由于地暖区的加热作用，为了避免水泥层开裂，需要铺设钢丝网层。同时要注意地暖区稍高于漏缝地板区，且地暖区要两边低，中间高（图4-23、图4-24）。保持地暖区高燥，避免粪污残留。

图4-23 通风道上方地暖铺设效果图

图4-24 地暖水泥找平抹光效果图

猪舍采用自由采食饲养方式，栏舍内设置有食槽和饮水碗，采用不锈钢材质制作，有条件的建议安装智能化喂料机，更加有利于猪群健康和科学管理。特别是目前的智能化喂料机技术发展已经比较成熟，能够实现水料的同步智能化饲喂，由于采用粥料饲喂，适口性更好，粉尘少，能够有效提高猪群健康水平，生长速度快，料肉比下降。食槽上部连接有自动料线饲喂系统（图4-25），可实现无人管理，自动加料，常见的料线有绞龙料线、塞盘料线。绞龙料线成本低，适合直线输送，输送距离短；塞盘料线成本高，可转弯输送，输送距离长；可根据猪舍饲养情况进行灵活选择或者搭配使用。

图 4-25　水料智能饲喂器

栏舍的饮水系统推荐采用节水式饮水系统，且饮水碗需要设置溢流口，其优势是可防止猪群嬉水或开关损坏产生的水流入粪道，溢流口连接排水管道排至室外（图 4-26、图 4-27）。

图 4-26　猪舍栏舍安装效果图

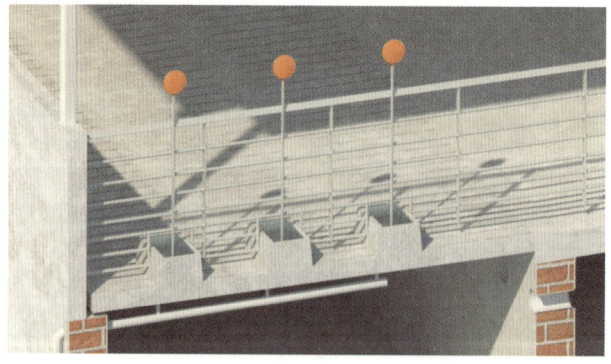

图 4-27　猪舍饮水碗及溢流管道安装示意图

猪舍前端墙布置湿帘，尾端墙布置负压风机和地沟风机，炎热天气采用湿帘 +
风机形式降温，利用风机把猪舍内高温闷热空气排出，让室外新鲜空气经过湿帘，
湿帘膜中的水吸收空气中的热量后蒸发，增加空气湿度并带走大量潜热，使经过湿
帘的空气温度降低，从而达到降温目的。湿帘的钢丝网宜内嵌，并加宽底部水槽宽
度，防止湿帘的水沿钢丝网滴落到粪道内，造成污水排放量增加的问题。

猪舍采用自动清粪系统，粪道内布置有刮粪机，经电机驱动钢丝绳，钢丝绳
牵引刮粪板将粪污刮入粪池内，减少粪污产生的有害气体对猪群健康的影响（图
4-28 至图 4-31）。

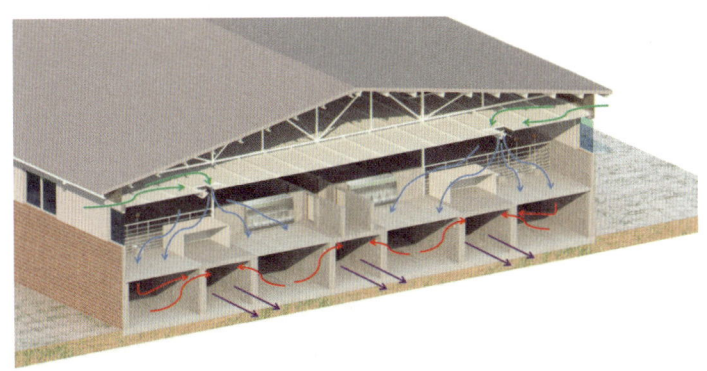

图 4-28　猪舍冬季垂直通风示意图

图 4-29　猪舍多条粪道刮粪机安装效果图

图 4-30　猪舍湿帘及卷帘安装示意图

图 4-31　猪舍风机安装效果图

七、猪舍围栏结构

　　猪舍内采用 1 m 高砖墙和热镀锌铁质栏片以组合的形式对栏舍进行分隔，两间栏舍共用食槽及饮水系统，也可以每个栏舍单独安装食槽和饮水系统。近年来出于生物安全方面的考虑，采用 PVC 实心围栏结构 + 栏舍精准通风的模式也在一些大型猪场得到了广泛的应用（图 4-32 至图 4-34）。其主要优势是相邻栏舍的猪群不相互接触，而且采用精准栏舍通风，也保证了栏舍之间的空气相互隔离，在非洲猪瘟风险的背景下，采用 PVC 实心围栏结构 + 栏舍精准通风的模式在生物安全方面的优势有望进一步得到重视。

图 4-32　生态环保型育肥猪舍正面效果图

图 4-33　生态环保型育肥猪舍背面效果图

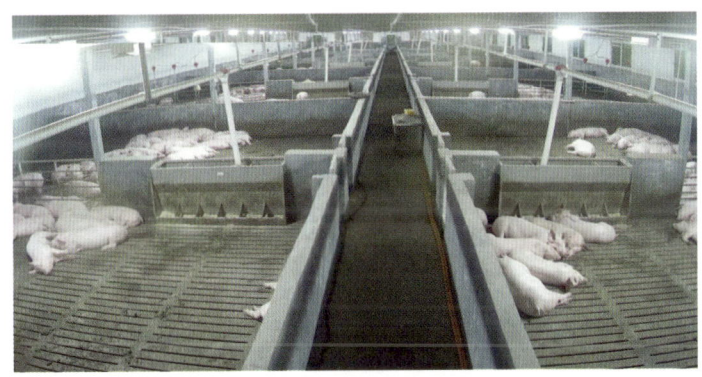

图 4-34　生态环保型育肥猪舍养殖实景图

通过对猪场的污水源头减量优化设计，可以极大地降低猪场的污水排放量，从而为后端的资源化利用提供了有利条件。采用污水源头减排设计，不仅降低了养殖场的污水排放量，而且猪舍内部更为干爽，猪群健康状态有极大的改善，工人工作也更为轻松，是规模化养殖场实现生态、环保、可持续发展的关键技术之一。

第五章
异位发酵床
粪污处理技术

第一节
异位发酵床生产工艺流程

异位发酵床是依据好氧堆肥的科学原理，相对于原位发酵床而提出的概念，即把猪场每天产生的全部粪污（粪便和污水）引到猪舍外的发酵槽内，按一定比例与辅料充分混合后进行有氧快速发酵的场所，是处理猪场粪污的另一种形式。经异位发酵床发酵无害化处理的类腐殖质可作为有机肥加工的原料和土壤改良剂等。因此，异位发酵床处理猪场粪污技术的集成与推广应用，对现代农业绿色发展具有十分重要的意义。

一、异位发酵床处理猪场粪污技术原理

堆肥已成为世界范围内处理生物质废弃物的一种普遍工艺。国外堆肥产业化开始较早，技术成熟，工艺繁杂，有较完善的堆肥产品质量认证体系，堆肥产业呈持续发展趋势。

随着畜禽饲养量的增加和生产集约化程度的提高，畜禽粪便的产生日趋集中，种养结合成本提高，难度不断加大，种养分离在客观上难以避免。未经无害化处理的畜禽粪便携带大量病原体，易腐烂和产生恶臭，引发了一系列的环境问题，在一定程度上阻碍了我国养殖业的发展。自古以来，畜禽粪尿就是我国农作物种植的肥料来源。随着堆肥技术的深入研究和应用，堆肥已经成为有机固体废弃物资源化、减量化和无害化处理中最为有效的方法之一。经过堆肥处理后的有机固体废弃物，尤其是畜禽粪便，不仅能有效地杀灭其携带的病原菌和寄生虫卵，而且能提高有机废弃物中的养分有效性、增加作物产量、改善农产品品质和土壤理化性质，是一种

优良的土壤改良剂。异位发酵床处理猪场粪污就是依据堆肥理论和原理,将猪场粪污源头减量技术、好氧堆肥技术有机融合起来而形成的集成技术体系。

1. 异位发酵床技术属好氧堆肥范畴

异位发酵床处理猪场粪污属好氧堆肥范畴,因此遵循好氧堆肥的生化反应过程。即以好氧菌为主的微生物对粪污中的有机物进行吸收、氧化、分解及转化,把一部分有机物氧化成简单的无机物,并释放出能量,把另一部分有机物转化成为新的细胞物质,使微生物生长繁殖,产生更多的生物体(图5-1)。其实质是在人为干预和控制下(一定的水分、C/N比和通风条件等),通过微生物的发酵作用,猪场粪污中的有机物由不稳定状态转变为稳定的腐殖质。其产品不含病原菌,不含杂草种子,且无臭无蝇,可以安全处理和保存,是一种良好的土壤改良剂和有机肥原料。

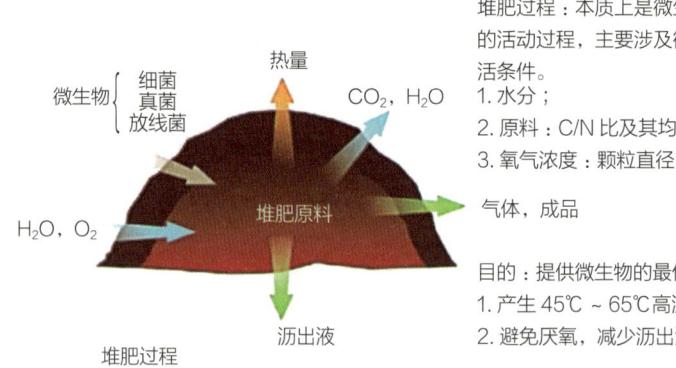

图 5-1 好氧高温堆肥原理示意图

2. 生物化学转化过程

(1)好氧堆肥有机物分解过程(图5-2)

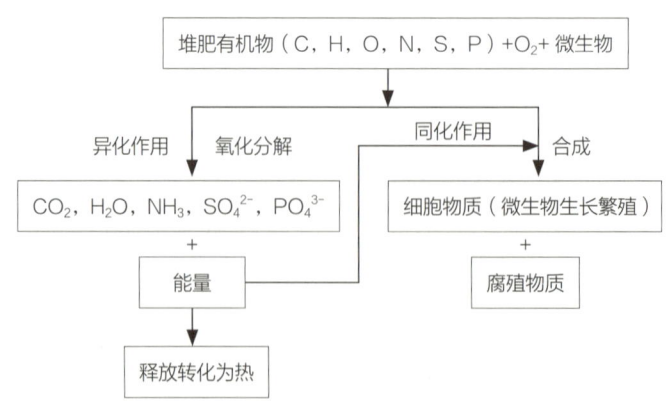

图 5-2 好氧堆肥有机物分解过程示意图

（2）好氧堆肥反应过程

①有机物的氧化

不含氮的有机物（$C_xH_yO_z$）：

$$C_xH_yO_z+（x+1/2y-1/2z）O_2 \rightarrow xCO_2+1/2yH_2O+ 能量$$

含氮的有机物（$C_sH_tN_uO_v \cdot aH_2O$）：

$$C_sH_tN_uO_v \cdot aH_2O+bO_2 \rightarrow C_wH_xN_yO_z \cdot cH_2O（堆肥）+dH_2O（气）+eH_2O（液）+fCO_2+gNH_3+ 能量$$

由于氧化分解减量化，所以堆肥成品（$C_wH_xN_yO_z \cdot cH_2O$）与堆肥原料（$C_sH_tN_uO_v \cdot aH_2O$）之比为 0.3～0.5。通常可取如下数值范围：$w=5 \sim 10$，$x=7 \sim 17$，$y=1$，$z=2 \sim 8$。

②细胞质的合成（包括有机物的氧化以 NH_3 为氮源）

$$n（C_xH_yO_z）+NH_3+（nx+ny/4-nz/2-5x）O_2 \rightarrow C_5H_7NO_2（细胞质）+（nx-5）CO_2+1/2（ny-4）H_2O+ 能量$$

③细胞质的氧化

$$C_5H_7NO_2（细胞质）+5O_2 \rightarrow 5CO_2+2H_2O+NH_3+ 能量$$

3. 物料发酵过程

好氧堆肥过程是一个同时发生生物、化学反应的微生物发酵过程，堆肥过程包括四个阶段：驯化阶段、升温阶段、高温阶段和腐熟阶段（图 5-3）。由于异位发酵床处理猪场粪污的过程与一次性固态猪粪的堆肥过程有所不同，粪污采用每天连续流加，发酵槽物料中有机物含量常常处在饱和状态，微生物

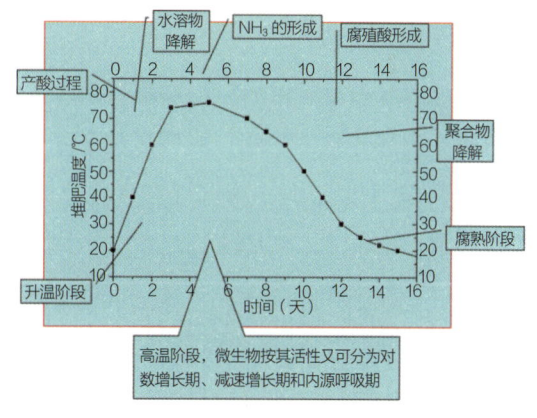

图 5-3　固态有机质好氧堆肥各阶段变化

有着充足的营养，加上每天的翻抛加氧，生物化学反应激烈，故异位发酵床处理猪场粪污的全过程虽然同样包括四个阶段，但每个阶段的时间间隔差异很大，堆体内的温度常处在升温和高温状态，并维持在 50 ℃以上，只有当辅料中有机质接近或完全被降解殆尽时，才进入降温腐熟阶段，直至物料被完全腐熟。

（1）驯化阶段

堆层温度没有变化，温度维持在 20 ℃，生物化学作用主要表现为菌群替代，适应堆肥环境的微生物开始繁殖，并逐渐占主导地位；不适应堆肥环境的微生物衰退死亡。

（2）升温阶段

升温阶段是好氧堆肥的初始阶段，在此阶段，堆体温度从环境温度开始上升到 50 ℃，此阶段的主导微生物为嗜温性微生物，包括细菌、放线菌和真菌。堆体中糖类、淀粉等有机物料在微生物作用下逐渐分解，释放热量，使堆体的温度逐渐升高。

（3）高温阶段

当堆体温度上升至 50 ℃以上，便进入高温阶段，嗜温性微生物在此阶段的生长受到抑制甚至死亡，而嗜热性微生物在此阶段为主导微生物。堆肥升温阶段残留的或者新形成的易分解的有机物在此阶段继续被氧化分解，易分解有机物被分解后，难分解纤维素和蛋白质等也开始被分解。此阶段的微生物活动是交替出现的，当温度为 50 ℃左右时嗜热性真菌和放线菌最活跃，当温度上升至 60 ℃以上时，真菌基本上停止生长，而嗜热性细菌和放线菌最活跃。当温度上升至 55 ℃达到 3 天以上时，堆体中的病原体和寄生虫基本上被杀死。

（4）腐熟阶段

经过一段高温阶段后进入发酵后期，只剩下部分较难分解的有机物和新形成的腐殖质。大部分微生物死亡或者活性下降，发热量减少，堆体温度开始降低，当温度降低到 50 ℃以下时，嗜温性微生物又开始活跃，对残余较难分解的有机物做进一步分解，腐殖质不断增多且稳定化，堆肥进入腐熟阶段，需氧量大大减少，含水率也降低，堆肥孔隙度增大，氧扩散能力增强，此时只需自然通风。

二、好氧堆肥与异位发酵床工艺的异同点

1. 相同点

（1）发酵原理相同

好氧堆肥与异位发酵床同属堆肥范畴，对有机质的降解原理基本相同。

（2）发酵启动温度曲线相同

好氧堆肥与异位发酵床在发酵初期，其发酵启动温度曲线基本相同（图5-4）。

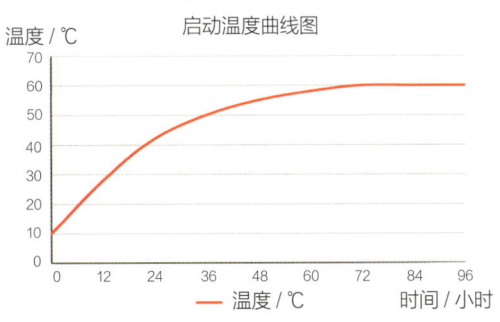

图 5-4　堆肥发酵启动温度曲线

（3）发酵效果相同

好氧堆肥与异位发酵床对主料的处理效果基本相同，均能起到熟化和无害化的效果，其产品均可作为肥料化后续处理的原料。

2. 不同点

（1）工艺流程不同

①固体好氧堆肥的一般工艺流程

固体好氧堆肥工艺主要包括固态原料的预处理、一次发酵和二次发酵等3个技术单元（图5-5）。

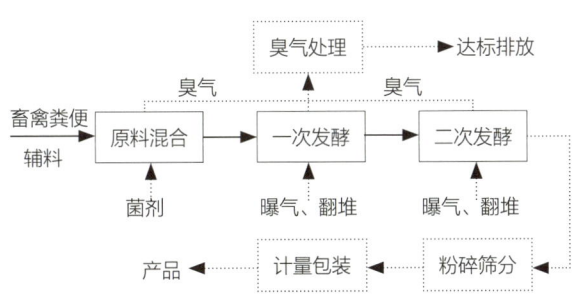

图 5-5　固体好氧堆肥工艺流程示意图

②异位发酵床处理猪场粪污工艺流程

异位发酵床处理猪场粪污工艺与固体好氧堆肥工艺有着明显的区别。异位发酵床处理猪场粪污是一项系统工程技术。狭义的含义包括粪污预处理和一次发酵两个技术单元，广义的含义包括粪污源头减量化、粪污预处理、一次发酵和二次发酵四个技术单元（图5-6、图5-7）。

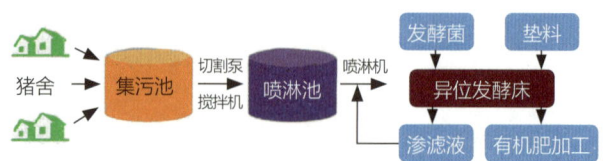

图 5-6　异位发酵床工艺流程

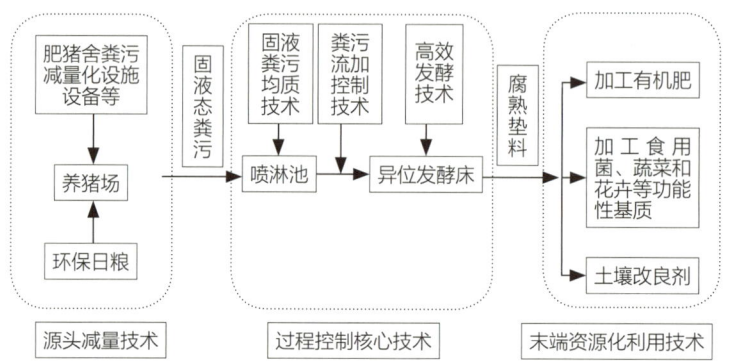

图 5-7　异位发酵床各个技术单元

（2）发酵主料及添加方式不同

①固体好氧堆肥主料

固体好氧堆肥以固态猪粪和沼渣为主要原料（表5-1），只对猪场的固体粪污进行发酵处理。猪粪、沼渣中有机质含量分别为15%～20%和30%～50%，发酵主料的添加方式为一次性加入并与辅料一次性混合。

表 5-1　猪粪碳氮含量（干基）

原料	碳含量 /%	氮含量 /%	碳氮比
新鲜猪粪	41.3	3.61	11.44
固液分离猪粪	48.8	2.71	18.01

②异位发酵床主料

异位发酵床的主料为畜禽粪污，本书特指以养猪场粪污为主要原料，其中包括猪粪、猪尿和污水。要求粪污 COD 值＞8 000 mg/L，且干物质含量＞5%。发酵主料的添加方式为多次添加并多次与辅料混合。

（3）设备不同

固体好氧堆肥的主要设备包括破碎设备、翻堆设备、混合设备、输送设备和筛分设备等，而异位发酵床的设备包括切割泵、搅拌机、喷淋机、翻抛机、移位机和遥控机等智能化辅助管理系统设备。

（4）管理技术不同

由于固态粪便好氧堆肥与异位发酵床的主料添加方式不同，以致发酵温度曲线有显著差异。固态粪便好氧堆肥发酵过程的温度变化曲线呈抛物线形（图5-8），而异位发酵床发酵过程中的发酵温度随着每天粪污添加后而降低，随后新加入的粪污有机质在微生物的作用下氧化分解反应增强，促使堆体温度上升，如此循环往复，堆体温度基本围绕（55±5）℃这条轴线上下波动，呈现为波浪状的变化（图5-9）。所以，固态粪便好氧堆肥和异位发酵床处理猪场粪污在发酵管理方面也随之明显不同。

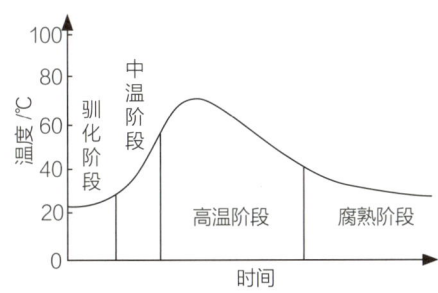

图5-8　固态粪便好氧堆肥发酵过程温度变化曲线

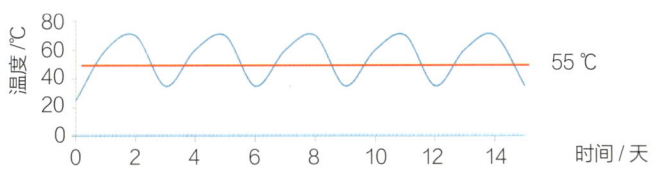

图5-9　异位发酵床发酵过程堆体内部温度呈波浪状变化

第二节
猪场粪污处理工艺流程

一、猪场粪污源头减量技术

1. 环保型日粮的配制与应用

（1）基本原则

①提高生产水平

生猪生产单位产品的氮、磷及其他物质的排出量随着其生产水平的提高而降低。选取优良品种，提高生产性能，缩短出栏时间；调整优化猪群结构，淘汰低产和低效率个体，增加高产个体数量，提高生产效率；提高生物安全水平，降低死淘率。通过以上措施的实施，最终降低生产单位产品所排放的氮、磷、铜、锌和抗生素的量。

②合理划分饲养阶段

依据不同生长阶段生理特点，科学划分饲养阶段，实现分阶段、分性别、分群分栏饲养，及时调整饲料配方，实现营养供给的动态化调整。结合精细化日粮加工和调制，提高饲料养分利用效率，综合减少粪便中未消化吸收养分的排放。

③实施精准化饲养

开展饲料原料粗蛋白、有效氨基酸、磷、钙与微量元素（铜、铁、锰、锌、碘、硒）含量的现场检测，实现日粮配合的精准化，提高饲料养分利用效率。

④集成应用其他营养调控技术

应用酶制剂、酸化剂、植物提取物、微生态制剂和抗菌肽等饲料添加剂，维护肠道健康，提高猪群健康水平，提高饲料利用效率，减少抗生素使用量。

⑤设定日粮营养素上限

设定不同阶段日粮粗蛋白、总磷、铜、锌等营养素的上限水平，限制饲料中超量添加和过量使用。

（2）氮的减排

①原理

生猪生产的实质是动物性蛋白合成与生产。其消化系统将饲料中的植物性蛋白质消化分解为氨基酸，吸收后再进一步合成动物性蛋白。根据动物性蛋白合成所需的氨基酸能否在体内合成，将氨基酸分为必需氨基酸和非必需氨基酸。生猪所需的氨基酸主要由植物性蛋白饲料原料提供，由于植物性蛋白饲料原料中的氨基酸构成与畜禽所需要的氨基酸构成有一定的差异，通常较高的日粮粗蛋白水平才能满足机体氨基酸需要。通过在日粮中额外补充生猪生产所需的必需氨基酸即可适度降低日粮粗蛋白水平，可在不影响生猪生产性能发挥的同时，有效减少粪便中氮的排泄量。

②方法

精准饲养的前提条件是精准评估饲料原料中氨基酸的消化率。可以采用酶解酪蛋白超滤、高精氨酸胍基化测定技术，以及猪回－直肠吻合与十二指肠"T"型瘘管结合活动尼龙袋测定技术等测定内源性氨基酸（氮）排泄量，进而精准得出饲料原料中氨基酸（氮）真消化率。以生长育肥猪为例：

猪总氮排出量（V）与日粮蛋白质（CP）水平（x）之间存在线性关系（图5-10）：

$y=1.35x-6.18$（$R^2=0.85$）

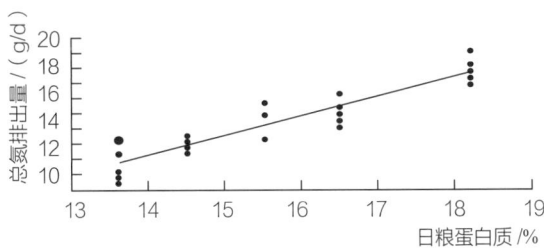

图5-10 生长育肥猪日粮蛋白质水平与总氮排出量的回归关系

因此，降低日粮蛋白质水平即可实现粪便氮排放量的降低。

生长育肥猪各阶段日粮满足可消化氨基酸（精氨酸、组氨酸、异亮氨酸、亮氨酸、赖氨酸、蛋氨酸＋半胱氨酸、苯丙氨酸、苏氨酸、缬氨酸）需要量（表5-2）后，日粮粗蛋白水平可比现行营养需要量排放标准降低1%～2%，可节约蛋白质饲料用量10%～30%，同时大幅度减少氮的排泄。本技术方法可以与其他能提高蛋白质氨基酸利用率的功能性添加剂（如半乳甘露寡糖、壳寡糖、稳定性半胱胺、酶制剂等）配合使用。

表5-2　生长育肥猪回肠可消化氨基酸需要量

单位：g/d

体重	精氨酸	组氨酸	异亮氨酸	亮氨酸	赖氨酸	蛋氨酸＋半胱氨酸	苯丙氨酸	苏氨酸	缬氨酸
20～60 kg	5.08	4.01	6.93	12.79	12.79	7.29	7.54	8.01	8.63
60～90 kg	5.67	5.04	8.82	16.07	15.75	9.29	9.61	14.96	10.71
90～120 kg	4.94	4.94	8.92	15.61	15.93	9.56	9.56	10.35	10.67

采用理想蛋白质氨基酸平衡模式和可消化氨基酸技术配制低蛋白日粮，可将猪的常规日粮蛋白质降低2%～4%。通过补充晶体氨基酸可直接降低饲料中豆粕的用量达5%～12%，可减少氮排放量25%～35%，减少饮水量20%～25%。

（3）磷的减排

【方法一】根据生长育肥猪的磷需要量，合理确定日粮磷水平。

生长育肥猪对磷需要量与日增重和料重比的回归模型如下：

$Y=809532X_4+788079X_3-276250X_2+42114X-1758.8$

式中：Y——日增重（g/d）；

X——日粮可消化磷含量（%）；

$Y=3651.1X_4-3480.4X_3+1183.8X_2-172.45X+10.86$；

式中：Y——料重比；

X——日粮可消化磷含量（%）。

根据上述模型，可确定生长育肥猪磷的适宜需要量，将生长猪日粮中的磷酸氢钙添加水平由通常添加水平0.92%降低到0.55%，育肥猪日粮配比中磷酸氢钙添加水平可由通常添加水平0.76%降低到0.38%，而不影响生长育肥性能，可减少磷酸氢钙用量20%～40%，磷的排泄量降低12%～14%。

【方法二】饲料中添加植酸酶。日粮中添加外源植酸酶不仅能够提高猪饲料中磷的利用率，同时也能提高氮的利用率。例如：猪饲料中添加 750 FTU/t 耐高温植酸酶（酶活 5 000 FTU/kg，每吨料添加 150 g），可以替代 5 kg 磷酸氢钙的添加量。

（4）重金属减排

生长育肥猪日粮中添加高铜（Cu）可以显著提高猪的生长速度和饲料转化率，添加高锌（Zn）可以降低仔猪腹泻率，因此生猪日粮中铜、锌的添加量往往超过其需要量。但日粮中添加的铜、锌等重金属大部分不能被动物吸收，而是随粪尿排出体外。有研究发现，用 8 ～ 375 mg/kg 的铜饲喂 35 kg 的育成猪时，铜的表观消化率只有 6.18% ～ 15.53%；用 0 ～ 3000 mg/kg 的氧化锌饲喂 7.3 kg 的断奶仔猪时，锌的消化率只有 18.1% ～ 33.5%；而且随着饲料中铜、锌添加量的增加，消化率降低。我国猪粪中铜、锌的检出量分别为 399.0 ～ 979.7 mg/kg 和 505.9 ～ 2 088.8 mg/kg。农业生产中若使用这样的猪粪及其所制成的有机肥，会引起土壤和水体淤泥中的铜、锌累积，对土壤环境和农产品造成污染。控制生猪养殖过程中铜、锌对环境的污染，必须从源头做起，通过合理的饲料配方，控制铜、锌等微量元素的过量添加，减少浪费，还可降低铜、锌等重金属的排泄量，降低潜在的环境污染风险。主要的减排措施如下：

①按照生猪的生理特点和对铜、锌的需要量合理配制日粮

不同生长阶段生猪对铜、锌等微量元素的需求量不同，因此需要按照生猪在该阶段的生理特点和营养需求来制订饲料配方，以求最大限度减少饲料中铜、锌等微量元素的添加量，降低粪尿中的排泄量，减少环境污染风险。

不同生长阶段生猪对铜、锌的需要量见表 5-3（NRC，2012）。根据我国《饲料添加剂安全使用规范》（农业农村部公告第 1224 号）规定的标准，仔猪（包括乳猪和小猪）、中猪、大猪和种猪配合饲料或全混合日粮中铜的最高限量（以元素计）分别为 200 mg/kg、150 mg/kg、35 mg/kg 和 35 mg/kg；配合饲料或全混合日粮中以硫酸铜和碱式氯化铜的形式提供铜元素的推荐添加量（以元素计）分别是 3 ～ 6 mg/kg 和 2.6 ～ 5.0 mg/kg。在配合饲料或全混合日粮中，锌的最高限量（以元素计）除断奶仔猪是 2 250 mg/kg 外，其余均限量 150 mg/kg；以硫酸锌、氧化锌和蛋氨酸锌络（螯）合物的不同形式提供锌元素，在配合饲料或全混合日粮中的推荐添加量（以元素计）分别为 40 ～ 110 mg/kg、43 ～ 120 mg/kg 和 42 ～ 116 mg/kg。

表5-3 不同阶段生猪铜、锌需要量（引自NRC, 2012）

项目	0～12周龄	12～16周龄	＞16周龄
铜/（mg/kg）	170	23	25
锌/（mg/kg）	150	150	150

②提高饲料中铜、锌的生物利用率

提高饲料中铜、锌的生物利用率，能有效降低饲料中铜、锌的添加量，进而减少猪粪尿中铜、锌的含量，降低环境污染风险。

无机源形式的铜、锌，是指以氧化物、硫酸盐、氯化物和碳酸盐类等形式为主的无机物。这种形式的铜、锌会在生猪肠道中发生解离，并与其他物质结合，降低其生物利用率。

有机源形式的铜、锌，由于结构特殊、稳定性好，其生物利用率显著高于无机源形式的铜、锌。有机源形式的铜、锌分为金属络合物和螯合物两类，络合物有蛋白质、氨基酸、糖、有机酸等有机物，螯合物指金属离子与配位体之间形成环状结构。因为有机微量元素利用配位体的转运系统吸收，氨基酸和蛋白质的络合物可以完整地通过小肽和氨基酸的转运系统经肠黏膜进入血液，大大提高了元素利用率。用100 mg/kg赖氨酸铜和250 mg/kg硫酸铜对断奶仔猪的促生长效果试验表明，赖氨酸铜处理显著增加了断奶仔猪最初13天内的体重，改善了饲料报酬；以蛋氨酸锌提供250 mg/kg的锌与以氧化锌的形式提供2 000 mg/kg的锌对断奶仔猪的促生长作用效果相同。因此，在猪饲料中推广和应用有机形式的铜、锌，可以在保证猪的生长性能不受影响的前提下，最大限度地降低饲料中的铜、锌的添加量，是实现养猪生产中铜、锌等减排的有效途径之一。

③在饲料中使用促生长用途铜、锌添加剂的替代物

可在生猪饲料中添加益生元、酶制剂、酸化剂和植物提取物等新型饲料添加剂，替代促生长用途的铜、锌添加剂，提高仔猪的免疫能力和促进其肠道健康，减少仔猪腹泻等疾病的发生，保障生猪的健康水平，提高生猪生产性能。

（5）抗生素减排

在严格按照国家现行的有关规定规范使用抗生素的前提下，正常的抗生素推荐量一般不会对异位发酵床的正常发酵产生不良影响。但抗生素的减排符合农牧业绿色发展方向，应予实施。

2.实行两分流

（1）雨污分流

养猪场应按照国家生猪规模养殖场标准化升级改造的要求，污水从暗道（沟）流入集污池，雨水从明沟排至自然界（图 5-11、图 5-12）。

图 5-11　雨水与污水彻底分流图

5-12　养猪粪污由污水道引入集污池

（2）饮污分流

有研究表明，生猪正常的饮水量约等于采食量的 3.5 倍。采用传统的鸭嘴式饮水器或其他不规范的饮水器，猪只真正喝进肚子的水量只占 30% 左右，约有 70% 的水量会滴漏进入污水道，从而增加相应量的污水量。因此，应配套饮污分流设施。可在饮水器的正下方安装接水槽并将滴漏下来的水引出舍外，避免漏水流入污水道；也可安装嵌墙式饮水器，将滴漏下来的水直接引出舍外（图 5-13、图 5-14）。

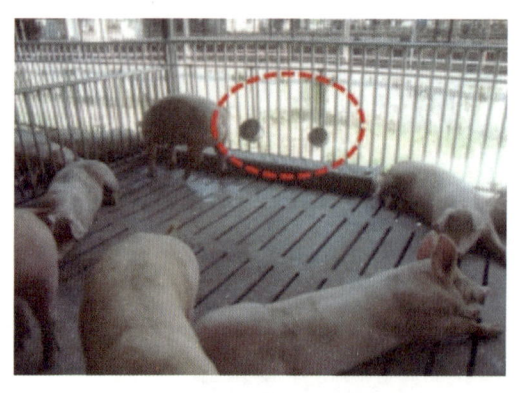

图 5-13　碗式饮水器下方配套接水槽　　　　　　图 5-14　嵌墙式饮水器

3. 猪舍栏面铺设漏缝板

漏缝板是猪舍内有缝隙的地表面，尿液和污水从缝隙流入其下面的粪沟，猪粪经猪只踩下落入粪沟，粪沟中的粪便被机械刮板刮走、用水冲走或依靠重力流走。漏缝板便于粪便的收集，使栏面清洁和干燥，有助于疾病和寄生虫的控制，改善舍内卫生和防疫条件，对减少污水量有着重要意义。

（1）漏缝板的选择

①水泥漏缝板

水泥漏缝板一般是采用塑料或金属漏缝板模具，内加钢筋网浇灌水泥凝固而成，可做成条状、板状与条状混合。具有造价低、耐腐蚀、不变形、表面平整光滑、坚固耐用、便于清洗和消毒等优点，种猪舍和育成肥育猪舍可选用。由于制造工艺和水泥标号要求高，应选购专业厂家加工的标准化产品，不提倡自行制作。标准型的水泥漏缝板条宽度一般在 8 ～ 12 cm（图 5-15）。

图 5-15　标准型水泥漏缝板

②铸铁漏缝板

铸铁漏缝板（图5-16）具有缝隙比例较大、粪尿下落顺畅、缝隙不易堵塞、不会打滑等优点，曾在生产上广泛使用，但因造价较高，冬天板上温度较低，目前推广应用范围逐年减少。

③塑料漏缝板

塑料漏缝板（图5-17）采用工程塑料模压而成，拆装方便，质量轻，耐腐蚀，牢固耐用，较混凝土、金属和石板地面暖和，但容易打滑，体重大的猪行动不稳，适用于小猪保育栏地面或产仔哺乳栏小猪活动区栏面。

④ BMC 复合漏缝板

BMC 复合漏缝板（图5-18）是采用不饱和树脂、低收缩剂等各种纤维材料配合螺纹钢筋骨架压制而成的新型漏缝板，具有高强度、不伤奶头、不伤猪蹄、不吸水、不老化、不黏粪、易清洗、无需横梁、运输方便、拆装方便、质量轻、耐腐蚀、牢固耐用等特点。

图 5-16　小猪舍局部铺设铸铁漏缝板

图 5-17　保育舍局部铺设塑料漏缝板

图 5-18　BMC 复合漏缝板

（2）漏缝板铺设要求

①缝隙

漏缝板的设计对于猪舍内部清粪工作量、卫生条件以及猪群的健康水平等多个方面均有直接影响，特别是采用异位发酵床技术模式的养猪场一定要引起足够的重视，科学合理地选择漏缝板。除材质外，漏缝板的缝隙宽度也是需要考虑的因素，一般来说，漏缝板的缝隙越大，其漏粪效果越好，但是缝隙过大，容易损伤猪蹄部；不同体重的猪群，需要采取相应宽度缝隙的漏缝板。种猪舍和分娩舍漏缝板缝隙宽度分别为 22 ~ 25 mm 和 10 ~ 12 mm，而保育猪舍、生长猪舍和育肥猪舍漏缝板缝隙宽度则分别为 12 ~ 15 mm、18 ~ 20 mm、20 ~ 25 mm。

②面积

漏缝板有全漏缝板和局部漏缝板两种（图 5-19、图 5-20）。全漏缝板是整个猪舍栏面全部铺设漏缝板，而局部漏缝板则是在紧挨着外墙一侧铺设面积占该栏舍地面面积的 1/2 以上或铺设至少 2 m 宽的漏缝板。

图 5-19　全漏缝板

图 5-20　育肥猪舍局部铺设水泥漏缝板

4.改变三种方式

（1）清粪方式

①舍外人工干清粪方式

A.旧猪舍改造前准备

清栏：计划改造的猪舍应提前 10 天左右将猪舍内的猪只转栏或销售；搬走猪栏内妨碍施工的一切杂物。

清洗与消毒：按照 GD/ T17824.3 的规定要求进行清洗、消毒；消毒后晾 2～3 天后施工。

图 5-21　小规模猪场旧猪舍局部漏缝板改造（舍外清粪）设计效果图

B.漏缝板铺设施工要求

一般原则：为减少投资，采用地下式设计（图 5–21）。

铺设位置：猪舍纵向的两侧，紧挨着两侧外墙。

铺设面积：漏缝板铺设面积以猪栏面积的 1/2 为宜，或紧挨外墙铺设宽度 ≥ 2 m。

材料选择：乳猪、保育猪推荐选用塑料漏缝板或 BMC 复合漏缝板，生长育肥猪推荐选用水泥漏缝板，种猪推荐选用 BMC 复合漏缝板或水泥漏缝板。

C.施工

拆除实心墙与挖土：挖土的宽度依铺设面积而定，一般不小于 200 cm。方法是：打掉相邻两栏中间与铺设宽度尺寸相同的实心墙，长度与整栋猪舍的长度相同；靠猪舍外侧挖土深度约 120 cm，靠通道一侧挖土深度不少于 25 cm，挖土后形成向猪舍外侧倾斜的平面，平面底部呈弧形。

铺设排污管道：依猪舍长度可设置一端或两端污水出口，管道可用 5～8 cm 直径的 PVC 管，斜度为 0.5%。

砌砖：在猪舍斜平面的三边用砖头砌成 6 cm 宽的"砖墙"，以供放置漏缝板之用。

涂抹水泥："砖墙"和斜平面的表面均需涂抹水泥，并确保光滑不滞水。

放置漏缝板：涂抹水泥 2～3 天后，即可放置漏缝板。

D.架设栅栏：在打掉相邻两栏的实心墙和猪舍外墙后架设镀锌管栅栏，并确保牢固。

E.安装饮水器：饮水器应固定在猪舍外墙架设的栅栏上。

F.铺设雨污分流管网

每栋猪舍均应铺设雨污分流管道，主管道与支管道应形成管网，并严防漏水。雨水主管道采用 PVC 材质，直径不小于 20 cm，支管道直径 15 cm；污水主管道直径 15 cm，支管道直径 8 ～ 10 cm。接收污水的管道铺设于猪舍内侧，接收雨水的裸露管道建在污水管道外侧。

②粪沟机械刮粪方式

A. 舍内粪沟

在栏位漏缝板下设置舍内粪沟；宽度 1 200 ～ 1 400 cm（比刮粪板宽 4 ～ 6 cm），沟底横截面呈"V"形（图 5-22）；舍内粪沟最低处埋设与粪沟基本等长的排尿管道，管道上开设宽度为 10 ～ 15 mm 的缝隙，管道末端与舍外污水管道相通；舍内粪沟起始端深度不低于 300 mm，沿污水流动方向设 0.5% ～ 1.0% 坡度（图 5-23，图 5-24）。

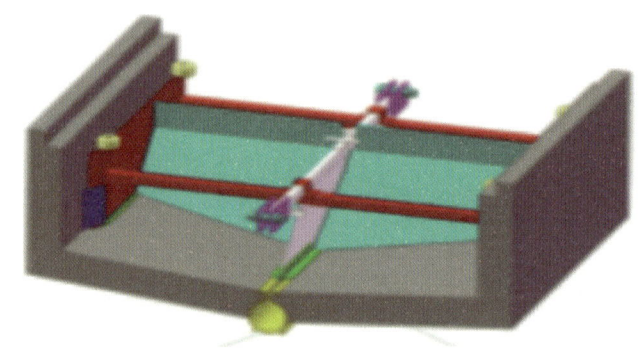

图 5-22　粪沟沟底呈"V"形

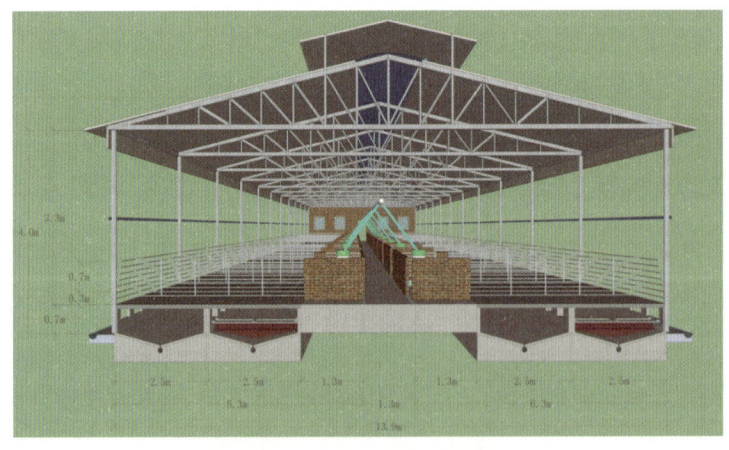

图 5-23　生猪育肥舍"全漏缝板 + 舍内粪沟"设计效果图

B. 舍外粪沟

相互平行排列的多栋猪舍端部如果与场区污道大致平齐，可设置舍外粪沟。舍外粪沟与每栋猪舍内的舍内粪沟末端相接，舍外粪沟轴线垂直于或相交于猪舍长轴。舍外粪沟深度应低于舍内粪沟末端 500 mm 以上，宽度 1 000 ～ 1 800 mm。舍外粪沟上方铺设盖板，末端或中间部位设置提粪井。

在舍内、外粪沟内安装机械刮板，将粪便收集到猪舍末端。刮板上应配备排尿管的疏通板，防止粪便进入排尿管导致堵塞。猪舍末端设置集粪斗，用于承接及转运机械刮板收集的舍内粪便。集粪斗呈倒梯形，大小可根据猪舍饲养量确定。

单栋猪舍舍内粪沟末端的集粪斗位置固定，可配置机械提升装置，比如采用螺旋绞龙式输送机将粪便提升到地面以上，也可通过设置能通行小型运输车辆的大坡度斜坡通道运送集粪斗处干粪。

配置有舍外粪沟的多栋猪舍可采用移动式集粪斗，共用一套集粪斗系统。移动集粪斗在动力机构驱动下在舍外粪沟内运行。在提粪井处设置提粪机，将集粪斗运送到地面以上，再通过卸粪机将集粪斗内粪便卸载到运输车或其他转运装置内，运送到贮粪池或集污池。

（2）清洗方式

长期以来，多数养猪场特别是中小型猪场一直采用低压冲洗猪栏，不但因水压不高造成清洗效率低、耗时长，而且冲水量大导致污水量大幅增加，即使采用干清粪后再低压清洗，存栏猪每头日产污水量也高达 15 kg，这么大的污水量因其所含的有机质浓度低，满足不了异位发酵床微生物生长繁殖的营养需要。实践经验表明，采用高压清洗机或泵站（适用于大规模养猪场）清洗比普通清洗机节水 70% 以上。因此，必须采用高压清洗设备替代低压清洗设备，以减少污水量，提高粪污中有机质含量。高压清洗设备有移动式和固定式两种类型（图 5-24、图 5-25）。高压清洗设备出水压力要求在 180 ～ 220 bar，以确保效果；用于清洗料槽底部、漏缝板内等死角部位的可选用旋转喷头，而用于清洗平面的部位则选用扇形喷头，以提高清洗效率。

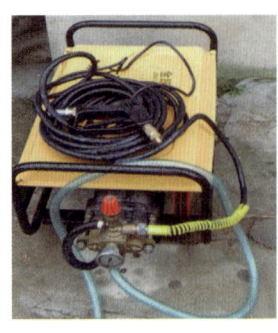

图 5-24　移动式高压清洗机　　　图 5-25　清洗高压泵站

（3）消毒方式

消毒方式也会影响猪场污水产生量。采用异位发酵床处理猪场粪污的养猪场应改变传统的化学消毒液为火焰消毒，其燃料可用沼气或液化气。在实际生产中除了烈性传染病疫情期间外，应尽可能减少消毒液带猪消毒次数，用益生菌替代化学药物进行雾化带猪消毒（图 5-26）；空栏时，栏舍经高压清洗后晾干，猪舍栏面应用火焰全面彻底消毒；如发生疫情使用强酸强碱消毒液消毒栏舍，其消毒水严禁流入异位发酵床，以免影响发酵槽中发酵菌群的正常生长繁殖。

图 5-26　微生物制剂雾化消毒猪舍

5. 安装节水式饮水器

有关试验表明，在相同水压情况下，不同饮水器日用水量不同，漏水量也不同；相同类型的饮水器随着供水压力的增大，日用水量增加，漏水量也增加。因此，猪场要在饮水器选择安装和流量控制方面加大管理力度，努力从源头上减少污水量的产生。

（1）猪的饮水需求量

众所周知，生猪不同生长阶段对饮水量的需求是不相同的，各个阶段的日饮水量及流量需求推荐值见表 5-4。

表 5-4　猪的日饮水量及流量需求推荐值

猪类型	体重 /kg	需水量 /［L/（头·d）］	流速 /（L/min）
哺乳仔猪	1 ~ 6	0.7	0.3 ~ 0.4
断奶小猪	6 ~ 30	2.5	0.4 ~ 0.6
育成猪	30 ~ 120	10	1 ~ 1.5
公猪	200 ~ 300	15	1.5 ~ 1.8
空怀、怀孕母猪	100 ~ 250	15	1.5 ~ 1.8
哺乳母猪	100 ~ 250	30	2 ~ 3

（2）节水式饮水器的种类

目前市面上的节水式饮水器主要有不锈钢碗式饮水器（图 5-27 至图 5-29）、限位式饮水器（图 5-30、图 5-31）和嵌墙式饮水器（图 5-32）等 3 种。

①不锈钢碗式饮水器。为不锈钢材质，具有厚重、稳固、耐摔、耐啃咬、螺丝固定、安装方便牢固的优点。原理：当猪饮用水时，猪嘴触碰出水阀门，水从水管中流出到水碗里供猪饮用，猪饮用水后，猪嘴不再触碰出水阀饮水嘴，在内部弹簧作用下复位从而切断水流，停止供水。采用不锈钢碗式饮水器，可有效节约用水，减少养殖场污水排放量，节省费用。

②限位式饮水器。怀孕母猪采用通体食槽的，15 ~ 20 头安装 1 个水位控制器，分娩母猪每头安装 1 个，生长育肥舍可根据每栏养猪头数安装 2 个或多个不同高度的饮水器。通体食槽和水盘加装水位控制器，控制用水量，避免浪费。水位控制器下口连接一根直径 13.33 mm 的钢管，钢管下端口切口齐整。下口的高度距离水槽底部为 20 ~ 30 mm，工作时打开水位控制器开关，液体从钢管下口流入水槽中，一旦液体高度达到钢管下口的高度，下口与空气密封后，水流就会停止。当猪只饮水时，液面下降，水位控制器自动补水到 20 ~ 30 mm 的高度。

③嵌墙式饮水器。采用嵌墙式饮水器的猪舍应集中收集猪只饮水过程中漏下的水，防止直接流入污水道，并将收集到的漏水集中进行处理、利用（图 5-33），避免直排外界。

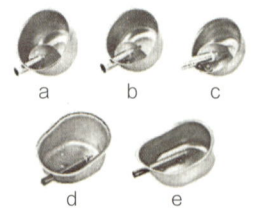

a. 直径 160　b. 直径 140　c. 直径 120
d. 大号（290×210）　e. 中号（270×190）

图 5-27　不锈钢碗式饮水器种类（单位：mm）

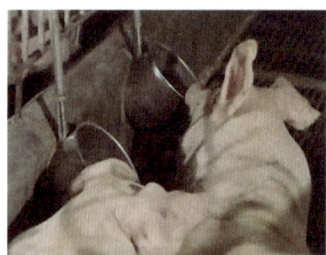

图 5-28　分娩床安装碗式饮水器

图 5-29　碗式饮水器固定形式

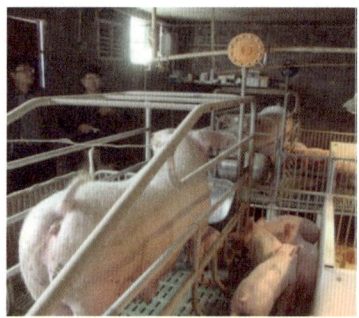

图 5-30　怀孕舍、分娩舍母猪栏安装的限位式饮水器

图 5-31　保育舍和生猪育肥舍安装的限位式饮水器

图 5-32 嵌墙式饮水器

图 5-33 将漏下的饮水收集后集中处理

6. 生产用水管理

（1）碗式饮水器安装

碗式饮水器安装高度推荐值见表 5-5。

表 5-5 碗式饮水器安装高度推荐值

生长阶段	体重 /kg	水碗高度 /mm
哺乳仔猪	1 ~ 6	80 ~ 105
保育仔猪	6 ~ 30	100 ~ 150
生长猪	30 ~ 120	250 ~ 300
公猪	200 ~ 300	350 ~ 400
空怀、怀孕母猪	100 ~ 250	350 ~ 400
哺乳母猪	100 ~ 250	350 ~ 400

（2）调节饮水器流量

猪场各阶段猪舍各个饮水器均应根据推荐流量调节饮水器流量，建议在每个饮水器的上方安装节流阀门，在供水压力一定时，使用前调整好饮水器流量；如果猪场供水压力变化，饮水器应重新调整流量。

（3）安装水表

每栋猪舍须铺设饮用水和清洗用水水管，并分别安装水表（图 5-34），把每栋猪舍的用水量纳入饲养员每月绩效考评内容，实行用水目标管理和奖惩制度，以严控粪污日产量。要求自繁自养的猪场每头存栏猪日产粪污量控制在 8 kg 以内，种猪场基础母猪存栏每头每天粪污产生量不超过 20 kg。生活用水与生产用水分离，并分别管理。

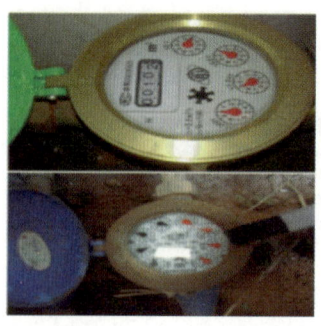

图 5-34 水表（左图为总水表，右图为分水表）

二、影响异位发酵床正常运行的因素

1. 有机物含量

粪水与辅料混合后物料中的有机物含量不得少于 20%，含量太低会影响发酵效果。

2. 含水率

异位发酵床物料的适宜含水率为 50% ~ 60%。当含水率太低（< 30%）时将影响微生物的生命活动，太高也会降低发酵速度，导致厌氧菌活跃并产生臭气以及营养物质的沥出。不同养猪工艺粪水中含水率相差很大，采用干清粪工艺粪便的含水率通常为 75% ~ 80%。物料的含水率还与设备的通风能力及物料的结构强度密切相关，若含水率超过 60%，水分就会挥发，物料便呈致密状态，发酵就会朝厌氧方向发展，此时应加强通风。反之，物料中的含水率低于 20%，微生物将停止活动。因此，物料的含水率应采用辅料进行调节。

3. 碳氮比

碳源和氮源在生物生长过程中有着十分重要的影响，在分析营养源对重组大肠埃希菌生长的影响时，人们在碳氮比以及碳源和氮源浓度对发酵过程的影响方面做了大量的研究。研究发现，碳氮比过高或过低都不利于细胞生长和外源蛋白表达与积累，过低导致菌体提早自溶，过高导致细菌代谢不平衡，最终不利于产物的积累。即使碳氮比处在合适水平，碳源和氮源浓度过高或过低也不利于细胞生长和外源蛋白表达与积累，浓度过高，细胞在发酵过程后期生长缓慢，代谢废物产生较多，最终使得菌体代谢异常，影响外源蛋白合成；浓度过低，所能提供的营养物质有限，影响细胞的繁殖。适宜的碳氮比范围为（25 ～ 35）：1，最佳的碳氮比则为 30：1。

4. 供氧量

通风供氧是异位发酵床处理猪场粪污成功的关键因素之一。发酵槽堆体内部需氧的多寡与物料中有机物含量多少相关，物料中的有机碳越多，其耗氧率越大。发酵过程中氧浓度合适的范围为 15% ～ 18%，氧浓度不宜低于 8%，否则，好氧发酵中微生物生命活动将受到限制，容易使发酵进入厌氧状态而产生恶臭。对于异位发酵床而言，氧气是微生物赖以生存的物质条件，供氧不足会造成大量微生物死亡，使分解速度减慢；但如果供气量过大又会使温度降低，尤其不利于耐高温菌的氧化分解过程，因此供氧量要适当，一般以 0.1 ～ 0.2 m^3/min 为宜。

5. 辅料粒径

因为微生物通常在有机颗粒的表面活动，所以会降低辅料颗粒粒度，增加表面积，促进微生物的活动并加快发酵速度；若辅料原料太细，又会阻碍堆层空气的流动，将减少堆层中可利用的氧气量，反过来又会减缓微生物活动的速度。为了加快发酵过程，应在保证空气通透的前提下尽量减小辅料的粒径。因此，保持物料间一定的空隙率很重要，物料颗粒太大使空隙率减小，颗粒太小其结构强度小，一旦受压会发生倾塌压缩而导致实际空隙减小。对于异位发酵床采用木屑和谷壳作为辅料而言，适宜的粒径应控制在 3 ～ 6 mm，而粒度低于 0.5 mm 的锯末通透性差。

6. pH 值

pH 值对微生物的生长也是重要影响因素之一。微生物最适宜的 pH 值是中性或弱碱性，pH 在 7.5 ～ 8.5 时，可获得最大的发酵处理速率，如 pH 值太低会影响发酵速率，pH 值在 7.0 以上时，氮以氨的形式挥发，造成氮素的损失。在一般情况下，猪场粪水的 pH 值能满足发酵槽中微生物的生长繁殖要求。

7. 温度

温度是异位发酵床得以顺利进行的重要因素，温度会影响微生物的生长，一般认为高温菌对有机物的降解效率高于中温菌。在初期，堆体温度一般与环境温度相一致，经过中温菌 1 ～ 2 天的作用，发酵槽温度便能达到高温菌的理想温度（50 ℃～ 65 ℃），在这样的高温下，一般只要 5 ～ 6 天即可达到无害化效果。过低的温度将大大延长腐熟的时间，而过高的堆温（≥ 70 ℃）将对堆肥微生物产生不利影响。在气候寒冷的地区，为了保证发酵过程正常进行，需采用加温保温措施。目前比较经济可行的办法是利用太阳能对物料进行加温与保温，可利用温室大棚的原理设计发酵设施。发酵设施应采用透光性能好、结实耐用的 PVC 或玻璃钢等材料，建造屋面和墙体。发酵设施冬天应封闭良好，具有良好的保温性能；同时应通风方便，以提供发酵所需的充足氧气。

8. 辅料质地

辅料质地会影响辅料使用寿命周期。一般而言，质地较硬的硬质辅料纤维结构致密，如木屑、椰糠、谷壳等；硬质辅料通透性较软质辅料（秸秆、菌糠、草粉）好。因此，异位发酵床的辅料应以硬质辅料为主。

9. 碳磷比

磷对微生物的生长也有很大影响，猪场粪水中磷的含量一般可满足微生物生长的需要。物料中适宜的碳磷比为 75 ～ 150。

10. 翻抛频率

通气性是影响发酵槽温度和发酵效果的重要因素。翻抛可起到改善堆内通气条件、散发废气、蒸发水汽和升降堆体温度等作用，从而促进有益微生物的繁殖，使堆温维持在 55 ℃～ 60 ℃，可加速发酵物料转化，达到混合均匀、受热一致、腐熟一致的目的。异位发酵床运行过程中，每天宜翻抛 1 ～ 2 次，具体频率可根据温度变化灵活控制。

三、异位发酵床辅料与发酵菌剂质量要求

1. 辅料选择及组合

（1）一般要求

应选择富含纤维素的原料，如木屑、竹屑、菌菇棒等；新鲜、无霉变、无杂质、无腐烂、不含化学物质；硬木和杉树木屑尤佳，桉树等含有芳香挥发油物质，其木屑不宜作为辅料原料；旧家具木屑也禁止作为辅料。要求辅料原料含水率不超过 20%、粒度不小于 0.5 mm（图 5-35）。

图 5-35　新鲜谷壳（左）、木屑（右）无杂质

（2）质地要求

应选择不易降解的硬质原料作为碳源原料，如木屑、竹屑等；为提高堆体内部的透气性，应选择不易降解的惰性原料作为辅料，如谷壳、棉籽壳和椰子壳等。

（3）碳氮比要求

适宜的碳氮比范围为（25～35）：1，最好控制在（25～30）：1 之间，最佳比例为 30：1。应选择富含碳素的原料，以保证较高的碳源，满足降解粪氮的需要。常见辅料原料碳氮比见表 5-6。

表 5-6　常见辅料原料（干基）的碳氮比

名称	总碳 /%	总氮 /%	碳氮比
木屑	49.18	0.1	491.8
棉花秆	55.65	0.50	111.30
玉米秆	49.21	0.46	107.00
玉米芯	49.45	0.47	105.20
红薯藤	48.39	0.54	89.61

续表

名称	总碳 /%	总氮 /%	碳氮比
大豆秆	44.27	0.59	75.03
花生秧	45.52	0.84	50.62
辣椒秆	43.33	0.62	69.89
稻谷壳	36.9	0.57	64.74
花生壳	44.22	1.47	30.08
稻草	35.70	0.64	55.80
杏鲍菇菇渣	45.00	1.68	26.79
木薯渣	51.94	0.56	92.75
椰子壳粉	31.72	0.39	81.33
新鲜猪粪	41.3	3.61	11.44
固液分离猪粪	48.8	2.71	18.01

碳氮比计算

A. 辅料碳氮比的计算公式如下：

$$K=\frac{C_1+C_2}{N_1+N_2} \tag{1}$$

式中：K—混合原料的碳氮比，通常取最佳范围值；C_1、C_2、N_1、N_2 分别为有机原料和添加物料的碳、氮含量。

B. 粪水与辅料混合比例按照下述公式计算：

$$W\ (\%)\ =\frac{a\times（1-X_1）+b\times（1-X_2）}{a+b} \tag{2}$$

其中：

　　W—混合物料的初始含水量（%），通常取 55% 左右；

　　a—粪水的质量（kg）；

　　b—辅料的质量（kg）；

　　X_1—粪水的含固率（%）；

　　X_2—辅料的含固率（%）。

C. 发酵物料中的碳氮比调节，按照下述公式计算：

$$C/N=\frac{a\times c_1+b\times c_2+c\times c_3}{a\times n_1+b\times n_2+c\times n_3} \tag{3}$$

其中：

C/N—混合物料的初始碳氮比，通常取 25 ～ 30 ；

a—公式（2）中计算粪水的质量（kg）；

b—公式（2）中计算辅料的质量（kg）；

c—高氮物质的添加量（kg）；

c_1、c_2、c_3—粪水、辅料、高氮物质的含碳量（%）；

n_1、n_2、n_3—粪水、辅料、高氮物质的含氮量（%）。

2. 发酵菌剂质量要求及添加量

异位发酵床发酵菌剂应选择专用菌剂，不可以使用含纤维素降解活性的腐熟菌剂，应以富含快速降解新鲜粪便中残留淀粉、蛋白质为主要作用的复合菌剂为主，其含菌量宜大于 10×10^8 CFU/g（图 5-36）。

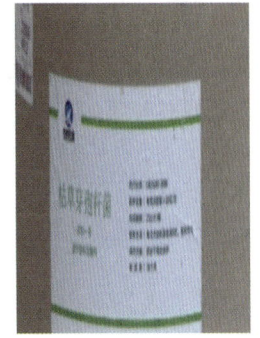

图 5-36 异位发酵床专用
发酵菌剂"农科一号"

四、发酵辅料装填

1. 辅料配比

发酵辅料来源很广，各地不尽一致，可根据就地取材的原则选择辅料。目前普遍采用谷壳与木屑组合，两者间的重量比按 1 ： 1 搭配。

2. 辅料首次装填方法

①辅料装填流程见图 5-37。

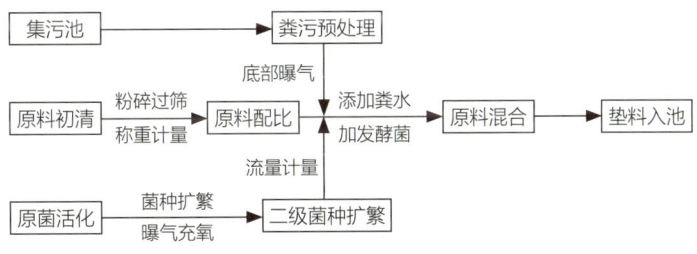

图 5-37 辅料装填流程

②装填高度

辅料的装填最大高度不得大于额定翻抛深度；辅料采用分层装填的方式装入发酵槽内，装填高度标准型的发酵槽为 150 cm、农户型的发酵槽为 120 cm，首次装填的高度分别为 140 cm 和 100 cm 即可（图 5-38）。装填辅料时应采用分层装填的方式，各层辅料及其装填先后顺序见表5-7。

图 5-38　辅料装填高度

表 5-7　辅料首次装填方法

先后层次	装填原料	标准型装填高度	农户型装填高度
表层	专用菌种＋玉米粉	均匀撒施	均匀撒施
4 层	木屑	30 cm	25 cm
3 层	谷壳	55 cm	25 cm
2 层	木屑	30 cm	20 cm
底层	谷壳	35 cm	30 cm

③菌种稀释与加入

菌种按 1：4 的重量比例与玉米粉均匀混合，将稀释后的菌种根据辅料铺设面积按比例均匀地撒在辅料表面；添加量按辅料体积 1 kg/3 m³ 比例加入。

④注意事项

A. 为了维持辅料底部的透水透气，必须保证底部有 30 cm 厚的谷壳；

B. 辅料装填时务必清除辅料中的木块、铁块、石子、塑料薄膜、编织袋等异物；

C. 装填后的辅料高度应均匀一致，避免忽高忽低；

D. 由于普通或单一的菌种难以长期维持正常发酵，一定要选择异位发酵床专用菌剂；

E. 装填时，发酵槽头尾两端预留 2 ～ 3 m 不装辅料，发酵槽左右两边也得留出一定的空隙，为翻抛机零负载启动及工作时辅料移位预留空间（图5-39、图5-40）。

图 5-39　辅料装填时预留空间　　　　图 5-40　将菌剂均匀撒在发酵槽表面

五、粪水喷淋

喷淋前，需先开启搅拌机，来回搅拌一趟，即撒完发酵菌剂后，喷淋机只开搅拌机（不启动喷淋泵）；随后启动喷淋泵开始进行喷淋粪水，当粪水渗入槽内后立即进行翻抛，采取边搅拌边喷淋的方式；第一次喷淋时，喷淋量应留有余地，不宜过多，首次喷淋时喷淋机来回喷 2 次即可；此后一般每天喷淋 1 次、每次 24 L/m³ 左右，但也应根据气候、发酵床堆体温度、物料水分含量酌情增减（图5-41）。

图 5-41　粪水喷淋作业现场

六、发酵物料翻抛

每天粪水喷淋结束，当粪水完全渗入后，立即启动翻抛机进行翻抛，启动当天确保每槽都翻一遍；翻抛后应检查一下发酵槽内物料含水率是否符合 60% 左右的要求。发酵床正常运行后，根据温度变化，每天翻抛 1～2 次（图 5-42）。在实际生产中，需掌握以下规律：

"温（一般为 60 ℃）到不等时"：翻抛后温度在 60 ℃以上累计 5 小时即可开始下一次翻抛，无需等到第二天，一天多次翻抛可增加处理量。

"时（一般为 48 小时）到不等温"：距上次翻抛 48 小时后，即使温度达不到要求，也要翻抛。

翻抛过程严禁操作人员站在机器 20 m 内的前后位置；翻抛开始前，注意检查限位开关、轮子、耙齿等主要部件是否正常。

严格按上述要求操作，发酵床温度仍持续低于 50 ℃时需向专业机构反馈并协助处理。

图 5-42　翻抛机作业现场

七、湿度控制

物料经翻抛混合均匀后，发酵堆体内水分含量应控制在 50%～60%，最好不超过 65%，严禁超过 70%，可采用手握法判断。抓一把经翻抛均匀后的混合物料紧握于手中，用力挤压时如有水滴下，说明含水率超过 60%；如松开手指头时，物料呈团状，且手指头上挂有水珠，说明物料含水率适宜，反之，如手指头上未见任何水珠，且物料松散不成团，说明物料含水率太低。物料含水率过高或太低，都应及时调整，否则均不利于正常发酵。

八、温度监测

发酵槽启用时，喷淋后经 24 ~ 48 小时的发酵，池内中段的温度应达到 45 ℃以上，72 小时应上升到 55 ℃以上，发酵温度控制在 55 ℃~ 60 ℃效果最好，不宜超过 70 ℃。为及时掌握发酵槽物料发酵是否正常，每天在喷淋前必须坚持测试堆体内部温度，规范化测温方法见图 5-43、图 5-44。

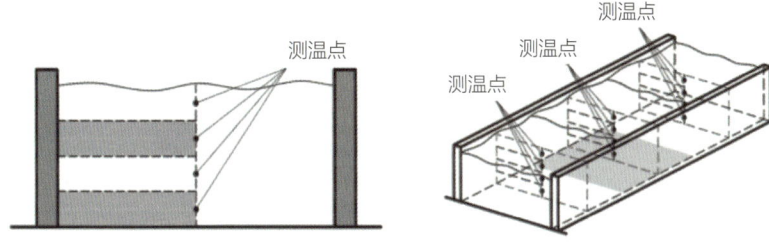

图 5-43　测温点剖面（左）与测温点分布（右）

图 5-44　异位发酵床专用温度计

九、辅料和菌剂的补充

选用高质量的异位发酵床耐高温专用发酵菌剂的养猪场，每 4 个月补充辅料（木屑与谷壳的配比不变）1 次，同时补充添加发酵菌剂 0.2 kg/m³；亦可每月补充新鲜辅料 30 kg/m³、发酵菌剂 20 g/m³。

十、腐熟度判断

虽然国内外在堆肥腐熟度评价方面已经进行了广泛而且深入的研究，但仍然没有形成公认的堆肥腐熟度评价指标。目前较为常用的腐熟度评价指标主要包括物理学指标、化学指标和生物学指标三类。我国判断异位发酵床发酵物料腐熟度常采用简易判断方法，即当发酵槽内部不再继续升温且降至接近气温状态，外观呈黑褐色或黑色，无味、不臭，质地疏松，手握物料松开后不黏手时，一般可粗略判断为已经腐熟。此方法简便易行，实用性强。

十一、发酵槽辅料的更新

发酵槽物料经腐熟度判断确定已经腐熟时，此槽及时清出物料。清理出槽的腐熟料应集中堆放或销售给有机肥加工厂，严禁随意或露天堆放，也可经堆放陈化后在土肥专家的指导下作为土壤改良剂施用。

第三节
异位发酵床处理设备使用方法

一、粪污匀质切割泵

粪污匀质切割泵设计要求技术参数合理，效率高，节能效果显著（图 5-45）。

1. 技术参数

图 5-45　粪污匀质切割泵

（1）转速　　　　　1 430 r/min

（2）流量　　　　　25 ～ 38 m³/h

（3）扬程　　　　　12 ～ 14 m

（4）效率　　　　　41%

（5）功率　　　　　3 kW

（6）重量　　　　　80 kg

2. 特点

（1）采用大流道抗堵塞水力部件设计，能大大提高污物通过能力，能有效地通过泵口径的纤维物质和直径为泵口径约 30% 的固体颗粒。

（2）采用双道串联密封，材质为硬质耐磨碳化钨，具有耐用、耐磨等特点，可以使泵安全连续运行 800 小时以上。

（3）泵结构紧凑，体积小，移动方便，安装简便，无需建泵房，潜入水中即可工作，大大减少工程造价。

（4）泵油室内设有油水探头，当水泵侧机械密封损坏后，水进入油室，探头发出信号，对泵实施保护。

（5）要求配备全自动安全保护控制柜，对泵的漏水、漏电、过载及超温等进行监控，保证泵运行可靠安全。

（6）配备双导轨自动耦合安装系统，以方便泵的安装、维修。

（7）为自动控制泵的停启，应配备浮球开关，以自动控制水位。

（8）在使用扬程范围内保证电机运行不过载。

（9）能保证电泵在无水（干式）状态下安全运行。

（10）要求安装方式有固定式自动耦合安装和移动式自由安装两种，以满足不同需要。

3. 适用范围

适用于异位发酵床处理猪场粪污项目工程等。

二、粪污喷淋设备

1. 技术参数

（1）最大控制宽度　　　　　18 m

（2）最大行程　　　　　　　75 m

（3）行走速度　　　　　　　90 m/h

2. 特点

粪污喷淋设备，专为异位发酵床研发设计，架设于喷淋池及发酵槽顶部的轨道上，配有行走电机，可无线遥控喷淋设备行走、喷淋（图5-46）。该喷淋机前进及返回的速度可根据需要设定，且能随时调整。集污池或舍内喷淋池的污水经过搅拌后，通过匀质切割泵（利用切割泵的功率来控制粪污流量）将粪污输入至主管道，由主管道分流至各条分管道（设置阀门），喷淋到每个发酵槽内的辅料上。通过阀门的开关，可控制每个发酵槽同时喷淋或单个喷淋（图5-47）。

图5-46　喷淋机作业现场

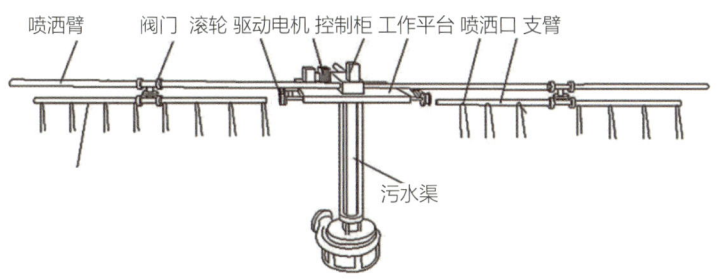

图5-47　自走式粪污喷淋设备示意图

3. 适用范围

专门用于异位发酵床粪污处理系统，将粪污定期均匀喷淋至辅料中。

三、翻抛设备

翻抛设备包括翻抛机及其移槽设备。NKNYFPJ系列专用翻抛机是福建省农科农业发展有限公司与福建农林大学机电学院联合研发的产品，该设备设计结构合理，效率高，能耗低，自动化程度高，使用方便，实用性强（图5-48、图5-49）。

1. 技术参数

标准型翻抛机技术参数：

(1) 翻堆宽度   4 m

(2) 最大翻堆深度   2.0 m

(3) 液压站电机功率   3.0 kW

(4) 主机电动机功率   5.5 kW

(5) 行走电动机功率   1.5 ～ 4 kW

(6) 移位车电动机功率   1.1 ～ 6 kW

(7) 工作行走最低时速   90 m

(8) 工作行走调速范围   90 ～ 540 m/h

图 5-48　翻抛机和喷淋机遥控器面板功能键

图 5-49　翻抛机

2. 特点

(1) 可无限并列多槽，随时扩增处理容量。

(2) 最大翻堆深度可达 2.0 m，确保物料混合和好氧发酵均匀。

(3) 料层供氧穿透能力强，辅料发酵升温快。

(4) 发酵槽侧面配置固定式铜质滑触电缆，安全、可靠、耐用、维护方便。

(5) 工作效率高，控制简便，对主机负荷随时监控。

(6) 工作速度可无级变速配置，适应物料负荷变化。

(7) 无线遥控作业，操作方便快捷。

3. 适用范围

翻抛机专门用于异位发酵床畜禽粪污处理系统中槽内物料的翻抛。

4. 主要结构

采用螺旋式犁头设计。主机由 2 台摆线针轮减速机同步运行，双链轮链条驱动绞龙，传动可靠（图 5–50）。

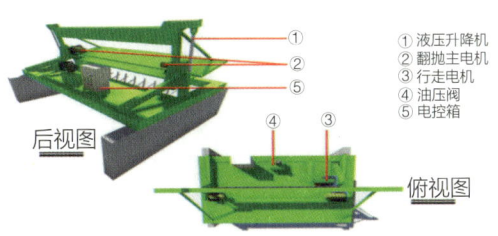

① 液压升降机
② 翻抛主电机
③ 行走电机
④ 油压阀
⑤ 电控箱

后视图

俯视图

图 5-50　翻抛机主要构件

采用电磁调速电机驱动涡轮减速机，在翻抛过程中可根据物料的密度随时调整行走速度，工作调速最低 90 m/h。

在翻抛工作中，空载返回翻抛位置和移位到另一发酵槽时，可操作液压升降系统升至合适高度，完成主机的运行及移位（图 5–51）。

图 5-51　液压升降自动控制翻抛深度

绞龙轴上的卡盘为固定绞刀专用，螺旋接触物料，降低负载。绞刀的翻抛一般可将物料搅拌抛至 1.5 ~ 2.5 m 远的位置。翻抛速度快，搅拌均匀，物料与空气充分接触，促进高效发酵。

5. 移槽设备

移槽设备（俗称移位机）由电机、涡轮减速机、链轮、链条及传动轴等组成，为翻抛机换槽提供临时安装位置。采用单机头多槽使用设计，见图 5–52。

立面图

俯视图

图 5-52　移位机

四、曝气系统

1.概述

（1）曝气的重要性

目前，异位发酵处理猪场粪污技术在养猪场有较为广泛的应用，但不规范的操作与运行，常常会诱发"死床""烂床"现象。其主要原因之一是供氧量不足而导致厌氧发酵。为了解决此类问题，在异位发酵床处理猪场粪污系统中嫁接曝气增氧系统，进行间歇主动曝气，强制通气，增加氧气量，解决发酵时缺氧的问题，提高粪污处理效率。

（2）工艺流程

异位发酵床曝气系统通过高压鼓风机供气，由分控箱与电动蝶阀控制系统输送气体，在异位发酵槽底部修建地沟，并铺设管道，空气由管道进入物料堆体内部。

异位发酵床曝气系统采用间歇曝气的方式，与翻抛机配合使用，以保障发酵槽内物料中的氧气量，维持良好的好氧发酵状态。

2.系统特点

异位发酵床曝气系统是福建农科农业发展有限公司根据异位发酵床粪污流加工艺特点，自主研发的异位发酵床工程专用曝气控制成套设备，可应用于不同规模异位发酵床系统的自动曝气控制。该系统自动化程度高，操作简单，可实现远程控制，能有效提高粪污处理效率，降低能耗和人工成本。具有以下特点：

①该系统采用集中控制方式，根据异位发酵床工艺要求，对发酵、陈化各槽段进行灵活组装、自动控制，适用性强。

②发酵、陈化各槽段曝气控制可手动与独立操作，便于工艺调试、设备维护等不间断运行。

③发酵、陈化各槽段曝气控制可通过系统编程，分区段实现自动独立循环曝气，稳定性强。

④该系统可通过网络连接到福建农科智能系统，实现远程技术支持。

3. 主要设备

（1）系统配置

异位发酵床曝气系统单套基本配置有高压鼓风机、曝气管网、分控箱、电动蝶阀、电缆桥架以及管道等。实际系统配置设备的参数与数量由项目规模与布局来确定具体配置方案。

风管采用 UPVC 管，管径 90 mm 和 63 mm，在曝气风管斜向下打孔，孔径 8 mm，间隔 150 mm 打孔，两孔夹角 120°。单套基本系统具体配置见表 5-8。

表 5-8 单套基本系统配置

设备名称	规格型号	单位	数量	备注
高压鼓风机	Q=720 m³/h，P=260 mbar，N=7.5 kW	台	1	
电动蝶阀	DN80	台	≥1	由设计管路确定
分控箱	配套	台	1	
管道	UPVC 管及管件，主管 Ø90，支管 Ø63；国标 UPVC 给水管	套	1	
电缆桥架	配套	套	1	

（2）高压鼓风机

曝气使用的鼓风机为高压鼓风机，主要由叶轮、机壳、进风口和传动组等部件组成，可广泛用于输送物料、空气及无腐蚀性、不自燃、不含黏性物质的气体，输送的介质温度不超过 80 ℃，所含尘土及硬质颗粒不大于 150 mg/m³，适用于高压强制通风和物料输送。

高压鼓风机控制与曝气方式有关，可以通过控制高压鼓风机的开停周期控制通气与否。根据入槽物料量及其发酵需氧特性调节高压鼓风机的开停周期，使物料发酵处于最佳状态。

根据工艺要求，该系统采用 R32 型高压鼓风机，其不仅能够满足设计要求，且安装容易、运行可靠性高、噪声小。在实际项目实施中，也可以选用合适的其他型号高压鼓风机。

高压鼓风机设计为间歇工作方式，高压鼓风机选型时要求可连续工作，日工作时长为 12 小时，控制有自动与手动两种操作方式。采用间歇式循环曝气，能耗低，达到节能目的。

（3）设备参数与材质

设备参数与材质见表 5-9。

表 5-9　设备参数与材质

名称	规格参数	材质	单机功率	防护等级与绝缘等级
高压鼓风机	电压（V）：380 满载额定电流（A）：12 流量（m³/h）：720 全压（mbar）：260	铸铝	7.5 kW	IP54，不低于 B 级
电动蝶阀	DN80；压力：16 kg；对夹连接；温度：-15℃～85℃；介质：空气	阀体：铸铁； 阀板：SS304； 阀座：EPDM；		
管道	DN90	UPVC		
管道	DN63	UPVC		

4. 设备安装

①高压鼓风机。一般安装位置在发酵槽附近，尽量靠近以减少风压的损失，达到节能目的。高压鼓风机安装位置见图 5-53。

图 5-53　高压鼓风机安装位置图

②曝气管网。发酵槽底部地面每间隔 50 ～ 60 cm 预留铺设管网沟（宽 20 cm ×深 10 cm），以供埋设曝气管之用（图 5-54、图 5-55）。

图 5-54　曝气管铺设示意图

图 5-55　曝气管上面覆盖 5 cm 厚的碎石

5. 系统使用说明

（1）启动前的检查和准备

①系统各种设备使用前必须检查装配和各部件功能是否正常，在检查中发现的错误必须立即整改。

②前次维修后需要重新进行检查，所有保证性测试达标前，设备不能投入使用。

③检查电气系统，设备的所有部分是否已接地、是否有必需电源、电压是否达到要求、所有信号及输电线路是否完好并正确连接。

④检查机壳及连接螺栓是否齐全、完整、紧固，地脚螺栓是否紧固。

⑤手动盘车检查转子与机壳有无碰撞或摩擦现象，内部是否有异物。

⑥发酵槽内已装满物料，翻堆机运行是否正常。

⑦检查控制系统相关的设备是否有故障报警。

（2）高压鼓风机的启动

①单动启动

风机控制界面上"工作状态"处于红色"工作"，这时单动控制是可操作的；按下风机"工作"，高压鼓风机就启动，按下电磁阀"打开"，相应的电磁阀打开曝气。

②自动启动

风机控制界面上"工作状态"处于绿色"停止",这时单动控制是灰色的,不可操作曝气系统投入自动控制状态;按控制程序,按顺序控制启动高压鼓风机;按控制程序,按顺序控制切换电磁阀。

（3）高压鼓风机的停止

①单动停止

风机控制界面上"工作状态"处于红色"工作",按下风机"停止",高压鼓风机就停止。

②自动停止

风机控制界面上"工作状态"处于绿色"停止",曝气系统投入自动控制状态;按控制程序,高压鼓风机下的电磁阀在曝气完成后自动停止;当达到设定的下次启动时间间隔后自动启动。

（4）曝气控制方式

曝气量通过控制曝气时间来实现。根据发酵堆体需氧情况对曝气系统进行设置,曝气时间一般设置为 10 ～ 30 min/ 次。曝气过程为分段间歇式循环曝气,以典型发酵区曝气为例,曝气分区如图 5-56 所示。

1# 发酵槽	2# 发酵槽	3# 发酵槽	4# 发酵槽
1-A	2-A	3-A	4-A
1-B	2-B	3-B	4-B
1-C	2-C	3-C	4-C
1-D	2-D	3-D	4-D

图 5-56 曝气分区图

每台风机可对不同曝气槽同一段（或 A,或 B,或 C,或 D）进行曝气。鼓风机启停由阀门控制,每次仅开启 1 条槽的一个阀门,对其中一段进行曝气。根据发酵堆体需氧情况设置曝气时间,每段曝气完成后,阀门全部关闭,等待下一循环曝气。以 A 段曝气过程为例,曝气时间为 20 分钟,间隔时间为 40 分钟,则曝气循环周期为 60 分钟。

第四节
异位发酵床粪污处理

一、环境恶臭气味削减

1. 环境恶臭管控范围

（1）养猪场区

应通过控制饲养密度、加强舍内通风、采用节水型饮水器、及时清粪、绿化等措施抑制或减少臭气的产生。机械刮粪或人工干清粪的卸粪接口及固液分离设备等位置宜喷淋生化除臭剂。

（2）异位发酵舍

各工艺单元宜设计为既相对密闭又可通风透气，减少恶臭对周围环境的污染。有条件的养猪场宜建恶臭气体集中处理设施，无害化处理后达标排放；排气筒高度不得低于 15 m。

2. 恶臭污染物排放标准

养猪场及异位发酵舍恶臭污染物的排放浓度应符合《畜禽养殖业污染物排放标准》（GB 18596—2001）的规定。但标准中对臭气物质和浓度没有具体数量指标的规定，只有感官判断标准，规定了臭气排放标准为 70，即排放气体经过干净无臭空气稀释 70 倍，感官上嗅不出臭味。主要臭气成分 NH_3、H_2S 有一定的特征和限值，其嗅阈值和臭味特征见表 5-10。

表 5-10 NH_3、H_2S 的嗅阈值和臭味特征

检测指标	嗅阈值（ppm*）	臭味特征
NH_3	1.5	强烈刺激性臭味
H_2S	0.000 41	臭鸡蛋味

* ppm 为非法定计量单位。在标准状况下，1 ppm=M/22.4（mg/m³），M 为物质的量。

3. 臭气检测方法

在养猪场异位发酵床，可选用在市场上销售的便携式电子检测仪进行简易检测，这些产品价格从几百元至几千元（图 5-57）。氨气和硫化氢的最低检测限一般为 1 ppm。

图 5-57 便携式氨气 / 硫化氢电子检测仪

4. 除臭方法

异位发酵床在处理猪场粪污过程中有一定的废气挥发，易扩散到大气中。因此，臭气必须进行处理，臭气处理后其污染物浓度指标达到《恶臭污染物排放标准》（GB 14554—1993）。

臭气的控制主要使用以下几种措施：①堆肥过程优化控制技术；②设施封闭；③残留臭气的有效稀释及扩散。

发酵过程的优化控制技术包括制定合适的辅料混合比，调节碳氮比；保持混合物料合理的孔隙度，以保障通气；抑制堆体中产生厌氧发酵的条件，使槽内微生物代谢充分；必要时可在起始物料中添加生石灰调节堆体 pH，以减少臭气排放。

目前臭气处理的方法主要有物理吸附、化学洗涤、生物过滤，以及基于热化学原理的热处理等。物理和化学方法可参考前文畜禽粪便堆肥场所污染物治理方法；

也可采用臭氧除臭仪／器（图 5-58），该产品系北京农林科学院研制，其外观尺寸及技术参数为：直径 800 mm、高度 318 mm、吊杆长度 460 mm；工作电压 220 V、50 Hz，功率 290 W（加温时总功率 1 290 W）；具有产生臭氧、灯光诱虫、杀菌、除臭和灭虫等功能；每台使用的有效面积为 600 ～ 1 000 m²。

图 5-58　异位发酵床智能除臭器

二、注意事项

1. 确保粪水浓度

（1）确保猪场粪污源头减量措施真正落实到位，保证粪水中有机质的有效浓度含量。要求粪水中猪粪含量不少于 5%；禁止使用经过沼气发酵后的沼液喷淋于发酵槽。粪水浓度越高发酵效果越好，处理能力越强；当粪水浓度过低时，处理能力急剧下降，甚至会出现死床。因此，养猪场要密切记录各个功能区的生产用水量，严禁水量超标。

（2）严格控制各种猪场每天的粪水量。我们的经验是：专业化育肥猪场，存栏猪每头日产粪水量不超过 6 kg（包括粪、尿液和少量清洗水）。

2. 严格操作规范

（1）建立异位发酵舍环境管理制度。包括发酵舍屋顶牢固性、避风躲雨设施、通风透气设备等的巡查，严防雨水进入发酵槽内和发酵舍水汽滞留漏入发酵槽。渗沥液集中收集后，可用于发酵辅料原料的水分调节，每天应及时将渗沥液导入异位发酵槽与槽内物料混合，切忌长时间滞留。

（2）建立发酵槽物料温湿度日常监测制度。指定专人长期固定每天对发酵槽堆体内部温湿度进行监测，并做好记录，以及时发现异常现象。确保发酵槽堆体含水率在 50% ～ 60%、温度在 55 ℃～ 60 ℃。

3. 发酵异常处理方法

（1）物料堆体温度较低（长期低于 50℃）

原因一：有机质浓度低，营养不够。

措施：补充异位发酵促进剂、补充营养源（玉米粉、麸皮、米糠等）、控制粪水浓度、添加新鲜猪粪。

原因二：水分过大，含水率过高。

措施：停止喷淋粪污，一天翻一次；补充新鲜辅料。

原因三：没及时补充发酵菌剂。

措施：应每月添加菌种，添加量为 20 g/m³，同时补充玉米粉，添加异位发酵促进剂。

原因四：外界温度过低，夜间未做好保温措施。

措施：当环境气温低于 10 ℃时，应及时拉下卷帘保温。

（2）辅料床渗滤液过多

原因一：喷淋量过多。

措施：需要马上减少喷淋量，及时添加辅料以调节湿度。

原因二：谷壳与锯末比例失调，谷壳偏多。

措施：补充干燥的菌菇棒或锯末，同时可以适当补充异位发酵促进剂及发酵菌剂。

（3）辅料短时间内发黑、发臭

原因：物料含水率太高，导致厌氧菌大量繁殖。

措施：立即停止喷淋；清槽更换辅料。

（4）翻抛时氨味浓

原因一：通气量不足。

措施：增加翻耙次数，或者通过曝气系统增加通气量。

原因二：菌种没有及时添加。

措施：每月按 20 g/m³ 的添加量及时补充。

三、异位发酵床处理猪场粪污效果

1. 生物安全性评估

在生猪养殖过程中，通常会添加 Cu、Zn 等微量元素用来促进生长，使用抗生素用来治疗和预防疾病，而 90% 以上的 Cu、Zn 和 30% ~ 80% 的抗生素不能被生猪机体吸收而随粪便排出体外，诱导环境中抗生素及重金属抗性基因的产生，不仅污染环境，还对人类的健康造成威胁。研究报道表明，高温堆肥是有效去除抗生素、钝化重金属的有效手段。因此，国内科研单位已经开发出针对猪粪堆肥发酵的复合功能微生物菌剂，利用高温腐熟微生物的高温特性延长堆肥高温发酵时间，以此达到大幅度削减抗生素及其抗性基因，钝化重金属，杀灭病原菌的目的。

腐熟物料的生物安全性是业界人士共同关注的焦点，中国农业大学李季教授研究表明，养猪场致病性病原体经堆肥发酵后，在一定时间内均可起到杀灭失活的效果（表 5-11）。由于异位发酵床槽体内的温度常年处在高温状态（50 ℃ ~ 60 ℃），因此有足够的时间杀灭所有的致病性病原体。谭小琴、邓良伟、李瑞鹏、Shuchardt 等验证了粪水堆肥的可行性和安全性。邓良伟利用秸秆处理养猪场粪水的试验表明发酵温度符合《粪便无害化卫生标准》，且蛔虫卵 100% 被杀灭。

表 5-11 猪场固态粪便堆肥对病原体杀灭所需时间

病原体	死亡所需时间	病原体	死亡所需时间
沙门伤寒菌	55 ℃ ~ 60 ℃，30 分钟内死亡	血吸虫卵	53 ℃，1 天死亡
沙门菌属	56 ℃，1 小时内死亡	蝇蛆	51 ℃ ~ 56 ℃，1 天死亡
志贺杆菌	55 ℃，1 小时内死亡	霍乱弧菌	65 ℃，30 天死亡
大肠埃希菌	绝大部分 55 ℃，1 小时死亡	炭疽杆菌	50 ℃ ~ 55 ℃，60 天死亡
阿米巴菌	50 ℃，3 天死亡	布氏杆菌	55 ℃，60 天死亡
美洲钩虫	45 ℃，50 分钟内死亡	猪丹毒杆菌	50 ℃，15 天死亡
流产布鲁菌	61 ℃，3 分钟内死亡	猪瘟病毒	50 ℃ ~ 60 ℃，30 天死亡
酿脓链球菌	54 ℃，10 分钟内死亡	口蹄疫病毒	60 ℃，30 天死亡
化脓性细菌	50 ℃，10 分钟内死亡	蛔虫卵	55 ℃ ~ 60 ℃，5 ~ 10 天死亡
结核分枝杆菌	66 ℃，15 ~ 20 分钟内死亡	钩虫卵	50 ℃，3 天死亡
鞭虫卵	45 ℃，60 天死亡	蛲虫卵	50 ℃，1 天死亡

科学表明，1 kg生物质瞬间完全燃烧释放约1.5万千焦热能，如果缓慢氧化也会释放相同的能量。以粪水原料为发酵主料的异位发酵床技术主要利用有机物料吸附粪水，通过好氧发酵在实现粪水的稳定化和无害化基础上，利用发酵过程中形成的生物热降低发酵物料中的含水量，从而实现粪水的蒸发浓缩减量化。同时，利用微生物活动将有机物料进行稳定化，并利用发酵过程中形成的高温（55 ℃～60 ℃）杀死病原微生物，实现粪便的无害化，最终实现猪场粪水零排放，同时回收有机肥资源，不仅无害化效果好，而且生物安全性和资源化利用率高。

2. 腐熟物料的利用

腐熟物料要作为产品使用，还应根据用途和市场需要进行后处理，可以经过高温堆肥二次发酵后，制成有机肥料使用，实现资源化利用。养殖场可在腐熟的物料里添加理化调理剂、微生物菌剂等来制作不同用途的产品，包括栽培基质、土壤改良剂等，提高肥效和综合效益。

使用时间较久的腐熟物料，其中含有高浓度的有机碳和营养素及电导率，Cu、Zn的含量也更高。发酵不成功的物料循环回收利用于农业土壤中，会产生危害植物的毒性物质，影响种子发芽、农作物的生长。在生猪养殖过程中，为了防治疾病、提高饲料利用率和促进生长，在饲料中添加铜、铁、锌、锰、钴、硒、碘等微量元素，由于这些重金属元素在动物体内的生物效价很低，大部分随畜禽粪便排出体外，故畜禽粪便中往往含有较多的重金属，从而增加了农用畜禽粪便污染环境的风险，因此，作为加工有机肥原料或直接作为土壤改良剂前应进行检测分析。2018年10月，福建省农科农业发展有限公司对福州、宁德、漳州等地连续运行16～18个月的发酵物料取样，经福建省农产品质量安全检验检测中心（漳州）分中心分析后，结果显示：所有质量指标（其中As、Hg、Cd、Pb、Cr含量远低于限定指标）均符合《有机肥料》（NY525—2012）规定要求。

第六章
畜禽养殖污水
处理技术

第一节
微生物巢畜禽粪污处理技术及案例

微生物巢技术是基于微生物发酵原理发明的一种畜禽粪水处理方式，它以蜂巢为基本模型，利用锯末、稻壳和玉米秸秆等作为基础料碳源，粪便、粪水为发酵用氮源；添加高效多功能复合菌剂，在适宜的碳氮比条件下，通过微生物发酵分解作用，制成消纳粪水的微生物反应堆，当微生物巢活性降低后，整个微生物巢作为有机肥料资源，可以配制成生物有机肥，改良种植与养殖的生产环境，提高产品质量和种养效益，减量化、无害化、资源化处理畜禽粪污，实现资源和效益的最大化，最终整体上实现畜禽粪污集约化、无害化处理与资源化、生态化利用。

一、微生物巢技术原理

微生物巢技术是一种以微生物发酵原理为核心，利用多种微生物发酵过程中生长代谢方式的多样性，实现畜禽粪污无害化、减量化、资源化的生态处理技术。它以蜂巢为基本模型，主要利用农业种养废弃物如锯末、稻壳和作物秸秆等为基础垫料（碳源），粪便、粪水（氮源）为发酵用氮源，在适宜 C/N 比条件下，通过添加专用高效复合功能性有益微生物菌剂（CM 复合微生物），产生多种水解酶的复合分解作用，消耗畜禽粪污中的大分子有机物，并将这些大分子有机物转化为容易被作物吸收和利用的小分子营养物质，整个过程无需固液分离，实现高浓度养殖粪水的零排放和无害化处理。

微生物巢技术利用光合细菌群、酵母菌群、枯草芽孢杆菌群、放线菌群、硝化细菌、反硝化细菌等多个生理菌群，通过多菌种间的互利共生，利用微生物的生理代谢，在其生长代谢过程中将特定环境中的有害成分作为自己生长的养分，将具有臭味的物质加以转化利用，转为菌体、二氧化碳和水等其他低污染无臭味的物质，从源头上减少氨气、硫化氢、挥发性脂肪酸等恶臭气体的产生，消除粪水臭味，从根本上改善空气质量。同时，多菌种能压制其他有害细菌的生长空间，令其他杂菌难以生长繁殖，并且逐步降解有机质，有效消减畜禽粪污恶臭程度的同时进一步资源化利用畜禽粪污。在微生物巢中，当加入适量的畜禽粪污后，在功能性微生物代谢合成分泌的多种水解酶的分解作用下，畜禽粪污中的大分子有机物，被逐渐降解转化为腐殖酸、氨态氮和硝态氮等易于植物吸收的营养物质，同时发酵过程释放出大量热能，所产生的热量使物料升温，发酵最高温度可达到 75 ℃，而发酵产生的持续高温又能有效杀灭病原菌，经过微生物巢内各种微生物发酵过程中的持续性分解，大量畜禽粪便和粪水被微生物有效处理，使粪污中的各种有机物分解，整个发酵床看起来就像一个巨大而蓬松的蜂巢，从而实现了养殖场粪污的持续清理转化，有效消减了畜禽粪污的污染。这一发酵过程中，需要注意保持微生物巢的活性，辅助采用现代翻抛技术进行翻抛，把粪污均匀喷洒到微生物巢的反应堆上，通过翻抛机的翻拌，促进微生物巢内部水分以水蒸气的形式自然蒸发，维持微生物巢系统中适当的水分含量，保持其系统的胶着性，使巢内微生物发酵过程中能量和物质达到一种动态平衡，最终制成处理畜禽粪水的微生物巢反应堆。当微生物巢的处理活性降低后，整个微生物巢的垫料还可以作为优质的有机肥基质，通过配制成不同偏向类型的生物有机肥，供各类苗木、花卉和作物使用，实现养殖场粪污的持续清理，并最终通过粪污的资源化无害化处理，达到理论零排放的目的，从而实现畜禽养殖过程中废弃物和污染物的资源再利用和效益最大化。

前期经过在多家大型养猪场中的多次试验，该技术有效地解决了粪污处理难题，并生产出了优质生物有机菌肥，解决了长期以来畜禽养殖业这一棘手的污染问题，把养猪场变成了肥料厂，实现了粪污无害化处理和资源化利用。

二、微生物巢粪污处理工艺流程

微生物巢处理技术适用于畜禽领域的规模化养殖场，主要处理以"水泡粪"工艺为主的养猪场、奶牛场和肉鸭养殖场中的粪污结合，化学需氧量一般在8 000 mg/L 以上的高浓度粪污污水。微生物巢建设一般为地上式，与常规处理模式相比，没有特定地理条件和使用环境的限制，常设在养殖场内的空闲区、隔离区或规划建设的粪污无害化处理区域。微生物巢粪污处理工艺流程见图 6-1。

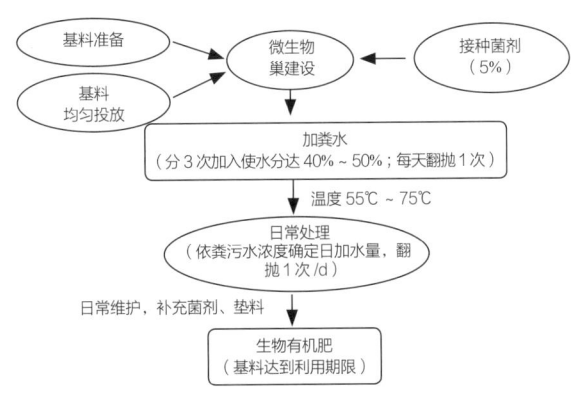

图 6-1　微生物巢粪污处理工艺流程

三、微生物巢技术处理优势

微生物巢技术处理属于异位发酵床的范畴，在传统发酵床的基础上探索后，进行了改进和创新，按照一般养殖户传统的养猪模式，无需改造或拆建猪场，只需在畜舍外设立单独的发酵区，将产生的粪污均匀喷洒在发酵床上，便能通过微生物发酵来降解畜禽粪污，实现污染零排放，同时又获得高质量的生物有机肥。

微生物巢占地面积仅为传统异位发酵床的 1/3，整个工艺流程实现全自动，无需增加额外人工，粪水自动喷洒，自动翻抛，自动计量，保证操作的简便性和安全性，控制反应堆基料中有益菌始终处于优势状态，整个处理过程无异味，可一次性处理粪尿污水，无需固液分离，且产物安全，无二次污染，每天粪水处理量达 $17 \sim 22 \, kg/m^3$，粪水容量可根据粪便发热量、反应速率和氧化分解过程来确定，不仅解决了养殖过程中存在的污染问题，同时有效提高了粪污的资源化利用率，实现高浓度有机粪（$COD > 8\,000 \, mg/L$）零排放，真正做到无害化、无污染和绿色循环零排放。

四、微生物巢的建设

微生物巢为地上发酵池，每个处理单元宽 6 m、高 1.65 m、长 80 m，体积为

720 m³（垫料的使用高度以 1.5 m 计），日处理畜禽粪污的能力为 14 t，按照实际情况可以设计单个或多个处理单元。每个发酵槽槽边用砖砌成，混凝土防渗地面，发酵槽两边设置翻抛机轨道，多个发酵槽需在两头设置移位机。制作墙体时，高度需按照翻抛机的高度要求进行制作，地面做好防水，采用阳光棚设计防雨，阳光棚棚檐高度不小于 5 m，结构形式宜为轻钢结构，建筑材料应采用防腐材料。屋顶应采用透光、防水材料，并设计一定量的透气窗，周边用保温隔热材料制成卷帘，以保证冬季保暖。微生物巢位于阳光棚的中部位置。

1. 设计原则

微生物巢方案的设计中不仅要选择先进的工艺流程、合理的技术参数，还要力求平面布局紧凑、简洁，最大限度地满足工艺要求。

（1）防渗技术

可根据实际要求设定，工程采用混凝土自防水等级为 S6，巢底板面、墙壁内侧面均刮 1 : 2 水泥防水砂浆（厚 10 mm），巢底板部作防水层。

（2）设备防腐设计

为保证设备使用寿命，防腐是关键。设备刷涂防腐漆，并根据油漆脱落腐蚀情况，进行年度检修补漆。

（3）施工技术及安全措施

为确保施工的顺利进行，应先进行场地勘察，经全面的设计计算，确定支护方案和施工方法，方可进行微生物巢的整体建设工作，在架设防雨棚时，应特别注意高空作业的安全。

（4）供电负荷

项目总供电负荷 30 kV，电气设备的总体要求是符合安全、可靠、节能、经济和实用等原则。供电电源 380 V/220V，负荷等级为三级。微生物巢配电系统采用三相五线制，单相配电为三线制。微生物巢设配电柜，分别给各动力设备供电。

2. 设备方案

（1）翻抛机及移位机

翻抛机为通轴式，可提升，可正反向翻抛并具有快进快退功能，可快速移位。配有工业电子遥控器，可遥控操作。有效翻抛深度 1.5 m。若有多个处理单元，则需设置移位机，用于翻抛机的移位翻抛。

（2）卷绕式等浓度自动喷洒计量装置

卷绕式等浓度自动喷洒计量装置分别固定在翻抛机的前后两侧，卷绕式喷淋管是在污泥泵的作用下对粪污喷洒进行流量计量的设备，可以通过本装置更好地监控粪污的均匀定量喷洒。

（3）管线清管装置

管线清管装置是利用气动原理，将管线内的粪水残留物进行清理，防止北方地区冬季粪水在管线内结冰，影响管线的使用。

（4）电气、电路控制系统

电气、电路控制系统是控制整体设备的自动运行的装置，可以自动控制喷淋计量和翻抛，操作人员只需站在一旁使用工业电子遥控器遥控操作即可，大大降低人工成本和操作风险。

（5）微生物巢监控仪器

温度计（0.5 m、1 m），快速水分测定仪，氨氮测定试纸。

3. 进度安排

基础建设方面预期 3 个月基本建设成型，第三个月可以同步准备垫料及菌种，制作微生物巢，经初步的系统调试后可以正常连续运行（表 6-1）。

表 6-1　微生物巢建设进度安排

序号	工程内容	第1个月	第2个月	第3个月	第4个月	第5个月	第6个月
01	基础建设	√	√	√			
02	垫料的准备及制作			√			
03	系统调试及试运行			√			
04	连续运行			√	√	√	√

4. 技术方案

（1）垫料的选择

微生物巢垫料最好以稻壳、锯末以及当地农作物秸秆、下脚料等为主，价格低廉、供应稳定。单一物料无腐烂、无霉变、无污染、无异味、无生物安全隐患。垫料优先选择碳氮比高的原料作垫料，推荐使用稻壳和锯末，按照重量比例 60% 稻壳和40%锯末。稻壳在下，锯末在上铺设于发酵床内，也可以根据当地农作物产品配料进行合理搭配。

基础垫料主要是吸水性原料锯末和透气性原料稻壳，C/N比最适控制在（25～50）∶1，这样既保证垫料的含水量，也保证其透气性。

（2）菌种的选择

菌种的选择十分重要，既要在低温下能正常启动，又能在高温下保持活性，且不以消耗垫料为主，同时具有硝化细菌和反硝化细菌，能进行固氮作用及除臭作用。

本项目中拟使用山东亿安生物工程有限公司生产的CM微生物巢专用菌剂（以下简称CM菌剂）。由假单胞菌类、硝化反硝化菌类、杆菌类、放线菌类、乳酸菌类、酵母菌类和芽孢杆菌类等60多种有益微生物复合培养而成的多功能菌群，具有共生共栖，固定氮源，脱硫除臭的作用。该菌种具有消耗垫料少，高温下活性强以及不易失活等特点。菌种基料选择见表6-2。

表6-2 菌种基料选择

原料		透气性原料	吸水性原料	营养辅料	菌种	辅助调节剂
基料用量		40%～50%	30%～50%	0～20%（视原料而不同）	视菌种类型不同而变化	结合基料要求添加
比例	夏季	40%～60%	20%～30%	20～30 kg/m³	0.3～1 kg/m³	0～3%
	冬季	60%～70%	30%～50%	30～50 kg/m³	0.5～1.5 kg/m³	0～3%

（3）微生物巢的发酵工艺

微生物巢建设好后，先将少量粪水均匀喷洒到垫料上，再按照每吨垫料使用50 kg CM复合微生物菌剂的比例均匀喷洒菌剂，并翻抛均匀。发酵48小时后其中心温度达到65℃～70℃时，微生物巢启动成功，可以正常运行。每立方米垫料每天可以消纳20 kg粪污（表6-3）。

表6-3 微生物巢的发酵工艺

项目	指标	控制范围	检测方法
物化指标	水分	40%～60%	烘干箱法
	pH	5.0～9.0	酸度计法
	温度	中高温时期：55℃～75℃	酒精温度计

续表

项目	指标	控制范围	检测方法
感官指标	2.5 mg/L		嗅觉感官法
辅助指标	C/N，控制范围（20∶1）~（45∶1）		

注：分析检测生物巢发酵过程中温度和水分以及 pH 的关系。

（4）微生物巢出料标准

随着微生物巢的持续发酵和使用，畜禽粪污的不断处理使得含 N、P 等有机物质增多，巢中微生物活性也逐步降低，污水处理效率会逐渐下降。反应堆是生产有机菌肥的优质原料，经试验，制作的肥料中未检出大肠埃希菌群，24 小时与 48 小时种子发芽率分别为 87.9% 和 99.4%，与对照组相比无显著差异（表 6-4）。

表 6-4　微生物巢出料标准

项目	出料标准
水分	50% ~ 70%
含氮	1%
活菌	0.8 亿 ~ 1.5 亿 CFU/g
大肠埃希菌	无
发芽测试	100%
氨气浓度	< 25 mg/L
臭气强度	降到 2.5 级以下

微生物巢各项目成分检测见表 6-5。

表 6-5　微生物巢各项目成分检测

项目	水分	有机质	营养元素	有效活菌数
发酵床	35% ~ 46%	41.9% ~ 52.7%	≥ 4.2%	5 000 万 ~ 2 亿（CFU/g）
生物有机肥国标	≤ 30%	≥ 40%	—	≥ 2 000 万（CFU/g）
有机肥国标	≤ 30%	≥ 45%	≥ 5.0%	—

5. 运行及维护方案

（1）微生物巢的运行方案

微生物巢激活后每立方米垫料每天可以消纳 20 kg 粪污，每天运行前先测量垫料的温度，取前、中、后三个点，分别测量 0.5 m 和 1 m 深度的温度，并做好运行记录，使用快速水分测定仪测定垫料的湿度，湿度在 60% 以下且测量温度在 60 ℃左右时方可进行翻抛，运行时将粪污均匀喷洒在垫料的同时进行翻抛。

（2）微生物巢的维护方案

微生物存活和发酵需要几个要素，一是要有相对合适的水分；二是要有生长繁殖的温度；三是要有相应的营养，诸如碳元素、氮元素等培养基质。所以每天应该检测垫料的温度和湿度，使用氨氮测定试纸测定氨氮值并做好记录。根据测定的数值观察和判断微生物巢内部状态。若温度达不到 55 ℃以上时，不要喷洒粪污，补充菌种后直到温度达标后再喷洒粪污。微生物巢垫料要维持在 1.5 m 方能有效消纳既定的粪污量，低于 1.5 m 则处理能力呈阶梯式下降，定期根据垫料下降程度补充垫料。平均每年补充 2 次垫料，补充量根据垫料组成不同，一共需补充 20% ～ 40%，菌种平均每 3 个月补充一次，按垫料总重量的 1% 左右进行补充。

五、微生物巢技术经济效益分析

以山东福祖集团生物科技有限公司制作的生物巢进行经济效益分析，其年产生物有机肥 18 000 t，处理粪水 12 万吨，资源化利用种植废弃物 6 000 t。

前期投入（季度 / 批次）如下：

稻壳用量：9 000 m² × 1.5 m=13 500 m³（系数为 100 m³ 的 8 t 稻壳），其成本为 1 100 t × 650 元 /t =71.5 万元；

锯末用量：13 500 m³（系数为 0.3 的锯末）的成本为 400 t × 400 元 /t=16 万元；

菌种用量：每立方米为 1 000 mL，13 000 m³ 所用菌剂的成本为 13 t × 20 000 元 /t=26 万元；

基建费用：每平方米约 260 元，其成本为 9 000 m² × 260=234 万元；

机械设备：34 万元 / 套。

以上费用共计：人民币 381.5 万元。而 13 500 m³ 稻壳或者锯末每 3 个月可生产出 4 500 t 生物有机肥，生物有机肥按照市场价格为 1 000 元 /t，则其成本为 4 500 t × 1 000 元 /t=450 万元。即正常投产一个季度后，450 万元（收益）–381.5 万元（前期投入）–4 万元（电费）–1 万元（机械修理）–5 万元（人工，5 人 3 个月）–2 万元（不可预见费用）=56.5 万元，一个季度就能收回成本，实现盈利。

以常见规模万头猪场的"水泡粪"工艺为例，日产粪水 100 t（COD ≥ 8 000 mg/L），该技术每天每立方米巢料处理粪水约 20 kg，需配套建设 5 000 m³ 微生物巢即可消纳全部粪水。整个系统占地面积 4 000 m²，配套建设仓库、硬化场地和道路等，需购置翻抛机、移位机和铲车等，总投资约 120 万元。实现养殖场粪水零排放、无二次污染问题，反应堆失活后全部清出做生产有机肥原料，有机质含量达 30% 以上，重金属无检出，发芽率试验无差异，两三年即可收回全部投资。

1. 投资概算

以常见的肉鸭养殖场处理，按照日存栏 30 万只肉鸭计算，每天产生粪污约 200 t，每个单元每天可处理 14.4 t 左右的粪污，则该养殖场一共需要建设 14 个处理单元，约占地 16 亩（表 6-6）。

表 6-6 微生物巢投资概算表

类别		项目	数量	单价/元	总价/万元	备注
固定资产投入	土建	调质池（配套搅拌机）	300 m³	260	7.80	可自建
		地面硬化	9 600 m²	260	249.6	可自建
		发酵槽	2 772 m²	260	72.07	可自建
		阳光棚	10 209 m²	80	81.67	可自建
		道轨	1 680 m	80	13.44	可自建
	机械设备	通轴翻抛机	5 台	150 000	75.00	可自购
		移位机	5 台	20 000	10.00	可自购
		自吸式污泥泵	10 套	2 000	2.00	可自购
		卷绕式等浓度粪水喷洒机（专利设备）	5 套	60 000	30.00	专用设备
		自动化计量配件	5 套	30 000	15.00	可自购
每批次使用成本	垫料	稻壳、锯末等	1 280 t	500	64.00	可自购
	菌种	CM 微生物复合菌剂	40 t	20 000	80.00	专用菌剂
合计	—	—	—	—	700.58	

如上表所示，项目的固定资产投入为 556.58 万元，其中土建投资约 424.58 万元，设备投资约 132 万元，每批次的垫料和菌种使用成本为 144 万元。后期运行费用见表 6-7。

表 6-7 后期运行费用表

项目	数量	价格/万元	合计/万元
年垫料投入	1 280 t	500	64
年菌种投入	40 t	2	80

续表

项目	数量	价格 / 万元	合计 / 万元
年运行电费	15.4 万千瓦时	0.5	7.7
设备维修	—	2.34	2.34
人工费用	—	15	15
一年总费用	—	—	169.04
年产有机肥	3 729 t	700	261.03

2.经济效益

微生物巢建设并正常运行后最低可年产 3 729 t 有机肥，如果按照低价 700 元 /t 价格进行销售，则年收益至少为 261 万元。若后续加工条件好，加工后按照优质生物有机肥进行销售，市场均价为 1 300 元 /t，则年收益更大。

随着增加有机肥年出产批次，虽然粪污处理成本有所上升，但肥料产生的经济效益也同时增加（表 6-8）。

表 6-8　粪污资源化处理后期经济效益分析表

年产批次	年成本 / 万元	年产有机肥 /t	有机肥销量 / 万元	年利润 / 万元	销售费用 / 万元	净利 / 万元	投资回报率 /%
1	169.04	3 729.00	261.03	107.19	16.08	91.11	59.22
2	282.64	7 458.00	522.06	239.42	35.91	203.51	72.00
3	411.44	11 187.00	783.09	371.65	55.75	315.90	76.78
4	540.24	14 916.00	1 044.12	503.88	75.58	428.30	79.28
5	669.04	18 645.00	1 305.15	636.11	95.42	540.69	80.82
6	797.84	22 374.00	1 566.18	768.34	115.25	653.09	81.86
7	926.64	26 103.00	1 827.21	900.57	135.09	765.48	82.61

根据上表得出，多批次年处理费用随着处理次数的增多而增加，而利润率增加不太明显，所以每年出 4 批次有机肥综合经济效益最佳。

六、技术应用推广概况

本技术已在山东烟台福祖畜牧养殖有限公司和陕西杨凌本香集团等单位进行了推广运营，均取得了非常显著的社会效益及经济效益，深得合作伙伴的信赖。已成功建立示范基地 30 多个，被农业农村部列入主推的 7 种粪污处理模式之一。

烟台福祖畜牧养殖有限公司第一养殖场位于莱阳市谭格庄镇，生猪年出栏 4.5 万头，采用水泡粪工艺，日产粪水 450 t（COD ≥ 13 000 mg/L）。2015 年开始利用微生物巢技术处理粪水，建有微生物巢规模 2.5 万立方米，平均 2 个月出清一次反应堆，用作生产生物有机肥。年生产有机肥达 12 万吨，平均售价 1 500 元 /t，2015—2017 年，粪污处理新增产值 14 536.6 万元，新增利税 2 115.7 万元。利用微生物巢技术处理畜禽粪便，不再受季节和气候限制，一次性投入较小，运行管理费用较低，更重要的是操作简单，且附加经济效益高。据计算，福祖公司前期投入约 400 万元，每 3 个月可生产出 4 500 t 生物有机肥，按照现行市场原料价格每吨 500 元计算，去掉人工、电费等成本，福祖公司每年仅此一项的经济效益就可达到 300 万元。

2014 年 12 月在陕西杨凌本香集团，陕西省环境保护监测中心对微生物巢技术的除臭效果进行了测试，结果表明：使用微生物巢技术，添加亿安复合微生物菌剂处理畜禽粪污一个月后，养殖圈舍内空气中的氨浓度从 12 mg/L 下降至 4 mg/L，臭气强度降到 2.5 级以下，达到了国家一类标准。2015 年 1 月，在本香集团毕公猪场 3 号舍，又进行了专门的除臭试验。试验结果表明，添加复合微生物的 5 个单元氨气浓度基本为零，而对照组 7 个单元的情况则表现为 2 ～ 10 μL/L 的浓度。通过复合微生物巢技术有效处理粪水，单位消纳粪水能力为 15 ～ 25 kg/（d·m³），不仅臭气没了，无废水排放，还能化"腐朽"为有机肥，实现养殖粪污废水零排放，减少了养殖场疾病的发生，同时产出优质生物有机肥。

山东省日照市 2016 年起在全市推广微生物巢处理技术，截至 2020 年底，规模养殖场示范工程达 210 家以上，微生物巢建设规模超过 15 万立方米，年处理粪水 110 多万吨，年生产有机肥 30 多万吨，年新增利税 10 000 余万元。

利用复合微生物巢技术有效处理畜禽粪污，实现废水零排放，产出优质生物有机肥，是一项绿色、循环、生态的发酵技术。这既是环保工程，减少了畜禽粪污中有害物质的产生和排放，带来显著的环保效益，解决了环境污染问题；又是一项经济工程，让养殖场变成生物肥料加工厂，解决优质肥料原料的来源问题，将原本需要依靠巨额投入无害化处理粪污的难事，转变为依靠粪污进行肥料处理资源化利用，获得巨大经济效益的好项目，为养殖企业的达标减排、创利增收和规避风险带来了切实保障。

第二节
水生经济植物生态处理技术及案例

水生经济植物是指有一定经济价值的水生植物，比如水生蔬菜、水生饲料植物、水生花卉等。利用水生经济植物构建人工湿地消纳养殖粪污水技术是一种建设和运行成本相对较低、兼具景观功能和经济效益的生态治污方法，值得在有条件的养殖场推广应用。

1. 主要技术原理与技术路线

（1）主要技术原理

利用水生经济植物处理畜禽养殖污水，主要基于水体中氮磷的养分特征，利用水生植物根系对矿质态氮磷的吸收功能，再通过光合作用将水体中的氮磷污染物转化为植物有机物（生物质），然后再通过植物的收获转移实现对养殖污水中氮磷污染物的去除。与此同时，水生植物还可以通过多种途径向水体传输氧气，主要包括：①通过相互连通的根茎叶通气组织向水体直接输送氧气；②植物光合作用过程中产生的氧气通过水下组织向水体泌氧。此外，水生植物根际分泌的有机物也可为底泥或水体微生物及水生动物提供必要的碳源，因此水生植物也会同步强化水体微生物对有机物的氧化降解和脱氮能力。

一般情况下，由于水生植物只能利用水体中的矿质态氮、磷，因此养殖粪污水中的有机态氮磷必须经过矿化以后才能进入湿地系统被植物吸收利用。不同的水生植物对水体中氮磷的浓度也有不同的适宜范围，浓度过高会导致植物直接死亡，因此粪污水在进入湿地之前需要经过适当稀释或通过其他技术途径适当降低粪污水的浓度，才能确保湿地系统水生经济植物的正常生长发育，从而确保处理效果。

（2）技术路线

　　根据上述技术原理，经济植物湿地处理系统的技术路线一般包含三个关键环节：①粪污水前处理系统，其主要作用是调控粪污水浓度，使其适当降低并适宜不同水生经济植物的良好生长；②水生经济植物人工湿地系统，可以设置为多级串联系统，是水质净化的核心环节，水体氮磷的转化主要在该系统内完成，该环节中水生植物的合理配置是关键；③水生植物资源化利用系统，主要是定期移除水生植物，并加以利用。该环节是实现粪污水中氮磷污染物资源化利用和经济效益转化的核心环节，最终达到生态效益与经济效益的高度统一。养殖粪污水氮磷生态消纳技术路线见图6-2。

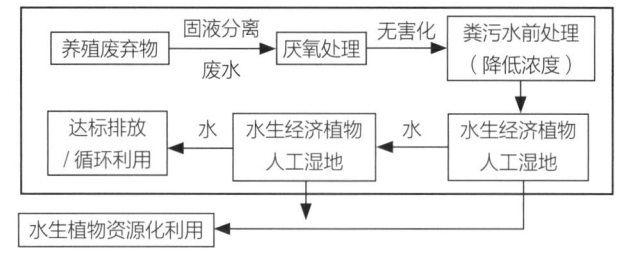

图6-2　养殖粪污水氮磷生态消纳技术路线

2. 主要工艺流程

（1）养殖废水前处理系统

　　采用水生植物处理养殖废水，一个重要条件需要把控，就是废水的养分浓度不能过高，否则会造成水生植物的死亡。根据研究，绿狐尾藻具有耐高氨氮的特点，其最高能耐受的氨氮浓度可高达400 mg/L，远高于一般的水生植物，而氨氮浓度在250 mg/L左右时绿狐尾藻的生长状况最佳。沼液或养殖废水经厌氧处理后氨氮浓度一般可达1 000 mg/L以上，因此在沼液进入生态湿地之前要进行适当稀释或前处理。李裕元等（2014）研发了利用稻草、玉米秆、麦秸等农作物秸秆处理养殖废水的技术，该技术具有低成本、易运行的突出特点，主要通过在生态湿地前段构建生物基质处理系统，对经过厌氧处理的养殖粪污水进行预处理，可以起到很好的降低废水氮磷浓度的作用。根据研究，该系统可降低化学需氧量和氮、磷污染物浓度的幅度一般为30%左右。基质处理系统可以设置为一个或多个生物基质池，将作物秸秆作为填料充填其中。生物基质池容积参数为每头猪 $0.1 \sim 0.5$ m³。基质池工程建设及空间布设要求较为灵活，一般可在保证总容积大小的基础上由多个池子串联构成，基质池深度可根据实际确定，一般深度为100～200 cm，养殖废水通过自然落差或水力梯度推动实现自流。基质池墙体和底部要求做防渗处理，主要是防止高浓度粪污水渗漏而造成对周围环境或地下水的污染。

在基质池建成以后，首先向其中添加秸秆，首次的添加量一般为50 kg/m³左右，然后向基质池中逐渐放入经厌氧发酵处理的养殖废水，使其逐级向下流动。在运行一段时间以后，当发现处理效果变差时，要及时向池子中补充作物秸秆以维持处理效果，一般每年需要补充2～3次。添加的作物秸秆一般不必捞出，会全部腐烂分解沉淀为底泥，每两年左右清理一次基质池的底泥，并可作为有机肥加以利用。

（2）水生经济植物湿地的构建

①生态湿地的构建　对于一般的养猪场沼液的处理，每头存栏猪需要配备一定面积的池塘或者生态湿地，具体面积大小可根据植物的种类不同而适当调整，对于去污能力强的湿地植物，需要的湿地面积相对较小，反之则较大。以绿狐尾藻湿地为例，每头存栏猪需要的湿地面积一般为2～5 m²。绿狐尾藻湿地工程建设及空间布设，一般要求符合以下几点：第一，湿地控制水深30～80 cm；第二，湿地建议设为3级以上，各级湿地上下游水位建议保持10～20 cm的落差，主要是确保从上到下能够实现自流；第三，湿地末端在水质改善到一定程度以后可以用于灌溉水田、养鱼，或者在系统内实现循环利用，从而达到零排放。如果后端的生态湿地要用于水产养殖，其水深可以适当增加，一般深度可以设计为150～200 cm，还可以适当延长湿地的水分停留时间。

②水生经济植物的选择　对于适合用于构建养殖污水治理的水生经济植物，一般基于如下主要的原则：第一，生物量大，能够吸收较多的氮磷营养物质；第二，生育期长且耐收割，可保证湿地中有植物生长的阶段比较长，确保湿地的治理效果；第三，有较高的经济价值，比如可以作为水生蔬菜或优质畜禽饲料进行开发利用，或者可以作为有较高观赏价值的水生花卉用于市场销售，总之其主要目的在于能够在一定程度上提高污染治理的经济效益，以便降低治污工程的运维成本，提高养殖企业对生态湿地运行维护的积极性。

常用的水生经济植物种类较多，根据其生境条件可以分为水生植物和湿地植物，其中水生植物又可进一步分为挺水植物、浮水植物、浮叶植物和沉水植物，常见的植物种类见表6-9。这里详细介绍两种应用比较广泛且有较广阔的开发利用前景的植物，即绿狐尾藻和水芹菜。

表6-9　经济湿地常见水生植物

植物类型		植物名称
水生植物	挺水	香蒲、菖蒲、石菖蒲、黄菖蒲、水芹菜、荷花、梭鱼草、水生美人蕉、纸莎草、风车草、泽泻、黑三棱、千屈菜、水鬼蕉、再力花、旱伞草、蘸草、慈菇、茭草、香菇草、荸荠、水葱
	浮水	绿狐尾藻、浮萍、大薸、水蕹菜、紫萍
	浮叶	睡莲、荇菜、菱、莼菜、萍蓬草、芡实、黄花水龙、眼子菜
水生植物	沉水	狐尾藻、伊乐藻、苦草、菹草、大茨藻、小茨藻、石龙尾、光叶眼子菜、竹叶眼子菜、水生马齿苋
湿生植物		美人蕉、野芋、海芋、水蓼、芭蕉、鱼腥草、香根草

A. 绿狐尾藻　绿狐尾藻的分类学归属为小二仙草科狐尾藻属多年生草本植物，为浮水或沉水植物，雌雄异花，原产地为南美洲热带地区，在中国只开雌花，因此不能正常结实，主要为断枝条无性繁殖。绿狐尾藻植株对水体中养分的吸收能力强，可用于治理水体污染。在浙江、湖南、云南、广东等多地可见到野外逸生的植物群落。

绿狐尾藻的生长期较长，以地处中亚热带区域的湖南长沙为例，其主要生长期为3—12月，最佳生长温度25 ℃～30 ℃，气温低于5 ℃则停止生长。在我国长江以南地区可以正常越冬，但是在黄河以北地区冬季会被冻死，但可以通过温室大棚解决越冬保苗的问题。绿狐尾藻适宜在高氮磷浓度的养殖粪污水中生长。在广东、广西、云南等南亚热带地区则一年四季可以正常生长。绿狐尾藻具有耐高氮磷的特性，根据试验，其一般对氮磷的耐受浓度分别可达氨氮450 mg/L左右和总磷80 mg/L左右，而最佳生长的养分浓度则分别为氨氮160～230 mg/L，总磷15～20 mg/L。由于养分充足，又具无限生长特性，因此绿狐尾藻的生物量较大，一般情况下全年的鲜重产量可达300～600 t/hm²，植株含水率一般为85%～90%，折干生物量也达到30～60 t/hm²，远高于产量较高的一般农作物。绿狐尾藻具有蛋白质含量高、氨基酸组成均衡、矿物质丰富等特点，根据测定，绿狐尾藻植株粗蛋白含量17%～21%，粗纤维含量35%～39%，可适用于猪、牛、鸡、鸭、鹅、鱼等多种畜禽和水产的饲料加工，具有很大的资源化利用潜力。

尽管绿狐尾藻为外来物种，但是根据全国多地的观测研究结果表明，从生长适应性、群落竞争力、天敌危害等方面来看，绿狐尾藻在我国大陆地区大范围自然扩张的可能性很小，这主要体现在以下几个方面：①绿狐尾藻在中国淮河以南的亚热带地区可以良好生长并顺利越冬，但在黄河以北的北方地区则不能自然越冬；②风浪、水深、蓝藻暴发以及香蒲、莲、双穗雀稗、辣蓼、水竹叶等本土水生植物竞争等多种因素均会对绿狐尾藻的正常生长产生显著抑制作用；③绿狐尾藻存在非专一性天敌，主要包括斜纹夜蛾、黄色金花虫、红蜘蛛等，且经常呈暴发态势，从而造成绿狐尾藻群落的成片死亡，害虫暴发期主要在夏季高温阶段，从北向南绿狐尾藻害虫暴发的时间呈现逐渐提前的变化态势，湖南长沙主要在7—8月，而广东茂名则提前到3—4月。

B. 水芹菜　水芹菜为伞形科水芹属几种植物的统称，主要包括水芹、中华水芹和少花水芹等多个种，均为越冬性湿生植物或挺水植物，产于我国各地，田舍旁常有栽培，尤其在长江以南地区较为多见。在我国已有2 000多年的栽培历史，以其嫩茎和叶柄供食用，多作炒菜，其味鲜美可口，有特有香味，目前在我国江西、湖北、浙江、江苏等地栽培面积较大。近年来水芹菜已有成功驯化的典型案例，已经在湖北、安徽、江苏等多地用于人工栽培，也已经培育出多个不同特性的品种。

水芹喜冷凉，较耐寒，适宜生长温度为15 ℃～20 ℃，10 ℃以下茎叶停止生长，25 ℃以上生长减缓。水芹适宜在短日照季节生长，在我国大多数地区都可以利用低洼水田或沼泽地进行栽培，具有较高的经济效益。水芹菜最怕干旱，整个生长期间要有充足的水分，一般要保持一层浅水层，以不淹没叶片为度。

（3）人工湿地的运行维护

为了确保经济湿地的正常处理效果，需要对湿地进行定期维护，维护内容主要包括以下几个方面：

①植物的定期收割　一般情况下，湿地植物每间隔一段时间需要收割一次，主要目的是使植物有一个良好的生长状态。以绿狐尾藻为例，一般每间隔50～60天可以采收一次，具体间隔时间的长短可以根据植物的长势和季节变化略有调整，春季生长较快，收割的间隔可以适当短点，一般为30～40天，而夏季高温阶段生长受到抑制，间隔时间则可适当延长。在不同区域，由于气候的差异，湿地植物的管理模式也略有区别。还是以绿狐尾藻生态湿地为例，在长沙及以北的地区，一般从12月份开始就不能再进行植物的收割，主要是确保湿地在冬季能维持一定的生物

量，以利于植物的正常越冬，但是在广西、云南、广东等南亚热带区域，由于绿狐尾藻在冬季也能正常生长，因此其管理模式也与春秋季保持一致，但是在6—9月高温季节要适当减少收割次数。而水生蔬菜则可以根据蔬菜品质要求随时收获，但是要保持湿地有一定的植物覆盖度，以确保治理效果。

②病虫害防控　湿地植物是生态湿地运维的核心，因此病虫害防控是确保植物良好生长的关键措施。以绿狐尾藻为例，在每年的高温阶段（7—8月）是绿狐尾藻最容易受到害虫侵害的阶段，有些害虫甚至会出现暴发式危害，如斜纹夜蛾、黄色金花虫、红蜘蛛，此外还有一些零星发生的虫害，主要包括造桥虫、柳蓝叶甲、蚜虫等，如果虫害轻微可以不去管理，或通过局部收割进行防治，但如果发生严重也要进行适时防治，以免形成大面积虫害。一般推荐使用常用的蔬菜用杀虫剂即可有效灭杀，常用的杀虫剂主要包括虱螨脲、噻虫嗪、甲胺基阿维菌素等。

（4）水生经济植物的资源化利用

①绿狐尾藻的营养成分特征　绿狐尾藻干物质中粗蛋白含量为22.35%，与一般的常规饲料原料相比，居于能量型饲料原料和蛋白型饲料原料之间，其中粗脂肪的含量为4.7%，仅次于鱼粉和大豆，粗纤维含量（20.6%）高于常规饲料原料，粗蛋白与粗纤维的比值约为1.1（＞1），因此适口性相对较好（表6-10）。绿狐尾藻所含的17种氨基酸含量如下：天冬氨酸1.82%、谷氨酸1.41%、亮氨酸1.13%、赖氨酸0.88%、精氨酸0.80%、缬氨酸0.81%、丙氨酸0.70%、甘氨酸0.69%、组氨酸0.42%、丝氨酸0.61%、苏氨酸0.59%、酪氨酸0.53%、蛋氨酸0.14%、苯丙氨酸0.73%、异亮氨酸0.76%、脯氨酸0.61%和半胱氨酸0.44%。总体来看，绿狐尾藻的氨基酸组成相对均衡，氨基酸含量高于能量原料玉米，低于蛋白原料豆粕，整体和菜籽粕相当。从代谢能来看，绿狐尾藻与常用草食动物优质饲料紫花苜蓿十分接近（表6-11），因此绿狐尾藻更适合用于草食畜牧业的饲料配制。此外，绿狐尾藻干物质中重金属的含量也远低于国家饲料卫生标准中的限值要求（表6-12），因此一般情况下，养殖粪污水种植的绿狐尾藻可以安全用于动物饲料。

表6-10　绿狐尾藻与常用饲料原料干物质成分的比较

单位：%

饲料名称	粗蛋白	粗脂肪	粗纤维	总磷	钙
玉米	9.4	3.1	1.2	0.22	0.07
高粱	9.0	3.4	1.4	0.36	0.12

续表

饲料名称	粗蛋白	粗脂肪	粗纤维	总磷	钙
小麦	13.4	1.7	1.9	0.41	0.17
稻谷	7.8	1.6	8.2	0.36	0.03
糙米	8.8	2.0	0.7	0.35	0.06
大豆	35.5	17.3	4.3	0.48	0.27
棉籽粕	47.0	0.5	10.2	1.10	0.28
菜籽粕	38.6	1.4	11.8	1.02	0.64
DDGS	28.0	9.8	5.4	0.52	0.03
鱼粉	53.5	10.0	0.8	3.20	4.00
乳清粉	12.0	0.7	0.0	0.79	0.62
绿狐尾藻	22.35	4.7	20.6	0.57	1.05

表6-11 绿狐尾藻与紫花苜蓿的主要营养成分比较（风干基础）

项目	代谢能 / (MJ/kg)	粗蛋白质 /%	粗脂肪 /%	粗纤维 /%	粗灰分 /%	钙 /%	磷 /%
绿狐尾藻	13.16	19.13	3.59	20.45	8.32	1.05	0.57
紫花苜蓿	13.02	20.48	2.85	25.80	7.80	1.41	0.46

表6-12 绿狐尾藻干物质中重金属含量

单位：mg/kg

类别	砷（As）	铅（Pb）	氟（F）	铬（Cr）	镉（Cd）
饲料卫生标准（≤）	10.0	40	100	10	0.5
绿狐尾藻	0.02	0.3	0.95	1.23	0.03

②绿狐尾藻主要饲料配制及用途　绿狐尾藻经打捞、冲洗、破碎并脱水之后，可以经过发酵（7～10天）之后用作猪、牛、鸡、鸭、鹅等畜禽的饲料，但是一般只作少量添加，添加比例依据畜禽种类略有差别，其中草食性畜禽可以略高，一般可以达到10%～15%，非草食性的则不宜超过10%。吴飞等的试验研究表明，饲粮中添加一定量的绿狐尾藻对肥育猪生长速度影响不明显，并可改善血清生化指标，提高猪胴体率和屠宰率，降低猪平均背膘厚度，减缓肌肉pH降低速度，降低滴水损失，改善猪肉品质。在肉牛上的初步试验结果（表6-13）也表明，绿狐尾藻饲料饲喂西门塔尔牛，其生长性能和肉质上也明显优于饲喂黑麦草。因此，绿狐尾藻的饲料化开发利用前景十分广阔。

表6-13 西门塔尔牛饲喂发酵绿狐尾藻的生长性能和肉质指标比较

试验组别	生长性能指标			肉质性状			
	试验初重 /kg	试验末重 /kg	日增重 /（kg/d）	眼肌面积 /cm²	大理石纹	背膘厚 /cm	剪切力 /kg
黑麦草组	300.58±7.84	396.82±16.73	1.07±0.24	102.41±26.79	2.18±0.14	0.19±0.16	3.75±1.12
绿狐尾藻组	301.78±5.73	411.58±19.62	1.22±0.35	106.65±18.57	2.32±0.47	0.19±0.21	3.71±0.49

3. 技术应用与典型案例

（1）技术应用效果及社会影响

植物具有吸收利用氮磷养分的天然属性，从机理上来说任何绿色植物都具有消纳转化氮磷污染物的作用，因此利用各种植物（主要以水生或湿生植物为主）构建的生态治污技术早就在养殖场粪污水生态治理中得到了较为广泛的应用，但以往选用的水生植物主要为水葫芦、水花生、水浮莲等，由于这些植物本身的经济价值相对较低，而且有严重的外来植物入侵风险，因此已经不适用于新的农村污染治理模式，逐渐成为被淘汰的对象。针对现代养殖业发展的新形势，研发和应用基于养殖污染低成本治理与资源化利用兼顾基础的新型水生经济植物治污模式得到高度关注。其中中国科学院亚热带农业生态研究所研发的绿狐尾藻生态治污技术模式具有独特的优势。由于绿狐尾藻具有如前文所述的耐高氮磷浓度、植物生物量大、营养价值高等突出优势，该技术主要应用于养殖粪污水的生态治理，同时也可在农村分散型生活污水和农田排水的生态治理中得到应用，取得了显著的效果，并产生了较大的社会影响。

大量试验及示范工程观测结果表明，采用绿狐尾藻生态治污技术可以取得显著的治理效果，其中养殖废水排放可以达到《畜禽养殖业污染物排放标准》（GB18596—2001），生活污水治理可以达到《城镇污水处理厂污染物排放标准》（GB18918—2002）一级A类，对富营养化水体（劣V类）治理后氨氮与总磷可降低40%～60%，V类水体可提高到Ⅳ类以上水质标准，水体透明度达到60 cm以上。

从绿狐尾藻生态治污技术在全国各地的应用范围来看，截至2023年12月底，绿狐尾藻生态治污技术已在湖南、湖北、浙江、江苏、江西、安徽、广西、广东、四川、重庆、云南、贵州、河南等13个省（市/自治区）开展推广应用示范，涉及的区域包括我国长三角、珠三角、长江上游、西南山区以及华北平原南部等以南方为主的不同地貌类型区域，各类示范工程布点达 180 余处，其中农业面源污染综合治理区 35 个，涵盖农田总面积约 10 万亩；农村生活污水治理点 100 个以上，涉及总人口超过 10 万人；治理不同规模（存栏猪 250 ～ 50 000 头）养猪场 200 余家，年存栏生猪总量达 100 万头以上；治理富营养化水体 100 余处，治理沟道总长度达到 200 km 以上。

（2）绿狐尾藻生态处理技术应用典型案例

示范点基本情况：治理猪场位于广东省化州市南盛街道，猪场存栏猪 1 500 头，芦花鸡存栏 1 000 羽，养猪场粪污处理模式为水冲粪，具体采用固液分离后废水进行厌氧池处理，日排放水量为 5 ～ 6 t。

主要治理工程：该示范点于 2021 年 11 月建成并投入使用，主要工程包括生物基质池预处理系统 100 m³、绿狐尾藻湿地总面积 4 000 m²（分为 5 级），绿狐尾藻破碎脱水一体化处理设施，日处理规模为 50 t。

治理效果：根据对示范点水质动态监测的结果，示范工程对养殖粪污水的处理效果总体表现良好，主要水质指标化学需氧量（COD）、总氮和氨氮基本上达到广东省畜禽养殖业污染二类地区排放标准，去除率均达到 83% 以上，而系统对总磷的去除率略低，平均为 76%，未达到国标排放标准（表 6-14、图 6-3），主要原因在于示范工程采用的是循环水工艺（即零排放）。

表 6-14　广东化州南盛示范猪场生态治理工程进出水主要水质指标（2021—2022）

监测指标	化学需氧量（COD）/（mg/L）	氨氮/（mg/L）	总氮/（mg/L）	总磷/（mg/L）
进水/（mg/L）	403.3	365.0	585.0	65.0
出水/（mg/L）	44.2	35.0	71.0	12.4
去除率/%	83.5	86.4	88.2	76.0
广东省二类地区排放标准	150	40	70	5

绿狐尾藻氮磷吸收量

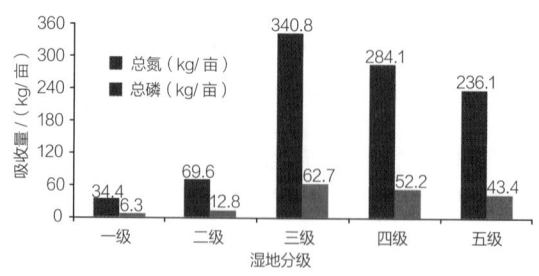

图 6-3　广东化州南盛示范猪场各级绿狐尾藻生态湿地氮磷养分年吸收量

效益分析：根据绿狐尾藻的生长量和养分含量初步测算，示范工程绿狐尾藻湿地系统对养殖废水中氮、磷养分的直接吸收量年平均分别为 193.0 kg/ 亩（氮）和 35.5 kg/ 亩（磷），相当于每年直接从生态湿地水体中移除 420 kg/ 亩尿素（氮肥）和 296 kg/ 亩过磷酸钙（磷肥），污染减排效果（生态效益）十分显著（图 6-4、图 6-5 ）。

从工程的经济效益来看，本示范工程的总投资合计为 30 万元，要显著低于其他工程化的污染治理投入（一般需要 60 万～ 80 万元），主要包括生物基质池、五级生态塘、护坡工程、周边走道等工程建设费以及植物种苗费用，不含占地费用，每年运行维护合计 3 万～ 5 万元，主要为人员费、基质材料费和少量电费（水循环和饲料加工需要用电）。收获的绿狐尾藻全部用作加工 1 000 羽芦花鸡的发酵饲料，最多可以替代 35% ～ 40% 的饲料成本，每月可直接节约饲料投入 3 000 元左右，全年合计收益为 3.6 万元，与运行费基本持平。

图 6-4　利用绿狐尾藻生态湿地治理养殖污水与植物饲料化利用示范工程

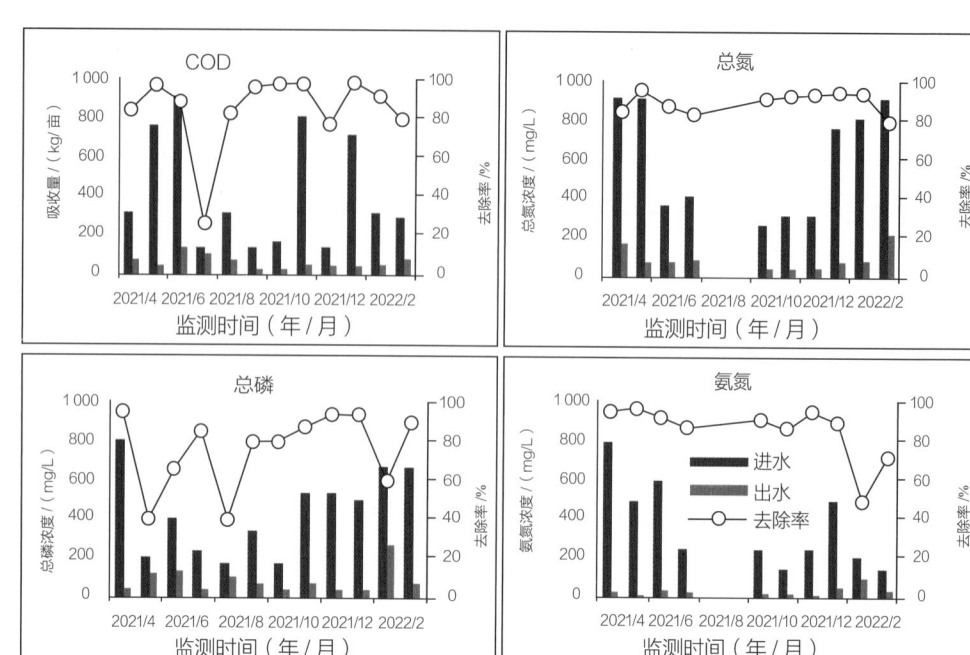

图 6-5　广东化州南盛示范猪场每年生态治理主要污染物指标变化（2021 年 4 月—2022 年 3 月）

（3）水芹菜生态处理技术应用典型案例

示范点基本情况：治理猪场为种猪场，位于安徽省淮南市凤台县小岗村，存栏种猪 5 500 头，年繁殖仔猪 10 万～ 12 万头，猪粪收集工艺为水泡粪并建设有黑膜沼气设施，年产沼液量为 6 万吨左右，日排放沼液量约为 10 t。

主要治理工程：该示范点于 2020 年 7 月建成并投入使用（图 6-6），主要工程总占地面积为 180 亩，用于建设处理沼液的生态湿地，主要种植水芹、水蕹菜（空心菜）、绿狐尾藻等高效水生经济植物，也种植一定面积的籽莲、中山杉、果桑等，全部用来消纳利用猪场沼液。其中水芹占比最大，占 40% 以上，定期收获并加工整理成为商品水芹菜，并上市销售。湿地控制水深为 30 ～ 50 cm，每亩湿地每年可以处理的沼液量为 300 ～ 500 t，生态湿地中布设润航公司独家研发的专用设施——生态浮床和生态浮岛，单一生态浮床的规格为 1 m × 1 m，布设量为 500 ～ 600 m²/亩，尾端绿狐尾藻水质深度净化湿地的水力停留时间一般控制在 30 ～ 50 天。水芹菜、空心菜直接在生态浮床上种植，夏季栽空心菜，其他季节栽水芹菜，可做到四季常绿，水芹菜一年收割 3 ～ 4 茬，亩产 20 ～ 30 t。水下可以放养一定量的泥鳅、乌鳢、小龙虾等，形成鱼菜共生系统。

治理效果：水芹湿地内的水质一般控制在氨氮浓度不高于 300 mg/L 为宜。绿狐尾藻湿地末端排水主要为循环利用（零排放），如果排放则水质的控制标准为《地表水环境质量标准》（GB3838—2002）Ⅳ类水质，即化学需氧量 30 mg/L、总氮 1.5 mg/L、总磷 0.3 mg/L。

效益分析：初步估算，示范基地每年处理 6 万吨沼液，可以直接消纳转化的主要污染物量依次为：化学需氧量 240 t/ 年，总氮 30 t/ 年，总磷 3 t/ 年，具有显著的生态效益。采用本技术处理沼液具有建设成本低、操作简单、运行费用低等突出优点，每年直接节省的污水处理工程费为 10 元 /t，合计为 60 万元 / 年；水芹菜一年收割 3 ～ 4 茬，亩产 10 ～ 15 t，批发单价平均为 0.4 元 /t，扣除人工成本后每年的净收益为 1.0 万～ 1.5 万元 / 亩；水体兼养鱼虾的收益为 1 500 元 / 亩；种植籽莲可以收获鲜莲蓬 4 000 个 / 亩，纯收入 2 000 元 / 亩。整个基地全年水生蔬菜种植的收益约为 85 万元。扣除固定投入成本 24.7 万元 / 年，基地年净收益约为 61.3 万元。

图 6-6　水芹菜－绿狐尾藻经济湿地治理养殖污水示范工程与水芹菜采收

第三节
粪水沼液资源化利用技术及案例

一、粪水及沼液的基本特性

1. 粪水的基本特性

粪水是指畜禽养殖过程中产生的由粪、尿、外漏饮水和冲洗水及少量散落饲料等组成的液态混合物（含粪浆）。粪水中富含氮、磷、钾等养分元素，粪水中总氮的含量为 527.6 ～ 4 863.7 mg/L，其中，铵态氮和硝态氮的含量分别为 208.35 ～ 3 027.2 mg/L 以及 7.6 ～ 520 mg/L；总磷含量为 5.3 ～ 506.03 mg/L，其中，有效磷的含量为 48.25 ～ 324.8 mg/L，总钾的含量为 197.40 ～ 530 mg/L；粪水中还可能含有少量的重金属，铜和锌的含量一般为 12.58 ～ 606.17 mg/L 以及 2.76 ～ 148.02 mg/L。粪水的 pH 通常为 6.2 ～ 8.29，粪大肠菌群为 1.8×10^5 ～ 4.2×10^8 个 /L，蛔虫卵死亡率为 11.3% ～ 35.5%（表 6-15）。粪水具有可观的农用价值，但若处理和农用不当，会造成一定的人体健康和环境污染风险。

表 6-15　养殖粪水中主要物质含量

指标	含量范围	指标	含量范围
总氮 /（mg/L）	527.6 ~ 4 863.7	pH	6.2 ~ 8.29
总磷 /（mg/L）	5.3 ~ 506.03	COD/（mg/L）	1 352.6 ~ 20 000
总钾 /（mg/L）	197.40 ~ 530	粪大肠菌群数 /（个 /L）	1.8×10^5 ~ 4.2×10^8
铵态氮 /（mg/L）	208.35 ~ 3 027.2	蛔虫卵死亡率 /%	11.3 ~ 35.5
硝态氮 /（mg/L）	7.6 ~ 520	砷 /（mg/L）	0.03 ~ 0.05
有效磷 /（mg/L）	48.25 ~ 324.8	铅 /（mg/L）	0.08 ~ 2.29

续表

指标	含量范围	指标	含量范围
锌 /（mg/L）	12.58 ~ 606.17	镉 /（mg/L）	0.04 ~ 3.88
铜 /（mg/L）	2.76 ~ 148.02	铬 /（mg/L）	0.022 ~ 0.35

2. 沼液的基本特性

沼液是粪污通过厌氧发酵后产生的液体剩余物，其含有丰富的养分，可用作肥料，不同发酵原料的沼气工程产生沼液的氮、磷、钾养分含量不同。一般沼液总氮（TN）含量为 400 ~ 3 500 mg/L，总磷（TP）为 20 ~ 600 mg/L，总钾（TK）为 300 ~ 2 500 mg/L。以鸡粪为发酵原料的沼液养分含量普遍高于猪粪和牛粪沼液，牛粪沼液中养分含量最低。不同发酵原料沼液中 TN 和 TK 占比较大，TP 占比基本在 25% 以内（图 6-7）。鸡粪沼液 TN 占比集中在 40% ~ 75%，TK 占比在 20% ~ 55%；猪粪 TN 占比在 20% ~ 90%，TK 占比在 8% ~ 75%；牛粪 TN 占比在 24% ~ 75%，TK 占比在 19% ~ 70%。

沼液的 pH 值普遍略高于发酵原料，一般呈弱碱性。以猪粪为发酵原料的沼液 pH 均值是 7.46，牛粪沼液为 7.72；鸡粪沼液为 8.0，以秸秆、人粪尿等户用生活垃圾混合物发酵的沼液 pH 均值为 7.37。不同类型沼液的 pH 由高到低依次为：鸡粪＞牛粪＞猪粪＞秸秆和人粪尿混合物，按要求用于农田利用的沼液 pH 应在 5.0 ~ 8.0。

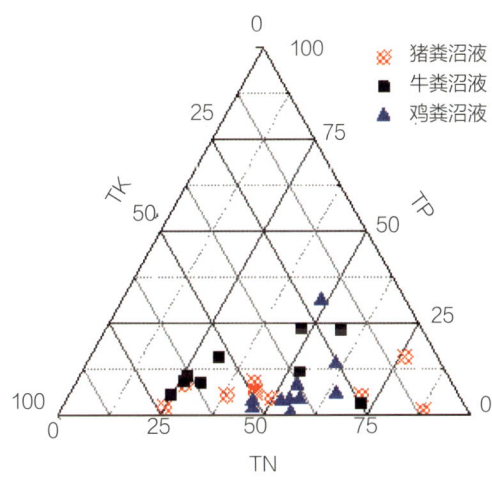

图 6-7　不同发酵原料沼液中 TN、TP、TK 三角图

注：图中各点数据分布是百分比（%）；沼液中的各成分浓度单位是 mg/L。

二、粪水贮存发酵技术

粪水贮存发酵是指粪水在兼氧、厌氧、好氧等微生物的作用下，通过定期贮存、发酵处理，达到无害化、稳定化的过程。粪水贮存发酵技术主要包括舍下贮存发酵、敞口贮存发酵、密闭囊式贮存发酵等模式。

1. 舍下贮存发酵

（1）技术工艺

舍下贮存池设置于养殖圈舍下方，一般占地面积与圈舍面积相同，粪污通过漏缝地板直接进入贮存池，池底应略具坡度，并设置粪污排出口。通常分娩舍和保育舍贮存池深度按 800 ～ 1 200 mm 设计，注水深度 400 ～ 700 mm，配种怀孕舍、生长舍和肥育舍则按 1 500 ～ 2 500 mm 设计，注水深度 800 ～ 1 000 mm。舍下贮存池通风系统有两种类型：一种是管道式通风系统，该系统内有一根与舍下贮存池长度相同的管道，并且在管道上每隔一定间距有一个较小的进气口，用来抽吸舍下贮存池内的废气；另一种是隔间式通风系统，即在舍下贮存池外墙上安装一台或多台风扇，通过管道与舍下贮存池连通，抽吸废气（图 6-8）。

粪水在舍下贮存池贮存 6 个月后，蛔虫卵死亡率 ≥ 95%，粪大肠埃希菌群数要求 ≤ 100 个 /mL，可以还田利用。在贮存池容积不足以存放 6 个月粪水的情况下，应建设舍外贮存池继续发酵，舍外、舍内累计贮存时间应满足超过 6 个月的要求。

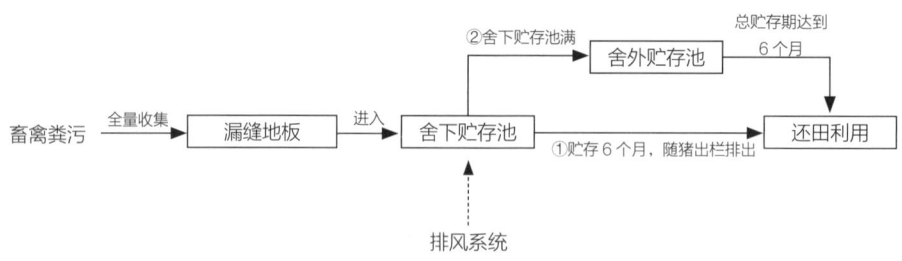

图 6-8　畜禽粪水舍下贮存发酵处理工艺

舍下贮存池（图 6-9）设计需满足防渗、防雨、防溢流等要求，一般采用负压抽风等方式进行臭气控制，设施容积 V_1 可按式（1）计算：

$$V_1 = N \times Q \times D + P \quad\quad\quad （1）$$

式中：

N—动物的数量，猪和牛的单位为百头，鸡的单位为千只。

Q—畜禽养殖业每天最高允许排水量，猪场为 1.8 m^3/ 百头，牛场为 20 m^3/ 百头，鸡场为 0.7 m^3/ 千只。

D—粪水贮存时间，单位为天（d），其值依据后续粪水处理工艺的要求确定。

P—预留体积，舍下贮存池粪水至漏缝地板宜预留 0.5 m 高的空间，预留体积按照设施的实际长和宽以及预留高度进行计算。

（2）技术案例

内蒙古某养殖企业年出栏育肥猪 15 万头，年产粪水 24 万立方米。粪水收集处理及还田工艺流程为：尿泡粪漏缝板收集—舍下贮存池发酵—固液分离—舍外暂存池—罐车还田。粪水收集环节，采用尿泡粪工艺，猪舍为全漏缝地板，下方建有 1.8～2.8 m 防渗漏贮存池，粪尿全部从漏缝地板进入地下贮存池，饲养过程中猪舍内不冲水不消毒，从源头减少了污水的产生。粪水贮存环节，自然贮存半年以上；养殖舍内采取上部送风、下部抽风的立体通风方式，避免了地下贮存池臭气进入舍内。粪水清理环节，养殖舍内的育肥猪出栏后进行清理，贮存池内的粪尿通过地下管道输送至粪水处理车间。粪水处理环节，粪水到达处理车间后，经固液分离去除少量杂质，所得液体粪肥经管道输送至暂存池。粪水利用环节，液体粪肥通过罐车运输至园区内农田利用；少量固体粪肥经堆肥发酵腐熟后还田利用。

图6-9 舍下贮存发酵池

2.敞口贮存发酵

（1）技术工艺

粪水敞口贮存设施包括露天贮存池、多级沉淀池、稳定塘等。敞口贮存池应建设在养殖舍主导风向的下风向或侧风向，并与畜禽养殖场生产区相隔离，以满足防疫要求。敞口贮存池设计需满足《畜禽规模养殖场粪水资源化利用设施建设规范（试行）》中规定的防渗、防雨、防溢流等要求。贮存池有地下式和地上式两种，土质条件好、地下水位低的场地可建造地下式贮存设施，地下水位较高的场地宜建造地上式贮存设施。贮存池底面应高于地下水位 0.6 m 以上，高度或深度不超过 6 m，根据场地大小、位置和土质条件确定，可选择正方形、长方形、圆形等形式。

敞口贮存池粪水贮存时间一般不少于 6 个月，在贮存发酵过程中，一般会产生氨气、硫化氢等气体。因此，在粪水敞口贮存发酵的基础上衍生出了表层覆盖、酸化贮存等技术模式，以减少粪水贮存发酵期间的臭气排放。表层覆盖一般是利用稻草、秸秆等材料覆盖于粪水表面。酸化贮存是通过向粪水中添加酸化剂，以降低粪水 pH 值，抑制粪水中铵态氮向氨气的转化，达到降低粪水氮素损失的目的。养殖粪水敞口贮存发酵工艺流程见图 6-10。

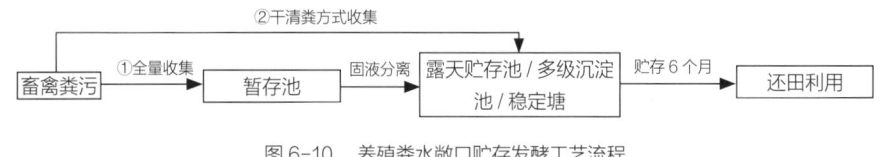

图 6-10　养殖粪水敞口贮存发酵工艺流程

敞口贮存池的设计需满足防渗、防雨、防溢流等要求，设施容积 V_2（m³）按式（2）计算：

$$V_2 = N \times Q \times D + R_0 + P \tag{2}$$

式中：

N—动物的数量，猪和牛的单位为百头，鸡的单位为千只。

Q—畜禽养殖业每天最高允许排水量，采用干清粪的猪场为 1.8 m³/ 百头，牛场为 20 m³/ 百头，鸡场为 0.7 m³/ 千只；采用水冲粪的猪场为 3.5 m³/ 百头，牛场为 30 m³/ 百头，鸡场为 1.2 m³/ 千只。

D—粪水贮存时间，单位为天（d），其值依据后续污水处理工艺的要求确定。

R_0—按 25 年来该设施每天能够收集的最大雨水量（m³/d）与平均降雨持续时间（d）进行计算。

P—宜预留 0.9 m 高的空间，预留体积按照设施的实际长和宽以及预留高度进行计算。

（2）技术案例

案例1：河北省衡水市郊区某养猪场，存栏种猪2万余头，采用固液分离/太阳能折流式厌氧塘/兼氧塘/强化好氧塘工艺进行处理，工艺流程详见图6-12，厌氧塘总池容为12000 m^3，有效容积为11500 m^3，尺寸为（30 m×3）×30 m×5.0 m（总长度为90 m，内分3小段），HRT为6.5天，容积负荷约为0.8 kg COD/（m^3·d）；兼氧段总池容为9100 m^3，有效容积为9000 m^3，尺寸为（30 m×2）×30 m×5.0 m（总长度为60 m，内分2小段），HRT为5.0天，容积负荷约为0.3 kg COD/（m^3·d）；强化好氧段总池容为4000 m^3，有效容积为3600 m^3，尺寸为（15 m×2）×30 m×5.0 m（总长度为30 m，内分2小段），HRT为2.0天，配套液下YBG型曝气机2台，单机服务面积为270 m^2，容积负荷约为1.0 kg COD/（m^3·d）。经处理后的养殖废水水质达到《畜禽养殖业污染物排放标准》（GB18596）要求，各环节水质详见表6-16。

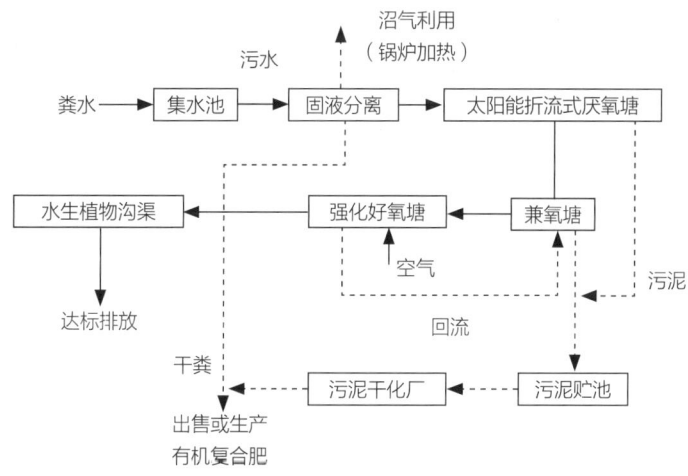

图6-11 猪场污水处理工艺流程

表6-16 稳定塘各环节水质要求

项目		折流式厌氧塘 /m^3	兼氧塘 /m^3	强化好氧塘 /m^3
COD	进水	8 000	3 000	1 200
	出水	3 000	1 200	400
NH_3-N	进水	600	500	200
	出水	500	200	70

案例 2：丹麦维堡市一处养猪场和一处奶牛场的粪水处理利用均采用酸化贮存技术。养猪场存栏量 5 600 头，年出栏量 14 000 头，配备了粪水固液分离系统、堆肥系统、酸化处理系统及粪水贮存池，猪舍所产生的粪水，固态部分进行堆肥，液态部分经酸化处理系统处理后（粪水 pH 值在 5.5 左右），由管道输送至粪水贮存池，按照丹麦相关规定须贮存 9 个月以上才能还田施用（图 6-12）。奶牛场存栏量 500 头，年产奶超过 3 000 t，配备有固液分离系统和粪水酸化处理系统，与猪场的酸化处理系统比较，奶牛场的设施结构相对简单，能节约投资成本。粪水通过固液分离后，固态部分作为牛舍的垫料回用，液态部分则流入牛舍地下的粪水环流池进行酸化处理（粪水 pH 值在 5.5 左右），以达到氨气减排标准，降低氨挥发损失的目的。

酸化罐　　　　　　　　　　　　　　　　　　　　贮存池

图 6-12　丹麦维堡市农场粪水酸化处理系统

3. 密闭囊式贮存发酵
（1）技术工艺

密闭囊是一种由土工膜和高密度聚乙烯（High Density Polyethylene，HDPE）防渗膜构成的密闭的粪水贮存设施，使用寿命一般在 10 年以上。密闭囊一般建设为矩形，长宽比不小于 3：1，通常以旧河道、池塘、洼地等低洼地段为基础进行修建，深度不超过 6 m。密闭囊的容积为养殖场产生粪水容积的 1.2 倍。密闭囊内置粪水搅拌装置，顶部设有排气孔，粪水入口与出口设在密闭囊侧上方。

粪水密闭囊贮存发酵技术解决了我国北方地区冬季粪水结冰难以发酵、夏季臭气排放和滋生蚊蝇等问题，具有建设成本低、臭气控制好和安装管理方便等特点。密闭囊贮存的粪水贮存 6 个月，一般可满足蛔虫卵死亡率 ≥ 95%、粪大肠埃希菌群数 ≤ 100 个 /mL 等要求（图 6-13），可还田利用。

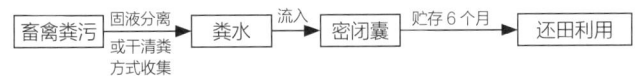

畜禽粪污 → 固液分离或干清粪方式收集 → 粪水 →(流入)→ 密闭囊 →(贮存6个月)→ 还田利用

图 6-13　密闭囊式贮存发酵技术工艺流程

（2）技术案例

黑龙江省哈尔滨市某奶牛养殖场，存栏 3 000 头，建有 3 个密闭囊（图 6-14），单个密闭囊容积 8 000 ～ 10 000 m³，养殖粪水以干清粪方式收集后进行固液分离，固液分离后的粪水进入密闭囊贮存，进行为期 6 个月的中低温发酵，其间粪水发酵产生的气体通过密闭囊顶部排气孔直接排空，降低气体对囊体容积的影响。粪水还田时利用内置搅拌装置对粪水进行搅拌，使密闭囊底部的沉积物悬浮于粪水中排出。腐熟后的粪水总养分含量高于露天贮存工艺，粪大肠埃希菌群数 ≤ 100 个 /mL，蛔虫卵死亡率为 100%，满足《沼肥》（NY/T 2596—2014）的卫生学指标要求。

图 6-14　密闭囊

三、沼液的养分利用技术

沼液氮磷含量高，直接排放不仅污染环境，还会造成资源浪费。沼液中氮磷回收利用是一种较好的资源化方式，主要包括膜浓缩制肥、鸟粪石结晶和养分吸附利用等技术。

1. 膜浓缩制肥技术

（1）技术工艺

膜浓缩制肥技术是一种利用膜的透过性能，在压力的作用下对沼液中的微粒、分子或离子进行过滤、分离、浓缩的技术，该技术具有分离过程无变相、操作简单、选择性强等特点。过滤膜根据其微孔的孔径规格排序，微滤膜（MF）＞超滤膜（UF）＞纳滤膜（NF）＞反渗透膜（RO）。微滤膜的孔径一般为 0.1～10 μm，允许大分子和溶解性固体（无机盐）等通过，但会截留悬浮物、细菌及大分子量胶体等物质；超滤膜孔径范围为 2～500 nm 的微孔过滤膜，能筛出小于孔径的溶质分子；纳滤膜孔径一般为 1～2 nm，是能透过溶剂分子或某些低分子量溶质或低价离子的一种功能性的半透膜；反渗透膜孔径非常小，其原理是在高于溶液渗透压的作用下，将不能透过半透膜的物质和水分离开。膜浓缩效果受到膜材质、膜孔径、膜压力、膜通量和沼液 pH 等影响。

微滤和超滤作为较成熟的膜处理技术，以膜两侧的压力差作为推动力，膜压力低，为 1.0 MPa，pH 一般是 5.0 的酸性条件，作为沼液反渗透膜浓缩的前处理，可提高浓缩后沼液养分含量 2～5 倍。纳滤又称为低压反渗透，膜孔径范围介于反渗透膜和超滤膜之间。分离原理是通过在膜表面发生的化学平衡和静电作用去除沼液中的低价离子及分子量为 200～1 000 Da 的有机物，运行压力低，一般为 1.0～2.0 MPa；膜通量高，一般为 120～150 L/（m²·h）；pH 在 3.0～7.0 的酸性条件下，对沼液中磷的截留率较高，但是对氨氮和 COD 的截留率较低。反渗透分离原理是在半透膜的沼液一侧施加比溶液渗透压高的外界压力，沼液透过半透膜时，只允许水透过，其他物质不能透过而被截留在膜表面的过程。可截留所有分子量大于 100 Da 的可溶性盐类及有机物。运行压力为 0.8～5.5 MPa，pH 一般是 6.5 弱酸环境，对沼液氨氮和 COD 的截留率高。目前国内外对沼液的膜浓缩研究，沼液浓缩倍数一般为 4～5 倍，最高不超过 6 倍。

不同膜浓缩技术对沼液的养分回收具有不同的效果，沼液中悬浮物、胶体、盐分等含量较高，在浓缩过程中会引起严重的膜污染，导致膜通量的快速下降和膜的频繁清洗。因此对运行条件的优化是减小膜污染的最重要措施。

（2）技术案例

案例 1：山东某地以养殖废弃物发酵的沼液为原料经多级膜过滤浓缩成有机水溶液态肥料。首先将沼液进行膜前预处理，处理后的沼液经过陶瓷膜的超滤膜进行过滤除杂，再依次经过纳滤膜、反渗透膜进行截留浓缩（图 6-15）。其中超滤膜孔径为 100～200 nm、膜通量为 60～65 L/（m²·h）、跨膜压差为 0.10～0.20 MPa；纳滤膜孔径为 1 nm、膜通量为 40～50 L/（m²·h）、进口压力为 1.0～2.0 MPa；

反渗透膜孔径只允许 NH_3、H_2O 通过，膜通量为 35 ～ 40 L/（$m^2 \cdot h$）、进口压力为 2.5 ～ 3.5 MPa。通过该工艺条件，最终达到去除沼液中的固体不溶颗粒，其他难以被作物吸收的大分子物质，高倍浓缩沼液有机小分子营养物质的目的，膜浓缩液符合水溶肥标准。

图 6-15　沼液膜浓缩设备

案例 2：江苏某地以鸡粪发酵产生的沼液为原料制备有机水溶肥。沼液经过缓冲沉淀池装置去除大颗粒物质，之后输送泵将沼液泵入超滤系统，通过高通透规格的超滤膜进行一级超滤浓缩，随后再切换至中通透规格的超滤膜装置进行二级超滤浓缩，最后通过反渗透清液处理系统。其中超滤装置膜面积为 0.7 m^2，一级超滤进口压力 1.7 ～ 2.2 bar，产水通量 60 ～ 70 LMH；二级超滤进口压力 1.7 ～ 2.2 bar，产水通量 20 ～ 30 LMH；反渗透装置，膜面积为 4 m^2，一级反渗透进料压力 60 ～ 75 bar，运行通量 8 ～ 13 LMH；二级反渗透进料压力 60 ～ 75 bar，运行通量 5 ～ 9 LMH，进料压力 60 ～ 75 bar，运行通量 8 ～ 13 LMH。该膜浓缩工艺通过高通透和中通透规格的超滤膜等结构，简化了传统膜浓缩结构，在不改变沼液原有营养成分及性质的基础上，提高了处理效果，降低了膜消耗量（图 6-16）。

图 6-16　沼液高浓缩系统和成品

2. 鸟粪石结晶技术

（1）技术工艺

鸟粪石结晶技术是向高氨氮和高磷的废水中投加适当的镁盐和磷酸盐，使之生成不溶性的磷酸铵镁结晶，俗称鸟粪石。沼液氮磷可以以鸟粪石（MAP，$MgNH_4PO_4 \cdot 6H_2O$）、羟基磷灰石[HAP, $Ca_5(OH)(PO_4)_3$]和磷酸钙的形式沉淀，获得高质量的磷，作为肥料利用。

鸟粪石结晶过程主要分为晶核形成和晶体生长两个阶段，结晶过程受投加沉淀剂种类、投加物质的量配比、pH 值、反应时间和搅拌强度等因素的影响。陶智伟等研究指出沉淀剂种类、投加量和 pH 等因素对猪粪沼液氮的回收效果具有一定影响，沉淀剂选择 $MgSO_4$ 和 Na_2HPO_4 时，pH 在 8.5 ～ 9.0，镁氮磷摩尔比为 1.1 : 1.0 : 0.85 时，氨氮回收效果最好，能达到 74.3%。杨明珍等研究以 $MgCl_2 \cdot 6H_2O$ 和 $KH_2PO_4 \cdot 12H_2O$ 为沉淀剂，沼液 pH 为 9.0，镁氮磷摩尔比为 1.1 : 1.0 : 1.05 时，沼液中氨氮回收率可达到 80.5%。张正红等研究发现反应时间和搅拌速率影响较大，当沉淀剂与沼液的反应在 20 分钟，搅拌速率在 150 r/min 时，沼液氮磷回收率增大。一般来说，鸟粪石形成的最佳工艺 pH 为 8.5 ～ 10.5，镁氮摩尔比为 1.0 : 1.3，反应时间为 15 ～ 20 分钟，该范围条件内对沼液氮磷的回收效果最佳。

鸟粪石结晶中投加的镁盐成本较高，目前常通过寻找廉价的沉淀剂替代镁盐，或者用其他方法耦合鸟粪石结晶技术以达到低成本高效回收沼液氮磷的效果，表6-17 列出了几种耦合技术。

表 6-17 鸟粪石结晶与其他技术复合回收沼液养分

复合回收技术	物质配比、结晶条件	磷回收效果
沼液过滤、鸟粪石结晶	pH=10.0, n(Mg) : n(P) : n(N) =1.1 : 0.6 : 1, 反应时间 =10 min, 转速 =400 r/min	磷回收率 89.47%
水热处理、鸟粪石结晶	pH=9.5 时, 高转速搅拌下鸟粪石颗粒多而小; pH=9.5 时, 低转速搅拌下鸟粪石颗粒少而大; n(Ca) : n(Mg) : n(P) =0.5 : 1 : 1, 转速 =400 r/min	养殖废水 131 万吨磷素, 可替代 300 万吨磷矿（P_2O_5）, 生产约 941 万吨鸟粪石
水热处理、鸟粪石结晶	pH=9.98, n(Mg^{2+}) : n(PO_4^{3-}) =1.84 : 1, 鸟粪石结晶率 99.3%	磷回收率 87.60%

（2）技术案例

美国芝加哥的 Stickney 公司是全球最大的污水处理厂，占地面积约为 68.8 亩，每天的水处理量最大能够达到 14.4 亿加仑。Ostara 公司为 Stickney 公司提供营养回收系统和鸟粪石结晶技术的设备支持。Ostara 的技术工艺主要是基于在液化床反应器中控制化学结晶程度，使鸟粪石转化成高纯度的结晶颗粒，将氯化镁、氢氧化钠与蕴含丰富营养物质的污水相混合，混合液随之进入鸟粪石反应器，产生形如珍珠的鸟粪石小颗粒，当鸟粪石颗粒的直径达到 0.9 ～ 3.0 mm 时就可以作为化肥生产标准（图 6-17）。该厂每年生产 1 万吨鸟粪石，减少了污水厂 30% 的磷排放，每吨鸟粪石价格可达到 400 美元，每年收益 200 万美元。Ostara 的鸟粪石结晶技术在其他国家的污水养分处理中也广泛应用，如荷兰的 Amersfoort 污水厂和德国的 CNP 水处理厂。

（a）养分回收系统　　　　　　　　　　（b）鸟粪石化肥生产装置

图 6-17　鸟粪石结晶技术设备

3. 养分吸附利用技术

沼液中养分吸附是沼液资源化利用的有效途径。沼液氮的吸附主要通过吸附材料的吸附位点、静电吸引、离子交换等途径；沼液磷的吸附主要通过吸附材料与离子间的氢键结合、表面络合和形状互补等途径。在吸附工艺中，一般要将沼液经过初级固液分离、过滤等预处理来降低含固率和悬浮物浓度。养分的吸附效果受沼液的养分浓度、pH 值、竞争离子、材料比表面积、吸附温度和吸附时间的影响。

不同吸附材料对沼液中养分回收效果有明显区别。常用的吸附材料包括沸石、生物炭和活性炭、改性材料、金属氧化物、纳米材料、新型复合材料和高分子聚合物。沸石、生物炭和改性材料对氨氮的吸附效果最好，郭俊元等采用氯化镁改性沸石作为吸附剂，沸石改性前后对沼液中氨氮的吸附容量从 12.6 mg/g 提高到了

24.9 mg/g；王大为等研究发现，竹炭经过微波改性后，比表面积增大，平均孔径也有所增加，因此对氮氧化物的吸附效果明显提高。金属氧化物和纳米材料对磷的吸附效果最好，马艳茹等研制的秸秆炭复合镁镧双金属氧化物纳米材料，在 30 分钟内投加 2 g/L 吸附剂可回收沼液中 90% 以上的磷酸盐；Yan 等研制的纳米 Mg/Al-LDH 复合材料在吸附条件为 pH 6.5 时，对磷吸附量达到 100.7 mg/g。同时，沼液养分吸附效果也受吸附装置的影响，常用的装置有固定床和流化床，吸附效果受吸附床结构、吸附材料粒径、吸附剂填料量、沼液通过系统的流量等因素影响（表6-18）。马艳茹等研究得出氢氧化钾改性的玉米秸秆炭受沼液流量和吸附剂填料量的影响，当沼液流量为 5 L/h，填料高度为 70 cm 时，对沼液氨氮的吸附率最大，可达到 85.60%。

总的来看，吸附技术环境友好、处理效果好、成本低，适用于沼液处理的中后端环节，适合含固率低的沼液。由于不同发酵原料的沼液理化性质差异较大，选择合理的吸附材料或组合工艺，研发工程化装备是未来的趋势。

表6-18　氮磷养分常用吸附剂及吸附量

吸附类别	吸附剂	吸附量 /（mg/g）	
		氨吸附量	磷吸附量
沸石	改性沸石	24.9	—
生物炭和活性炭	玉米秸秆炭	1.34 ~ 20.75	—
	棉花秸秆炭	16.70 ~ 17.56	—
	稻壳炭	1.78 ~ 5.82	—
	竹炭	0.21 ~ 0.65	—
	牛粪炭	1.00 ~ 25.84	—
改性吸附剂	改性玉米芯炭	0.69 ~ 17.40	—
	改性花生壳炭	15.82 ~ 16.45	—
	改性棉花秸秆炭	19.90 ~ 21.32	—
	改性竹炭	3.00 ~ 5.12	—
	Fe 改性 - 废活性污泥炭	—	111.0
金属氧化物	Mg/Al-LDO	—	103.61
	生物炭 -Mg/Al-LDH 复合材料	—	152.10
纳米材料	枣基炭 -Mg/Al-LDH 纳米材料	—	177.97
	Mg/Al-LDH 纳米复合材料	—	100.7
新型复合吸附剂	秸秆炭 Mg/La-LDH	—	366.39
	生物炭 -Mg/Al-LDH 复合材料	—	152.1
	La-LDH 纳米复合材料	—	107.34

续表

吸附类别	吸附剂	吸附量 /（mg/g）	
		氨吸附量	磷吸附量
高分子聚合物	载锆磁性壳聚糖 / 聚乙烯醇互穿网络水凝胶	—	54.08
	二烯丙基烷基铵盐聚合物	—	52.82

第四节
畜禽养殖污水深度处理与回用技术及案例

　　畜禽养殖业是我国农村经济发展的支柱产业，但畜禽养殖污染已经成为我国最主要的面源污染，所产生的畜禽废水若不经妥善处理，会污染水源和土壤。目前畜禽废水的处理主要包括两种模式，即达标排放和回用。其中，达标排放模式采用工程化或近自然处理方式削减废水中的污染物，出水需符合《畜禽养殖业污染物排放标准（GB 18596—2001）》，有些地区结合当地实际情况，颁布了更严格的地方标准。一方面，现有处理工艺往往难以稳定达标，更难符合即将颁布的新国标要求；另一方面，畜禽养殖需消耗大量的水资源，深度处理能使废水回收再利用，是缓解畜禽养殖业水资源紧张的有效途径。因此，深度处理技术的研发与合理使用是实现畜禽废水达标排放和回收利用的重要保证。

　　排除处理设施运行管理不到位等主观因素，畜禽废水具有水质流量波动大、抗生物降解化合物累积等特点，处理难度大，现有混凝沉淀结合生化处理工艺难以实现稳定达标，主要超标污染物为难降解有机物、氨氮、硝氮和总磷等，同时，出水还存在抗生素、重金属污染问题。深度处理技术主要包括吸附、高级氧化等物化方法，以及人工湿地、氧化塘等自然生态处理技术。截至目前，吸附、高级氧化作为深度处理技术用于畜禽废水的处理多停留在实验室阶段，人工湿地、氧化塘等技术用于传统生化系统的后处理阶段，已有工程案例，效果较好。

一、吸附

1. 吸附的原理
　　吸附是一种传质过程，在此过程中，通过静电吸引、范德华力、共价键和氢键等作用力，存在于液体中的物质被吸附或聚集在固相上，从而从液体中去除，其中，被吸附的物质称为吸附质，具有吸附作用的物质称为吸附剂。在污水处理方面，吸附多作为深度处理工艺以去除前端工艺难以降解的污染物，保证出水水质达标。其中，常用的吸附剂为粉末活性炭（PAC）和颗粒活性炭（GAC）。粉末活性炭一般通过直接投加的方法使用，而颗粒活性炭通常以固定床模式在消毒前使用。研究表明，活性炭其表面是非极性的，而水分子属于极性溶剂。所以，活性炭用于吸附水溶液中的有机物是最理想的状态。通常来讲，活性炭（特例除外）对溶质的吸附遵循特劳伯规则，即在同一溶液中，表面张力小的成分会被优先吸附。在多元系统中，溶解度小和极性小的成分容易被吸附；同一物质在溶解度小的溶剂中优先被吸附；同一族化合物，分子量大的成分易被吸附。

根据相互作用方式的不同，吸附形式可以分为物理吸附和化学吸附。从机理上讲物理吸附是由范德华力引起的吸附，化学吸附是吸附质与吸附剂表面形成的共价键或离子键引起的吸附。物理吸附和化学吸附的区别详见表 6-19。

表 6-19　物理吸附和化学吸附的区别

项目	物理吸附	化学吸附
水处理过程中的应用	常见	少见
吸附速率	慢	快
生成特异的化学键	有	无
反应类型	可逆，放热	不可逆，放热
吸附量	单分子层吸附量以上	单分子层吸附量以下

2. 吸附工艺的影响参数

吸附并不是简单的均相过程，不仅受吸附剂（比表面积）特性的影响，还受到环境因素（温度、pH）和操作条件（投加量）的影响，这些因素共同决定了吸附过程的效果。

（1）吸附剂性质

比表面积和孔径大小是决定吸附中心数量和吸附中心可及性的重要因素。通常，孔径大小和比表面积之间存在相反的关系：对于给定的孔体积，孔径越小，可用于吸附的比表面积越大。根据国际纯粹与应用联合会（IUPAC）规定，把活性炭的孔分为大孔（孔径大于 50 nm）、中孔（或称介孔，孔径 2 ～ 50 nm）和微孔（孔径小于 2 nm）三类。其中大孔和中孔主要作为通路供吸附质分子进入吸附部位，微孔有着与被吸附物质的分子属同一质量级的有效半径（小于 2 nm），是活性炭最重要的孔隙结构，决定其吸附量的大小。物理吸附首先发生在尺寸最小、势能最高的微孔中，然后逐渐扩展到尺寸较大、势能较低的介孔中。此外，可以进入孔道的吸附质受吸附剂孔径大小的限制，被称为空间位阻效应。因此，在材料选择方面，不仅要选用比表面积大的活性炭，也要考虑吸附质的具体成分。

（2）温度

由于吸附过程是放热的，所以降低温度有利于吸附性能的提高，但是当温度过低，会降低液相分子的活度和扩散，影响吸附过程。通过研究温度对于印染污水 COD 去除效果的影响发现，在 5 ℃～ 35 ℃范围内，当反应温度为 5 ℃时，COD 去除率最低。所以在北方污水处理厂冬季使用活性炭工艺，要适当考虑温度对去除效果的影响。在实际应用过程中，温度的确定不仅要考虑上述因素，还需要兼顾液体自身特性，比如黏度大的液体需要通过提高温度来增加其流动性。总之，温度对于活性炭应用的影响，不仅需要考虑吸附性能，也需要考虑应用状况，无法通过温度变化来提高其吸附量，也难以规定统一的操作温度，需要视情况而定。

（3）pH

溶液 pH 值对活性炭液相吸附有着显著影响。通过研究溶液 pH 值对亚甲基蓝（MB）去除效果发现，当 pH 值从 2 增加到 12。由于 MB 为阳离子染料，随着 pH 增大，大量的 OH 离子和吸附剂表面的负电荷活性位点之间的离子排斥空出大量的吸附位点，从而提高 MB 的吸附能力。而对于负离子的甲基橙（MO），研究发现随着 pH 增加，吸附量下降。在较低的 pH 值下，溶液中大量的水合氢离子使活性炭表面带更多正电荷，与负离子的 MO 物种之间具有很强的静电吸引力，促进介孔炭对 MO 吸附性能的提升。因此，pH 对于活性炭应用的影响，要从活性炭表面电荷和吸附质存在形态两方面综合考虑。

（4）投加量

投加量是影响活性炭液相吸附性能的一个重要因素。增大活性炭的添加量，有助于增加吸附活性位点、提高吸附效果，但是也会增加吸附过程中的吸附阻力。因此，要确定合理的添加量，最大限度地发挥活性炭的吸附性能，达到理想的吸附效果。

最佳添加量可以通过实验研究确定，但实践证明，生产过程中的实际使用量通常比实验室获得的添加量要少，原因尚不明确，需要进一步研究。因此，对于活性炭添加量，通常是根据实践经验来确定。由于每次使用的工况不一样，且每批活性炭的性能也不同，这就需要构建一个实验研究和实践使用之间的比例关系，同时辅以操作者的成熟经验。

3. 吸附技术的优缺点

吸附技术在污水处理中有以下几个优点：

（1）处理效果好。由于畜禽养殖污水水质水量波动大，常规的处理工艺具有很难满足污染负荷较高的情况，而吸附技术具有很强的适用范围，可以去除污水中的绝大多数有机物。

（2）运行简单。粉末活性炭一般通过直接投加的方法使用，而颗粒活性炭通常以固定床模式在消毒前使用。

（3）可重复利用。可通过热再生等多种再生方式对活性炭进行再生，并得到回收产物，降低其使用成本。例如用活性炭处理含酚废水，用碱再生吸附饱满的活性炭，能够回收酚钠盐。

当然，吸附技术的缺点也很明显，一方面是吸附材料价格昂贵，用量大。另一方面，经过多次再生后，当吸附剂不再具有吸附能力，废弃活性炭的处理需要很大的投入。

4. 活性炭在养殖废水处理中的应用

王凡等采用活性炭吸附工艺深度处理奶牛场废水经 UASB-SBR 工艺的出水，通过静态试验确定活性炭的最佳投加量为 1.25 g/L，最佳吸附时间为 15 ~ 24 小时，最佳 pH 值为 7.5 ~ 8。采用活性炭柱动态试验对 UASB-SBR 工艺出水进行深度处理，水力停留时间为 15.7 小时，活性炭柱对废水 COD、氨氮和总磷的平均去除率分别为 62.4%、58.1% 和 92%，出水符合直排标准要求。

针对我国北方寒冷地区农村分散源养殖废水污染，安永凯等人以粒状活性炭为吸附剂，研究了低温（10 ℃）和常温（25 ℃）两种工况下静态吸附对养殖废水 COD 的去除效果和吸附特性。结果表明，低温下活性炭对废水 COD 的吸附饱和量

程中可能会受到季节、天气和时间等多种因素的影响，导致光照强弱出现变化，这样也会影响反应器作用的发挥。此外，太阳光的效果比紫外线差，其也极大地限制了反应的速度。而悬浆体系光催化反应器，在使用时由于催化剂处于悬浮状态，因此，其具备以下特点：由于催化剂的颗粒比较小，而且含有孔隙，这样就在无形中增加了颗粒的比表面积，增加了催化剂的利用率，提高了反应速率。但是，在具体的使用过程中，由于催化剂的分离及连续分离问题，也对该反应器的使用产生了一定的负面影响。

4. 高级氧化法的优缺点

与生物技术（如厌氧消化）相比，高级氧化工艺在养猪废水处理方面有一些优势，但同时也存在一些高级氧化法的局限性。

芬顿法可以降低毒性，同时将有毒和可生物降解的污染物转化为可生物降解的副产品。在均相芬顿法的情况下，主要缺点是需要从处理过的流出物中除去溶解的铁，这种铁污泥可能对环境产生负面影响，并可能成为第二个污染源。最佳酸碱度范围窄、H_2O_2 消耗高也是芬顿法的缺点。在中性 pH 条件下，可以观察到这种系统的低效率性。这种低效率性主要是由于在中性 pH 条件下存在不溶性形式的铁，产生非常低的 H_2O_2 分解产率。

臭氧氧化法很容易与富含电子的分子发生反应，但在复杂的水基质中，许多不同物种的存在可能会降低其效率。因此，它会导致难溶化合物的不完全氧化，甚至产生比初始污染物毒性更大的副产品。

光催化是另一种很有前途的高级氧化工艺，然而，由于光必须到达催化剂，该工艺在处理真正的畜禽废水上的限制之一是流出物的高浊度、颗粒密度和深色。目前，高级氧化法中的电化学和电催化氧化法更趋向市场所需，可是在化学处理与电极和能量消耗方面的成本相对较高。

在今后的发展过程中，将高级氧化法结合其他有关的生物处理方式，可以进一步提升畜禽废水处理的效率，达到废水的零排放处理目的。

5. 高级氧化法应用案例

广东省某猪场存栏母猪约 600 头，自繁自养，猪舍采用水泡粪模式，根据业主提供的资料及行业经验计算，污水处理规模约 100 t/d。污水经预处理和生化处理后，COD、粪大肠埃希菌群数还无法稳定达到水质排放指标，进行深度处理。本工程采用"混凝沉淀＋臭氧消毒"作为深度处理工艺。具体工艺流程见图 6-18。其中，臭氧氧化部分，利用臭氧接触池，接触时间大于 1 小时，配置 1 台 KCF-ZT600 型臭氧发生器。本工程利用厌氧和 AO 工艺去除了大部分易降解污染物质，剩余难降解物质再经臭氧接触氧化后进行生物接触氧化处理，以及絮凝沉淀和臭氧消毒后，水泡粪污水不仅能够达到《畜禽养殖业污染物排放标准》（GB18596—2001）要求，同时能够满足《农田灌溉水质标准》作物种类为旱作的标准。

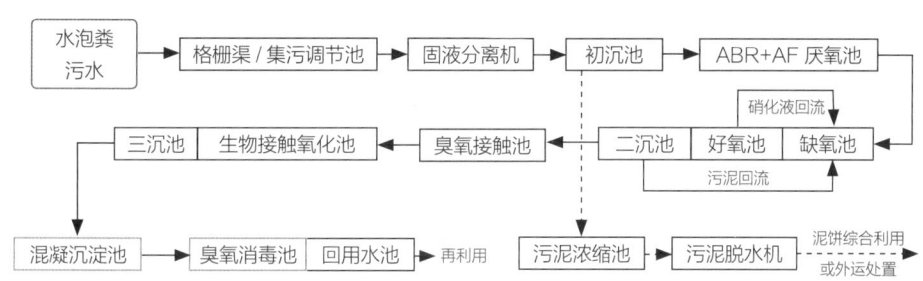

图 6-18　广东某猪场废水处理工艺流程图

三、生态处理技术

1. 人工湿地

（1）人工湿地技术原理

人工湿地是一种通过模拟天然湿地的结构与功能，由人工建造和监控的、类似沼泽地的地表，将污水有控制地投配到人工土壤（填料）—植物—微生物复合生态系统，并使土壤经常处于水饱和状态，污水在沿一定方向流动的过程中，在耐湿植物、土壤和微生物的联合作用下得到充分净化的处理工艺。

（2）人工湿地设计关键参数

①人工湿地填料

人工湿地填料应能为植物和微生物提供良好的生长环境，并具有良好的透水性，填料安装后湿地孔隙率不宜低于0.3。人工湿地常用的填料有石灰石、矿渣、蛭石、沸石、砂石、高炉渣、页岩等，碎砖瓦、混凝土块经过加工、筛选后也可作为填料使用。为提高人工湿地对磷的去除率，可在人工湿地进水口、出水口等适当位置布置具有吸磷功能的填料，强化除磷。

②湿地植物选配

人工湿地植物的选择宜符合下列要求：根系发达，输氧能力强；适合当地气候环境，优先选择本土植物；耐污能力强、去污效果好；具有抗冻、抗病害能力；具有一定经济价值；容易管理；有一定景观效应。人工湿地常用的植物有芦苇、香蒲、菖蒲、旱伞草、美人蕉、水葱、灯心草、水芹、茭白、黑麦草等。植物种植时间宜在春季。为提高低温季节净化效果，宜采取一定的轮作方式。

③人工湿地类型

人工湿地处理系统根据污水流态可以分为：①表面流；②水平潜流；③垂直潜流。表面流人工湿地对高污染负荷的污水处理效果相对较弱，主要在畜禽养殖污水的深度处理上发挥作用。水平潜流人工湿地是水在填料表面以下的潜流系统，它充分利用整个系统的协同作用，卫生条件较好，占地较少。水平潜流人工湿地系统对含沼液畜禽废水具有较好的处理效果。垂直潜流人工湿地中污水由表面纵向流至床底，床体处于不饱和状态，大气中氧气可以通过灌溉期的排水、停灌期的通风和植物传输进入湿地系统，对 COD、TN、NH_4^+-N 和 TP 的处理效果优于水平潜流人工湿地。

④人工湿地的优缺点

人工湿地处理系统具有缓冲容量大、处理效果好、工艺简单、投资省、运行费用低等特点，非常适合中小型规模畜禽养殖场污水处理。但人工湿地也存在一些不足，其中表面流人工湿地效果较差、易滋生蚊蝇、产生臭味等；水平潜流人工湿地的控制相对复杂，硝化和除磷效果不如垂直潜流人工湿地；而垂直潜流人工湿地也存在控制复杂、建造要求高、填料容易堵塞等问题。

⑤应用案例

环江县丽源养殖场于 2012 年建成使用，肉猪年出栏量达 1 000 多头，日产出的污水、尿液及粪渣污染物 2.8 t。2014 年，环江县政府和环江喀斯特生态系统观测研究站共同引进中国科学院亚热带生态所"规模畜禽养殖排泄废弃物处理技术"，改造其养殖排泄废弃物处理设施（图 6-19）。环江县丽源养殖场的监测结果表明，狐尾藻对养殖污水的净化效果很好，且其净化能力受温度和其他因素影响。

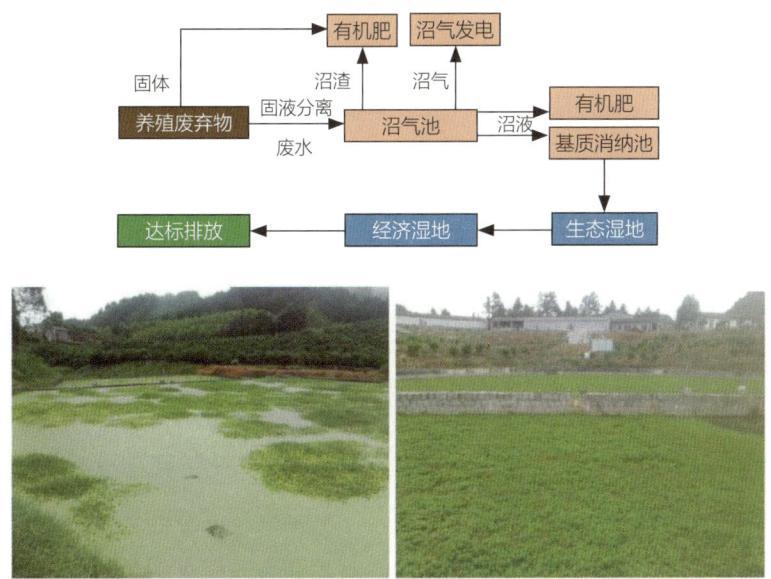

图 6-19　环江县丽源养殖场粪污处理流程及狐尾藻长势情况

2. 氧化塘

（1）氧化塘技术原理

氧化塘又称稳定塘、生物塘，是经过人工适当修整的土地，设围堤和防渗层的污水池塘，主要依靠自然生物净化功能使污水得到净化的一种污水生物处理技术。污水在塘中的净化过程与自然水体的自净过程相近。污水在塘内缓慢流动、长时间贮留，通过在污水中存活微生物的代谢活动和包括水生植物在内的多种生物的综合作用净化污水。

（2）氧化塘设计关键参数

①温度

温度对稳定塘净化功能的影响十分重要，因为温度直接影响细菌和藻类的生命活动。好氧菌能在 10 ℃～ 40 ℃范围内存活并进行生命活动，其最佳温度范围则是 25 ℃～ 35 ℃。藻类正常的存活温度范围是 5 ℃～ 40 ℃，最佳生长温度则是 30 ℃～ 35 ℃。在温度为 5 ℃～ 30 ℃的正常范围内，每升高 10 ℃，微生物的代谢速率将提高将近一倍。厌氧菌的存活温度范围是 15 ℃ ~ 60 ℃，其中有两个适宜温度（33 ℃、53 ℃）。

②混合

进水与塘内原有塘水的混合，对充分发挥氧化塘的净化功能至关重要。混合能使营养物质与溶解氧均匀分布，能使有机物与细菌充分接触。使塘水混合的重要因素是风力，对水面较大、深度较浅的氧化塘，风力的推动可使塘水流速达 10 m/h。风力推动塘表面水层到塘的一端，并转向塘底，能使溶解氧和营养物质混合均匀。因此氧化塘一般应选在四季都能借助风力的场所。

（3）氧化塘的类型

氧化塘可分为好氧塘、兼性塘和厌氧塘。好氧塘的深度一般在 0.5 m 左右，阳光能透入池底，采用较低的有机负荷值，塘内存在着藻—菌及原生动物的共生系统。在藻类的光合作用及风力的搅动作用下，塘水保持良好的好氧状态。厌氧塘池深一般为 3 ~ 6 m，不设任何曝气设备，由于发酵而形成水面浮渣层，使自然充气也减小到最低程度。在高密度大规模的畜牧养殖业中，使用厌氧塘是一种经济可行、对环境无害的贮存方式。兼性塘一般深 1 ~ 2 m，塘的上层为好氧层，底部为厌氧层，应用最为广泛。

（4）氧化塘的优缺点

氧化塘有一系列较为显著的优点，主要包括：①能够充分利用地形，工程简单，建设投资省；②能够实现污水资源化，使污水处理与利用相结合；③污水处理能耗少，维护方便，成本低廉。但氧化塘也具有一些难以解决的弊端，主要有：①占地面积大；②污水净化效果受自然因素影响，不够稳定；③防渗处理不当可能污染地下水；④容易散发臭气和滋生蚊虫。

（5）应用案例

宁夏六合鑫奶牛场现存栏奶牛 1 500 头，牛舍以刮粪板清粪工艺为主，运动场垫料以沙为主，年出料 2 次；年产生粪污总量约为 2.8 万吨，其中固粪约为 0.8 万吨，液体粪约为 2.0 万吨。该奶牛场现有堆粪场 2 000 m²、牛粪晾晒场 2 000 m²、沉沙池 1 070 m³、沉淀池 1 250 m³、氧化塘 8 000 m³。粪污首先在沉淀池沉淀，固液分离后固体堆沤还田、液体在氧化塘储存后还田。粪污利用量每年 2.6 万吨，利用率为 95%（图 6-20）。

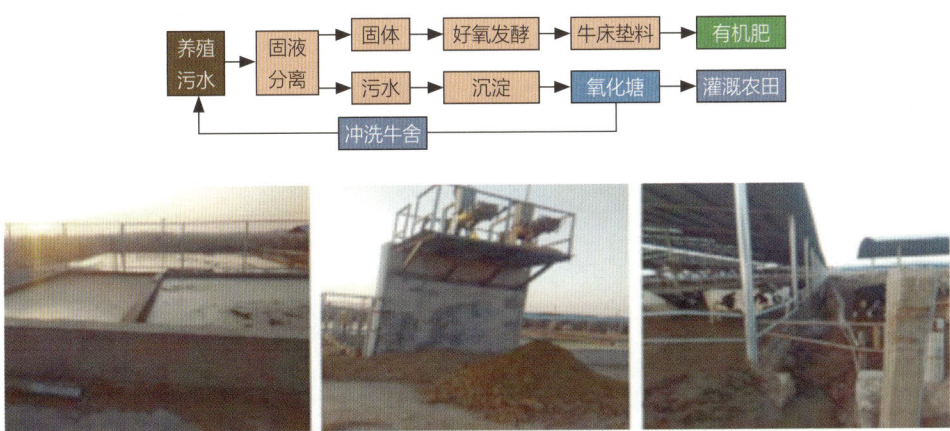

图 6-20　畜禽粪污固液分离处理流程及现场图片

第五节
畜禽养殖污水氮磷回收技术及案例

2021 年 1 月，国家发展改革委、生态环境部等十部门联合印发《关于推进污水资源化利用的指导意见》，提出着力推进重点领域污水资源化利用，需综合开展污水氮磷等物质资源化利用试点示范；2021 年 6 月，国家发展改革委、住房城乡建设部出台《"十四五"城镇污水处理及资源化利用发展规划》，要求加强再生利用设施建设，推进污水资源化利用，鼓励从污水中提取氮磷等物质。畜禽养殖污水中含有高浓度的氮磷，经过合适的转化可以获得高附加值的产品，同步实现氮磷污染的治理和氮磷资源的高值化利用。截至目前，畜禽养殖污水的氮磷回收技术百花齐放，主流技术包括鸟粪石结晶、氨吹脱和膜浓缩。以下分别介绍各技术的原理、优缺点和案例。

一、鸟粪石结晶氮磷回收技术

1. 鸟粪石结晶原理

天然鸟粪石是一种矿石，由鸟类、蝙蝠和海豹的粪便和尸体经过长期的累积所形成，是一种优质的氮磷肥料。鸟粪石学名为六水合磷酸铵镁，分子式为 $MgNH_4PO_4 \cdot 6H_2O$，摩尔质量为 245.43 g/mol，由 Mg^{2+}、NH_4^+ 和 PO_4^{3-} 三种离子外加 6 个结晶水以 1 : 1 : 1 : 6 的摩尔比组成。当废水中存在 Mg^{2+}、NH_4^+ 和 PO_4^{3-} 三种离子，且活度积高于鸟粪石的溶度积常数（Ksp=13.26）时，鸟粪石结晶反应即可发生。因此，可以通过条件控制来人工合成鸟粪石，见式（1）。

$$Mg^{2+} + NH_4^+ + PO_4^{3-} + 6H_2O \rightarrow MgNH_4PO_4 \cdot 6H_2O \quad (1)$$

2. 鸟粪石结晶反应关键参数

为了同步实现氮磷的高效去除和高质量鸟粪石产品的生产，需重点控制几个关键参数，如 pH 值、Mg/P 等。

（1）pH

pH 是鸟粪石结晶最重要的影响因素之一，不仅影响鸟粪石的溶解度，还影响溶液中的离子平衡。随着 pH 的升高，鸟粪石的溶解度先降低后增加。研究表明，鸟粪石沉淀的 pH 范围较广，在 pH 为 7.0 ～ 11.5 时均可发生鸟粪石反应。然而 pH 过低，鸟粪石反应速率慢，pH 过高，杂质沉淀多，鸟粪石纯度低。根据鸟粪石构晶离子的热力学性质，随着 pH 的升高，Mg^{2+} 和 NH_4^+ 活度逐渐降低，PO_4^{3-} 活度逐渐升高，而鸟粪石结晶依赖于三种构晶离子的活度积，过高或过低的 pH 条件均会造成构晶离子活度失衡进而影响鸟粪石反应。根据不同养殖污水的氮磷浓度，适宜的鸟粪石反应 pH 通常控制在 8.0 ～ 10.0。

为了创造弱碱性的结晶条件，最常用的方式是投加 NaOH，但 NaOH 药耗成本高，最高可占药剂成本的 97%。也可采用廉价的碱性难溶性镁源作为替代，如 MgO、$Mg（OH）_2$ 等，此类碱性镁源除了溶解供应 Mg^{2+} 外，还可通过水合作用释放 OH^- 以提升废水 pH，大幅降低了药剂成本。然而，碱性镁源溶解速率慢，利用效率低，需延长反应时间或提高投加量以达到理想的氮磷去除效果，但未反应的碱性镁源残留在产品中会降低鸟粪石产品的纯度。另一种提升废水 pH 值的方式是曝气吹脱。吹脱提升 pH 的原理源于溶液中碳酸盐平衡体系的改变，最终达到的 pH 值与废水水质及操作条件相关，如总碱度、温度、曝气速率和水力停留时间等。吹脱法提升 pH 的方式缓和，曝气搅拌利于混合，可有效减小装置内过饱和度的差异，然而，吹脱法强烈的气泡剪切作用不利于鸟粪石晶体的生长，此外，吹脱装置的结垢问题也是影响其实际应用的重要因素。综上所述，可根据养殖废水的具体水质情况，选择适合的 pH 提升方式。

（2）Mg/P

鸟粪石中 Mg/N/P 的理论摩尔比为 1 : 1 : 1，增大 Mg^{2+} 或 NH_4^+ 的投加量均可以使式（1）的平衡向右移动进而增加磷的去除。当 N/P 高于 8 时，继续增大 N/P 对磷去除的提升不显著，由于畜禽养殖废水中氨氮浓度远高于磷酸盐浓度，N/P 远高于 8，因此鸟粪石工艺影响磷去除的摩尔比主要为 Mg/P。为了使磷沉淀完全，Mg/P 至少要达到 1，但在 pH 提升的过程中，镁的磷酸盐沉淀除了鸟粪石还有其他三种存在形式，即磷镁石（$MgHPO_4 \cdot 3H_2O$）、二十二水合磷酸镁 $[Mg_3(PO_4)_2 \cdot 22H_2O]$ 和八水合磷酸镁 $[Mg_3(PO_4)_2 \cdot 8H_2O]$。因此，鸟粪石结晶时所需的 Mg/P 应大于 1。在恒定的 pH 和 N/P 下，增大 Mg/P 可增加磷的去除效果。不同的废水介质，控制的 pH 条件不同，Mg/P 均存在差异。通常状况下，pH 为 8.5～9.5 时，控制 Mg/P 在 1～1.5，即可实现 85% 以上的磷去除率。

畜禽养殖废水中的 Mg^{2+} 浓度通常不足以维持理想的 Mg/P，需额外投加镁源。多数研究中投加的镁源为水溶性的镁源，如 $MgCl_2$ 和 $MgSO_4$，为降低药剂成本也可适度使用难溶性镁源 MgO 和 $Mg(OH)_2$，沿海地区还可使用海水和盐卤。无论何种镁源，磷的去除率均随溶液中有效的 Mg/P 增加而提高，但投加的镁达到一定浓度后，磷的去除率不再变化。

3. 鸟粪石结晶装置

有效的氮磷回收依赖于反应装置的设计。截至目前，各式各样的鸟粪石磷回收装置被开发用于小试、中试研究或实际生产中，可归纳为两种类型：搅拌式反应器（stirred reactor, SR）和流化床式反应器（fluidized bed reactor, FBR）。FBR 又可分为气动式流化床（air agitated fluidized bed reactor, AAFBR）和液动式流化床（liquid agitated fluidized bed reactor, LAFBR）。SR 结构简单，除磷效果好，反应结束后采用沉淀或过滤等手段实现固液分离，然而，受限于水力条件和运行模式，污水中的污染物易于富集在产品中，导致 SR 得到的鸟粪石产品粒径小、纯度低。FBR 具有与 SR 完全不同的水力特性，可产出大粒径、高纯度的鸟粪石产品，但由于部分细小的鸟粪石微晶易随上升水流流失，致使 FBR 磷回收率较低。减少鸟粪石微晶流失的方法包括加装捕集网、增加沉淀装置和投加混凝剂，也可从结晶动力学的原理出发，以避免局部过饱和为优化目标，通过数值模拟的手段来指导流化结晶反应器的设计和运行。

4. 鸟粪石结晶技术的优缺点

采用鸟粪石结晶技术作为畜禽养殖污水的氮磷资源化手段，具备以下几个优点：

①可同步去除并回收氮磷。鸟粪石法可直接回收畜禽养殖废水中的氮磷元素，可从根本上解决传统生物脱氮－化学除磷组合工艺运行能耗高、碳源需求量大、N_2O 释放多、废渣产量高等问题，同时还可减少不可再生磷资源的开采。

②产品符合多类肥料标准。鸟粪石产品含有作物所需的 Mg、N、P 元素，理论养分含量为 MgO 16.3%，N 5.7%，P_2O_5 29.0%，参照《钙镁磷肥》（GB20412—2006）属于优等品钙镁磷肥，参照《缓释肥料》（GB24487—2009）属于中浓度缓释肥料，参照《复混肥料（复合肥料）》（GB15063—2009）属于中浓度复混肥料（复合肥料）。

③产品养分利用率高、流失少。鸟粪石产品微溶于水，25 ℃时在水中的溶解度仅为 0.18 g/L，在中性及碱性条件下溶解度低，但在作物根系的局部酸性条件下极易溶解。鸟粪石通常作为基肥使用，中 / 碱性缓释 – 酸性易溶的特性确保了鸟粪石即使过量使用，也不会烧根，还可有效减少养分流失，提高鸟粪石的养分利用率，缓解因肥料过量施用导致的农业面源污染。

④产品可作为土壤改良剂。鸟粪石溶解时呈弱碱性，有助于缓解土壤酸化现象。

鸟粪石结晶技术也存在以下几点不足：

①药剂成本高。畜禽养殖废水中 Mg/N/P 比例失衡，开展磷回收需补充镁和碱，开展氮回收还需额外补充磷。随着乌克兰危机的爆发，镁、磷和碱等药剂价格的飞速上涨大幅提高了鸟粪石氮磷回收的药剂成本。

②产品养分不均衡。鸟粪石产品虽符合多类肥料标准，但氮元素含量低，且缺少作物所需的钾元素，因此，鸟粪石多被作为磷肥使用，根据作物需求补充氮和钾。

③暂无政策扶持。磷是不可再生资源。根据美国地质调查局统计数据，2021 年，全球磷矿资源储量约为 685 亿吨，其中，中国磷矿资源储量 32 亿吨，占全球总储量的 4.7%，位居全球第二。然而，中国在 2021 年的磷矿石产量达 8 500 万吨，约占全球产量的 40%，过度开采问题突出。第二次全国污染源普查公报显示，畜禽养殖废水年排放氨氮 11.09 万吨，总磷 11.97 万吨，分别占全国污染物排放总量的 11.5% 和 38.0%，氮磷回收潜力巨大。国家可通过颁布政策法令或采用经济刺激手段，如提高磷矿资源税费，通过财政补助或减免税收的方式鼓励氮磷回收产品等，来增加氮磷回收的经济性，为国家和全球的可持续发展和循环经济保驾护航。

5. 鸟粪石结晶技术应用案例

截至目前，全球范围内工业化应用的鸟粪石结晶装置超过了 100 套，多数位于欧洲、加拿大、日本和美国，比较著名的工艺包括 Pearl®、Crystalactor®、

PNuReSys®、AirPrex® 等。然而，工业化应用的鸟粪石装置的处理对象多为城市污水处理厂的污泥厌氧消化上清液，暂未针对畜禽养殖废水。国内有部分生猪养殖场进行了中试规模的示范，具体案例列举如下。

（1）莆田市优利可农牧发展有限公司

莆田市优利可农牧发展有限公司位于福建省江口镇，是福建省无公害农产品生猪生产基地，承担商务部储备肉活畜储备任务，"优利可"牌种猪被评为福建省名牌产品。优利可公司的生猪存栏量 12 000 头，日均排水量约 120 m³，废水处理工艺为厌氧 –A/O– 人工湿地。公司于 2011 年搭建成日处理水量为 50 m³ 的鸟粪石流化结晶中试系统作为磷回收单元，嵌入厌氧单元和 A/O 单元之间。鸟粪石系统主要由吹脱塔、流化床和沉淀池三部分组成（图 6-21）。运行期内，厌氧沼液总磷浓度为 40 ~ 70 mg/L，鸟粪石流化结晶中试系统出水总磷浓度为 1.5 ~ 4.5 mg/L，稳定达到《畜禽养殖业污染物排放标准（GB 18596—2001）》中磷浓度 8 mg/L 以下的出水要求。除了总磷稳定达标，鸟粪石系统每个月还可产出约 50 kg 的鸟粪石产品，直接施用于附近农田。

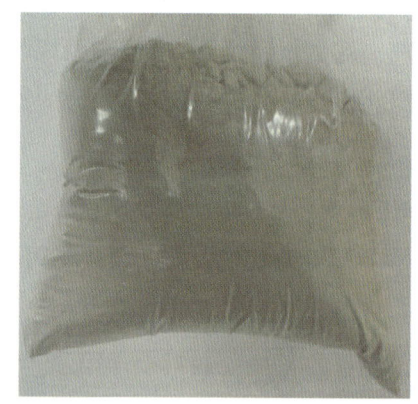

图 6-21　鸟粪石流化结晶系统及产品

（2）厦门乐森生态农业有限公司

厦门乐森生态农业有限公司位于厦门市翔安区大帽山农场。该农场生猪存栏 6 500 头，月出栏 1 000 头，日均排水量约 60 m³，废水处理工艺为厌氧 –A/O– 混凝沉淀 – 砂滤，其中，废水中的磷酸盐通过投加 PAC 去除。公司于 2015 年搭建成日处理水量为 20 m³ 的鸟粪石流化结晶中试系统作为磷回收单元，嵌入厌氧单元和 A/O 单元之间，替代了原有的混凝除磷单元。鸟粪石系统由流化床和沉淀池两部分组成。运行期内，厌氧沼液总磷浓度均值为 53.9 ～ 77.3 mg/L，鸟粪石流化结晶中试系统出水总磷浓度低于 3.0 mg/L，稳定达到《畜禽养殖业污染物排放标准（GB 18596—2001）》中磷浓度 8 mg/L 以下的出水要求，所得的鸟粪石产品呈颗粒状，最大粒径可达 2.5 mm，直接施用于附近果园（图 6-22）。

图 6-22　鸟粪石流化结晶系统及产品

二、氨吹脱

1. 氨吹脱原理

氨吹脱是将废水中的游离态氨氮吹脱出废水的一种方法，适用于中高浓度、大流量的氨氮废水，其基本原理是气液相平衡和传质速度理论。厌氧发酵后，畜禽沼液中的氨氮主要以铵根离子（NH_4^+）和游离氨（NH_3）的形式存在。当 pH 值为中性时，氨氮多以 NH_4^+ 的形式存在，当 pH 值为碱性时，则主要为 NH_3。在碱性条件下，通过通入蒸汽或空气可促使沼液中溶解的 NH_3 穿过气液界面转移至气相从水中逸出，从而实现沼液中氨氮的脱除，逸出的 NH_3 可采用酸吸收制备液态肥，见式（2）。

$$NH_3 + H_2O \rightleftharpoons NH_4^+ + OH^- \tag{2}$$

2. 氨吹脱关键参数

氨吹脱是氨氮去除和回收的有效方法之一，其效率主要受 pH 值、温度和气液比等因素影响。

（1）pH

游离氨的占比 P_{NH_3} 由废水的 pH 值决定，见式（3）：

$$P_{NH_3} = 1/\left(1 + 10^{pK_a - pH}\right) \qquad (3)$$

式中，K_a 为 NH_4^+ 的电离常数。

由式（3）可知，P_{NH_3} 随 pH 的增大而增大，当 pH 大于 12 时，水中的氨氮几乎以游离氨的形式存在。因此，高效的氨吹脱首先需要通过加碱提高溶液中游离氨的占比。一般需将废水的 pH 调至 10～11 再进行吹脱，常用的碱为氢氧化钠、氢氧化钙和氧化钙。使用氢氧化钠调节 pH 可实现 90% 以上氨氮的去除，但成本较高；氢氧化钙和氧化钙水溶性低于氢氧化钠，投加量通常较大，但去除氨氮的同时还可同步去除磷、COD、悬浮固体物和浊度等污染物。此外，采用氢氧化钙和氧化钙的药剂成本远低于氢氧化钠，为氢氧化钠的 15% 左右。

（2）温度

提高吹脱温度可增加氨分子的扩散传质系数，式（2）平衡向左移动，进而提升废水中的游离氨浓度，但提升幅度有限。研究表明，沼液温度从 30 ℃提升到 50 ℃时，以及从 50 ℃提升至 65 ℃时，氨氮去除率分别提升了 7.7% 和 2.7%。过高的吹脱温度不仅无法显著促进氨氮的吹脱效率，还会增大运行能耗。

（3）气液比

气液比为空气和废水的体积比。气液界面处的游离氨浓度差是影响游离氨从废水向大气转移的因素之一。因此，采用含低浓度气态氨的空气对废水进行吹脱，可促进液相游离氨向气相转移。与 pH 值和温度的影响机制不同，气液比不直接影响溶液中的游离氨含量，而是主要影响吹脱效率。增大气液比可提高传质，但需避免因气速过大导致的液泛现象，同时，还应根据废水的实际性质，平衡氨吹脱效率与能耗间的关系。一般而言，氨吹脱工艺的气液比建议控制在 3 000 左右。

3. 氨吹脱装置

吹脱设备可分为吹脱池和吹脱塔两类。吹脱池一般呈矩形，结构简单，但存在脱氮效率低、能耗高、占地面积大、尾气无法收集、易造成二次污染等问题。吹脱塔包括板式塔和填料塔，其中，填料塔通过装填填料来增大气液接触面积。运行过程中，废水从填料塔顶端进入，均匀分布到填料表面，废水通过填料向下流动，与向上的气流逆向接触。在此过程中，废水中的游离氨被部分吹脱而去除。填料塔的特点是脱氮效率高，能耗较低，运行管理方便，但需定期清洗以防止填料结垢堵塞。

4. 氨吹脱技术的优缺点

采用氨吹脱技术作为畜禽养殖污水的资源化手段，具备工艺简单、效果稳定、适用性强、投资较低、采用硫酸吸收可回收含氮液态肥等优点，但也存在以下4个主要缺点：

①药剂成本高。废水吹脱前需用碱将pH调到9.5以上，吹脱后的出水还需将pH回调至中性，养殖废水缓冲能力强，所消耗的碱和酸量较大，酸碱药剂的大量使用增加了吹脱法的药剂成本，同时，吹脱出来的NH_3也需用酸吸收。据统计，氨吹脱法的药剂成本占比通常高于总运行成本的85%。

②填料易结垢。高效的氨吹脱塔往往装有填料，养殖废水中存在一定浓度的钙镁离子，在吹脱的碱性环境下，长时间运行易导致填料结垢，当使用$Ca(OH)_2$或CaO调节废水pH时结垢现象愈发严重，需定期进行清洗维护。

③能耗高。对废水进行加热或高速曝气，耗能较高。

④二次污染及氨吸收产品出路问题。若吹脱出来的氨气未能被有效吸收，会逸散到大气中造成空气污染；若采用酸进行吸收制备铵肥，仍需浓缩以达到商品化液态肥的养分标准，或进一步结晶成固态肥，无论是液态肥或固态肥，均需增设浓缩或蒸发设备，经济可行性有待评估。

5. 氨吹脱技术应用案例

氨吹脱技术在国内外均有工业化应用，但较少用于畜禽粪污的处理上。不同公司针对待处理粪污或沼液的性质，研发了以氨吹脱为基础的专利技术（表6-20）。

表6-20 针对畜禽粪污或沼液的氨吹脱工业化应用案例

公司（国家）	废水类型	技术名称	技术简介 / 工艺参数
Colsen（荷兰）	沼液 / 畜禽粪便	AMFER	从高含铵废弃物和废水中回收铵，无需脱水或预处理。气流通入废弃物和废水，带走CO_2和NH_3并在气提柱中富集，生成硫酸铵或硝酸铵。
GNS（德国）	沼液	ANAStrip®	该系统可产出65%氮含量的肥料，并回收废水中的碳酸钙和热量。工艺参数：沼液流量5.5～12.6 m^3/h，NH_4^+进水负荷3～6 g/L，硫酸铵产量13～27 t/d，碳酸钙产量4～8 t/d。
CMI Europe Environment（法国）	沼液	RECOV' AMMONIA™	氨氮去除率大于92%。工艺参数：沼液流量42 m^3/h，NH_4^+进水负荷2～4 g/L，处理温度60℃，pH为9.0，空气流量80 000 m^3/h。

由于微滤、超滤对氮、磷的去除效果较差，对固体悬浮物去除效果较好，因此也将微滤、超滤作为膜浓缩工艺的预处理。

膜清洗方式主要分为物理清洗（清水反冲）及化学清洗（碱洗及酸洗）。物理清洗是利用低压高流速的水冲洗膜面，其只对污染初期的膜有效，但效果不能持久。可通过透过液流量进行调节，当透过液流量降低 15% 时，就需要对系统进行化学清洗。化学清洗可以去除膜片表面沉积的钙垢，减少膜污染，保持膜通量，提高处理效率。化学清洗采用先碱洗后酸洗的策略。常用药剂包括氢氧化钠、柠檬酸、乙二胺四乙酸、十二烷基磺酸钠等。

综上所述，为了实现高效率回收氮磷，应根据养殖污水 / 沼液的水质特性选择合适的膜集合组成工艺。

4. 膜浓缩技术的优缺点

膜浓缩技术占地面积小，操作简单，可大幅度降低沼液体积，解决了沼液存储难、运输难等问题，实现氮磷等营养物质的高效率回收，最终实现沼液减量化、资源化、无害化的利用。但也存在以下三方面的缺点：

①适用范围小。膜浓缩需要克服截留物质所产生的渗透压，一般只适用于浓度较低、渗透压不大（＜ 6 MPa）的浓缩场合。

②单一的膜分离技术无法满足系统的高效运行，通常要通过多种处理工艺集合组成，但这会导致运行成本的增加。

③膜前预处理虽然能去除大部分的悬浮污染物，防止结垢，减少膜污染，但同时也会去除一部分的营养物质，影响浓缩效果。

第七章
畜禽粪便能源化
（沼气）利用技术

第一节
畜禽粪便厌氧消化微生物学原理

一、厌氧消化生态系统

微生物生长获取能量时的最终电子受体主要有 3 类：氧气、无机化合物和有机化合物。从广义的角度讲，当有氧气或溶解氧存在且供应充足时，属于好氧环境；当完全没有氧分子时，为缺氧或厌氧环境。典型的自然厌氧生态系统有湿地、湖泊和海洋沉积物、动物的肠道、地矿环境和窖池等；在没有氧气的厌氧条件下，有机化合物、二氧化碳和硫酸盐等可代替氧气作为主要的电子受体，维持微生物的生长。

从狭义的角度讲，微生物生态系统类型可由物质的还原态和氧化态变化方式决定。厌氧系统因为无法利用氧气这类活性较高的电子载体，其必须维持更低的氧化态才能保证厌氧微生物的正常生长。

1. 根据产物划分的厌氧消化理论阶段

有机物厌氧消化产沼气是一个非常复杂的生化反应过程，包含多步反应，依赖各反应共同作用完成。随着检测技术的不断进步，我们对该过程的认识也在不断深入。本章以"根据产物来划分反应阶段"和"根据反应微生物来划分反应阶段"为依据，将厌氧消化理论研究进程分为两个阶段。

早在 1930 年，Buswell 和 Neave 在 Thumm 和 Reichie（1914）与 Imhoff（1916）的实验基础上，将有机物厌氧消化过程分为酸性发酵和碱性发酵两个阶段，这就是最初的两阶段理论。

在第一阶段，复杂的有机物，如糖类、脂质和有机氮类等，在产酸菌（当时认为是产酸菌）的作用下被分解为低分子的中间产物，主要是一些低分子的有机酸，如乙酸、丙酸、丁酸和醇类（乙醇）等，并有 H_2、CO_2、NH_4^+、H_2S 等产生，使发酵液 pH 值降低。此阶段被称为酸性发酵阶段，或产酸阶段。

在第二阶段，产甲烷菌将第一阶段产生的中间产物继续分解为 CH_4 和 CO_2 等。由于有机酸在第二阶段不断被转化为 CH_4 和 CO_2，同时系统中有 NH_4^+ 的存在，该阶段会使发酵液的 pH 值不断升高。所以，此阶段被称为碱性发酵阶段，或产甲烷阶段。

从两阶段理论提出伊始，该理论在几十年里一直占统治地位，直至 Bryant MP（1967）发现，产甲烷菌无法催化除甲醇以外的其他醇类，学者们才意识到两阶段理论是不完整的。随后，学者们分离出很多与甲烷氧化菌共生的水解菌及菌系。同时，结合 Wolin M.J. 等证明了 H_2 这个中间产物在厌氧消化过程中的重要作用后，Bryant 在 1977 年提出了厌氧消化三阶段理论。

第一阶段为水解酸化阶段。在该阶段中，复杂的有机物在厌氧菌胞外酶的作用下首先分解为简单的有机物，如纤维素转化为多糖、有机氮类转化为多肽、脂类转化成脂肪酸和甘油等，随后这些简单的有机物进入产酸菌胞内再转化为乙酸、丙酸、丁酸及醇类等。

第二阶段为产氢产乙酸阶段。在该阶段，除了第一阶段直接产生的乙酸、甲酸、甲醇等小分子有机物外，由产氢产乙酸菌把第一阶段产生的大分子有机中间产物（如丙酸、丁酸、乙醇等）转化成乙酸和 H_2，并产生甲醇、甲酸、CO_2。

第三阶段为产甲烷阶段。由产甲烷菌将乙酸、甲醇、H_2 转化为能源物质甲烷和 CO_2（图 7-1）。

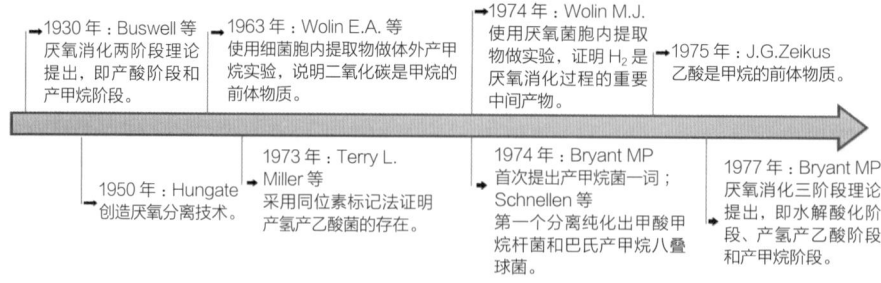

图 7-1　厌氧消化理论发展历程

2. 根据反应微生物划分的厌氧消化理论阶段

厌氧消化反应过程是由不同类型的微生物群落相互作用实现的，不同类型的微生物群落作用阶段和作用结果是不同的，它们相互独立却又相互合作。

最初人们认为，参与厌氧消化的种群包括三类：水解发酵菌、产氢产乙酸菌和产甲烷菌。而在 1980 年，J. G. Zeikus 从湖底沉积层中分离出了第一株可在厌氧条件下将 CO_2 转化为乙酸的嗜甲基丁酸杆菌，并据此提出了厌氧消化的第四种群：同型产乙酸菌，它能在厌氧消化体系中将 CO_2 和 H_2 横向转化为乙酸。由于它们在分解有机物时不产生 H_2，又可消耗 H_2，因此在保持厌氧消化系统中较低的氢分压方面起一定作用。

至此，厌氧消化四种群理论完成：复杂有机物在水解发酵菌作用下转化为有机酸、醇类，产氢产乙酸菌将有机酸和醇类进一步转化为乙酸、H_2 和 CO_2，同型产乙酸菌将系统中的 CO_2 和 H_2 转化为乙酸，最后，产甲烷菌把乙酸、CO_2 和 H_2 转化为甲烷（图 7-2）。

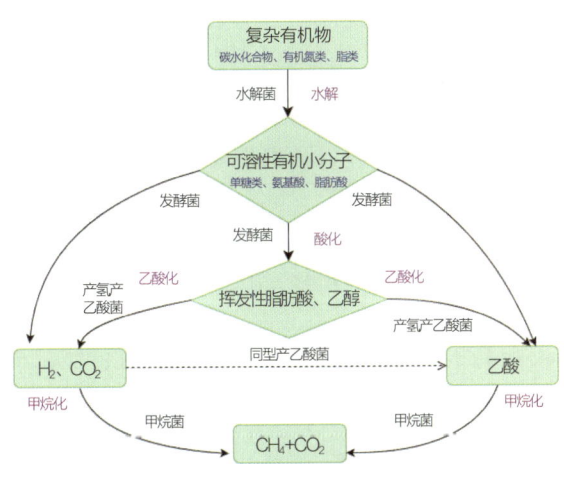

图 7-2 厌氧消化过程理论图

二、沼气发酵微生物及菌群

沼气发酵过程中不同的反应阶段由不同的微生物种群主导，目前认为沼气发酵的过程主要由水解酸化菌、产氢产乙酸菌以及产甲烷菌参与。厌氧消化系统中微生物种类多集中在厚壁菌门、拟杆菌门、绿弯菌门和变形菌门。

1. 水解酸化阶段

沼气发酵底物种类繁多，包括畜禽粪便、作物秸秆、餐厨垃圾以及酒糟等，其主要化学成分为多糖、脂类、有机氮类三大类营养物质。这些复杂的有机物大多以非溶解态存在于沼气发酵系统中，首先必须被发酵微生物所分泌的胞外酶水解为可溶性糖、肽、氨基酸及脂肪酸后，才能被微生物吸收利用，产生甲烷前体物质，起水解作用的细菌多属于 Bacteroidetes 和 Clostridium（梭菌属）。

酸化细菌一般是产酸速率较高的产芽孢细菌，如梭菌科、链球菌科、芽孢乳杆菌科、毛螺菌科、热厌氧杆菌科等。

在三大类营养物质中，以脂类为代表的有机氮类拥有最高的理论产甲烷潜能，1 g 脂肪完全氧化可产生 1 L 甲烷。

脂类物质首先分解为甘油和长链脂肪酸（LCFA）：

$$\begin{array}{ccccc} CH_2\text{-}COOR & & & CH_2\text{-}OH & \\ | & & & | & \\ CH\text{-}COOR & + & 3H_2O & = & CHOH & + & 3RCOOH \\ | & & & | & \\ CH_2\text{-}COOR & & & CH_2OH & \end{array}$$

随后，甘油在微生物细胞内按糖代谢途径进一步被分解，而 LCFA 的分解被认为是脂肪降解的限速步骤。LCFA 进入微生物体内后通过 β-氧化途径降解为短链脂肪酸、乙酸以及氢气：

$$R_nCH_2CH_2COOH = R_nCOOH + CH_2COOH$$

目前认为，不饱和 LCFA 需要先通过加氢变为饱和 LCFA 后才能进入 β-氧化途径。然而，通过吉布斯自由能分析发现，不饱和 LCFA 也有直接被氧化分解的可能性，但是暂无实验数据证明该过程。

首先，互营单胞菌科、互营菌科经常出现在脂肪含量较高的底物厌氧消化过程中。其次，脂肪降解过程中会产生大量氢气，提高厌氧消化系统的氢分压，因此脂肪降解菌通常和氢氧化菌、甲酸氧化菌共生，从而保证降解过程不被产物抑制。

有机氮类物质在胞外水解为小分子氨基酸和游离氨（图 7-3），而氨基酸可在胞内进一步生成 VFAs 及游离氨，以缩氨酸代谢为例：

$$4C_{16}H_{24}O_5N_4 + 42H_2O \rightarrow 33CH_4 + 31CO_2 + 16NH_3$$

产生的大量氨氮只能作为微生物生长所需的氨基酸合成底物，氮元素在厌氧消化体系中代谢速率慢，因此蛋白含量较高的有机物容易使厌氧消化体系氨氮含量增高，产生氨抑制现象，目前暂没有特别成熟的技术可以去除反应体系中过多的氨氮成分。弓形杆菌、鲁替斯胞菌和泰氏菌属经常出现在蛋白含量较高的底物厌氧消化过程中。

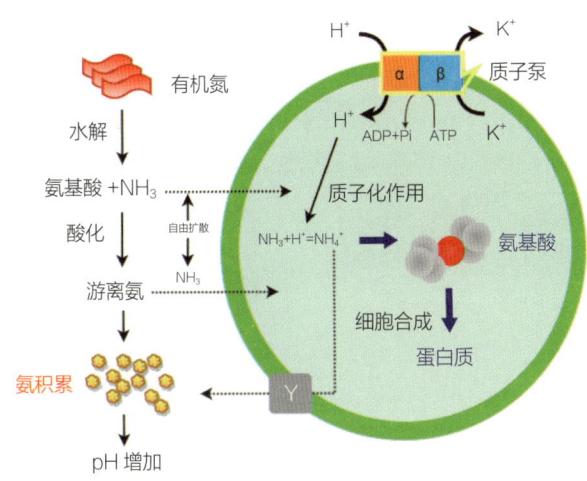

图 7-3　有机氮厌氧消化过程示意图

多糖中的淀粉类物质易降解但含量较低，而木质纤维素类物质含量高，但是因为其结构紧密，所以降解速率慢、转化率低。木质纤维素包含三类：木质素、纤维素和半纤维素，其中木质素很难在厌氧消化过程中被降解，因此我们仅讨论纤维素的降解途径。

纤维素被水解为葡萄糖等单糖后，再通过微生物糖酵解途径、戊糖磷酸途径等变为丙酮酸，转化为小分子挥发酸（图 7-4）。理论上，一分子葡萄糖可转化为 2 分子乙酸和 4 分子氢气：

$$C_6H_{12}O_6 + H_2O \rightarrow 2CH_3COOH + 2CO_2 + 4H_2$$

厚壁菌门中的梭菌属和芽孢杆菌属经常出现在纤维素成分含量较高的底物厌氧消化过程中。

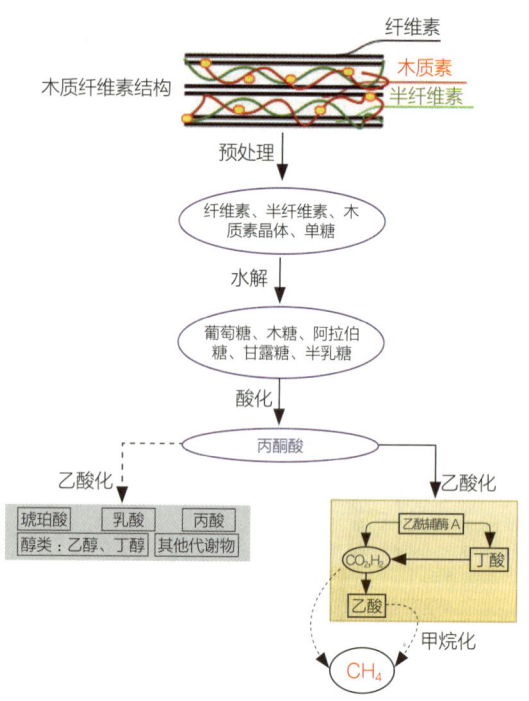

图 7-4　纤维素厌氧消化反应示意图

根据不同类型的纤维素产甲烷能力不同，对高纤维素类有机物的产甲烷潜力计算可由下式表示：

BMP（物料产甲烷潜力 /ml）= 303.14–4.53×木质素 +0.77×可溶性糖 +1.28×蛋白 –1.59×结晶纤维素 +0.61×非晶体纤维素 +1.33×糖醛酸

当有机底物包含其他类物质时，且化学式可简写为 $C_aH_bO_cN_dS_e$，产甲烷潜力计算公式可表达为：

BMP（物料产甲烷潜力 /ml）=［22.4×（4a+b–2c–3d–2e）］/［8×（12a+b+16c+14d+16e）］

2. 产氢产乙酸阶段

产氢产乙酸菌将小分子脂肪酸或醇类转化为二氧化碳、氢气和乙酸等，由于产氢产乙酸菌在代谢过程中会产生大量氢气，提高厌氧消化系统中的氢分压，因此会与耗氢菌共生，才能够维持生长。目前报道研究的产氢产乙酸菌有沃林互营杆菌和沃尔夫互营单胞菌。

此过程中伴随着同型产乙酸作用，也叫耗氢产乙酸菌，除了可以通过代谢糖类生成乙酸外，还能利用 H_2+CO_2 生成乙酸，它的存在使厌氧消化系统更加稳定。通过耗氢产乙酸菌生成的乙酸占发酵系统的 1% ~ 4%，厌氧消化系统中典型的耗氢产乙酸菌有乙酸杆菌、嗜热自养梭菌。

3. 产甲烷菌阶段

产甲烷菌是以甲烷作为无氧呼吸最终产物的一类古菌，属于原核生物中的广古菌门。产甲烷的途径主要有：H_2/CH_4 还原途径、乙酸发酵途径和甲基转化途径（图 7-5）。虽然厌氧消化系统中的产甲烷菌丰度不足 1%，但却是实现产甲烷过程的最重要的菌群，产甲烷菌包括：氢营养型产甲烷菌、乙酸营养型产甲烷菌以及嗜氢嗜乙酸产甲烷菌。不同类型的典型产甲烷菌属见表 7-1。

表 7-1　不同类型的典型产甲烷菌属

分类单元	典型属	主要代谢底物
甲烷球菌	产甲烷热球菌、甲烷球菌、甲烷钙球菌	氢气、二氧化碳、甲酸盐
甲烷杆菌	甲烷杆菌、甲烷短杆菌、甲烷球形菌、甲烷热杆菌、甲烷嗜热菌	氢气、二氧化碳、甲酸盐、甲醇
甲烷微菌	甲烷微菌、甲烷袋状菌、产甲烷袋菌、甲烷裂片形菌、甲烷平面菌、产甲烷卵石状菌、甲烷螺菌、甲烷粒菌	氢气、二氧化碳、乙酸盐、丙醇、丁醇
甲烷八叠球菌	甲烷八叠球菌、甲烷类球菌、产甲烷盐菌、嗜盐产甲烷菌、甲烷叶菌、食甲基甲烷菌、甲烷微球菌	氢气、二氧化碳、甲酸盐、乙酸盐、甲胺
甲烷丝菌 / 甲烷毛发菌	甲烷发菌、甲烷鬃毛状菌	乙酸盐、乙酸

只能利用乙酸为发酵底物的甲烷古菌有甲烷鬃毛菌，仅以 H_2 为发酵底物的有甲烷球菌和甲烷杆菌，既可以利用 H_2 也可以利用乙酸的甲烷古菌有甲烷八叠球菌和甲烷微菌。在世界各地运行的厌氧消化反应器中，尤其是长期运行的反应体系

中，分布最广泛的是甲烷八叠球菌。

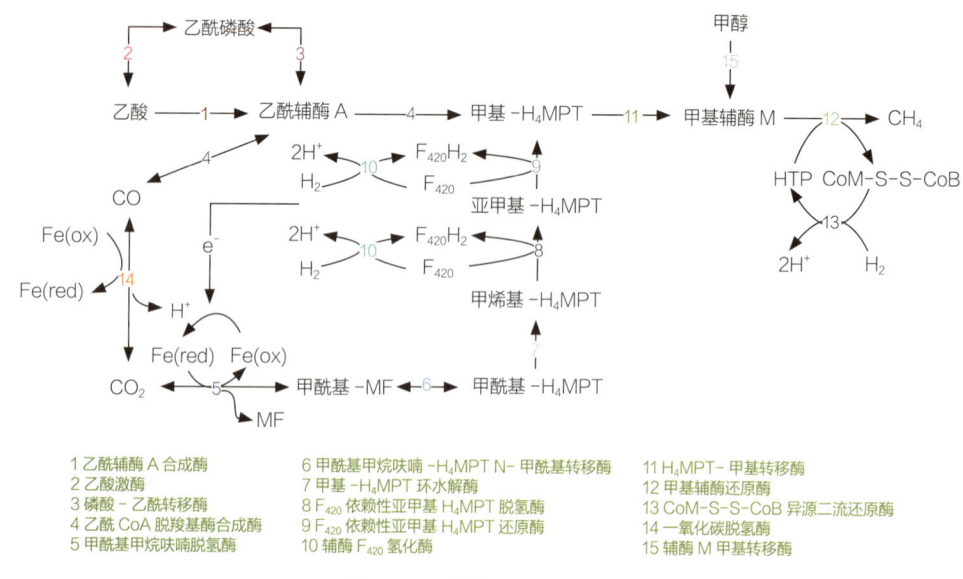

图 7-5　甲烷转化途径及关键酶

1 乙酰辅酶 A 合成酶　　　　6 甲酰基甲烷呋喃 -H₄MPT N- 甲酰基转移酶　　11 H₄MPT- 甲基转移酶
2 乙酸激酶　　　　　　　　7 甲基 -H₄MPT 环水解酶　　　　　　　　　　12 甲基辅酶还原酶
3 磷酸 - 乙酰转移酶　　　　8 F₄₂₀ 依赖性亚甲基 H₄MPT 脱氢酶　　　　　13 CoM-S-S-CoB 异源二流还原酶
4 乙酰 CoA 脱羧基酶合成酶　9 F₄₂₀ 依赖性亚甲基 H₄MPT 还原酶　　　　　14 一氧化碳脱氢酶
5 甲酰基甲烷呋喃脱氢酶　　10 辅酶 F₄₂₀ 氢化酶　　　　　　　　　　　　15 辅酶 M 甲基转移酶

不同类型的产甲烷菌其代谢通路不同，所含酶系不同，其中，辅酶 F_{420} 作为产甲烷古菌的标志酶，存在于所有底物类型的产甲烷古菌中。

需要注意的是，虽然目前运行的厌氧消化反应器的温度设置为中温 37 ℃和高温 55 ℃，但产甲烷菌可在较低温度（＜25 ℃）以及极高温度（＞80 ℃）中生存。产甲烷菌在高温下仍可存活，低温却对其活性有抑制作用，甚至不能存活。

三、影响沼气发酵的因素

1. 氧化还原电位

产甲烷古菌为严格厌氧菌，在氧气中无法存活，因此厌氧消化系统中不能存在大量氧气。厌氧环境的含氧量可由氧化还原电位（Oxidation Reduction Potential,ORP）代表。一个体系的 ORP 是指体系中氧化剂和还原剂的相对强度，由该体系中所有能形成氧化还原电对的化学物质的存在状态叠加决定。

中温消化的产甲烷菌最适 ORP 值为 –350 mV，高温消化的产甲烷菌低至 –600 ～ –500 mV。厌氧消化反应系统不同状态对 ORP 的要求也不同：当 ORP ＜ –278 mV 时，系统以丙酸发酵为主；当 ORP ＜ –300 mV 时，以丁酸发酵和乙醇发酵为主。

2. 温度

温度是影响厌氧发酵系统稳定和产甲烷效率最重要的参数。厌氧反应的最佳温度为中温 37 ℃和高温 55 ℃，高温厌氧消化产气率和底物转化率要高于中温厌氧消化，因此对于全年气候温差小、平均温度高的地区，建议采用高温厌氧消化模式。温度的突变会直接抑制反应器甲烷的产量，当温度变化过大时，微生物甚至会停止产气，因此严格控制反应器的温度对厌氧消化长期稳定运行尤为重要。

3. pH 值

一般厌氧消化反应体系的 pH 值应该控制在 6.8 ~ 7.2，低于 4.8 的反应系统将崩溃并停止产气，而高于 8.0 的反应系统产气率会被抑制。

4. 碳氮比

发酵底物的最佳碳氮比为 20 ~ 25。碳氮比过高，在产酸阶段容易积累大量挥发酸使产甲烷菌活性受到抑制；碳氮比太低，厌氧消化反应系统会产生大量氨氮，同样使产酸菌和产甲烷菌活性受到抑制。

5. 进料含固率

进料含固率< 5% 为低固厌氧消化，而> 20% 为高固厌氧消化。底物浓度低，厌氧消化系统较稳定，但产气率低、设备利用率低，沼液产生量大；底物浓度高，产气率高，但需要更多的搅拌设备及能耗的投入，且反应体系更易发生酸化、氨抑制。

6. 微量元素

微生物的生长代谢需要营养物质和生长因子，随着厌氧消化反应系统的长期运行，反应器中的微生物会因为缺乏必要的金属元素使得厌氧反应效率降低。在实际生产中，可通过向反应器中加入不同微量元素来提高厌氧反应器的产气率。实验证明，铁（Fe）、锰（Mn）、钨（W）、钴（Co）、钼（Mo）、镍（Ni）、铜（Cu）等对厌氧产酸菌和产甲烷菌的生长代谢有促进作用。

第二节
畜禽粪污热解气化技术

热解气化是由热解和气化两个基本技术形式派生而来的，该技术是在一定的温度条件下，将高分子有机物通过热分解转化为小分子、高质量能源燃料，实现能源利用。通过有机物的热解、氧化还原反应将有机物转化为含有一氧化碳、二氧化碳的生物质燃气，通过燃气的甲烷化反应还能够将其进一步制备成清洁、高品质的天然气。畜禽粪便是一种生物质能源，以干物质计算的 1 t 畜禽粪便其能量相当于 0.375 t 标准煤。同时，与植物类生物质相比，畜禽粪便无季节性，且规模化养殖场粪便集中，以畜禽粪便作为生物质进行能源化利用，原料供应更为稳定。如果能将畜禽粪便中的能量高效充分地利用起来，转化成高品质的电、热、气和油等，对于开辟新的能源原料，促进环保效益及生态的良性循环，实现畜牧业可持续发展，缓解日益严重的温室效应有重要意义。

1971 年热解技术首次应用到畜禽粪便的处理上，研究者将猪粪、牛粪及家禽粪便烘干粉碎后在 800 ℃ 的条件下进行热解，其对气体产物进行了收集和热值测定，研究发现奶牛粪便热解后产生的气体量最大，其次是鸡粪、肉牛粪便和猪粪。热解气中可燃气体成分为 50% ～ 60%，猪粪热解气体热值约为 3 256 kJ/kg。之后有研究者进行了牛粪的热解试验，希望通过热解来减少畜禽粪便环境污染，同时获得热能。试验获得热解产率最高时的温度范围为 400 ℃ ～ 500 ℃，热解气的主要成分为 H_2、CH_4、CO、CO_2 以及少量 C_2H_6 和 C_2H_4 等，热解气体热值为 695 ～ 930 kJ/kg。

一、畜禽粪便热解处理技术

畜禽粪便热解处理技术是生物质热化学转化技术的一种，具有转化效率高、环境污染小等特点，对畜禽粪便进行热解可以将固体废弃物转变为固体碳、生物油和燃气等高品质燃料。畜禽粪便中含有丰富的氮、磷、钾等营养元素，且有机质含量高，具有很大的应用价值。畜禽粪便可直接作为燃料使用，但由于其较高的含水率、较低的能量密度以及庞大的体积，限制了其直接应用。若首先将畜禽粪便转化为生物炭，再将生物炭作为燃料使用，既能避免直接利用的弊端，还充分利用了废物资源。

1. 热解技术的原理与分类

热解技术在工业上又称为干馏，是一种古老的工业化生产技术，该技术最早应用于煤的干馏，所得到的焦炭产品主要作为冶炼钢铁的燃料。热解技术主要是将有机物在无氧或缺氧状态下加热，使之成为气态、液态或固态可燃物质的热化学分解过程。该过程包括大分子的键断裂，异构化和小分子的聚合等反应，最后生成各种较小的分子。

有机固体废物──→气体产物（H_2、CH_4、CO、CO_2）+ 有机产物（有机酸、芳烃、焦油）+ 固体产物

根据工艺条件，热解工艺可分为慢速热解、常速热解和快速热解三种。慢速热解是传统的经典工艺，炭得率较高，产物主要是固态的生物质炭。一般采用炉窑生产的形式，生产周期较长。慢速热解的加热方式有自热式和外热式两种，前者供给空气使部分原料燃烧，后者用热解气的燃烧供给热量；常速热解得到热解气、焦油和生物炭三种产物。控制反应温度可以改变产物分布。随着反应温度升高，气体产物比例明显增加而固体和液体产物减少。中低温（400 ℃～550 ℃）热解工艺可以作为生物质气化的前置工艺，以降低气化中的焦油含量。当热解温度达到600 ℃～800 ℃后，主要产物是中热值可燃气体。常速热解与气化相结合，构成组合型气化工艺，能够获得焦油含量极低的燃气；快速热解的主要产物是热解油或者生物油，其工艺要点是极快速地加热及气相产物快速冷却。通过这种瞬间的反应，将60%～70%的生物质转化为生物油。

2. 畜禽粪便热解工艺

（1）畜禽粪便制备生物炭燃料技术

①技术简介

畜禽粪便制备生物炭燃料技术是将其进行脱水干燥后，在一定温度和压力作用下，加工成具有一定几何形状、密度较大的成型燃料。该方法不但提高了畜禽粪便燃料的能源密度和强度，还解决了收集、运输、储藏等问题，形成商品能源，作为新型能源替代煤炭、天然气等不可再生能源。该技术目前还未广泛应用，主要原因在于畜禽粪便含水量大，脱水处理的成本较高，同时脱水产生的废液会给环境造成二次污染。

近几年热解粪便制备生物炭燃料技术逐渐成为畜禽粪便无害化处理和资源化利用的一种重要方式，对畜禽粪污进行热解炭化的步骤，首先通过压滤、烘干等方法将粪便的含水率降低到一定程度，然后在密闭反应器中进行热解处理，并通过控制反应条件调节产物的品质。热解反应产生的挥发物经过冷却分离得到生物质液体和可燃气体，挥发分携带的余热可经过气热转换后用于畜禽粪污的干燥脱水，反应产生的固态物质即为生物炭。在热解炭化处理过程中，畜禽粪污中的病原微生物和寄生虫卵被杀灭，有机污染物发生热解，难挥发的矿质元素化合为矿物质残留在生物炭中。

②猪粪／鸡粪热解制备生物炭案例

中国科学院城市环境研究所汪印研究团队利用猪粪和鸡粪制备生物炭，分别进行了小试和中试的制备研究。生物炭小试制备主要是在实验室级的小型热解炭化装置（图7-6）中进行。热解炭化时，称取一定量的猪粪或鸡粪样品放置于固定床反应器的石英管中，待 N_2 吹扫尽石英管中的空气后开始进行无氧热

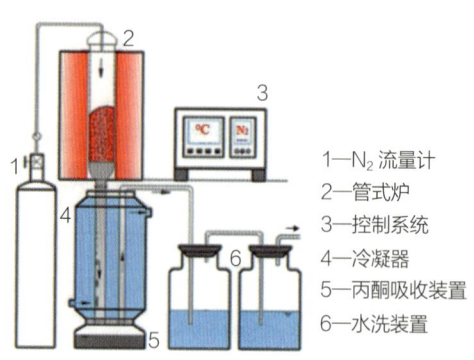

1—N_2 流量计
2—管式炉
3—控制系统
4—冷凝器
5—丙酮吸收装置
6—水洗装置

图7-6 热解炭化小型实验装置示意图

解。热解过程中 N_2 的流速为 80 ml/min，反应器的升温速率为 15 ℃/min，达到设定的终温（300 ℃～700 ℃）后停留 45 分钟。热解产生的液相和气相产物经过冷却、丙酮吸收及水洗后排空，固相产物"生物炭"冷却至室温后保存于干燥器中待分析。以上过程主要研究了其中抗生素的去除及重金属的固化效果。

生物炭制备在日处理能力为 2.0 t 的外热式热解转炉装置中进行，转炉长6.0 m，热解管直径为 300 mm，其示意图和外观图如图 7-7 所示。中试热解炭化启动升温时，由燃烧火盆燃烧生物质颗粒给外加热炉膛预热升温，当炉膛温度达到设定的温度时，启动进料螺旋向热解内管连续供入猪粪或鸡粪，热解过程中产生的气相产物可使热解管内保持厌氧状态，物料在管内的停留时间约为 45 分钟，生物炭产品从出料口连续流出并密封冷却。产生的热解气回送至外加热炉膛完全燃烧，为热解提供热量。稳定运行阶段，调控进料、辅助燃料、供风参数使热解管内的温度保持在所设温度 ± 50 ℃。燃烧尾气经水洗降温、除尘后外排。制备的生物炭经过研磨过筛后的成品如图 7-8 所示。

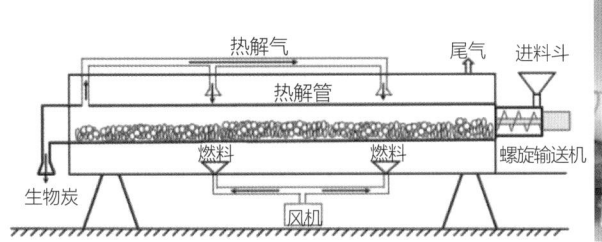

图 7-7　热解转炉示意图和外观图

图 7-8　猪粪生物炭样品

不同热解温度下获得的生物炭的相关性质，可以看出猪粪和鸡粪原料的热值都低于热解炭化后产生的生物炭的热值，其中 400 ℃下获得的猪粪炭热值相对于猪粪提高了 40% 左右，鸡粪生物炭的热值相对于鸡粪本身变化不明显，但 300 ℃下获得的鸡粪炭热值相对于鸡粪也提高了 24%（表 7-2）。由此可见，畜禽粪便制备成为生物炭之后具有一定的能源化利用潜力。

表7-2　不同温度下生产的猪粪和鸡粪生物炭的性质

类别	碳	氢	氮	硫	氧气	灰分	固定碳	挥发分	高位热值
	元素分析 /wt%（干基）					工业分析 /wt%（干基）			MJ/kg
PM	37.7	5.98	4.11	0.76	32.23	19.23	14.21	66.56	15.53
PM300	51.34	3.74	3.68	0.50	15.05	25.69	42.50	31.81	20.01
PM400	53.14	3.53	3.48	0.46	7.18	32.21	47.85	19.94	21.72
PM500	53.81	3.01	3.23	0.46	5.61	33.87	49.53	16.60	21.49
PM600	54.12	1.70	2.95	0.47	4.18	36.52	53.35	10.13	19.98
PM700	55.08	1.67	2.62	0.49	2.97	37.17	55.77	7.06	20.48
CM	35.01	6.36	3.17	0.44	31.59	23.43	12.35	64.22	15.27
CM300	45.56	3.74	2.71	0.25	10.45	37.29	27.39	35.33	18.87
CM400	43.31	3.12	2.35	0.22	6.87	44.13	33.15	22.72	17.87
CM500	42.08	2.04	2.16	0.18	4.64	48.90	34.87	16.24	16.31
CM600	43.50	1.73	2.16	0.18	1.85	50.57	39.18	10.25	16.85
CM700	43.62	1.40	2.15	0.12	0.84	51.88	41.04	7.08	16.60

注：PM—猪粪，CM—鸡粪，PM300—300 ℃下热解炭化得到的猪粪炭（以此类推）。
高位热值 $=0.3383*C+1.422*(H-O/8)$。

③畜禽粪便热解制备生物炭燃料案例

生物炭是通过生物质的低温热解产生的，这一过程称为炭化。虽然炭化后的生物质仍然含有一些挥发性有机化合物，这是生物质中的原始化合物，但它与化石煤非常相似，可以认为是一种碳中性燃料。根据热解条件和原料类型的不同，一般情况下，生物质中 50% ～ 70% 的能量和 40% ～ 70% 的质量保留在生物炭中。

本研究所用的原料畜禽垃圾（PL），由畜禽排泄物、溢出的饲料、羽毛等混合而成。在实验之前，将自然干燥的生物质研磨成尺寸小于 2 mm 的颗粒，在 105 ℃下干燥过夜。热解实验在 1 L 立式不锈钢反应器中进行，氮气流速为 25 ml/min。实验在 250 ℃～ 600 ℃五种不同的温度下进行。将 50 g 生物质放入反应器中，然后以 5 ℃/min 的速率将系统加热到所需的温度，并在该温度下保持 30 分钟。热解过程中，挥发性产物通过水 - 冰混合物冷却至收集烧瓶中，液体产物在此浓缩，不可凝结的挥发性气体被排放到大气中。裂解结束后，反应器在氮气流下冷却。

不同的热解温度对生物炭产量影响较大，随着热解温度的升高，生物炭产量下降（图 7-9）。当热解温度升高至 500 ℃，家禽垃圾热解的生物炭产率由 250 ℃时的 64% 逐渐下降到 33%。随着炭化温度升高，生物炭中所含的有机官能团如 C=O、

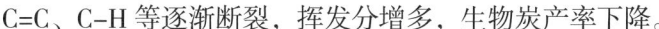

C=C、C–H 等逐渐断裂，挥发分增多，生物炭产率下降。

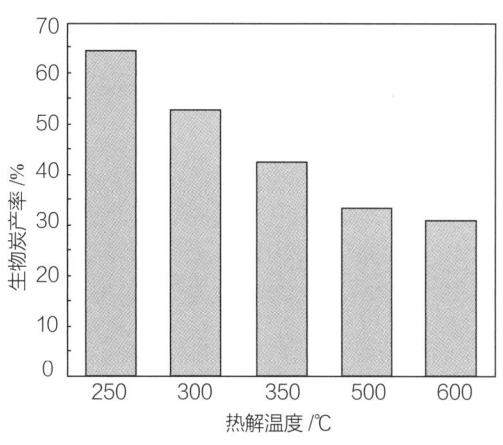

图 7-9 不同热解温度下生物炭产率

除质量产率外，热解温度对生物炭能量产率和能量密度也具有较大影响。生物炭的能量密度随着热解温度的增加而增加，350 ℃达到最大值后随温度升高略微下降（表 7-3）。与能量密度相反的是，能量产率由于质量产率降低，随热解温度的升高而降低。因此，热解温度在 350 ℃时，可得到热值和能量密度最高的生物炭，且产率也不低。

表 7-3 不同炭化温度下生产的生物炭的性质

类别	碳	氢	氮	硫	氧气	灰分	固定碳	挥发分	高位热值	能量密度	能量产率
	元素分析 /wt%（干基）					工业分析 /wt%（干基）			MJ/kg	Wh/kg	%
PL-250	52.3	5.0	5.0	0.2	28.2	9.3	32.6	58.1	20.9	1.39	90.0
PL-300	53.6	3.7	5.4	0.2	24.3	12.8	43.1	44.3	20.2	1.34	71.2
PL-350	57.0	3.2	5.3	0.2	15.9	18.4	48.9	32.7	22.5	1.49	64.1
PL-500	60.4	2.4	4.2	0.0	11.3	21.8	56.6	21.6	22.3	1.47	49.1
PL-600	56.6	2.0	3.9	0.0	8.2	29.3	57	13.7	20.6	1.37	42.4

目前，关于畜禽粪便热解生产生物炭燃料的研究还较少，生物炭应用于土壤改良方面的案例较多。生物炭应用于土壤的优势在于：第一，比表面积大、密度小，具有较强的吸附特性，用于污染土壤修复，可最大限度减轻土壤的污染；第二，芳香化结构，固碳能力强，把碳封存进土壤，有效减缓碳排放；第三，表面官能团丰富，具有亲水性，可直接与土壤其他成分产生相互作用，将其应用到退化土壤的修

复中，可显著提高土壤 pH 值、持水量、有机质含量等，有效改善土壤的肥力，提升农作物的产量。

（2）畜禽粪便快速热解产油技术

①技术简介

快速热解是生物质在隔绝氧气条件下迅速受热裂解，并且快速冷凝的热化学过程。在快速热解过程中，原料分解产生水蒸气和气溶胶以及少量的生物炭和气体。经过冷凝，形成了一种深棕色的均质液体——生物油或热解油，热值一般为 16 ～ 20 MJ/kg。

生物质热解液化的工艺条件：第一，极高的加热和热传递速率；第二，精准的热解温度控制；第三，热解蒸汽的快速冷却。

为了获得高的生物油产率，必须仔细设计快速热解系统的各个工艺环节。畜禽粪便快速热解产油工艺可分为以下几个方面：

A. 畜禽粪便的水分和颗粒度是影响快速热解工艺的重要指标。在原料准备时先对畜禽粪便进行干燥处理，将其含水量降低到 10% 以下。原料的颗粒度越小，越有利于提高热解时的加热速率，但应在满足反应器颗粒要求且考虑加工成本的情况下，将畜禽粪便原料制备成合适的粒径大小。

B. 热解反应器是快速热解系统的核心装置，要求有很高的加热速率和热传递速率，并且严格控制反应温度和气相滞留时间。流化床反应器具有操作方便、稳定性好、规模化潜力大、生物油产率高等优点，是快速热解的推荐反应器。

C. 快速热解会产生部分固体颗粒，主要是由未反应碳和灰分组成。热解后从气体和生物油中去除固体颗粒比较困难，通常的做法是用旋风分离器捕集固体颗粒，但粒径 2 ～ 3μm 的颗粒难以有效去除，因此，生物油中基本含有细粉炭颗粒。

D. 热解挥发分的气相滞留时间和温度影响着生物油质量和成分，气相滞留时间越长，二次裂解生成不可凝气体可能性越大。可采取淬冷技术，如液体喷雾洗涤快速冷却挥发物，以获取高质量生物油。

②猪粪快速热解制备生物油案例

本研究采用气泡流化床反应器进行快速热解。主要考察在不同反应温度下生物油产率和特性。由于猪粪热解生物油产量低、含水量高，建议将其与其他类型的生物质混合使用，以提高生物原油的产量和质量。

将含水量为 80wt% 的猪粪置于 120 ℃的烘箱中干燥 24 小时，使其含水量低于

10wt%。烘干粉碎后的物料采用 0.6 ～ 1 mm 的筛网进行筛分，以避免大颗粒不完全热解。快速热解实验在台式圆柱形流化反应器中进行，猪粪原料由螺旋给料机送入反应器中。在反应器内无氧的条件下，原料迅速分解为蒸汽、焦炭和不可凝结气体。裂解后，焦炭与热气体通过旋风分离器分离。可冷凝蒸汽在冷凝器中转化为生物油，收集在底部的烧瓶中。本研究主要考察热解温度对生物油最高产率的影响，选定的反应温度范围为 500 ℃～ 650 ℃。

研究结果显示，液体产率与原料中灰分含量有关，生物质中灰分含量对挥发分有催化裂解的作用，较高的灰分导致挥发分损失，冷凝得到的液体减少。因此，猪粪热解的产液率低于其他木质生物质，本研究中在 600 ℃条件下，生物油的产率最高（灰分最小），为 18.48%（表 7-4）。生物原油产率在 600 ℃以上时下降可能是由于不凝气的增加。

表 7-4　生物油的性质

实验序号	反应温度 /℃	HHV/（MJ/kg）	含水率 /wt %	固残率 /wt %	灰分 /wt%	密度 /（kg/L）	产油率 /%
1	500	12.65	48.25	0.02	0.62	0.9	14.62
2	550	13.24	45.42	0.02	1.57	0.9	17.24
3	600	13.59	43.85	0.04	0.48	0.8	18.48
4	650	5.91	53.34	0.03	0.56	0.9	16.64

表 7-4 列出了猪粪裂解产生的生物油的各项性质。实验 1 ～ 4 生产的生物油的高位热值（HHV）在 5.91 ～ 13.59 MJ/kg。600 ℃热解反应得到的生物油的 HHV 最高，为 13.59 MJ/kg。该值高于猪粪原料的 HHV，而且生物油在储存和运输方面与原料相比有一定的优势。HHV 随着反应温度的升高而升高，达到 600 ℃后又迅速下降，而含水量则相反，这一结果可以归因为含水量，它将作为稀释剂降低 HHV。

畜禽粪便快速热解产油是其资源化利用的新途径之一，但本研究利用猪粪热解生产的生物油产量低、含水量高，不适合作为燃料使用。因此，将猪粪与其他类型的生物质如木材、作物或农业残留物混合作为提高生物原油产量和质量的一种重要手段。

③畜禽粪便与木料生物质混合物快速热解制备生物油

近年来农林生物质废弃物已成为主要的面源污染源之一，其综合利用越来越受到重视。农林生物质废弃物的纤维素和木质素含量较高，经过简单晾晒后含水率较低，利用其与畜禽粪便共热解，既可以调节畜禽粪污与农林生物质废弃物混合料的含水率，减少处理成本，同时还可以提高热解生产生物油的产量。

本研究将鸡粪、橡木以及鸡粪和橡木的混合样品置于台式鼓泡流化床中，于 450 ℃、18 L/min 的 N_2 和 320 g/h 的进料速率下进行快速裂解反应。在热解过程中得到的焦炭、气体和蒸汽的混合物被 380 ℃ 的热气体过滤器分离。分离出来的气体通过两个串联的冷凝器，冷凝器的温度维持在 -8 ℃。从冷凝器中逸出的任何可凝结气体和气溶胶都被保持在 16 ~ 20 kV 的静电除尘器（ESP）和填充的玻璃微珠柱捕获。在每次热解实验前后，通过称重热气体过滤器和反应器来测定生物炭的质量。通过在每次实验前后称量冷凝器和静电除尘器的重量来确定生物原油的总质量。产量以不含水分的百分比表示，用差值法计算不凝气体的总产率。

在相同温度和条件下进行快速热解实验时，混合原料中橡木添加量的增加能有效提高生物油总产量，降低炭产量（图 7-10）。纯鸡粪原料热解生物油产量为 43.3%，当鸡粪混合物中橡木含量为 75 wt% 时，产量增加到 55.05 wt%。

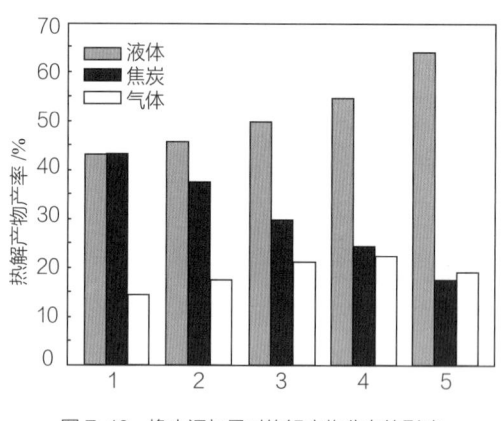

图 7-10　橡木添加量对热解产物分布的影响

鸡粪中混合橡木可在一定程度上提高生物油产量，但研究发现氮化物和烃类含量较高的鸡粪生物原油最稳定。混合原料中木头分解产生含氧化合物的存在会使生物油的性质相对不稳定（老化速度快）。因此，从粪肥和木材混合物中提取的生物油的特定含氧基团的去除是提高其稳定性的必要条件，而且不同的木材种类导致热解产生的生物油的老化速率也不相同。

二、畜禽粪便气化处理技术

1. 气化的原理与过程

气化是在高温下使生物质原料与气化剂（空气、氧气、空气／水蒸气、氧气／水蒸气）发生部分氧化反应，将生物燃料转化为气体燃料的过程。气化的目标是使生物质中化学能尽可能多地变为燃气化学能。在气化过程中，燃料中大分子有机化合物与气化剂发生一系列反应，最终转化为含有 CO、H_2、CH_4 等小分子不凝结气体的燃气。

生物质气化是热解、热解产物燃烧、燃烧产物还原等诸多复杂反应的集合。对于不同的气化装置、工艺流程、反应条件和气化剂种类，反应过程不完全相同，不过从宏观现象上来说，都分为原料干燥、热解、氧化和还原四个反应阶段。①干燥：原料进入气化装置之后，首先被加热析出表面水分。干燥过程主要发生在 100 ℃ ～ 150 ℃，大部分水分在低于 105 ℃条件下释放。干燥过程中，物质的化学组成没有发生变化。②热解：温度升高到 150 ℃以上，原料开始发生热解，析出挥发分，温度越高，反应越剧烈。气化工艺中，热解是中间反应阶段，析出挥发分后留下生物炭，构成进一步反应的床层，而挥发分也将参与下阶段氧化还原反应。生物质是高挥发分燃料，热解气相产物可达燃料质量的 70% 以上，因此热解在气化过程中扮演着比煤气化更重要的角色。③氧化反应：热解产物与氧气发生的氧化是一个剧烈放热反应。在气化装置内，只供入有限空气或氧气，是不完全燃烧过程，燃烧产物包括水蒸气、CO 和 CO_2。④还原反应：还原反应位于氧化反应的后方，燃烧产生的水蒸气和 CO_2 等与碳反应生成 H_2 和 CO，从而完成固体燃料向气体燃料转变。

2. 畜禽粪便热解气化制备可燃气技术案例

牛粪含有丰富的纤维素、半纤维素和木质素，在生产沼气、富氢气体和生物乙醇等增殖产品方面具有巨大潜力。与生物质空气气化相比，蒸汽气化可产生高热值富氢气体，H_2 含量高（30% ～ 60%）。

华中农业大学的辛娅等人分析了牛粪热解机制，并在此基础上采用 2 种气化模式研究牛粪水蒸气气化技术，一是湿牛粪原位水蒸气气化制取富氢气体研究，二是分步气化制取富氢气体。原位气化即高湿物料干燥和气化剂制备环节合二为一，直接利用高湿物料所含有的水分作为后续气化的气化剂，使物料在自发的水蒸气氛围内进行热解气化反应，避免重复耗能，提高系统效率和经济性。分步气化则是将热解制半焦和水蒸气气化分段进行，分别研究牛粪低温炭化段和高温水蒸气气化段的反应机制。

（1）湿牛粪原位水蒸气气化制取富氢气体

原料干燥和水蒸气制备是能量的双重消耗，如果将牛粪干燥产生的水蒸气直接作为气化剂参与反应，可减少水蒸气制备的能耗。

本研究直接采用湿牛粪做热解原料，湿牛粪中水分自蒸发为气化剂，利用反应器内外压力差将产生的气体排出反应器，研究不同热解温度（700 ℃～900 ℃）、牛粪水分质量分数（50%～85%）、升温速率（5 ℃～20 ℃/min）和进料温度（400 ℃～700 ℃）对湿牛粪热解制富氢气体的影响。

10 g 牛粪置于瓷舟中，设定各热解参数。实验开始前用 N_2 以排空反应器内的空气，设定温度程序开始升温，当反应器达到指定温度时，迅速将装有牛粪的瓷舟推入反应器，实验开始。达到终温时停留30分钟。反应结束后，通入 N_2 平衡负压，待降至室温后收集固体炭。

研究结果显示：①温度对湿牛粪热解产气率和 H_2 容积百分含量的影响最大，通过升高温度可增大产气率、碳转化率和 H_2 容积百分含量。湿生物质热解反应是吸热反应，热解产生的挥发分二次裂解和水蒸气重整作用均在高温下进行，升高温度有助于增大气体产率和 H_2 容积百分含量。但反应温度升高会导致生产成本过高，因此建议反应温度不高于 900 ℃。②气体产率和 H_2 容积百分含量随牛粪水分质量分数的增大而增大，但水分的增大会导致能耗的增加，因此牛粪处理原料的含水量不宜超过鲜牛粪本身的含水量。③升温速率和进料温度对湿牛粪热解气化的效果影响不大。在本试验条件下，湿牛粪热解气化制富氢气体的较佳条件为：升温速率 5 ℃/min、温度 900 ℃、水分质量分数 85%、进料温度 400 ℃。

（2）分步气化制取富氢气体

分步气化制取富氢气体的方法：牛粪干燥后，被热解与炭化成生物炭和挥发性产物（可冷凝和不可冷凝气体）。然后，通过引入干燥过程中产生的蒸汽，对生物炭进行气化以生产富氢气体（图7-11）。

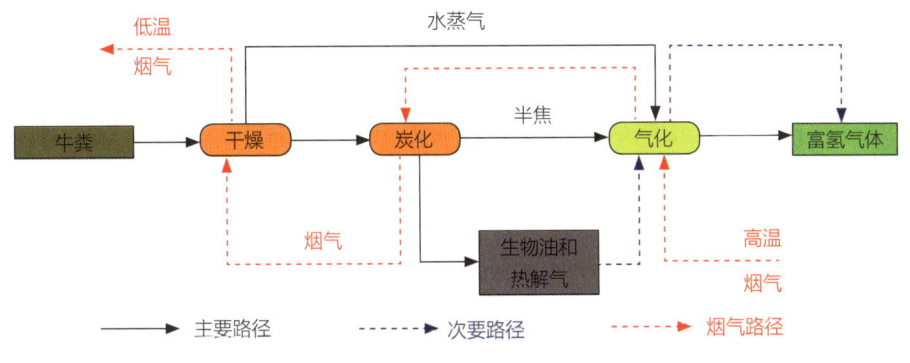

图 7-11　牛粪分步气化流程图

本研究所用的新鲜牛粪含水率为 85.12 ± 1.5wt%。牛粪样品经烘干、粉碎并筛到 60 目大小的颗粒。热解和炭化在实验室规模的固定床反应系统中进行。牛粪（干基）在 300 ℃ ~ 600 ℃ 的温度下热解和炭化，保温时间为 30 ~ 120 分钟。当运行完成后，用氮气冲洗反应堆以保持缺氧状态。将生产的生物炭冷却至室温后，取出称重，计算生物炭得率。最后，生物炭被磨碎，通过一个 100 目的筛子，储存在密封容器中，以备使用。

粪便生物炭蒸汽气化试验采用不同炭化温度（300 ℃、350 ℃、400 ℃、500 ℃ 和 600 ℃）、保温时间为 30 分钟的生物炭作为原料进行蒸汽气化实验。300 ℃ ~ 600 ℃ 的生物炭样品分别命名为 BC-300、BC-350、BC-400、BC-500 和 BC-600。蒸汽气化实验在固定床反应器中进行，5.00 g 生物炭在所需的温度（750 ℃，850 ℃）下气化 30 分钟。用于气化的蒸汽由蒸汽发生器产生，以 1.66 g/min 的流速引入反应器。生产的合成气用球式冷凝器冷凝、洗涤，并用气相色谱法分析。

研究结果显示，不同温度条件下制备的生物炭在 750 ℃ 和 850 ℃ 条件气化得到的 H_2 浓度和产量见图 7-12。各生物炭样品产生的 H_2 浓度为 53.63% ~ 58.01%，明显高于牛粪样品的 47.03%。这是由于生物炭含碳量高，促进

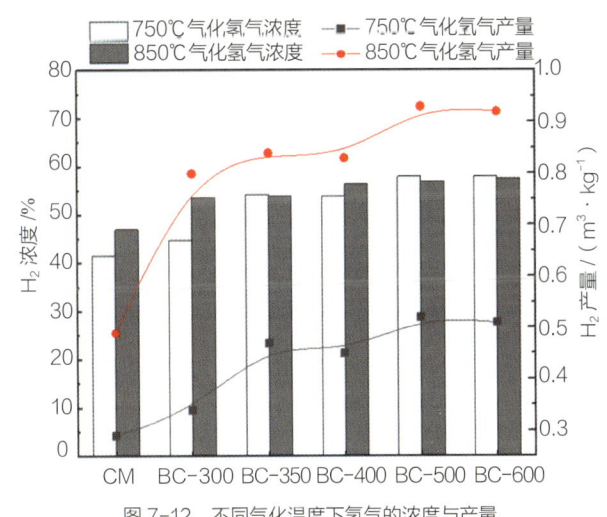

图 7-12　不同气化温度下氢气的浓度与产量

了生物炭与烃类的蒸汽重整反应，获得了较高的氢浓度。

随着生物炭制备温度从 300 ℃增加到 600 ℃，H_2 浓度略有增加。如 BC-350 中 H_2 的浓度为 53.87%，BC-600 中 H_2 的浓度为 58.01%，比 BC-350 高 7.69%。这是因为在高温下产生的生物炭具有高的碳含量、挥发性物质含量低，有利于生物炭的蒸汽转化。

牛粪和 BC-300 在 850 ℃下气化产生的 H_2 浓度略高于 750 ℃的；BC-350、BC-400、BC-500 和 BC-600 在两种温度下产生的 H_2 浓度差异不明显。但在 850 ℃时的产氢率明显高于 750 ℃时的产氢率。这是因为生物炭的蒸汽重整是一个吸热反应，高温有利于这一反应发生。另外，碳氢化合物的蒸汽重整也有助于在高温下产氢。本研究案例中，BC-500 的蒸汽气化温度为 850 ℃时，合成气产量最高，为 1.61 m^3/kg，相应的氢浓度和产率分别为 57.58% 和 0.93 m^3/kg。本研究表明，两步法气化是一种高效的废物制氢能源工艺，可促进牛粪的有效利用。

第三节
沼气净化和清洁能源利用

一、沼气利用的问题和净化的必要性

沼气因其制备及利用过程能有效消除有机废弃物污染，并减少温室气体排放，是一种低碳环保型的化石能源替代品。但是沼气的主要可燃组分 CH_4 通常仅占 50% ～ 65%，运输、压缩、液化难，利用途径有限。尽管我国应用沼气的历史比较悠久，但由于单个项目生产规模小，容积产气率低，使我国沼气产业陷入了"公益性事业"的尴尬困境。尤其是随着近年来废液、废渣标准化排放问题的日益突出，把"沼气事业"转变成"沼气产业"成了一些相关企业生存的关键。21 世纪初开始，欧美国家将沼气净化后或并入天然气网，或用于沼气发电、热电联产或作汽车燃料，取得了良好的生态效益和经济效益。我国沼气产业的发展也必须走提纯、净化和高质化发展道路。

1. 沼气成分和利用障碍

沼气成分复杂，除有主效成分 CH_4、可燃成分 CO 和 H_2 外，还有粉尘、水蒸气、CO_2、H_2S、NH_3、O_2、N_2、硅氧烷、卤代烃等。这些"无效"成分对沼气的运输、压缩和燃烧利用都有不同程度的负面作用。

①粉尘：能够堵塞压缩机和储气罐。

②水蒸气：能与 H_2S、NH_3、CO_2 反应进而引发压缩机、储气罐及发动机等的腐蚀；亦能在管道中积累；或在高压下冷凝结冰。

③ CO_2：降低沼气热值。

④ H_2S：引发压缩机、储气罐、发动机腐蚀；浓度高于 5 mg/L 时能够引发人体中毒；燃烧产生的 SO_2、SO_3 污染环境，溶水致腐蚀。

⑤硅氧烷：燃烧形成 SiO_2 和微晶石英，沉积于火花塞、阀、汽缸盖等，造成磨损。

⑥卤代烃：燃烧引发发动机腐蚀。

⑦ NH_3：溶于水具腐蚀性。

⑧ O_2：含量过高易爆。

⑨ N_2：降低沼气热值。

2. 生物天然气概念的发展

自 2003 年以来，国家发改委会同农业农村部一起大力推动农民户用沼气，利用国债项目连续补贴 10 年，累计投入近 1 000 亿元。在中央投资带动下，中国农村沼气获得了大发展。到 2015 年底全国沼气工程达到 4 200 万个，位居世界第一，受惠人口超过 2 亿人。但由于原料、效益、政策和科技支撑等问题，沼气工程的两面性也逐渐显现出来，小沼气工程大量废弃、中小沼气工程因管理不善导致的甲烷逸失等问题潜藏着巨大风险。

2008 年沼气工程转型升级被提上议事日程。程序、朱万斌等经过国内外调研和实验研究，提出了沼气产业化利用的方向，2010 年正式提出"生物天然气"概念。生物天然气 [Bio-natural gas，简称 BNG；又称生物甲烷（Bio-methane）] 是利用先进工程技术，高效率大规模地生产沼气 [例如日产沼气 1 万立方米以上，容积产气率 1 m^3/（m^3/d）以上]，通过专门装置使粗制沼气脱硫、脱碳，即净化和提纯，得到以 CH_4 为主，组分、性能和用途与常规天然气完全一样的可燃气体，从而能够高体积比地压缩或液化，经济、便利地运输和应用，可以完全替代常规天然气或者加注到天然气管网中，特别是用以替代车用天然气。在这一过程中，沼气变为可大规模高质量利用的现代商品能源，实现大幅度升值。

2011 年朱万斌等负责建成了国内第一个日产万方车用生物天然气工程，2014 年建成生物天然气中试工程平台。在借鉴国际经验、总结国内成功试点案例的基础上，国内超大型沼气工程、车用和工业用生物天然气工程陆续成功运行，2015 年生物天然气工程被确定为国家沼气产业转型升级的方向。

3. 生物天然气产业政策的确立

2015 年 4 月，农业部办公厅和国家发改委办公厅《关于请抓紧申请 2015 年农村沼气工程中央预算内投资计划的通知》（发改办农经〔2015〕879 号）及《2015 年农村沼气工程转型升级工作方案》发布，首次官方使用"生物天然气"术语，并支持日产生物天然气 1 万立方米以上的工程试点。2015 年 6 月，国家能源局、环境保护部《关于印发内蒙古自治区生物天然气示范区建设工作方案的通知》要求做好内蒙古生物天然气示范区建设，促进生物天然气产业化发展。

2016 年 9 月 5 日，国家能源局发布《关于促进生物天然气产业化发展的指导意见（征求意见稿）》。2016 年 10 月 28 日，国家能源局印发《生物质能发展"十三五"规划》（国能新能〔2016〕291 号），将生物天然气列为生物质能首要发展目标。2017 年 1 月 25 日，国家发改委、农业农村部印发《全国农村沼气发展"十三五"规划》，推动沼气向生物天然气工程转型升级。2017 年 4 月 27 日，国家能源局综合司关于印发《生物天然气开发利用县域规划大纲》（国能综新能〔2017〕248 号），推动生物天然气规模化、产业化、专业化发展。

二、生物天然气的标准

生物天然气的组分、性能和用途主要是对标天然气，因此其根据不同用途，必须符合相应标准。

1. 车用生物天然气标准

相比应用于发电的沼气，车用沼气的净化提纯要求更高。作为车用燃气，必须除去无效成分，提高 CH_4 含量，使沼气热值增加，以达到车用燃气标准要求。沼气净化提纯后 CH_4 体积分数应达到 90% 以上，硫化物体积分数降低至 1×10^{-4} 以下，才能直接用作车用燃气。依据《车用压缩天然气》（GB18047—2017）规定，生物天然气用作汽车燃料，必须达到如下主要性能指标：

①高位发热量：> 31.4 MJ/m^3。

②总硫（以硫计算）：≤ 200 mg/m^3。

③ H_2S：≤ 15 mg/m^3。

④ CO_2：≤ 3%（体积分数，101.325 kPa，20 ℃）。

⑤O_2：≤ 0.5%（体积分数，101.325 kPa，20 ℃）。

⑥水露点：在汽车驾驶的特定地理区域内，在最高操作压力下，水露点不应高于 –13 ℃；当最低气温低于 –8 ℃，水露点应比最低气温低 5 ℃。

2. 生物天然气国家标准

2022 年 3 月 9 日，国家市场监督管理局和国家标准化管理委员会发布了首个《生物天然气》国家标准（GB/T 41328—2022），规定了生物天然气技术要求，确定了生物天然气取样及检验规则，给出了生物天然气试验方法及输送、标志、储运、使用安全等要求（表 7–5）。

表 7–5　生物天然气技术要求

项目	一类	二类
高位发热量 [a]/（MJ/m^3）	≥ 34.0	≥ 31.4
甲烷（CH_4）含量 /mol	≥ 96×10^{-2}	≥ 85×10^{-2}
氢气（H_2）含量 /mol	≤ 3.5×10^{-2}	≤ 10×10^{-2}
二氧化碳（CO_2）含量 /mol	≤ 3.0×10^{-2}	
硫化氢（H_2S）含量 /（mg/m^3）	≤ 5	≤ 15
总硫（以硫计）含量 /（mg/m^3）	≤ 6	≤ 20
氧气（O_2）含量 /mol	≤ 0.5×10^{-2}	
一氧化碳（CO）含量 /mol	≤ 0.15×10^{-2}	
氨气（NH_3）含量 /mol	≤ 50×10^{-6}	
汞（Hg）含量 /（mg/m^3）	≤ 0.05	
硅氧烷类含量 [b]/（mg/m^3）	≤ 10	
总氯（以氯计）含量 [d]/（mg/m^3）	≤ 10	
固体颗粒物含量 [c]/（mg/m^3）	≤ 1	
水露点 /℃	在交接点压力下，水露点应比输送条件下最低环境温度低 5 ℃	
二噁英类含量、胺含量、焦油含量 [d]	供需双方商定	

a 本文件中使用的标准参比条件是 101.325 kPa、20 ℃，高位发热量以干基计。
b 以垃圾填埋气或热解工艺生产的生物天然气测定硅氧烷含量。
c 生物天然气中的固体颗粒物含量应以不影响输送和使用为前提。
d 以热解工艺生产的生物天然气测定二噁英类、焦油、总氯（以氯计）的含量。

对比最新修订版的天然气国家标准（GB 17820—2018），生物天然气的要求要严格得多。除了热值、含硫量和二氧化碳含量，国标对生物天然气的甲烷、氢气、氧气、一氧化碳、氨气、汞、硅氧烷、总氯、固体颗粒物等都有明确规定。

三、生物天然气工程模式

1. 生物天然气的工程模式（图7-13）

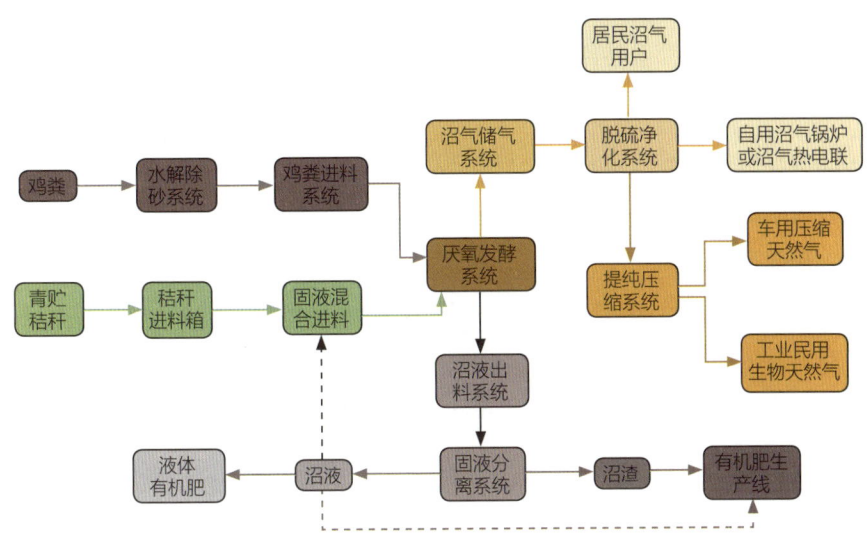

图 7-13　生物天然气工程一般模式（以鸡粪和青贮秸秆原料为例）

生物天然气工程一般将农作物秸秆、畜禽粪污等有机废弃物进行预处理后输入厌氧发酵罐，产生出沼气和消化液。沼气经过净化提纯后作为生物天然气利用；消化液部分循环回厌氧发酵罐作为回流液充分利用，部分进入固液分离车间，分离的固态物质沼渣与秸秆复合生产固态有机肥，分离的沼液一部分生产液态有机肥，另一部分进入沼液储存池储存，经充分腐熟后还田。与一般沼气工程相比，生物天然气的工程规模更大（沼气工程日产沼气几万至几百万，生物天然气工程日产沼气1万方以上）；产气效率更高［沼气工程容积产气率 0.5 m^3/（m^3·d）以下，生物天然气工程容积产气率 1.0 m^3/（m^3·d）以上］；有提纯净化系统，有更大的储气设施，有高标准的有机肥生产线，最为重要的是，产出的主产品生物天然气，完全可以向常规天然气那样工业化销售、运输、储存和使用。

2. 生物天然气工程系统的一般组成

（1）原料预处理系统

对于不同的物料需要不同预处理装置及设备。大体而言，对于固体物料餐厨、秸秆等需要粉碎分选设备、固体物料输送设备、油水分离设备等，对于粪便需要除砂设备、水解酸化池及搅拌设备，所有预处理工段的池子、罐体都需要增温设备。

（2）混合进料系统

生物天然气工程很少使用单一物料来进行厌氧发酵。一般而言，为了获得更好的碳氮比，所有工程都会使用两种以上的发酵原料共发酵。为了使发酵原料更好地混合，以防止固体物料在发酵罐体结壳结渣，通常使用一类新型的固液混合设备。比如混合秸秆和粪便时经常使用一种开放式螺杆混合输送泵，混合粪便和餐厨垃圾时需要用到混合搅拌罐。

（3）厌氧发酵系统

厌氧发酵系统是生物天然气的核心。从发酵罐工艺上分类，生物天然气工程厌氧发酵常用的罐体工艺有升流式固体反应器（USR）、完全混合式厌氧消化池（CSTR）以及塞流式反应器（PFR）、高浓度推流式厌氧消化器（HCPF）等。从罐体材质上说，有混凝土罐、搪瓷罐、利浦罐、碳钢焊接罐等。根据发酵原料的性质以及场地条件的不同，配置最佳发酵工艺和设备方案。

（4）气体储存系统

这个阶段的气体储存实质上是粗沼气的储存。目前大部分新建大型沼气项目及所有的生物天然气的项目都采用低压干式气柜储存粗沼气，只有少量以前建设的项目还在使用湿式气柜和高压干式气柜。低压干式气柜又分为落地气膜和罐顶气膜两种，根据罐体形式及场地条件的不同，配置适宜储气方案。

（5）沼气净化系统

沼气净化主要是脱除沼气中的硫。沼气中的 H_2S 会对管道设施产生严重的腐蚀，燃烧后的 SO_2 会产生严重的大气污染，因此脱硫是沼气净化的首要目标。

（6）沼气提纯系统

从沼气到生物天然气，燃气品质的提升，最重要的就是粗沼气中 CO_2 的脱出。CO_2 占沼气的体积分数达到 $35\% \sim 50\%$，不仅本身不提供热量，还会作为烟气带走大量热。脱除 CO_2 将大幅度提升燃气热值和综合品质，使沼气升华为生物天然气。

（7）燃气利用系统

目前沼气利用主要是四个方面：沼气直接发电、提纯压缩为车用压缩天然气（CNG）、提纯减压后工业用生物天然气并入入户管网（可以是脱硫沼气，也可以是生物天然气）。

（8）沼渣沼液利用系统

沼渣沼液经分离后，沼渣部分可以作为生产有机肥原料或者经过后腐熟作为育苗基质，沼液部分工艺回用、作为液体有机肥料还田或进一步做高品质液态有机肥料。

四、沼气净化的主要工艺和技术

1. 主要沼气净化技术

沼气净化主要是脱硫。脱硫技术主要分为生物脱硫和化学脱硫两大类。生物脱硫是更高效和环保的工艺，在沼气脱硫上的应用相对化学脱硫来说还不太普遍。目前已建的使用生物脱硫工艺的项目，运行情况不甚理想，主要与沼气的生产不连续有关。

化学脱硫又分为干法脱硫和湿法脱硫。干法脱硫使用的脱硫剂主要为氧化铁。不仅在生物天然气行业，而且在其他石油天然气行业，干法脱硫的运用实例非常多，但由于运行维护风险及后期处理固废的难度较大，新建的工程使用较少。

湿法脱硫使用的脱硫剂主要分两种，一种是运用较早的 888 脱硫剂，还有一种就是新兴的络合铁脱硫剂。两者都属于环境友好型脱硫剂，不会造成二次污染。但是由于使用 888 脱硫剂的设备成本、脱硫成本较高，逐渐处于淘汰趋势，而络合铁脱硫剂相对于其他脱硫技术，具有硫容量高、脱硫成本低、运行稳定性好、设备投资低等优点，正越来越多被运用。

2. 主要沼气提纯技术

沼气提纯主要是脱碳。当前主流脱碳方法有变压吸附 PSA 或 RPSA、压力水洗、胺洗和膜分离。除了早期利用的胺洗法，其他几种正大量被运用在生物天然气项目上。这几种方法各有其优势和特点，也有不同的运用范围。

（1）高压水洗法：属于物理脱碳法，利用在高压下沼气中的主要成分 CO_2 和 CH_4 的水溶解度具有差异的原理将二者分离，达到净化提纯目的，节能和环保性能优越。

（2）醇胺法：利用 CO_2 和 H_2S 与醇胺的酸碱中和反应达到去除目的，提高沼气中的甲烷含量。

（3）变压吸附法：加压条件下，利用沼气中的 CO_2、CO、N_2 等组分在脱碳吸附剂上的被吸附能力差异实现，常用吸附剂包括硅胶、活性炭、分子筛等。

（4）膜分离法：利用各气体组分在高分子聚合物中溶解扩散速率不同，在膜两侧分压差作用下分离，也属于物理分离方法，因膜性能的提升、成本的降低和使用寿命延长，利用前景广阔。

根据国际能源署数据，近 10 年，沼气净化提纯技术发展迅速，工艺主要以高压水洗法和变压吸附法为主，两者的市场份额分别占 40% 和 21%。

五、生物天然气的利用途径

1. 发电

生物天然气发电有两种模式，一种是直接利用沼气发电，另一种是将沼气净化提纯为生物天然气再发电。高效内燃机发电机组沼气原料和生物天然气原料分别可以达到 $2\,kW \cdot h/m^3$ 和 $4\,kW \cdot h/m^3$ 的电力产出，当然发电可以采用热电联产的模式，将发电余热用于沼气工程保温和升温。一般而言，生物天然气是高品位清洁可再生能源，而电力是比较容易得到的能源，利用生物天然气发电不是优化利用方式。很多工程采用发电途径，主要是市场渠道不通畅和政策导向错位导致的，例如入网和销售困难，只有发电才能获得财政补贴，也有少数地区是严重缺电导致的。

2. 注入天然气管网

生物天然气具有和常规天然气相同的组分、性能和用途，注入天然气管网不存在技术障碍，更多的是政策障碍。一是准入问题，二是价格机制问题。生物天然气具备有机废弃物处理、减排温室气体、可再生等功能和特性，如果简单地以天然气门站价收购入网，不仅不公平，生产者也没有积极性，不可能发展起来。在瑞典、瑞士、德国等欧洲国家，由于补偿机制完善，生物天然气注入天然气网络是一种普遍做法。

3. 运输燃料

生物天然气用作运输燃料是一个重要途径，主要应用场景是市内公交、出租车、船和重型卡车，最显著的优势是清洁和减排温室气体，并且由于能效高，更加经济可行。生物天然气是零碳能源，其开发利用产生的温室气体远低于常规化石能源。与使用汽柴油相比，车船使用生物天然气作燃料，颗粒物、硫化物、碳氢化物等有毒有害物排放量大幅度减少，可以显著改善城市空气质量；以全生命周期（LCA）计算，生物天然气提供 1 MJ 能量所排放的二氧化碳量约为 60 g，而汽 / 柴油为 80 g 左右，与化石能源相比，生物天然气碳减排效果极为显著。以城市出租车为例，由于能效高，1 m³ 生物天然气驱动汽车行驶的里程比 1 L 汽油多 15%～20%；由于天然气价格便宜，使用生物天然气作燃料，行驶相同里程的成本比汽油少一半以上；而重型卡车用生物天然气作燃料，不仅清洁、减排、经济，还有电动车不可比拟的超长行驶里程优势。

4. 分布式供应

与生物天然气分布式生产模式相适应，生物天然气的分布式利用最为经济高效，主要应用场景有车船加气站、工业园区（热需求用户）、乡镇聚居地等。一个日产 2 万～3 万方生物天然气的工程，可以供应 2～3 个加气站，如果形成局地网络，则能进一步提高效率；在不具备大管网地区，就近为单个工业用户或者工业园区供气，既能够降低售气成本，也能够降低用户购气成本；采用低压气柜为偏远地区乡镇或者村民聚居区供气，则是这些区域获得清洁便利能源的理想方式。

5. 用作化工原料

生物天然气在组分、性能上与常规天然气一致，也可以替代天然气用作甲烷化工工业原料。以甲烷为原料的天然气化工工程在国民经济生产中占有重要地位，其产品涉及医药、肥料、食品、高分子材料等方方面面，全世界超过 84% 的氨和 90% 的甲醇都是以天然气为原料生产的。我国天然气消费量的 15% 左右被用作化工原料，生物天然气可以起到一定的补充作用。而由于天然气化工的第一步就是要破坏甲烷中的极其稳定的碳氢键，与生物天然气产生甲烷的过程正好相反，未来可能通过两个工艺的耦合，找到更好的厌氧甲烷化工路线，解决天然气化工能耗高、成本高的痼疾。

第四节
规模养殖场能源化工程模式

畜禽粪污厌氧发酵产沼气是目前最为成熟的能源化利用技术。规模化养殖场粪污产生量较大、集中且较为稳定，采用沼气工程处理畜禽粪污，得到沼气、沼渣、沼液，是一举多得的综合处理利用方式。

根据沼渣沼液处理利用方式分类，规模养殖场沼气能源化工程模式可分为能源生态型模式和能源环保型模式。

能源生态型模式以综合利用为主要目的，适用于有较大的能源需求，沼气能完全利用，沼渣、沼液得到充分消纳及循环利用的地区。能源生态型模式见图 7-14。此模式要求养殖场周边环境容量大、排水要求不高，养殖场粪便和污水可全部进入厌氧反应器进行处理。

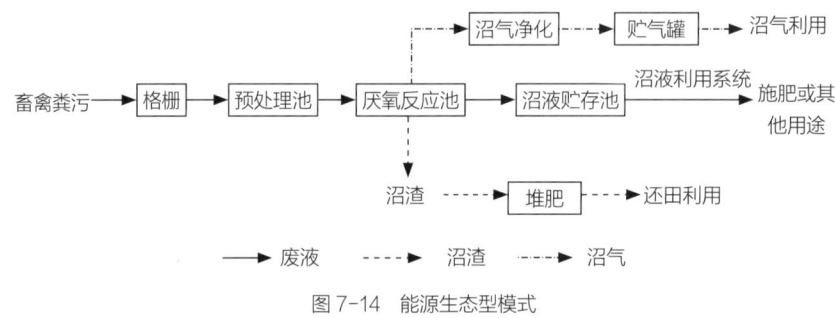

图 7-14 能源生态型模式

能源环保型模式适用于能源需求不高且沼液沼渣无法全部被土地消纳，废水经处理后达标排放或回用的地区。养殖粪污进入沼气工程之前应先在养殖场进行清洁生产，实现粪便与污水的干湿分离，干粪收集率在 50% 以上，然后再对固体和液体分别处理，能源环保型模式见图 7-15。此模式下养殖场周边环境容量较小、排水要求高，沼气产量相对较少。

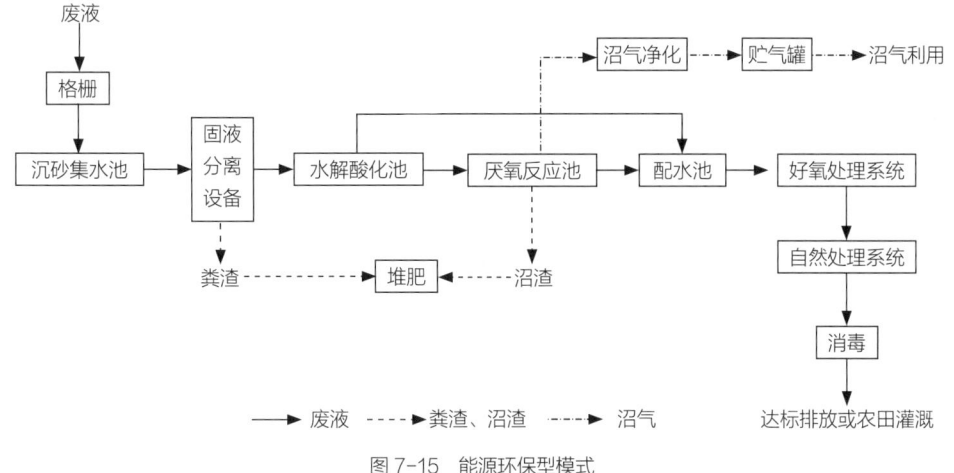

图 7-15 能源环保型模式

根据沼气利用方式分类，目前国内规模畜禽养殖场粪污沼气能源化工程模式主要有沼气集中供气工程模式、沼气发电工程模式、生物天然气工程模式三大类。下面重点介绍这三大类模式。

一、沼气集中供气工程模式

1. 模式流程

沼气集中供气工程模式是将畜禽养殖粪污、农作物秸秆、农村生活有机垃圾等农业农村有机废弃物经过厌氧发酵处理后产生沼气、沼渣、沼液，沼气经过脱水、脱硫等净化后贮存在贮气柜中，通过沼气输配管网向周边村社农户统一供气，作为农户生产生活燃料用能；沼渣、沼液还田利用或其他利用。发展沼气集中供气符合农村基础设施建设的要求，尤其是在地处偏远难以通天然气的农村地区，为农村提供便利的生产生活能源，是集公益性、环保性和节能减排于一体的系统工程。模式流程图见图 7-16。

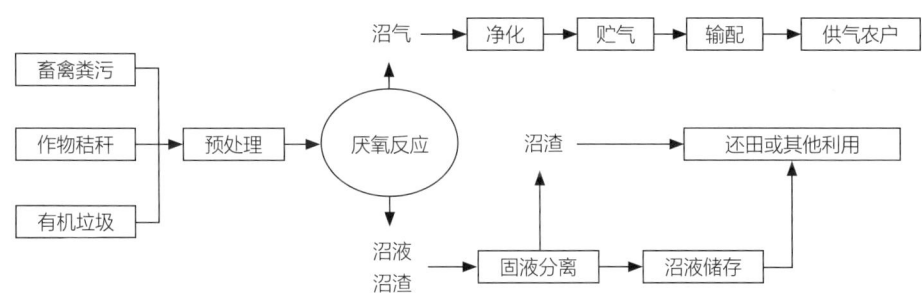

图 7-16 沼气集中供气工程模式流程图

2. 主要技术内容及关键设施设备

①预处理系统：畜禽粪污、农作物秸秆等有机废弃物在厌氧发酵前需进行粉碎、调配、水解酸化等预处理，包括粉碎机、调配池、水解酸化池、进料泵等设施设备。

②厌氧发酵系统：包括厌氧反应器、进料泵等设施设备。厌氧反应器可采用地下式沼气池，也可采用地上式厌氧发酵罐。厌氧发酵的工艺可采用完全混合式工艺（CSTR）、升流式工艺（USR）、塞流式工艺（PFR）等，根据实际需求可采用常温发酵或者中温发酵，提高产气率。

③沼渣沼液利用环节：发酵后的物料通过固液分离后，沼液进入沼液储存池进而灌溉农地或其他利用，沼渣还田利用或其他利用，包括固液分离机、沼液泵、沼液储存池、固液分离车间等设施设备。鼓励沼渣沼液就地就农利用，发展种养结合生态循环农业。

④沼气净化与贮存：厌氧发酵产生的沼气经过脱水、脱硫等净化后进入贮气柜进行贮存，便于后续的沼气集中供气，包括脱水装置、脱硫塔、贮气柜（湿式贮气柜、干式贮气柜或产气贮气一体化反应器）等设施设备。

⑤沼气输配系统：包括输配管道（采用燃气专用的 PE 管）、管件、沼气中转储气站等，沼气输送宜采用低压供气。

⑥集中供气农户系统：包括入户管道、入户管件、户用流量计、灶具等。

根据供气工程规模、运行管理要求以及经济条件，可配置集中供气监控与数据采集系统，具备非正常工作状况的报警和自动停机功能，实现安全高效运行。

3. 模式特点

①充分彰显公益性。通过规模养殖场的粪污及有机废弃物的集中处理利用，产生的沼气集中供给农民，满足农民用能需求，有利于改善农民生活条件。

②原料来源广泛。集中供气沼气工程的原料可以是规模畜禽养殖场的粪污，也可以是农户生活有机垃圾、农作物秸秆、尾菜等有机废弃物，通过分散收集、集中处理后集中供气给村社、新村聚居点的农户。

③运行管理模式多样。沼气集中供气站的运营管理模式根据实际情况可以选择村集体运营、养殖场运营、沼气站独立运营、个人承包运营、第三方全托管运营、建管一体化运营等模式。

④利于商业化发展。与户用沼气相比，沼气集中供气工程原料来源较为稳定，常年可稳定供气，可持续性强，且运营管理规范，有利于畜禽粪污等有机废弃物处理利用的商业化发展。

4. 典型案例

（1）北京市大兴区长子营镇留民营沼气站七村沼气联供工程

①建设规模

该工程主要处理村内养鸡场的鸡粪，日处理鸡粪 22 t、牛粪 6 t、猪粪 6 t、污水 63.5 t，日产沼气 2 500 m^3，年产固态有机肥 2 135 t、液态有机肥 32 000 t，管道供气农民 1 650 户，解决工程所在镇域 20% 人口的清洁炊事用能问题。

②工艺流程及设施设备

养殖场粪污（鸡粪、猪粪、牛粪及污水等）经收集后调配进入 USR 两级发酵罐（2 座 800 m^3 USR 发酵罐）进行发酵产气，产生的沼气经过脱水、脱硫后进入贮气罐（4 座 40 m^3 0.8MPa 贮气罐），经沼气输配管网系统后为附近 7 个村的 1 650 户农户集中供气。产生的沼液经过动态膜分离后，沼渣被加工成固态有机肥直接还田，沼液一部分回流到发酵装置，年回流量为 2 000 m^3，一部分灌溉蔬菜基地或生产营养液（图 7-17）。

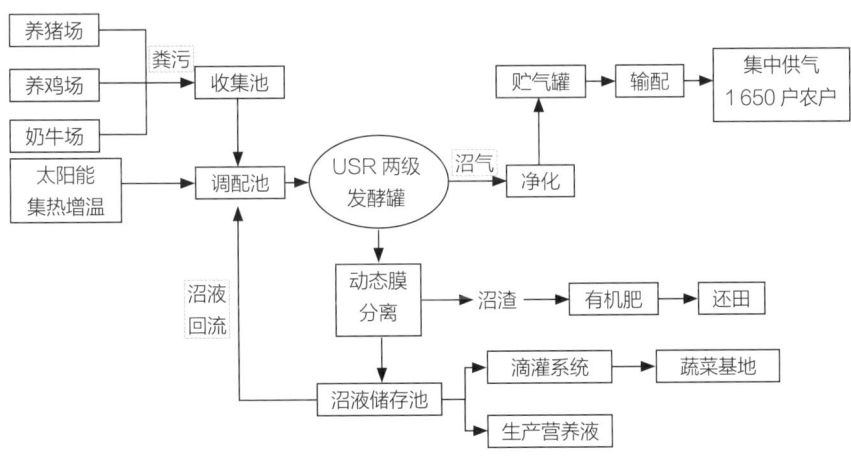

图 7-17 长子营镇留民营沼气站七村沼气联供工程流程图

③工程特点

A. 采用能源生态型技术模式，变废为宝，节能减排，年可减排温室气体 2.3 万吨二氧化碳当量，节约煤炭 4 000 余吨。

B. 采用 USR 发酵工艺，高效处理高浓度养殖粪污，运行稳定、维护方便，产气率高。

C. 采用太阳能集热增温方式，充分利用太阳能，减少运行费用。

D. 采用动态膜技术分离沼渣沼液，分离出的沼液可达到滴灌标准，构建了"养殖场—沼气工程—蔬菜基地—农民"种养结合循环农业模式。同时采用沼液回流利用系统，有效节约水资源。

E. 采用生物脱硫与干法脱硫相结合工艺，实现沼气高效净化。

F. 安装设置燃气泄漏报警、安全切断等装置，确保生产过程的安全可靠。

G. 采用村级专业化团队运营模式，创新了村委会收费模式，让各村委会承担一部分管理职能，克服村级专业化团队力量不足的缺陷。

（2）四川峨眉山市符溪镇黑桥村生猪养殖场沼气集中供气工程

①建设规模

该工程主要处理乐山正源畜牧科技有限公司生猪养殖场的粪污，同时也购入周边地区的农作物秸秆和畜禽粪便作为原料，日处理 5 120 头存栏猪的粪便 7.9 t、浓污水 8.2 t、农作物秸秆 0.2 t；年产沼气约 30 万立方米，其中 17.65 万立方米集中供给周边 350 户农户，其余沼气用于发电和烧锅炉；沼液灌溉周边 3 000 亩农田。

②工艺流程及设施设备

养猪场粪污及外购入的畜禽粪污和农作物秸秆经过预处理及调配后进入 CSTR 厌氧发酵罐（600 m³）进行中温发酵，发酵浓度为 7% ~ 8%，产生的沼气经脱水、脱硫后储存于湿式贮气柜（360 m³）中，一部分供给养殖场发电机和锅炉使用，另一部分沼气增压后再经 5 座沼气中转贮气站经输配管网（15 800 m）供给农户；液体经固液分离机分离成沼渣和沼液，沼渣添加腐殖酸、生物菌剂、氮磷钾肥等进行好氧处理后生产有机肥作为商品出售，沼液进入站内储存池（500 m³），部分管道输送至田间沼液储存池（14 个，共 3 500 m³）并通过管网灌溉农田，部分沼液回用于秸秆预处理和调配总固体浓度（图 7–18）。

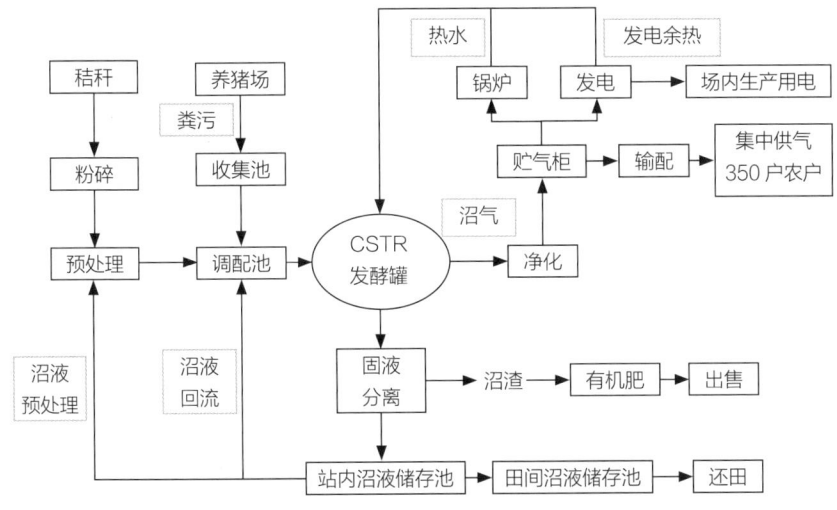

图 7-18　峨眉山市符溪镇黑桥村生猪养殖场沼气集中供气工程流程图

③工程特点

A. 工程采用能源生态型技术模式，发酵原料多样化，实现供气、发电、产肥一体化。

B. 除集中供气外，其余沼气用于发电和燃烧锅炉，发电余热和锅炉热水用于发酵罐冬季增温，确保高效稳定产气。

C. 采用沼液回流调配池调节总固体浓度、沼液预处理粉碎后的农作物秸秆，以充分利用沼液。

D. 采用原位脱硫、空气脱硫和活性炭脱硫三级脱硫技术，实现沼气高效净化。

E. 采用养殖场运营模式，保障集中供气工程持续稳定运行。

（3）重庆长寿密集养殖区分散收集-梯级供气工程

①建设规模

该工程收集周边农村多个养殖场 20 万只鸡、1 000 头奶牛、712 头猪的畜禽粪便，作为沼气工程发酵的原料，日收集总粪污达 47 t，年可处理量约 1.72 万吨。日产沼气 1 500 m³，年产气量约 55 万立方米，部分沼气通过沼气输配系统集中供气周边 25 户农户，部分沼气通过增压灌装的方式配送周边 3 000 户农户；每年有机肥产量约 1 460 t、沼液约 10 129 t。

②工艺流程及设施设备

将收集的鸡粪、猪粪污和奶牛粪污运送到匀浆酸化池（51 m³），用回流沼液将养殖场的污水调节到 8% 左右的浓度，自流到计量加热池（51 m³）。预热后，经螺旋泵提升至 USR 发酵罐（两座共计 1 670 m³）进行中温厌氧消化，沼液进入带膜顶沼液储存池（3 000 m³）储存并二次发酵，产生的沼气经过脱水、脱硫等净化处理后进入双层膜贮气柜（651 m³），部分沼气经过输配管网集中供气附近的 25 户农户、部分沼气通过增压罐装配送给周边 3 000 户农户，部分沼气用于热水锅炉对发酵罐和加热池进行加热增温。沼液部分回流到酸化池中调节发酵浓度，部分通过固液分离后灌溉周边约 3 000 亩果园和农田，沼渣制作成有机肥出售，实现沼液、沼渣零排放（图 7-19）。

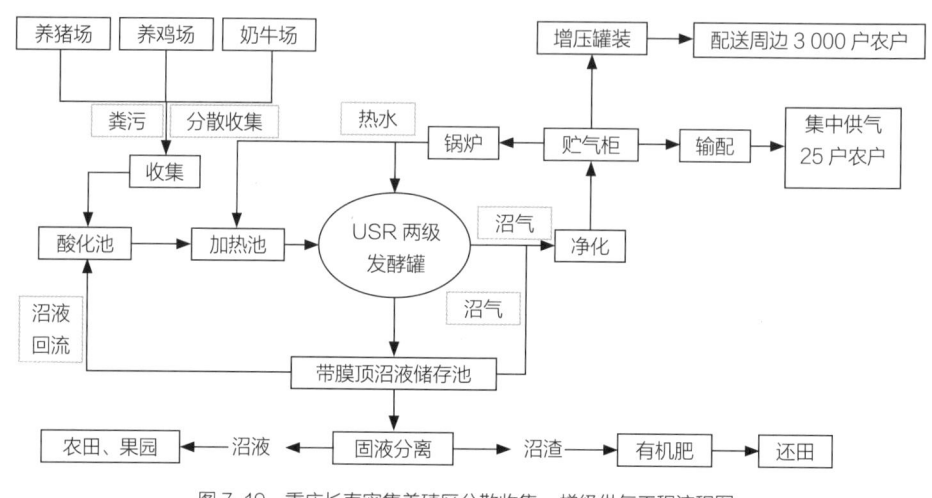

图 7-19　重庆长寿密集养殖区分散收集 - 梯级供气工程流程图

③工程特点

A. 采用能源生态型技术模式，结合丘陵地区密集养殖区粪污处理难题，对养殖区粪污进行分散收集、集中处理，构建了"发酵原料分散收集—集中处理—梯级供气"模式，变废为宝，改善环境，促进种养循环。

B. 根据重庆丘陵地区农民居住分散的特点，开发出"沼气管道集中供气 + 沼气增压罐装配送"相结合的梯级应用新模式，建设沼气罐装供气的示范小区，带动农村生活能源结构的转变，提高农民生活质量。

C. 采用沼液回流匀浆酸化池调节总固体浓度，并促进水解酸化，以充分利用沼液。

D. 部分沼气用于燃烧锅炉，锅炉热水用于加热池和发酵罐冬季增温，确保高效稳定产气。

E. 采用养殖场运营模式，保障集中供气工程持续稳定运行。

二、沼气发电工程模式

1. 模式流程

沼气燃烧发电，形成电能和热能，是高效利用沼气的一种重要方式，扩大了沼气用途，避免沼气排空造成二次污染和温室气体排放。沼气发电工程模式是利用畜禽养殖粪污、农作物秸秆、农村生活有机垃圾等有机废弃物经过厌氧发酵处理后产生沼气，通过沼气发电机组发电，满足养殖场自身用电需求，或者并入电网，形成分布式能源结构，能够创新形成热电肥联产模式、发电上网新模式等，是大型沼气工程建设和沼气综合利用发展到一定阶段后形成的集环保、节能、减碳于一体的能源综合利用工程模式。据统计，2020 年全国发电量 74 170 亿千瓦时，沼气发电仅占总发电量的 0.05%，发展沼气发电在中国整体能源结构中仍有较大提升潜力（图 7-20）。

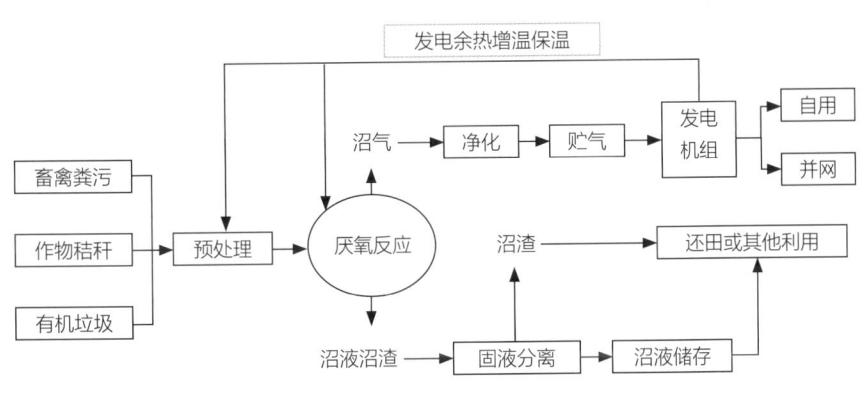

图 7-20　沼气发电工程模式流程图

2. 主要技术内容及关键设施设备

①预处理系统：畜禽粪污、农作物秸秆等有机废弃物在厌氧发酵前需进行粉碎、调配、水解酸化等预处理，包括粉碎机、调配池、水解酸化池、进料泵等设施设备。

②厌氧发酵系统：包括厌氧反应器、进料泵等设施设备。厌氧反应器可采用地下式沼气池，也可采用地上式厌氧发酵罐，一般多采用地上式厌氧发酵罐，安装便捷、维护管理方便。厌氧发酵的工艺可采用完全混合式工艺（CSTR）、升流式工艺（USR）、塞流式工艺（PFR）、升流式厌氧污泥床工艺（UASB）等，一般采用中温

发酵，以提高产气率。

③沼渣沼液利用环节：发酵后的物料通过固液分离后，沼液进入沼液储存池进而灌溉农地或其他利用，沼渣还田利用或其他利用，包括固液分离机、沼液泵、沼液储存池、固液分离车间、有机肥车间等设施设备。鼓励沼渣沼液就地就农利用，发展区域种养生态循环农业。

④沼气净化与贮存：厌氧发酵产生的沼气经过脱水、脱硫等净化后进入贮气柜进行贮存，包括脱水装置、脱硫塔、贮气柜（湿式贮气柜、干式贮气柜或产气贮气一体化反应器）等设施设备。

⑤沼气发电系统：主要由沼气稳压装置、阻火装置、沼气发电机组、余热回收装置等组成。沼气稳压装置一般由罗茨风机为管路沼气进行增压稳压，确保储气稳压分离罐内压力稳定，满足沼气发动机运行要求。沼气阻火装置主要是防止在非正常情况下火焰在管道内逆向传播，以避免回火引起沼气管路发生爆炸，从而保证系统安全。沼气发电机组是沼气发电的核心设备，国产沼气发电机组的功率主要集中在 24 ~ 600 kW，应根据沼气产量选用合适的沼气发电机组功率，一般 1 m^3 沼气可发电 1.8 ~ 2.6 kW·h。国产大型沼气内燃发电机组的效率一般为 35% ~ 36%，而国外一般能达到 40% 左右。发电余热回收装置对发动机冷却水和排气中热量进行回收，一般用余热加温锅炉，锅炉产生的热水用于加热增温预处理池或厌氧发酵罐中的物料，提高产气率，提升沼气热电综合利用效率。

根据沼气发电工程规模、运行管理要求以及经济条件，可配置沼气发电监控系统，具备非正常工作状况的报警和自动停机功能，实现安全高效运行。

3. 模式特点

①扩展了沼气用途。有机废弃物通过厌氧发酵产生沼气，沼气经发电机组发电，可满足养殖场自身用电需求，还可并网，形成分布式发电站，成为国家能源结构的有益补充。

②节能减排综合效益显著。高温室效应潜值的沼气（GWP=21）通过发电机转变为温室效应潜值较低的二氧化碳（GWP=1），可以大大减少温室气体排放；同时，发电余热的回收利用可使能源利用效率最大化，实现污染治理、能源回收与资源高效利用。

③实现热电肥联产。沼气发电工程除了获得电能外，还可充分利用发电余热回

收热能，同时可获得沼渣沼液有机肥，效益显著。

4. 典型案例

（1）蒙牛澳亚示范牧场大型沼气发电综合利用工程

①建设规模

工程位于内蒙古自治区呼和浩特市和林县盛乐经济园区，是我国最早发电上网的沼气工程，也是当时国内规模最大的奶牛养殖场沼气工程。工程建设于 2006 年，日处理存栏 1 万头奶牛粪便 280 t、尿 54 t 和冲洗水 360 t，日产固态有机肥 50 t，年产沼液约 17 万吨；日产沼气 11 500 m³，年沼气发电量 730 余万千瓦时，全部并入华北电网。

②工艺流程及设施设备

牛舍粪尿收集：春夏秋三季采用干清粪 + 少量水冲工艺、冬季采用干清粪工艺，挤奶厅冲洗水和牛舍粪尿收集到集水池中（1 000 m³），再进入混合调配池（300 m³）进行调配预处理，而后通过螺杆泵泵入 CSTR 厌氧发酵罐进行中温高浓度发酵（5 座，2 000 m³/ 座，发酵浓度 6.5% ~ 8.0%，发酵温度 35 ℃左右），产生的沼气经过脱水和生物脱硫后进入干式贮气柜（1 000 m³），沼气用于发电并网，沼气发电机容量为 1MW，发电余热进行回收利用，一部分为料液和厌氧发酵罐增温保温，另一部分为奶牛养殖场提供热水、冬季取暖等。运动场收集的粪便与沼渣一起进入有机肥生产车间生产商品有机肥并出售；发酵后的料液经固液分离后，沼液进入沼液储存池（2 个，2.4 万米³/ 个），存放一定时间后作为液态有机肥施用于牧草种植基地（图 7-21）。

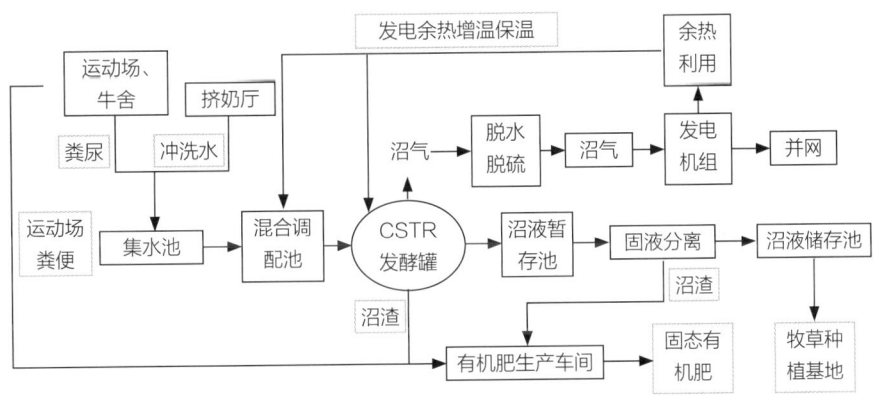

图 7-21 蒙牛澳亚示范牧场大型沼气发电综合利用工程流程图

③工程特点

A.采用热电肥联产（CHP）模式，发电并网，发电余热用于增温保温及取暖，保证了高寒地区沼气工程常年稳定运行，沼渣沼液作为有机肥还田，实现零排放。

B.沼液实现多元化、多用途利用，部分沼液灌溉农田，部分经消毒后回用于牛舍冲洗，节约水资源。

C.工程年减排约 21 400 t CO_2 当量，温室气体减排效益显著，已被中国资源综合利用协会可再生能源专业委员会开发为清洁发展机制（CDM）项目。2011 年 4 月 26 日，该 CDM 项目在联合国执行理事会（EB）注册成功。

（2）德青源沼气发电并网工程

①建设规模

工程位于北京市延庆区的健康养殖生态园，处理存栏 280 万羽蛋鸡的粪污。工程于 2007 年投产运行，已稳定运行 15 年，为全国畜禽养殖领域首个兆瓦级沼气发电工程，荣获"全球大型沼气发电技术示范工程"等多项荣誉。日处理鲜鸡粪 212 t，每年处理 7 万吨鸡粪和 12 万吨污水，日产沼气 2 万立方米，日发电 4 万千瓦时，每年向华北电网提供 1 400 万千瓦时的绿色电力，年减排二氧化碳 8.4 万吨。年可热电联产供热 1 547 万千瓦时，年提供相当于 4 500 t 标准煤的余热用于供暖，年产生沼液 15 万吨和沼渣 6 600 t，作为有机肥料用于周边绿色种植。

②工艺流程及设施设备

鸡圈冲洗水收集到集水池（1 座，1 000 m^3）中，并与鸡粪一起在匀浆水解池（1 座，1 000 m^3）中调节浓度，水解池设置集砂斗，斗内安装刮砂机和螺旋除砂机进行除砂；而后通过进料池（安装剪切泵，将鸡毛切碎）进到 CSTR 两级厌氧发酵罐（一级 4 座 LIPP 罐，3 000 m^3/ 座，分两组并联，每组两座串联；二级 1 座，4 000 m^3）进行中温高浓度厌氧发酵（发酵浓度达到 10% 左右，38 ℃中温发酵），产生的沼气经过脱水、两级脱硫（一级生物脱硫塔 4 套，20 m^3/ 套；二级脱硫塔 1 套，120 m^3）等净化处理后进入双膜干式贮气柜（1 座，2 150 m^3）贮存，沼气增压经过发电机组（2 台，1 064 kW/ 台）发电并网。发电余热用于集水池、发酵罐增温保温以及鸡舍、蔬菜大棚等供暖。沼液进入沼液储存池（1 座，50 000 m^3）储存，作为有机肥灌溉果园、饲料种植基地等农地，形成生态循环农业经济（图 7-22）。

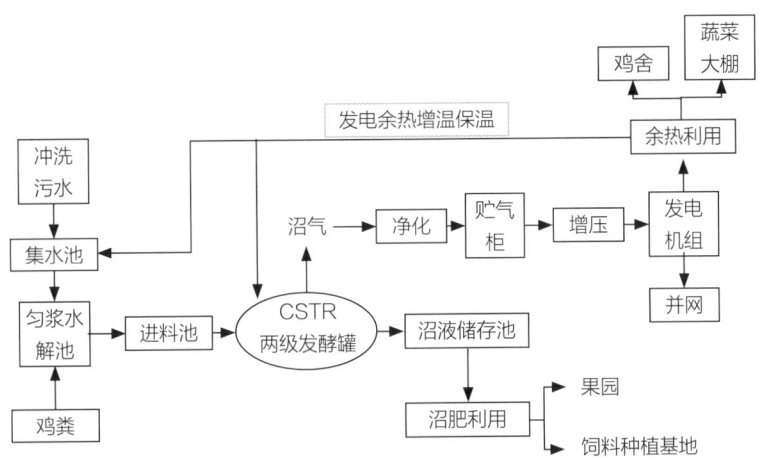

图 7-22　德青源沼气发电并网工程流程图

③工程特点

A. 采用热电肥联产（CHP）模式，沼气发电并网，选用 2 台 1 067 kW 颜巴赫发电机，发电效率达到 38%、热效率达到 42%，发电机总效率达到 80%。沼液用于周边 1 万亩果园和 2 万亩饲料种植基地，实现种养循环。

B. 采用水解除砂工艺，高效除砂，保证后续工艺正常运行。鸡粪含砂量较多，易造成沉积和堵塞，利用自主研发的螺旋水解除砂工艺及装置，采用生物水解和物理分离相结合的方法除砂，去除率达到 80% ～ 90%。

C. 采用两级生物脱硫，高效去除 H_2S。鸡粪发酵产生的沼气中 H_2S 体积分数较高（3 000 ～ 4 000 mg/m³），采用两级生物脱硫抗冲击能力强，脱硫效果稳定，脱硫后的沼气 H_2S 体积分数降到 200 mg/m³ 以下，能够满足后续发电机运行需求。

D. 发电余热高效回收利用。发电余热一部分为集水池和厌氧消化罐增温保温，另一部分为场内鸡舍及蔬菜大棚等增温，回收利用率达到 80% 以上。

（3）重庆巴南泰基城郊大型奶牛场沼气发电工程

①建设规模

重庆泰基科技发展有限公司巴南大型奶牛牧场存栏规模 3 000 头奶牛，日产粪污 375 t，其中日产鲜粪 75 t、日产尿量 60 t、日冲洗水量 240 t，年产粪污约 13.69 万吨。沼气工程厌氧发酵规模为 2 680 m³，采用中温发酵和热电联产，日产沼气 1 584 m³，年产沼气 57.8 万 m³，每日用于发电的沼气量为 1 167 m³，日发电 2 100 kW·h；其余沼气供气 25 户农家和场内职工生活用气、生物质锅炉增温保温用气。年产沼渣 3 500 t，年产沼液 4.6 万 t。

②工艺流程及设施设备

牛舍粪污采用干清粪工艺，粪便堆沤出售或制作有机肥，牛粪尿收集到集污池（300 m³），经固液分离后，浓浆流入污水处理区酸化水解池（420 m³），而后经切割送料泵送至 CSTR 厌氧中温发酵罐（1 680 m³），沼液经固液分离（农用季节部分沼液不分离直接流入沼液贮存池外灌溉）后液体与部分牧场综合污水一道流入调节池，经提升泵进入 USR 中温厌氧发酵罐（1 000 m³）。USR 出水经沉淀后与其余综合污水一道自流入沉淀池，经多级 A/O 好氧生化处理系统（4 组共 2 340 m³）、沉池（112.5 m³）、混凝沉淀系统（135 m³）、曝气生物滤池 BAF（125 m³），随后流入氧化塘（21 000 m³），出水灌溉牧草基地及果园 3 000 亩。沼气经过脱水、脱硫净化处理后进入柔性双层充气膜贮气柜（800 m³）缓冲贮存，沼气经加压后进入沼气发电机组（250 kW）发电，其余沼气用于供气 25 户农家和生物质锅炉（图 7-23）。沼渣与牛舍干清粪固液分离的粪便一起制作有机肥。

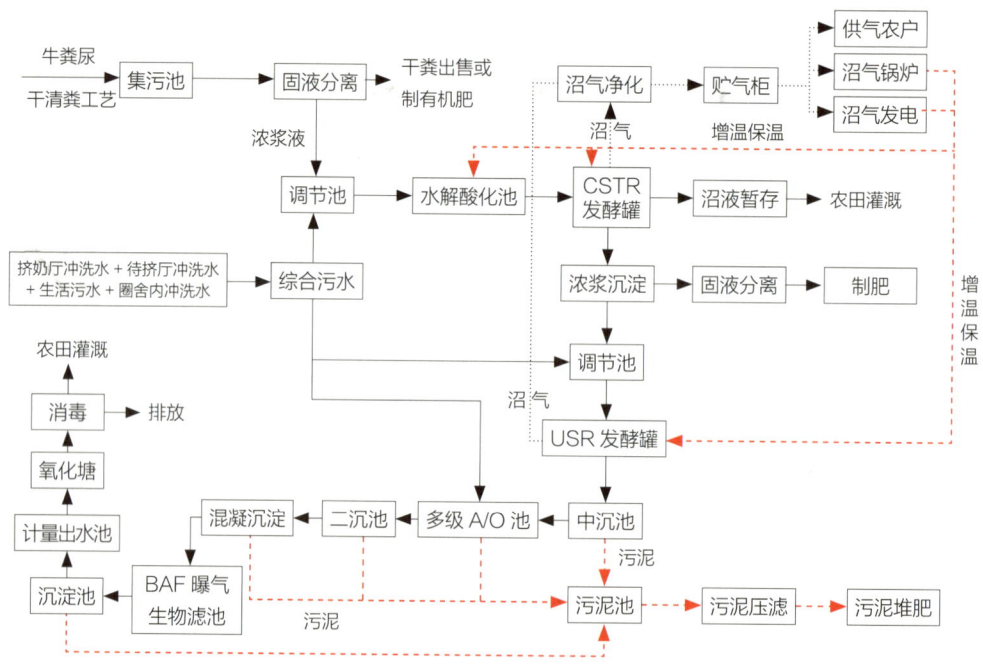

图 7-23　重庆巴南泰基城郊大型奶牛场沼气发电工程流程图

③工程特点

A. 工程属于能源环保型，采用畜禽养殖场气热电肥联产模式，沼气用于热电联产发电机组发电和沼气锅炉，以及场内自用及给周边农户供气，沼渣制作有机肥，沼液通过好氧等深度处理后水肥一体化灌溉周边的牧草基地、果园和农田，实现气热电肥联产和资源高效利用。

B. 工程采用 CSTR + USR 两级中温厌氧发酵技术、多级 A/O 好氧生化处理 + BAF 曝气生物滤池 + 氧化塘沼液深度处理技术，实现高产气与高悬浮物废水处理的有机结合，构建了大型奶牛场能量环境平衡和沼液生产及处理消纳两种平衡模式，充分考虑物质循环利用、生态环境、经济效益等多种因素，达到沼气产能和用能、沼液生产及消纳两个平衡，实现循环利用与节能减排，生态养殖与环境保护，循环经济与现代农业的有机统一。

三、生物天然气工程模式

1. 模式流程

生物天然气是以农作物秸秆、畜禽粪污、餐厨垃圾、农副产品加工废水等各类城乡有机废弃物为原料，经厌氧发酵后产生的沼气进行净化提纯，形成绿色低碳清洁可再生的天然气，同时厌氧发酵过程中产生的沼渣沼液可还田利用或其他利用。生物天然气甲烷含量可达到 90% 以上，是一种具有重要战略意义的非常规天然气，能够以工业化、规模化、专业化方式处理城乡有机废弃物，形成县域规模的分布式能源站，创新"区域能源"供应模式，是集清洁能源、负碳排放、农业面源污染治理、有机废弃物资源化利用以及生产有机肥等功能于一体的生物质能源开发利用工程模式（图 7-24）。

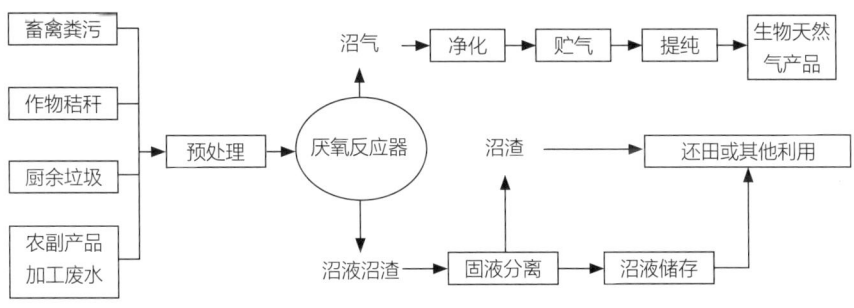

图 7-24　生物天然气工程模式流程图

2. 主要技术内容及关键设施设备

①预处理系统：畜禽粪污、农作物秸秆、餐厨垃圾等有机废弃物在厌氧发酵前需进行粉碎、调配、水解酸化等预处理，包括粉碎机、调配池、水解酸化池、进料泵等设施设备。

②厌氧发酵系统：包括厌氧反应器、进料泵等设施设备。厌氧反应器可采用地下式沼气池，也可采用地上式厌氧发酵罐，一般多采用地上式厌氧发酵罐，安装便捷、维护管理方便。当前生物天然气工程常用的厌氧发酵工艺主要有完全混合式工艺（CSTR）、升流式厌氧污泥床工艺（USR）等，一般采用中温发酵，以提高产气率。

③沼渣沼液处理利用系统：物料经过厌氧发酵产生沼渣、沼液，利用固液分离机分离，沼渣还田利用或作其他利用，沼液进入沼液池灌溉农地或进行其他高值化利用。设施设备包括固液分离机、沼液泵、沼液储存池、固液分离车间、有机肥车间等设施设备。鼓励沼渣沼液就地就农利用，发展区域种养结合生态循环农业。

④沼气净化与贮存系统：厌氧发酵产生的沼气经过脱水、脱硫等净化后进入贮气柜进行贮存，目前比较常见的脱硫工艺有干法脱硫、湿法脱硫和生物脱硫。设施设备包括脱水装置、脱硫塔、贮气柜（湿式贮气柜、干式贮气柜或产气贮气一体化反应器）等。

⑤提纯系统：沼气提纯是生物天然气工程的关键环节，是将沼气中 CH_4、CO_2 及其他杂质气体分离，制取生物天然气的过程，是实现沼气高值化利用的有效方式。沼气提纯技术有压力水洗、化学吸收、变压吸附、膜分离、醇胺法等，可根据实际需求和经济条件选择合适的提纯技术。

3. 模式特点

①工程规模大。生物天然气工程一般设计日产 1 万立方米生物天然气或 2 万立方米以上沼气，是沼气工程的规模化转型升级。

②易于商业化运营。相比沼气工程，生物天然气工程更容易实现规模化、标准化、工业化和商业化，是一种新型的全产业链商业运作模式。

③实现沼气高值化利用。沼气经过提纯后形成生物天然气，可压缩用于车用燃气或并入天然气供气管网等，可作为常规天然气的重要补充，扩大了传统沼气的使用领域，极大减少了温室气体排放，在资源节约和环境保护方面作用显著。

4. 典型案例

（1）山东民和鸡粪沼气提纯生物天然气工程

①建设规模

工程位于山东省蓬莱区，于 2012 年启动建设，以养鸡场鸡粪为原料，日处理鸡粪 700 t，日产沼气 7 万立方米，年可提纯生物天然气 1 300 万立方米，供工业、车辆及农村生活用，在蓬莱首次实现农村生物天然气的集中稳定供应。年减排温室气体 28 万吨，年产沼液 44.6 万吨，部分直接施用于周围葡萄、苹果和玉米等农田，部分加工成有机水溶肥料；沼渣加工成有机肥，实现优质有机肥料替代化肥施用。

②工艺流程及设施设备

工程处理养鸡场产生的鸡粪，通过车辆或管道输送至水解除砂池和集水池，经过浓度调配及水解除砂等预处理后，进入 CSTR 厌氧反应罐，进料 TS 为 8% ~ 10%，采用中温发酵。产生的沼气经过净化贮存后采用三级膜提纯技术（2 套 1 000 m³/h 三级膜提纯装置）进行提纯，达到生物天然气产品要求。沼渣用于生产有机肥，部分沼液灌溉果园、玉米地等农地，部分进入沼液膜浓缩工程（300 m³/d）生产有机水溶肥，实现"三沼"高值化利用（图 7-25）。

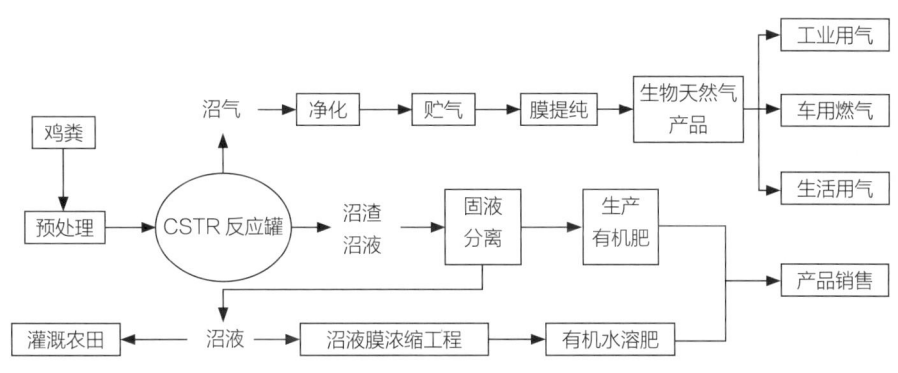

图 7-25　山东民和鸡粪沼气提纯生物天然气工程流程图

③工程特点

A. 创新高浓度高氨氮鸡粪厌氧发酵技术，实现高氨氮厌氧发酵工程长期持续稳定运行、发酵装置容积产气率 1.5 m³/（m³·d）以上、沼气甲烷含量 60% 以上。

B. 采用多级膜浓缩提纯技术，以沼液浓缩液为原料开发了标准化的高端液体有机水溶肥系列产品，实现沼液高值化利用。

C. 采用三级膜提纯技术，CH_4 回收率高达 99.5%，生物天然气指标高于《车用压缩天然气》标准（GB 18047—2017）及《天然气》（GB 17820—2018）一类天然气标准。

D. 工程属于能源生态型，畜禽粪便能源化与肥料化处理方式结合，实现沼气能源产出品、高端商品有机固体与有机液体肥料产出品的多样性。

（2）甘肃高台县国家试点规模化生物天然气工程

①建设规模

工程位于甘肃省张掖市高台县南华镇工业园，占地 10 万平方米（含二期预留区域），总投资 1.2 亿元，处理畜禽粪污和干玉米秸秆的混合原料，年可消纳处理干秸秆 2.52 万吨、畜禽粪污 14 万吨，日产 2 万立方米生物天然气，年产 5 万吨有机肥。

②工艺流程及设施设备

工程处理周边 25 km 范围内乡镇的玉米秸秆以及规模化猪、牛、羊养殖场粪污。畜禽粪污通过和当地规模化牛、猪、羊养殖场签署代消纳处理协议进行处理，干玉米秸秆采用农牧合作社代购与专业收割公司自行收集结合方式处理，覆盖南华镇、骆驼城镇、巷道镇、宣化镇等乡镇。秸秆经过粉碎后采用回流的沼液进行预处理，再经过皮带 + 螺旋机械输送到 CSTR 反应罐中；畜禽粪便经过收集除砂和沼液调节浓度后，泵到 CSTR 反应罐中。秸秆和畜禽粪便在 CSTR 反应罐（4 座，单座容积 7 500 m³）中进行高浓度联合厌氧消化，采用中温发酵，进料浓度大于 12%，罐内发酵浓度 8% ～ 10%。厌氧消化后的物料经过固液分离，产生的沼渣进入有机肥料生产线生产有机肥，沼液部分回流到秸秆预处理和畜禽粪污调节环节，多余沼液通过管网灌溉 20 km 外的现代农业示范园。产生的沼气经过净化后贮存（干式双膜贮气柜 1 座，4 000 m³），少部分沼气通过锅炉燃烧提供增温，大部分沼气采用压力水洗工艺提纯（处理量 1 250 m³/h）并压缩后成为生物天然气，达到车用压缩天然气的要求（图 7-26）。

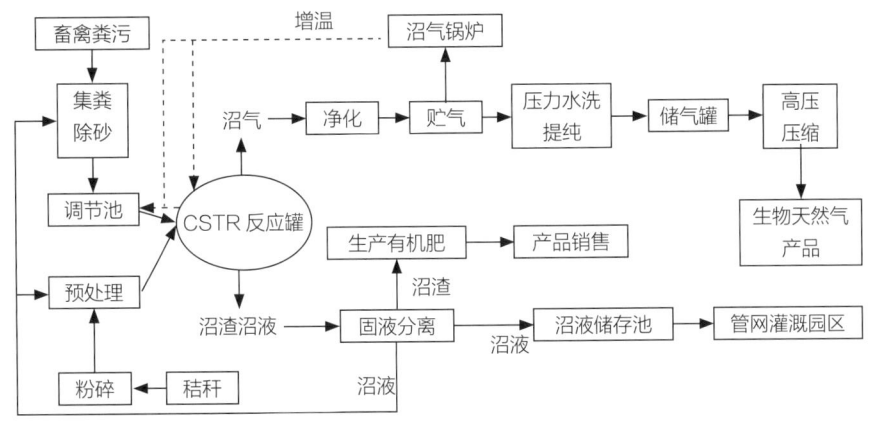

图 7-26　甘肃高台县国家试点规模化生物天然气工程流程图

③工程特点

A. 工程属于能源生态型，收集县域范围内的规模化养殖场的畜禽粪污和农作物秸秆，进行集中处理利用，形成"分散收集—集中处理—高品质生物燃气和有机肥产出"模式。

B. 采用沼液回流预处理秸秆技术、高浓度联合厌氧发酵技术，实现混合多原料厌氧发酵工程的稳定运行。

C. 采用压力水洗沼气提纯技术，运行稳定可靠，降低能耗，适合高台县所处的高寒地区。

D. 根据地域特点，探索建立了"粪污治理＋气－肥并举"的综合盈利模式，实现工程的良性循环。

（3）重庆市潼南区规模化生物天然气工程

①建设规模

工程位于重庆市潼南区梓潼街道，占地 50 亩，总投资 10 040 余万元，于 2019 年 7 月投产，处理潼南区及周边区域的餐厨垃圾、城市污泥、果蔬尾菜、畜禽粪便、病死畜禽等有机废弃物，日处理综合有机废弃物 514 t；日产沼气 26 668 m^3，经提纯后日产生物天然气 16 000 m^3，并入当地天然气网；日产沼液肥 107.34 t，固态有机肥 46.33 t。

②工艺流程及设施设备

工程收集潼南区及周边区域的餐厨垃圾、城市污泥、果蔬尾菜、畜禽粪便、病死畜禽等有机废弃物，采用专用车辆运输的方式进行收集，经过预处理后进入两级厌氧发酵系统进行发酵，采用中温高浓度混合原料发酵工艺，配套 CSTR 厌氧发酵罐 22 980 m³、储气装置 6 000 m³、固液分离系统、沼气净化提纯系统、在线监测系统、有机肥生产系统以及相关辅助设施设备。沼气提纯后销售并网，沼渣沼液经过固液分离后，作为当地蔬菜产业专用肥和园林绿化用肥（图 7-27）。

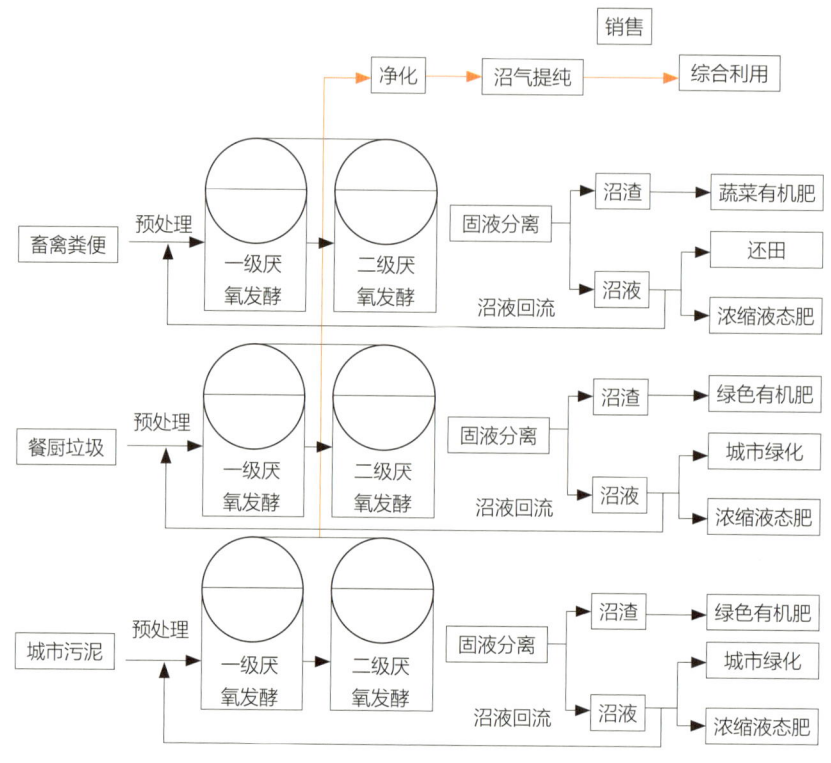

图 7-27　重庆市潼南区规模化生物天然气工程流程图

③工程特点

A. 工程属于能源生态型，收集县域范围内的餐厨垃圾、城市污泥、果蔬尾菜、畜禽粪便、病死畜禽等有机废弃物进行集中处理利用，形成"分散收集—集中处理—高品质生物燃气并网销售"模式。

B. 突破单纯依靠农业原料来源限制，整合城镇相关资源，形成多原料互补、混合原料发酵处理技术，逐步建成有机废弃物资源化利用中心，促进大生态循环经济模式构建。

C. 探索形成了规模化生物天然气工程"建设—运行—管理"一体化模式，实现建设与运行全产业链以企业为主导的发展模式，促进生物天然气工程的商业化开发。

第八章
固态畜禽粪便
肥料化处理技术

第一节
堆肥微生物学过程

一、堆肥微生物学过程

有机废物好氧堆肥过程实际上就是基质的微生物发酵过程。微生物将有机物转化成为二氧化碳、生物量、热量和腐殖质。堆肥中使用的有机物原料主要成分是碳水化合物、蛋白质、脂质和木质纤维素等。在堆肥过程中，有机废弃物在微生物的作用下，通过矿化和腐殖化作用转化为简单的无机物或合成腐殖质类物质。矿化是将有机物完全转化为各种小分子有机物和无机物的过程，是与微生物生长与活动相关的过程，被矿化的有机物作为微生物生长的基质和能源，通常只有一部分有机物被用于合成菌体，而其余部分形成微生物的代谢产物，如 CO_2、NH_3、H_2O 等。腐殖化则是微生物将木质纤维素、含氮有机物等大分子有机物降解为小分子腐殖质前驱物，如多元酚、含氮的氨基酸和肽等，随后通过生物和非生物过程合成腐殖质的过程。矿化和腐殖化是堆肥生物转化过程中既对立又统一的两个方面，在一定条件下相互转化。

1. 微生物降解转化能力
（1）微生物个体小，比表面积大，代谢速率较快

微生物个体微小，比表面积较大，在自然界中，微生物的比表面积比任何生物都大，从而有利于与环境接触，加速营养物质吸收、代谢废物排泄和环境信息接收，因此微生物通常具有极快的代谢活性，促进了堆肥过程的物质转化。

（2）微生物种类繁多，分布广泛，代谢路径多样

微生物的营养类型、理化性状和生态习性多种多样，凡是有生物存在的各种环境，包括其他生物无法生存的极端环境中，都有微生物存在，其代谢活动对堆肥物料中各类物质的降解转化具有至关重要的作用。

（3）微生物降解酶具有专一性和诱导性

微生物能合成各种降解酶，酶既有专一性，又有诱导性，如脂肪酶、纤维素酶和淀粉酶等。微生物通过其灵活的代谢调控机制降解及转化环境中的污染物。因此，可以利用微生物酶这一特点，应用于环境修复领域，如堆肥中接种富含某种特殊功能的微生物及酶制剂，实现堆肥原料中某类污染物降解去除。

2. 微生物对有机质的吸收

生物体与有机质同处于一种介质中时，生物体将对其进行吸收利用。微生物一般没有专门的捕食器官或细胞器，各种有机物质依靠细胞质膜的功能进入细胞。细胞质膜是包括疏水的膜蛋白与不连续的膜的双层镶嵌结构，其上有许多小孔，双层膜中还有由碳氢链组成的非极性区。细胞膜对堆肥物料中物质的转运主要有四种方式：自由扩散、促进扩散、主动运输和基团移位，其中以主动运输为主。

（1）自由扩散

自由扩散主要依靠膜内外两侧营养物质的浓度差。这类扩散属非特异性，它是有机物从细胞膜浓度高的一侧向浓度低的一侧扩散转移，最后达到平衡。疏水性的细胞膜以物理扩散的方式让许多小分子、非电离分子尤其是脂溶性分子被动地通过。这类物质主要是氧、乙醇和某些氨基酸分子。在这一过程中细胞膜不起主动作用，也不消耗细胞的代谢能量。

（2）促进扩散

有些非脂溶性物质，如糖、氨基酸、金属离子等，不能通过由碳氢元素组成的非极性区。因此，这些物质能在细胞膜上的底物特异性蛋白载体作用下通过细胞膜进入细胞内。这些特异蛋白在细胞膜外与有机物质发生可逆性结合，携带有机物质转运到膜的另一侧，并释放出来，本身再返回细胞膜外。由于特异蛋白具有运载功能，因此又称为载体蛋白。载体蛋白具有类似酶的特异性，能使一定的分子通过，而不允许其他分子通过。促进扩散只能使有机分子从浓度高的细胞外侧向细胞内侧扩散，直到细胞膜两侧的浓度相等为止，而不能进行物质的逆浓度梯度输送。

（3）主动运输

主动运输是微生物吸收物质的主要机制。其特点是有载体蛋白的参与，运输过程中需要消耗能量（质子能，ATP），营养物质逆浓度梯度运输，从而使生活在低营养环境下的微生物能够获得较高浓度的营养物。主动运输的作用方式有三种。①钠钾泵主动运输：通过消耗 ATP 来驱动 Na^+–K^+–ATP 酶高效地向细胞外排出 Na^+；从而使细胞膜内、外建立电位差。在钠钾泵的作用下，葡萄糖和 Na^+ 分别由同向转移载体的两个位点结合，由同向转移载体携带进入细胞。氨基酸也可通过钠钾泵主动运输送入细胞。②离子浓度梯度主动输送：消耗 ATP 建立离子浓度梯度，通过反向转移载体完成 H^+、Na^+、K^+ 的反向输送。③H^+ 浓度梯度主动输送：是好氧微生物吸收物质的主要方式，在膜呼吸或 ATP 作用下，好氧微生物将体内大量的 H^+排出细胞外，使膜内形成 H^+ 浓度差或电位差，在电位差作用下，K^+ 等阳离子由单向转移载体携带进入细胞，阴离子与 H^+ 一起由同向转移载体携带进入细胞，中性的糖和氨基酸也可由 H^+ 浓度梯度驱动进入细胞。

（4）基团移位

基团移位是一种需要能量和载体蛋白的微生物吸收物质的重要方式，类似于主动运输，与主动运输的差异在于溶质在输送前后会发生分子结构的变化。基团移位主要用于输送葡萄糖、果糖、甘露糖、丁酸和腺嘌呤等。这种方式主要存在于厌氧微生物中。此外，微生物细胞壁上具有一些活性基团，这些基团具有较强的络合作用，与有机物质，特别是一些分子较大的物质结合，使有机物质沉积在细胞表面，然后通过分泌体外酶等使有机物质发生转化或降解。

微生物对有机物质的吸收过程是化学和生物化学过程，因此，一些环境因素都会影响堆肥过程中微生物对有机物质的吸收，如 pH、温度、有机物浓度或者其他物质的拮抗作用等。

3. 有机质的生物降解

在堆肥过程中微生物的代谢活动，会使物质发生多种生理化学反应。这些反应的进行，可以使绝大多数物质，特别是有机物发生不同程度的转化、分解或矿化。微生物在堆肥环境中生物化学转化作用主要有以下几种。

（1）水解作用

水解作用是大分子有机物降解时最基本的一种生物代谢作用，绝大多数微生物都可分泌胞外酶使有机大分子物质发生水解作用，转化为小分子物质，然后通过微生物细胞膜而进入细胞体内。

（2）脱羧基作用

脱羧基作用主要存在于有机酸和氨基酸降解过程中，通过脱羧基作用，有机酸分子变小（脱羧基减少一个碳原子，形成一个 CO_2 分子）。连续的脱羧基反应可以使有机物彻底降解，类似于三羧酸循环过程的原理。

（3）脱氨基作用

脱氨基作用使有机酸脱除氨基，并得到进一步降解。主要是在蛋白质降解方面作用很大。构成蛋白质的氨基酸的降解必须先经过脱氨基作用，然后才像普通有机酸一样经过脱羧基作用等得到进一步降解。

二、堆肥微生物种类与特征

堆肥中发挥作用的微生物主要是细菌，此外还有真菌和原生动物等。随着堆肥过程中理化特性的不断变化，堆肥微生物的多样性和丰度也随之发生变化。细菌是堆肥中形体最小、数量最多的微生物，它们分解了大部分有机物并产生热量。

1. 细菌

在好氧堆肥系统中，存在着大量的细菌。细菌凭借大的比表面积，可以快速将可溶性底物吸收到细胞中。在堆肥升温期温度低于 50 ℃时，嗜温性细菌占优势，是堆肥系统中最主要的微生物；此时嗜温性微生物降解糖类、蛋白质等物质获取能量，同时释放大量热能，促进堆体升温。当堆肥温度升至 50 ℃以上时，嗜热性细菌替代嗜温性细菌逐步成为堆体环境中的优势种群。这个阶段由于温度升高，存在较强环境过滤作用，从而显著降低了微生物的多样性，且微生物多数是革兰氏阳性菌，例如芽孢杆菌能够生成很厚的孢子壁以抵抗高温、辐射和化学腐蚀，对极端高温和寒冷环境有很强的耐受力，一旦周围环境改善，它们又将恢复活性。因此，属于芽孢杆菌属的一些菌种（例如枯草芽孢杆菌、地衣芽孢杆菌和环状芽孢杆菌）成为堆肥高温阶段中的优势菌。在进入降温期和腐熟期后，堆体温度的降低使得细菌群落多样性和均匀度显著提升，共同促进物料中木质纤维素的降解和腐殖质的合成。

细菌群落中还存在着一类特殊群体放线菌，能够比细菌耐受更高的温度和 pH，放线菌是具有多细胞菌丝形态的细菌，因此它们又具有一些真菌的特征。在堆肥过程中它们在分解诸如纤维素、木质素、角质素和蛋白质这些复杂有机物时发挥着重要的作用。尽管放线菌降解纤维素和木质素的能力没有真菌强，但是它们在堆肥过程中的高温期却是分解木质纤维素的优势菌群。在条件恶劣的情况下，放线菌则以孢子的形式存活。诺卡菌、链霉菌、高温放线菌和单孢子菌等都是在堆肥中占优势的嗜热性放线菌，它们不仅出现在堆肥过程中的高温阶段，同样也出现在降温阶段和腐熟阶段。放线菌分泌的物质引起成品堆肥散发出泥土气味。

2. 真菌

真菌不仅能分泌胞外酶，水解有机物质，而且由于其菌丝的机械穿插作用，还对物料具有一定的物理破坏作用，促进生物化学作用。在堆肥过程中，真菌对堆肥物料的分解和稳定起着重要的作用。在堆肥开始时，原料中的真菌以中温真菌为主，但数量少于细菌，主要包括木霉属、曲霉属、青霉属和根霉等；绝大部分的真菌是嗜温性菌，可以在 5 ℃～ 37 ℃的环境中生存，其最适温度为 25 ℃～ 30 ℃。随着堆肥温度升高逐渐进入高温期，堆体中的真菌难以适应高温环境，逐渐失活，当温度超过 60 ℃时，真菌几乎完全消失。当易降解有机质逐渐降解完全，堆肥温度下降至低于 45 ℃时，真菌在堆体中逐渐出现，促进了物料中木质纤维素等难降解有机物的降解转化，尤其是白腐真菌可以利用堆肥底物中所有的木质纤维素，其他一些真菌，如担子菌、子囊菌、橙色嗜热子囊菌也具有较强的分解木质纤维素的能力。纤维素分子本身的结构致密，由木质素和半纤维素形成的保护层造成木质纤维素不容易降解，难以被充分利用或难以被大多数微生物直接作为碳源物质而转化利用，而木质纤维素的生物降解成为生物技术处理有机固体废物的关键。由此，真菌的存在对于堆肥的腐熟和稳定具有重要的意义。

3. 病原微生物

堆肥不仅要达到稳定有机废物的目的，还要解决堆肥过程中存在的公共卫生问题。堆肥初始物料中通常存在大量的原生病原菌和堆制过程中产生的真菌、放线菌等次生病原菌。原生病原菌包括细菌、病毒、原生动物和蠕虫卵，可引起健康个体染病，而次生病原体则可以削弱免疫系统，如造成呼吸系统疾病等。常见的病原菌主要包括伤寒沙门菌、大肠埃希菌、志贺菌属、布鲁菌、炭疽杆菌、结核分枝杆菌和钩虫卵等（表8-1）。因此，通常要求堆肥高温期必须达到50℃且持续大约1周及以上时间，以实现病原菌的有效灭杀。

表8-1　堆肥过程中常见病原微生物

名称	死亡情况	名称	死亡情况
伤寒沙门菌	46℃以上不生长； 55℃~60℃，30分钟内死亡	血吸虫卵	53℃；1天死亡
沙门菌属	56℃，1小时内死亡； 60℃，15~20分钟死亡	蝇蛆	51℃~56℃；1天死亡
志贺菌属	55℃，1小时内死亡	霍乱产弧菌	65℃；30天死亡
大肠埃希菌	55℃，1小时死亡； 60℃，15~20分钟死亡	炭疽杆菌	50℃~55℃；60天死亡
阿米巴菌	15~20分钟死亡；50℃，3天死亡；71℃，50分钟内死亡	布氏杆菌	55℃；60天死亡
美洲钩虫	45℃，50分钟内死亡	猪瘟病毒	50℃~60℃；30天死亡
流产布鲁菌	61℃，3分钟内死亡	口蹄疫病毒	60℃，30天死亡
酿脓链球菌	54℃，10分钟内死亡	小麦黑穗病	54℃；10天死亡
化脓性细菌	50℃，10分钟内死亡	稻热病菌	51℃~52℃，10天死亡
结核分枝杆菌	66℃，15~20分钟内死亡	麦蛾卵	60℃；5天死亡
牛结核杆菌	55℃，45分钟内死亡	二化螟卵	55℃；3天死亡
蛔虫卵	50℃~56℃，5~10天死亡	小豆象虫	60℃；4天死亡
钩虫卵	50℃；3天死亡	蛲虫卵	50℃；1天死亡
鞭虫卵	45℃，60天死亡		

三、堆肥过程中微生物演替规律

堆肥的实质是由群落结构演替非常迅速的多个微生物群体共同作用而实现的动态过程，所以对该过程的微生物生态学过程进行监控有利于有效地管理堆肥过程。

由于在堆肥腐熟过程中微生物发挥着关键作用，所以有些微生物的特性能反映堆肥的腐熟进程（图8-1）。

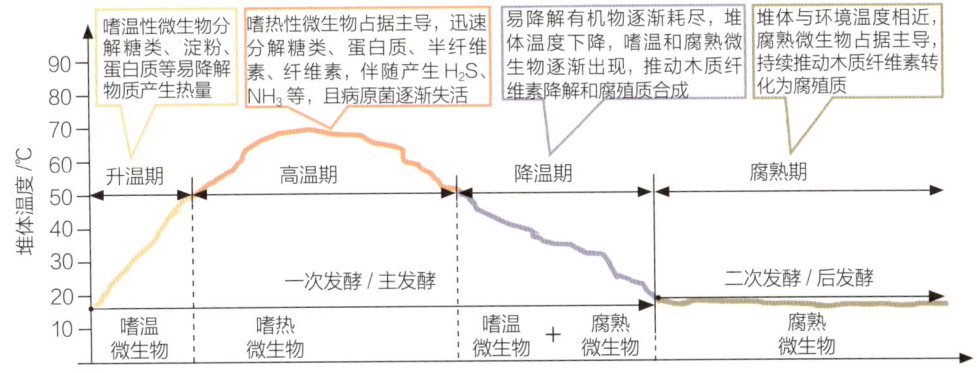

图8-1 堆肥过程中微生物演替过程示意图

1. 升温期

升温期是微生物旺盛繁殖并释放出热能来不断提高堆肥温度的初始阶段，堆层基本呈 15 ℃～50 ℃的中温环境。在这一阶段，堆肥物质在好氧条件下，多数易被微生物分解的有机物质，如蛋白质、淀粉类物质及简单的糖类等迅速分解，产生大量热量。在这一阶段，分解这些有机物的微生物以中温好氧微生物为主，这些嗜温性微生物包括真菌、细菌和放线菌。

2. 高温期

当堆肥的温度超过 50 ℃以后，通常被称为高温阶段。这一阶段中，除少部分残留下来的和新形成的水溶性有机物继续分解转化外，复杂的有机物，如半纤维素、纤维素等开始大量地被具有分解活性的微生物所分解，并进入腐殖质的形成过程，出现了能溶解于弱碱的黑色物质。这一阶段以高温微生物最为活跃，而以细菌中的后壁菌和放线菌占据主导，且存在少量嗜热真菌。当温度上升到 60 ℃以上时，嗜热丝状真菌几乎完全停止活动，嗜热放线菌和后壁菌门中的芽孢杆菌的活动占优势。达到 70 ℃以上时，只有嗜热芽孢杆菌在活动。多数嗜热性微生物，包括细菌、放线菌和丝状真菌是分解纤维素和果胶类物质能力很强的微生物。因此，在高温阶段，纤维素和果胶类物质等快速分解，同时产生腐殖质。

3. 降温期和腐熟期

随着有机质的不断消耗，易降解物质逐渐消耗殆尽，微生物的活性下降，堆体微生物热量产生逐渐减少，堆肥温度逐渐下降至 50 ℃以下，堆肥物料以难降解的木质纤维素为主要的有机物，此时嗜温性微生物、木质纤维素降解微生物及腐殖质合成相关腐熟微生物逐渐出现，且逐渐占据主导地位，促进了木质纤维素转化为腐殖质类物质。

四、堆肥过程中微生物生长代谢的影响因素

1. 通风供氧

通风的主要作用是为堆体内的微生物提供氧气。氧气作为堆肥中微生物有氧呼吸的终端电子受体，对其新陈代谢起着至关重要的作用，从而影响堆肥过程的物料腐熟程度及污染气体排放情况。如果堆体内的氧气含量不足，会限制好氧微生物的生命活动，降低有机物降解转化速度，从而限制堆体升温，同时促进厌氧微生物生长繁殖，产生含硫臭气和温室气体（如 CH_4 和 N_2O）。例如，已有研究表明，通风供氧水平不足时，易在高温期、降温期富集脱硫球茎菌、脱硫细菌、嗜热杆菌、黄色类固醇杆菌、腐螺旋菌和嗜瘤胃杆菌，促进硫酸盐还原、反硝化和产甲烷过程，从而加剧温室气体和臭气排放。而当供氧水平过高时，将增加因过量通风带来的能源消耗，同时促进热裂菌、双孢菌、热多孢菌和糖单孢菌等微生物繁殖，加剧 NH_3 排放，造成有机肥养分损失，降低产品品质。因此，供氧是堆肥成功的关键因素之一。堆肥需要的氧气浓度与堆肥原料中有机物含量息息相关。堆肥原料中有机碳愈多，其耗氧率越大。堆肥初期，主要是中温好氧微生物的活动过程，需要良好的通气条件。如果通气不良，好氧微生物受到抑制，限制堆体升温效率；相反，通气过盛，不仅堆内热量、水分和养分损失过多，而且造成有机质的强烈分解，也不利于腐殖质的积累。一般认为，堆体中最适宜的氧含量保持在 8%～18%。氧含量低于8% 会导致厌氧发酵而产生恶臭和温室气体；氧含量高于 15%，则会使堆体冷却，导致病原菌的大量存活。

2. 碳氮比（C/N）

C/N 是指畜禽粪便、厨余垃圾等堆肥原料与氮源农林辅料混合物的 C/N，微生

物的生长速度及物质降解效率都与堆肥物料的 C/N 息息相关。通常，堆肥过程中微生物生长需要碳源，蛋白质合成需要氮源，在堆肥处理过程中微生物以碳作能源，随后以 CO_2 形式释放出来，氮则用于合成细胞体。当 C/N 较低时（< 15），特别是当 pH 和温度高时，堆肥过程将导致大量的氮素以 NH_3 的形式损失，降低有机肥料品质；同时较少的有机碳源将抑制微生物的能源供应，同时农林辅料较少，堆体较为致密，限制了芽孢杆菌、地衣芽孢杆菌属等好氧微生物活动，并且富集更多厌氧微生物（例如脱硫肠状菌属、嗜油脂极小单胞菌、溶木聚糖温暖微菌等），从而延长了堆肥升温时间。而当 C/N 过高时（> 35），将导致微生物生长繁殖所必需的氮素缺失，同时还将导致产生的有机肥料难以达到养分标准。

3. 有机质含量

有机物对于堆肥微生物的主要作用在于合成微生物自身细胞物质和提供微生物各种生理活动所需的能量，使机体能进行正常的生长与繁殖，保持生命的连续性。堆肥反应初期，由于养分充足，刺激了各类种群微生物的增长，故微生物的总数呈对数上升，随后，微生物的数量进入相对稳定的阶段，在反应后期，由于营养物不足，微生物进入衰亡期，微生物数量减少。在高温好氧堆肥中，满足堆肥的有机物含量为 20% ~ 80%，最适宜有机物含量范围为 40% ~ 60%。当有机物含量低于 20% 时，堆肥过程产生的热量不足以提高堆体温度，难以达到堆肥的无害化，也不利于堆体中芽孢杆菌、地衣芽孢杆菌属等嗜热性微生物的繁殖，限制了有机质降解转化与腐殖质合成，最后导致堆肥失败。当堆体有机物含量高于 80% 时，由于高含量的有机物在堆肥过程中对氧气的需求很大，而实际供气量难以达到要求，往往使堆体中达不到好氧状态而产生厌氧环境，导致恶臭气体和温室气体产生，也难以实现绿色高效堆肥。

4. 含水率

含水率是控制堆肥过程的一个重要参数，是堆肥过程中有机物分解、微生物生长繁殖不可缺少的条件。水分的主要作用在于：①溶解有机物，参与微生物的新陈代谢；②水分蒸发时带走热量，起调节堆肥温度的作用。由于吸水软化后的堆肥材料易被分解，水分在堆肥中移动时，可使菌体和养分向各处移动，有利于腐熟均匀；另外，还有调节堆内通气的作用。含水量最大值取决于物料的空隙容积。通常

50% ～ 65% 的含水量最有利于微生物分解。水分超过 70%，温度难以上升，分解速度明显降低，这是由于水分过多，使堆肥物质粒子之间充满水，影响通气而造成厌氧状态，不利于好氧微生物生长，同时促进厌氧菌繁殖，促进 CH_4 产生。水分低于 40%，不能满足微生物生长需要，有机物难以分解。因此含水率的高低直接影响好氧堆肥反应速率的快慢，从而影响堆肥的质量，甚至关系到好氧堆肥工艺的成败。通常，堆肥的最适起始含水率一般为 50% ～ 65%。

5. 温度

温度是堆肥系统微生物活动的直接反映，是影响微生物活动和堆肥工艺过程的重要因素。堆肥中微生物分解有机物而释放出热量，这些热量使堆肥温度上升。堆肥初期，堆体基本呈中温，嗜温菌较为活跃，大量繁殖。它们在利用有机物的过程中，有一部分转化成热量，堆体温度不断上升，堆肥启动 1 ～ 2 天后可以达到 50 ℃～ 60 ℃，此时嗜热菌不断富集，逐渐替代了嗜温菌。尿素芽孢杆菌、地衣芽孢杆菌属、高温放线菌等嗜热菌的大量繁殖导致堆体温度明显提高，促使堆肥进程由中温阶段进入高温阶段，并在高温范围内稳定一段时间，此时有机质降解达到了整个堆肥周期的高峰，嗜热性微生物产生的各种酶（如蛋白酶、淀粉酶、果胶酶和纤维素酶等）对不同底物的反应速率远大于其他阶段微生物的反应速率。温度对于堆肥微生物影响的另一重要意义在于经过高温的处理，堆肥物料中对热敏感的病原体受到抑制甚至死亡，从而大大提高堆肥产品使用的卫生安全性。按照《畜禽粪便堆肥技术规范》（NY/T 3442—2019）要求，堆肥时应使堆温在 55 ℃以上维持不少于 1 周时间，同时要求蛔虫卵死亡率大于 95%，每克干物质大肠埃希菌数小于 100 个。近年来，为了提高堆肥性能，已开发出超高温好氧堆肥技术，通过利用极端嗜热性微生物菌剂使污泥自发热并能长时间维持堆体温度在 80 ℃以上，并能持续 5 ～ 7 天，将堆肥时间缩短至 20 天左右，并且通过超高温堆肥，限制产甲烷菌活动，有效减少堆肥过程中温室气体排放；在有机质转化方面，超高温堆肥能够显著增强嗜热微生物酶活性，促进富含羧基等不饱和基团的富里酸和腐殖酸组分产生，提高堆肥产品的土地利用附加值。

6. pH

理论上，pH 对堆肥化过程没有影响，pH 为 4 ～ 10 都可以进行堆肥，而且

pH 会随堆肥化过程发生变化，这种变化是由于物料被微生物降解后产生代谢产物的结果，导致堆肥前期 pH 下降和堆肥后期 pH 上升，在堆肥处理过程的最后阶段，一般物料 pH 会上升到 8.0～9.0。同时，酸碱度对微生物活动和氮元素的保存有重要影响。微生物的降解活动，需要一个微酸性、中性或弱碱性的环境条件，一般要求原料的 pH 为 6.5～8.5。微生物在高温阶段和碱性环境，有利于高温放线菌、短芽孢杆菌属（*Brevibacillus*）、类芽孢杆菌属（*Paenibacillus*）及单胞菌属（*Sinibacillus*）等嗜热菌繁殖，促进有机氮矿化和 NH_3 的散逸，从而导致氮素损失。而 pH 过高（pH ＞ 9）或过低（pH ＜ 4）会降低微生物的活性，减缓微生物降解速度，故需要及时调整堆肥的 pH，抑制其过高增长。

第二节
槽式堆肥工艺流程及案例

一、工艺原理

在目前现代化堆肥工厂中，槽式堆肥是应用最多的一种设施堆肥方式。最早的槽式堆肥于20世纪70年代出现在德国，欧美及日本等发达国家对槽式堆肥有比较深入的研究。槽式堆肥是一种开放式堆肥，堆肥过程的可视性使得操作者可以随时对搅拌、通气和调湿过程进行调节控制，因此物料发酵相对较快而均匀。该发酵方式机械化程度高、产品质量好、运行成本低，已经成为中国最受欢迎的堆肥方式（图8-2）。

槽式堆肥工艺是利用好氧堆肥发酵原理，将机械通风与定期翻堆相结合，堆肥过程发生在长而窄的被称作"槽"的通道内的一种堆肥工艺。堆料堆积成窄长条垛，且除堆体表面与空气接触外其余部位均被围墙或遮挡物所包裹，垛体的横断面为方形、三角形或梯形，一般为长10～15 m，高2～3 m，槽宽4～20 m。具体是将预处理后的堆肥原料混合后按照堆肥要求调节物料碳氮比和含水率，置于发酵槽中发酵。发酵过程中，翻抛机通过控制器沿发酵槽设置轨道自动运行，对堆体定时翻抛供氧，同时设置在槽底部的曝气管对堆体进行定时曝气供氧。槽式堆肥通常在室内进行，堆料深度1.2～1.5 m，一次发酵时间为10～20天，二次发酵时间为15～30天。

根据进出料方式，槽式堆肥可分为动态槽式堆肥和静态槽式堆肥。动态槽式堆肥是将物料布置在槽的首端或末端，随着翻堆机在轨道上移动与搅拌，堆肥物料向槽的另一端位移，当物料基本腐熟时，刚好被移出槽外。静态槽式堆肥是整体进出料，整个发酵槽一次性全部进满料，当发酵周期结束时，一次性全部出料。

图 8-2　槽式堆肥工艺

二、工艺流程

槽式堆肥生产过程（图 8-3）主要包括原料预处理（粉碎、混合等）、一次发酵、陈化（二次发酵）、制肥等流程。

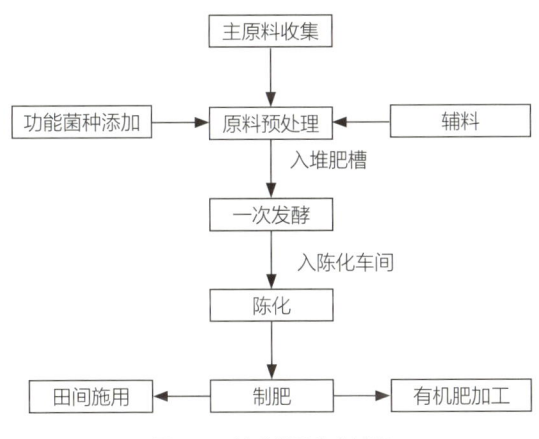

图 8-3　槽式堆肥生产过程

1. 原料预处理

目的：调整物料的水分和碳氮比，同时添加菌种以促进发酵过程快速进行。

过程：将主要的有机固体废弃物料和辅料按配料比例进行混合，微生物菌种储存在菌液罐中，用小型计量泵加入，添加菌种以促进发酵过程快速进行。各种物料混合后由皮带输送机和自动布料系统运到发酵槽中。

2.一次发酵

目的：使废弃物中的挥发性物质降低，臭气减少，杀灭寄生虫卵和病原微生物，达到无害化目的。另外，通过堆肥发酵处理使有机物料含水率降低，有机物得到分解和矿化，释放N、P、K等养分，同时使有机物料的性质变得疏松、分散。

过程：一方面通过安装在发酵槽底部的曝气系统采取强制通风方式供给氧气，避免堆肥过程形成厌氧环境，同时挥发水分；另一方面利用翻堆机通过翻拌作用使发酵物料充分混匀，水分快速挥发，同时发生物料的位移。一般情况下，堆肥周期为10～15天，堆肥温度可以上升至60℃～70℃。工艺控制中根据堆肥物料的温度、水分、氧含量等参数的变化，由控制系统开启鼓风机向发酵槽内曝气。经过一个周期的堆肥，发酵后的含水率大幅度降低（一般下降到40%左右），由自动出料系统出料并运输至陈化车间。

3.二次发酵

经过第一次堆肥发酵后的有机固体废弃物尚未达到完全腐熟，需要继续进行二次发酵。

目的：将有机物中剩余大分子有机物进一步分解、稳定、干燥，以满足后续制肥工艺的要求。

过程：采用天车抓斗（或铲车搬运）工艺进行陈化发酵。在陈化车间顶部安装天车、抓斗，通过抓斗定期搬运物料，能起到翻堆、透气等效果，堆料的温度会逐渐下降，稳定在40℃以下时，堆肥腐熟，形成腐殖质。一般情况下陈化周期为15～20天，可以根据肥料加工用料的特点对陈化的周期进行调整。

4.制肥

目的：提高堆肥产品的肥效和商品性，进而提高综合经济效益。

过程：发酵物料经配料系统配料后，由皮带输送机提升和输送后粉碎、筛分分级，筛上物返回到混合间配料，筛下粉状部分由皮带输送机输送进行包装，成品在成品库储存。

三、工艺优缺点

槽式堆肥工艺具有生产效率高、堆肥周期短、机械化程度高、堆肥产品质量均匀、处理量大、节约劳动力并且不受天气影响的优点。例如，邓亚琴等（2021）比较了云南省不同堆肥工艺的生产效率，相比于其他工艺，槽式堆肥的生产效率最高，约为条垛式堆肥的 2 倍。但槽式堆肥工艺需要厂房、堆肥槽的修建、翻抛机的购买、日常维护和更换，因此槽式堆肥系统的投资成本与运行费用较高。该工艺适用于有机肥厂的规模化生产。

四、设备需求

槽式堆肥工艺成套设备主要包括进出料设备、发酵设备和尾气除臭设备。

粉碎机和混料设备实现了发酵原料的前处理和混合，混料设备可分为铲车混料和混料机混料。进出料通过铲车和驳运机协同作用实现。单槽结构形式，发酵料从一端进入，成品料从另一端移出；多槽结构形式，用自动布料机装满发酵槽前段 3～4 m，每翻抛一次物料移动 4 m。

发酵设备主要包括堆肥槽、翻抛机和通风设备。槽式发酵是由单个或多个发酵槽组成的，单个发酵槽的容积根据场地、处理规模、发酵周期和翻抛设备型号确定。发酵槽为钢筋混凝土结构，相邻两个发酵槽共用池壁，池壁要求能承受翻抛机的压力，池底既要承受发酵物料和装载机的重力，同时还要满足通风的要求。槽壁上方铺设有轨道，在轨道上安装翻抛机，翻抛机搅拌的过程是对堆体进行破碎、混匀的过程，避免了发酵过程中堆体过分密实，提高了堆体的疏松度，有利于对堆体进行充氧；同时通过翻抛的作用，可以使最底部物料和最上部物料都能经过高温过程，堆出的产品更加均匀。

槽式堆肥翻抛机的类型主要有滚筒式翻抛机、螺旋式翻抛机、链板式翻抛机和翻倒轮式翻抛机等。

其中滚筒式翻抛机在机身正下方安装有一个与发酵槽宽度相匹配的滚筒，在滚筒上面加装翻抛刀具，利用动力系统驱动翻抛轮旋转，翻抛轮带动滚筒粉碎搅动堆料。此种机型翻抛效率较高，发酵槽上下端的物料混合充分均匀，翻抛刀具更换方便，便于维修。但该翻抛机单臂支撑，部分结构和零件受力集中，振动大，稳定性不好，并且翻抛机吊臂等零件采用铸造，制造复杂，成本高（图 8-4）。

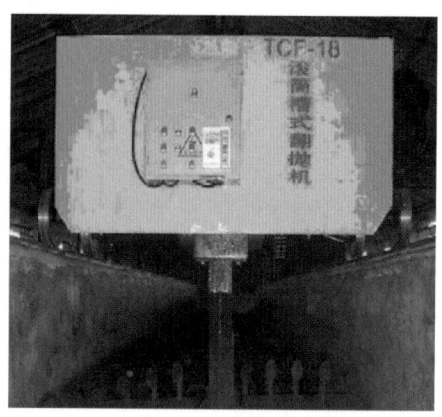

图 8-4　滚筒式翻抛机

螺旋式翻抛机是在底端安装螺旋杆，通过龙门式的导轨带动螺旋杆横向左右移动。通过动力系统传输动力，带动螺旋状叶片工作部件搅拌槽内的堆肥物料，实现物料堆肥发酵过程中的通风、换气，达到发酵工艺对水分、氧气和温度的要求。该机型的缺点是螺旋杆只能在发酵槽内左右移动，不适用于较宽的发酵槽，留有作业死角，工作效率低；其优点是作业过程中可增加堆料与空气接触的时间，达到通风换气的要求，有效提高堆料的含氧量（图 8-5）。

图 8-5　螺旋式翻抛机

链板式翻抛机是用翻堆带逐步翻抛并将物料翻送至翻堆装置后方；该设备每天可以翻抛 14.4 ～ 64.8 m^3 的物料，适用于大型发酵槽，它特殊的齿板结构可以减少行走阻力，提升高度大，自动化程度高。但该设备体积庞大，不利于维护检修，并且在多槽的发酵工厂里不易实现换槽。该设备的翻抛效率基于物料的物理性质，含水率过高或过低的物料翻抛效率都比较低（图8-6）。

图8-6　链板式翻抛机

拨齿式翻抛机是通过旋转轮将发酵物料向后抛出，使物料与空气充分接触，起到换气调温的作用。但旋转轮在发酵槽内左右横向移动，作业效率较低，无法实现堆料横向的混合搅拌（图8-7）。

图8-7　拨齿式翻抛机

堆肥槽底部铺设有曝气管道，通过鼓风机工作，从发酵槽底部的补气板向上进入发酵料堆实现曝气通风。根据风压和风量要求，风机的配置可选择单槽单台或多槽分段多台。翻抛机和鼓风机通过连接温度传感器或定时器实现自动控制，自动进行翻抛、曝气通风。

堆肥发酵过程中会散发出大量水蒸气，同时还伴随氨气、硫化氢等臭味气体产生。一般需要在堆肥车间顶部设置若干台射流风机向车间两侧吹，控制发酵车间气流运动方向，并在车间两侧设若干个排风口，排风口接排风管道通向生物滤池，实现臭气的无害化排放。

五、工程案例

1. 规模化槽式堆肥案例——金穗生物堆肥基本情况

广西金穗生物科技有限责任公司是全国规模最大的香蕉种植企业——广西金穗农业集团公司旗下的全资子公司，成立于 2009 年 5 月 13 日，公司定位以发展技术驱动型高科技企业为主导，主要从事生物有机肥、生物有机无机复混肥，BB 肥、农用微生物菌剂等的研发、生产、销售和技术服务。公司现有职工 70 多人，各种人才架构专业、高效、储备合理，能满足企业各项技术研发、产品生产及推广应用等方面的要求。厂区占地面积 139.3 亩，建筑总面积 56 882 m²，拥有两条半自动包装生产线，生物有机肥年生产能力达 10 万吨，是一家成规模、自动化程度高的生物有机肥生产企业。

（1）工艺流程

广西金穗生物科技有限责任公司采用的是目前中国最流行的槽式好氧发酵工艺，主要流程如下（图 8-8）：

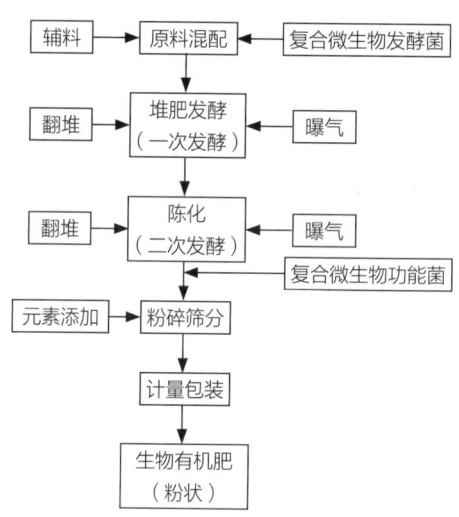

图 8-8　槽式好氧发酵工艺流程

（2）关键技术

①原料

广西金穗生物科技有限责任公司有机肥生产原料主要以畜禽粪便、糖厂滤泥等废弃物为主料，工厂固体废弃物（如烟末、钾灰、木薯酒精渣、蔗髓、蘑菇渣等）以及糖蜜酒精废水浓缩液为辅料。这些原料均选用当地产量高、易获得并且养分丰富的有机废弃物。另外，在堆肥之前，一些含水率高、孔隙少的原料，如畜禽粪便、滤泥等会通过烘干预处理使其达到适宜的含水率。

②一次发酵

一次发酵（图 8-9）主要包括三个控制环节，即原料混配、曝气管理和翻堆控制。首先要确定原料配方，并将各原料按比例混合，通过铲车投进发酵槽进料口，碳氮比控制在（20 ～ 25）：1，初始水分控制在 55% ～ 65%。开始翻堆时喷洒发酵菌剂，通常 24 小时内堆体温度可上升到 50 ℃以上，臭味快速降低。之后需调节适宜的曝气量，并利用每条发酵槽底部均设的曝气孔与鼓风机相连，通过自动控制曝气时间和频率，保证充足氧气并让水分快速挥发。发酵过程中需定期翻堆，一次发酵车间通常每 5 个发酵槽共用 1 台翻堆机，通过约 15 天发酵，一般含水率会降到 45% 左右，堆体中的寄生虫卵、病原微生物、草籽等大部分被杀灭，臭气减排效果显著。

图 8-9　一次发酵现场图

③二次发酵

一次发酵结束后，物料通过皮带输送到陈化车间进行陈化，称为二次发酵（图 8-10）。物料进入陈化车间时要重新布料，同样还要曝气、翻堆。当物料温度逐渐下降，稳定在 40 ℃以下时，堆肥完全成熟，这一过程一般要 15 天左右。然后物料进一步由皮带输送到加工车间。

图 8-10　二次发酵

④制肥

发酵好的物料要在加工车间进行功能性微生物添加、配料（添加中微量元素等）、粉碎、筛分、造粒和包装等。产品一般为粉状，也可以通过挤压造粒做成粒状。包装好的产品随后运到成品仓库储存（图 8-11）。

图 8-11　有机肥成品（左）和包装车间（右）

（3）有机肥施用效果

广西金穗生物科技有限责任公司槽式堆肥发酵生产的有机肥已经经过实际生产验证，施用该有机肥可缓冲土壤 pH 值（图 8-12）、保护作物根系免受重金属损害（图 8-13）、显著增强作物长势（图 8-14）、提高作物抗病性能。

图 8-12　有机肥施用对土壤 pH 的影响（圆圈处为有机肥施用区域）

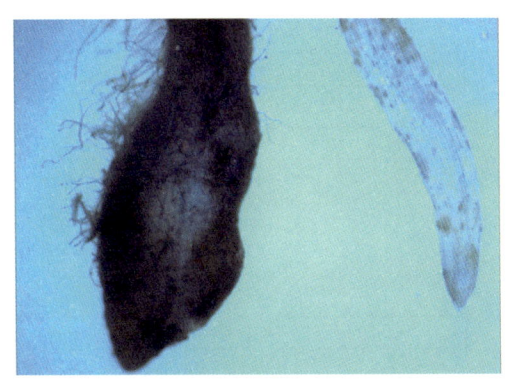

图 8-13　有机肥施用对作物耐铝能力的影响
[受铝离子损害的根系为左（未施用有机肥），正常根系为右（施用有机肥）]

图 8-14　有机肥施用对作物生长的影响
[施用普通有机肥的地块（左），施用金穗生物有机肥的地块（右）]

2. 规模以下养殖场案例——宁夏灵武市滩羊养殖槽式堆肥基本情况

宁夏银湖农林牧开发有限公司成立于 1999 年 9 月 9 日，注册资本 760 万元，总投资 3300 万元，是一家集农业开发、畜牧养殖、畜禽粪污处理、有机肥生产、绿化工程、中药材种植、牧草种子繁育、销售于一体的综合性农业产业化龙头企业，管理制度健全。其中，该公司畜禽粪污处理和有机肥生产业务主要服务周围规模化以下中小养殖户，是该地区龙头企业带动区域生产的典型案例。

（1）技术模式

有机肥厂通过社会化服务组织收集养殖散户滩羊粪，加入除臭剂、发酵剂及粉碎后的废弃枝条、秸秆，定期翻堆使粪便充分发酵腐熟，最后通过粉碎过筛、配料搅拌、造粒冷却、过筛分级等加工步骤生产稳定、合格的粉状有机肥及颗粒有机肥，于枣园、果林、牧草田间施用（图 8-15）。

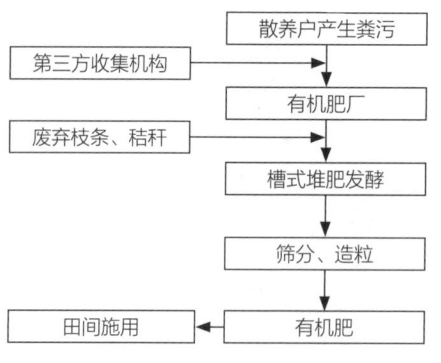

图 8-15　有机肥处理利用流程

灵武市 6 家社会化服务组织以 130 元 /m³ 的价格上门挨户收集狼皮子梁村 30 km 范围内 120 家养殖散户滩羊羊粪，以 140 元 /m³ 的价格出售给有机肥厂，有机肥厂生产的成品有机肥 75% 用于自有枣园、果林、设施园艺及饲草地，25% 成品有机肥以 520 元 /t 的价格售给周边种植户。

（2）关键技术

①原料收集与贮存

滩羊散养户采用干清粪的方式定期清理圈舍内羊粪，社会化服务组织安排专用粪污运输车上门收集，拉运至有机肥厂，堆放于经过硬化防渗的堆粪场，待有机肥厂统一上门收集。

②堆肥发酵

将水分低于 85% 的羊粪原料加入除臭剂、发酵菌、粉碎废弃枝条、秸秆，控制含水量在 50% ～ 70%，投放于发酵场地发酵，堆高 1 ～ 2 m（图 8-16）。堆好后，开始测定并记录发酵温度，24 ～ 48 小时内温度上升至 60 ℃左右，保持 48 小时后根据堆温翻堆。堆温达到 50 ℃时，翻堆供氧；堆温升到 60 ℃以上后，每

图 8-16　槽式堆肥发酵现场

2 ～ 3 天翻堆一次；堆温达 70 ℃以上时必须立即翻堆降温。经多次翻堆，堆温开始下降，不再反弹，一次发酵结束。然后转入陈化池，进入后熟阶段，需 10 ～ 15 天，不再进行翻堆操作。

③生产加工

腐熟后的物料经料斗、输送带传入粉碎机粉碎加工、初级筛分，用电脑自动配料机加入配料，再经混合搅拌机搅拌混合、皮带运输机输送到定量包装机，生产成品粉状有机肥。混合搅拌好的物料经输送带送到圆盘造粒机，加适量水初次成粒后进入滚筒造粒机，再次造粒进入烘干机、冷却机、筛分机、包装机，称量包装生产出单袋 40 kg 的颗粒有机肥（图 8-17）。

图 8-17　肥料传输（左）与造粒（右）装置

④还田利用

生产的有机肥 75% 作为底肥通过开沟机施用于周边自有 1 000 亩枣园、700 亩果林、300 亩设施园艺及 5 000 亩饲草地，25% 直接出售给周边种植户（图 8-18）。

图 8-18　枣林施肥图

（3）取得成效

①经济效益

羊粪出售价格 130 元 /m³，每只滩羊年羊粪收入合计 61.69 元。以年饲养量 100 只滩羊散户为例，年户均增收约 7 869 元。有机肥厂 2021 年收购牛羊粪约 12 万吨，生产有机肥 6 万吨，收入约 1 755 万元，年利润 199.46 万元。有机肥年替代化肥用量约 3 000 t，节省购入化肥资金约 245 万元。

②社会效益

有机肥厂吸纳当地 25 名农民就业，鼓励周边农户用有机肥替代化肥施用，丰富乡村经济业态，推动种养结合和产业链再造，助力乡村产业振兴；带动全市畜牧养殖、牧草种植、粪污处理、有机农产品生产等相关产业可持续发展。

③生态效益

降低了土壤化肥残留，有效改善土壤结构，培肥地力，为生产优质农产品创造了条件。同时，滩羊粪还田利用实现了粪污减量化、资源化、无害化利用，实现了区域农牧资源循环，贯彻了全产业链建设、种养结合、绿色环保发展理念，有效维护生态环境，推进区域农业绿色转型。

第三节
容器式堆肥工艺流程及案例

一、工艺原理

反应器堆肥是将畜禽粪便、农作物秸秆等有机固体废弃物，置入一体化密闭反应器，控制通风和水分条件，进行好氧发酵。原料需要经除杂、粉碎、混合，以及调节含水率至 45% ～ 65% 等预处理。

二、工艺流程

反应器堆肥是一套畜禽粪便高效快速堆肥系统，其工艺流程为：畜禽粪便 + 辅料（如玉米秸秆、稻秆等）→进入堆肥反应器→添加耐高温发酵菌剂→高温好氧发酵→出料→进入后熟发酵→粉碎、过筛、制粒→包装→成品肥料（图 8-19）。

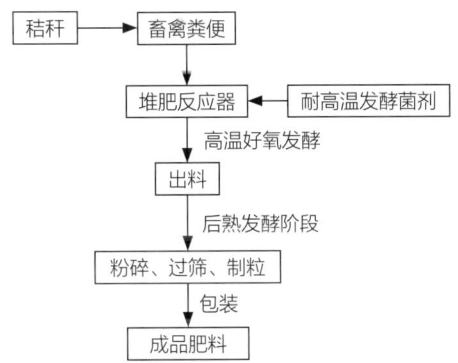

图 8-19　反应器堆肥工艺流程

反应器堆肥在拌料时应注意添加农作物秸秆来调节物料水分和碳氮比，水分控制在 45% ～ 55%，碳氮比控制在（20 ～ 25）：1。在启动设备后，利用设备内的加热辅件进行升温，使仓内温度快速达到高温发酵菌所需温度，一般 6 小时左右可达 80 ℃以上；当仓内温度稳定后，加热部件间断运行，与高温发酵菌活动产生的热量相配合维持仓内高温；出料前先停止加热，待发酵仓内温度自然下降到 60 ℃左右时，即可出料。一次堆肥发酵腐熟过程从进料至出料需 10 ～ 12 小时。

三、工艺优缺点

主要优点：在高温下对物料进行密闭好氧快速发酵，堆肥时间短，集消毒、灭菌、发酵为一体同时进行，堆肥在 12 小时内完成，较条垛式堆肥和槽式堆肥的时间大大缩短；畜禽粪便经过快速发酵后，基本无臭；生产区域蚊蝇极大减少，实现清洁生产；发酵温度高，更有效地杀灭虫卵、病原菌和杂草种子；设备耐久性能好，使用寿命长（设计寿命 15 年及以上）；集中排气，密闭收集，除臭方便；设备带有雨棚，可安装在室外，节省建设厂房的投资；设备安装占地面积小，扩大规模方便组合；人员配备少，管理和操作方便，生产效率提高；设备稳定、技术成熟、售后服务健全。

主要缺点：一次性设备投资较大；在发酵仓内腐熟不够彻底，需要进行二次腐熟，并要有一定的后熟时间保障；能耗高。

四、堆肥反应器类型

堆肥反应器是指堆肥物料进行生化反应的反应器装置，是整个堆肥系统的核心和主要组成部分。通过搅拌、曝气、混合、辅助加热等设备，并考虑物料自动移动出料的问题，设计出结构合理的堆肥反应器，为微生物的生存和繁殖提供良好的条件，提高发酵速率，缩短发酵周期，实现机械化生产。反应器的种类繁多，根据设备的结构形式将其分为立式堆肥发酵塔、卧式堆肥发酵滚筒、筒仓式堆肥发酵仓和箱式堆肥发酵池。立式堆肥发酵塔处理能力大，占地面积小、动力耗费小，适合污泥堆肥处理，但建设费用高。卧式堆肥发酵滚筒建设费用小，操作性能和排气处理性能好，但处理能力小，不适用于大规模的系统。筒仓式堆肥发酵仓和箱式堆肥发酵池介于两者之间。各种堆肥反应器都有其长处和短处，选用时应根据具体情况，选择合适的发酵装置。

1. 多层立式堆肥发酵塔

多层立式堆肥发酵塔通常由 5 ～ 8 层组成，内外层均由水泥或钢板制成。经分选后的可堆肥物料由塔顶进入塔内，在塔内堆肥物料通过不同形式的搅拌翻动，由塔顶一层层地向塔底逐渐移动。一般经过 5 ～ 8 天的好氧发酵，堆肥物料即由塔顶移动至塔底而完成一次发酵。塔内温度从上层到下层逐渐升高，最高温度在下层。因此，每层氧气含量不同。为保证每层微生物的活性、维持每层微生物活动的最适温度和最适通气量，塔式供氧通常采用风机强制通风，以满足微生物对氧的需要。立式堆肥发酵塔通常为密闭结构，堆肥产生的臭气能够进行收集处理，因此其环境条件比较好。此外，这种堆肥设备具有处理量大，占地面积小的优点，但其一次性投资较高（图 8-20）。

图 8-20　立式堆肥发酵塔

立式堆肥发酵塔的种类通常包括立式多层圆筒式、立式多层板闭合门式、立式多层桨叶刮板式、立式多层移动床式等，其性能具有一定的差异。

（1）立式多层圆筒式

多层圆筒形，每层堆高 0.3 m。利用每层之间的固定旋转间隙，对原料进行反复切断及输送。原料从塔顶送入，由塔底排出。一次发酵时间为 3 ～ 7 天。利用每层之间的固定间隙来进行重复切断，频率为 1 次 /d，因此原料压在间隙内易产生压实块状，通气性能差。通过每层床层进行通气，并集中向槽上部排气。优点：除臭设备体积小。缺点：①堆积低，容积有效利用率低；②装置运行所需的动力大；

③堆肥中物料容易呈压实块状化，通气性能差；④多层结构，装置高。

（2）立式多层板闭合门式

多层条形，每层堆高不超过1 m。各层床都有闭合门，在反复切断输送时，利用开启闭合门依次向下层输送原料。一次发酵时间为5～10天。利用各层闭合门的开闭来完成重复切断，频率为1次/（1～2）d，重复切断是利用闭合门自由下落来完成的，因此没有破碎功能，物料无压实块状化，通气性能好。各床层交替进行通气和排气。优点：除臭设备体积小。缺点：①物料在输送过程中是利用自由下落而进行重复切断的，没有破碎作用；②必须配备原料供给装置；③多层结构，装置很高。

（3）立式多层桨叶刮板式

多层圆筒形，每层堆高1～1.5 m。利用各段内旋转的刮板同时进行原料的反复切断及输送。原料落在与刮板相反方向的叶片上，按顺序向下输送。一次发酵时间为3～7天。利用各层旋转的刮板来进行原料的切断，频率为1次/d，利用刮板重复切断，对原料进行粉碎后缓慢堆积，因此无压实块状化现象，通气性好。空气由风机鼓入，通过每层床层，并集中向槽上部排出。优点：①除臭设备体积小；②利用旋转刮板重复切断，无压实块状化；③通气阻力及动力消耗小。缺点：多层结构，装置很高。

（4）立式多层移动床式

多层条形，每层堆高为2.5 m。各层床构成整体的移动床。由水平运动将原料推出，顺序输送到下层。一次发酵时间为8～10天。利用每层床的水平移动来进行重复切断，频率为1次/2 d，利用移动床进行物料输送，原料被推向筒壁，容易压实，因此通气性能差。通过每层床层来通气，并且集中向槽上部排气。优点：除臭设备体积小。缺点：①物料容易压实，通气性能差；②床的移动机构复杂；③多层结构，装置很高。

2. 卧式堆肥发酵滚筒

卧式堆肥发酵滚筒又称为达诺式发酵滚筒，这种发酵设备结构简单，可以采用较大粒度的物料，从而使预处理设备简单化，易于操作控制，在世界各国均广泛使用。在卧式堆肥发酵滚筒装置中，物料在筒体内表面的摩擦力作用下，沿旋转方向提升，同时借助自重落下，通过如此反复升高、跌落，可充分地调整物料的温度、水分，同时物料被均匀地翻倒而与供入的空气接触，达到与曝气同样的效果。翻转的同时，物料在微生物的作用下进行发酵，随着螺旋板的拨动以及筒体倾斜，滚筒中的旋转物料又不断由入口端向出口端移动，物料随滚筒旋转而不断地塌落，新鲜空气不断进入，臭气不断被抽走，充分保证了微生物好氧分解的条件。最后经双层金属网筛的分选，得到一次发酵的粗堆肥。因此，这种装置可以自动稳定地供料、传送，输出堆肥产品。

该装置的工作条件大致如下：直径 2.5 ～ 3.5 m，长度 20 ～ 40 m，内搅拌的旋转速度应以 0.2 ～ 3.0 r/min 为宜；通风空气温度保持常温，24 小时连续操作装置的通风量为 0.1 m³ /（min·m³）。空气从装置原料排出口进入，于进料口排出。如果发酵全过程都在此装置中完成，停留时间应为 2 ～ 5 天。装置内废物量一般不能超过装置容量的 80%。当以该装置做全程发酵时，发酵过程中堆肥物的温度为 50 ℃～ 60 ℃，最高温度可达 70 ℃～ 80 ℃；一次发酵时，物料水分较高，并且混匀去除水分时，温度为 35 ℃～ 45 ℃，物料水分适宜时温度可达 60 ℃左右。

卧式堆肥发酵滚筒的生产效率高，发达国家常采用它与立式堆肥发酵塔组合应用，高速完成发酵任务，实现自动化生产。其缺点在于堆肥过程中，原料滞留时间短，发酵不充分，装置密闭。此外，由于在发酵过程中，筒体不断地旋转，对物料进行重复切断，因此物料容易压实，导致原料通气不充分，产品不易均质化，能耗也较高（图 8-21）。

图 8-21 卧式堆肥发酵滚筒

3. 筒仓式堆肥发酵仓

筒仓式堆肥发酵仓的结构相对来说比较简单，为单层圆筒状（或矩形状），发酵仓深度为 4 ～ 5 m，大多采用钢筋混凝土构筑。其上部有进料口和散刮装置，下部有螺杆出料机。为了维持仓内良好的发酵条件，供氧均采用高压离心风机强制鼓风，空气一般通过布置在仓底的蜂窝状散气管进入发酵仓。堆肥原料由仓顶进入。其好氧发酵时间一般是 6 ~ 12 天，初步腐熟的堆肥由仓底通过出料机出料。根据堆肥在筒仓内的运动形式不同，筒仓式发酵仓可分为静态与动态两种。

筒仓式静态发酵仓呈单层圆筒形。堆肥物料由仓顶经布料机进入仓内，经过 10 ~ 12 天的好氧发酵后，由仓底的螺杆出料机出料。该装置具有结构简单，占地面积小，发酵仓利用率高的优点，在我国得到了较广泛的应用。但由于仓内没有重复切断装置，导致原料呈压实块状，通气性能差，通风阻力大，动力消耗大，而且产品难以均质化。

4. 箱式堆肥发酵池

该类发酵池的种类很多，应用也很普遍，应用较广的主要有以下几种。

（1）矩形固定式犁翻倒发酵池

该堆肥设备设置犁形翻倒搅拌装置，起到机械犁掘废物的作用。堆肥时，可定期地搅动并移动物料数次，保持池内通气，使物料均匀发散，同时还有运输功能，可将物料从进料端移至出料端。物料在池内停留 5 ~ 10 天。空气通过池底布气板进行强制通风。发酵池采用的搅拌装置是输送式的，使用这种装置的好处是能提高物料的堆积高度。

（2）斗式翻倒式发酵池

发酵池内的翻倒机对物料进行搅拌，使物料湿度均匀并与空气接触，从而促进易堆肥物迅速分解，阻止臭气产生。物料的停留时间为 7 ~ 10 天，翻倒废物频率的标准为每天 1 次，也可根据物料实际性状不同而改变翻倒频率。该发酵装置的特点如下：发酵池装有一台搅拌机及一架安置于车式输送机上的翻倒车，翻倒废物时，翻倒车在发酵池上运行，当完成翻倒操作后，翻倒车返回到活动车上；根据处理量，有时可以不安装具有行吊结构的车式输送机；当池内物料被翻倒完毕，搅拌机由绳索牵引或机械活塞式倾斜装置提升，再次翻倒时，可放下搅拌机开始搅拌；为使翻倒车从一个发酵池移至另一个发酵池，可采用轨道传送式活动车和吊车刮出输送机、皮带输送机或摆动输送机，堆肥经搅拌机搅拌，被位于发酵池末端的车式输送机传送，最后由安置在活动车上的刮出输送机刮出池外；发酵过程的几个特定阶段由一台压缩机控制，所需空气从发酵池底部吹入。

（3）吊车翻倒式发酵池

该装置一般作二次发酵用。经过预处理设备破碎分选的堆肥化物料或已通过一次发酵的可堆肥物由穿梭式输送设备送至发酵池内。堆积期间，空气从吸槽供给，带挖斗吊车翻倒物料并兼做接种操作。

（4）卧式桨叶发酵池

桨状搅拌装置依附于移动装置，故能随之移动。操作时，搅拌装置纵向反复移动搅拌物料，同时横向传送物料。由于搅拌装置能横走和移动，搅拌可遍及整个发酵池，故可将发酵池设计得很宽，这样，发酵池就有较大的处理能力。

（5）卧式刮板发酵池

此类发酵池主要部件是一个呈片状的刮板，由齿轮齿条驱动，刮板从左向右摆动搅拌物料，从右向左空载返回，然后再从左向右摆动推入一定量的物料。由刮板推入的物料量可调节。例如，当一天搅拌一次时，可调节推入量为一天所需量。如果处理能力较大，可将发酵池设计成多级结构。池体为密封负压式结构，因此臭气不外逸。发酵池有许多通风孔以保持好氧状态。另外，还装配有洒水及排水设施以调节湿度（图 8-22）。

图 8-22　箱式堆肥发酵池

五、工程案例（以河北唐山新好农牧有限公司为例）

1. 基本情况

河北唐山新好农牧有限公司将军庄猪场粪污密闭式好氧堆肥项目是目前亚洲最大的采用密闭式反应器堆肥处理养殖场粪污，其核心技术"生物堆肥减排关键技术、装置及新产品开发"科技成果通过国家科技成果评价，居国际领先水平。位于河北省唐山市丰南区，占地 3 600 m²，总投资约 2 700 万元，由北京沃土天地生物科技股份有限公司提供工艺设计、密闭式堆肥反应器等相关设备、安装调试及产品配方等综合性一体化服务，采用 15 台密闭式堆肥反应器对养殖场粪污进行无害化处理，处理含水率约 75% 的粪便 90 t/d，年产约 1 万吨粉状有机肥，用于厂区内的种植，真正做到种养结合，对推动唐山市养殖业和种植业有积极的带动和推动作用（图 8-23）。

图 8-23 唐山新好农牧有限公司

2. 技术模式

密闭式筒仓反应器（图 8-24）堆肥生产有机肥模式适用于中小型的处理项目、分散式的规模化养殖场、对环境影响比较敏感的项目等，比如养殖粪污就地分散堆肥、发酵后的堆肥集中加工生产有机肥项目。与连续动态槽式堆肥及有机肥生产工厂模式相比：①占地面积小；②筒仓反应器室外安装、不需要厂房，厂房土建成本降低；③筒仓反应器保温效果好，热交换器回收热量，发酵温度高，发酵周期 7 ～ 10 天，堆肥效率更高；④与其他堆肥工艺相比，在相同运行时间内处理能力提高了约 25%，节省能耗约 17%，温室气体减排 60% 以上。其中工艺设备主要特点是密闭性好、快速发酵、模块化设计、集中除臭、占地面积小、项目建设周期短、无需辅料、多机搭配灵活、环境控制好、热效率高。

①直接投入：不需要添加辅料，可直接投入新鲜家畜粪便进行发酵。

②运行灵活：可以进行单机或者多机联合运行，运行模式上可采用每天连续进料，也可整进整出批量式生产。

③省人工：发酵过程中除了投取料，其他环节均无需人工操作。

④耐久性：发酵罐体三重构造，提高了绝热性能，增强了使用耐久性。

⑤省空间：占地面积小，无需大面积的发酵场，亦可在露天安装。

⑥优质：处理后的产品是优质有机肥，可以直接进行土地利用。

图 8-24 密闭式筒仓反应器

密闭式发酵罐堆肥工艺（图 8-25）是根据堆肥发酵原理，采用立式发酵罐来完成好氧发酵过程。将猪粪（含水率 70% ~ 75%）直接加入反应器中进行好氧发酵，发酵时的温度可达到 60 ℃ ~ 70 ℃，可以保证杀死各种病原菌和杂草的种子等。在此过程中，开动鼓风机补充新鲜空气，并通过搅拌使物料混匀和分散，经过 7 ~ 15 天，水分下降到 35% 以下，物料完成腐熟，可作为商品有机肥出售。由于反应器是密封的，臭气不会外泄，通过风管收集后的臭气由除臭系统统一处理，最终达标排放。

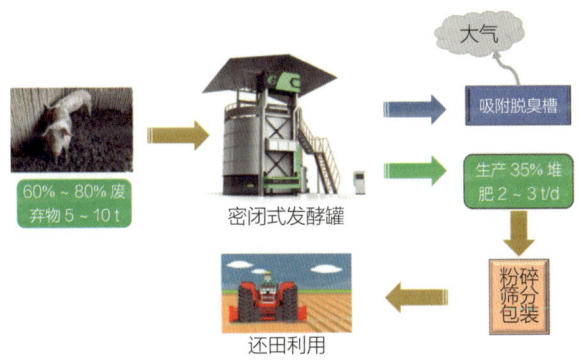

图 8-25 密闭式发酵罐堆肥工艺流程图

3. 关键技术

（1）堆肥工艺

①调节含水率。一般认为 50% ~ 60% 为最佳含水率。含水率调节的方法有：添加辅料，如干物料（调理剂）、成品回流、热干化、晾晒等。

②调节碳氮比。好氧发酵最适宜的碳氮比为（25 ~ 35）：1，因此，发酵前

须进行粪污的碳氮比调节。调节的方法是向脱水粪污中加入含碳较高的物料，如木屑、秸秆粉、落叶等。碳磷比则应控制在（70 ～ 150）∶ 1 的范围。

③调节 pH 值。粪污一般情况下呈中性，发酵时一般不必特别调节。即使发酵过程中 pH 值发生了变化，到发酵结束后，粪污的 pH 值几乎都在 7 至 8 之间。因此可以用 pH 值作为发酵熟化与否的控制指标。常用调理剂有 $CaCO_3$、石灰和石膏等。

④控制发酵时间。发酵的时间一般因粪污种类、脱水时加药方式及堆料前处理方法不同而异。这是因为其中易分解有机物的种类和含量有所不同。不过采用反应器系统，只要发酵顺利进行，时间相差不多，所以大多采用 7 ～ 15 天发酵期。

（2）除臭工艺

①臭气来源及设计参数。本项目废气主要来自密闭式好氧发酵设备中产生的废气。每台密闭式好氧发酵设备配备曝气系统，根据除臭方面的设计计算，曝气气量 × 1.3= 除臭设计气量，约为 3 100 m^3/h；每台密闭式好氧发酵设备配备水洗除臭设备，处理气量为 3 500 m^3/h。

②臭气处理系统。根据该工程实际情况，结合已完工运行的工程经验，综合考虑处理效果、占地面积、投资额、运行费用以及操作维护等各方面因素。针对密闭式好氧发酵设备除臭系统，采用吸收法 – 水洗涤的工艺，对废气中的恶臭分子进行吸收。

4. 成本效益分析

（1）投资成本

项目年生产有机肥约 1 万吨，总投资 2 700 万元。每吨有机肥的生产成本约 280 元，具体运行成本计算如表 8-2 所示。

表 8-2　运行成本一览表

项目名称	单位	数量	单价 / 元	小计 / 万元	备注
堆肥菌剂	t	8.21	30 000	24.64	物料干重 1‰
电耗	kW · h	2 950 660	0.78	230.15	8 084 kW · h/d
水	m^3	216	2.52	0.05	职工每人按照 150 L/d
柴油	L	14 600	6	8.76	铲车用，40 L/d

项目名称	单位	数量	单价/元	小计/万元	备注
人工	人·年	4	55 000	22.00	工资加福利
维修	次	4	5 000	2.00	
合计				287.60	
年处理量	t	32 850			
吨处理成本	元/t		87.55		
年产肥料	t	10 153			以粉状有机肥计
吨产品生产成本				283.26	以粉状有机肥计

（2）经济效益

通过本项目实施，可以减排畜禽粪便污染 32 850 t/年，年可生产有机粪肥 1 万吨，实现效益 700 万元；有效减少畜禽疾病发生率 3.5%，减少畜禽生产投入成本；利用有机肥代替化肥，累计减少化肥用量约 0.1 万吨，减少农业种植投入，每亩可增加经济效益 120 元。

（3）社会效益

①培训专业人士，提高养殖人员的科技意识。借助本项目，加强粪污资源化利用技术及模式的培训、学习和实践，提高养殖人员的科技素质。有效探索畜禽粪污资源化利用方式，引导畜牧业由简单粗放向循环高效转型，使其懂得农业生产必须从传统农业中走出来，采用先进技术，讲标准管理、规模经营，很大意义上增强了持续发展意识。

②提高农产品质量。通过畜禽粪污资源化利用项目促进有机肥生产线的建设，使得区域内种植基地改施用化肥为有机肥，在保证农产品丰收的同时，也能保障农产品的质量安全。

③促进畜牧业可持续发展。通过该项目实施，大力推行种养结合，打通种养业协调发展关键环节、促进循环利用，变废为宝。加大畜禽养殖废弃物处理利用支持力度，支持养殖场改善废弃物处理利用基础设施条件，鼓励养殖密集区域实行粪污集中处理，促进畜牧业与生态建设协调可持续发展。

（4）环境效益

采用密闭式堆肥发酵，本项目创新研发了堆肥化过程中氨气、温室气体、含硫臭气原位减排系列技术，堆肥过程中产生的废气经除臭系统处理达到完全除臭，无二次废物排放，实现 COD、总氮磷钾污染减排，温室气体、含硫臭气减排，显著地降低了当地农业环境污染负荷和改善企业的工作环境及周边的居住环境，对节能减排和环境保护产生了积极的作用；同时减少化肥使用，为 2017 年全国提前实现化肥使用量零增长的目标做出了技术和设备方面的贡献。

第四节
条垛式堆肥工艺流程及案例

一、条垛式堆肥发展历程

中国是传统的农业大国，堆肥技术有着悠久的历史，我国农村地区自古以来普遍将农作物秸秆、落叶和人畜粪便等物料堆积在一起，通过发酵沤制肥料。1925年，印度政府雇佣的英国经济植物学家 Albert Howard 提出将中国的堆肥技术在印度进行试验，将垃圾、厩肥、粪便、土壤和稻草等木材类物质混合后堆至 1.5 m高，进行为期 120 ～ 180 天的发酵，堆置期间人工翻动若干次。1930 年 Albert Howard 和同事 F.K.Jackson、Y.D.Wad 将传统的堆肥方法系统化，并提出了著名的堆肥方法"Indore"法。1972 年，美国洛杉矶在脱水消化污泥堆肥时第一次使用条垛系统，并引入了回流堆肥这一新概念，这标志着现代条垛式堆肥系统的开始。为解决污泥条垛堆肥的恶臭问题，1975—1976 年在马里兰州的 Beltsville 发展了强制通风静态垛堆肥系统，随后在美国和加拿大广泛应用。1993 年美国统计结果显示条垛式堆肥系统在 321 个堆肥项目中占 21.5%，加拿大调查数据表明条垛式堆肥系统占比高达 74.3%。

二、条垛式堆肥特征

条垛式堆肥的特征为混合均匀的原料堆积成窄长条排列成行（图 8-26），利用人力或机械设备对条垛进行周期性翻动。条垛断面可分为梯形、不规则四边形和三角形，堆体高度一般为 1 ～ 3 m，宽为 2 ～ 8 m，长为 30 ～ 100 m。条垛的高度、宽度和形状随气候、原料性质和翻堆设备变化而变化。遮雨的圆锥形或平顶长堆适宜在雨天多和降雪量大的地区采用，相对比表面积较小的平顶长堆产生热损失少。除此之外，选择条垛形状还需考虑通风方式。条垛堆体的尺寸要考虑发酵的适宜条件和场地的有效使用面积，条垛堆体较高可有效减少占地面积，但物料结构和通风限制了堆高。若物料主要成分结构强度和承压能力较好，在不会明显影响堆体孔隙率以及导致条垛坍塌的前提下，可相应增加条垛堆高，但通风阻力会随之升高，进而增加通风设备的出口风压。此外，过大堆体的中心易出现厌氧环境，微生物通过厌氧发酵作用释放大量恶臭气体。

图 8-26 条垛式堆肥示意图

条垛式堆肥的氧气供应主要是通过条垛里的热气上升产生的自然通风（图8-27）或是强制通风（图8-28），翻抛时物料与空气接触也可以供应小部分。翻堆不仅可以混匀物料，还可以维持一定的孔隙度，是条垛式堆肥的重要管理措施。场地作为条垛式堆肥最重要的因素，地面面积要足够大，保证地面结实，方便出入机械设备，地面防渗且有一定坡度，以便渗滤液和雨水等快速流走，大部分场地需要配有排水沟和贮水池等排水系统。

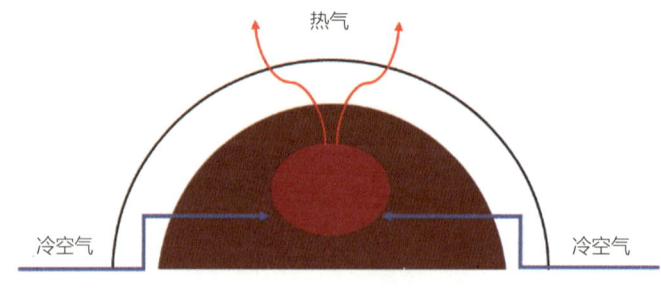

图 8-27 条垛式堆肥自然通风示意图

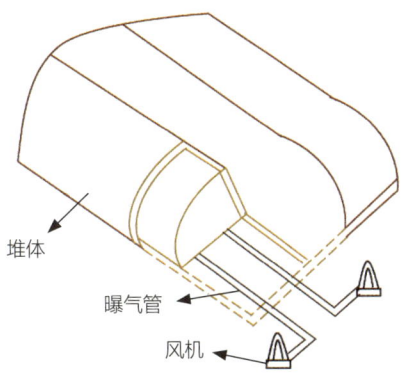

图 8-28 条垛式堆肥强制通风示意图

三、条垛式堆肥分类

根据是否进行强制通风，可将条垛式堆肥系统划分为条垛式系统和强制通风条垛式系统。条垛式系统的通风供氧方式有自然通风和定期翻堆。若条垛过大，堆体中心位置出现厌氧环境，在微生物的厌氧发酵作用下产生恶臭气体，并在翻堆时大量释放；过小的条垛保温性差，不足的堆体温度导致水分蒸发慢和病原菌杀灭效果差。

条垛式堆肥优势主要表现为设备简单、投资和运行费用少；定期翻堆能加快水分散失、产品含水率低；筛分时易将辅料分出进行回用。然而，条垛式堆肥也存在许多劣势：①占地面积大，堆肥周期长；②周期性翻堆耗费大量人力物力；③为保证条垛堆体良好的通风状态，需要添加大量的辅料，同时需要相应的监测设备以确保堆肥过程中发酵所需的氧气充足；④翻堆过程容易将堆体内的恶臭气体释放出；⑤堆肥效果易受外界气候影响。

强制通风条垛式系统是利用风机和埋在条垛下的通风管道进行强制通风，与条垛系统同属于开放式系统。通风方式可采取正压或负压通风，也可两者联合使用。正压通风是环境里的空气在正压力的作用下强制进入堆体，而负压通风则是环境里的空气在负压力的作用下从原料里面出来。通风控制方式广泛采用定时开 – 关周期循环控制，即事先设置好时间间隔控制通风设备周期循环运行。氧含量反馈系统是依据堆肥系统排放的废气中氧气含量进行调节，氧气浓度反馈点通常设置为 11.5％～12.5％。在实际工程中，当氧气含量低于反馈点时，控制器调节通风设施以 3 L/min 的速率进行供氧；高于反馈点时，以 0.2 L/min 的速率供氧；介于两者之间时，不做任何调整。穿孔通风管道作为该系统的重要组成部分可置于堆肥场地表面或沟内，这些管道与鼓风机相连。通风管道分为固定式和移动式两类，可重复使用或使用可降解的材质均可。在固定式通风系统中，通风管路平铺在水泥地面上或者放置在水泥沟槽中，水泥沟槽务必能承受住堆料的压力，管道上面铺木屑等辅料以防止通风口堵塞（图 8-29），起到多路径空气流通的作用。移动式通气系统是直接将管道放置在场地表面，具有成本低、设计灵活、易于调整等优点。通风系统决定了强制通风条垛式系统的正常运行和温度控制，通风不仅为微生物降解物料有机质供氧，同时促进水分蒸发。相比于条垛式系统，强制通风条垛式系统在保持高温方面更优，发酵腐熟周期短，辅料用量少，因此占地面积相对较小。强制通风条垛式系统同样受外界天气条件影响，但在足够大的堆体和适宜的发酵条件下，受寒冷天气的影响较小。

图 8-29　通风管道上层铺设辅料

四、条垛式堆肥翻堆设备

翻堆是借助人工或机械进行物料的翻抛和重置。翻堆过程中物料与空气充分接触，维持良好的好氧状态，促进物料降解均匀；还能使所有的物料在堆体内部高温区发酵一段时间，从而达到物料杀菌和无害化的目的。翻堆重置过程可以原位进行，也可把物料移至附近或更远的地方重堆。翻堆次数主要取决于堆体中微生物的耗氧量，还受腐熟程度、翻堆设备类型、恶臭气体产生和占地需求影响，翻堆频率在发酵初期应明显高于后期。

伴随着我国对翻堆装备的政策扶持，20 世纪末市场上推出结构较简单的翻堆装置。国内翻抛机研究起步晚，设计产品时理论研究不足，多凭借经验和试验，多为国外机型的仿制品，具体问题体现在行走安全性、翻抛系统稳定性和物料适应性等方面，另外，在抛刀的分布和自动化水平方面欠缺。中机华丰公司在国内处于领先水平，开发的第一款国内专业翻抛机优化设计了翻抛机的桨叶式翻抛拨齿，对物料可实现削铣破碎、搅拌、翻抛和移送等，同时减小作业时的冲击振动。国内全液压自行走翻堆机的技术领先者江阴市皓之然机械设备有限公司，生产的"FD 系列条垛式"具有翻堆高度高（最高为 2.2 m）、翻堆宽度宽（最宽为 5 m）和翻抛距离远等特点。当发生场地转移和堆体高度变化时，可实现整个车架的升降，还可调整翻抛堆积物的高度，具有操作简便、生产效率高、可靠性强、工作环境舒适等优势。鹤壁市豫星机械制造有限公司与中国农科院、中国环境科学研究所、中国市政工程西北研究所、南京植保研究所等建立了技术合作，生产的产品具有效率高、运行平稳、坚固耐用且翻抛均匀等优势。

条垛翻堆机按照有无自身行驶的动力源，通常分为牵引式和自走式两大类（表 8-3）。而按工作原理分类更能体现其本质，可分为转鼓式、链板式和螺旋式三类，这也是条垛翻堆机最初的三种基本形态。

表 8-3　牵引式和自走式翻抛机工作原理及特点

类型	工作原理	优点	缺点
牵引式	以拖拉机为动力牵引，在堆垛上作业。	结构简单、造价低、维修费用低。	占地面积大、场地利用率低、翻抛能力一般。
自走式	依靠自身动力前进，按驱动方式可分为柴油型和电驱动型，作业时整机骑跨在长条垛上，由机架下挂装的旋转刀轴翻抛原料。	操作灵活、自动化程度高、翻抛及破碎搅拌程度高、处理量大。	投资成本高、维修费用高。

1. 转鼓式翻堆机

转鼓式翻堆机是 1972 年美国的 Marvin Urbanczyk 制造的机体为桥式结构的翻堆机，其主要部件是配备拨齿的水平转鼓，装配在桥式结构中间。翻堆机整体骑跨在条垛上作业，专门的动力装置驱动转鼓向后翻转，物料被拨齿撕裂、翻腾并抛落到后方。每次翻堆实际上是将条垛重堆了一遍，在翻抛过程中物料与空气发生热质交换，促进水分散失和提高供氧水平。转鼓式翻堆机具有结构简洁和可靠性高等优点；但由于抛料距离有限，无法保证所有的物料都能与空气充分接触（图 8-30）。

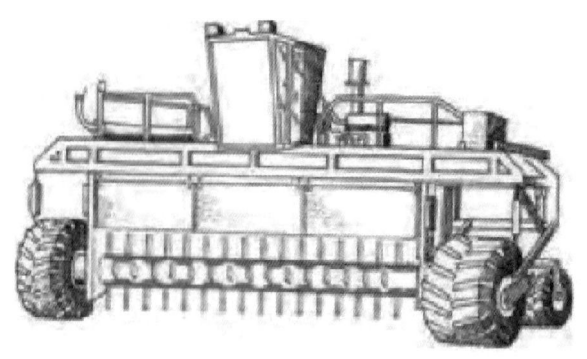

图 8-30　转鼓式翻堆机

2. 链板式翻堆机

带有刮板和拨齿的链板是链板式翻堆机的工作部件。翻堆机迎着条垛前行作业。转动的链板将物料刮下，随后将其输送到机身后方重新建堆。这种输送式翻料方式几乎能够使得所有的物料都有长而稳定的曝气时间。由于复杂的机型结构和恶劣的翻堆工况，维护费用较高。此外，工作部件由若干链板连接而成，具有一定柔性，同时兼备输送和攫取双重功能（图 8-31）。

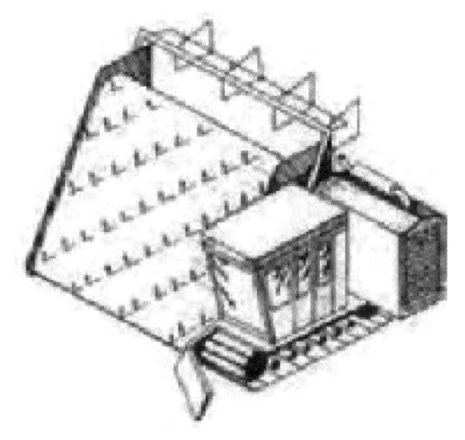

图 8-31　链板式翻堆机

3. 螺旋式翻堆机

水平安装的螺旋转子是螺旋式翻堆机的工作部件，物料借助转子旋转被撕裂、卷入并输送到另一侧重新建堆。严格来说，这种机型只是通过螺旋输送物料而并未翻料，而且所能处理的堆高有限，物料和空气接触不充分，但它相比于链板式翻堆机,具有结构更简洁和可靠性更高等优点(图 8-32)。

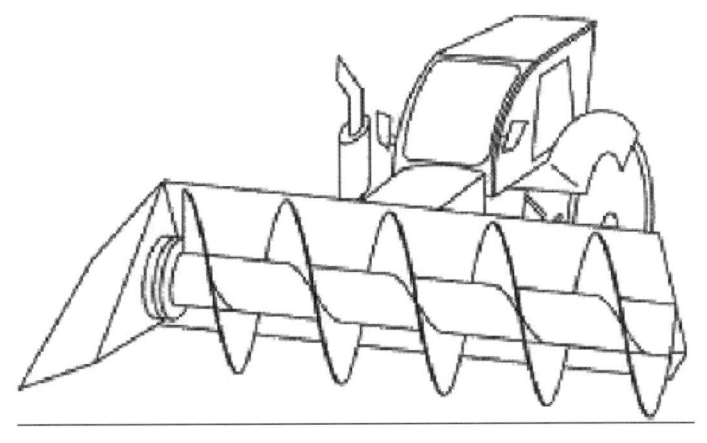

图 8-32 螺旋式翻堆机

五、典型案例

1. 公司简介

云南顺丰洱海环保科技股份有限公司是一家以洱海流域畜禽粪便、农作物秸秆、餐厨垃圾、洱海水葫芦等各类有机废弃物全收集资源化利用,研发、生产、销售有机肥料、园林绿化泥质、园林绿化土、生物有机肥料、复合微生物肥料的洱海保护企业。目前,洱海流域共建设了 25 座有机废弃物收集站、4 座大型有机肥料加工厂、1 座特大型生物天然气加工厂、1 座天然气加气站,每天对洱海流域的 4 559 户(大理市 1 925 户,洱源县 2 634 户)养殖户产生的畜禽粪便进行收集。畜禽粪污收集形成了三大模式,即户集、户售、站收、场运;户保洁、村镇收集、公司转运;专用车辆流动上门收集。

企业现已建成有机肥料、生物有机肥料、液体有机肥料、有机无机复混肥料、园林绿化土、园林绿化肥料、生物天然气、餐厨垃圾预处理、病死动物无害化处理等生产线 17 条。形成以肥为主的有机肥料系列产品、城市家庭农场系列产品、有机农产品系列、生物天然气 + 生物天然气出租车等 4 个系列产品。年可生产有机肥料系列产品 80.1 万吨,截至 2021 年 11 月,企业已累计生产有机肥料系列产品 200 余万吨。目前有机肥料产品有园林绿化型、矿山修复型、土壤改良型、液体型、微生物型、有机无机型、复合型以及烟草、茶叶、中草药等专用型全系列共计 8 个大类 100 余个品种。

2. 工艺流程

收集点将收集的以牛粪为主的畜禽粪便运往大理市凤仪镇和洱源县的有机肥加工厂，将 70% 牛粪和 30% 烟末混合均匀，堆置约 15 天，然后按照 1 t 物料接种 1 kg 有机物料腐熟剂的比例混合，混匀的物料建堆进行条垛式堆肥，底宽 3 m，高 1.2 m，长 75～120 m（图 8-33），每 3 天通过翻抛机翻堆一次，使用离心风机进行曝气供氧，好氧发酵 20 天左右。好氧发酵结束后，将物料堆成大堆陈化 7 天左右，堆体温度接近环境温度时完成发酵，形成初级有机肥，经 7 mm 筛分，粉碎后检测氮、磷、有机质等含量，检测指标达到《有机肥料》（NY/T 525—2021）标准后，装袋销售（图 8-34）。公司收购的污泥和餐厨垃圾等有机废弃物经厌氧发酵处理产生的沼渣经条垛式堆肥处理后生产园林绿化土，沼液经一系列处理后生产液体肥。

图 8-33　云南顺丰洱海环保科技股份有限公司条垛式堆肥现场图

图 8-34　云南顺丰洱海环保科技股份有限公司筛分（左）、装袋（右）

3. 增效情况

每年可收集处理洱海流域产生的各类型有机废弃物 195 万吨，是中国最大的"绿色粪坑"。在废弃物资源化综合利用生产过程中，实现了废气、废渣、废液的闭合式循环"零排放"，有效减少了进入洱海的污染源，减排二氧化碳 67 479.92 t，从源头上阻断了 COD 80 070.37 t、总氮 5 179.75 t、总磷 1 942.41 t、氨氮 863.30 t 进入洱海。公司反哺洱海流域生态有机种植，根据畜禽粪污的杂质、水分等情况，把畜禽粪污划分为三个不同的质量标准等级，分别按 80 元 /t、100 元 /t、120 元 /t 的价格进行收购，带动 2 000 余人就业，实现年均利税 500 余万元，养殖户年总增收近 2 亿元。2021 年公司实现销售收入 5.2 亿元，利税 800 余万元。

顺丰洱海环保科技股份有限公司通过对源头各类有机废弃物进行资源化综合利用，有力推动了生物质能源和有机农业的发展，控制了农业面源污染，探索创新出洱海流域各类有机废弃物收集回收全覆盖、全处理的运行机制，构建了废弃物资源化综合利用的全产业链"顺丰洱海模式"。

第五节
覆膜堆肥工艺流程及案例

一、覆膜堆肥技术与工艺流程

1. 覆膜堆肥技术起源与发展

覆膜堆肥技术是在强制通风好氧堆体上，覆盖由适宜纺织材料制成的功能膜，以阻隔污染气体排放的新型好氧堆肥技术。该技术是静态堆肥和反应器堆肥的一种有机结合，且在强制通风条件下，实现堆体水气循环无死角，保障水气均衡，可真正实现有机固体废弃物的高效、环保、安全、低成本无害化处理及资源化利用。

覆膜堆肥技术起源于20世纪90年代，德国著名堆肥专家Franz Vogel为了有效解决好氧堆肥过程面临臭气污染问题，在原有强制通风静态条垛好氧堆肥的基础上，采用纺织材料对堆体进行覆盖密封，从而形成了现有覆膜堆肥系统的技术原型。同时，在过去的30多年里，德国一直引领着覆膜行业堆肥技术模式的发展，从覆盖材料的比选与研发、通风设备的改良升级、智能化控制系统的引入到配套设备（如翻抛机和卷膜机）开发等方面，都遥遥领先于世界。目前，德国UTV AG公司开发的GORE膜覆盖系统已经销售到全球20多个国家的200多个堆肥发酵工厂。

2010年，我国上海朱家角污水处理厂率先引入覆膜好氧堆肥系统，是国内第一家使用该系统的厂家，主要用于污泥的堆肥化处理。自此，覆膜堆肥技术逐步开始在中国大地发展起来。内蒙古、青海、西藏和福建等地也相继引入覆膜堆肥技术模式。然而，从国外引进先进覆膜堆肥系统及其配套设备，必然会附带过高的经济成本。因此，针对覆膜好氧堆肥技术的自主研发和本土应用与推广工作也呈现井喷趋势。例如，以中国农业大学工学院为主要代表的覆膜堆肥创新技术也已经作为国家农机新产品试点陆续进入了北京、河北等地的农机购置补贴目录，并在 2021 年入选了农业农村部遴选的农业主推技术名单。

此外，针对覆膜堆肥的工艺技术研究也在国内掀起了一股浪潮。工艺技术研究主要是为了寻找在不同情景条件下覆膜堆肥系统的适宜工艺条件。例如，有研究分别利用 PTFE 膜与 e-PTFE 膜进行膜堆肥试验。结果发现，相比而言，e-PTFE 膜的透气性好，对 NH_3 阻隔效果好，但是同样的 e-PTFE 膜之间由于膜结构、生产工艺和产品质量的差异，也会造成污染气体减排效果的差异性。因此，膜材料选择盲目和膜功能稳定性的问题层出不穷，这就需要建立一个功能膜性能评价体系，来进一步规范功能膜的开发与应用。此外，也有研究者通过调整堆肥原料组成结构来进一步优化覆膜堆肥工艺，并取得了一定的成果。例如，将腐熟堆肥铺设在堆体底层和覆盖在膜和堆体之间，可以有效抑制凝结水回流，减少对发酵过程的影响。

为了更好地促进发展覆膜堆肥技术的实地化应用，国内专家学者也开始对覆膜堆肥装备进行研究。其中，机械科学研究总院环保技术与装备研究所王涛工程师率先发明了一种装配式膜堆肥技术（PMCT）。该装置的核心部件包括功能膜、曝气中枢系统、曝气器、挡墙板以及挡墙支撑，核心特点在于该装置可以在不破坏场地的前提下，系统所有部件可拆装重复使用，并且无需专业人员，即可实现装配任务。装置内部设置有控制系统，可以通过中枢系统直接自动控制堆肥进程。与此同时，师从中国农业大学工学院黄光群教授的孙晓曦博士也基于槽式堆肥系统，升级开发了一种适用于规模化生产的覆膜好氧堆肥系统，核心主要包括总控系统、通风控制系统、传感器系统以及覆膜系统四个部分，通过改善曝气方式，使其智能化，提高曝气效率，降低翻堆机的使用频率，达到节能降耗的目的。同时，该覆膜系统可以显著减少温室气体及环境恶臭气体的排放，具有良好的环保性能，加上其兼具在线监测、数据自动导出和智能定向反馈控制等多功能，也给覆膜堆肥技术领域增砖添瓦。

相关专注覆膜技术开发的企业也呈现百花齐放、百家争鸣的现象。例如，中农创达（北京）环保科技有限公司开发出适用于大中规模养殖场的 CAC 膜式堆肥机和适用于小规模养殖场的 CAC 膜式堆肥仓等覆膜技术，也自主研发了集翻抛、卷膜一体化的 CAC-Y4000 型覆膜翻堆机，是国内首家可以实现原位覆膜翻抛的成套处理技术，使得在整个堆肥周期内物料混合、翻堆、覆膜和揭膜多序列工作可以协同完成。该公司的技术与产品先后列入农业农村部、吉林省、福建省、甘肃省、四川省等多家省部级单位主推。此外，青岛中海环境工程有限公司创新开发多种覆膜堆肥发酵工艺，包括 NCS 智能分子膜发酵系统和 ECS 膜法堆肥箱等产品，相继应用到内蒙古、山东、辽宁和河南等地。

2. 覆膜堆肥工艺流程

覆膜堆肥工艺流程与其他高温好氧发酵工艺过程类似，也主要由堆肥物料的混匀、布置管道、覆膜发酵、二次陈化发酵、出料等工序组成。覆膜堆肥工艺流程如图 8-35 所示。

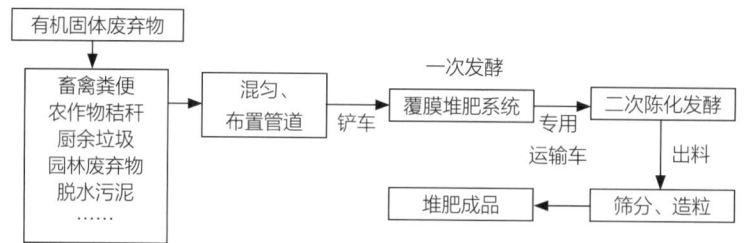

图 8-35　覆膜堆肥工艺基本流程

（1）堆肥物料混匀

按照指导配方的要求，利用铲车或传送带将有机固体废弃物（通常为畜禽粪便与农作物秸秆）运输至混匀设备，进行充分混匀，调节物料的初始含水率和碳氮比，并保证必要的孔隙度，便于微生物好氧发酵。混匀后的堆肥物料含水率为 55% ~ 65%，通常可以用手进行检测，即将物料抓在手中，不断握紧，形成团状物，并且手指缝隙间没有水分存在，松开手后立即散开。

（2）布置管道

在进行堆肥前，按照项目需求在发酵地面布设有孔通风管道。通风管排布方向与堆体长边平行，风孔居中且朝上，管道之间保持一定的间隔。为了保证良好的通风，可以利用农作物秸秆在通风管道上方平铺 20 cm 的保护层，以防止堆肥物料堵塞风管通风口。布置管道完成后，将安装的曝气管道与智能控制机相连，完成布管工序。

（3）建堆和覆膜

通过铲车将事先混合好的物料转运到发酵场所，并按照梯形进行建堆。一般来讲，堆体上部宽度不少于底部宽度的 2/3，堆体高度一般为 1.5 ～ 1.8 m。同时，建设堆体时应该保证堆肥物料均匀、松散，且防止出现三角形堆体，并保证堆体物料孔隙度和含水量均匀。

建设堆体完成后，利用覆膜机将功能性纳米膜完全覆盖在堆体上，利用压边袋压实纳米膜的边缘部分，防止气体逸散。利用通风管道向堆体输送氧气，当膜处于紧绷鼓起时即为不漏气状态。一般一次覆膜发酵的时间需要超过 20 天。当进入堆肥后期，堆体无明显臭味时，可以根据发酵情况，进行适当放气，但需始终保持膜处于紧绷状态。

（4）一次覆膜发酵

一次覆膜发酵过程主要包括升温期、高温期和降温期。在发酵过程中，需要在堆体平面中部插入氧气浓度探头 1 个，并在堆体两头分别插入温度传感器 2 个，深度设置一般为 80 ～ 100 cm。将其传感器连接智能化控制系统，自动执行运行程序。

在发酵过程中，首先要做好温度控制。通常来讲，在发酵过程中，膜内表面会形成 1.0 ～ 1.5 kPa 的"微正压"，有利于堆体温度和氧气浓度的提高，从而促进堆体快速发酵。当温度和氧气浓度等堆肥参数达到设定标准后，自动控制系统发出指令，停止曝气机运转。发酵温度一般控制在 55 ℃ ～ 70 ℃，持续时间不少于 5 天，以便堆肥物料充分腐熟。当堆体温度过低时，自动控制系统将启动曝气机向堆体通入热风进行加热。其次，需要做好水分控制，堆肥物料的含水率控制在 50% ～ 60%。最后，要做好氧气浓度控制，利用强制通风系统使得堆体内部的氧气浓度保持在 10% ～ 15%，并且需要根据堆体发酵的耗氧速率，及时调整通风强度和频率，通风量一般设置为 0.05 ～ 0.20 m^2/min。

（5）揭膜与二次发酵

当堆体温度下降到 40 ℃以下，且物料为褐色或灰褐色、疏松、无臭味时，即可完成揭膜操作。为了进一步提升堆肥产物的腐熟程度，需要利用铲车将一次发酵的物料转移至陈化车间，完成二次发酵，堆置时间设置为 15 ～ 30 天，中间每隔 10 天进行一次翻堆。发酵结束时，腐熟堆肥的颜色为褐色、疏松程度高、无任何异味和机械杂质、含水率保证在 30% 以下即可。

（6）后续处理与利用

将生产出的腐熟堆肥进行粉碎、筛分和深加工等处理后，散装或装袋存放于避雨的地方，作为商品肥料进行售卖。

3. 覆膜堆肥关键设备

目前，市面上根据基建方式的差异，一般包括条垛覆膜工艺和槽式覆膜发酵工艺两种（图8-36）。条垛覆膜工艺可以直接建设在防渗地面上，土建成本较低，需要保障堆体外围四周处于均匀密闭的状态，确保无漏气现象出现，同时要注意防止雨雪渗入堆体底部。槽式覆膜发酵模式则需要在防渗地面建设高度为 1.5 m 左右的堆肥槽，并将膜四周采用拉绳固定在槽墙体设置的挂钩上。相较于条垛模式，虽然槽式覆膜模式土建成本较高，但处理能力能够显著提高 30% 以上。

图8-36　条垛覆膜工艺（左）和槽式覆膜发酵工艺（右）

无论条垛还是槽式，覆膜堆肥体系的关键在于膜材料、覆膜系统、强制通风系统和智能化控制系统等部分。

（1）膜材料及其结构

覆膜堆肥系统的核心为功能性分子膜，且具有三层结构。内外两层为聚酯纤维保护层，具有良好的机械强度和耐腐蚀的特点，可以起到延长膜使用寿命的作用。核心中间层通常为膨体聚四氟乙烯（e-PTFE）膜，这种材料上分布有孔径 0.2 μm 左右的微孔。由于膜面微孔比液态水的直径小，且比气态水的直径大几百倍，故该种膜材料兼具良好的防水透湿性能，不仅可以防止外界环境的干扰，又有利于堆体水分的快速蒸发。此外，这种微孔薄膜具有一定的绝缘和增压作用，能帮助系统保持温度，使堆体中的氧气浓度和温度均匀分布，有利于整个堆体达到杀灭病原体的温度条件。该膜也可以选择性阻隔大分子物质（包括病原菌、气溶胶以及部分有害污染气体等）。

PTFE 膜由 Gore 公司制作，长期以来对我国实行技术垄断，解放军总后勤部军需装备研究所的张建春博士利用双向拉伸制作技术，成功地制作出了新型 e-PTFE 薄膜，在机械性能和透湿性能上完全超过了 Gore-tex。目前，该薄膜已经是兼顾民用和国防军事用途的新型膜材料。这种膜的膜孔道结构明显，属于多孔高分子聚合物薄膜。气体透过多孔膜的机理通常用努森扩散、黏性流动、表面扩散流、分子筛分原理、毛细管凝聚机理等来描述。一般情况下，高分子聚合物薄膜在进行加工的过程中，并不能保障孔径大小一致。因此，会导致气体以努森扩散和黏性流动并存的方式透过膜孔，以努森扩散为主透过小孔，而以黏性流动为主透过大孔。然而，如果气体分子和膜表面发生相互作用，被吸附在膜孔壁上，膜内外侧存在压力梯度，从而产生表面扩散流。膜孔孔径越小，表面扩散流越明显。在表面扩散流存在的条件下，气体透过膜孔主要由努森扩散和表面扩散流决定。此外，分子筛分机理则是利用不同气体分子大小与膜孔径存在差异的原理，使得直径小的分子可以通过膜孔，而直径大的气体分子将被截留。

（2）覆膜系统

覆膜系统的关键之一在于覆膜方式，主要分为人工覆膜和机械覆膜两种。其中，机械覆膜一般采用卷膜机，卷膜机类型多样，主要包括全自动自走式卷覆膜机、牵引式卷膜机以及骑墙式卷膜机等。然而，覆膜堆肥技术面临着原料混合搅拌、进出物料过程耗费大量人力，在发酵和陈化过程中翻堆困难等问题。因此，国内开展了相关技术攻关。目前，已有公司将翻堆机与覆膜机功能进行组装结合，开发出集翻抛、卷膜一体化的大型堆肥配套设备，解决了覆膜堆肥过程翻堆困难的问题。

覆膜系统的关键之二在于密封。在进行完覆膜之后，需采用重物压实封边或"绳索＋卡扣"固定的方式进行密封，通过密封使得堆体与外界进行隔绝。这不但可有效控制膜内污染气体的逸散，而且可以给予膜内堆体一个"微正压"状态，使得堆体内部氧气均匀分布，甲烷（CH_4）等厌氧气体产生量较少，并且堆体发酵较为均匀，并能够在一定程度上提高曝气效率，降低曝气能耗。此外，"微正压"状态还有利于膜内层水分子膜的快速形成，水分子膜的存在可以有效减少 NH_3 和挥发性有机物等臭味气体的排放。

（3）强制通风系统

通风供氧是任何堆肥工艺的核心控制参数，对覆膜堆肥工艺而言也至关重要。强制通风系统主要由曝气机和输送空气的通风管道组成。曝气机与通风管道相连，对发酵堆体进行通风供氧，保障有机固体废弃物好氧发酵过程中微生物的生命活动。曝气机一般采用离心式通风机，可以根据物料的特性选择合适的风量。与条垛或槽式类似，覆膜堆肥模式的强制通风系统的送风方式也包括正压力鼓风、负压力抽气、正负压力混合通风和循环通风多种形式，往往以正压鼓风最为常见。通风管路则根据实地项目需求采用不同的设备，主要包括穿孔管路、混凝土曝气槽以及专用预埋式曝气管。

此外，强制通风系统可由智能化控制系统控制，可以设置为时间控制、时间与温度协同控制、温度与氧气含量反馈控制以及温度、湿度和氧气反馈控制等，可以根据使用者的要求进行编程调控。其中，时间控制最为简单易行，就是利用提前设置的时间程序控制曝气机的开关，但是容易造成堆体内某一时间段内通风过量或不足的情况。其他控制方式都是利用设置在堆体中的传感器产生信号，来控制曝气机的开关或者速率，并且反馈调控还可以根据信号源来调节通风速率，以维持适宜的温度、湿度和氧气含量等环境条件。

（4）智能化控制系统

智能化控制系统主要包括传感系统和控制系统两部分。其中，传感系统主要依托于插入式传感器，以便实时获取堆肥过程中温度、O_2 和压力以及水分含量等堆肥特性指标。控制系统是根据传感系统获取的参数来实现智能化精准化调控好氧堆肥的工艺参数（包括曝气强度、翻堆频率以及堆肥周期等），以达到堆肥快速腐熟的目的。此外，控制系统一般还分为一体可移动式和分体固定式，并且操作可以通过电脑端或手机端就可以实现，可操作性极强。

4. 覆膜堆肥工艺优缺点

目前，覆膜堆肥技术已经逐渐被应用到畜禽粪便、生活垃圾、沼渣、脱水污泥、秸秆、园林废弃物等有机固体废弃物的处理过程中。

覆膜堆肥技术具有以下优点：

①隔臭减排：在堆肥过程中阻隔外界雨雪影响，杜绝臭味气体逸散到外界环境，减少环境污染。

②投资少：无需建设堆肥厂房和大量土建工程，无需配备除臭设备，设备投资成本降低了 50% 以上。

③操作简单：通风系统由智能化系统控制，利用各类传感器实时监测堆体的发

酵环境，堆肥处理全程自动化运行，无需聘请专业技术人员，节省劳力成本。

④适应性能强：该技术可以在低温环境下正常运行，发酵过程仅需15～20天，可以实现各类有机固废的无害化处理。

⑤发酵效果好：高温发酵持续时间长（60 ℃以上维持10天左右），腐熟充分（种子发芽率可以达到80%以上），堆肥产品寄生虫卵和病原菌去除率达99%以上，肥效长且稳定。

同时，覆膜堆肥技术仍存在一些不足之处：

①覆膜堆肥技术无法避免停留时间长，系统效率较低，进出料无法自动化的问题，并且维持物料孔隙率需要添加大量辅料。

②覆膜堆肥装备质量参差不齐，阻隔污染气体的效果有好有坏，并且在一次发酵与二次发酵转运的过程中，难以避免臭气外泄的问题。

③缺乏功能膜性能评价体系以及覆膜法好氧堆肥装备的机械行业标准。

二、覆膜堆肥工艺典型案例

1. 河北省玉田猪场覆膜堆肥项目

河北省沧县猪场覆膜堆肥项目是大北农集团在河北省唐山市玉田县建设的猪粪堆肥项目（图8-37）。玉田猪场每天粪污产生量为280 t，采用自主研发的"静态曝气堆肥＋分子膜覆盖"技术对其猪粪进行处理。堆肥厂区建设的堆槽规格为长25 m、宽6 m、高1.5 m，并建设钢筋混凝土墙和水泥防渗地面，铺设送风管路和废液回收管路，设备包括防水透气功能复合膜、特制曝气风机、温度传感系统以及智能控制系统。

图8-37　河北省沧县猪场覆膜堆肥项目现场（大北农集团供图）

该项目主要是以猪粪作为原料，堆肥前期采用玉米秸秆作为辅料，后期采用腐熟物料作为辅料，进行混合，保证含水率为 55% ～ 65%、碳氮比（25 ～ 30）：1；然后采用具有微孔结构的高分子膜材料进行一次覆膜发酵，利用膜表面凝结水膜阻止 NH_3、H_2S 等臭气逸散，实现固氮减污，并且静态曝气堆肥需气体供应量 0.05 ～ 0.2 $m^3/$（$min \cdot m^3$），一次发酵后，以此进行陈化发酵、筛分、包装、验收入库；最后生产有机肥产品，进行市场销售。具体技术流程如图 8-38 所示。

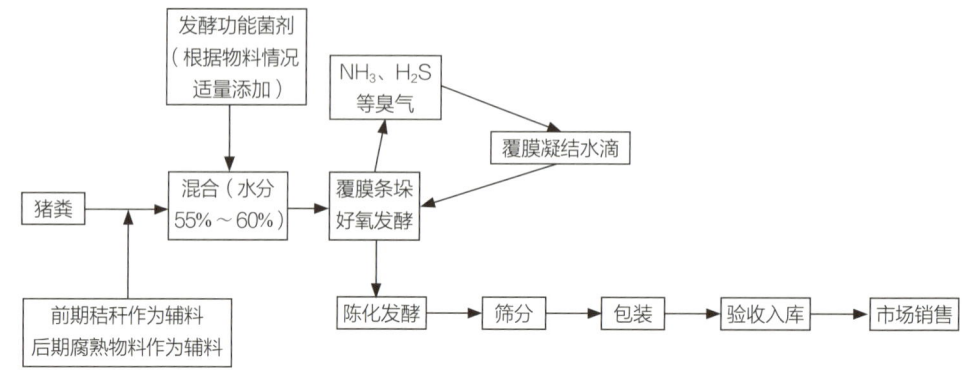

图 8-38　河北省玉田猪场覆膜堆肥技术流程

2. 广东省清远市佛冈县德福种养专业合作社集中收集处理利用项目

该项目位于广东省清远市佛冈县。种养专业合作社于 2012 年创办，签约种植、养殖户共 100 多户，带动周边农民养殖鸽子约 30 万羽，主要种植作物为夏威夷坚果、益肾子和蔬菜水果等。合作社统一采用覆膜式好氧堆肥技术处理粪便（图 8-39），单批次处理能力约 30 t；粪便经覆膜式堆肥发酵后，经挤压造粒，用于农场内种植作物或外销。

原料：鸽子粪　　装备：覆膜式堆肥系统　　效果：无害化、资源化

图 8-39　德福种养专业合作社资源化利用模式

合作社内养殖场户每 2 周清理和运送一次粪便，将收集混合好的物料堆成宽约 6 m，高约 1.5 m 的长条，覆盖堆肥膜，四周压实，保持物料堆体系统密封不漏气。好氧发酵过程中，覆膜式好氧堆肥智控系统可确保堆体发酵温度保持在最佳状态，达到完全发酵和无害化效果。项目总投资 16 万元，其中发酵厂房 400 m^2，投资 6 万元；覆膜式好氧堆肥设备 1 套，投资 7 万元；挤压造粒机 1 台，投资 3 万元。鸽子粪原料购买费为 250 元 /t，包装、人工成本费约为 300 元 /t，折算为有机肥料成本约为 400 元 /t。以年销售 200 t 有机肥料计算，年收益约为 14 万元。

第六节
静态兼氧发酵工艺流程及案例

　　静态兼氧发酵工艺是一种最简单且应用最广的畜禽粪便堆沤还田技术，由于适当比例辅料添加剂翻堆处理，改进了良好通风结构，强化了自然和被动通风能力，使畜禽粪便进行好氧堆肥处理。在各种土著微生物作用下形成初级有机肥的发酵过程，称为静态堆沤（肥）、兼性堆沤（肥）。这种有机肥能够应用在饲料种植基地、菜地和果园等。静态堆肥主要为兼性好氧堆肥（30 ℃～ 50 ℃），因其易于操作、投资少的特点，中国 70% 以上的畜禽粪便处理采用兼性好氧堆肥，尤其是在土地面积充足和经济落后的地区，畜禽粪便通过简单的直接堆沤就能够应用于农业生产中（图 8-40）。

图 8-40　静态兼氧发酵工艺现场图

一、主要特点

静态兼氧发酵工艺主要特点包括：

1. 堆体分布不均

静态兼氧发酵工艺过程中不进行强制通风，仅靠空气中的氧气向堆体内部进行递减式的扩散，堆体自上而下分为好氧层、兼性层和厌氧层，氧气分布不均导致微生物群落分布不均，进而导致有机质转化和腐熟度分布有差异。纯猪粪经过 3 个月静态堆沤后，仅有表层 0～20 cm 达到种子发芽指数大于 70% 的要求，而中下层 20～60 cm 达不到腐熟要求，需要加长堆沤时间或通过翻堆使物料均匀。

2. 物质转化慢、周期长

由于氧气含量低，物质转化较为缓慢，静态发酵工艺的有机质降解率和腐熟度相较于条垛堆肥和反应器堆肥为低，其有机质降解率通常为 20%～25%。较低的物质转化效率导致堆肥周期较长，通常在 3～6 个月。

3. 易受环境影响

易受当地气候和周边环境影响，尤其是环境温度会直接影响静态发酵过程的发酵温度，因此其发酵周期受到季节的影响，夏季粪污堆沤时间不少于 90 天，春季、秋季粪污堆沤时间不少于 120 天，冬季粪污堆沤时间不少于 180 天，夏季高温时节为堆肥最佳时期。

4. 投资与成本低

堆肥成本主要包括原料（畜禽粪便、秸秆、微生物菌剂等）、人工、能耗三个部分，设备、土建投资和运行成本较低。专业设备需求较少、机械化程度较低、土建工程较少，堆肥地点可灵活确定。

二、静态兼氧发酵工艺流程

1. 场地选择

畜禽粪便的静态发酵场地应根据畜禽粪便贮存设施设计要求（GB/T 27622—2011）进行设计，贮存设施的容积（S）为贮存期内粪便的产生总量：

$$S = \frac{N \times Q_W \times D}{\rho_M}$$

式中：

N—动物单位的数量；

Q_W—每动物单位的动物每日产生的粪便量，单位为"kg/d"；

D—贮存时间，具体贮存天数根据粪便后续处理工艺确定，单位为"日（d）"；

ρ_M—粪便密度，单位为"kg/m³"。

可选择室外、室内堆制，要求堆肥场地向阳、平整、地势较高，与居民区有一定距离，有足够场地供物料粉碎等操作。通常情况下，采用条垛式堆肥，为了使堆料均匀一致，提高堆料的通气性，应对堆体进行定期翻堆。室内屋檐高度以大于2.0 m为宜，便于铲车翻堆。棚顶材料可根据当地的气候条件进行选择，如在温带地区可以采用透明塑料，充分利用太阳能增加温度；而在亚热带及热带地区可采用不透光材料。室外条垛式堆肥对场地所在区域的气候，尤其是气温和降水量有较高的要求，一般在气候温暖、雨量较少的区域推广效果较好。可选择运输方便的田间地头等场地堆制有机肥。制作堆肥前，先压实场地底部及进出道路，便于入料、出料和防止水分渗漏。

2. 物料选择

物料可选择畜禽粪便、作物秸秆、锯末、椰糠、杂草、树木枝条、油渣、黑木耳废旧菌棒等，结合当地特色，因地制宜。

3. 物资准备

粉碎机、透明农膜、尿素、各类农具、水等。堆肥过程中有条件的地方可添加微生物菌剂，菌剂用量为堆肥物料总质量的0.1% ~ 0.2%。可供选择的微生物菌剂种类较多，具体按照市场购买腐熟剂说明书操作即可。

4. 物料处理

将备用作物秸秆、园林剪枝、各类杂草等物料粉碎，一般粉碎至 10 cm 以下即可，3～5 cm 最佳。

5. 物料配比

将畜禽粪便作为堆肥原料，作物秸秆、园林剪枝、杂草、锯末等高碳源物料作为辅料，辅料的添加比例应至少大于10%，在猪粪堆沤过程中分别添加0%、5%、10% 和 15% 的玉米秸秆，发现 10% 和 15% 的秸秆添加可显著提高堆沤的温度（图 8-41）。将粉碎后的物料、畜禽粪便混合，加水混拌均匀，混合后的物料含水率为 50%～65%（以手握成团，指缝有水但不会滴落为宜），碳氮比为（20～30）：1。如碳氮比过低，应多加秸秆进行调节，过高可通过添加适量尿素以调节碳氮比。

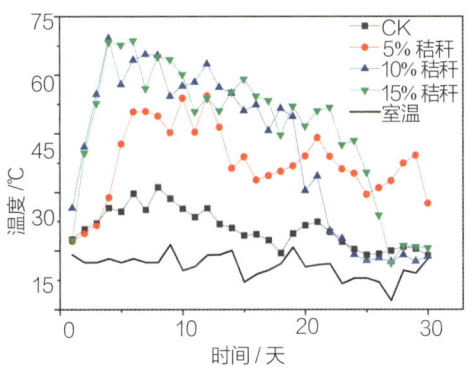

图 8-41　不同辅料添加比例猪粪堆沤前 30 天典型温度

6. 地面处理

在地面上向下或向上构建通气沟，提高空气中氧气的自然扩散率。若是非硬化地面，可在地面开挖长 10～15 m、宽 0.3～0.4 m、深 0.3～0.4 m 透气沟，沟间距 0.3～0.4 m，沟上部用棍棒或枝条撑起，垫 7～10 cm 厚未粉碎的玉米秸秆或草。若是硬化地面，可在硬化地面上铺设成捆秸秆或网状结构，便于下部通风供氧（图 8-42）。

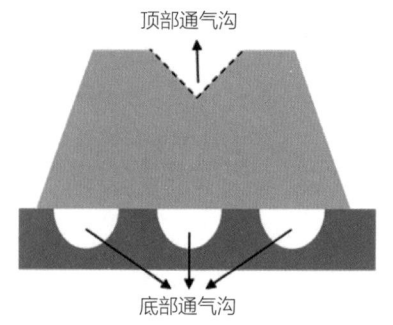

图 8-42　静态兼氧发酵工艺地面处理及物料铺设图

7. 物料铺设

将搅拌均匀的物料蓬松平铺到透气沟上部，堆成梯形，堆高 1.5 m，梯形下口宽度为 3～4 m，上口宽度为 2～3 m，顶部物料呈两边高中间低的沟状，以利于上部通风供氧。条垛堆设长度为 10～15 m，且相邻条垛间隔在 1.5 m 以上，条垛过长不利于通风供氧。可在堆体中间放置成捆的秸秆，利用"烟囱效应"，增加氧气的扩散速率，提高堆沤腐熟度。堆垛时不要踩踏，保持蓬松状态，堆肥初期好氧状态有利于温度的提升和无害化处理。

8. 覆盖保湿

针对夏季炎热、干燥、水分蒸发量大的气候条件，堆垛成形后用透明农膜（厚度约 0.06 mm）覆盖，保持物料适宜湿度。堆宽底部有透气沟处需露出透气沟，以保持通风。堆周底部把农膜压好，防止大风吹破或吹掉覆盖的农膜。也可根据当地农业固体废弃物的产生情况，铺设秸秆、锯末、椰糠、腐熟堆肥、耕层土等在堆体表面，可起到减少污染气体排放和保持水分的作用。

9. 后续管理

粪便物料堆置好后，每隔 5 天观察 1 次，注意观察物料水分及温度变化，一般 48 小时后温度需达到 50 ℃以上，堆肥温度达到 50 ℃～ 70 ℃连续堆肥 15 天，即可完全达到无害化状态。若 1 个月之后未达到所需温度、湿度、腐熟程度，则需及时翻堆补救，并补充水分、添加尿素，调节氧气浓度、湿度、碳氮比，为生物菌的繁殖创造最适条件，促进后续腐熟。当堆肥温度超过 70 ℃，也需要及时翻堆，以防高温造成养分浪费。静态兼氧发酵的工艺流程如图 8-43 所示。

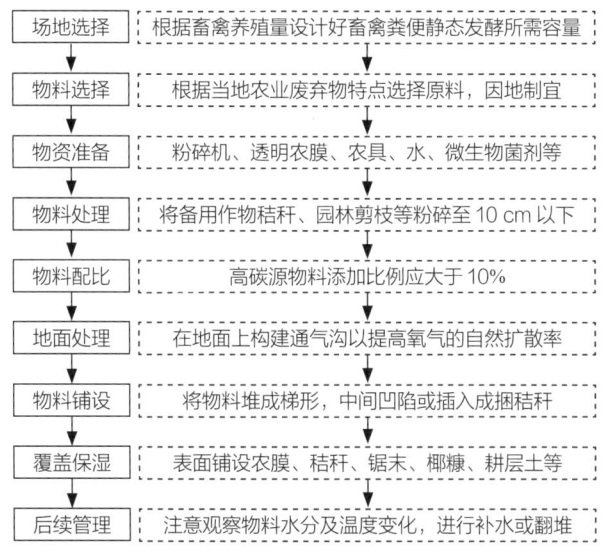

图 8-43　静态兼氧发酵的工艺流程

流程图内容：

场地选择	根据畜禽养殖量设计好畜禽粪便静态发酵所需容量
物料选择	根据当地农业废弃物特点选择原料，因地制宜
物资准备	粉碎机、透明农膜、农具、水、微生物菌剂等
物料处理	将备用作物秸秆、园林剪枝等粉碎至 10 cm 以下
物料配比	高碳源物料添加比例应大于 10%
地面处理	在地面上构建通气沟以提高氧气的自然扩散率
物料铺设	将物料堆成梯形，中间凹陷或插入成捆秸秆
覆盖保湿	表面铺设农膜、秸秆、锯末、椰糠、耕层土等
后续管理	注意观察物料水分及温度变化，进行补水或翻堆

三、静态兼氧发酵案例

1. 兼性堆肥与传统堆沤技术

在粪便中适当补充一定比例的辅料，改变粪便堆沤造成的厌氧环境，解决堆肥发酵时间长、无害化率低、腐熟度差等问题，并在有条件的情况下适当地进行翻堆处理，使兼性堆肥具有高温堆肥的某些重要特征。首先，辅料添加改善了堆体良好的通风结构，翻堆能够为堆体补充氧气，满足堆体内土著微生物对氧气的需求；其次，能够在提高堆肥过程中物料的均匀度，使主料与辅料混合更加均匀，有利于堆体温度提升；最后，能够促进堆肥水分去除，便于后续加工生产。翻堆频率的确定是翻堆中较为重要的因素。

（1）地点与原料种类

试验地点为山东省德州市平原县叶庄村，试验周期为 60 天，试验所用原料为奶牛粪与小麦秸秆（表 8-4）。

表 8-4　原料性质

类型	含水率 /%	全碳 /%	全氮 /%	C/N	pH	EC/（mS/cm）
奶牛粪	84.13±1.34	18.20±1.34	1.67±0.02	10.87±0.72	8.07±0.08	2.21±0.04
小麦秸秆	10.81±2.43	34.04±0.84	0.95±0.01	35.60±0.37	6.98±0.05	3.25±0.08

（2）试验方案

本试验研究翻堆频率对堆肥发酵过程的影响，以及明确农民传统堆沤技术目前存在的问题。根据堆肥过程控制要求设置翻堆频率，采用铲车完成翻堆工艺。堆体采用梯形制作，堆体长宽高尺寸为 5 m×2 m×1.4 m，试验处理按表 8-5 设置，每个处理需要 3 次重复，牛粪与小麦秸秆配比约为 3∶1，原料用量总计牛粪 120 m³，小麦秸秆 27 m³。将小麦秸秆通过秸秆粉碎机进行预处理，秸秆长度粉碎至 3～5 cm 为适宜。将奶牛粪与小麦秸秆按照 3∶1 的比例混合，采用铲车混料的方式对混合物料进行混合，充分混合后按不同处理要求进行堆体制作，保证各堆体间原料成分的一致性（图 8-44）。

表 8-5 试验处理设置

处理号	处理名称	主要原料	原料用量	翻堆设备	翻堆频率
T1	传统堆沤	牛粪	牛粪 10 m³×3	无	无
T2	传统堆沤	牛粪＋小麦秸秆	牛粪 10 m³×3 小麦秸秆 3 m³×3	无	无
T3	动态堆肥（翻堆）	牛粪＋小麦秸秆	牛粪 10 m³×3 小麦秸秆 3 m³×3	铲车	15 天 2 次／陈化期不翻抛
T4	动态堆肥（翻堆）	牛粪＋小麦秸秆	牛粪 10 m³×3 小麦秸秆 3 m³×3	铲车	15 天 5 次／陈化期翻抛 2 次

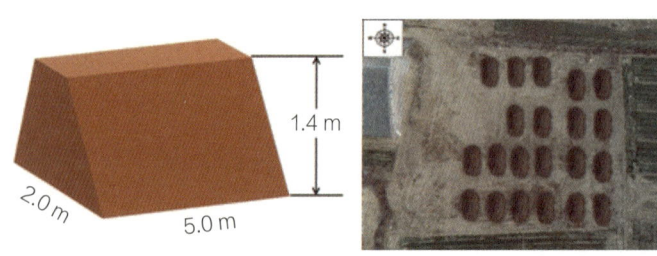

图 8-44 堆体尺寸与堆肥现场俯视图

（3）试验结果与讨论

①堆体结构

经过 60 天发酵周期，不翻堆的传统堆沤处理（T1）的堆体中部出现了厌氧区域，而且堆体的通透性较差，堆肥产物呈团状或块状，物料颜色呈墨绿色，堆体散发的臭味较重，蚊蝇大量聚集于堆体表面。在堆肥原料中添加小麦秸秆后（T2），堆体臭味减轻及蚊蝇减少，堆肥产物转变为深棕色，由于含水率较高，物料仍然呈团状或块状，且堆肥产物中小麦秸秆的降解效果较差，小麦秸秆基本没有得到有效降解。对比传统堆沤效果，翻堆处理（T3、T4）技术处理的堆体通透性整体较好，翻堆频率较低的处理虽然仍有少量块状产物，但堆肥产物整体呈粉状，无臭味散发，且不再吸引蚊蝇，堆肥产物呈深棕色，小麦秸秆基本得到有效降解（图8-45）。

图8-45 动态堆肥（翻堆）对堆体结构及堆肥产物的影响

注：T1处理为不添加辅料，不进行翻堆；T2处理为添加辅料，不进行翻堆；T3处理为添加辅料，翻堆频率为每15天2次，陈化期不翻抛；T4处理为添加辅料，翻堆频率为每15天5次，陈化期翻抛2次。

②温度变化

与传统堆沤技术相比，翻堆堆肥技术对堆体温度的变化影响差异较明显。传统堆沤技术中堆体温度上升较困难。其中T1处理（不添加辅料，不进行翻堆）堆体温度在堆肥期间无明显变化，变化趋势与环境温度相似。在添加小麦秸秆辅料后（T2）（添加辅料，不进行翻堆），虽然堆体温度得到上升，然而堆体最高温度仅为 36.67 ℃，仍未达到无害化要求。在堆肥过程中加入翻堆可以明显提高堆体的最高温度，延长高温持续时间。在采用较低翻堆频率条件下，堆体（T3）（添加辅料、翻堆频率为 4 次 /30 d，陈化期不翻堆）温度可以在第 12 天达到 55 ℃ 以上并持续 3 天左右，最高为 58.02 ℃。而采用较高翻堆频率措施条件下，堆体（T4）（添加辅料、翻堆频率为 10 次 /30 d，陈化期 2 次）温度上升最快且最高温度达到 61.33 ℃，堆体温度在第 12 天达到 55 ℃ 以上，并且高温（≥ 55 ℃）持续时间为 6 天左右。由此可见，较高的翻堆频率能够有效提高堆体最高温度，延长高温持续时间（图 8-46）。

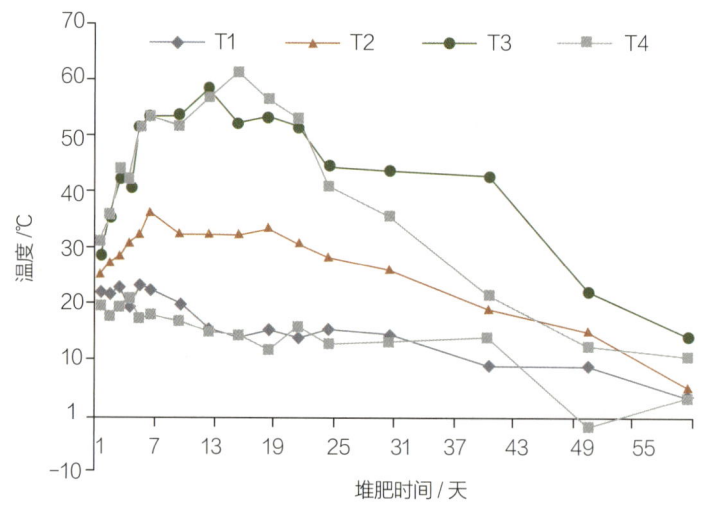

图 8-46　动态堆肥（翻堆）堆体温度变化

注：T1 处理为不添加辅料，不进行翻堆；T2 处理为添加辅料，不进行翻堆；T3 处理为添加辅料，翻堆频率 15 天 2 次，陈化期不翻抛；T4 处理为添加辅料，翻堆频率为 15 天 5 次，陈化期翻抛 2 次。

③种子发芽指数

除 T3 处理外，其余各处理堆体经过 60 天发酵的发芽指数均高于 30 天发酵的发芽指数，其中 T1 处理（不添加辅料、不进行翻堆）的发芽指数由 59.55%（30 天发酵）提高至 69.44%（60 天发酵）；T2 处理（添加辅料、不进行翻堆）的发芽指数由 52.78%（30 天发酵）提高至 69.60%（60 天发酵）；T3 处理（添加辅料、翻堆频率为 4 次 /30 d，陈化期不翻堆）的发芽指数由 84.89%（30 天发酵）降低至79.85%（60 天发酵）；T4 处理（添加辅料、翻堆频率为 10 次 /30 d，陈化期 2 次）的发芽指数由 73.32%（30 天发酵）提高至 77.11%（60 天发酵）；由此可见，传统堆沤技术（T1 和 T2）经过 60 天的发酵，发芽指数无法达到 70% 以上，主要是由于堆体温度较低，并没有经过高温发酵，堆体产生的有机酸等会对种子发芽造成抑制。虽然相关研究结果表明，当堆肥产品的腐熟度 > 50% 时说明堆肥产品已基本腐熟，但是该类堆肥产品的发芽指数不能满足《畜禽粪便堆肥技术规范》（NY/T3442—2019）的要求，而翻堆堆肥处理（T3）在 30 天时的发芽指数已经高于70%，显著高于传统堆沤处理（T2）（$p < 0.05$），说明翻堆能够有效缩短发酵周期，提高堆肥产物的腐熟度（图 8-47）。

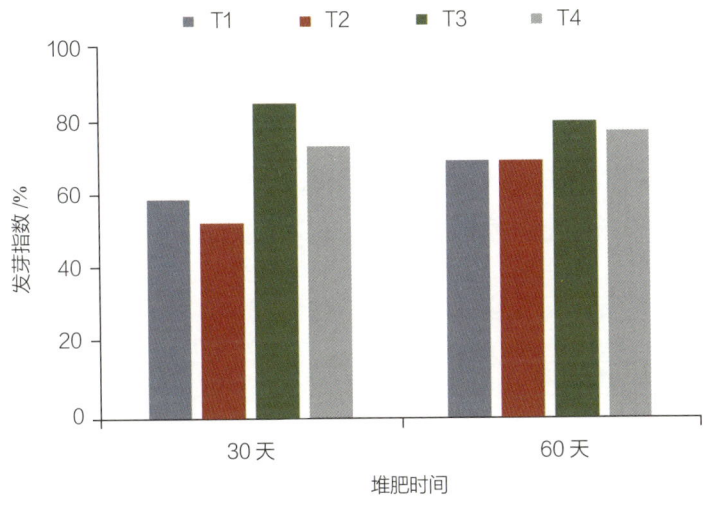

图 8-47 动态堆肥（翻堆）堆体发芽指数变化

注：T1 处理为不添加辅料，不进行翻堆；T2 处理为添加辅料，不进行翻堆；T3 处理为添加辅料，翻堆频率为 15 天 2 次，陈化期不翻抛；T4 处理为添加辅料，翻堆频率为 15 天 5 次，陈化期翻抛 2 次。

（4）试验结论

与不翻堆静态沤肥处理相比，翻堆堆肥更适合用于传统堆沤技术的优化。其中，采用高频率翻堆处理在堆肥理化、腐熟度、微生物种群变化等方面均优于低频率翻堆处理。因此，一次发酵期 10 次 /30 d，陈化期翻堆 2 次为推荐翻堆频率技术参数。

2.黑龙江：粪污秸秆微生物轻简化堆肥还田模式

（1）实例概述

充分利用当地废弃的作物秸秆和猪场粪污，添加适量比例的低温固氮菌剂和秸秆腐熟剂，调节原料碳氮比，建堆发酵。经过 100 ～ 120 天制成优质有机肥，检测后还田利用。本模式在我国北方 –42 ℃的寒冷条件下也能正常运行，具有简单易行、投入费用低、田间地头均可操作的优点。该模式可实现就近就地还田利用，施用后可减少化肥用量 20%，降低农药用量 30%。

（2）实施地点

黑龙江省汤原县庆丰水稻种植专业合作社、黑龙江省肇东市黎明乡托公村、黑龙江省甘南县兴隆乡双龙村。

（3）粪污秸秆微生物轻简化堆肥还田模式工艺流程

秸秆收集后添加低温固氮菌剂、秸秆腐熟剂和畜禽粪污，调节水分和碳氮比，混合发酵造肥。发酵 80 天时，发酵过程中原料内温度会升高到 50 ℃～ 70 ℃，该过程中大量水分散失，需要及时补充水分。可以采用养殖污水代替清水，确保发酵料水分大于 50%，发酵 60 ～ 80 天时翻抛一次，再继续发酵 40 天左右，总计发酵 100 ～ 120 天后制作有机肥，采样检测符合还田要求后，即可抛撒还田（图 8-48）。

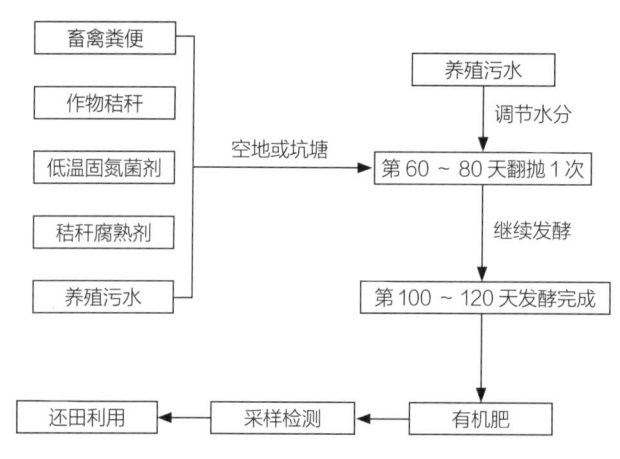

图 8-48　粪污秸秆微生物轻简化堆肥还田模式工艺流程图

（4）技术要点

①收集

粪便收集过程中注意不要泄漏，以免病原体污染传播。

②贮存

粪尿贮存过程中要符合"三防"要求，即防雨、防渗和防溢流。

③发酵

建堆发酵时，发酵堆一般应高 4 ～ 5 m，类似农村的柴草垛，堆不能太低、太小，否则影响发酵效果。发酵物中要添加固氮除臭微生物发酵剂，并调节混合物的水分到 60% ～ 75% 和碳氮比（20 ～ 38）∶1。腐熟后的粪肥有条件的要检测，符合还田要求后，根据营养成分和用途合理利用（图 8-49，图 8-50）。

图 8-49　堆肥过程中调节水分和检查堆肥腐熟情况

图 8-50　使用机械进行堆肥操作和田间地头建堆造肥

（5）投资概算与资金筹措

以村或专业合作社为单位统一收集秸秆、中小养殖场（户）畜禽粪污等农牧废弃物，集中处理还田。无需额外投资，只要有少量的设备租赁费、人工费等成本费用即可。按照生产 100 t 有机肥计算，需要秸秆收集搂耙、秸秆打包机或大推子，秸秆运输车、粪污运输车、水车、钩机、铲车、喷雾器、拖拉机、有机肥抛撒车等租赁费 7 000 元；人工费 2 000 元；运转维护费用 4 000 元；检测费用 1 000 元，合计 14 000 元，即造肥成本 140 元 /t。

（6）取得成效

①经济效益

该模式下制造的有机肥，品质优良，可有效提高土壤肥力，市场销售价格 500 元 /t 以上，每吨利润 360 元。经济效益明显，市场前景看好。

②社会效益

以作物秸秆作为原料，转化成有用土杂肥，从农村面源污染的新源头解决秸秆焚烧问题，减少空气污染，保护环境。有机肥施用改善土壤的团粒结构，提高了土壤保水保墒情和抗旱抗涝能力，减少了地表土流失，提高了植物抗旱抗倒伏能力，提高了粮食产量和质量。有利于提高土地利用率与劳动生产率，促进农民增收，实现社会稳定发展。

③生态效益

生物质肥有机质含量高，利用率可达 66.7%，是化肥利用率的 3 倍。减少了化肥和农药的使用量，降低了污染，保障了食品和公共卫生安全。秸秆肥的还田，增加了土壤天然有益微生物及其产生的酶类的丰度。并使土壤团粒化，提高了土壤降解农药、除草剂、重金属和抗生素等有害物质的能力。该模式下规避了原位深翻、深松等还田方式导致病虫害多发和暴发的风险，对农业的可持续发展意义重大。

3. 甘肃省：家庭农场储存全量还田利用模式

（1）实例概述

宏发家庭农场将场内禽畜养殖产生的粪污首先进行固液分离，再分别进行发酵处理，发酵产物作为种植业的有机肥来源，同时种植业生产的作物又能给畜禽养殖提供食源，最终实现种养循环的农业绿色发展。该模式将县乡级规模经营的种植业与养殖业从两个相对独立的过程作为一个整体与加工业高效对接，是实现农业转型升级、农村产业兴旺的必由之路。

（2）实施地点

甘肃玉门市清泉乡跃进村宏发家庭农场。

（3）家庭农场储存全量还田利用模式工艺流程

①流程介绍

生猪养殖过程中产生的粪便由水冲工艺经管网输送至沉淀池进行沉淀和固液分离，固体粪便经堆肥发酵腐熟后还田利用，液体部分则进入田间贮存池，再次沉淀和自然发酵后用于农田灌溉，农田种植的玉米等作物成熟后可作为畜禽饲料，降低养殖成本，实现种养循环（图8-51）。

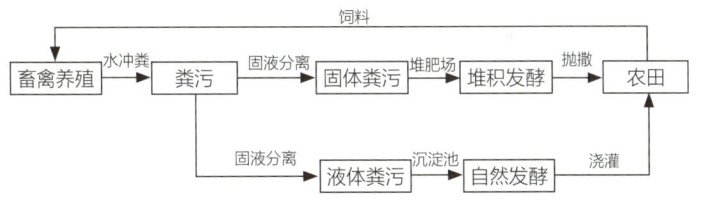

图 8-51　家庭农场储存全量还田利用模式工艺流程图

②运行机制

农场生猪年出栏量450头，分4个圈舍饲养，猪舍内铺设漏缝地板，猪粪经水冲粪工艺进入猪圈下方的集粪沟，再经过管网进入 200 m³ 的沉淀池，上层清液进入田间贮存池，进行二次发酵，下层固体转运至场内堆肥厂进行覆膜发酵，夏季发酵20天，冬季发酵45天。发酵液与堆肥产物用于农场内105亩玉米、苜蓿和小麦作物的种植，苜蓿和作物秸秆可作为畜禽饲料。

农场坚持养殖粪便"减量化、无害化、资源化"的原则，以综合利用为出发点，不断提高资源化利用率，充分结合农田土地消纳能力和区域环境容量要求，构建"养殖—粪肥—种植—生态农业"为一体的循环经济模式，形成生猪生产、环境保护、资源再利用的良性循环。

（4）技术要点

①收集

猪舍除走道外全部铺设漏缝地板，下面建集粪沟，采用水冲粪工艺处理粪便，粪尿经漏粪地板（图8-52）至集粪沟，粪尿混合收集。通过改造地下管网实现雨污分流，避免雨水与粪污混合而增加粪污量，实现粪水源头减量。采用水冲粪工艺，有效控制用水量，减少粪污产生总量。

图 8-52　漏缝地板

②贮存

集粪沟中的粪污由管网输送至沉淀池进行沉淀和固液分离，然后再对固体、液体分别处理，可较大程度上降低处理难度，提高处理效率。沉淀池为水泥地，防雨防渗，上方密封，在沉淀池一角留有粪口，用于排出底泥。

③处理

固液分离后的固体粪污，采取堆积发酵的方式进行处理，将粪污堆积到堆肥场，在上面覆盖一层塑料布，一般情况下冬季经过 45 天左右、夏季经过 20 天左右便可自然发酵腐熟。液体部分则进入田间贮存池（图 8-53）再次沉淀和自然发酵。堆粪场（图 8-54）通风良好，地面做硬化处理，以防渗漏，加盖顶棚防雨水，四周设 1 m 高围墙，留出口。

图 8-53　田间贮存池　　　　　　　　　图 8-54　堆粪场

④利用

固体粪污发酵腐熟之后便可以作为有机肥，通过固粪抛撒的形式还至农田，粮食作物、蔬菜、果树以及牧草等均可施用。液体粪污在田间贮存池经过 5 ～ 10 天的沉淀与发酵，根据农事季节作为基肥全量还田利用。

（5）投资概算与资金筹措

玉门市清泉乡宏发家庭农场主要建设内容为新建堆肥场 160 m^2、田间贮存池 160 m^3、沉淀池 200 m^3，架设粪污输送管网 110 m。该项目总投资 28.1 万元，其中：财政补助资金 20 万元，建设单位自筹资金 8.1 万元。具体投资概算为新建堆肥场 160 m^2，投资 9 万元，其中：财政补助资金 5 万元，建设单位自筹资金 4 万元；新建田间贮存池 160 m^3，投资 8 万元，其中：财政补助资金 5 万元，建设单位自筹资金 3 万元；新建沉淀池 200 m^3，投资 10 万元，全部为财政补助资金；架设粪污输送管网 110 m，投资 1.1 万元，全部为自筹资金。

（6）取得成效

①经济效益

农场采用种养结合模式，通过粪肥还田，减少化肥施用量，节省种植成本，农田种植的玉米等作物成熟后又可作为畜禽饲料以节省养殖成本。预计每年可产生畜禽粪污约 1 125 t，年节约施肥量 1 050 kg，节约施肥成本 5 040 元。

②社会效益

辐射带动周边农户发展种养结合模式，有效改善农村居住环境，推进养殖业与种植业的紧密衔接，优化畜牧业生产方式，调整产业结构，提升当地农牧业发展水平，促进农民增收、农业增效，推动畜牧业健康可持续发展。

③生态效益

种养一体化循环利用模式可以有效改善畜禽养殖粪污乱排放、农药化肥大量使用等带来的农业面源污染问题，变废为宝，有效改良土壤，降低农业生产能耗，提高资源产出率，生产绿色、有机农业产品。实现了农业废弃物的内部循环，最大限度地减少了畜禽养殖废弃物排放，缓解了区域生态环境对畜牧业生产的约束和限制。

第九章
固态粪便高值化
利用技术

第一节
蚯蚓养殖原理、工艺流程及案例

一、蚯蚓养殖原理

蚯蚓是一种杂食性的环节动物，消化能力极强，在自然生态系统中能取食大部分有机物并以粪便的形式排出，是重要的环境净化物种。生产中常利用蚯蚓处理各种有机废弃物，在降解废弃物的同时获得蚯蚓粪等有机肥料。蚯蚓堆肥的基本原理是用发酵后的城市有机混合垃圾或农业有机废弃物饲养蚯蚓，蚯蚓通过砂囊的机械碾磨作用和肠道内的生物化学作用将有机废弃物分解转化为蚯蚓生物体以及蚯蚓粪，从而达到有机废弃物无害化、减量化、资源化的目的。

1. 蚯蚓堆肥处理不同种类有机废弃物

目前蚯蚓堆肥技术已经被广泛应用于畜禽粪便、农作物秸秆、城市生活垃圾、有机污泥等有机废弃物的处理过程中，并且都取得了较好的效果。利用蚯蚓处理城市污泥，相对于其他处理方式可显著降低污泥总有机碳含量、增加微生物多样性、降低重金属活性、提高土壤肥力，促进植物生长；蚯蚓堆肥处理餐厨垃圾能够提高有机物的分解速率；蚯蚓堆肥处理秸秆与畜禽粪便混合物，相比于无蚯蚓添加，堆肥中微生物代谢熵、脱氢酶和碱性磷酸酶活性与全氮、全磷、全钾等含量增加，利用蚯蚓堆肥处理水稻秸秆等混合物可减少堆肥时间并提高堆肥质量；在利用蚯蚓处理不同碳氮比的牛粪和秸秆混合物的研究中发现，有蚯蚓的物料中纤维素酶、木聚糖酶、过氧化物酶和多酚氧化酶的活性显著高于其他处理，而且蚯蚓可以加速纤维素、半纤维素、木质素的降解；蚯蚓堆肥能将牛粪、猪粪、污泥和蘑菇渣等有机固体废弃物转化为蚯蚓粪，且蘑菇渣的添加提高了有机物质的分解速度，有利于提高堆肥产物的质量。蔡琳琳采用蚯蚓对绿化废弃物和牛粪的混合物进行好氧－蚯蚓结合堆肥处理实验，结果表明好氧堆肥－蚯蚓堆肥结合处理方式可以有效应用于绿化废弃物处理。由此可见，利用蚯蚓堆肥技术可处理畜禽粪污、秸秆、尾菜、厨余垃圾、有机污泥等不同种类有机废弃物，且处理速度快、效果好、产出物品质高。

2. 蚯蚓对有机废弃物堆肥转化效率的环境影响因素

蚯蚓堆肥处理主要影响因素有蚯蚓品种、物料温度、物料湿度、物料碳氮比、物料 pH 值和蚯蚓接种密度等。适宜的条件不仅有利于蚯蚓的生长繁殖，还有利于增强对有机废弃物的处理效果。在不同碳氮比的玉米秸秆与牛粪混合物和小麦秸秆与牛粪混合物的蚯蚓堆肥处理中，物料有机碳含量均随着处理时间的增加而降低，全氮含量随着时间的增加而升高，碳氮比随着时间的增加而降低；厨余垃圾进行蚯蚓堆肥时，当垃圾与土壤质量比为 1∶4，培养温度为 25 ℃，每 500 g 垃圾接种 15 条蚯蚓时，达到最佳的堆肥条件。高超群（2018）采用牛粪、鹅粪、鸡粪等不同比例的基质饲养蚯蚓，通过分析不同基质饲养条件下蚯蚓的逃逸数量、死亡数量，从而获得最佳组合与配比，即蚯蚓饲养效果最佳；蚯蚓投加密度为 1.6 kg/m²，喂食速度为 1.25 kg/（kg·d）时蚯蚓的生物转化效率最高，而同样投加密度下喂食速度为 0.75 kg/（kg·d）时堆肥产物稳定化效果最佳，当目标碳氮比在（25～40）∶1 时蚯蚓堆肥处理效果最佳。综上所述，现阶段研究主要选用赤子爱胜蚓（太平二号）堆肥处理有机废弃物，最佳养殖参数为：养殖密度 1.6 kg/m²，养殖碳氮比（25～40）∶1，养殖湿度 60%～90%，养殖温度 20 ℃～30 ℃。

二、蚯蚓养殖工艺

1. 蚯蚓养殖工艺的关键技术

在蚯蚓养殖过程中，蚯蚓饲料（家禽粪便、酒糟、蔗渣、剩余饭菜、废血和动物内脏等）的发酵处理是关键，如饲料没有发酵或发酵不彻底，将产生有害气体，酸碱度过高或过低，都可能使蚯蚓逃逸、不产茧甚至死亡。利用 EM 原液对粪料进行发酵处理，粪料发酵时间会大大缩短，异味降低，饲料发酵处理后，堆肥 pH 值达到 6.5 ~ 7.5 时不必调节，可直接饲喂。此外，发酵处理后的饲料可促进蚯蚓产茧、繁殖，蚯蚓产量提高 2 ~ 3 倍。蚯蚓养殖工艺如下：

（1）架堆：用稻草、秸秆（裁成小段更好）先铺一层（厚 10 ~ 15 cm）干料，然后在干料上铺粪料（厚 4 ~ 6 cm），如此重复铺 3 ~ 5 层，每铺一层用喷水壶喷水（EM 原液就在此时加入粪堆中，1 t 粪料需要 EM10 kg 兑水 100 kg 左右），直至水渗出为好；如采用有机生活垃圾，一层垃圾一层粪，长宽不限，并用薄膜盖严；如果用 100% 粪料，先把粪料晒至五六成干后架堆，用 EM 兑水淋湿，用薄膜盖严。

（2）翻堆：在气温较高的季节，一般第 2 天堆内温度就会明显上升，4 ~ 5 天可升至 60℃ ~ 70℃，以后逐渐下降，当堆内温度降至 40℃ 时（这个过程需 12 天）则进行翻堆，把上面翻到下面，两边翻到中间，并再加入 EM 稀释液。冬天翻堆 2 ~ 3 次，夏天翻堆 1 次。

（3）投喂：饲料发酵结束后，扒开饲料淋水散热后即可使用，投喂时一般采用上添法或侧喂法。上添法是把饲料铺盖在原有已被蚯蚓吃过的饲料上，每 10 ~ 15 天进行 1 次；侧喂法是取出部分已被蚯蚓吃过的饲料再把新饲料添在一侧，下次添加另一侧。

（4）蚓床准备：蚓床的方式有露天和室内两种。每条蚓床长度 3 ~ 7 m，宽度 0.5 ~ 1.0 m。露天方式有两种，一是用稻草盖蚓床，二是在蚓床上方架设遮阳网。室内养殖方式有简易棚、砖瓦房、玻璃温室等多种形式。

（5）放养：蚓床做好后，把发酵好的饲料横放在蚓床上，呈 50 cm 宽的条形，长度不限，间隔 30 cm。放蚓种前先浇湿蚓床，然后把蚓种放入无饲料处，放养后补浇一些水，利于蚯蚓活动。忌在蚓床上堆满畜粪后放蚓种，因物料透气性较低，CH_4 浓度大，易造成蚓种死亡。

（6）日常管理：蚯蚓是变温动物，环境温度不仅影响其体温和活动，还影响它们的新陈代谢、生长发育及繁殖等。一般来说，蚯蚓最适宜的温度为 20℃ ~ 27℃，此时蚯蚓能较好地生长发育和繁殖。由于蚯蚓缺乏专门的呼吸器官，它们依赖皮肤进行呼吸，所以蚯蚓躯体必须保持湿润。如果将蚯蚓放在干燥环境中，其皮肤经过一段时间就不能保持湿润，因而不能正常呼吸，蚯蚓马上会发生痉挛现象，不久就会死亡。蚯蚓体内水分含量极高，占其体重的 75% 以上，故防止水分丧失是蚯蚓生存的关键。然而，土壤过于潮湿对蚯蚓的生长发育也是不利的。由于蚯蚓喜食细、烂、湿的饲料，且依赖皮肤吸收溶解在水中的氧气进行呼吸，因此维持适宜的水分供应至关重要。蚯蚓对急剧干燥的抵抗能力较弱，其生活环境的最适湿度为70%～75%。同时，蚯蚓养殖的全过程均需充足的新鲜空气。为了保持饲养床始终处于疏松、透气状态，可采取以下措施：基料厚度不得超过规定高度，必要时予以削减；饲养一段时间后可适当翻动1次基料，将上、下层基料翻动、调换位置，既可使下层基料疏松、透气，又有助于上、下层基料湿度趋于一致。蚯蚓的放养密度与蚯蚓的种类、生育期、养殖环境条件（例如食物、养殖方法和容器）、管理的技术水平等有密切的关系，在面积 1 m²、高 25 cm 的培养基中，其放养密度为：种蚓 1.5 万～2 万条，孵出至半月龄，可放养 8 万～10 万条，半个月至成体可放养 3 万～6.5 万条。所以在养殖蚯蚓时适时扩大养殖床，调整养殖密度，取出成蚓，这是提高产量的有效措施。

（7）有机废弃物中应避免混入大量水葫芦和辣椒，这两种材料对蚯蚓有毒害作用。

（8）避免将非降解物质如各种塑料制品、矿物质（机械用油、砖瓦石块、石灰等）、高酸、高盐、高碱及含有松香的物质（如松树、柏树的枯枝落叶）混入蚯蚓饲料中。

2. 乡村有机废弃物蚯蚓养殖种养结合循环模式

在种植基地，叶菜类尾菜、废弃瓜果由于含水量较大且木质素含量较低，收集后可铡切成 5 cm 左右；而茄果类尾菜、农作物秸秆、杂草、果蔬修剪枝条等由于含水量较小、木质素含量较高，应使用粉碎机粉碎粒径在 2 cm 左右。将铡切或粉碎后的物料与猪粪、鸡粪等畜禽粪便充分混合，调节碳氮比为（20～30）：1，并加入生物菌剂以提高发酵处理速率，同时需注意通风及翻堆。通常发酵处理 10～15 天即可用于蚯蚓养殖。牛粪、羊粪可直接用于蚯蚓养殖。蚯蚓养殖过程中根据蚯蚓采食情况添加有机废弃物腐熟料。蚯蚓成熟后需进行筛分，筛分出来的蚯蚓粪可作为生物有机肥，适用于粮油果蔬种植或园林园艺植物种植，蚯蚓则可作为高蛋白动物饲料喂养畜禽水产等，也可用于蚓激酶提取、药物提取等其他高值化利用（图 9-1）。

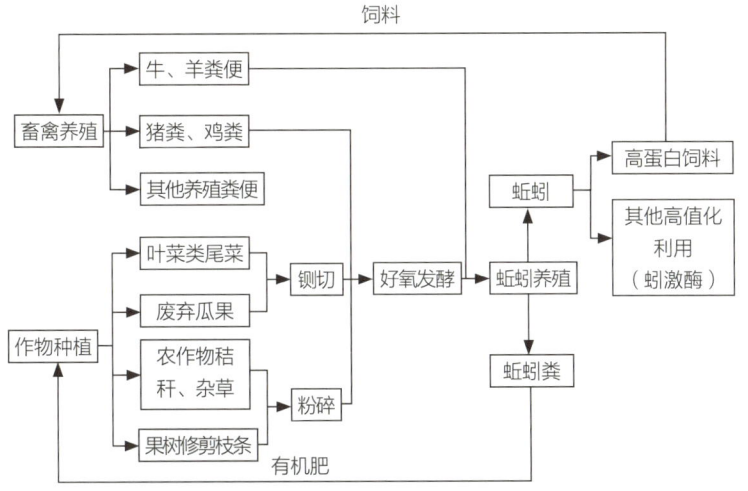

图 9-1　乡村有机废弃物蚯蚓养殖种养结合循环模式

三、蚯蚓养殖案例

1. 重庆稼喜龙蚯蚓养殖专业合作社

重庆稼喜龙蚯蚓养殖专业合作社以腐熟后的当地农业生产有机废弃物（秸秆、尾菜、杂草、废菌包等）配比牛粪及少量污泥为蚯蚓饲料，在温室大棚内开展蚯蚓工厂化养殖（图 9-2）。其占地面积超 50 亩，共计 13 个塑料大棚和一个玻璃温室，配套铲车、蚯蚓养殖设备、堆料车间等，其中蚯蚓养殖面积超 5 亩。全年 10 个月养殖，年产蚯蚓粪 500 t、蚯蚓 10 t，蚯蚓市场价为 15 ～ 30 元 /kg、蚯蚓粪市场价为 400 ～ 600 元 /t，年产值约为 45 万元。

图 9-2　重庆稼喜龙：农业有机废弃物养殖蚯蚓

2. 广西新天宇科技有限公司

该公司采用连栋膜温室养殖，地面垄养方式，养殖面积约 70 亩，养殖原料为牛粪（图9-3）。蚯蚓养殖以人工为主，上料、筛分蚯蚓均人工操作，每次上料厚度约6 cm。夏天通过管道喷水进行降温。全年12个月连续养殖，平均45天收获一次蚯蚓，每月可消纳鲜牛粪16～20 t/亩，年产蚯蚓约4 t/亩，年产蚯蚓约210 t，年处理牛粪约15 000 t，年产蚯蚓粪约5 000 t，蚯蚓市场价为12～24元/kg、蚯蚓粪市场价为500～600元/t，年产值可达670余万元。

图9-3 广西新天宇：连栋膜温室养殖蚯蚓

3. 山东滨州禾木蚯蚓合作社

该合作社采用大田地面垄养方式养殖，养殖面积约50亩，处理附近600头肉牛场粪便（图9-4）。养殖环节主要采用人工方式，机械主要包含上料机、蚯蚓筛分机、铲车、冻库。夏季通过养殖堆上的管道雾化喷水进行降温。冬季上最后一次料后盖膜保温，待来年3月底收获。全年养殖10个月，年产蚯蚓2.5 t/亩，共计年产蚯蚓约125 t，年处理牛粪约8 000 t，年产蚯蚓粪约2 600 t，蚯蚓市场价为12～20元/kg、蚯蚓粪市场价约300元/t，年产值可达320余万元。

图 9-4　山东滨州禾木：大田地面垄养蚯蚓

第二节
黑水虻养殖原理、工艺流程及案例

黑水虻生物转化畜禽废弃物技术通过昆虫将畜禽粪便转化为虫体生物量和虫沙有机肥。该技术涉及收集预处理畜禽粪便、接种至封闭养殖车间，黑水虻幼虫取食后，通过分离、清洗、烘干等工艺获得昆虫蛋白饲料原料和可直接用于农田的虫粪有机肥。

一、生产工艺流程与特点

黑水虻转化畜禽废弃物生产工艺流程见图9-5。

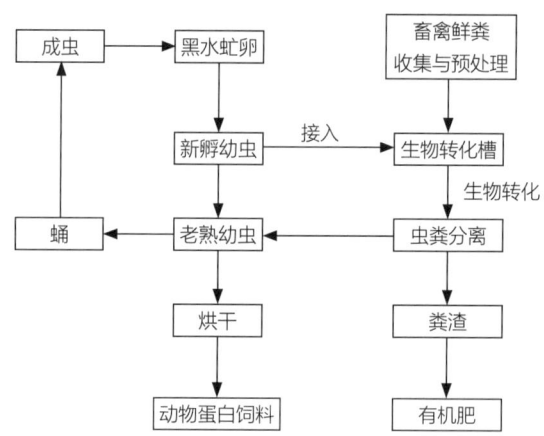

图9-5 黑水虻转化畜禽废弃物生产工艺流程

通过虫体转化成高附加价值的饲料添加剂，同时，对畜禽粪等有机废弃物进行生物转化，促进畜禽粪便的快速熟化，无害化生态处理畜禽粪便，将畜禽粪便转化成有机肥，以减少粪便堆积带来的各种堆积和污染问题。

1. 主要优点

黑水虻相比于传统好氧堆肥模式，显著降低了畜禽粪等有机废弃物处理成本和缩短了处理周期，同时提高了畜禽粪便资源化利用效率，并且实现了无二次排放及污染，对于促进生态养殖具有积极的推动作用。

2. 主要不足

动物蛋白饲养温度、湿度、养殖环境的透气性要求高，要防止鸟类等天敌的偷食。

3. 适用范围

在幼虫饲养过程中，对于温度、湿度以及养殖环境的透气性有较为严格的要求，需确保这些条件符合饲养标准。

二、黑水虻转化畜禽废弃物的优势

黑水虻，在其生命周期中，共经历了卵、幼虫、蛹和成虫四个典型的虫态。其幼虫在自然界中主要以动物粪便、尸体以及腐烂的有机物为食。

1. 解决环境污染，可持续发展

黑水虻能高效转化各种有机废弃物，畜禽粪便转化率50%左右，通过转变生物质形态，可完全形成高附加值的昆虫生物质及功能微生物肥料，还具有抗有害菌群，驱避家蝇的作用，最大限度降低农牧及食品生产过程中副产物对环境的影响，真正实现畜禽粪便等的"零排放"。

2. 满足蛋白质和脂肪的需求

据专家预测，2050年全球人口将达90亿人，对蛋白质和脂肪的需求有巨大缺口，在土地、水域有限的情况下，食用昆虫能满足人类的需要。

3. 保障食品安全

有机废弃物经过食用昆虫的转化，减少了病原菌、寄生虫等，避免了对动物生产工作人员的感染，以及对所生产食品安全性的威胁，及时消除了"地沟油"的扩散。

4. 市场广阔，效益显著

黑水虻生物转化畜禽废弃物市场巨大、适应力强，变废为宝，虫体开发饲料，残渣制备功能微生物肥料，脂肪制备生物柴油，经济效益显著。

5. 生产效率高

①转化率高：黑水虻日夜取食，20 天虫体可增重 6 000 ～ 7 000 倍。

②营养全面：黑水虻含 36% 粗脂肪、45% 粗蛋白、多种维生素和微量元素。

③资源丰富：废弃物资源丰富，可变废为宝，成本低、产出高。

④生产便利：不与传统农业竞争土地、水域和劳力，可常年生产，周期短、产量高。

⑤具有可持续性：种植业、养殖业及加工业衔接，实现循环产业链，可持续发展。

三、黑水虻的室内人工繁殖周期

以亮斑扁角水虻的室内人工繁殖为例，参见图 9-6。

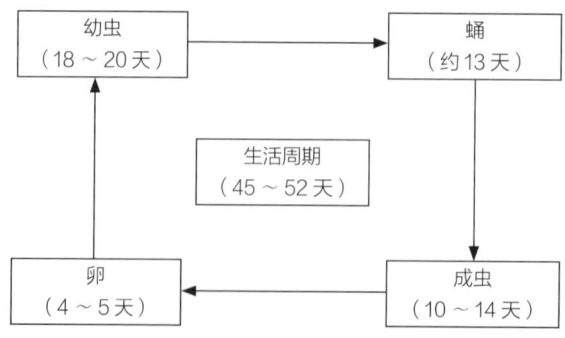

图 9-6 亮斑扁角水虻的室内人工繁殖周期

四、黑水虻生长需要的条件

①幼虫 温度：26 ℃ ～ 30 ℃。湿度：60% ～ 70%。

营养：人工饲料或有机废弃物需要水分 60% ～ 70%，满足水虻生长的营养需求，在幼虫不同虫龄添加不同量，小幼虫添加量少，中间虫龄多，老熟幼虫少。

通气：料的厚度 10 ～ 20 cm，每天上午和下午要翻动。

②成虫 温度：28 ℃ ～ 30 ℃。湿度：60% ～ 70%。

光照：光源对于黑水虻的交配至关重要，需要足够的太阳直射光，阴雨天需要人工光源，碘钨灯。

水和营养：需要定期喝糖水。

③卵 温度：26 ℃ ～ 30 ℃。湿度：70% ～ 75%。

④蛹 羽化时最适宜环境条件为温度 27 ℃。相对湿度 70% ～ 75%。

五、黑水虻饲养日常管理

1. 虫卵的孵化

将收集的收卵盒放入孵化器中网格中心附近；控制养虫室环境温度和湿度，使温度在 26℃ ～ 30℃，相对湿度 70% ～ 75%。孵化时应在阴凉处，避免阳光照射而导致水分蒸发过快。记录好虫卵孵化所需的时间。

将每天下午 4:30 收集的收卵板分类集中，做好收卵时间标记（贴标签，标上日期），放入孵化器中网格中心附近；每天收集的纸壳放置于单独的孵化器内，单独跟踪处理，每天孵化的幼虫单独拿出来加饲料饲养，做好时间记录，杜绝混日孵化；设置单独的孵化区，单独管理。

2. 幼虫期饲养管理

采用饲养架的养殖方法。

（1）第 1 ～ 5 天（小幼虫饲养区）

1 ～ 5 日龄的幼虫分 5 个饲养架进行区分，第 6 天将第 5 天的幼虫转移到大虫饲养区进行饲养。1 ～ 5 日龄的幼虫逐步增加喂食量。饲料湿度 70%，5 天内不分盆。第二批第 1 天放在第一批第 1 天饲养架，第二批第 2 天放在第一批第 2 天饲养架，以类似方法循环。

（2）第6天到预蛹阶段（人工饲料）（大幼虫饲养区）

大幼虫饲养区分10～12个饲养架，每天一个饲养架，分别管理。从第6天开始，进行分盆，每盆控制虫数3 000～5 000头。饲料的添加量将更大，到第15～17天幼虫进入老熟期，快化蛹时，减少饲料添加量，饲料湿度降低到50%～60%。

3. 预蛹到蛹的时期管理（化蛹区）

①培养20天左右的幼虫，应每天观察盆内幼虫预蛹（变黑）情况，发现预蛹，则及时记录预蛹开始时间（贴标签）；此时，饲料加入量应相应减少；当幼虫盆内预蛹数量占到约50%时，停止喂食，将其放入化蛹区，与残料分开，任其自然风干，等待其余幼虫预蛹及化蛹，进入羽化程序。

②预蛹变黑至化蛹（僵直）需要7天左右，化蛹至羽化成虫也需要7天左右；当观察到幼虫盆有成虫羽化时，记录羽化开始时间（贴标签）；将开始羽化的幼虫盆合理分配，合并，放置到成虫笼中，进入成虫交配收卵期。

③按照每个虫笼，每立方米投放10 000～15 000头蛹；每间隔7天投放一次，每次每立方米10 000头蛹。

4. 成虫饲养管理（成虫饲养区）

①黑水虻的活动和交配行为对空间和阳光有着显著的需求。为满足这些需求，建议在养殖室的顶部使用玻璃板，以便让更多的自然光进入。同时，应建造足够大的笼室，确保水虻有足够的活动空间。

②笼室的设计应根据实际情况综合考虑空间利用率和生产成本。建议笼室的长为2.5 m，宽为2 m，笼顶的高度约1 m，这样的设计既保证了空间充足，又便于管理。在笼室内，可悬挂若干假树叶，模拟自然环境。每笼应配置2个收卵盆，确保幼虫孵化后的及时处理。同时，需保持笼室内的温度、湿度和光照适宜，以满足黑水虻的生长需要。

③黑水虻交配行为受到阳光的强烈影响。为应对阴雨天气导致的光照不足问题，建议在拱形棚的顶部安装500 W的碘钨灯泡。

5. 成虫期管理

控制合适成虫密度（笼内水虻饲养密度为 1 万～ 1.5 万头 /m³，应保持笼内成虫数量 5 万～ 7.5 万头），如不够应及时补充蛹的数量；每天早、中、晚喷水 3 次，勿直喷虫体，用海绵吸足糖水供水虻成虫补充营养。

6. 收卵料的处理

①加入产卵菌 28 ℃发酵 2 天，盆内料量以厚度 4 cm 为宜，无需过多；湿度要大，需要用水将饲料饱和，保持高湿度以避免成虫将卵产在料内或其他蝇类干扰。

②收卵料应每天观察，及时补水，并搅拌铺平；每盆收卵料一般可用 7 ～ 14 天，如有蝇类滋生，或者已经变黑变质，应及时更换。

7. 虫卵收集程序

①制作收卵纸壳：使用瓦楞纸裁剪成长约 30 cm、宽 6 cm 的硬纸条，其中长边为多孔设计。将大约三层这样的硬纸板叠放在一起即可。收卵板必须垂直置于纱布四周，置于高于料面 3 ～ 5 cm 为宜，以"均匀放置"为原则；根据每天收卵量，可调整纸板个数。笼内要保持足够的收卵板，以减少成虫在其他地方产卵。

②每天下午 4 : 30 左右收卵，将各个虫笼中收卵纸壳全部移出（无论有无产卵），统计各个虫笼（或实验虫笼）收卵量，以孔数计，并分别记录在案（用于羽化的装卵盆要用纱网包住，以防止水虻产卵在盆内，每天成虫羽化后将纱网打开放出后盖上）。

③收卵后将新的收卵纸壳按照操作规程粘贴在收卵盆内，进行第二天的收卵。

④每天下午收到的收卵纸壳，集中分类、分配，进入虫卵孵化程序，严格按照程序，杜绝混淆。

8. 饲养技术注意事项

①坚持"盆盆有时间，批批有数据"原则，严格控制，分区管理，先后有序。

②坚持"不空盆、不空笼""时时有幼虫，天天有卵收"的连续供虫准则。

③维持养虫室的温度（25℃～ 30℃），相对湿度＞ 60%，定期通风。

④初卵幼虫饲料，小鸡饲料比例稍微加大（麸皮：小鸡饲料 1 ：1），含水量

大（75%），以不滴水为限。

⑤孵化器中只有在观察到幼虫孵化后才能加入初孵幼虫饲料，切勿提前加入饲料，以免引入其他蝇类。

⑥维持室内干净卫生，杜绝其他蝇类及杂虫干扰。

⑦每个孵化器按照时间（天）顺序排列，轮流有序。

⑧每批虫卵从孵化到羽化为成虫，做到时间明晰，准确把握各个时间点，并记录在案。

⑨各项工作要切实按照规程进行，各个环节要严格注重条理性。

⑩出现问题，及时报告，尽力解决。

9. 饲养管理注意要点

①每天清早进入温室，总体检查安全、设施等，并检查温湿度控制情况；阴雨天，为虫笼区打开光照灯。

②首要工作：虫卵孵化区检查，包括每个孵化器幼虫孵化情况、及时加料补料，加湿棉球或纸板更换、已孵化幼虫跟进护理等。孵化完毕的孵化器，及时清理，并将幼虫转入幼虫饲养阶段。

③成虫笼区：虫笼喷雾水（8：00；12：00；17：00）；观察成虫羽化情况、密度、交配情况等。

④幼虫管理：按照时间顺序整理分类，逐个跟踪管理，从幼虫到老熟，根据需求喂食。

⑤8：30、12：00、14：00、17：00等时间点检查孵化器幼虫孵化情况，及时处理。

⑥每天下午4：30收卵，及时孵化处理。

六、黑水虻人工养殖整体规划布局图

黑水虻人工养殖整体规划布局图见图9-7。

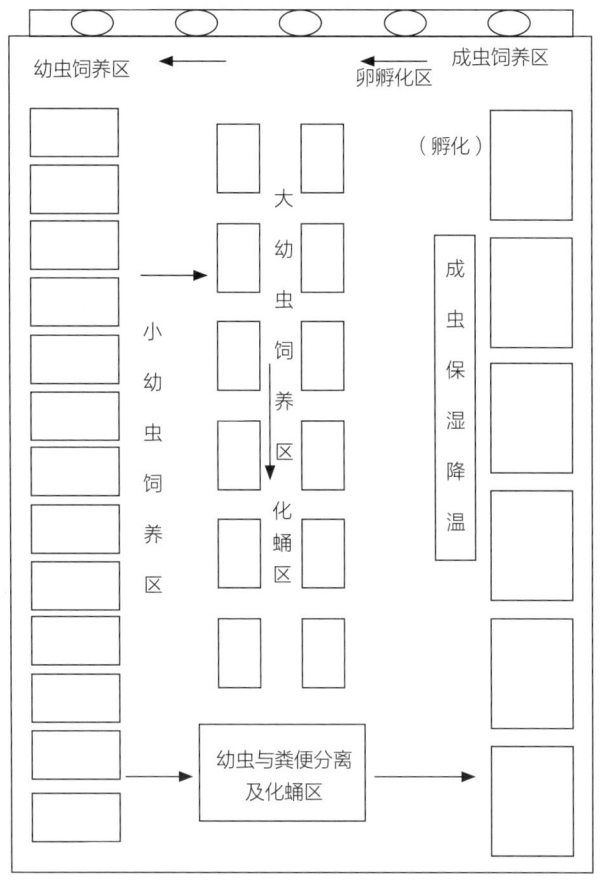

图 9-7　黑水虻人工养殖整体规划布局图

七、黑水虻幼虫饲养架

采用盒养方法。饲养设备涵盖饲料盒与多层饲养架。饲料盒高度为 12 ～ 15 cm，长宽适中，便于操作，每盒可装约 10 kg 饲料，上下分为 6 ～ 8 层，每个高度 20 ～ 25 cm。

八、黑水虻幼虫接种畜禽粪便参数

黑水虻对鸡粪的转化工艺参数研究显示：黑水虻最佳的接种量为每千克鸡粪接种 2 000 头黑水虻幼虫。此时可以达到最大的增重。

黑水虻对猪粪的转化工艺参数研究显示：在小试实验中，每千克猪粪接

500～1 000头黑水虻幼虫最佳；综合分析每千克猪粪接1 000头黑水虻幼虫最佳。

黑水虻转化纯牛粪的效果较差，如果牛粪与猪粪以一定比例搭配可提高转化效果，通过配比实验结果显示，牛粪与猪粪配比以1∶1为最佳比例。

九、黑水虻转化畜禽废弃物效益分析

1. 黑水虻及其转化残余物的应用

①黑水虻活虫直接饲养鳗鱼、林蛙等高附加值动物。

②黑水虻幼虫干粉替代鱼粉作为饲料。

③黑水虻虫体含36%脂肪，是一种新型油脂原料。黑水虻脂肪制备的生物柴油性能参数达到欧盟标准。

④黑水虻转化分离虫体后的残余物添加剂可以制备功能微生物肥料。

2. 黑水虻转化鸡粪的经济效益分析

以40万羽鸡场为例，平均每只蛋鸡每天产鸡粪约0.1 kg，则40万羽鸡场每天排放粪便为40 t左右。每年可产生粪便约1.46万吨，黑水虻转化粪便每年可以产生约2 920 t黑水虻鲜虫，黑水虻鲜虫含水量70%左右，能够生产约730 t干燥的黑水虻，而昆虫蛋白每吨售价1万元，40万羽鸡场年鸡粪转化成昆虫蛋白后销售收入约为730万元。通过昆虫和微生物联合转化后的产物，能够获得约6 000 t的功能微生物肥料，按有机肥1 000元/t计算，能够获得600万元收益，40万羽鸡场通过水虻和微生物联合转化粪便可获得1 330万元收益。除去处理每吨鸡粪及转化成本约600元，每年处理一个40万羽鸡场粪便成本约876万元，利润可达约454万元，综合经济效益高于传统的处理方式。

第三节
基质制备原理、工艺流程及案例

一、基质的定义

基质是利用各类有机、无机材料通过科学配比调制生产出来的介质，可以为植物的种子萌发、根系生长发育提供固定支撑以及良好的水、气、肥缓冲性和微生物环境等条件。

植物的无土栽培方式之一，就是利用基质替代天然土壤对植物进行栽培种植。与土壤相比，使用基质可以更好地促进植物根系的生长和发育，实践证明基质栽培具有产量高、节水节肥、品质优、清洁卫生、避免土壤连作障碍等明显优势，有助于加速国内农业栽培产业向工厂化、标准化、有机生态型方向发展。由于各类基质材料在栽培中的作用不尽相同，因此，制备优良的基质需熟悉各种原材料的特性及其在植物生长过程中的不同作用。

二、基质的基本性质

1. 物理性质

基质原料的来源和空间结构都会深刻影响基质的物理性质，这些物理性质对基质的性能非常重要，它们与植物根系的生长密切相关，物理性质还影响基质使用过程中的水分管理方式和基质适用范围。

（1）持水能力

基质内部的孔隙结构可吸收并保留部分水分，从而抵抗重力作用对水分产生的拉力，直至植物根系将这部分水分加以吸收和利用。基质的持水能力定义为经重力作用仍可保留在基质总孔隙结构中的水分的百分比。一些性能优良的栽培基质在拥有较高保水能力的同时，也存有足够多的大孔隙，以便及时排出多余的水分，从而避免涝害。

基质的持水能力依材料种类和粒径大小的不同而有所差异，例如同等粒径的泥炭颗粒可持有多于浮石颗粒的水分。基质的压实程度也同样会影响其持水性能，经混合或压实处理后，基质的颗粒结构可能受到不同程度的破坏，其中大孔隙的百分比会明显降低。当混合或压实超过一定程度时，基质内部可能会存有过多水分，从而导致植物沤根的发生。此外，栽培容器的高度也与基质的持水性能息息相关，对于同种基质配方来说，高度越高的容器发生涝害的风险越高。

（2）通气状况

基质内部结构中空气所能占据的空间叫作通气孔隙。基质中的通气孔隙不仅含有健康植物根系正常生长所需的氧气，而且还可将根系呼吸作用产生的二氧化碳进行稀释或及时排出。性能优良的栽培基质通常拥有足够高比例的通气孔隙结构，这一特性对于扦插种植来说尤为重要。

（3）孔隙度

通常所说的基质孔隙度是指通气孔隙和持水孔隙的总和，并以两者之和占基质总体积的百分数来表示，两种孔隙对植物生长来说都是非常重要的。

基质的通气孔隙和持水孔隙之比又称气水比，是反映基质的气、水状况的重要参数。大颗粒组分多的基质通常比小颗粒组分多的基质具有更高的通气性能和更低的保水性能，这是因为前者的气水比较后者大。气水比过大或过小的基质都会限制植物根系的正常生长，因为大颗粒基质的水分易流失，更容易导致干旱，而小颗粒基质虽保水性更好，但通气性差，反而易造成涝害。一般来说，对于单组分的栽培基质，若要兼顾持水性能和通气条件，理想的基质颗粒尺寸为 0.8 ~ 6.0 mm。但在实际应用中，无土栽培基质一般都会包含多种粒径大小和不同化学组分的基质材料。

（4）容重

容重指的是单位体积基质的重量，常以"g/L""g/cm^3""kg/m^3"来表示，基质的容重大小取决于各原料的容重大小和基质压实程度。对于理想的无土栽培基质来说，首先要有足够的重量来稳定和支撑植物根系的生长，除此之外，它还要足够轻，才能便于处理和运输。

对于指定的栽培容器和基质材料来说，过高的容重值意味着该基质被过分压实，从而导致其孔隙度有所下降，基质的容重与孔隙度呈负相关关系。因此，在分装基质时，若用力挤压基质，即使是多孔性的栽培基质也可能会遭到破坏。

2. 化学性质

（1）肥力

种子萌发时一般会耗尽原先储存在种子内的营养物质，之后便高度依赖于栽培基质中的矿物营养来满足自身日益增长的营养需求。为了降低幼苗或扦插枝条发生腐烂的风险，许多育苗厂偏向于在种植初期使用低肥效的基质，然后再追加可溶性肥料来补充植物生长期间的养分需求。但并非所有植物都喜欢高肥力的栽培基质，有些植物反而在低肥力的基质中长势更好。此外，许多有益微生物如丛枝菌根真菌，在贫营养的生长环境中，更易与植物根系建立起互惠互利的共生关系。在肥料不易获取或使用成本高时，畜禽粪便或堆肥也可成为基质中重要的有机成分之一，为基质提供肥力。

（2）酸碱性

基质的酸碱性可用 pH 值来表示，大部分植物生长的最适 pH 值介于 $5.5 \sim 6.5$ 之间，pH 值直接影响植物必需营养元素的有效性。例如，当基质过酸时，大量 P 元素与 Fe^{3+} 和 Al^{3+} 离子结合形成磷酸铁和磷酸铝等难溶性物质，但当基质过碱时，磷元素又极易与 Ca^{2+} 离子绑定形成磷酸钙沉淀。过酸或过碱的情况下，磷元素的生物有效性都会受到抑制。微量营养元素的有效性更易受基质 pH 的影响，如 Fe 元素常因 pH 过高导致植物叶片的黄化病，这也是苗圃种植中最常见的缺素症之一。此外，过酸或过碱也会影响栽培基质中致病菌或有益菌的丰度。

（3）电导率

基质电导率（EC）反映其所含的可溶性盐分的浓度大小，一般用 "mS/cm" 表示，测量温度通常为 25 ℃。电导率影响着植物的生长发育，通常在育苗初期使用电导率较低的基质材料，但有些基质原料（如海沙、椰糠、部分树皮等）可能含有高盐分，因此，在使用前需要先测定基质原料的电导率，若是电导率过高，需用水淋洗处理。然而，电导率只能反映出基质的总盐分，需逐一分析才能确定基质中含有的具体化合物的种类和数量。矿物盐的释放速率与植物的吸收速率大致相同，在无土栽培中建议采用稳定的有机类基质，因为不稳定的有机类基质含有的矿物质元素大量快速分解将引起基质理化性质的显著变化，给无土栽培过程带来困扰。

（4）阳离子交换量

阳离子交换量（CEC）表示的是基质中能够交换吸收阳离子的能力，常以"mmol/g"或"mmol/kg"来表示。由于大部分栽培基质偏向于使用营养贫瘠型的，因此需重点关注无土栽培基质中的阳离子交换能力大小。通常情况下，阳离子交换量大的基质对阳离子的吸附能力强。选择阳离子交换量大的基质，一方面有助于保存基质中的养分含量，减少随灌溉水流失的养分，从而提高基质原有养分的利用率；另一方面还可缓冲基质的酸碱性变化。同时，植物根系还可将多余的带电离子交换成生长所需的养分离子，随后将这些养分输送到叶片部位，供植物生长和发育使用。因为阳离子交换量数值反映出基质的营养储存能力，这可作为栽培管理中确定施肥频率的重要依据。养分随灌溉水流失是栽培过程中无法避免的事情，因此，许多栽培管理者会偏向于选择高阳离子交换量的基质类型。

3. 生物性质

栽培基质可能含有致病微生物，在使用之前可采用蒸汽灭菌或巴氏消毒来排除致病因子的干扰。日常使用中，泥炭虽未经过灭菌处理，但来源可靠的泥炭一般不会含有致病菌或杂草种子，通常可直接应用于植物栽培。蛭石和珍珠岩在生产过程中有经过高温处理的程序，因而几乎是无菌的。完全腐熟的堆肥成品一般也不用考虑其中的致病因子，因为堆肥过程中持续一段时间的高温处理通常会杀死绝大多数的致病微生物，此外，在堆肥后期，堆肥成品中的有益微生物多样性会有所增加。

三、基质的分类

1. 无机类基质

为营造和维持良好的通气和排水条件，通常会在栽培基质中添加一些无机材料。许多无机材料都具有低 CEC 值，主要是为植物栽培基质提供化学惰性基础。一些高容重的无机材料可为大型植物和栽培容器提供稳定性。常见的无机类基质原料有珍珠岩、蛭石、沙、浮石、沸石和聚苯乙烯微球等。这些原料有时可单独作为栽培基质使用，但大多数情况下会和其他基质原料一同混合制成基质。以下对几种常用的无机基质原料进行介绍。

（1）珍珠岩

珍珠岩是一种酸性火山玻璃质铝硅酸盐，经过破碎、筛分处理后，将其温度瞬间提高到 1 000 ℃而形成的颗粒状基质原料。由于玻璃质铝硅酸盐内的水分汽化导致颗粒膨胀，加热后的体积约为原体积的 20 倍。珍珠岩的 pH 值偏中性，容重轻，且颗粒具有独特的封闭结构，这也使得其具有与泥炭或蛭石完全不同的吸水方式，水分只附着在珍珠岩的表面，因此，含有珍珠岩的栽培基质通常排水性能良好。

珍珠岩本身较硬，不易被压缩，可增加栽培基质的通气量。由于其加工过程中需高温处理，故通常是无菌的。珍珠岩有非常广的应用，常用于提高基质的通气性能，在混合基质中，采用 10% ~ 25% 的体积配比较为普遍。珍珠岩受酸性物质或微生物影响很小，化学稳定性好，不易分解，EC 值低，几乎不含营养，也没有营养缓冲性，即 CEC 也很低。值得一提的是，珍珠岩中可能含有大量非常细的粉尘，在混合配制基质过程中，可能会刺激眼睛和肺部，需做好防护工作。

（2）蛭石

蛭石是一种层状结构的、含镁的、水铝硅酸盐次生变质矿物，经过 800 ℃ ~ 1100 ℃高温焙烧而成，具有类似手风琴的结构。近年来，蛭石的应用和需求呈快速发展趋势。蛭石质轻且多孔，具有极高的持水能力，可以吸收接近自身重量 5 倍的水分。蛭石的 pH 值为中性，化学性能稳定，不溶于水。蛭石具较好的缓冲性能和离子交换能力，且含有的 K、Ca、Mg 等矿物养分在栽培过程中可适量释放，供植物体生长所需。蛭石的这种松软结构，使其适合添加在育苗基质中。然而，蛭石不宜长久使用，因长时间种植后，蛭石会因分解、坍塌、沉降等导致其结构破坏和孔隙度减少，从而影响透气和排水性能。此外，蛭石不宜采用蒸汽消毒，因为高温促进其热分解。

（3）沙

沙是易获取且廉价的材料，有助于增加孔隙度，但使用过程中需考虑其类型和粒径大小。因为一些小的沙粒可停留在基质已有的孔隙中，反而不利于通气和排水。通常情况下，粒径在 0.05 ~ 0.25 mm 范围的沙子太细，易堵塞排水孔，从而降低基质的通气性能。

值得一提的是，不同来源的沙成分差别很大，珊瑚或石灰岩这类钙质来源的沙粒，其碳酸钙含量很高，可能会带来 pH 值过高的风险。如果可能的话，尽量不使用这类原材料，如果一定要使用的话，可通过添加大量的有机物来提升栽培基质的缓冲性能。

（4）浮石

浮石是一类主要由二氧化硅和氧化铝组成的火山岩，其含有少量的铁、钙、镁和钠。浮石颗粒的多孔性有助于改善基质的孔隙度，但也保留了孔隙内的水分。浮石的硬度使它具有可抵抗压实的性能，经久耐用。

2. 有机类基质

常见的有机类基质原料包括堆肥、椰壳、泥炭、树皮、稻壳、木屑等，它们通常容重较小，CEC 值高，且持水能力强，部分有机基质还含有少量的矿物营养。以下对几种常见的有机基质原料进行介绍。

（1）泥炭

泥炭普遍被认为是最好的有机基质之一，大量应用于工厂化无土育苗中。泥炭结构稳定，容重较小，pH 值在 3.2 ~ 4.4，几乎不含植物所需的营养物质，盐分水平很低。泥炭是一种宝贵的有机矿物资源，天然泥炭中几乎没有病菌、虫卵或草籽。根据植物组成和分解度的不同，泥炭可分为藓类泥炭、白泥炭、过渡泥炭、冰冻黑泥炭和黑泥炭等。

绝大部分的泥炭是在厌氧环境中形成的，在理想状态下，泥炭藓每年能生长 1 cm，之后能形成 1 mm 厚度的泥炭物质，这也意味着至少需要 1 000 年的时间才能不断累积形成 1 m 厚度的泥炭层。目前，世界对泥炭的需求仍持续增加，泥炭的使用成本也在不断抬升，且大规模开采和运输泥炭也存在许多问题，因此，欧洲地区的许多国家如荷兰、德国等都急于寻求泥炭的替代材料。

（2）木屑

由于不同木材之间化学性质的内在差异，作为有机类栽培基质的木屑的适宜性也会有所区别。木屑含有大量含碳物质，在使用过程中，因微生物的分解作用需额外消耗基质中 N 元素来平衡营养，从而增加了栽培基质的 N 素供应负担。这会对养分的有效性尤其是 N 元素产生负面影响，但堆肥处理可在一定程度上缓解这个问题。同时，堆肥过程还可以对木屑的理化性质进行改变，形成更具有应用价值的木纤维产物。有些种类的木屑含有植物毒素，有些来自沿海地区的木屑可能盐分含量过高，所以在使用之前，需要对不同来源的木屑进行测试分析，同时还需慎重考虑木屑的添加比例，防止过高的木屑添加量导致植物生长过程中出现缺 N 的情况。

（3）椰糠

椰糠已被证实是良好的有机类栽培基质，具有高持水能力、良好的排水性能、分解缓慢，易润湿性等特点。椰糠在外观和结构上与泥炭非常相似，其中的 N、Ca 和 Mg 含量很低，但 P 和 K 的含量相对较高。同时，椰糠中几乎不含草籽和病原体。使用前需留意椰壳中盐分过高或残留的酚类物质等不利因素，因此，利用淡水将其中的盐分和其他有害化合物彻底清洗出来是非常重要的一道程序。

（4）稻壳

稻壳是水稻加工过程中的一种副产品，一些苗圃种植应用中将经堆肥、筛选和碾磨处理的稻壳来代替堆肥处理的树皮。稻壳的容重与泥炭接近，在泥炭栽培基质中，添加 25% 稻壳处理组的透气性能优于同比例珍珠岩处理组。但稻壳的持水能力较弱，纯稻壳基质的毛细管结构很少，其水分分布情况不理想。此外，稻壳中含有一定量的硅，在栽培过程中能释放出来供植物生长使用。

（5）堆肥

泥炭存在不可再生和使用成本高的问题，将有机堆肥作为泥炭的绿色替代品不失为一种好的选择。堆肥是一种优质的可持续利用的栽培基质，有利于提高保水性、孔隙度和肥力，从而提升基质的物理和化学性能。堆肥还有助于抑制杂草种子的传播和病原体的传播。堆肥的原材料来源广泛，包含各类蔬果废料、园林绿色废弃物、畜禽粪便等。

除上述提及的基质原料种类之外，许多在当地易获取的有机或无机材料都可作为栽培基质。其中的堆肥基质所需的生产周期更长，但它具有更可靠的质地和营养成分。例如，来自畜禽粪便的堆肥材料就是很好的选择，易获取且价格低廉，甚至可以免费获取（表 9-1）。

表 9-1　几种常用基质的理化性质

基质名称		pH	容重	持水孔隙	通气孔隙	CEC 值
无机类基质	珍珠岩	6.0 ~ 7.0	非常低	高	高	非常低
	蛭石	6.0 ~ 7.0	非常低	非常高	高	高
	沙	—	非常高	适中	非常低	低
	浮石	6.0 ~ 8.0	低	低	高	低

续表

基质名称		pH	容重	持水孔隙	通气孔隙	CEC 值
有机类基质	泥炭	3.2 ~ 4.4	非常低	非常高	高	非常高
	木屑	3.0 ~ 6.0	低	高	适中	低
	椰糠	6.0 ~ 7.0	低	高	高	低
	稻壳	5.0 ~ 6.0	低	低	适中	低
	堆肥	6.0 ~ 8.0	—	—	—	高

四、基质制备工艺

1. 基质配制原则

因无土栽培方式的不同，所采用的基质种类及基质在栽培过程中的作用也可能有所不同。因此，在选择和配制基质时，尽可能因地制宜选择材料。原则上，应根据植物生长需求、种植者的使用习惯和原材料的特性来确定基质的配方。一般来说，基质配制应遵循以下原则。

①如果栽培基质处于湿润环境中，会有更多的孔隙结构被水分填满，这会导致栽培基质的通气性能被减弱。因此，对于湿度越大的种植环境，要求选择孔隙性能更好的基质材料。同样地，不同的水分管理方法（如喷灌、滴灌、微灌等）也将影响基质的选择和配制。

②种植容器的大小也是基质配制过程中需重点考虑的因素。一般来说，栽培容器的体积越小，为了方便操作也常会使用细颗粒的基质，这容易导致基质过湿。大体积的栽培容器一般能较好地控制基质的水气条件。

③在湿润的栽培环境中生长的植物需要较多的孔隙度，如果生长在较为干燥的基质环境下，较低的孔隙度也是可以接受的。

④某些植物对氧气有一定的需求，需要特别注意。一些植物的根部需要足够的氧气量，如果氧气不足，根部就会出现问题，这种植物一般称为"根敏感植物"，比如杜鹃花、兰花等。

⑤根据栽培方式（如直播、移栽、扦插等）来考虑基质的理化性质。大部分植物要求的 pH 值为 5.5 ~ 6.5。

⑥植物的种植周期越长对基质的稳定性要求越高。如在番茄的种植中，需要基质稳定性好，能保持理化性质较长时间内不发生巨大变化。

⑦所有栽培基质的配制都需考虑种植户的要求，如植物需要一个较高的透气

性，那么就要求基质有较高的通气孔隙度。

⑧设计配方要充分了解原料的物理性质和化学性质，例如泥炭可以提供较多的通气孔隙，浮石和沙能提高盆栽基质的密度，珍珠岩、木纤维、谷壳、树皮、椰壳块常用于增加基质的透气性。使用单一的基质材料常不可避免地存在一些问题，而混配基质由于各基质组分之间的互补性，可使栽培基质的物理、化学指标符合种植的需求。理论上讲，混合的基质原料种类越多，效果会越好。

2.基质原料的前处理

在使用适宜的基质原料前，必须经过筛选、去除杂质、清洗或粉碎等处理方可进行混配。若是基质原料的盐分过高还需经过淋洗处理以降低盐分。所有基质原料都需经严格检验合格后方可使用，有些基质原料要经过适宜的方法消毒和灭菌处理，去除里面可能含有的致病菌或杂草种子。

基质原料一般不可过酸或过碱，不能含有尖锐的杂质颗粒，尖锐物易对配制基质的工作人员带来意外伤害，也可能造成植物根系的损伤，导致根系伤口被病原菌感染。

3.基质自动化生产工艺流程

（1）基质自动化生产设备组成

一般来说，基质自动化装备主要由计算机控制系统、自动配料系统、自动包装系统和自动码垛系统四部分组成（图9-8）。

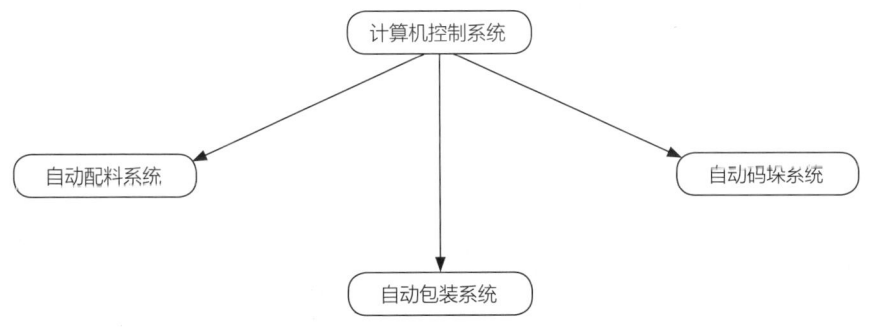

图9-8　基质自动化生产设备组成

①计算机控制系统：该系统负责对整条生产线的各个环节进行控制，包括伺服机控制、开关电源控制、变频器控制、系统软件控制、码垛机器人控制、喷码机控

制、皮带秤控制、配料称量控制、包装称量封口控制、皮带流量秤控制、套袋机控制等。

②自动配料系统：该部分由多个主料仓和辅料仓，以及皮带流量秤、皮带输送机、提升机、混合机等组成（图9-9）。主料仓用于主要原料的添加，如泥炭、椰糠、发酵后的畜禽粪便、粉碎的秸秆、珍珠岩等。辅料仓用于添加调节基质 pH 值或养分的原料，如碳酸钙、缓控释肥等。

主料仓　　　　　　　　　　　　辅料仓

皮带流量秤　　　　　　　　　　皮带输送机

计算机控制系统　　　　　　　　包装称量

图 9-9　基质自动化生产设备

③自动包装系统：该系统由包装料仓、自动称量机、取袋机、上袋机、拍袋

机、移包机、导引机、热合机等组成。

④自动码垛系统：全自动码垛生产线由倒袋整形机、斜坡输送机、过渡输送机、待码输送、库卡机器人、托盘库、缠绕机、叉车位输送机等组成（图9-10）。

图9-10　自动码垛生产线

（2）基质自动化生产设备的优点

基质自动化生产设备是一种专业化、集成化、智能化的工业设备，可以显著提高基质的生产能力。其主要优点有以下几点：

①配料系统采用流量控制系统，多种配方的组分重量值可以灵活设置，操作方便直观。

②全自动套袋系统稳定性好，上袋效率高，操作简单。

③全自动码垛机器人的码垛能力比传统码垛机和人工码垛都要高得多。它的结构非常简单，故障率低，易于保养及维修，主要构成零配件少，维护费用很低。

④全自动托盘库缠绕系统，自动化效率高，结构简单，故障率低，易保养，缠绕美观方便智能。

⑤整体系统由 PLC 电脑控制系统，可以实时显示系统工作状态，并进行数据的存储，实现了现代化、智能化控制。

（3）基质自动化生产工艺流程

基质自动化生产工艺流程如图9-11所示，整个生产过程实现了自动化控制。首先只需将配方比例输入计算机控制系统，自动配料系统根据输入的配方将经过前处理的各类物料进行混配。料仓的出口由计算机控制，根据皮带流量秤定量，控制出料的量。之后通过皮带输送机送到提升机和气动分料器，再进入混合机进行物料混合，完成混料工作。混合后的基质将经过实验室检测确定是否符合生产标准。

　　混合结束后的基质通过包装储料仓进入称量机，取袋机从包装袋架上取出包装袋，上袋机将包装袋固定在称量机下方，通过称量机将定量的物料装入袋内，拍袋机将物料袋震动拍实，进入移包机，通过导引机，对包装袋进行热合，实现上袋打包热合一系列自动化操作。热合封口完毕的包装袋通过倒袋整形机，将包装袋倒下，压平整形，再通过斜坡输送机送入过渡输送机，运往待码输送机，进行自动喷码，自动喷码机根据计算机的设置，将包装信息喷在包装袋上，送入库卡机器人的托盘库，由机器人进行堆垛，用缠绕机对堆垛进行薄膜绕缠包装成大垛，供叉车搬运。

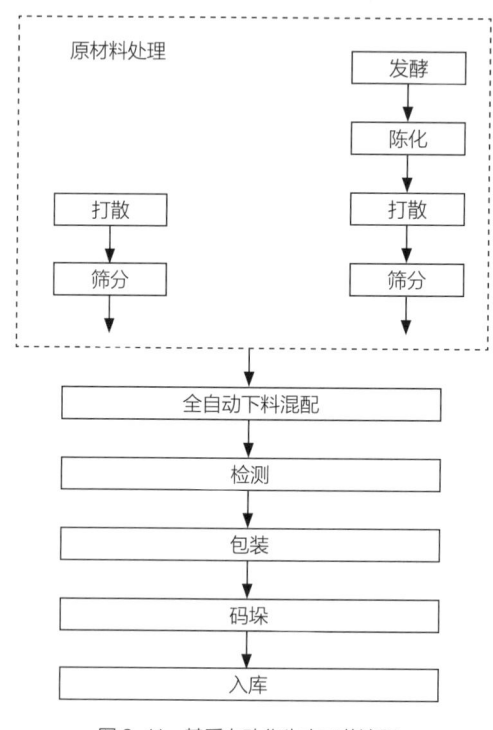

图9-11　基质自动化生产工艺流程

五、基质生产案例

　　以厦门市江平生物基质技术股份有限公司生产的蔬菜育苗基质为例，通过分析蔬菜育苗过程对基质特性的要求，利用膜发酵技术处理后的猪粪和木纤维作为主要原料，设计精准配方，再通过基质自动化生产线进行生产。生产过程如下：

首先，将发酵猪粪、发酵木纤维和椰糠、泥炭、珍珠岩等主要原料，以及辅料碳酸钙等分别装入主料仓和辅料仓。其次，在自动配料系统输入配方，系统将自动根据配方将主要原料和辅料按比例下料并通过皮带输送机送到提升机和气动分料器，再进入混合机进行物料混合。混合后的基质样品经过实验室检测确定是否符合生产标准。合格的混合后的基质通过包装、称量、拍实、封口、整形、喷码后，由机器人进行堆垛，供叉车搬运进入储存仓库。

六、基质产品案例

1. 蔬菜育苗基质

①配方原料：发酵猪粪、发酵木纤维、泥炭土、椰糠、珍珠岩。

②产品规格：非压缩容量 50 L ± 2 L。

③技术参数：pH 值 5.5 ～ 6.5，$N+P_2O_5+K_2O \geqslant 2\%$、有机质 $\geqslant 50\%$。

④适用范围：适用于瓜类、茄果类、叶菜类蔬菜育苗。

⑤产品特点：a. 原料天然、有机、无公害，无有害病原菌、虫卵、草种，不污染环境，科学配比混配而成；b. 酸碱度适中，疏松透气、保水保肥，给幼苗根系提供良好的生长环境，根系发达、盘根力强，移栽不伤根，缓苗快；c. 不同肥力产品满足不同客户需求；d. 工艺先进，产品稳定性好。

⑥使用方法：如库存时间较长，基质湿度较低时，装盘前将基质倒出，边喷水边搅拌均匀，预湿至湿度 50% ～ 60%（即手握成团，不出水状态），避免播种后透水难再湿润；装盘时将基质均匀填满穴盘，用手托起穴盘在地面上轻抖两下，使基质在重力作用下自然下落填满孔穴，刮平、打孔、播种。不要过分压实，以免破坏基质原有的物理结构，影响出苗。

2. 水稻育秧基质

①配方原料：发酵牛粪、泥炭土、椰糠、珍珠岩。

②产品规格：非压缩容量 50 L ± 2 L。

③技术参数：pH 值 5.0 ～ 6.5，$N+P_2O_5+K_2O \geqslant 2\%$、有机质 $\geqslant 45\%$。

④适用范围：适用水稻育秧机械化及人工育秧播种。

⑤产品特点：第一，原料天然、有机、无公害，无有害病原菌、虫卵、草种，

不污染环境；第二，疏松透气、保水保肥强，出苗快、苗壮整齐，抗逆性好，减少苗期农药的使用量；第三，基质容重轻，粒径均匀、杂质少，适合机械化育秧；第四，基质育苗省工，易管理，便于运输操作，节约成本，实现水稻增产增收；第五，酸碱适中，富含植物生长所需的氮、磷、钾及各种微量元素，营养均衡。

⑥使用方法

机械育秧：可将基质从外包装简单按压，使其松散后直接倒入机械下料仓使用。

人工育秧：装盘前将基质倒出，边喷水边搅拌均匀，预湿至湿度40%～50%后装盘2 cm，刮平、播种、覆土0.5 cm厚、刮平、浇透水即可。

第四节
固态粪便厌氧转化挥发酸原理及工艺流程

我国畜禽养殖规模化程度高，粪污产生量大，传统种养结合的方式无法满足现代化养殖的需求，因此寻求畜禽粪污高值化利用方式是养殖业的必选之路。2020年6月8日发布的《第二次全国污染源普查公报》显示，畜禽养殖业排放的化学需氧量达1 000.53万吨，贡献率为49.80%，畜禽养殖业的污染排放已经成为我国最重要的农业面源污染源之一。

厌氧消化技术是畜禽粪便处理的理想技术之一，一方面可以解决粪便污染的问题，另一方面可以将粪便中有机物转化为高附加值产物甲烷或脂肪酸。相对于以产甲烷为主的传统厌氧消化处理，挥发性脂肪酸（Volatile fatty acids, VFAs）是厌氧转化过程中水解－酸化处理的产物，更容易储存、运输，附加值也更高。脂肪酸是一种平台化合物，既可以用于制造生物表面活性剂、生物絮凝剂、生物柴油等微生物聚合物，同时也是重要的小分子碳源，易与其他过程耦合。因此，固态粪便厌氧发酵产脂肪酸可以同时实现其减量化和资源化，拥有巨大的环境保护和能源替代潜力。

一、固态粪便厌氧转化脂肪酸原理

1. 固态粪便的基本特征

畜禽粪便成分复杂，主要由粪便、尿液、未消化的饲料、纤维素、蛋白质以及无机物等组成，含有丰富的养分和有机质。由于畜禽种类和饲养方式的不同，其组成成分存在差异。另外，在畜禽养殖过程中，为保证畜禽的正常生长和疾病预防，微量元素和抗生素被用作饲料添加剂大量使用，导致粪便中含有大量残留的重金属（Cu，Pb，Cd 和 Zn 等）、抗生素和激素。此外，畜禽粪便中还含有大量粪大肠埃希菌和寄生虫卵等病原微生物，这些都大大限制了畜禽粪便直接利用。因此，畜禽粪便作为污染物需要妥善处置以降低其环境污染，同时，畜禽粪便蕴含的丰富有机资源被转化利用。固态粪便厌氧转化脂肪酸可同时实现粪便污染控制和资源回收，是处理粪便的理想技术。

2. 固态粪便厌氧发酵产酸原理

厌氧发酵（Anaerobic digestion, AD）技术是指在厌氧条件下，多种微生物和酶通过单独或协同作用，将发酵底物中的有机物经过一系列复杂的生物电化学反应，最终生成沼气和生物质的过程。经典的厌氧发酵过程包括水解、酸化、产氢产乙酸和产甲烷四个阶段。厌氧发酵产酸反应是继水解反应之后将大分子聚合物降解为小分子单体进而转化为脂肪酸的过程，伴随大量副产物气体的产生，主要为 H_2 和 CO_2（图 9-12）。其中，挥发性脂肪酸是厌氧发酵过程中酸化阶段的重要产物，是由六个或更少碳原子组成的短链脂肪酸，如乙酸、丙酸、丁酸、戊酸、己酸等。在产酸过程中，多糖先进行水解转化为单糖，再通过糖酵解（EMP）路径转化为丙酮酸，最后由丙酮酸在相应酶催化下生成乙酸、丙酸、丁酸等；蛋白质被胞外水解酶水解为多肽和氨基酸，这些氨基酸和多肽除一部分被微生物吸收用作生长外，其他的继续通过脱氨和脱羧反应分解成脂肪酸；对于脂类首先水解成甘油和长链脂肪酸，其中部分脂肪酸转化为磷酸甘油，之后生成丙酮酸，最后分解成脂肪酸；长链脂肪酸则通过 β 氧化生成短链酸。功能微生物是厌氧发酵产酸过程的主要驱动者，包括水解菌、产酸菌和同型产乙酸菌，以及一些共生细菌。厌氧产酸过程的主要反应式见表 9-2。

表 9-2 厌氧产酸过程的主要代谢反应

序号	化学反应式	$\Delta G^{0'}$（kJ/mol）
1	$C_6H_{12}O_6 \rightarrow 2CH_3CH_2OH + 2CO_2$	-184.2
2	$C_6H_{12}O_6 + 2H_2O \rightarrow 2CH_3COOH + 2CO_2 + 4H_2$	-135.6
3	$C_6H_{12}O_6 + 2H_2 \rightarrow 2CH_3CH_2COOH + 2H_2O$	-357.9
4	$C_6H_{12}O_6 \rightarrow CH_3COO- + CH_3CH_2COO- + CO_2H_2 + 2H^+$	-287.0
5	$C_6H_{12}O_6 \rightarrow CH_3CH_2CH_2COOH + 2CO_2 + 2H_2$	-257.1

续表

序号	化学反应式	$\Delta G^{0'}$（kJ/mol）
6	$C_6H_{12}O_6 \rightarrow 2CH_3CHOHCOO^- + 2H^+$	−217.7
7	$CH_3CH_2COO^- + 3H_2O \rightarrow HCO_3^- + CH_3COO^- + 3H_2 + H^+$	+76.1
8	$CH_3CH_2CH_2COO^- + 2H_2O \rightarrow 2CH_3COO^- + 2H_2 + H^+$	+48.1
9	$CH_3CHOHCOO^- + 2H_2O \rightarrow CH_3COO^- + HCO_3^- + H^+ + 2H_2$	−4.2
10	$4H_2 + 2CO_2 \rightarrow CH_3COO^- + H^+ + 2H_2O$	−95.0

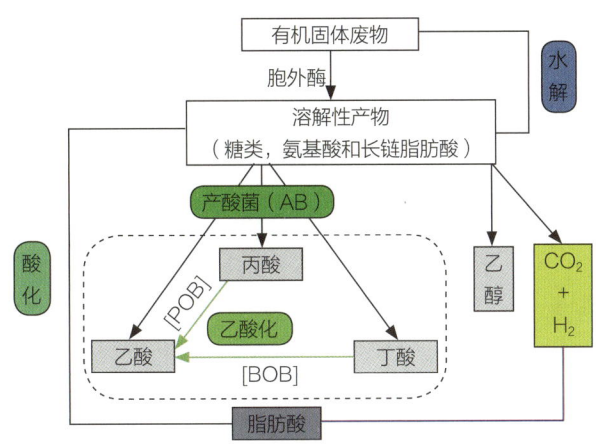

图 9-12　厌氧发酵产脂肪酸机理图

3. 厌氧发酵产酸的影响因素

提高厌氧发酵 VFAs 产量是实现粪便废弃物减量化和高值化的核心。近年来，研究者就如何提高有机固体废弃物厌氧发酵产 VFAs 开展了大量工作，主要集中在优化和控制运行条件，如电刺激、pH 值、调控营养元素添加、微曝氧、温度、水力停留时间和预处理等因素来提高产酸效率。江南大学研究团队对厌氧发酵产酸微生物生态做了较深入的研究，他们利用稳定性同位素标记和高通量测序等环境微生物技术，研究了产酸微生物在厌氧发酵过程中所起的作用，明确了各产酸菌的种群结构以及它们之间的互营关系，阐明了不同功能菌群在生产 VFAs 中的贡献，并通过菌群结构与数量的调节，增强互营共生产乙酸。厌氧发酵产酸的主要影响因素概述如下：

（1）底物组成

不同畜禽粪便所含有机质成分存在差异，其有机质降解的难易程度也不同。根据发酵底物中有机质的组分大致可分为多糖类物质、蛋白质类物质和脂肪类物质。就三者来说，在相同的操作条件下，水解速率依次减小。

发酵底物的类型不仅影响厌氧产酸过程中有机酸的转化率，也影响其产酸代谢类型。比如，碳水化合物的厌氧酸化产物以乙酸和丁酸为主。而富含蛋白质的有机物在水解酸化过程中，更容易向丙酸、戊酸和己酸转化。另外，基质颗粒大小也会影响产酸效率。颗粒越小，其表面积越大，与外界接触面积越大，故而水解效率越高，产酸效率也越高。

（2）pH值

厌氧酸化体系中 pH 值是气 / 液相之间的 CO_2 平衡、液相内的酸碱平衡以及固 / 液相之间溶解平衡共同作用的结果。因此，在有机废物生物降解的过程中，pH 值影响产酸发酵的许多方面。首先，反应器环境中 pH 值的变化可以引起微生物细胞膜电荷的改变，从而影响微生物对营养物质的吸收和代谢过程中酶的活性。介质中 pH 值的变化不仅影响微生物的生长，甚至影响微生物的形态。因为大多数的酶和产酸菌都无法忍受强酸性（pH < 3.0）或强碱性（pH > 12.0）条件。产酸菌的适宜 pH 值范围为 4.0 ～ 6.0，但最佳 pH 值因发酵底物而异。其次，pH 值可以通过影响产酸菌的代谢途径来决定产酸发酵类型，从而影响厌氧发酵产生 VFAs 的种类。造成这种现象的原因可能是较低的 pH 使得 NADH 的消耗降低，更有利于 NADH/NAD+ 比率的增加，导致主要产物的变化。根据末端发酵产物的主要构成，发酵产酸类型可分为丙酸型发酵、丁酸型发酵、混合酸型发酵和乙醇型发酵。乳酸在 pH 值低于 4.0 时比例较高，丙酸在 pH 值 5.0 ～ 5.5 时占主导地位，丁酸在 pH 值 5.0 ～ 6.5 时占主导地位，而混合 VFAs 一般发生在中性或弱碱性环境中。

（3）温度

温度是影响产酸发酵性能和稳定性的最主要参数之一，主要通过影响酶的活性进而影响微生物生长速率与基质的代谢速率。从热力学角度讲，温度的改变会直接影响反应的吉布斯自由能，从而影响到 VFAs 的产量。厌氧发酵一般采用三个温度区：低温（10 ℃～ 30 ℃）、中温（30 ℃～ 40 ℃）和高温（50 ℃～ 60 ℃），但高温似乎更有利于水解过程中基质的降解和 VFAs 的形成。因为发酵底物中有机物的溶出量随着温度的升高而增大，有机物大量溶出为产酸菌提供养料。然而，高温发酵耗热量太大，且稳定性不高，通常较少采用。低温厌氧发酵耗热量少，稳定性高，发酵过程稳定，但是基质降解效率和产酸效率都相对较低，发酵反应过程污泥停留时间较长，一般也不被采用。采用较多的是中温厌氧发酵，且已有研究证明，它能有效结合高温、低温的优势，克服两者不足。

在评估厌氧发酵的最佳温度时，需要考虑发酵底物的种类。因为，不同种类的有机废物中本体微生物存在差异，其发酵产酸的最佳温度也会不同。此外，温度还会影响发酵过程中 VFAs 的组成。例如，35℃ 和 45℃ 分别是生产乙酸和丙酸的适宜发酵温度，而 55℃时丁酸成为主要产物。乳酸主要由 L– 乳酸和 D– 乳酸组成，而 L– 乳酸的最佳温度可能会抑制 D– 乳酸的生成。

（4）顶空压力

在厌氧发酵过程中，反应器顶空气体的积聚会以不同的方式影响 VFAs 的生产。H_2 往往是伴随着发酵产酸形成的，而发酵系统的氢分压会对最终产物的种类和产量产生影响。因为 H_2 的积累会改变电子流向和 NADH/NAD+ 比例。较高的氢分压会引起正丁酸 / 丙酸的积累，每摩尔丙酮酸形成的丙酸比正丁酸产生更多的 NAD+。同时，NADH 的利用率也会更高。因此，为了维持适当的 NADH/NAD+ 比例，生成正丁酸的代谢途径会逐渐被生成丙酸的代谢途径所替代。而较低的氢分压会促进底物水解产生更多的 H_2、CO_2、乙酸和丁酸。但同时也会抑制同型产乙酸反应，不利于乙酸的生成。此外，VFAs 的组成也会因顶空环境的不同而受到影响。当反应器顶空 CO_2 积累时，最主要的产物是丁酸，这与在高 CO_2 分压下抑制产乙酸菌和乳酸菌的作用有关。

（5）停留时间

停留时间是厌氧发酵过程中的重要操作参数，分为水力停留时间（Hydraulic retention time, HRT）和固体停留时间（Solid retention time, SRT）。HRT 跟初始发酵体积有关，是指发酵液在反应器中的平均停留时间。SRT 则是指发酵微生物和底物在反应器中的平均停留时间。

一般来说，较长的 HRT 能使微生物充分利用发酵底物，有利于水解产物的后续酸化发酵，有助于 VFAs 的生成。但过长的 HRT 会导致 VFAs 不断累积，从而形成反馈抑制，抑制 VFAs 的产生。因此，适当地调节 HRT 能够平衡 VFAs 的组分和总量。此外，在利用固体有机物发酵产酸时，一般 HRT 等于 SRT。目前的研究结果显示，产甲烷菌的世代周期较长，而产酸菌世代周期较短。因此，合理控制反应器的 SRT 不仅可以达到减少产甲烷菌、富集产酸菌的效果，避免 VFAs 的消耗，还可以为水解有机物提供充足的反应时间。

（6）碳氮比

营养元素在厌氧微生物生长过程中是必不可少的，它能够影响底物厌氧发酵效率及反应器的运行特性。在有机固废厌氧发酵过程中，氮是微生物细胞生长和发挥作用所必需的蛋白质和核酸的关键组成元素。一般认为，反应基质中的碳氮比（C/N）由两方面影响发酵产酸过程。一方面是通过影响微生物自身的合成代谢和有机物在微生物体内的生物氧化过程，导致厌氧微生物细胞内的 NADH/NAD+ 比率和发酵产量变化。另一方面是诱使不同产酸功能菌群在厌氧体系中的富集，从而调控形成不同的产酸类型。

通常，C/N 过高时，会导致微生物生长所需 N 元素不足，造成游离氨过少，使得发酵液缓冲性能降低，出现酸化现象甚至反应提前终止；C/N 过低时，游离氨过多，会导致 pH 偏高，当 pH > 8 时会抑制有机质的水解。有研究证明，若 C/N（质量比）超过 40，进行生物处理时就会造成氮缺乏。C/N 为（10 ~ 20）∶1 时被认为是最适合厌氧发酵反应的。此外，C/N 对酸成分也有较为显著的影响。有研究证明，在任何 C/N 条件下均为乙酸含量最多，丁酸其次，但异丁酸、戊酸和异戊酸的含量随氮元素增加而增加，说明其含量与蛋白质水解呈正相关。

（7）有机负荷

有机负荷率（Organic load rate, OLR）是指单位体积反应器每单位时间收到的有机污染物的量，是影响厌氧产酸的控制参数之一。OLR 数值不仅表示厌氧反应器中有机物的含量，还可以反映出反应器中微生物对有机物的处理能力。当 OLR 较低时，不能够满足微生物繁殖生长所需的营养物质，微生物死亡会降低厌氧系统处理能力；当 OLR 较高时，产酸菌成为优势菌群，产甲烷菌逐渐变成劣势菌群，有利于 VFAs 的累积。

4. VFAs 生产存在的问题

当前，针对有机固体废物厌氧产酸特性的研究多集中于糖蜜废水、餐厨垃圾、甘蔗渣等富碳有机物，对畜禽粪污的研究相对较少。禽畜粪便的组成极为复杂，导致发酵液中副产品种类多，目标产物纯度低，参数定向调控难度高。一般而言，禽畜粪便发酵所产的酸为混合酸，使得 VFAs 产物同步分离提纯技术受到限制，同时也加大了后续分离纯化的难度。此外，由于目前的提纯工艺并不成熟，从发酵液中分离 VFAs 也是需要克服的难题。因此，可从改进禽畜粪便预处理方法、完善微生物发酵代谢机理、建立定向发酵产物调控机制和开发 VFAs 提纯技术等研究角度出发，实现在混菌条件下厌氧产酸操作单元的稳定性和可控性，提炼获得产量大、纯度高的目标发酵产物，以达到高效转化禽畜粪便的目的。

二、固态粪便厌氧产酸工艺进展

1. 工艺流程

在废弃物固态发酵领域，我国研究最多的是车库式固态厌氧发酵。车库式固态厌氧发酵因运行能耗低、管理简单等优点，被认为具有良好的应用前景。车库式固态厌氧发酵采用不透气混凝土结构，管道暖气底部供热，土建费用较低。模块化的发酵仓保证了该工艺容易扩展和规模化应用，因此，比较适用于年产沼气百万立方米的大型厌氧工程。车库式固态厌氧发酵技术可以直接处理畜禽粪便和农作物秸秆等高固体含量有机物，工艺能耗较低，冬季保温仅需要产能的 5%，而湿式发酵要耗用自身产能的 10% ～ 30%。与其他固态发酵技术相比，车库式发酵技术具有三个方面的优点：①物料限制少，适应性广。对各种物料的应用较多，操作过程不受无机杂质如塑料、沙石、木块等的影响，因而简化了物料预处理过程，节省了人力和筛分预处理设备的费用，极大地降低了工程成本。②系统的可靠性也很高。车库式固态发酵装置中没有搅拌器等运动部件，运维简单，能耗小。③进出料方便。可使用通用的装载机等工程机械进料、出料，设备通用性强，利用效率高。

固态粪便发酵产酸和产沼气工艺流程相似，均包括投料 / 预好氧阶段、启动渗滤液循环阶段、厌氧发酵阶段和发酵完成阶段四个阶段（图 9-13）。不同的是，固态发酵产酸工艺的厌氧发酵阶段控制回收产物为脂肪酸，不进入产甲烷阶段。另外，固态粪便厌氧发酵产脂肪酸工艺还有一个非常重要的环节，即脂肪酸的纯化和分离。

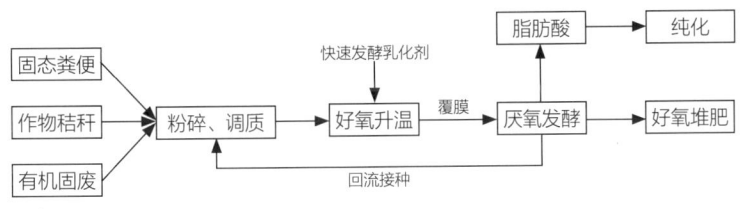

图 9-13 固态粪便厌氧发酵产脂肪酸工艺

①投料 / 预好氧处理阶段。用装载机把物料运至车库式发酵仓；通过底部空气管向物料内通入空气，进行有氧堆肥，利用堆肥释放的热量提高物料温度，为接下来的厌氧发酵做准备；产生的废气经过除臭处理后直接排到车库外。此阶段渗滤液管道处于关闭状态。

②启动渗滤液循环阶段。停止空气通入，并启动渗滤液循环系统；持续产生的废气经过除臭处理后排放（通过水解产生的酸经过微生物的降解被转化为沼气）。此阶段通气管道处于关闭状态，渗滤液管道启动，废气管道处于开启状态。

③厌氧发酵阶段。车库式干发酵产生的脂肪酸中组分达到要求后，关闭废气管道；随着固态发酵产生的脂肪酸量达到最大值，有机物的降解逐步减慢。脂肪酸的类型取决于主导代谢途径，通过调节运行参数可以调控代谢途径。在该阶段，渗滤液管道和通气管道状态与启动渗滤液循环阶段相同。

④发酵完成阶段。厌氧发酵阶段结束，喷淋系统停止循环并排空渗滤液，向反应仓内通入空气。该阶段进行强制吹风的目的在于迅速停止脂肪酸的继续生成。在本阶段，渗滤液管道关闭，通气管道和废气管道处于开启状态。

2. 固态厌氧发酵工艺研究进展

固态发酵是废弃物厌氧处理的热点和趋势，相对于传统的湿发酵来说，固态发酵工艺具有三大优势：占地面积小，耗水量小，容积产出率高；对原料的限制性小；发酵过程没有沼液排出，沼渣易消纳。固态厌氧发酵除可处理畜禽粪便、农业秸秆外，还可以针对有机垃圾、餐厨垃圾，以及其他农产品生产加工废弃物进行处理。

从 20 世纪 80 年代起，国内科研院所和大专院校对沼气干法发酵技术进行了大量研究，但是我国干发酵技术的研究相对滞后。国内致力于厌氧干发酵技术的研究和推广，主要工艺包括：覆膜槽沼气干式发酵系统、干式发酵反应器（立式 / 卧式）、多元废弃物车库式干发酵工艺等。废弃物厌氧干发酵技术起源于欧洲，早在20 世纪 40 年代，欧洲一些发达国家如德国、法国、荷兰和瑞士等就开始研究和使用干湿厌氧发酵技术处理固体废物。20 世纪 80 年代，干式厌氧发酵技术在荷兰、瑞士、德国等国家得到了更加深入的研究，并进入市场化应用。20 世纪 90 年代，德国开发了间歇式干发酵技术工艺及装备，并于 90 年代末通过了工艺与工业设备的中试。目前，欧洲的干发酵技术已非常成熟，其中最具代表性的干发酵工艺有：

德国 Bekon 及 Wehrlewerk 公司的 Bioferm 干发酵工艺，瑞典 KOMPOGAS 公司的 Kompogas 干发酵工艺、比利时 OWS 公司的 Dranco 工艺、法国 Valorga International S.A.S 公司的 Valorga 干发酵工艺等。国内外主要厌氧干发酵工艺及其特点总结于表 9-3。

表 9-3　国内外固态厌氧发酵工艺及特点

序批/连续	工艺类型	国别	工艺特点
连续式工艺	Dranco 工艺	比利时	单相、竖式，无内部搅拌
			发酵过程仅靠重力沉降，出料大部分用作接种
			能处理含量 40%～50% 固体有机废物
			可处理城市垃圾、餐厨垃圾和能源作物等
	Kompogas 工艺	瑞典	单相、卧式高温发酵工艺
			内置搅拌长轴，水力停留时间 15～20 天
			发酵罐的有效容积为 72%～77%
	Biopercolat 工艺	德国	干湿两相、卧式
			分为一级水解酸化和二级发酵阶段
			水解酸化阶段水力停留时间 2～3 天，微好氧
			二级发酵阶段采用带填料的中温厌氧
	Valorga 工艺	法国	单相、竖式，压缩沼气搅拌
			固体原料的水力停留时间为 18～23 天
			固体废物调质后总固体含量 25%～30%
	Linder-KCA/BRV 工艺	德国	两相、卧式，内设搅拌器
			可处理总固体含量 15%～45% 的有机固废
			发酵结束后进行固液分离，固体堆肥，液体用于回流调质
			可处理湿有机固废、餐厨垃圾等

续表

序批/连续	工艺类型	国别	工艺特点
序批式工艺	MCT 工艺	中国	附膜式干式发酵
			尚未大规模生产
	Bekon 工艺	德国	单相,已成熟
			通过渗滤液喷淋进行连续接种,无搅拌器和管道
			可直接处理城市固体废物和农作物秸秆,系统可靠性高
			发酵结束时无沼液产生,能处理总固体含量50%的废物
	Bioferm 工艺	德国	单相,车库式中温厌氧工艺
			应用于含水率低于75%的有机固体废弃物的处理
			原料投加到反应器内不需要搅拌或翻掀,不需要做预处理
	APS 工艺	美国	两相,固态水解产酸和液态产甲烷相结合
			由多个水解酸化反应器和一个产甲烷反应器组成
			整个工艺无液体排出,沼渣生产有机肥
			可处理食品废水,餐厨垃圾和畜禽粪便等

综上所述,我国固态粪污厌氧发酵处理技术还相对薄弱,推广和应用都比较少,急需更多的科研工作者投入研究。诚然,一项技术的产业化应用涉及很多环节,比如土木工程、自动化控制和监测等,需要不同领域的学者共同攻克难题。除了跟固态发酵产甲烷面临同样的瓶颈之外,厌氧发酵产酸的工艺瓶颈还在于脂肪酸高昂的纯化成本。目前用于分离纯化脂肪酸的方法主要有:液体萃取、膜分离、吸附与离子交换、酯化、蒸馏与蒸发等。各种分离方法都具有一定局限性,如无法在高 pH 下高效分离、成本高昂和环境污染等。因此,暂时尚没有一套经济可行、成熟完善的固态粪便发酵产酸工艺。

第十章
畜禽养殖恶臭
污染控制技术

第一节
恶臭污染产生及排放规律

一、畜禽养殖恶臭的产生

臭气污染能够直观地表征环境质量状况，环境中的恶臭物质主要存在于受污染水体、固体废物中，易挥发的恶臭物质通过空气扩散进入人的呼吸道从而使人感受到臭味。国家标准《恶臭污染环境监测技术规范》指出恶臭是指一切刺激嗅觉器官引起人们不愉快感觉及损害生活环境的异味气体。迄今为止，人可以凭借嗅觉感受到 4 000 多种恶臭物质，这些恶臭物质作为环境公害之一，已受到越来越多的关注。

随着全球气候变化，我国畜禽养殖模式也发生着巨大改变。自 2004 年我国局部地区发生高致病性禽流感，再到非洲猪瘟和各种病疫的引入，导致小规模分散型养殖模式在我国面临着巨大困难，为了应对畜禽瘟疫的流行，国内开始采用大规模、集中、封闭的养殖模式。规模化、集约化养殖也带来了巨大的环境问题，养殖区域产生大量恶臭物质，这些恶臭物质主要来自畜禽粪尿、污染水体、养殖垫料、饲料残渣、畜禽呼吸气体等，此外动物表皮、毛发等经厌氧分解也会产生大量臭气。其中畜禽粪污是畜禽养殖场恶臭物质的主要来源。另外，长期暴露在恶臭污染环境中，人和动物的健康会受到影响。

畜禽代谢物中的营养物质为微生物提供了良好的生长条件，有利于微生物的快速繁殖，在集粪区和养殖区大量产臭微生物分解畜禽代谢物从而产生大量臭气。恶臭物质最先在畜禽肠道中产生，动物盲肠具有 pH 值高、厌氧程度高和内容物停留时间最长（12 ~ 20 小时）的特点。盲肠内容物中菌群丰度高，集中了大量肠道微生物（密度为 $10^{10} \sim 10^{11}$ 个 /g），以厌氧菌为主，以上条件使盲肠成为微生物发酵分解有机物的主要场所。盲肠内容物中的蛋白质被微生物分解产生氨基酸，随后在微生物的作用下产生臭气，未经过体外环境因素影响的新鲜粪便就已产生了大量恶臭气体。排泄出的粪便和含氮量高的尿液混合，在产臭微生物的作用下，大量有机物开始分解，产生的恶臭气体源源不断地挥发到环境中。在养殖过程中，未被完全消化的营养物质随粪便排出，随着未被利用的饲料等掉入粪沟，在粪肥贮存过程中，蛋白质和碳水化合物在微生物的作用下发酵，形成硫化氢、氨、芳香族化合物（酚和吲哚）、挥发性脂肪酸等，这些发酵产物在很大程度上也增加了畜禽养殖场的恶臭物质产生量，从而加剧了畜禽养殖场的恶臭污染。

1. 发酵类型与恶臭产生的关系

（1）体内恶臭物质发酵类型

畜禽采食后，存留在体内的食物在肠胃内消化和发酵，营养物质通过肠道毛细血管吸收，食物残渣停留在肠道中。在各种消化液和微生物的作用下，大部分营养物质被吸收，还剩下部分残渣在排出体外的过程中继续发酵，产生醇类、酸类和部分臭气物质等，这些物质的发酵方式可分为碳水化合物型发酵和含氮化合物型发酵两类。

①碳水化合物型发酵

在近端大肠（盲肠和近端结肠）中，碳水化合物含量相对较多，而菌群中碳水化合物型发酵的菌群如乳杆菌、双歧杆菌等数量居多，且这些菌普遍对宿主有益。碳水化合物首先会被部分细菌水解并利用，生成结构更简单的单糖或寡糖等中间产物，后又继续二次发酵，生成乙醇、琥珀酸和乳酸等小分子物质。多糖通过不同的细菌进行多次发酵，会产生多种中间产物，但由于中间产物往往又是另外一些菌群的发酵底物，所以这些中间产物的含量普遍较低。碳水化合物酵解的终产物主要为乙酸、丙酸和丁酸这类短链脂肪酸以及氢气和二氧化碳。甲酸虽然也是终产物之一，但由于不稳定，易分解为氢气和二氧化碳。另外菌群中的古细菌会将 CO_2 还原成甲烷，硫酸盐还原菌也能利用 H_2 还原硫酸盐，从而生成 H_2S。

②含氮化合物型发酵

在远端大肠（远端结肠）中，碳水化合物已逐渐被消耗，菌群需要发酵含氮化合物来获得能量，菌群中的梭菌、真杆菌的发酵模式便是含氮化合物型发酵。相关菌群通过对蛋白质、多肽和氨基酸的逐步脱氨基发酵，得到的产物主要是乙酸、丙酸和丁酸类短链脂肪酸，但与碳水化合物型发酵不同的是，终产物中长链脂肪酸的生成明显更多。不同的氨基酸通过厌氧发酵，生成不同的产物，但相较碳水化合物型发酵，含氮化合物型发酵的产物对宿主的危害要大得多。其中氨基酸去氨基反应生成氨气，去碳酸基则生成胺类物质。半胱氨酸及蛋氨酸发酵产生甲硫醇、硫化氢。芳香族氨基酸发酵生成酚类和吲哚类。

两种发酵类型相比较而言，不难发现微生物利用含氮化合物发酵是养殖臭气的主要产生途径，产生了 NH_3、挥发性胺类、H_2S、酚类和吲哚类、挥发性脂肪酸等有害气体。反观碳水化合物型发酵，其终产物主要为短链脂肪酸，其大多可被机体吸收，经排泄后造成恶臭污染的危害性更低；其次在碳水化合物充足的情况下，细菌会利用含氮化合物合成菌体蛋白，减少中间产物的生成；同时短链脂肪酸等有机酸能有效降低肠道 pH，抑制有害菌的生长，防止色氨酸代谢中间产物形成粪臭素。因此，相对含氮化合物发酵而言，通过调配饲喂物质的碳氮比使菌群发酵模式更偏向于碳水化合物型发酵，更有利于养殖臭气减排。

（2）体外粪便及废弃残渣发酵产臭

畜禽体内食物从肠道消化就开始产生恶臭物质，粪便排出后存储在粪沟内。饲喂过程中散落的饲料及垫料等为后续的发酵提供了氮源。微生物以粪沟为发酵场所，利用废弃物发酵产生大量臭气体，使粪沟成为恶臭产生的重要场所之一。

①恶臭物质产生的原理

根据化学性质，恶臭气体可大致分为 4 类：氨和挥发性胺类、挥发性硫化物、酚类和吲哚类、挥发性低级脂肪酸。尿液、尿酸分解后会挥发产生大量氨气（NH_3），氨基酸在脱氨过程中会产生腐胺、尸胺和氨等，链球菌、消化链球菌和拟杆菌等参与此过程形成第一类恶臭物质。第二类恶臭物质包括二甲硫和甲基、乙基硫醇等，在硫酸盐还原反应和含硫氨基酸代谢中产生，参与此过程的有硫杆菌属、脱硫弧菌属等。第三类恶臭物质含有吲哚、甲酚和4-乙基苯酚等，酚类化合物是通过动物肠道菌群分解氨基酸（例如酪氨酸和苯丙氨酸）以及粪污无氧发酵产生的，乙酸-磷酸酯在色氨酸代谢过程中生成，后通过细菌基团将其转化为粪臭素（3-甲基吲哚），参与该反应的微生物主要有埃希杆菌属、丙酸杆菌属和梭状芽孢杆菌属等。第四类恶臭物质如乙酸、丙酸、丁酸、异丁酸等，这些挥发性脂肪酸来源于蛋白质和碳水化合物的分解，由拟杆菌属、丙酸杆菌属、消化链球菌属、链球菌属、巨型球菌属、埃希杆菌属、乳酸杆菌属和梭菌属的代谢作用形成。

虽然恶臭的产生及消除受外界条件（如湿度、温度、pH、通气量、尿液混入量等）的影响很大，但最重要的影响因素还是产臭菌与除臭菌的群落结构及其丰度变化。现有研究表明，参与形成恶臭气体的微生物类型主要是细菌，多数归类为厚壁菌门和拟杆菌门，表10-1概括了粪污中的关键产臭微生物菌属以及所形成臭气的主要成分，不同的微生物类型、处于动态变化的群落数量都会导致粪污释放的恶臭物质不完全相同。因此，只有明确了微生物降解粪污时起主导作用的产臭物种，才能有针对性地选育抑菌活性强的功能菌株，实现粪污恶臭的高效脱除。

表 10-1　粪污中的关键产臭微生物菌属以及所形成臭气的主要成分

细菌	代谢类型	恶臭物质
链球菌属	兼性厌氧或专性厌氧化能异养型	甲酸，乙酸，丙酸，丁酸，异丁酸，戊酸，己酸，异戊酸，异己酸，氨和挥发性胺，吲哚和酚类
消化链球菌属	厌氧化能异养型	甲酸，乙酸，丙酸，丁酸，异丁酸，戊酸，己酸，异戊酸，异己酸，氨和挥发性胺，吲哚和酚类
埃希菌属	需氧或兼性厌氧化能异养型	甲酸，乙酸，丙酸和丁酸，吲哚和酚类
乳杆菌属	耐氧或厌氧化能异养型	甲酸，乙酸，丙酸和丁酸，吲哚和酚类
梭菌属	厌氧化能自养型	甲酸，乙酸，丙酸，丁酸，异丁酸，戊酸，己酸，异戊酸，异己酸，吲哚和酚类，挥发性含硫化合物
丙酸杆菌属	专性厌氧或耐氧厌氧化能异养型	甲酸，乙酸，丙酸，丁酸，异丁酸，戊酸，己酸，异戊酸，异己酸，吲哚和酚类
拟杆菌属	专性厌氧化能异养型	甲酸，乙酸，丙酸，丁酸，异丁酸，戊酸，己酸，异戊酸，异己酸，氨和挥发性胺
巨型球菌属	厌氧化能异养型	甲酸，乙酸，丙酸，丁酸，异丁酸，戊酸，己酸，异戊酸，异己酸，挥发性含硫化合物

2. 禽畜恶臭污染物类别及其阈值

畜禽粪污产生的恶臭成分复杂，来源于多种臭味化合物。据现有研究数据，已测定的挥发性恶臭化合物共计96种，可分为挥发性含硫化合物、挥发性含氮化合物、芳香族化合物（吲哚类和酚类）以及挥发性脂肪酸类。其中挥发性含硫化合物主要包括硫化氢、硫醇、硫醚等，其中甲硫醇为恶臭气体中嗅阈值最低的物质，其

嗅阈值仅为 7×10^{-11}（v/v）。含硫化合物的产生主要是因为粪便中含硫蛋白的厌氧发酵，同时也有少部分硫酸根离子的还原。其中硫化氢、二甲基硫化物和二甲基二硫化物的嗅阈值分别为 1.9×10^{-9}（v/v）、4.1×10^{-9}（v/v）、3×10^{-9}（v/v）。国家标准《规模猪场环境参数及环境管理》（GB/T 17824.3—2008）规定，猪舍内 H_2S 浓度不得超过 $10\ mg/m^3$，保育猪舍、哺乳猪舍 H_2S 含量不能超过 $8\ mg/m^3$。挥发性含氮化合物是臭气中最多的成分，主要包括氨气、腐胺、尸胺、甲胺和乙胺等。其中氨的嗅阈值为 2.5×10^{-6}（v/v），三甲胺为 2.1×10^{-9}（v/v）。国家标准《规模猪场环境参数及环境管理》规定，猪舍内 NH_3 浓度不能超过 $25\ mg/m^3$，保育猪舍、哺乳猪舍 NH_3 含量不能超过 $20\ mg/m^3$。芳香族化合物（酚和吲哚）主要由肠道内厌氧微生物对色氨酸、酪氨酸和苯丙氨酸（芳香族氨基酸）进行酵解，产生吲哚、粪臭素、对甲酚、4-乙基苯酚和苯乙酸等，其中吲哚、粪臭素和苯酚的嗅阈值分别为 4×10^{-10}（v/v）、9×10^{-11}（v/v）、5.4×10^{-8}（v/v）。挥发性脂肪酸类包括乙酸、丙酸、丁酸、戊酸和己酸等，相较于臭气的主要成分为 NH_3 和二甲基二硫醚（CH_3SSCH_3）的鸡场，猪场被感知到的酸臭味主要为低级脂肪酸。碳水化合物和含氮化合物经微生物厌氧发酵均可产生挥发性脂肪酸，但脂肪酸类型有所不同。碳水化合物经不完全氧化，生成乙酸、丙酸及丁酸等略带臭味和酸味的短链脂肪酸，少部分挥发至空气中。含氮化合物发酵会产生更多臭味较大的长链或支链 VFAs，其中乙酸、丙酸和丁酸的嗅阈值分别为 2.34×10^{-7}（v/v）、2.5×10^{-8}（v/v）、1.8×10^{-9}（v/v）。畜禽粪便恶臭成分复杂，不同畜禽粪便产生的恶臭成分不同，其对人畜造成的危害也有所区别。牛粪尿中的恶臭成分大约有 94 种，牛粪臭气成分以低级脂肪酸为主，但其臭气成分种类少、含量小；猪粪尿中有高达 230 种恶臭成分，猪粪以挥发性低级脂肪酸类臭气物质为主；鸡粪中也有 150 种恶臭成分，鸡粪与尿同时排出，其中 NH_3 和二甲基二硫醚的含量特别高。而在这些化合物中，约有 30 种化合物的阈值 $\leqslant 0.001\ mg/m^3$。另外，不同场合和不同养殖方式下，这些臭气成分存在的状态、含量的高低也不尽相同（表 10-2）。

表 10-2　不同养殖种类恶臭主要成分对比

成分	畜种		
	猪舍及猪粪	鸡舍及鸡粪	牛舍及牛粪
VFA	较多	少	少

续表

成分	畜种		
	猪舍及猪粪	鸡舍及鸡粪	牛舍及牛粪
酸类	戊二烯酸及庚烯酸、苯乙酸、肉桂酸	肉桂酸	苯乙酸
酮类	乙醛、C_{12}-C_{18} 的饱和和不饱和醛	丁二酮和 3- 羟基丁酮、乙基酮、甲基酮	—
醇类	C_1-C_5 的一级醇和 C_4-C_8 二级醇	以 C_5-C_9 的不饱和醇为主	—
硫醇类	甲硫醇、硫代乙缩醛、亚硫酸盐	甲硫醇	甲硫醇、二甲基亚硫酸盐
酚类	当其大量存在并与 VFA 混合时，会增加恶臭。因此，酚类是与吲哚、粪臭素等同样重要的恶臭物质，此外，除苯酚、p- 甲苯酚、p- 乙烯苯酚外，愈创木酚等也可在猪粪和鸡粪中测出。		
胺类	与硫醇同等重要的恶臭成分，三甲基胺在各种畜舍中普遍存在。吲哚是阈值极低、与臭味产生有密切关系的成分，它与粪臭素普遍存在于各种畜舍内，鸡粪中吲哚较多，而在猪粪中粪臭素较多。		

注：此外还在猪舍中检测到呈霉味与尿臭的三甲基吡嗪、四甲基吡嗪；呈花生臭的 2，5-（2，6-）二甲基吡嗪；呈巧克力臭的三甲基噁唑（或异噁唑）等，还包括一些低于阈值含量的物质，它们共同参与了复合臭的形成。

二、畜禽养殖恶臭的性质

恶臭物质的嗅觉阈值浓度一般低达 10^{-9} mol/L，处理后所要求的浓度更低。

恶臭通常为多组分混合物，种类繁多。其中决定恶臭气味强度的因素主要是恶臭物质的种类及其浓度。人一般的嗅觉阈值都在 10^{-9} mol/L 数量级以下，远远超过分析仪器的最低检测浓度（10^{-9} ~ 10^{-6} mol/L 范围），所以检测定量比较困难。

三、畜禽养殖恶臭的特点

①恶臭气体排放浓度、畜禽养殖场的条件、排放种类、气象条件等众多因素影响着恶臭污染的程度。其中大气气象条件对恶臭污染的影响较大，相同排放强度的条件下，区域恶臭污染更多随气象条件的差异而呈现出不同的严重程度与污染态势。

②连续不断产生但具有时段性。与工业臭气不同，畜禽的生产活动是持续不断的过程，故养殖场的臭气是不断产生的，但因受畜禽群活动、舍内通风、废弃物翻

耙活动等影响，具有明显的高峰期。

③相较于仪器，人类嗅觉对恶臭物质的灵敏性更高，可感觉到 10^{-6} mol/L 甚至 10^{-9} mol/L 以下的臭气。不同人对恶臭感知程度不同，差异性显著，并且人们对恶臭的感受能力存在疲劳性。

④大多数恶臭的组成成分比较复杂，但各组分的浓度相对较低。且大多数恶臭的阈值或最小检测浓度很低。当恶臭达到阈值后，强烈恶臭会立即产生。

⑤恶臭的污染源种类繁多，恶臭气味造成的恶劣影响也因人而异。恶臭的衡量主要依靠人的嗅觉器官，而不像其他污染物可以依据准确的理化数值来衡量。

⑥恶臭物质容易被氧化，当受到湿度、温度以及阳光的影响后其性质变化较快，故恶臭污染由于地区气候因素一般呈现区域污染的特点。

⑦恶臭防治的难点不是减少恶臭而是彻底将其消除。

⑧恶臭污染的异位治理是对受污染区域的最有效解决方式。

四、畜禽养殖恶臭的影响因素

1. 恶臭气体排放量的影响因素

（1）养殖方式

养殖方式分为农户散养和集约化养殖，农户散养又根据禽舍地面材料分为石块或水泥、秸秆稻草辅料两种方式。研究表明，相同养殖密度下农户散养禽舍地面为石块或水泥的恶臭挥发量比农户散养禽舍地面为秸秆稻草等辅料的恶臭挥发量大；而集约化养殖条件下恶臭的排放量介于两者之间。

（2）温度

温度越高禽舍中的恶臭气味越强。这主要是由于恶臭物质的产生和挥发均受到温度的影响。在一定温度范围内，微生物的生长速率随着温度的升高而提高，微生物对有机物的分解速率也会随之提高，这会促使恶臭源腐败速度加快。夏季高温时微生物酶促系统活力增强，对猪粪的降解能力提高，这也是夏季来临时，养殖场附近居民对恶臭问题的投诉数量显著增加的原因。

（3）空气相对湿度

随着空气相对湿度的增加，恶臭浓度呈现下降趋势，但是空气相对湿度对臭气浓度的影响效果不明显。养殖场向空气中排放各种恶臭污染物的同时，还会向大气中排入大量的颗粒物。随着空气相对湿度的增大，空气中水分含量增加，对氨气、硫化氢等气态污染物排放浓度影响不大。但空气相对湿度的增加对颗粒物会有一定的沉降作用，这在一定程度上会导致恶臭气体浓度下降。

同时，饲料种类、畜禽的消化能力、粪便堆放时间等也是影响恶臭气体排放强度的重要因素。

2. 恶臭气体扩散的气象影响因素

（1）风速

大气中的恶臭污染物受风的作用主要体现为两种形式：①由于恶臭污染物以流动空气作为运动载体，故其流动方向基本与风向保持一致。②恶臭污染物具有易被清洁空气稀释的特点，所以单位时间内空气流动通量越大（即风速越高），单位空间中的恶臭污染越少。风速大时，更多的清洁空气将会混入恶臭污染物中，恶臭污染物浓度将会降低，恶臭污染也会减轻；风速小时，恶臭污染物不易扩散，导致一定区域内大气受到严重污染。

（2）空气流动性质

恶臭气团在层流的作用下扩散较慢，在湍流的作用下则能迅速向三维空间延伸。虽然随着时间和空间的变化，湍流场各特征量都不同，但是各特征量的值还是有规律的。

（3）大气稳定度

大气稳定度是影响恶臭污染物在大气中扩散的重要因素。大气处于稳定状态时会形成逆温层，上下层空气会因风的作用减弱而不易交换。这时若向大气中排放恶臭污染物，将难以扩散稀释。

（4）降雨

在降雨的情况下，一般的大气污染物溶于水中，或者随雨水降落至地面，转为水污染，大气污染在一定程度上可以得到缓解。但是部分有机类恶臭污染物在水中的溶解度不高，在水中达到一定浓度后又会挥发出来。

（5）地形

地面粗糙度也是影响恶臭污染物扩散的重要因素之一，它影响着近地层湍流型扩散能力。

五、畜禽养殖恶臭的排放规律

畜禽养殖恶臭主要来源于畜禽粪便的微生物腐败分解，其腐败分解产生恶臭物质的成分和数量因不同畜禽种类、尿液混入量、水分、温度、通气量、pH 值以及堆放时间等的不同而有很大的差异。恶臭除可用恶臭强度、浓度、容忍度、愉悦度和恶臭特征等单一指标进行量化之外，还可以通过恶臭扩散模型和安全防护距离模型进行预测与评估。由于气象条件、地形、下垫面状况及污染本身的复杂性等因素都会影响大气污染物的扩散过程，恶臭的排放量与环境呈现非简单线性影响，这就决定了扩散模型在恶臭污染的复杂环境管理中具有相当程度的适应性。

恶臭污染物水平扩散模式为统计回归模式，与高斯扩散模型存在一定差异。高斯扩散模型主要是针对单一气态污染物的浓度分布规律提出的扩散模型。但一般认为，养殖场的恶臭污染物主要是由微生物分解粪便产生的混合物，它除包括挥发性脂肪酸、酸类、酚类、醇类、醛类、酮类、酯类、胺类、硫醇类及含氮杂环化合物等有机成分外，还包括氨气、硫化氢、甲烷、二氧化碳等无机成分，因此，仅用高斯扩散模型不能正确预测混合污染物的浓度分布规律。养殖场周围空气中颗粒物含量明显高于无污染源地区，而且 1/3 的颗粒物为粒径在 $10\mu m$ 以下的可吸入颗粒物（PM10）。这些颗粒物主要来自受饲畜禽个体活动、畜舍通风、粪便、空气中夹带的矿物和土壤中的有机质，其中 80% ~ 90% 的颗粒物是直径 $\leqslant 2.5\mu m$ 的 PM2.5。这说明大量恶臭气体被养殖场排放至环境空气中的同时，还有一定量的颗粒物随之进入大气。因此，在研究养殖场恶臭污染物的扩散规律时，除考虑自身组分的扩散稀释外，还需综合考虑空气中颗粒物的影响。养殖场的生产和废弃物管理水平在一定程度上也会成为影响恶臭污染物排放量的重要因素，如养殖场畜舍通风情况、畜禽粪便量、粪便贮存方式、贮存时间、运输方式及周期、粪便无害化或资源化处理率等。这些因素会导致养殖场恶臭污染物的排放总量始终处于较大的变量范围中；加之养殖场的恶臭污染物种类复杂，各组分的相对含量长期处于动态变化中。因此，对恶臭污染排放规律不能直接套用针对具体组分的高斯扩散模型进行计算，而是应该采取适合复杂空间计算的统计回归模式。

第二节
恶臭污染源头控制技术

由于畜禽养殖场中恶臭污染属于敞开式无组织排放形式，存在成分复杂，产生量大，影响范围广，持续时间长，气体收集困难等问题，导致其治理起来十分困难。因此，从源头上控制恶臭气体产生及分解可为异位处理（收集后处理）降低一定难度。早期的除臭技术主要采用物理吸附、化学反应等，近期的除臭技术主要以生物法及化学法为主，物理法为辅。

从源头上控制恶臭物质（原位控制）是目前畜禽粪便恶臭控制的重要手段。畜禽体内的除臭思路可归纳为：①对畜禽饲料进行营养调控，提高畜禽体内蛋白质等产臭气营养物质的利用率。②在饲料中添加吸附型、掩蔽型等物理调节剂，降低恶臭物质的相对浓度。③在饲料中添加活菌剂，通过促进营养物质中蛋白质的分解、占据有利生态位、产生细菌素等抗菌物质、降低肠道 pH 值、创造无氧环境等方式影响产臭微生物的生命活动，最终降低恶臭物质的含量。④在饲料中添加植物源型调节物质，通过改变畜禽肠道微生物的发酵过程、结合并转化臭气物质、增加畜禽免疫力以减少畜禽腹泻等所带来的恶臭。畜禽体外的除臭思路归纳为：通过物理、化学、生物等手段对畜禽的排泄物进行处理，进而降低畜禽排泄物中恶臭物质的浓度。因此，源头控制技术总体归纳为体内除臭技术与体外除臭技术两种。

一、体内除臭技术

畜禽粪便中的恶臭气体主要由多种厌氧菌或兼性厌氧菌以碳水化合物和含氮有机物作为营养物质经过不完全代谢产生。因此，从源头上改变饲料本身的理化性质，提高饲料中营养物质的利用率，从而减少恶臭物质的产生，改变畜禽粪尿的理化性质是一个可行的手段。

1.饲料营养调节

（1）日粮蛋白质的合理设计

由于畜禽生长过程中对日粮中氨基酸的需求模式变化不大，即各种氨基酸之间的比例基本不变，因此，生产中为调节氨基酸之间的平衡，常以赖氨酸为第一限制性氨基酸，以其需求量为100%，再按照营养需求比例搭配其他氨基酸，以此作为"理想蛋白质"体系代替粗蛋白体系，用以提高畜禽蛋白质的利用率和消化率，减少粪尿中氮素的含量。

（2）减少日粮中蛋白质的含量

氨的排放来自粪尿中的氮素的分解，因而，减少氨释放的一种好方法是通过合适日粮调控来减少粪尿中氮素的含量。有研究认为，日粮中粗蛋白的含量与粪尿中氨的释放高度相关，增加日粮中粗蛋白的含量或者摄入能量与蛋白不平衡的日粮都有可能增加氨的释放。

2.物理调节剂

向饲料中添加物理调节剂，利用其特殊的物理属性来减轻臭味强度，此过程中并不会改变臭气的组分，只改变其局部浓度或者相对浓度。按物理调节剂作用方式可分为吸附型与掩蔽型。

（1）吸附型

吸附型除臭剂常指的是活性炭、沸石粉、膨润土以及一些金属氧化物和大孔高分子材料等辅料除臭剂。它们具有比表面积大、孔隙多、吸附与交换能力强等特点。此类除臭剂主要是利用分子间的范德华力对恶臭物质进行吸附，从而达到除臭的目的。需要注意的是，不同吸附剂的吸附能力以及对不同气体的选择性不同。

活性炭是一种孔隙结构发达的材料，对非极性分子以及直径较大的恶臭物质（如苯、甲苯、硫醇等）具有良好的吸附性。活性氧化铝具有多孔、高分散度、比表面积大等特点，其微孔表面具有强吸附性和吸湿性。

沸石具有极性，对直径较小的恶臭物质及不饱和化合物（硫化氢、氨等）的吸附力较大。在畜禽日粮中适当添加沸石粉作为辅料时，可能作为一种动物消化系统中的氮储存库，促进铵离子更缓慢地释放和更有效地吸收。此外，添加沸石还具有吸附病原菌、有效预防腹泻病，以及与重金属离子结合，同时把机体所需的矿物质元素交换出来，供给机体参与一系列的代谢过程，提高饲料的转化率与生产性能等作用。

（2）掩蔽型

掩蔽型除臭剂主要是利用天然芳香油、香料等物质的香味对难去除的臭味进行遮蔽。常见的掩蔽型除臭剂有茴香、甘草、苍术等。通常，在饲料中添加香味物质不仅可使畜禽舍臭味浓度降低、畜禽采食量增加，还能让畜禽动物抵抗力增强、促进生长。

3. 生物调节剂

将生物调节剂加入动物的饮水或饲料中，动物进食后，产臭微生物生命活动受到一定限制，蛋白质转化效率相应提高，肠道发酵过程也发生改变。常见的生物调节剂有微生物制剂、酶制剂、酸化剂、植物调节剂等。

（1）微生物制剂

微生物制剂是一种微生态制剂，已经在畜牧业上广泛使用。近年来，由于抗生素的滥用，出现了环境污染、药物残留、抗药性、内源性感染等负面效应，已经严重威胁到动物的健康。微生物制剂作为饲料添加剂以替代抗生素是一种可行的办法。

微生物制剂作为饲料添加剂发挥除臭功能时，一方面通过增加消化道中多种酶的分泌量及消化酶的活性，参与含氮物质的代谢，减少氮的排出。另一方面，微生物制剂添加后可在肠道内进行定植，占据优势地位，产生有机酸和细菌素等物质，抑制产臭微生物及病原菌的生长，从而降低脲酶活性，减少蛋白质向氨和胺转化。

（2）酶制剂

酶制剂是一种畜禽饲料的酶类添加剂。其功效是补充动物内源酶的不足，降低饲料中的抗营养因子，从而改善动物体内的代谢效能和提高动物对饲料的消化利用效率。例如，外源性的植酸酶可水解饲料中的植酸盐，释放出可被畜禽有效吸收利用的磷酸根离子和大量被植酸络合的蛋白质及铜、锌、钙、镁等矿物微量元素。

（3）酸化剂

通过向饲料中添加酸化剂来降低畜禽消化道的 pH，为畜禽提供舒适的消化环境，从而提高蛋白质的消化率，减少肠道及排泄物中恶臭气体的排放量。同时，饲料酸化剂还有利于降低畜禽腹泻的概率，减少畜禽腹泻带来的恶臭。饲料酸化剂主要针对断奶仔猪设计。因为含酸化剂的外源饲料能改善肠道 pH，解决仔猪胃酸不足、蛋白酶生成减少的问题。饲料酸化剂作为一种无抗药性、无残留、无毒害作用、吸收快的环保型添加剂，已在国内外得到了广泛应用。

有机酸化剂（如柠檬酸、苹果酸、延胡索酸等）为机体物质代谢的中间产物及纯天然产品，既可直接参与代谢又具有较小的腐蚀性、良好的适口性及安全性。例如，有机酸化剂苯甲酸作为饲料添加剂时，在小肠被吸收，和甘氨酸结合生成马尿酸，并随尿液排出，尿液的 pH 随马尿酸排出量增加而降低，pH 依赖性脲酶的活性也随之降低，从而抑制氨气的产生，尿氮 / 粪氮值也随之降低。除此之外，有机酸化剂还具有众多作用：调节菌群平衡，减少消化道疾病；减缓胃的排空速度，增加食物在胃中的停留时间，提高消化率；缓解动物的情绪，增强抗应激。相比之下，无机酸化剂（如硫酸、盐酸、磷酸等）的成本更低，可以提高经济效益，但强酸酸化剂含有刺激性气味而无法保证良好的适口性。复合酸化剂是将有机酸化剂与无机酸化剂按一定比例配合而成，可迅速降低 pH，具有良好的缓冲作用。

（4）植物调节剂

植物调节剂可大致分为两类：一类是可发酵的碳水化合物；另一类是植物活性提取物。

①可发酵的碳水化合物

可发酵的碳水化合物指果胶、乳糖、菊粉等低聚糖以及纤维素和半纤维素。首先，此类碳水化合物的利用率较低，被食后基本不能被小肠消化酶分解，能够较为完整地到达畜禽动物后部肠道，被定居于此的微生物作为发酵底物，因此改变微生物及其发酵过程。其次，这种非淀粉多糖类物质还能促进血液中的尿素向肠道中转移，肠道微生物将饲料中剩余的蛋白和尿素合成微生物蛋白，进而改变粪尿中氮的比例。最后，非淀粉多糖类物质在大肠和粪便发酵的过程中，还可通过改变粪便中挥发性脂肪酸的结构来降低粪便的 pH 值，最终降低氨气排放。相较于其他降低氨排放的方式（添加酸化剂降低粪尿 pH、改变日粮中蛋白质含量），这种方式更为经济可行。但非淀粉多糖类物质具有抗营养性，易导致集约化饲养单胃动物生产能力下降。

②植物活性提取物

植物活性提取物指的是丝兰、茶叶和菊芋等提取物。丝兰是龙舌兰科丝兰属植物，其提取物有助于微生物将氨气转化为菌体蛋白。除此之外，将丝兰提取物直接添加到粪尿混合物中也可降低氨气的排放量。茶叶提取物中具有除臭作用的物质主要是茶多酚，其含有较强的活性 –OH，可与 NH_3 分子发生中和、缩合反应，具有正电区和负电区的环轭化合物还可发生络合包荚等作用。同时，茶叶提取物中所含有的少量咖啡碱、碳水化合物、氨基酸等物质可通过物理和化学作用吸附、中和、聚合、缩合臭气物质。菊芋地下块茎富含菊糖，可降解为简单的果糖化合物——果聚糖。据报道，添加菊糖的猪饲料能够促进双歧杆菌生长，从而减少猪的腹泻，进而降低粪便的恶臭物质含量。一些低聚糖能显著降低仔猪产生氨、吲哚和粪臭素等臭气物质也是利用了这一原理。

中草药除臭剂是由含有多糖、苷类、生物碱、挥发油类、蒽类、有机酸及多酚类化合物等多种活性成分组成的一类除臭剂。其中的活性物质具有调节免疫、促进生长的作用。例如，挥发油类、有机酸和多酚类化合物中所含有的活性基团、烯键能通过化学反应结合臭气。同时，中草药还具有抗菌抑菌的作用，可增强畜禽机体的免疫力，抑制产臭菌的活性，减少臭气的产生与排放。具有广谱抗菌作用（如金银花、蒲公英、大青叶等）、抗病毒作用（射干、板蓝根、连翘等）、抗螺旋体作用（土茯苓、青蒿等）、抗真菌作用（如苦参、白鲜皮等）以及消食健胃功效（如神曲、青皮、麦芽等）的多种中草药都可用于除臭剂的研发。

二、体外除臭技术

体外除臭剂是通过向粪便中添加吸附性辅料，喷洒生物试剂、化学试剂等方式降低畜禽排泄物的恶臭强度。

1. 物理除臭剂

物理除臭剂是利用活性炭、沸石粉、膨润土、凹凸棒石、麦饭石等物理除臭剂，通过吸附芳香族类化合物后发生氧化反应除去挥发性臭气物质，或是利用比恶臭气体更为强烈的芳香类化合物进行掩蔽，从而减轻臭气的刺激。针对 NH_3 可采用薄荷油、肉桂油等。针对 H_2S 可采用松叶油、香叶油、橙皮油等。

2. 化学除臭剂

恶臭物质大多含有氮、硫、氧等原子，有不饱和键和化学活性。将化学除臭剂撒到地面或者粪便表面，易发生氧化、还原、缩合、中和、加成、络合、离子交换等反应，将恶臭物质转化为无臭物质，从而达到除臭的目的。

其中氧化反应除臭主要采用过氧化物、卤化物、过硫酸化合物和金属过氧化物以及醌类等；缩合反应除臭主要通过醛、酮类物质进行除臭，但是容易产生刺激性和毒性；加成反应除臭采用环氧化合物、不饱和化合物、氨基氰等。另外，也可向粪尿混合物中添加无机酸（如硫酸、盐酸等），即通过降低粪尿的 pH 来降低氨气排放，这与体内酸化剂原理大致相同。因为 pH 在 NH_4^+ 与 NH_3 平衡的调节中起关键作用，偏酸环境中，氨通常是以 NH_4^+ 的形式存在于排泄物中。

3. 生物除臭剂

（1）微生物除臭剂

微生物除臭剂是通过向粪便中接种微生物菌剂，利用微生物或微生物产生的酶来降解畜禽养殖场的臭气或者抑制产生臭气的腐败微生物的生长及代谢活动来达到除臭的目的。

微生物除臭剂一般采用多种功能微生物复配，形成对环境适应能力强，应用范围广，除臭效果较持久的生物除臭剂。最典型的是日本琉球大学比嘉照夫教授发明的 EM 菌剂，即一种由 10 属 80 多种有效微生物组成的微生态制剂。一般复合菌剂中常含有乳酸菌类、酵母菌类、光合细菌类、放线菌类、芽孢杆菌类、霉菌类。当其作为饲料添加剂时，具有固氮、抑制腐败菌、降低肠道中粪便和血液氨浓度的功能。当其作为外源接种剂时，可产生乙醇从而对产臭微生物产生毒害作用，以及酯类芳香物质对恶臭物质进行掩盖。

（2）植物除臭剂

植物除臭剂主要来自从植物的根、茎、叶等器官中提取的油、汁。其除臭原理是：除臭剂中含有大量的活性基团，易与恶臭物质发生酸碱反应、催化反应、氧化还原反应等，从而将原有的大分子物质变为无毒、无味的小分子物质。

（3）植物抑菌剂

在畜粪池等缺氧环境中，恶臭气体来源于腐败微生物对碳水化合物、蛋白质、脂肪等物质的不完全降解。因此，抑制粪尿中产臭微生物的生命活动将大大减轻畜禽排泄对环境的危害。比如，牛油中含有酚类化合物（百里香酚、聚酚、香芹酚等），因而具有明显的抗菌、杀菌、抗氧化及防腐作用，还能增强动物的免疫能力。植物抑菌剂能有效降低细菌细胞膜中的不饱和脂肪酸，并通过破坏细胞膜而达到抑菌的目的。

（4）酶类除臭剂

除了向畜禽体内添加酶制剂，也可将酶类除臭剂喷洒于粪便上，让其对恶臭物质进行氧化分解。

4. 异位除臭法

集约化养殖规模中，对于养殖规模稳定，养殖体量较大的养殖区常采用反应器的方式处理恶臭气体，通过风机负压抽走粪沟和圈舍内的恶臭气体。送入反应器中通过生物、化学、物理和联合处理等方式利用、催化、吸收恶臭气体，反应器的优点在于处理效果好，处理效率高，其主要缺点在于运行成本高，也是大规模应用的限制因素。

（1）生物反应器除臭

生物除臭主要由水相溶解、微生物吸附吸收、生物降解 3 个阶段构成，其中不同恶臭物质的氧化需要不同微生物的参与，同一恶臭物质不同的氧化阶段也需要不同微生物参与。例如当主要恶臭物质为 NH_3 时，NH_3 先溶于水，在有氧条件下经亚硝酸细菌和硝酸细菌的硝化作用转化为 NO_3^-，在兼性厌氧条件下，硝酸盐还原菌将 NO_3^- 还原为氮气，恶臭被彻底脱除；当恶臭气体为 H_2S 时，有氧条件下，专性化能自养微生物硫氧化菌将 H_2S 转化为 SO_4^{2-}；当恶臭气体为有机硫如甲硫醇时，异养型微生物先将有机硫转化为 H_2S，H_2S 再由自养型微生物氧化成 SO_4^{2-}。目前，根据微生物在除臭作用中的存在形式可将生物除臭法分为生物过滤法（图 10-1）、生物滴滤池法和生物洗涤法。

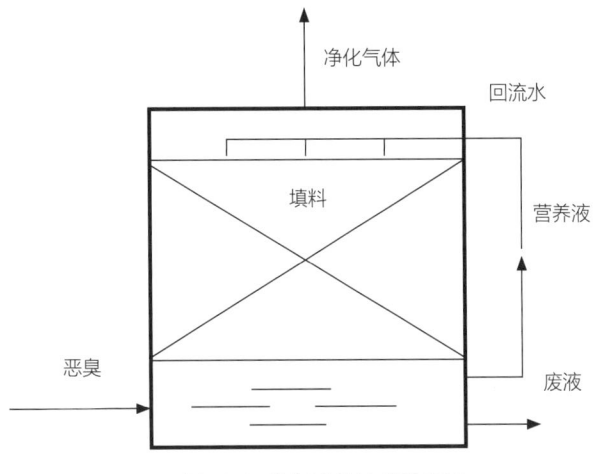

图 10-1　生物过滤法工艺流程图

（2）化学反应器除臭

化学除臭技术主要包括酸碱吸收法、化学吸附法、催化燃烧法、化学洗涤法、氧化法、光催化氧化法、热力燃烧法等。这些方法的共同点是添加某些化学试剂，使之与恶臭物质发生化学反应，改变其化学结构以破坏其致臭基团，使之转变为无臭味或臭味较低的物质。化学除臭法工艺成熟，除臭效率高而且安全可靠，可以将恶臭物质彻底氧化分解，但是所用设备繁多且工艺复杂，能耗大，成本高，持续时间短，主要应用于高浓度工业恶臭处理。

目前，对于畜禽养殖业恶臭的处理方法中，无论物理、化学还是生物除臭，都存在一定的局限性。物理吸附材料昂贵，易造成二次污染；化学除臭剂使用量大，成本高；生物除臭剂需考虑高原低温，环境缺氧而限制微生物生长等问题。我们可以开发新型的、效果更好的，以及不受使用环境限制的除臭剂，但周期相对漫长。与此同时，我们还可以将多种除臭效果不同的同一类除臭剂或不同类除臭剂进行联合使用，能够在功能上达到互补，从而提高除臭效果。如微生物除臭剂与植物除臭剂联用，可为微生物提供更多营养，并能使除臭持续较长时间；物理吸附剂与化学除臭剂联用，可加快去除臭气的反应速度；物理吸附与微生物菌剂联用，可为微生物提供载体并对恶臭物质进行吸附与固着。因此，复合除臭剂的联合使用是今后主要的发展方向。

第三节
畜禽养殖恶臭污染控制技术典型案例

一、河北唐山新农牧有限公司除臭技术模式

1. 密闭式筒仓堆肥反应器

密闭式筒仓反应器具有密闭性好、发酵迅速、臭气不会外泄等特点，且通过风管收集后的臭气能够通过除臭系统统一处理，因此能够达到节能减排的目的，最终可实现臭气达标排放。

2. 除臭系统

①臭气来源及设计参数

臭气主要来自密闭式发酵设备中好氧发酵过程中所产生的臭气。本案例一共通过 15 台密闭式筒仓反应器对养殖场粪污进行无害化处理，且每台设备都配备曝气系统。

除臭设计量为：除臭设计气量 = 曝气气量 × 1.3，约为 3 100 m^3/h；

每台密闭式好氧发酵设备配备水洗除臭设备，处理气量为 3 500 m^3/h。

②吸收法 – 水洗涤除臭工艺

国内外应用的除臭技术主要有干式中和法、吸收法、吸附法、离子除臭法、微生物降解法、臭氧法、燃烧法及冷凝法等。实际应用过程中会将一种技术和另外一种或多种技术相结合，以达到更好的臭气浓度治理效果。

针对密闭式筒仓反应器除臭系统，可采用吸收法 – 水洗涤的工艺，对废气中的恶臭分子进行吸收。在粪污集中处理区配置臭气处理设备，使恶臭气体经收集支

管进入废气总管，在负压作用下进入湿式洗涤塔，洗涤塔将废气中易溶于水的污染物洗涤到水中。湿式洗涤系统对废气中的粉尘、NH_3、H_2S 和其他臭气均有一定的除臭效果。另外，在洗涤水中添加除臭剂（柠檬酸、矿物质等）或气味掩蔽剂，可进一步提高废气的去除效果。这样统一收集的气体经过吸收法 – 水洗涤除臭工艺后，臭味可以降低 70% 以上。

3. 环境效益分析

采用密闭式堆肥发酵，堆肥过程中产生的废气经除臭系统处理达到完全除臭，无二次废物排放。实现臭气减排，显著地降低了当地农业环境污染负荷，并改善了企业的工作环境及周边的居住环境，对节能减排和环境保护产生了积极的作用。

二、松林食品（集团）有限公司

1."漏缝地面 – 尿泡粪"生态养殖模式

①生态养殖模式

生态养殖模式主要有三种，分别为"漏缝地面 – 免冲洗 – 自动 / 人工刮粪"模式、"漏缝地面 – 尿泡粪"模式、"猪 – 沼 – 草 / 果 / 林等种养结合"模式，这三种养殖模式均采用节约饮水装置及自动化通风设施，能实现源头减排、减臭。其中，"漏缝地面 – 尿泡粪"生态养殖模式，由于在粪尿表面形成了一层膜，因此可在一定程度上减少臭气排放。

②工艺技术原理及特点

该模式粪污处理流程为：粪尿通过漏缝地板长孔流入排粪沟和暂存池。在一个批次生猪饲养结束后（3～4 个月），将圈舍清洗一起产生形成的水泡粪，通过排污泵经管道泵入田间储存池发酵。储粪池内猪粪尿在田间发酵池内厌氧发酵 6～9 个月，通过厌氧发酵产生沼气。发酵后的猪粪尿作为粮食作物的"基肥"或"分蘖肥"，通过淌、喷灌的形式就近还田。

2. 除臭系统

①主要设备

为减少畜舍、粪污处理区等区域的臭气排放，在墙壁上安装负压风机以抽取臭气。空气除臭设施安装在排风口外侧，与负压风机通过密闭的风道连接。空气除臭设施主要包括外部箱体、过滤材料、喷淋系统等。猪舍排出的废气经喷淋水冲洗和生物过滤，起到除尘、除氨、除臭的作用（图 10-2）。

②除臭原理

主要采用物理法（掩盖、吸附、稀释扩散）和生物法（微生物过滤）达到空气除臭目的。

A. 吸附：当流体（液体和气体）与多孔固体接触时，流体中某一组分或多个组分在固体表面产生积蓄的现象。多孔性固体吸附剂使流体中的一种或几种组分，在分子引力的作用下，被吸附在固体表面，从而达到分离的目的。生产中使用最广的活性炭、泥炭等，熟化的堆肥和土壤同样具有良好的多孔性，因此也具有较好的吸附能力。

B. 稀释扩散：将有臭味的气体用无臭空气稀释，降低恶臭物质浓度以减少臭味的方法。虽然臭气排放浓度下降，但臭气排放量没有减少。

C. 生物过滤法：一般需要将通风系统与过滤装置进行组合，废气经处理后再排入环境中，是一种重要的末端处理方式。气体进入生物过滤器后，经气、水界面传递到附着于填料表面的生物膜中，膜中微生物以有机气体污染物作为其生长繁殖所需的基质，将大分子结构的有机气体污染物经不同转化途径氧化分解为简单无害或少害的 CO_2、NO_3^-、H_2O 等无机物，达到净化的目的。生物滤器内的结构、过滤腔内填充物以及运行参数都会对处理效果产生影响。

 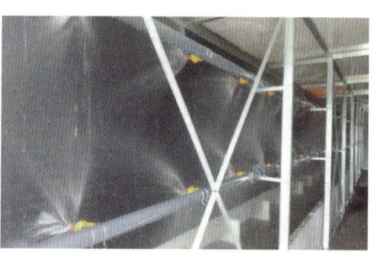

图 10-2　除臭设施外部箱体（左）和除臭设施内部喷淋（右）[上海松林食品（集团）有限公司供图]

3. 环境效益分析

经过除臭系统处理后的空气，场界臭气浓度达到《DB31/ 1098—2018 畜禽养殖业污染物排放标准》（周界臭气浓度 20）的要求（未安装前场界臭气浓度最高为 40），符合上海市环保要求。

三、河南省南阳牧原集团除臭技术模式

1. 节水减排、源头减量

自主研发了全流程节水技术工艺，以控制用水量。

①猪舍内部采用全漏缝地板，漏缝地板根据不同猪群及猪舍类型，设计不同的板缝宽度。漏缝地板上无粪便残留，既保证了猪舍内部环境卫生，又节省了饲养过程中的冲洗用水（图10-3）。

怀孕母猪舍　　　　　　　　　　哺乳母猪舍

保育猪舍　　　　　　　　　　　育肥猪舍

图10-3　不同板缝的漏缝地板（河南省南阳牧原集团供图）

②猪舍全部采用高架网床结构，粪便自漏缝地板落下后暂存于粪便暂存池。粪便暂存池不预存泡粪用水，各猪舍外的粪便利用重力或机械送至粪污处理区集中处理，再次节省了冲洗用水（图10-4）。

图10-4　高架网床结构（河南省南阳牧原集团供图）

③圈舍限位饮水器技术。通过改进饮水器，在保证猪只生理需水的同时，大量减少了猪只嘴角漏水和玩水造成的水资源浪费（图10-5）。

 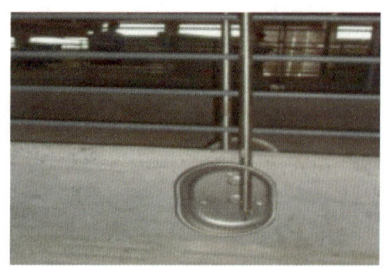

鸭嘴式饮水器　　　　　　　　　　　　　　　碗式饮水器

限位饮水器

图10-5　各类饮水器（河南省南阳牧原集团供图）

④将降温用水由洒水方式改为喷雾方式，喷洒的水雾在猪身形成雾滴，喷雾不形成径流，降温过程不产生废水。

⑤采用高压水枪刷圈消毒，将高压水枪气压设置为18～20个大气压，使用少量清水就能完成刷圈消毒，能够达到明显的节水效果，使上市一头猪用水降至约8 L，较传统方式节约用水约16 L。

2. 全域控臭减排

①畜禽舍内除氨降尘技术

在畜禽舍内通风口端加装除氨降尘排气装置，将畜禽舍内含有 NH_3、粉尘和病原微生物等污浊空气输送到除氨降尘排气装置进行吸收净化，减少向环境空气的排放量。

②畜禽舍外除臭控臭技术——除臭网墙

该技术核心是在场区猪舍风机出风口设置由具有吸附功能材料做成的除臭网，截留吸附猪舍排出的粉尘颗粒，降低臭气浓度；同时在除臭网内设喷淋装置，定期喷水除去可溶性的臭气成分（氨气，硫化氢，醇类，醚类），大大减少了臭气的排放（图10-6）。通过节水减排、全域控臭大大减少了臭气的排放。

图10-6 畜禽舍除臭网墙（河南省南阳牧原集团供图）

第十一章
畜禽养殖粪污
新型污染物
削减技术

第一节
重金属钝化技术

一、畜禽粪污重金属含量特征

1. 畜禽粪便重金属含量特征

含铜（Cu）、锌（Zn）、砷（As）等重金属元素的饲料添加剂可加快畜禽生长，增强抗病能力。但畜禽对重金属的消化吸收利用率很低，大部分随粪污排出体外。表 11–1 中分析汇总了文献中不同畜种粪便的 3 451 个重金属含量数据。总的来看，畜禽粪便中各重金属元素含量变化范围较大，镉（Cd）、铅（Pb）、铬（Cr）、砷（As）、汞（Hg）、铜（Cu）、锌（Zn）和镍（Ni）的最大值分别为 147 mg/kg、1 919 mg/kg、2 278 mg/kg、978 mg/kg、103 mg/kg、1 747 mg/kg、11 547 mg/kg 和 1 140 mg/kg。根据我国现行行业标准《有机肥料》（NY/ T 525—2021），粪便中 Cd、Pb、Cr、As 和 Hg 的超标率分别为 12.3%、2.58%、2.76%、20.6% 和 3.69%，我国尚未制定畜禽粪便或肥料产品中 Cu、Zn 和 Ni 的限量值。

对于不同畜种来说，粪便中重金属含量也存在一定差异。猪粪中 Cd、As、Hg、Cu、Zn 和 Ni 等 6 种元素半均含量分别是牛、羊、家禽粪便的 1.0 ～ 3.0 倍、1.8 ～ 6.8 倍、1.1 ～ 15.8 倍、4.9 ～ 17.5 倍、2.7 ～ 12.0 倍和 1.7 ～ 2.1 倍；家禽粪便中 Pb 和 Cr 的平均含量最高。猪粪中 Cu、Zn 含量中位值分别为 396 mg/kg 和 721 mg/kg，远高于其余 3 类粪便。猪粪和家禽粪中 Cr 含量相对较高，牛粪和羊粪中 As 含量相对较低，鸡粪的 Pb 含量最高，其均值分别是对应猪、牛和羊粪便的 2.8 倍、2.5 倍和 2.2 倍。

表11-1 不同畜禽粪便重金属含量特征

不同畜种	含量/(mg/kg)	Cd	Pb	Cu	Zn	As	Hg	Cr	Ni
猪粪	均值	2.57	10.9	468	1028	21.5	1.11	21.9	32.1
	中值	0.55	6.18	396	721	6.49	0.08	11.5	11.5
	范围	ND~147	ND~121	0~1747	12.1~11547	ND~978	ND~62.4	ND~316	3.81~1140
牛粪	均值	2.2	13.1	55.5	154	3.17	0.78	12	14.7
	中值	0.82	10.2	34.3	113	1.61	0.07	8.03	12.3
	范围	ND~51.5	0.01~74.0	ND~437	25~635	ND~34.0	ND~29.8	0.05~140	1.27~34.2
家禽粪	均值	2.49	30.1	94.5	370	11.7	0.94	82.4	18.4
	中值	1.07	12.6	54.1	280	3.21	0.06	14.6	17.6
	范围	ND~65.6	ND~1919	1.78~1096	ND~7318	ND~338	0~103	0.6~2278	5.00~39.4
羊粪	均值	0.85	14	26.8	85.1	4.5	0.07	11.9	15.8
	中值	0.7	11.1	26.4	91.9	1.89	0.04	8.33	13.4
	范围	0.05~2.54	2.81~41.1	8.37~47.9	2.00~161	ND~48.3	0.01~0.27	0.1~57.1	1.22~39.2
超标率/%		12.3	2.58	53.9	45.7	20.6	3.69	2.76	0.59

注：ND代表未检出。

2. 养殖污水中重金属含量特征

在畜禽养殖过程中，饲料添加剂的使用不仅增加了粪便中含有重金属的风险，也会使产生的废水中含有重金属。李文英等调研珠江三角洲集约化猪场废水重金属残留，发现 As、Cd、Cr、Hg 和 Pb 的平均浓度分别为 53.29 μg/L、1.29 μg/L、18.26 μg/L、0.21 μg/L 和 6.99 μg/L。徐俊等对江苏省畜禽养殖场产生的废水进行抽样检测，发现养殖废水中总 Cu 含量最高为 9.81 mg/L。章杰等对不同养殖模式下排出的污水进行分析，发现其中重金属污染物以 Cu、Zn 为主，含量分别为 1.92 ～ 5.78 mg/L、1.30 ～ 9.25 mg/L。黄治平等研究表明，猪场废水灌溉农田后，农田土壤中 Cu、Zn 和 As 等不断累积。

养殖污水厌氧发酵后，重金属等污染物会在沼液中残留。从文献调研的 2 007 个沼液重金属含量数据来看（表 11-2），不同沼液中各重金属含量差异较大，且参照《农田灌溉水质标准》（GB 5084—2005）的限量值，沼液中重金属超标率较高。如钟攀等对重庆市不同畜禽粪污沼液样品检测结果表明，As 的超标率达 60%，Hg 和 Cr 超标率约为 20%。丁京涛等调研北京 29 座沼气工程发现，经厌氧发酵后沼渣中各重金属元素的含量相对于原料均有所升高，且 6 座沼气工程的 As 含量较高。朱泉雯调研太湖西岸地区养殖场沼液重金属含量，结果表明 Cu、Zn、Cd、Pb、As 和 Cr 平均浓度均超标。卫丹等对嘉兴市规模化养猪场沼液调研发现，Cu、Zn、Pb、Cr、Ni 的超标率分别为 70%、60%、46%、39% 和 20%。杨涛等对江西省畜禽养殖场沼液检测结果表明，Cu 和 Zn 超标率分别约为 37% 和 54%。辛格等在调研江苏省规模化养殖场沼液样品中检出 As、Cd、Cr、Cu、Hg、Zn 和 Pb 等重金属，其中 Cr 超标率达 100%。

表 11-2 不同沼液中重金属含量特征

类别		Hg	Cd	As	Pb	Cr	Ni	Cu	Zn
猪粪沼液	均值/(mg/kg)	0.028	0.126	0.868	0.71	0.657	0.317	4.5	9.11
	范围/(mg/kg)	0~0.167	0~7.51	0~13	0~36.07	0~24.18	0~5.85	0~99	0~205.43
	超标率/%	70.4	46.4	66.9	31.3	54.4	—	55.9	53.8
牛粪沼液	均值/(mg/kg)	0.024	0.039	0.235	0.199	0.301	0.045	2.63	8.31
	范围/(mg/kg)	0~0.119	0~0.19	0.001~4.576	0.008~1.056	0~3.146	0.027~0.063	0.02~30.03	0.1~68.15
	超标率/%	76.2	60	45.7	35.5	50	—	47.4	34.4
鸡粪沼液	均值/(mg/kg)	0.014	0.367	0.548	0.345	1.085	0.281	0.78	4.06
	范围/(mg/kg)	0~0.054	0~4.3	0.01~5.21	0~2.43	0.001~10.18	0.088~0.55	0~2.12	0~13.94
	超标率/%	42.9	38.5	18.2	28.6	35.7	—	46.7	46.2
GB 5084 限量值/(mg/kg)		≤0.001	≤0.01	≤0.05~0.1	≤0.2	≤0.1(Ⅵ)	—	≤0.5~1	≤2.0

二、重金属钝化技术

大量研究表明，在畜禽粪污处理过程中添加钝化材料，如生物炭、粉煤灰、磷矿粉、硅藻土、膨润土和沸石等，能改变重金属的形态和生物有效性，从而降低农田应用的环境风险。常用钝化技术主要包括物理钝化技术、化学钝化技术、微生物钝化技术等。

1. 物理钝化技术

物理钝化技术通过在粪污处理过程中添加生物炭、沸石、海泡石和膨润土等物理钝化材料改变重金属结合状态和活性。物理钝化材料具有较大的静电力、离子交换性能和空腔表面等特点，主要通过吸附作用固定重金属。研究表明，生物炭对重金属的钝化是以物理吸附与化学吸附方式结合进行，包括直接的物理吸附、与生物炭表面官能团或离子结合或交换反应以及一些静电吸附等。魏自民等研究指出，磷矿粉在好氧发酵后典型的矿物特性消失，表面呈蜂窝状，对重金属具有吸附作用。在固体粪便好氧发酵过程中添加钝化材料对重金属有良好的钝化效果，这可能与钝化材料的物理性质如比表面积、官能团、吸附性能及其在发酵过程中可能引起的物理性质改变等有关。周莉娜等添加膨润土开展好氧发酵研究表明，Zn、Cu、Pb 和 Cd 的二乙基三胺五乙酸（DTPA）提取态分别下降了 6.48%～8.62%、21.12%～26.42%、11.12%～14.42% 和 13.40%～14.12%。杨坤等研究表明，硅藻土的添加对好氧发酵过程 Cd 钝化率达 56.72%。高洋在鸡粪好氧发酵过程中添加凹凸棒，对 Cu、Zn、Cd、Cr、Ni 的钝化具有较好的作用。在去除粪水中的重金属时，物理吸附材料效果也十分显著。蔡敏研究了蒙脱石对沼液的 Cu、Zn、Cr、As、Mn、Ni 的去除效果，结果表明，蒙脱石投加量为 30 g/L 时，吸附效果较好，对 Zn 和 Cu 的最大去除率分别可达 86.8% 和 94.5%。汤施展研究了生物质炭和木醋液耦合对沼液铬、铁、铜、锌、砷、硒和镉的钝化效果，其中添加 9% 竹炭和 0.5% 木醋液，可完全钝化有效态 Pb，Cu 和 Zn 的最佳钝化率分别为 35.8% 和 18.5%。

采用物理钝化技术处理畜禽粪污中的重金属，具有钝化材料较易获得、原理简单、操作简便等优点，但钝化效率不高，钝化材料与重金属结合不紧密，效果持续性不佳，且吸附剂与粪污难以分离，仍需进一步对高效、环保钝化材料进行筛选研究。

2. 化学钝化技术

化学钝化技术主要是添加风化煤、粉煤灰、磷矿粉和钙镁磷肥等化学钝化材料，通过络合、沉淀和离子交换等化学反应使重金属降至活性较低的形态。郭荣发等研究表明磷矿粉可促进重金属形成硅酸盐、碳酸盐、氢氧化物沉淀而降低其有效性。张树清等研究表明，在猪粪好氧发酵过程中添加粉煤灰对水溶态重金属具有钝化作用，添加 10% 的风化煤处理 Cu、Zn、Cr、As 水溶态比好氧发酵前分别降低了 6.17%、6.40%、4.17% 和 1.83%。生物炭一般呈碱性，广泛用于好氧发酵过程中重金属钝化，可一定程度上提高其所处环境的 pH，重金属离子可转变为氢氧化物，沉淀在生物炭表面，当溶液 pH 很低时，除生成极少量沉淀，大量重金属离子与生物炭中可交换 Ca^{2+}，被生物炭吸附。此外，好氧发酵过程中重金属的形态变化与腐殖质的形成具有一定的相关性，腐殖质和重金属离子的作用主要是络合反应。好氧发酵使胡敏酸和富里酸比值增大，具有较高的酸性官能团含量，低分子量的富里酸的水溶性比胡敏酸更大。鲍艳宇等研究发现，鸡粪在发酵完成后，腐殖酸的消光系数值和色调系数值均下降，表明羧基、羰基和酚羟基的含量升高，甲氧基以及醇羟基含量下降，而羧基、醇羟基以及烯醇基等基团增加，说明发酵可促进腐殖质提供更多可络合重金属的吸附点位。荣湘民等研究几种化学钝化材料对猪粪好氧发酵过程中重金属形态的影响，结果表明添加 5.0% 的钙镁磷肥对 Zn 的钝化效果最佳，为 50.0%。在液体粪污处理过程中，添加化学钝化材料也具有较好的钝化效果。李远瞩等以小麦秸秆为原料制备黄原酸酯类吸附剂，对沼液中 Cu、Zn、Pt、Cd 的去除率为 50.62% ~ 95.27%，去除率大小为 Cd > Zn > Pb > Cu，成功将废水中重金属浓度处理至工业废水排放标准。

3. 微生物钝化技术

微生物钝化技术是利用重金属与微生物的亲和性及生物活性来富集重金属，或是将重金属离子转化为不易被植物吸收的形态，降低好氧发酵过程中重金属的浓度或活性。细菌细胞壁带有负电荷，细菌表面具有阴离子的性质，金属离子能够与细胞表面结构上的羧基阴离子和磷酸阴离子发生相互作用而被固定。真菌主要通过产生分泌物与重金属发生沉淀、络合、螯合等作用以固定重金属，目前研究较多的是酿酒酵母、青霉菌、黑曲霉等，主要通过细胞壁上的活性基团（如巯基、羧基、羟基等）与重金属离子发生定量化合反应而降低重金属活性。真菌中的含氧官能团在

重金属 Zn^{2+}、Cu^{2+}、Pb^{2+} 的固定过程中发挥了重要作用。由于真菌细胞壁具有多孔结构，使其活性化学配位体在细胞表面合理排列并易与重金属离子结合，而且真菌的胞壁多糖可提供氨基、羧基、羟基、醛基以及硫酸根等官能团，也能通过络合作用吸附重金属。

微生物钝化材料主要是通过微生物作用促进重金属钝化。Say 等研究发现，黄孢原毛平革菌对 Pb、Cd、Cu 离子都具有一定的吸附能力，但是对 Pb 的吸附能力最强，在其最适吸附条件下，黄孢原毛平革菌对 Pb、Cd、Cu 的最大吸附容量分别为 27.79 mg/g、85.86 mg/g 和 26.55 mg/g。万利利等在污泥好氧发酵过程中添加不同比例的复合微生物菌剂研究中表明，添加 10% 的复合微生物菌剂时 Zn 的可交换态降幅最大，达 17.7%；Cu 的残渣含量在发酵末期有一个较大的反弹过程，其比例至发酵结束为 51.3%。微生物钝化材料也应用在粪水中的重金属去除。赵光等以牛粪厌氧发酵的沼液作为产絮基质，将产絮菌制备的生物絮凝剂用于钝化沼液中的重金属 Cu^{2+}、Zn^{2+}、Ni^{2+} 和 Cr^{6+}，当微生物菌剂投加 15% 时，Cu^{2+}、Zn^{2+}、Ni^{2+} 的钝化率分别可达到 84.3%、89.7% 和 63.2%。

与物理、化学钝化材料相比，应用微生物钝化材料进行发酵时，最终产物大都是无害、稳定的，不破坏植物生长的土壤环境，并且处理时间短，投资少，不会产生二次污染，较易获得。因此，微生物钝化材料为畜禽粪污处理过程重金属钝化提供了一个新方向。钝化材料对畜禽粪便好氧发酵和液体粪污中重金属的钝化效果见表 11-3、表 11-4。

表 11-3　钝化材料对畜禽粪便好氧发酵过程重金属钝化效果

钝化材料种类	粪污种类	材料及添加比例	钝化效果					
			Cu	Zn	Pb	Cd	As	Cr
物理+化学	猪粪	2.5% 沸石 +2.5% 粉煤灰	69.56%	75.64%	64.41%	75.00%	81.31%	77.42%
		2.5% 沸石 +2.5% 钙镁磷肥	69.72%	71.46%	72.60%	92.70%	54.82%	65.12%
物理	猪粪	2.5% 沸石	54.79%	63.35%	59.10%	74.04%	34.31%	59.82%
		10% 硅藻土	—	—	50.66%	56.72%	22.10%	—
		2.5% 沸石	—	—	—	87.8%	—	—

续表

钝化材料种类	粪污种类	材料及添加比例	钝化效果					
			Cu	Zn	Pb	Cd	As	Cr
化学	猪粪	10% 风化煤	69.03%	84.09%	—	—	27.49%	55.76%
	鸡粪	10% 风化煤	76.91%	79.34%	—	—	24.98%	63.93%
	牛粪	0.65% 木醋液	21.72%	33.11%	—	—	—	—
	猪粪	0.2 mol/L 柠檬酸	57.90%	73.76%	—	—	—	—
生物	污泥	0.5%、1%、1.5% 的复合菌剂	51.3%	32.6%	0	—	—	—
	猪粪	香菇菌渣	—	—	—	45.45%	71.38%	57.89%

表 11-4 钝化材料对液体粪污中重金属钝化效果

钝化材料类别	粪水	添加比例	钝化效果					
			Cu	Zn	Pb	Cd	As	Cr
物理 + 化学	养殖污水	9% 竹炭、0.5% ~ 2.0% 木醋液	35%	18%	100%	—	—	—
	沼液	5g 麦秆 +25%NaOH+ 1% 硫酸镁	50.62%	92%	65%	95.27%	—	—
物理	养殖污水	凤眼莲根介孔炭	—	—	—	—	—	96.37%
	沼液	3% 蒙脱石	94.5%	86.8%	—	—-	—	—
化学	养殖污水	葡聚糖微球	—	—	—	—	—	75.1% ~ 93.6%
		离子交换树脂	20%	—	—	50%	—	—
生物	养殖粪水	水生植物	99%	99%	—	88%	60%	90%
	沼液	0.1% 锰氧化活性菌 + 0.1% 化学合成锰氧化物	80.97%	92.27%	—	—	83.25%	69.44%
	养殖污水	氧化硫硫杆菌	96.02%	82.76%	—	—	—	—
	沼液	15% 产絮菌 F+	84.3%	89.7%	—	—	—	—

4. 复合钝化技术

物理、化学和微生物钝化材料结合使用可以提高钝化效率，并对多种重金属同时发生作用，更利于降低重金属活性和有效性。候月卿等研究了生物炭和腐殖酸等不同钝化材料对猪粪好氧发酵过程重金属 Cu、Pb、Zn、Cd 形态的影响，结果表明钝化 Cu、Pb、Zn、Cd 的最佳材料分别为花生壳生物炭、玉米秸秆炭、腐殖酸、木屑炭，其钝化效率分别为 65.79%、57.20%、64.94%、94.67%，复合使用效果最好为 5% 木屑炭 +7.5% 玉米秸秆炭 +2.5% 腐殖酸。蒋强勇等采用物理钝化材料与化学钝化材料结合使用进行猪粪好氧发酵试验，研究表明 Cu、Zn 的最佳钝化材料为 2.5% 沸石 +5.0% 磷矿粉，钝化效果分别为 88.78% 和 88.05%。总的来看，物理钝化材料与化学钝化材料混合使用对重金属的钝化效果比单独使用一种钝化材料的效果更好，更利于降低重金属活性。

为有效降低粪污中重金属生物有效性，沈玉君创制了炭基腐殖酸钝化剂和基于改性生物炭负载微生物的螯合钝化剂，研发了生物炭基材料与畜禽粪便共发酵钝化重金属技术，Cu、Pb 的钝化效果比传统工艺分别提高了 110% 和 53%；发酵产品农用后可发挥持续钝化作用，土壤 Cu、Pb 的生物有效性分别降低了 7% 和 3%，有效避免了重金属活化，降低了农作物中的重金属积累风险（图 11-1）。

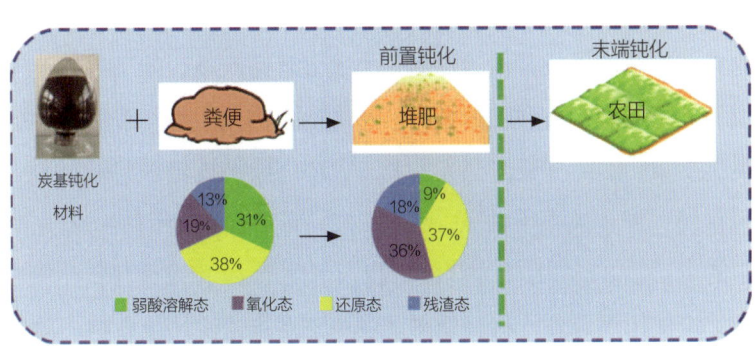

图 11-1　炭基材料与畜禽粪便共发酵钝化重金属技术

第二节
抗生素削减技术

一、抗生素的危害及畜禽粪污中的残留情况

抗生素是指由微生物（包括细菌、真菌、放线菌属）或高等动植物在生活过程中所产生的具有抗病原体或其他活性的一类次级代谢产物，能干扰其他生活细胞发育功能。用于预防动物疾病和防治细菌性感染的兽用抗生素，按照化学结构，主要有喹诺酮类抗生素、β-内酰胺类抗生素、大环内酯类抗生素、磺胺类抗生素、四环素类抗生素等。据相关报道估算，我国 2021 年养殖业全年使用抗生素约 3.25 万吨，以同年的肉产量 8 887 万吨为基数，我国每生产 1 t 肉要使用抗生素 365.7 g。

兽用抗生素使用不合理，将会使得动物免疫系统遭受严重影响，对机体内某些吞噬细胞的吞噬功能造成抑制，在动物面临其他病原体的侵害时，将会使得病菌对动物机体造成更加严重的侵害。进入环境中的抗生素，会对土壤、地表水、地下水造成污染，也会影响动植物以及微生物的正常生命活动，通过食物链威胁人类健康安全。Liu 等通过 6 种抗生素（金霉素、四环素和泰乐菌素；磺胺甲噁唑、磺胺二甲嘧啶和甲氧苄啶）对植物生长及土壤微生物和酶活性的影响研究，发现抗生素能够抑制植物根的生长，而且两种磺胺类药物（磺胺甲噁唑和磺胺二甲嘧啶）和甲氧苄啶对植物生长毒性最大。大量研究表明抗生素对水生生物具有毒性效应，有研究对 226 种抗生素进行毒性试验，发现其中 20% 对海藻具有高毒性、6% 对水蚤有剧毒、50% 以上对鱼类有毒性。

1. 常用兽用抗生素的化学结构

磺胺类抗生素是指具有对氨基苯磺酰胺结构的一类抗菌药物，主要通过干扰病原菌的叶酸代谢过程，从而影响病原菌 DNA 的合成，进而抑制细菌的生长和繁殖，对革兰氏阳性菌、革兰氏阴性菌以及衣原体、支原体等病原菌都具有一定的抗菌作用。四环素类抗生素是结构含并四苯基本骨架的一类抗菌药物，主要通过抑制细菌肽链的增长、影响蛋白质的合成达到抑菌效果，其抗菌谱广泛，包括革兰氏阳性菌和革兰氏阴性菌、衣原体、支原体、立克次体、螺旋体及某些分枝杆菌和某些原虫等。氟喹诺酮类抗生素是指以 4- 喹诺酮（或称吡酮酸）为基本结构的，通过在该基本结构的不同位置引入不同的基团，形成各具特点的一类抗菌药物。其具有氟原子，通过抑制细菌的 DNA 螺旋酶活性，进而阻碍 DNA 的正常复制、转录、转运与重组，从而达到快速杀菌的效果。其具有抗菌谱广、抗菌活性强、体内分布广、组织浓度高、半衰期长等优点。大环内酯类抗生素是具有 12 ～ 16 碳内酯环的一类抗菌药物，通过阻断细菌核糖体中肽酰转移酶的活性，抑制细菌蛋白质的合成以达到抗菌效果，对革兰氏阳性菌及支原体有较高的抑制活性，同时也对部分革兰氏阴性菌、厌氧菌以及军团菌、衣原体等具有一定抑制作用。

2. 畜禽粪便中抗生素残留情况

抗生素进入畜禽机体中，大部分会以原药或者代谢物的形式随畜禽粪污排出体外。

在磺胺类抗生素残留方面，Wang 等发现浙江省规模化养殖场畜禽粪便中磺胺类抗生素残留浓度在 9.35 ～ 46.37 mg/kg。周婧通过对大型养殖场进行抗生素监测发现，磺胺类抗生素总浓度可达 17.05 mg/kg。邓雯文通过对鸡粪进行抗生素检测发现，鸡粪中磺胺嘧啶浓度最高可达 10.98 mg/kg。

在四环素类抗生素残留方面，张树清等对我国多个地区猪粪进行了对比分析，结果发现浙江、北京等经济发达地区粪便中的兽用抗生素残留量明显高于其他地区，其中北京地区采集到的猪粪中四环素类抗生素浓度为四环素＞金霉素＞土霉素，其中四环素最大浓度高达 134.75 mg/kg，金霉素最大浓度高达 121.78 mg/kg，土霉素最大浓度高达 78.57 mg/kg。

在喹诺酮类抗生素残留方面，邰义萍等对广东省 20 个规模化养殖场（养猪场和养牛场各 10 个）粪便中抗生素进行了检测分析，发现 10 个市区中以广州市、梅州市猪粪中喹诺酮类抗生素浓度较高，广州市和汕头市牛粪中喹诺酮类抗生素的含量较高，且在不同地区畜禽粪便中喹诺酮类化合物的含量与组成特征有明显差异，可能与动物构成（品种、养殖时间等）、养殖方式（饲料来源、喂养方式等）、粪便在环境中存留时间、环境条件（温度、湿度、光照等）等有关。

总体来说，四环素类抗生素在粪便中的排泄率为69% ~ 86%，磺胺类为80% ~ 90%，大环内酯类为50% ~ 100%，喹诺酮类为30% ~ 83.7%。畜禽粪便成为兽用抗生素向环境中排放的主要载体之一，表11-5中列出了不同畜禽粪便中兽用抗生素的残留情况。

表 11-5　不同畜禽粪便中兽用抗生素的残留情况

粪便种类	抗生素种类	抗生素含量
猪粪	四环素	0 ~ 78.57 mg/kg
猪粪	金霉素	0 ~ 121.78 mg/kg
猪粪	土霉素	0.73 ~ 134.75 mg/kg
猪粪	环丙沙星	0.31 ~ 0.96 mg/kg
猪粪	磺胺二甲嘧啶	0 ~ 7955.80 μg/kg
牛粪	环丙沙星	0 ~ 33.74 μg/kg
牛粪	恩诺沙星	0 ~ 31.80 μg/kg
牛粪	土霉素	0.21 ~ 10.37 mg/kg
牛粪	磺胺二甲嘧啶	0 ~ 4.44 μg/kg
鸡粪	四环素	0 ~ 14.56 mg/kg
鸡粪	金霉素	0 ~ 19.03 mg/kg
鸡粪	土霉素	0.96 ~ 23.43 mg/kg
鸡粪	环丙沙星	0.33 ~ 2.94 mg/kg
鸡粪	磺胺喹噁啉	0 ~ 52.78 μg/kg

3. 畜禽养殖污水中抗生素残留情况

在主要饲养畜种中，生猪、奶牛的废水产量较大，其中的抗生素残留以四环素类和磺胺类为主，检出浓度在 $10 \sim 10^3$ μg/L 范围内。

畜禽养殖废水中抗生素的含量相较于畜禽粪便中的含量偏低，主要因为大部分抗生素的水溶性较差，使大部分抗生素残留在废水的固相胶体中，另一方面则是由于冲洗水的稀释作用导致。Zhi 等对天津市养猪场和奶牛场废水中抗生素的调查结果显示，金霉素、土霉素和多西环素是养猪场检出浓度较高的抗生素，浓度分别为

130.67 ng/L、82.59 pg/L 和 89.64 pg/L，奶牛场废水中的主要抗生素为土霉素和林可霉素，浓度分别为 60.5 μg/L 和 34.82 μg/L。陈永山等研究发现，规模化养猪场废水中四环素、土霉素、金霉素和多西环素等 4 种四环素类抗生素为主要污染药物，磺胺二甲嘧啶也有较高的检出量。晏广发现上海市奶牛养殖场废水在去除抗生素工艺前的进水中共检测出 11 种抗生素，包括 10 种磺胺类抗生素以及 1 种 β－内酰胺类抗生素，其中磺胺氯哒嗪含量高达 797.80 ± 69.74 ng/L，最低的磺胺间二甲氧嘧啶含量为 9.03 ± 1.85 ng/L。表 11-6 中总结了我国部分地区猪场和牛场废水中抗生素的残留情况。

表 11-6　我国部分地区养殖废水中抗生素含量

污水种类	抗生素种类	抗生素含量
猪场废水	盐酸金霉素	0 ~ 2 258.96 μg/L
猪场废水	土霉素	5.69 ~ 1 006.87 μg/L
猪场废水	恩诺沙星	0.11 ~ 248.85 μg/L
猪场废水	磺胺二甲嘧啶	0 ~ 45.78 μg/L
猪场废水	磺胺间甲氧嘧啶	0 ~ 23.94 μg/L
猪场废水	磺胺甲嘧啶	0 ~ 0.16 μg/L
猪场废水	多西环素	0 ~ 2.948 μg/L
猪场废水	氧氟沙星	0 ~ 94.2 ng/L
猪场废水	罗红霉素	0 ~ 26.6 ng/L
牛场废水	四环素	0 ~ 0.57 μg/L
牛场废水	土霉素	0 ~ 15.21 μg/L
牛场废水	盐酸金霉素	0 ~ 5.04 μg/L
牛场废水	磺胺甲氧基哒嗪	17.64 ± 2.30 ng/L
牛场废水	磺胺甲噻二唑	143.82 ± 7.18 ng/L
牛场废水	甲氧苄啶	377.01 ± 38.75 ng/L
牛场废水	磺胺嘧啶	220.75 ± 1.95 ng/L

二、抗生素去除技术

1. 化学去除技术

化学方法去除抗生素主要是通过氧化工艺，包括传统的超声氧化、紫外消毒、光催化氧化、臭氧氧化和 Fenton 试剂氧化等高级氧化方法，而氧化对抗生素的去除主要依赖于氧化剂进入养殖粪污后所释放自由基的分解作用。自由基通过化学键断裂或电子转移、加成、取代等反应氧化有机污染物，最终将污染物分解为易降解的有机小分子以及二氧化碳和水。由于氧化工艺所依赖的自由基等具有强氧化性物质，需要在水环境中才能形成和发挥作用，用于固废处理时，产生的自由基极易被固相环境中的有机物质消耗或者自行淬灭，处理难度和成本将会大幅提高，因此化学去除工艺主要应用于畜禽养殖污水中的抗生素去除。

（1）Fenton 氧化

Fenton 氧化主要是指由过氧化氢（H_2O_2）和亚铁离子溶液组成的 Fenton 试剂去除畜禽粪污中的抗生素。Filiz Ay 等采用以阿莫西林（$10 \sim 200$ mg/L）、过氧化氢（$10 \sim 500$ mg/L）和 Fe^{2+}（$0 \sim 50$ mg/L）为自变量进行间歇氧化实验，阿莫西林的降解和矿化反应时间分别为 2.5 分钟和 15 分钟。迟翔等采用 Fenton 法对沼液中三种四环素类和三种磺胺类抗生素氧化去除进行研究发现，最佳反应条件为 pH=4，H_2O_2 浓度为 0.4 mol/L，$n(H_2O_2)/n(Fe^{2+})$=10 : 1，四环素、土霉素、金霉素去除率分别为 91.83%、92.38%、80.52%，磺胺甲噁唑、磺胺甲基嘧啶、磺胺嘧啶去除率分别为 93.60%、91.97%、91.60%。10 种磺胺类抗生素的去除效率在 8% ~ 28%（平均为 14%）。

虽然 Fenton 氧化具有去除效率高、反应彻底、二次污染小等特点，但具有 pH 可调控范围过窄和能重复利用的可溶性催化剂的种类较少等缺点，且酸性反应条件（pH ≈ 3）以及大量含铁污泥的存在可影响含抗生素废水的处理效果。

（2）臭氧催化氧化

臭氧是一种强氧化剂（E^0=2.07 V），它能够与有机物发生直接或者间接氧化反应。臭氧催化氧化工艺对抗生素的降解主要通过臭氧分子的直接氧化和羟基自由基（·OH）的间接氧化两种途径实现。直接氧化反应是利用臭氧分子与含有 C—C 双键、芳环结构或含有 N、P、O、S 原子的有机物进行反应，但是不能与亲核分子反应。间接氧化是通过臭氧在水中发生分解反应后生成羟基自由基（·OH），·OH 对抗生素等有机污染物进行降解去除。

王振旗等采用 O_3 氧化法对猪场二级生化出水进行深度处理发现，在 O_3 浓度和通 O_3 时间相同的条件下，O_3 流量越大，抗生素去除率越高；当 O_3 流量分别为 0.5 L/min、1.0 L/min 和 1.5 L/min 时，反应 10 分钟后相应的抗生素去除率分别为 89.2%、97% 和 98.3%。敖蒙蒙等研究了阿莫西林和头孢氨苄在不同初始 pH 值下的降解效果，阿莫西林和头孢氨苄初始浓度为 50 mg/L、臭氧产量为 3 g/h、臭氧浓度为 25 mg/L、气体流量为 100 mL/min、反应温度为 25 ℃时，目标物初始溶液 pH 值分别为 3、7 和 9，阿莫西林和头孢氨苄均有较好的降解效果，分别在 4 分钟、2 分钟内完全降解。

臭氧氧化是提高污染物降解性的主要处理方式，污染副产物少、环境友好，能明显提高养殖废水的可生化性，但能源需求高且运行成本高、原水水质情况差则需要配合催化剂使用，受温度影响较大、臭氧管理维护较困难。此外，臭氧氧化对 β－内酰胺类抗生素的降解效率很低。而且在实际废水预处理过程中，由于基质消耗臭氧使得污染物去除效率较低、矿化程度不明显。

（3）光催化氧化

光催化氧化对抗生素的作用机制是利用半导体材料生成电子（e^-）和空穴（h^+）对部分抗生素进行直接氧化还原作用，或利用间接生成的高度活性的氧化剂（OH、O_2^-）对大部分抗生素进行直接强氧化作用。

朱婉婷等采用 CuO/ZnO 复合光催化剂来降解养殖废水中的盐酸四环素，通过正交试验得到 CuO/ZnO 复合光催化剂降解盐酸四环素的优化反应条件为：养殖废水中含有的盐酸四环素初始质量浓度为 0.025 g/L，过氧化氢质量浓度为 0.5 g/L，掺杂比为 10：1，煅烧温度为 550 ℃，CuO/ZnO 复合光催化剂投加量为 0.15 g/L，可见光下反应 3.5 小时，在此条件下养殖废水中盐酸四环素的平均去除率可达 93.01%。于晓彩等通过研究发现，当纳米 ZnO 光催化剂的平均粒径为 34.14 nm 时，纳米 ZnO 光催化处理养殖废水中盐酸四环素污染的优化条件为：紫外光下盐酸四环素浓度 0.01 g/L，纳米 ZnO 于 350 ℃煅烧 0.5 小时，投加量 0.3 g/L，H_2O_2 质量浓度 0.4 g/L，反应 4 小时，优化条件下，养殖废水中盐酸四环素的平均去除率可达 91.12%，有较好的稳定性和重复利用性。

光催化氧化具有效率高、反应速度快、成本低、无二次污染等特点，基于光催化的高级氧化过程已被证明是一种有前途且高效的抗生素污染物降解方法，但在实际应用过程中需要注意副产物毒性以及环境等影响因素。

（4）化学吸附

化学吸附是吸附质分子与固体表面原子（或分子）发生电子的转移、交换或共有，形成吸附化学键的吸附。由于固体表面存在不均匀力场，表面上的原子往往还有剩余的成键能力，当气体分子碰撞到固体表面上时便与表面原子间发生电子交换、转移或共有，形成吸附化学键的吸附作用。化学吸附抗生素中最常用的工艺为生物炭吸附工艺，张甜等通过总结吸附法去除水中抗生素研究时发现，生物炭等吸附工艺主要是通过氢键、π-π 相互作用吸附抗生素。

胡斌采用以油茶果壳粉末为原料，以金属钴和钆为改性剂，采用慢速热解法在充满氮气的管式炉内制备双金属改性的钴钆改性生物炭（Co-Gd-BC）并应用于环丙沙星的去除，当用量为 0.05 g，模拟废水量为 100 mL 时，环丙沙星去除率为 77.43%，Co-Gd-BC 对环丙沙星的吸附为化学吸附。冯丽蓉采用竹柳生物炭及负载 MnO_2 的复合材料对土霉素的吸附和催化降解性能进行研究发现，当竹柳生物炭具有最大的比表面积（262.2 m^2/g）和含碳量（60.30%），最低的 H/C 值时，对两种抗生素的吸附性能最优。机理分析结果表明，竹柳炭主要通过化学作用将土霉素和磺胺甲噁唑吸附在其表面非均质位点上，土霉素和磺胺甲噁唑在竹柳炭上的吸附以中性分子形态为主，π-π 电子给受体（EDA）相互作用在吸附过程中起主导作用，静电吸引和孔隙填充分别在曝氧竹柳炭吸附土霉素和磺胺甲噁唑的过程中发挥重要作用。

生物炭吸附具有比表面积大、吸附能力强、官能团丰富、可资源化利用废物等特点，但一些方法制造的生物质炭运行成本高或产生有毒副产物。

2. 物理去除技术

（1）物理吸附

吸附法主要是通过范德华力或形成化学键对抗生素进行吸附，而物理吸附主要是通过范德华力进行抗生素吸附，且物理吸附有时也被称为范德华吸附，其中最常用的是活性炭及其改性材料等吸附工艺。

韩跃飞采用浓度为 20 mg/L 的粉末活性炭吸附含有 500 μg/L 磺胺类抗生素（磺胺间甲氧嘧啶和磺胺甲噁唑）的模拟废水后发现，最终去除率可分别达到 91% 和 82%。Moussavi 等研究了氯化铵诱导活性炭的制备、表征及其在阿莫西林去除中的应用，发现制得的诱导活性炭比表面积为 1 029 m^2/g，在最佳溶液 pH 为 6 的条件下，诱导活性炭 0.4 g/L 对 50 mg/L 的阿莫西林的吸附率可达 99% 以上，而在相似的实验条件下，标准活性炭只能吸附约 55% 的阿莫西林。史娟采用汉中稻壳活性炭进行改性并吸附水中磺胺类抗生素研究，以浓硫酸为活化改性剂，确定活性炭的最佳改性工艺条件为改性温度 90 ℃、改性时间 60 分钟、料液比 1 : 2、硫酸浓度 2.33 mol/L，改性后稻壳活性炭吸附磺胺类抗生素的最佳条件为吸附时间 60 分钟、吸附温度 60 ℃、pH 为 7，吸附量可达到 4.75 mg/g 以上，且该活性炭对磺胺氯吡嗪钠吸附效果优于磺胺嘧啶。

虽然活性炭孔隙率高、比表面积大、吸附容量大、吸附可逆，但活性炭成本偏高、不可回收利用，且生猪废水中含有高浓度的氮、磷污染物可与抗生素一起竞争活性炭的吸附位点，因此目前采用活性炭手段去除生猪养殖废水中抗生素的研究较少。

（2）膜分离

膜分离技术主要是指在外界能量或化学位差等的作用下，对溶液中的溶质和溶剂进行分离，从而达到去除或富集的目的，其具有操作简便、分离过程无相变、选择性高等特点。目前，将应用广泛的膜分离技术按照膜的孔径、截留分子量大小以及膜分离的原理等可分为反渗透、超滤、纳滤等。

尹福斌等通过总结膜分离技术在大型养殖场沼液处理中的应用发现，多种膜分离组合工艺中纸袋过滤、中空纤维膜、纳滤膜、反渗透膜等环节对养殖场沼液中抗生素的相对截留率分别为 50%、83%、28% 和 14%，中空纤维膜对抗生素的相对截留率最高，且中空纤维浓缩液中抗生素含量最高，约为原沼液中抗生素浓度的 6.6 倍，其他环节的产品中抗生素均得到了大部分去除，但在饮用水及污水处理过程中微滤、超滤对磺胺甲噁唑、红霉素等抗生素的去除效果较低，去除率小于 15%，而纳滤和反渗透对抗生素的去除率均大于 98%。

膜分离技术虽然能耗较低、无二次污染、可规模化利用，但抗生素降解不彻底，容易出现膜污染和浓差极化，去除率受膜表面积和抗生素浓度影响。

（3）混凝沉淀

混凝法是通过水中粒子的稳定性来进行脱稳或是聚合，使其沉积从水中分离。实际工程中混凝沉淀最为常用，不同类型的混凝剂对抗生素的去除效果不同。阳离子型聚丙烯酰胺去除废水中的抗生素效果最好，对四环素类抗生素的去除率为 22.8% ～ 44.8%，对喹诺酮类抗生素的去除率为 32.2% ～ 70.3%。

目前，应用较多的为混凝沉淀与其他抗生素去除工艺联用，程铭通过 Fenton 氧化＋混凝沉淀法预处理抗生素废水进行试验研究，研究表明：当 Fenton 氧化反应时间为 60 分钟，初始 pH 为 3，$m(H_2O_2):m(COD)=1$，$n(H_2O_2):n(Fe^{2+})=5$；混凝反应最佳反应条件为初始 pH 为 6.5，混凝剂为聚合氯化铝，投加量为 0.4 g/L 时对抗生素废水处理效果好。虽然混凝沉淀对原废水悬浮物指标控制效果良好、操作维护简单，但对抗生素废水其他类污染物控制较弱、产生沉淀需定时清理。

3. 物理化学联合去除技术

（1）超声氧化

超声波在溶液中传播会引起超声空化现象，这种空化坍塌导致在具有极高温度（> 4 000 K）和压强（> 500 bar）的水中产生热点，从而水分子解离产生自由基（H 和 OH）。

孙博成通过模拟养殖废水中环丙沙星的超声降解实验研究发现，Cu^{2+}、Cu^{2+}–Fe^{2+} 能够有效催化超声 /H_2O_2（US/H_2O_2）降解环丙沙星，环丙沙星初始浓度 3.0 mg/L、pH=6.9，H_2O_2、Cu^{2+} 添加浓度分别为 15 mmol/L 和 5.0 mg/L，功率 195 W、反应60 分钟，环丙沙星的去除率为 88.3%；Cu^{2+}–Fe^{2+} 催化 US/ H_2O_2 降解环丙沙星时，Cu^{2+} 和 Fe^{2+} 的添加浓度、溶液初始 pH 值对降解影响较大，Cu^{2+} 和 Fe^{2+} 添加浓度分别为 5.0 mg/L、7.5 mg/L，溶液初始 pH 值为 6.90，环丙沙星去除率达到最佳，去除率为 95.35%。余声通过在不同实验参数下对 $Cu_2O/MgFe_2O_4$ 的超声氧化活性进行考察，结果表明，在掺杂比为 10%，催化剂加入量为 5 mg，四环素溶液初始浓度为20 mg/L，超声功率为 500 W 和超声时间为 60 分钟时，对四环素溶液的去除率能达到 91.93% ± 1.08%。

超声氧化的主要优点是操作简单、无须添加化学品、在水中的渗透性高、接触时间短、效率高且无二次污染物，但超声催化分解有机污染物相对效率较低、能耗较高。

（2）热解炭化技术

热解炭化技术是近年来发展起来的有机固体废弃物处理和资源化利用技术，是在缺氧或无氧条件下，将有机废弃物通过加热升温，并保持在一定温度内（250 ℃～ 750 ℃）一段时间，使原料内部发生热裂解反应，生成生物质炭、生物质油和生物质可燃气的过程，同时达到废弃物安全处置的要求。热解炭化过程包含四个连续的热反应阶段。第一阶段为吸热脱水，此阶段温度较低，析出结合水，聚合物开始裂解。第二阶段为挥发和大量析出阶段，一氧化碳出现最大生成速率，同时生成少量液体。第三阶段为二次裂解阶段，是液体产物的主要生成阶段，气体产物可燃成分大量增加，释放热量。第四阶段固体产物增加，挥发物质减少，同时生成氢气和一氧化碳。

一般来说，炭化温度越高越有利于畜禽粪便中抗生素的去除。中国科学院城市环境研究所汪印研究组以猪粪和鸡粪中检出率较高的泰乐菌素（TYL）、环丙沙星（CIP）、恩诺沙星（ENR）、四环素（TC）、金霉素（CTC）、多西环素（DOXY）、磺胺二甲嘧啶（SMZ）和磺胺甲噁唑（SMX）作为研究对象，研究这些典型抗生素在不同热解温度（300 ℃和600 ℃）下的去除效果，并对热解前后的抗菌活性进行分析。热解过程中 N_2 的流速为 80 mL/min，反应器的升温速率为 15 ℃/min，热解终温分别设为 300 ℃、400 ℃、500 ℃、600 ℃和700 ℃，到达指定终温后停留 45 分钟。研究结果表明，当热解温度为 300 ℃时，猪粪生物炭和鸡粪生物炭中没有 TYL、TC、CTC 和 SMZ 残留检出。在此温度下，猪粪生物炭中的 DOXY 从 95 500.24 μg/kg 降到了 71.40 μg/kg，鸡粪生物炭中的 DOXY 降到了定量限以下。当热解温度达到 500 ℃时，猪粪生物炭中的 DOXY 也降到了定量限以下，至 600 ℃时，所有生物炭中均未检出 TYL、TC、CTC、DOXY、SMZ 和 SMX，表明这些抗生素已经被全部分解去除。进一步研究了 8 种抗生素的热解残余物的抗菌性，发现它们对大肠埃希菌 / 金黄色葡萄球菌都无抑制作用。因此，热解去除了这些抗生素的生物毒性，其热解残余物不会对环境造成污染。

4. 生物去除技术

（1）厌氧消化

厌氧消化是指在厌氧条件下，有机物在微生物分解与转化的作用下，最终产生二氧化碳和甲烷的过程，具有能够处理高浓度的有机废水、易于操作并能产生清洁能源等优点，目前主要用于畜禽养殖污水的处理中，但易受到碳氮比、酸碱度、有机负荷量等多种因素的影响。一般来说，较高的发酵温度和抗生素的初始浓度可提升抗生素的去除率。Varel 等研究了 22 ℃、38 ℃和 55 ℃厌氧消化对牛粪中的莫能霉素和猪粪中的金霉素的去除效果，结果显示，经过 28 天，莫能霉素在 3 种条件下的去除率分别为 3%、8%、27%；经过 21 天，金霉素的去除率分别为 7%、80%、98%。Liu 等通过工业规模堆肥和厌氧消化工艺去除四环素类、磺胺类和喹诺酮类进行研究，结果表明，在四环素类、磺胺类和喹诺酮类抗生素中，四环素类抗生素在猪粪中占主导地位，厌氧消化去除效果较差，在生物固体中积累明显，尤其是在冬季。但与冬季相比，夏季厌氧消化对磺胺类化合物的去除效果更好（＞97%）。

相比之下，喹诺酮类抗生素是猪粪中含量最低的抗生素，冬季厌氧消化对其的去除效果高于夏季。外源添加剂也可促进厌氧消化过程中抗生素的去除，Fu 等研究了添加氧化钙对玉米秸秆和鸡粪消化过程中四环素去除和甲烷产量的影响。盐酸四环素的降解常数提升了 5.7 倍，半衰期从 13.5 天缩短至 2.0 天，90% 盐酸四环素的去除时间也从 46.1 天缩短至 6.6 天。主要原因在于，氧化钙能与水反应生成 $Ca(OH)_2$ 和氧气，释放到发酵系统的氧气可以支持好氧 / 兼性细菌的生长，反过来会产生更多的胞外酶（如纤维素酶），并加速底物水解。另外，氧化钙与水反应的中间产物 H_2O_2 和·OH 也有利于厌氧发酵的水解和酸化过程。

（2）好氧堆肥

好氧堆肥是指粪便在有氧条件下，利用微生物的分解作用，使有机物矿质化、腐殖化和无害化而变成腐熟肥料的过程。好氧堆肥过程中的微生物降解及高温过程可以达到有效去除抗生素等污染物的目的。在好氧堆肥之前，需要调控堆体的含水率、碳氮比以及堆肥过程中氧气的通入量，以达到最佳发酵效果。好氧堆肥对畜禽粪便中抗生素去除的影响因素很多，一般来说，较高的堆肥温度（> 55 ℃）、较适宜的通风条件（0.05 ～ 0.2 m^3/min）和碳氮比 [（25 ～ 30）：1）] 以及较高的微生物活性，对抗生素的去除效果更好。成登苗等发现好氧堆肥对土霉素、四环素、金霉素、磺胺甲噁唑、磺胺嘧啶、磺胺甲基嘧啶、环丙沙星、恩诺沙星和泰乐菌素等主要类别抗生素的最高去除率可达 65.5% ～ 100%。Selvam 等通过对猪粪和锯末混合进行好氧堆肥处理，使用计算机控制的自制堆肥反应器，在 C/N 为 29、含水率为 55% 的初始条件下进行 56 天的堆肥实验后，发现金霉素和磺胺嘧啶的去除率可达 100%，但对环丙沙星的去除效果仅为 17% ～ 31%。Qiu 等采用简易堆肥反应器，对几种辅料（木屑、稻草）在动物粪便好氧堆肥过程中对磺胺类抗生素降解的影响开展了 10 组堆肥实验，结果表明，4 种磺胺类抗生素在好氧堆肥 35 天后的降解率均在 60% 以上，辅料添加进堆体中可显著促进抗生素的降解。中国科学院城市环境研究所汪印研究组针对畜禽粪便中常见且高温难降解的抗生素磺胺二甲嘧啶和环丙沙星，筛选在 70 ℃高温下具有相关抗生素降解能力的嗜热菌株。研究者采用富集、驯化以及平板划线分离技术，在高温（70 ℃）条件下从抗生素药厂污泥中分离得到两株具有抗生素降解能力的高温菌。其中，具有磺胺二甲嘧啶降解能力的菌株 S-07 是一株喜热嗜油芽孢杆菌。在最佳的降解条件下，其对磺胺二甲嘧啶的降解效率可达 95% 以上；具有环丙沙星降解能力的菌株 C419 属于嗜热栖热菌，在 70 ℃和培养基初始 pH 为 6.5 时，其对环丙沙星的降解效率达到 55% 左右。菌株在堆肥实际应用时，堆体中单独添加菌株 S-07 对磺胺二甲嘧啶降解过程的作用不明显。但堆肥中接种了两种菌株 S-07 和 C419 后，对磺胺二甲嘧啶的降解去除保持较快的速度。堆体中单独添加菌株 C419 以及同时接种菌株 C419 和 S-07，对环丙沙星的降解均具有明显的促进作用，尤其是同时添加菌株 C419 和 S-07 的堆体中微生物更活跃，其对环丙沙星的降解在 10 天内就降到较低水平。

（3）光合微藻

利用光合微藻对养殖废水进行处理也可作为一种潜在的抗生素降解方式，已发现的对抗生素有降解作用的微藻属于螺旋藻属（*Spirulina* sp.）、小球藻属（*Chlorella* sp.）和栅藻属（*Scenedesmus* sp.）等。微藻去除抗生素的主要途径之一就是生物降解，其中包括胞内降解和胞外降解两种。

微藻胞内降解主要是通过酶催化完成的，微藻细胞内有复杂的酶系统，包括阶段 I 酶和阶段 II 酶家族。抗生素去除以阶段 I 酶（细胞色素 450）为开端，通过氧化、还原或水解作用脱去羟基使抗生素更具有亲水性；阶段 II 酶如谷胱甘肽 S 转移酶能催化亲电子化合物和谷胱甘肽发生结合反应，这样由于 II 酶的结合使得一些环氧化合物的环断裂而保护藻细胞免受氧化。

微藻会分泌成分复杂的胞外聚合物到外部环境，胞外聚合物的主要成分包括多糖、蛋白质和脂类等，而胞外聚合物成分复杂，随着藻种和培养条件的不同而变化。一方面，胞外聚合物可作为水化膜使胞外酶更靠近藻细胞，进而对抗生素进行代谢；另一方面，胞外聚合物可作为表面活性剂或乳化剂提高抗生素的生物利用率，以供后续微藻将胞外的抗生素通过细胞壁运输到微藻细胞内，在胞内对抗生素进行分解。

虽然微藻具有良好的污染物去除能力且处理成本低，但对抗生素去除不完全、降解产物不明了及缺乏规模化应用等缺点。藻类在生猪废水处理中研究仍较少，且主要集中于高速藻类池塘的应用，国外研究发现通过在高速藻类池塘中连续 62 天的处理，生猪废水中溶解的最高浓度为 2 mg/L 的四环素最终去除率可达到 69%。此外，有研究发现通过将微藻与细菌组成菌藻共生系统可进一步提高对废水中抗生素的去除效果，但目前菌藻共生系统在养殖废水处理时大多数集中于对氮、磷等污染物的降解研究，因此目前菌藻共生系统对抗生素的去除研究较为匮乏，存在一定的研究空白，需要进一步的关注和研究。

第三节
抗性基因削减技术

畜禽养殖业中抗生素的过量使用造成了畜禽粪便中抗生素残留，诱导抗生素抗性菌（antibiotic resistant bacteria，ARB）和抗生素抗性基因（antibiotic resistance genes，ARGs）的产生。ARGs 在环境中的扩散和传播，使病原菌获得耐药性，对生态环境和人类健康造成威胁。联合国世界卫生组织（WHO）已将 ARGs 列为新型三大污染问题之一。如何有效削减畜禽养殖粪污中的 ARGs，已成为保障畜禽养殖业健康发展、保护人民生命安全亟待解决的问题。目前，已开发出的畜禽粪污中 ARGs 削减技术包括传统消毒处理技术，高级氧化处理技术和生物处理技术等。其中，生物处理技术因具有可回收资源、能耗少、操作简单、运行成本低等优点而被广泛应用，以实现畜禽粪便的资源化和减量化，保障畜禽养殖业的可持续发展。

一、好氧堆肥及其强化工艺

1. 好氧堆肥

好氧堆肥是畜禽粪污肥料化处理的主要方式，同时也是削减 ARGs 的重要技术手段。大量研究表明，好氧堆肥能够削减部分 ARGs 丰度，但对不同种类 ARGs 的削减效果存在较大差异。例如，研究发现好氧堆肥对猪粪中大环内酯类抗性基因 *ermA*、*ermB* 和 *ermC* 的削减效率分别为 84.9%、92.4% 和 99.1%；*β-* 内酰胺类抗性基因 *blaTEM*、*blaSHV* 和 *blaCTX* 的削减效率分别为 99.9%、98.5% 和 63.8%；喹诺酮类抗性基因 *qnrA* 和 *qnrS* 的削减效率分别为 61.8% 和 99.7%；然而堆肥后 *ermF* 的丰度却增加了 28.7%。

好氧堆肥削减 ARGs 的机理可归纳为以下四点：①堆肥过程中产生的高温破坏抗生素结构，削弱抗生素对 ARGs 形成的选择压力；②ARB 在堆肥的高温中被灭活，降低 ARGs 丰度；③携带 ARGs 的 DNA 在堆肥高温中直接被降解；④堆肥高温降低整合子和转座子等可移动遗传原体。

2. 好氧堆肥削减抗性基因的影响因素

（1）细菌群落

细菌群落是 ARGs 的潜在宿主，因此，细菌群落的演替是好氧堆肥中 ARGs 消长的主要驱动力。在好氧堆肥不同阶段，细菌群落结构不断进行演化，但优势菌门的分布则保持高度稳定。厚壁菌门、变形菌门、拟杆菌门和放线菌门是整个堆肥过程中 4 个优势细菌门类，占总细菌丰度的 80.0% ~ 99.9%。研究表明，放线菌门和厚壁菌门是携带和传播多种 ARGs 的主要菌门，厚壁菌门和变形菌门是携带四环素类抗性基因的优势菌门，其中变形菌门更适应 pH 酸性环境，而厚壁菌门更偏好 pH 碱性环境。绿弯菌门可能是 *tetC*、*tetX*、*sul2* 和 *dfrA7* 的潜在宿主菌门，绿弯菌门的丰度通常与堆肥供氧量呈负相关，因此，在堆肥过程中保证堆肥的好氧环境是控制绿弯菌门及其相关 ARGs 的重要措施。某些特定的微生物可能具有多重抗性，如在奶牛粪好氧堆肥过程中，甲烷粒菌属是 *cmlA*、*tetX*、*sul2* 和 *aac*（6'）–*Ib–cr* 的潜在宿主菌。而某个特定 ARG 也可能在多个细菌中被发现，如在猪粪堆肥过程中不动杆菌属、土壤芽孢杆菌属、赖氨酸芽孢杆菌属、假单胞菌属和嗜冷杆菌属均是 *tetX* 的潜在宿主菌。值得关注的是，多个报道表明在好氧堆肥过程中多种 ARGs 均可被转移到人类致病菌中，如包特菌属与 *ermF* 和 *sul2*，葡萄球菌属与 *tetX*、*ermX* 和 *blaVIM* 均呈现显著正相关，这两个菌属可分别引发人的炎症和小儿百日咳，因此，去除 ARGs 宿主菌，特别是人类致病菌，是评价堆肥技术生态安全的基础。

（2）可移动遗传元件

MGEs（质粒、噬菌体、转座子、整合子、嵌入序列和基因岛）是 ARGs 在微生物间水平传播的主要媒介。ARGs 可借助 MGEs 通过结合、转导和转化 3 种方式进行水平基因转移。MGEs 广泛存在于堆肥的原料中，并且在好氧堆肥过程中很难被完全去除，因此，MGEs 的存在将会加速好氧堆肥中 ARGs 的增殖及传播。*intI1* 和 *intI2* 是两种非常重要的 MGEs，且具有非常广泛的宿主菌范围，如 *intI1* 可被分枝杆菌属、乳酸菌属、棒状杆菌属、藤黄单胞菌属、假氨基杆菌属和特吕珀菌属等多个菌属细菌携带，*intI2* 的潜在宿主菌有假黄色单胞菌属、螯合球菌属、包特菌属、热密卷菌属、芽孢杆菌属和嗜冷杆菌属等菌属细菌。多种细菌可同时携带 MGEs 和 ARGs，这种共现现象表明好氧堆肥过程中控制 MGEs 是削减 ARGs 的关键。

（3）堆肥条件

①温度

温度是好氧堆肥过程中影响 ARGs 消长的重要参数之一，温度对 ARGs 的影响主要发生在堆肥的高温阶段和降温阶段。多个研究表明堆肥高温阶段（> 50 ℃）是削减 ARGs 的关键阶段，ARGs 的丰度与温度呈显著负相关。研究发现在牛粪好氧堆肥高温阶段 *sul2*、*sulA* 和 *dfrA1* 的绝对丰度降低 1 ~ 2 个数量级。也有报道表明不同动物粪便好氧堆肥 15 天时（温度 44 ℃ ~ 65 ℃），*mcr-1* 的削减效率均达到 90% 以上。其他多个研究也发现堆肥高温阶段可以有效削减多种 ARGs。

降温阶段是 ARGs 丰度反弹最为明显的阶段。在猪粪和鸡粪共堆肥的研究中，ARGs 和 IS613 的总相对丰度在降温阶段增加了 1.7 ~ 4.9 倍。在奶牛粪好氧堆肥 30 天时，大部分 ARGs 的绝对丰度出现反弹现象。特别是磺胺类 ARGs 的变化（*sul1*、*sul2*、*sulA*、*dfrA1* 和 *dfrA7*），其丰度范围在 2.78×10^7 ~ 2.81×10^{11} 拷贝数 /g。

② pH

在畜禽粪便好氧堆肥过程中，pH 一般呈现先上升后下降的趋势，最终 pH 稳定在 8 ~ 9。在好氧堆肥过程中，pH 对 ARGs 的影响主要是通过宿主菌的生长和水平基因转移来影响 ARGs 的消长。研究发现，pH 为酸性时更有利于四环素类抗性细菌的增殖，促进 ARGs 的水平基因转移；而 pH 为碱性时则抑制了四环素类抗性细菌的增殖，限制 ARGs 的水平基因转移。

③水分

一般情况下，好氧堆肥的初始水分以 60% ~ 65% 为宜，堆肥产品水分以 30% ~ 50% 为宜。如果堆肥水分含量过高可能会促进 ARGs 宿主菌的增殖，增加 ARGs 传播的风险。研究发现，在奶牛粪好氧堆肥过程中 *mcr-1* 的丰度与水分呈现显著正相关。在猪粪好氧堆肥过程中 *tetA* 的削减效率与水分呈显著负相关。

④营养平衡

本质上好氧堆肥是有机物降解和好氧微生物生长代谢的一个过程。碳氮的转化将会极大地影响微生物群落结构以及 ARGs 宿主菌的演变。一些 ARGs 与堆肥过程中的营养指标密切相关。研究发现，*blaTEM*-1 和 *blaAmpC* 与猪粪好氧堆肥过程中的总有机碳和总氮含量呈显著正相关。*tetW*，*tetM*，*tetO*，*tetX*，*ermB*，*blaCTX-M*，*aac*（6'）-*Ib-cr*，*ermA*，*ermC* 和 *parC* 等多个 ARGs 均与总氮含量变化呈正相关。此外，好氧堆肥过程中的氨化作用、硝化作用、反硝化作用和生物固氮作用均与 ARGs 的消长有一定关系。

（4）选择压力

①抗生素残留

畜禽粪污中抗生素残留可能会促进细菌耐药性的产生以及诱导 ARGs 的水平基因转移。抗生素残留可能会通过 ARGs 宿主菌及其他途径来影响 ARGs 的消长。研究人员发现头孢匹林和吡利霉素显著增加了畜禽粪便中多种 ARGs 的丰度。通常情况下，高浓度的抗生素对堆肥中 ARGs 的影响更为显著，但有时会被堆肥条件对 ARGs 的影响所掩盖。在猪粪好氧堆肥过程中，高浓度泰乐菌素（75 mg/kg）增加了多种大环内酯抗性基因（*ermF*，*ermB*，*ermT* 和 *ermX*）丰度，而低浓度泰乐菌素（25 mg/kg 和 50 mg/kg）则降低了 ARGs 丰度，主要是由堆肥环境因素导致的。Qian 等也发现不同浓度的土霉素（OTC：10 mg/kg，60 mg/kg 和 200 mg/kg）对 ARGs 也有不同的影响。这表明有时候堆肥阶段对 ARGs 的影响要高于抗生素残留。

②重金属

重金属在堆肥过程中不易被降解，通常以分子或离子的形式存在于畜禽粪污中。残留的重金属能够通过共抗性、交叉抗性及共调控性机制持续对 ARGs 造成共选择压力。因此，可能在抗生素耐药性的扩散中造成持续的共选择压力。前人多个研究已经证明 ARGs 和重金属有显著的相关性。如：Cu 与 *tetM*，*blaCTX-M*，*aac*（6'）-*Ib-cr* 以及大环内酯类 ARGs 有显著的正相关。然而，不同的重金属对 ARGs 影响存在差异。如：Cu 对 ARGs 的影响比 Zn、Cr 和 As 更显著，这是由于在质粒上的铜抗性基因和 ARGs 的共现性。由于有些钝化剂中存在重金属，导致好氧堆肥中的重金属含量较高，增加了环境中更高的潜在风险。研究指出在堆肥过程中，多种重金属特别是 Cu、Zn 和堆肥原料中所含的重金属会影响 ARGs、金属抗性基因和微生物群落组成，并使 ARGs 的丰度升高。研究采用不同 Cu 添加浓度的泰乐菌素发酵残渣和污泥好氧堆肥，结果表明，两种浓度的 Cu 不仅影响非生物因子，而且影响抗性基因的相对丰度。高浓度 Cu 抑制微生物群落的代谢能力和固氮过程，*ermT*、*mefA*、*MfA* 的丰度增加，部分归因于金属抗性基因反映的重金属的毒性效应和共选择压力。

3. 超高温好氧堆肥

超高温好氧堆肥是在常规好氧堆肥的基础上，接种极端嗜热微生物，利用鼓风机连续或间歇式曝气供氧，使堆肥温度上升至 80 ℃以上并持续 5 ～ 7 天。与传统堆肥相比，超高温好氧堆肥最高温度高出 20 ℃ ～ 30 ℃，堆肥周期缩短 30% 以上，病原体杀灭效果达到 99 % 以上，ARGs 去除率更高。Liao 等于 2019 年利用超高温堆肥技术处理泰乐菌素发酵残渣，结果显示超高温期持续 6 天以上，泰乐菌素、ARGs 和 MEGs 去除率分别为 95%、76% 和 99%。

超高温好氧堆肥削减 ARGs 的机理主要体现于：①以 80 ℃以上极端嗜热条件"重塑"堆肥优势菌群，显著降低细菌、古菌在内的各种 ARGs 潜在宿主菌以及抗性质粒的丰度；②超高温降低整合子和转座子等 MEGs 的丰度，从而抑制 ARGs 的水平转移效应，最终实现抗性基因的高效削减。

4. 微生物菌剂

单一的好氧堆肥工艺存在温室气体排放量高、氮损失率高以及某些 ARGs 削减效率低等问题。微生物菌剂通过生物降解、生物转化作用可有效促进堆肥有机物降解，延长堆肥高温期，提高堆肥质量，强化污染物削减。微生物菌剂能够重复使用，可以根据污染物特性灵活调整微生物菌剂的复配比例，从而实现多种污染物的同步去除。因此，投加微生物菌剂被认为是一种经济高效的强化措施。已有研究表明，在堆肥过程中添加微生物菌剂可以减少氮流失、提高堆肥效能和 ARGs 削减效率。研究发现，黄孢原毛平革菌、黑曲霉、地衣芽孢杆菌的复配混合菌剂可以有效降低猪粪堆肥过程中 ARGs 的相对丰度。研究人员考察了巨大芽孢杆菌对鸡粪堆肥系统 ARGs 削减效能的影响，结果表明，在添加 5% 的巨大芽孢杆菌条件下，ARGs 和 MGEs（主要为 Tn916/1545）的削减效率分别提高了 64.6% 和 67.9%。此外，向猪粪堆肥系统中添加复合微生物菌剂（枯草芽孢杆菌：地衣芽孢杆菌：巨大芽孢杆菌：酵母菌 =1 ∶ 1 ∶ 1 ∶ 2），使 *tetH*、*tetL*、*tetM*、*tetO*、*tetQ*、*tetW*、*ermB*、*ermQ*、*blaCTX*、*blaTEM* 等多个 ARGs 和 MGEs（Tn916）的削减效率得到了明显提升，提升率为 3.7% ～ 23.8%。分析认为，添加微生物菌剂可以改变微生物群落结构，提高 ARGs 削减效率，同时也降低了抗生素对 ARGs 的选择性诱导。在实际应用中，应根据不同粪便中的抗生素和 ARGs 种类选择适当的微生物菌剂类型以及复配比例。

5. 添加剂

在好氧堆肥过程中添加调理剂、膨胀剂、营养调节剂等添加剂能够缩短堆肥进程、提高堆肥腐熟度以及 ARGs 的削减效果。目前常用的添加剂有生物炭、木屑稻壳、煤灰渣等具有表面多孔结构的物质，具有一定吸附作用，能够降低重金属的生物可利用性和迁移率，降低 ARGs 含量。研究发现，蘑菇生物炭可以显著强化好氧堆肥 ARGs 的削减效率，但是稻草生物炭添加却产生了截然相反的效果。研究也发现 10% 竹炭能够降低鸡粪堆肥中 ARGs 的丰度，其中 *tetC*、*tetG*、*tetW*、*tetX*、*sul2*、*drfA*1、*drfA*7、*ermB*、*ermF*、*ermQ* 和 *ermX* 丰度下降了 21.6% ~ 99.5%，但 *sul*1 的丰度稍有增加。分析认为，生物炭的添加改变了包括携带 ARGs 的致病菌在内的多种微生物的丰度，进而影响了堆肥系统的 ARGs 削减效能。纳米零价铁（nZVI）作为添加剂强化猪粪堆肥效能，结果表明，当添加 100 mg/L 的 nZVI 时，ARGs（包括 *sul*1、*sul*2、*dfrA*7、*ermF* 和 *ermX*）的相对丰度下降 33.26% ~ 99.31%，MGEs 中 *intI*2 和 *Tn*916/1545 的相对丰度分别下降了 95.59% 和 97.65%。这是因为 nZVI 具有杀菌特性，能够破坏 ARGs 和 MGEs 宿主菌的细胞结构进而使宿主菌死亡，但是 nZVI 浓度过高可能促使 HGT 的发生，因此需要添加适宜浓度的 nZVI。研究人员考察了不同剂量黏土添加剂对畜禽粪便堆肥过程中 ARGs 的影响，研究发现，高剂量黏土添加剂在降低 ARGs 方面起着重要作用。分析认为，黏土中含有蒙脱石和高岭石的带电分子，能与金属离子形成复合物，降低有毒金属的生物可利用度，抑制 ARGs 的扩散，而且高浓度黏土的添加还会加速堆肥过程中有机物的活性矿化，降低抗生素浓度，进而降低了 ARGs 的相对丰度。

二、厌氧消化及其强化工艺

1. 厌氧消化

厌氧消化是畜禽粪污减量化、稳定化以及能源回收的主要手段。近年来，大量研究表明厌氧消化也有助于畜禽粪污中部分 ARGs 的削减，但削减效果差异较大。

这与厌氧消化条件和厌氧消化工艺均有一定关系。

2. 厌氧消化削减 ARGs 的影响因素
（1）温度

通常情况下，高温消化削减 ARGs 的效率要优于中温消化和常温消化。研究人员考察了不同温度（20 ℃，35 ℃，55 ℃）条件下厌氧消化对牛粪中 ARGs 的削减效果，研究发现，高温厌氧消化（55 ℃）能够削减 80% 的 ARGs，而中温和常温厌氧消化（35 ℃，20 ℃）仅能削减 50% 和 40% 的 ARGs。研究认为高温消化对 ARGs 宿主菌群的灭菌效果更好，抑制了 ARGs 通过宿主菌群的繁衍发生垂直基因转移；此外高温还能降低整合子等可移动基因原件的丰度，减小 ARGs 发生水平转移的风险。

（2）固体停留时间

一般来说，固体停留时间越长越有利于 ARGs 的去除。在污泥厌氧消化的研究中发现，当固体停留时间为 20 天时，*tetC*，*tetG*，*tetX*，*sulI* 和 *sulII* 的削减效率明显高于固体停留时间为 10 天时。研究认为较长的固体停留时间能降低微生物多样性和抗生素选择压力。

（3）固体含量

一般来说，高固体厌氧消化削减 ARGs 的效率优于湿式厌氧消化。研究人员对比了高固体厌氧消化（22%TS）和湿式厌氧消化（8%TS）对 ARGs 的削减效果，结果发现高固体厌氧消化削减 ARGs 的效率明显高于湿式厌氧消化。

（4）消化工艺

通常情况下，两相厌氧消化工艺削减 ARGs 的效率优于单相厌氧消化工艺。研究人员应用宏基因组学研究对比了不同厌氧消化工艺（高温碱解 – 中温厌氧消化工艺，中温碱解 – 中温厌氧消化工艺，单相中温厌氧消化）对污泥中 ARGs 的削减效果，结果表明，两相厌氧消化工艺对污泥中 ARGs 的削减效率高于单相厌氧消化。

3. 预处理技术

预处理技术是在厌氧消化前通过各种物理、化学和生物学手段破坏畜禽粪污的絮体结构，促进细胞内有机质溶出，从而改善畜禽粪污厌氧消化性能，强化 ARGs

削减。常见的厌氧消化预处理技术主要包括热水解预处理、碱解预处理、微波预处理、超声预处理和臭氧预处理等。

（1）热水解预处理

热水解预处理是指通过加热改善污泥消化性能的一种物理预处理技术。近年来研究表明，热水解预处理不仅可以有效削减多种ARGs，而且能够强化厌氧消化削减ARGs的效果。在热水解处理的温度范围内（60 ℃～ 180 ℃），温度越高，ARGs削减效果越好。高温高压直接灭活ARGs宿主菌是ARGs削减的关键原因。

热水解预处理的优点：无异味，绿色环保。缺点：能耗高，受热不均匀，易造成反应器腐蚀。

（2）微波预处理

微波预处理是指利用微波辐射的加热、催化和灭菌作用改善污泥厌氧消化性能和灭活污泥中病原菌的一种厌氧消化前处理技术。一般情况下，微波单独预处理对ARGs的削减效果有限，而微波与其他方式联合预处理（如：微波 – 酸联合预处理，微波 –H_2O_2联合预处理）能够进一步提高ARGs的削减效率。其机理在于微波辐射可以灭活ARGs的宿主菌以及直接破坏ARGs结构。

微波预处理的优点：热效率高，加热迅速，受热均匀。缺点：能耗较大。

（3）超声预处理

超声预处理是指利用超声的空化效应、热效应以及化学效应改善畜禽粪污厌氧消化性能的一种预处理技术。常用的运行频率为20 kHz。超声单独预处理对ARGs的丰度和多样性影响不大，但是对厌氧消化削减ARGs的强化效果非常明显。研究认为超声预处理对ARGs的影响主要是改变厌氧消化中微生物菌群结构以及减少水平基因转移频率。

超声预处理的优点：高效、稳定、清洁、安全和反应温和。缺点：受畜禽粪污浓度、黏度、温度等参数及处理设备的影响较大，能耗高。

（4）碱解预处理

碱解预处理是通过向污泥中添加强碱物质（NaOH、KOH等）营造碱性环境，从而加速溶胞效率，改善污泥厌氧消化性能的一种化学预处理技术。常用的碱解条件为：室温，pH=10，处理时间为24 ～ 48 小时。研究表明碱解预处理对污泥中ARGs的种类和丰度影响不大，但能够强化厌氧消化过程中ARGs的有效削减。ARGs的削减效果受碱解处理时间和 pH 的影响，pH 越高，预处理时间越长，

ARGs 的削减效果越好。

碱解预处理的优点：反应迅速，设备简单，操作方便。缺点：后续处理难度大，易造成仪器设备的腐朽，成本较高。

（5）臭氧预处理

臭氧预处理技术是一种被广泛应用的厌氧消化预处理技术。研究表明臭氧预处理能够强化厌氧消化过程中所有 ARGs 的削减。臭氧作为强氧化剂，能够在预处理阶段有效灭活 ARB。

臭氧预处理的优点：溶胞效率高、氧化能力强，且不会造成二次污染，投资运行费用低。

4. 厌氧共消化技术

在畜禽粪污厌氧消化系统中，单一的消化基质容易导致系统出现营养成分失衡问题，畜禽粪污中较高的氨氮含量又容易导致系统出现氨抑制问题，二者均会限制厌氧消化系统的发酵效率及 ARGs 削减效率。因此，在畜禽粪污厌氧消化系统中引入碳氮比高、易降解的共消化底物，将极大改善消化过程中营养失调问题，提高厌氧消化效能和抗性基因削减效率。

厌氧共消化的优点：①调整厌氧消化基质的碳氮比，均衡营养物质；②丰富微生物的多样性，产生联合基质协同作用；③提升反应系统内部的缓冲能力，使之更加稳定；④减缓和稀释有毒有害物质对产甲烷菌的抑制作用。

目前常用的共消化底物主要有玉米秸秆、小麦秸秆和中药渣等碳氮比较高的物质。研究发现以最优比例混合的猪粪和小麦秸秆进行厌氧共消化有助于 ARGs 削减。研究报道，在猪粪和小麦秸秆中添加中药渣进行厌氧共消化能够抑制 MGEs 的水平传播。有证据表明，合理的共消化底物选择和最优的混合比例对于 ARGs 削减是至关重要的。

第十二章
畜禽养殖粪肥
还田利用技术

第一节
畜禽养殖粪肥还田利用基本原则

2023 年 3 月 1 日起我国实施新修订的《中华人民共和国畜牧法》，其中突出了畜禽粪污无害化处理和资源化利用，以及促进种养结合和农牧循环的相关规定，对于养殖污染防控和推动畜牧业高质量绿色发展意义重大。在此之前，国务院就已经密集出台了畜禽粪污还田利用相关的规章条例、政策文件和行动计划。国务院颁布实施了《畜禽规模养殖污染防治条例》，国务院办公厅发布《关于加快推进畜禽养殖废弃物资源化利用的意见（国办发〔2017〕48 号）》和《关于促进畜牧业高质量发展的意见》（国办发〔2020〕31 号）。为落实落细国务院要求促进畜牧业绿色发展，农业农村部办公厅、生态环境部办公厅联合发布《关于促进畜禽粪污还田利用依法加强养殖污染治理的指导意见》（农办牧〔2019〕84 号）、《关于进一步明确畜禽粪污还田利用要求强化养殖污染监管的通知》（农办牧〔2020〕23 号）、《畜禽养殖场（户）粪污处理设施建设技术指南》（农办牧〔2022〕19 号），农业农村部和财政部联合发布的《关于开展绿色种养循环农业试点工作的通知》（农办农〔2021〕10 号），以上政策法规的颁布执行为畜禽粪肥还田利用和畜牧业绿色发展提供了政策依据和制度保障。

一、粪肥还田遵循的原则

1. 还田前遵循的原则

畜禽养殖粪肥还田以前主要遵循两条原则，即畜禽粪肥无害化原则和保氮减损原则。

（1）无害化原则

无害化指利用高温、好氧、厌氧发酵或消毒等技术使畜禽粪便达到卫生学要求的过程。我国畜禽养殖业不但存在用畜禽粪便进行堆肥制作固体粪肥，还存在大量的水泡粪、沼液等以液体形式存在的液体粪便，并以液体方式进行贮存处理和利用，无论固体粪便还是液体粪便均禁止直接还田。

①卫生学指标

畜禽养殖粪肥无害化处理技术遵循《畜禽粪便无害化处理技术规范》（GB/T 36195），处理后卫生学指标应遵循《粪便无害化卫生要求（GB 7975—2012）》《肥料中粪大肠埃希菌群的确定（GB 19524.1）》对蛔虫卵死亡率、粪大肠菌值、沙门菌等指标的限值。固体粪肥和液体粪肥粪大肠菌群数限值分别为≤100个/g和≤100个/mL，蛔虫卵死亡率均≥95%，固体粪肥应无活的蛆、蛹和新羽化的成蝇，液体粪肥无蚊蝇幼虫、周边无活的蛆蛹和新羽化的成蝇。此外，液体粪肥应无活的血吸虫卵和钩虫卵。

②重金属指标

粪肥还田是实现绿色种养循环和替代化肥的重要举措，为保护耕地土壤质量，必须从源头控制畜禽粪肥中重（类）金属含量，减少粪肥还田土壤中重（类）金属风险。经无害化处理后的畜禽粪肥重金属含量限值应符合《畜禽粪便还田技术规范》（GB/T 25246）要求，固体粪肥和液体粪肥重金属含量限值均有明确规定，包含砷（As）、铜（Cu）、锌（Zn）、镉（Cd）、铅（Pb）、铬（Cr）、汞（Hg）等7类重金属元素。此外，充分考虑粮食作物、蔬菜、果树等不同作物种类的重金属限值，以及土壤酸碱度对重金属活性的影响。按照《土壤环境质量 农用地土壤污染风险管控标准（试行）》（GB 15618—2018），土壤酸碱度可以分为四段，分别是 pH ≤ 5.5，5.5 < pH ≤ 6.5，6.5 < pH ≤ 7.5，pH > 7.5。

（2）保氮减损原则

保氮减损指在畜禽粪便无害化或储存过程中，应尽量保持畜禽粪便中的氮素养分，减少氮素损失和氨挥发，使畜禽粪肥含有更多可归还农田的养分。氮素保留和氨挥发减排技术主要有固体粪污密闭沤肥和密闭堆肥技术，堆肥物料 C/N 优化和生物菌株、物理化学添加剂减氨技术，液体粪污覆盖贮存技术和酸化贮存技术等。

2. 还田过程中遵循的原则

畜禽养殖粪肥还田过程中主要遵循两条原则，即合理施用原则和安全性原则。

（1）合理施用原则

①制订粪肥还田计划。养殖场应制订畜禽粪肥还田利用计划，根据养殖规模明确配套农田面积、农田类型、种植制度、粪肥施用时间及施用量等。应对粪肥全氮、全磷，以及还田地块土壤中的有效氮、有效磷等指标进行测试。通常，固体粪肥施用以磷为限量依据，氮素不足时补施氮肥；液体粪肥施用以氮为限量依据，磷素不足时补施磷肥。

②遵循粪肥还田施用量标准。畜禽粪污的处理应根据利用方式的不同执行相应的标准规范。对配套土地充足的养殖场户，固体粪便和液体粪便经无害化处理后还田利用具体要求及限量应符合《畜禽粪便还田技术规范》（GB/T 25246），配套土地面积应达到《畜禽粪污土地承载力测算技术指南》要求。用于农田灌溉的水源应符合《农田灌溉水质标准》（GB 5084），对于养分浓度过高的液体粪肥需要稀释后灌溉还田。施用时间应与作物生育期水肥需求相一致，避免过量的养分残留在土壤或者流失到环境中。

③选择合理施用方法。固体粪肥宜作为基肥施用，液体粪肥可作为基肥或追肥施用，宜采用管灌、滴灌、沟灌、注射式深施等技术施用，有条件的地区可选择专用机械实时测定液体粪肥养分浓度变量精准施用。露地施用时应避开雨天，施入农田后应及时翻耕入土或进行覆盖，不应裸露于地表。

④经济合理性。鼓励养殖场户全量收集和利用畜禽粪便，根据实际情况选择合理的输送和还田施用方式，因地制宜选择就地就近还田利用粪肥，并结合本地实际推行经济高效的粪肥还田模式。

（2）安全性原则

安全性包括两个方面，即作物产量安全和质量安全，以及土壤、大气和地下地表水体等环境安全。为保障作物产量和质量安全需要合理地匹配作物水肥供应，合理使用养分快速检测设备以及精准还田机械的配合。环境安全指的是对地下水、土壤、大气等环境无影响，粪肥施用量需要科学计算，施用后需要覆土或深施，粪肥还田区域需远离水源保护区，避免二次污染的发生。

3. 还田后相关原则

畜禽养殖粪肥还田后主要遵循两条原则，即台账记录原则和定期评估原则。

（1）台账记录原则

建立畜禽养殖粪肥还田利用台账记录，记录信息应包括粪便无害化处理情况、施用量、施用作物、施用时间、施用方式、施用土地面积与施用者等内容。建立粪肥还田利用信息台账，实现粪肥还田利用的信息化管理，实现粪肥还田利用信息的追溯。通过台账记录为农田养分综合管理提供依据。

（2）定期评估原则

加强日常监测，及时掌握粪污养分和有害物质含量，建立粪肥还田利用数据库，为粪肥施用风险评估提供数据支撑，与耕地质量监测等项目结合，确保粪肥还田利用科学规范，实现源头减排、过程控制和末端安全还田利用的全程有效监管，持续推进畜禽粪肥高效安全利用。

第二节
畜禽养殖固体粪肥还田利用技术

一、固体粪肥氮磷养分特征

随着规模化养殖的快速发展，高蛋白饲料和饲料添加剂广泛使用。畜禽日粮中的磷主要来源于植物、动物性饲料及无机磷，来自玉米、高粱等饲料的植酸磷占66%～68%，生物学利用率只有12%，而添加剂中的无机磷如磷酸二氢钙、脱氟磷酸盐等有效利用率较高，因此畜禽粪便中的磷主要来自植物性饲料。有研究表明，猪摄入的氮和磷总体上有60%～80%从粪便中排出。因此，固体粪肥中含有大量的氮磷养分，可供作物生长需要。但是，传统意义上畜禽粪便的施用存在诸多问题，与化学肥料配合使用时未考虑其中的养分含量，缺乏合理的用量和配比，如大棚蔬菜每亩施用量竟高达十几吨。研究表明，过量施用粪肥尤其是猪粪会导致养分流失及淋失，引起地表水、地下水污染。畜禽粪便用量到底如何确定，关键是掌握畜禽粪便中的养分含量状况，才能确定畜禽粪便合理用量和与化肥配合施用的比例。由于畜种、粪污处理、储存方式以及饲料结构差异造成了粪肥中的氮磷养分含量变化较大。第二次污染源普查对全国17 000余个样品采集测定结果表明，畜禽粪便中全氮、全磷和铵态氮养分含量存在较大差异。

对全氮含量而言，鸡粪全氮含量范围为0.74%～17.91%，平均为4.91%，主要集中在5.0%～6.0%，6.0%～7.0%，分别占样品总数的37.84%和25.66%，含量大于7.0%的占13.97%。猪粪全氮含量略低于鸡粪，含量范围为0.12%～7.94%，平均为3.09%，有35.54%的样品含量在2.0%～3.0%，27.15%的样品含量在3.0%～4.0%。牛粪全氮含量在三种粪便中含量最低，含量在0.008%～10.2%，平均含量为2.22%，

81.2% 的样品含量在 1.0% ~ 3.0%，含量小于 1.0% 的样品占 6.24%，大于 3.0% 的样品占 12.56%。猪、鸡、牛全氮含量变异系数分别为 33.41%、37.59%、44.46%。

对于全磷含量来说，猪粪全磷平均含量最高，含量范围在 0.02% ~ 12.95%，变异系数为 59.63%，平均为 2.76%，小于 1.0% 的样品占 5.97%，32.75% 的样品含量在 1.0% ~ 2.0%，29% 的样品含量在 2.0% ~ 3.0%，14.69% 的样品含量在 3.0% ~ 4.0%，17.59% 的样品含量大于 4.0%；鸡粪全磷含量变化范围较大，变化范围在 0.09% ~ 13%，变异系数为 66.00%，平均含量为 1.85%，56.66% 的样品含量在 1.0% ~ 2.0%，15.34% 的样品含量小于 1.0%，28% 的样品含量大于 2.0%。对于牛粪来说，牛粪中全磷含量较低，含量范围在 0.0007% ~ 12%，变异系数为 20.89%，平均为 1.10%，59.25% 的样品含量低于 1.0%，29.9% 的样品含量在 1.0% ~ 2.0%，大于 2.0% 的样品只有 10.85%。

对于铵态氮含量来说，鸡粪中铵态氮含量变化范围最大，变化范围为 0.02% ~ 5.00%，变异系数为 94.07%，平均为 0.50%，92.2% 的样品含量小于 1.0%，仅 7.8% 的样品含量大于 1.0%。牛粪含量范围为 0.1% ~ 1.95%，变异系数为 87.48%，平均为 0.26%，98.79% 的样品含量小于 1.0%，仅 1.21% 的样品含量大于 1%，牛粪含量明显低于鸡粪。猪粪含量范围在 0.02% ~ 2.7%，变异系数为 64.47%，平均为 0.43%，95.96% 的样品含量小于 1.0%，仅 4.04% 的样品含量大于 1.0%。

从不同粪便氮磷含量来看，全氮含量鸡粪（4.91%）＞猪粪（3.09%）＞牛粪（2.22%）；全磷含量猪粪（2.76%）＞鸡粪（1.86%）＞牛粪（1.10%）；铵态氮含量鸡粪（0.50%）＞猪粪（0.43%）＞牛粪（0.26%），鸡粪和猪粪氮含量明显高于牛粪。畜禽粪肥的氮磷养分含量特点要求施用时应根据畜禽粪便种类和氮磷含量确定合理用量，避免过量投入某种养分，而造成养分失衡，同时畜禽粪肥中的养分组成与作物需求不能完全匹配时应以化肥补充所缺养分，以保证养分平衡供给（图 12-1）。

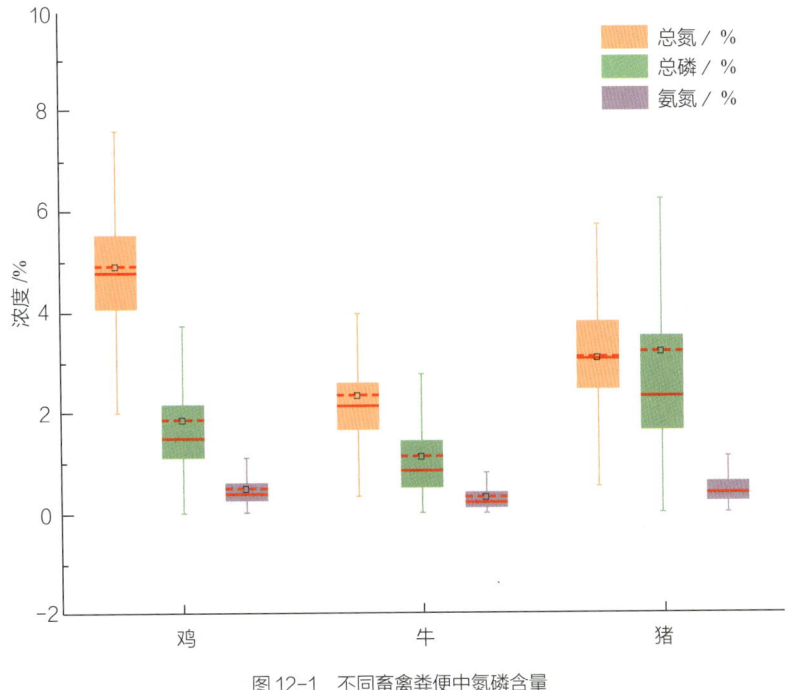

图 12-1　不同畜禽粪便中氮磷含量

二、固体粪肥还田研究进展

1. 固体粪肥还田技术标准

欧美发达国家采用粪肥定量施用的原则，基于养分平衡指导粪肥还田利用。欧盟的硝酸盐法案规定，在硝酸盐敏感区粪肥施用的最大量为 170 kg/（hm²·a）（以氮计），该限值迫使养殖场将多余的粪便运输到其他的农场并加以利用。粪肥在地表的时间越长，氨挥发量越大，将粪肥与表层土壤混合可有效降低养分的损失。深施有利于减少氨的挥发和径流损失，固体粪肥撒施后翻耕、条施后覆土能有效抑制 NH_3 挥发和 N_2O 的排放损失。养分的损失还与季节有关，冬末或春初施肥有利于减少养分损失，从而增加作物对养分的吸收。近年来我国高度重视养殖粪污资源化利用，固体粪肥利用技术的研究和推广不断深入。如众多学者对有机肥施用于稻麦轮作、鸡粪堆肥施用于小白菜等进行研究，均证实固体粪肥能够替代部分化肥，且具有增产作用。为了保证粪肥的科学合理施用，我国出台了一系列粪肥还田的相关技术标准对粪肥还田技术进行规范（表 12-1）。

表 12-1　畜禽粪肥还田相关技术标准

标准名称	标准号	标准类别	颁布/修订时间	主要内容
畜禽粪便还田技术标准	GB/T 25246	国家标准	2010 年/2022 年	规定畜禽粪便还田术语和定义、要求、限量、采样及分析方法
畜禽粪便安全施用准则	NY/T 1334	行业标准	2007 年	规定了畜禽粪便安全使用术语和定义、要求及分析方法
果园有机肥施用技术指南	NY/T 3704	行业标准	2021 年	规定了果园有机肥种类及质量要求、施用原则、施用技术要求和南方果园绿肥种植及利用方式
肥料合理使用准则　有机肥料	NY/T 1868	行业标准	2021 年	规定了有机肥料的术语和定义、来源和种类、性质、作用、合理施用原则、要点、不同种类有机肥料施用技术和安全施用等要求
主要粮食作物有机肥施用技术规程	DB 37/T2049	地方标准	2021 年	规定了冬小麦、春玉米、水稻和甘薯生产过程中有机肥料施用的种类、质量要求、施用方法、施用量以及生产档案等技术要求
乔木类果树有机肥施用技术规程	DB 21/T 3263	地方标准	2020 年	规定了乔木类果树有机肥质量要求和施用技术
茶园有机肥替代部分化肥技术规程	DB 34/T 3328	地方标准	2019 年	规定了茶园有机肥替代部分化肥技术的施肥原则和施肥技术

2. 固体粪肥还田方式

（1）粪肥作基肥

粪肥由于肥效长而稳，所以主要用作基肥，少量用作种肥和追肥。作为基肥施用的作用主要有两方面，一是培肥地力，改良土壤；二是为作物生长持续提供养分。用作基肥的有机肥种类主要有厩肥、堆肥以及经发酵加工的各种粪肥等，可适当添加一些磷、钾肥与粪肥一起施入。具体施用还应根据作物种类、土壤条件、耕作方式、基肥用量和肥料性质，采用不同的施用方法。

①撒施法。即在作物播种前，将肥料均匀地撒施于地表，然后翻耕入土。该施肥方式适用于种植密度较大的作物，如水稻等。该法施肥量大，对全面改善土壤肥力状况非常有益。

②条施和穴施法。即在播种前结合整地作畦、开沟或开穴，将肥料施入后覆土播种。适用于条播或穴播（果树）作物，如花生、大豆等。该法集中施肥，肥效较高，肥料利用率也高。但应注意肥料浓度不宜过高，所用粪肥以充分腐熟为宜。

（2）粪肥作追肥

粪肥作为追肥，在作物生长过程中，根据作物各生育阶段对养分需求的特点进行施肥。通常情况下，是以速效性的无机肥为主，对生长周期长而基肥又不足的，可补施缓效性肥如饼肥、腐熟的优质圈粪。追肥比例一般占有机肥的20%左右。追肥方法有以下几种。

①撒施法。一般适用于作物植株密度较大，根系遍布于整个耕层，追肥用量又多的情况下。要求撒施均匀，并与中耕、除草和灌排水相结合。撒施法简便易行，但肥料利用率不高，经济效益差。

②条施法。该法适用于条播作物，如小麦、谷子等。追肥时，可先中耕除草，然后在行间开沟，将肥料施入覆土。施肥深度应与作物根系入土深度相适应。

③穴施法。在株行距较大的大田作物的株间或行间开穴施入肥料，如花生、甘薯、烟草等作物。此法肥料用量少，又可减少损失，但是人工耗费较大。

④环施法。此法多在果树追肥时使用。即沿树干周围开环状沟，将肥料施于沟内然后覆土，环状沟的直径和深度应与果树根系分布的区域相适应。

（3）粪肥作种肥

粪肥作为种肥主要在作物播种、栽培块茎或移植幼苗时施用，目的是为培育壮苗提供必需的养分。种肥一般用腐熟的粪肥，因为肥料与种子或秧苗距离较近，故在肥料选择和使用时，应预防肥料对种子或秧苗可能产生的腐蚀、灼伤和毒害作用。种肥的施用方法一般有下列几种。

①拌种法。用腐熟的粪肥与种子按重量比为1∶9进行拌种。拌种时，肥料和种子应该都是干的，随拌随播，增产效果好。

②浸种法。把腐熟的粪肥滤液稀释成10%左右，将种子浸泡12～48小时后（视不同作物种子而定）取出播种。经过处理的种子，发芽出苗比较整齐健壮，抗逆性增强，有利于作物增产。但要严格掌握溶液浓度、浸泡时间，以免对种子造成不良影响。

③沾秧根法。在作物秧、苗栽插时，将根系沾上适量的肥料，随沾随栽，效果良好。如栽甘薯秧时沾草木灰，可收到省肥的效果。

④盖种肥法。播种以后，再用适量的腐熟粪肥盖在种子上面。粪肥除供给作物养分外，还有保墒、保温作用，促进作物的早期生长。在作物套种或穴播时，可采用此法。

3. 固体粪肥施用量

粪肥配合化肥施用是粪肥安全利用模式，众多研究表明，在总氮量不变的情况下，以粪肥替代 30%～60% 化肥氮可以保证粮食产量不降低，且可提高氮肥生产力。全国 32 个长期定位试验数据结果表明，与对照处理相比，有机肥、化肥以及有机无机肥配施处理均能显著提高三大粮食作物（小麦、玉米、水稻）的产量，不同施肥处理提高三大粮食作物产量的效果依次为有机无机肥配施 ＞ 单施化肥 ＞ 单施有机肥 ＞ 对照；同时，单施有机肥、有机无机肥配施处理（尤其是配施处理）均显著提高了土壤有机质含量，并受到土壤利用类型（水田、旱地、水旱轮作）的影响。粪肥施用量与土壤基础地力、作物养分需求、粪肥养分含量等因素有关，不同区域、不同作物粪肥施用量不尽相同，粪肥施用量可参考以下方法进行计算：

粪肥施用量计算应综合考虑配方施肥方法中的土壤、作物测试法、养分平衡法和土壤养分丰缺指标法。当具备田间试验和土壤化验分析条件时，粪肥施用量应根据实际测定结果按照公式（1）进行计算，此计算方法能准确地反映出粪肥的施用量。在现实条件下，许多养殖场、第三方服务公司及种植户并不具备田间试验和土壤化验分析条件，为此标准给出了粪肥施用量的估算公式（2）。

$$N = \frac{A-S}{d \times r} \times f \cdots\cdots\cdots\cdots\cdots\cdots\cdots\cdots\cdots\cdots\cdots\cdots (1)$$

$$N = \frac{A \times P}{d \times r} \times f \cdots\cdots\cdots\cdots\cdots\cdots\cdots\cdots\cdots\cdots\cdots (2)$$

式中：

N— 一定肥力和单位面积作物预期产量下粪肥施用量，单位为吨每公顷（t/hm^2）；

A—预期单位面积产量下作物氮或磷养分的需求量，单位为千克每公顷（kg/hm^2）；

S— 预期单位面积产量下土壤供给氮或磷养分量，单位为千克每公顷（kg/hm^2）；

d—粪肥中氮或磷养分浓度，单位为克每千克（g/kg）；

r—粪肥中氮或磷养分的当季利用率（％）；

f—当地生产中，粪肥供给氮或磷养分量占氮或磷养分施用总量的比例（％）；

P—土壤不同养分水平下施肥养分占比（％）。

以猪粪为例，由以上计算可得出粪肥在不同作物、不同地力水平下的施用限量（表 12-2），如果施用牛粪、鸡粪等肥料可根据猪粪换算，其换算系数为：牛粪 0.7，鸡粪 1.6，羊粪 0.6。

表 12-2 不同作物每茬固体粪肥施用限量

单位：t/hm²

有机肥替代比例		30%			45%			60%	
农田肥力水平	Ⅰ级	Ⅱ级	Ⅲ级	Ⅰ级	Ⅱ级	Ⅲ级	Ⅰ级	Ⅱ级	Ⅲ级
小麦	5.5	5.3	4.3	8.3	8.0	6.5	11.0	10.6	8.6
水稻	4.7	4.3	3.2	7.1	6.5	4.8	9.4	8.6	6.3
玉米	4.9	5.0	4.4	7.4	7.5	6.6	9.8	9.9	8.8
谷子	4.6	4.5	3.7	7.0	6.7	5.5	9.3	9.0	7.3
马铃薯	3.1	2.9	2.4	4.6	4.4	3.6	6.1	5.9	4.8
黄瓜	11.4	8.8	3.6	17.1	13.2	5.4	22.8	17.6	7.2
番茄	13.5	10.8	5.3	20.2	16.2	7.9	26.9	21.6	10.6
青椒	6.2	6.0	4.9	9.4	9.0	7.4	12.5	12.0	9.8
茄子	8.3	7.4	4.9	12.5	11.0	7.4	16.6	14.7	9.8
大白菜	4.6	4.5	3.8	6.9	6.8	5.8	9.2	9.0	7.7
萝卜	4.3	3.7	2.2	6.4	5.5	3.4	8.6	7.3	4.5
大葱	2.5	2.7	2.7	3.8	4.1	4.1	5.0	5.5	5.5
桃	2.6	2.2	1.3	3.9	3.3	2.0	5.1	4.4	2.7
葡萄	6.8	5.3	2.4	10.2	8.0	3.6	13.6	10.7	4.7
香蕉	14.4	12.8	8.7	21.7	19.2	13.0	28.9	25.6	17.3
苹果	4.6	4.3	2.9	6.9	6.5	4.3	9.2	8.7	5.8
梨	2.9	2.2	0.8	4.4	3.3	1.1	5.8	4.4	1.5
柑橘	2.6	2.2	1.3	3.9	3.3	2.0	5.1	4.4	2.7
棉花	5.6	5.8	5.3	8.4	8.6	8.0	11.2	11.5	10.6
大豆	7.9	7.8	6.7	11.8	11.7	10.1	15.7	15.6	13.5
油料	6.4	5.4	3.0	9.7	8.1	4.5	12.9	10.7	6.0
甘蔗	4.4	3.9	2.6	6.6	5.8	3.9	8.8	7.8	5.2
甜菜	7.2	5.0	1.0	10.8	7.5	1.5	14.4	10.0	2.0
烟叶	3.6	2.9	1.4	5.4	4.3	2.0	7.2	5.8	2.7
茶树	2.5	1.7	0.2	3.7	2.5	0.3	5.0	3.4	0.4
苜蓿	0.8	0.7	0.3	1.2	1.0	0.5	1.6	1.3	0.6
饲用燕麦	5.1	4.6	3.2	7.6	6.9	4.8	10.2	9.2	6.4

作物名称

三、案例分析

1.洱海流域水旱轮作体系固体粪肥施用案例

（1）基本情况

该区地处典型低纬高原中亚热带西南季风气候区，平均海拔 1 980 m，年平均气温 14.6 ℃，年平均无霜期 230 天，年平均日照时数 2 277 小时，年平均降雨量为 1 048 mm，年平均湿度 66%。土壤类型为洱海冲积平原发育的暗棕壤，耕层土壤理化性质见表 12-3。固体粪肥为经过标准化（NY525—2021）堆制粪肥，总养分＞5%，其中有机质含量为 14.5%，氮（N）含量为 2.3%，磷（P_2O_5）含量为 2.4%，钾（K_2O）含量为 5.7%。种植类型为典型水旱轮作（水稻 - 蚕豆 - 水稻 - 大蒜）。

表 12-3　洱海流域耕土层土壤理化性质

土层深度 /cm	有机质 /（g/kg）	全氮 /（g/kg）	硝态氮 /（mg/kg）	铵态氮 /（mg/kg）	全磷 /（g/kg）	有效磷 /（mg/kg）	pH
0 ~ 20	57.3	3.3	21.6	14.2	0.9	25.3	7.1

（2）技术要点

粪肥替代 45% 化肥氮，粪肥当季利用率以 25% 计。其中水稻季于每年 6 月初移栽整地前每亩施入 700 kg 粪肥并翻耕土地，翻耕后进行水耙，保证田面平整。6 月中上旬进行水稻移栽，水稻移栽后保证每蔸 2 ~ 3 株，间距为株距 9 cm× 行距 23 cm，水稻移栽 7 ~ 10 天后每亩施入 3 kg 尿素作为分蘖肥。移栽后 60 天左右每亩施入 7 kg 尿素穗肥，生长期达到 120 天左右进行收获。水稻生长期内保持田面水高度为 5 ~ 10 cm，当田面水高度低于 5 cm 时利用沟渠水进行灌溉，每次施肥后 5 天内保证不排水，防止养分流失。在整个水稻生育期内根据杂草生长情况进行 1 ~ 2 次人工除草。在孕穗期和成熟期分别喷施磷酸二氢钾和稻瘟灵。蚕豆季在每年 11 月左右（霜降）进行点播，点播前每亩施入 350 kg 粪肥作为基肥，蚕豆直接在水稻收获后的稻田里人工点播，每亩播种量为 35 kg，点播后在土壤表面覆盖适量稻草保温保湿。在豆叶长至 2 ~ 3 叶期每亩追施 30 kg 过磷酸钙，同时进行一次灌溉。至分叶再进行一次灌溉，并进行一次人工施药杀虫，农药种类主要为乐果、吡虫啉、粉锈灵等，至盛花期和结荚期再各进行一次灌溉，至 4 月中下旬进行收割。大蒜季在每年 11 月左右（霜降）进行点播，大蒜种植前每亩施入 1 600 kg 粪肥，然后进行翻耕整地，翻耕后施入 3 kg 尿素作为底肥，并将土地分为 2 m 左右宽的垄，采用人工点播进行播种，每亩播种量为 120 kg。播种后根据天气和土壤墒情情况，一般在出苗后进行一次灌溉，于鳞芽花芽分化期和蒜薹伸长期每亩分别施入 4 kg 尿素，至鳞茎膨大期每亩施入 3 kg 尿素，并进行灌溉。在大蒜生长期间根据病虫害情况进行 1 ~ 2 次施药，施用药品包括代净锌和乐果。在大蒜生长中期喷施 2 次磷酸二氢钾溶液，至 4 月中下旬进行收获。

（3）应用成效

粪肥施用作物产量与常规化肥施用相当，水旱轮作体系作物产量可增加 3.86% ~ 23.46%，粪肥施用氮素和磷素径流流失量分别减少 17.10% 和 17.42%，氮素和磷素淋溶流失量分别减少 0.96% 和 21.90%，氨挥发损失减少 10.72%，氧化亚氮累积排放量分别减少 23.48%。轮作季（水稻 – 蚕豆 – 水稻 – 大蒜）每亩减少氮肥（尿素）用量 11 kg，磷肥（过磷酸钙）用量 90 kg。

2. 河北曲周冬小麦 – 夏玉米轮作体系固体粪肥施用案例

（1）基本情况

该案例地处典型的暖温带大陆性季风气候区，年平均气温为 13.2 ℃，年总降雨量平均为 494 mm，其中 56% 的降雨集中在 7 月和 8 月。土壤类型为潮土，耕层土壤理化性质见表 12-4，固体粪肥为牛粪基商品有机肥，有机质含量为 33.24%，氮（N）含量为 1.97%，磷（P_2O_5）含量为 0.83%，钾含量为（K_2O）0.69%。种植类型为冬小麦和夏玉米。

表 12-4 河北曲周耕土层土壤理化性质

土层深度 /cm	有机质 / (g/kg)	全氮 / (g/kg)	速效磷 / (mg/kg)	速效钾 / (mg/kg)	pH
0 ~ 20	13.7	0.9	12.1	176.2	7.24

（2）技术要点

麦季粪肥替代 30% 化肥氮。麦季在种植前每亩一次性施入 400 kg 牛粪肥、20 kg 氮肥（尿素）、40 kg 磷肥（过磷酸钙）、10 kg 钾肥（氯化钾）作为基肥，施入后进行翻耕整地，翻耕深度不低于 25 cm，并精细整地，提倡机械整地。做到土层细碎、松软、厢平，厢宽 1.5 m，厢沟宽度和深度各 25 cm，围沟宽度和深度各 30 cm。小麦最佳播种期为 10 月下旬，一般每亩播种量控制在 10 ～ 20 kg，播种行距 20 ～ 25 cm，播种深度 3 ～ 5 cm，不漏播，不重播，播种后进行耙磨。在返青期每亩灌溉 70 ～ 80 m³ 水，结合灌溉每亩施用 10 kg 氮肥（尿素）促进分蘖。拔节期追施尿素 5 ～ 10 kg，并每亩灌溉 70 ～ 80 m³ 水，弱苗早灌、壮苗和旺苗适当晚灌。在孕穗期每亩再灌溉 60 ～ 80 m³ 水，保证孕穗期水分需求。小麦挑旗期，每穗若有 5 头蓟马或蚜虫株率达到 20% 时，用 25% 的敌杀死或 20% 速灭杀丁等，每亩用量 20 ～ 40 g 兑水 25 ～ 30 kg 喷雾防治，或用 50% 抗蚜威可湿性粉剂 4 000 倍液喷雾。结合防虫，在每亩药液中加磷酸二氢钾 150 g 和尿素 250 g，促进植株生理功能，减轻干热风危害，增加粒数和粒重。玉米季有机肥替代 40% 化肥氮，在整地前每亩施入 800 kg 牛粪有机肥作为底肥，施入后进行整地开沟播种，点播量为每亩 1.5 ～ 2 kg，行距 60 cm，播深 5 cm 左右。若土壤墒情不足，应先播种，播后及时补浇"蒙头水"，力争一播全苗，一般大田每亩保苗 4 500 株左右，浇灌后用 40% 乙阿合剂或 48% 玉草灵、50% 乙草胺等除草剂兑水进行封闭除草。玉米拔节至抽雄期根据土壤墒情进行 1 ～ 2 次灌溉，保证土壤相对含水量达 70% ～ 80%。到小喇叭口期每亩施入 2 kg 氮肥（尿素）、15 kg 磷肥（过磷酸钙）、10 kg 钾肥（硫酸钾），大喇叭口期每亩追施 5 kg 氮肥（尿素），到灌浆期每亩再追施 1.5 ～ 2 kg 氮肥（尿素）。

（3）应用成效

粪肥与化肥配合施用使化肥利用率提高 8%，化肥可减施 10%，作物产量增产 5%，冬小麦亩产超过 700 kg、夏玉米亩产 800 kg 以上，全年粮食亩产超 1 500 kg。同时合理施用粪肥使农田氨挥发较化肥减少 94%，土体硝酸盐累积量仅为化肥处理的 1/6，而且连续施用土壤的有机质含量、养分水平得到提高，土壤结构得到显著改善。

3. 南方茶园固体粪肥施用案例

（1）基本情况

茶叶是我国的主要经济作物之一，是提高农民收入、加快实现农民致富奔小康的重要农业产业之一。茶园有机肥施用技术是茶叶施肥技术的主要组成部分，也是实现茶园化学肥料减量施用的重要途径之一。合理的有机肥施用不仅可以改善茶叶品质，也可以提高茶叶产量。茶园施用较多的有机肥为牛粪和羊粪、菜饼肥、豆粕肥等，推荐在秋冬季进行，施用时开沟深施，一次性施足。茶园有机肥用量应依据茶园土壤养分状况、茶叶养分需求量和有机肥养分含量等确定。通过分析茶园土壤养分状况和茶叶养分需求特性，确定茶园总施肥量，用量一般为总施肥量的 20% ～ 30%。

（2）技术要点

粪肥替代 25% ～ 40% 化肥氮。绿茶、黑茶园每年 9 月底至 10 月中旬每亩施用 300 kg 牛粪肥、30 ～ 50 kg/ 亩茶树专用肥（18-8-12 或相近配方）作为基肥，粪肥和专用肥拌匀后开沟 15 ～ 20 cm 或结合深耕施用。第一次追肥于春茶开采前 30 ～ 40 天，亩施尿素 8 ～ 10 kg，开浅沟 5 ～ 10 cm 施用，或表面撒施 + 施后浅旋耕（5 ～ 8 cm）混匀。第二次追肥于春茶结束后，亩施尿素 8 ～ 10 kg，开浅沟 5 ～ 10 cm 施用，或表面撒施 + 施后浅旋耕（5 ～ 8 cm）混匀。第三次追肥于夏茶结束后，亩施尿素 8 ～ 10 kg，开浅沟 5 ～ 10 cm 施用，或表面撒施 + 施后浅旋耕（5 ～ 8 cm）混匀。红茶茶园每年 10 月中下旬施入 200 kg 牛粪肥、30 kg 茶树专用肥（18-8-12 或相近配方），粪肥和专用肥拌匀后开沟 15 ～ 20 cm 或结合深耕施用。第一次追肥于春茶开采前 30 ～ 40 天，亩施尿素 6 ～ 8 kg；开浅沟 5 ～ 10 cm 施用，或表面撒施 + 施后浅旋耕（5 ～ 8 cm）混匀。第二次追肥于春茶结束后，亩施尿素 6 ～ 8 kg，开浅沟 5 ～ 10 cm 施用，或表面撒施 + 施后浅旋耕（5 ～ 8 cm）混匀。第三次追肥于夏茶结束后，亩施尿素 6 ～ 8 kg，开浅沟 5 ～ 10 cm 施用，或表面撒施 + 施后浅旋耕（5 ～ 8 cm）混匀。

（3）应用效益

通过粪肥施用可替代化肥 25% ～ 40%，茶叶增产 5.7% ～ 17.9%，茶叶可溶性糖提高 0.02% ～ 0.16%，水浸出物提高 0.2% ～ 1.4%，茶多酚提高 1.1% ～ 3.6%；土壤 pH 提升 0.08 ～ 0.09，有机质提高 2.4 ～ 3.1 g/kg。

第三节
畜禽养殖液体粪肥还田利用技术

一、液体粪肥氮磷养分特征

畜禽粪污经适当物理、化学、生物等无害化处理腐熟后变成液体粪肥。液体粪肥具有资源属性，其富含作物生长所必需的氮、磷和多种微量元素以及氨基酸、腐殖酸、吲哚乙酸、维生素 B 和某些生长素等生物活性物质，具有促进作物生长、防治作物病害和改良土壤性状等多重功效。

董颐玮等收集了近二十年液体粪肥（沼液）相关数据表，挖掘了以猪粪、牛粪、鸡粪等为发酵原料产生液体粪肥（沼液）的氮磷养分含量。全国范围内猪粪沼液中总氮 TN、总磷 TP 平均含量分别为 1 166.71 mg/L、291.60 mg/L，牛粪沼液中 TN、TP 平均含量分别为 1 488.59 mg/L、2 561.67 mg/L，鸡粪沼液中 TN、TP 平均含量分别为 3 226.13 mg/L、291.60 mg/L，沼液中氮、磷总量与其速效养分含量间存在显著的正相关关系。

对第二次污染源普查相关数据进行分析，选取其中贮存后、厌氧发酵出水和沼液贮存后 3 种类型可以直接还田液体粪肥，液体粪肥中总氮含量介于 20 ～ 13 900 mg/L，总磷含量介于 1 ～ 2 600 mg/L，按液体粪肥中氮、磷中位数计，总氮浓度 770 mg/L、总磷浓度 55 mg/L。

二、畜禽养殖液体粪肥还田利用技术

1. 还田方式

（1）表施

利用液罐车、专用机具等系统将液体粪肥直接施用于农田表面，适用于粮食作物、蔬菜作物、牧草。靳红梅等（2013）研究表明，表施液体粪肥后，菜地氨挥发激增，通常发生在施肥后 48 小时内。王忠江等（2014）认为，表施液体粪肥时，土壤表面的氨挥发累积量和挥发的延续时间均随液体粪肥施用量的增加而增加，通过土壤覆盖，可有效减少液体粪肥氨挥发损失，施用深度为 10 cm 时便可有效减少土壤表面的氨挥发损失。王洪媛等（2016）的研究结果也表明表施更利于硝化反应，促进 N_2O 排放，张岳芳等（2013）发现液体粪肥表施显著提高了 N_2O 排放通量和累积排放量。

（2）深施

用配有掩埋装置的专用设备将液体粪肥施用于农田的同时用土壤进行覆盖，或用带注入式的专用设备将液体粪肥施用于土壤表层以下，适用于大田作物、牧草。液体粪肥深施（注射）施用有助于 NH_4^+–N 被土壤吸附固定，便于后期矿化和作物吸收利用。李硕等（2019）研究证实，猪场液体粪肥农田深施可显著提高作物产量，液体粪肥作基肥施用小麦时，施肥 6 天内氨挥发损失量较化肥表施处理降低了 29%，较液体粪肥表施处理降低了 20%。颜青（2021）研究表明，与表施相比，液体粪肥覆土施用极显著降低了土壤 N_2O 排放（$p < 0.01$），土壤 N_2O 累积排放量减少了 21.9% ~ 72.9%。液体粪肥施用后应注意及时翻耕，减少氨挥发损失和 N_2O 损失。

2. 还田时期及还田量

结合作物的需肥特性，粮食作物生育前期和中期是作物需肥时期，此期是液体粪肥施用的最佳时期，可提高液体粪肥养分的利用效率。

（1）小麦

我们通过对华北平原小麦 – 玉米轮作农田 5 年的研究证实，小麦越冬期、小麦拔节期 2 个时期，在小麦种植期间可施用液体粪肥，全量施用牛场液体粪肥氮 315 kg/hm²，在保证作物产量不降低的情况下，减少液体粪肥氮淋溶损失。显著增

加小麦 – 玉米产量，土壤硝态氮残留量降低 26%，土壤氮淋溶降低 24%，氮利用率提高 15%（2019）。陶晓婷等（2014）发现，在小麦越冬期补灌 60 ～ 120 m³/hm² 的猪场液体粪肥即可满足穗期 30 ～ 60 kg /hm² 化肥的氮素营养需求。全国农业技术推广服务中心推荐小麦施用液体粪肥（沼液）量为 1.5 ～ 2.5 m³/ 亩。

（2）水稻

有学者研究表明，水稻 – 油菜整个轮作种植期，全量施用猪场液体粪肥在 165.1 t/hm² 或 182.1 t/hm² 时，可提高土壤养分含量，增加土壤 pH 值并促进土壤团粒结构的形成，从而达到改良土壤的目的。蒋会东等（2022）研究得出，相同量的液体粪肥施用于水稻生育前期和中期（基肥 + 分蘖肥），水稻产量较后期施用（分蘖肥 + 穗肥）处理提高了 14% ～ 27%，分蘖期水稻叶片叶绿素含量提高了 6% ～ 7%。全国农业技术推广服务中心推荐水稻施用液体粪肥（沼液）量为 1.5 ～ 6.5 m³/ 亩。

三、案例分析

1. 河北保定徐水区小麦 – 玉米轮作液体粪肥还田模式

（1）基本情况

河北省保定市徐水区属于大陆性季风气候，四季分明，年平均气温 11.9 ℃，年无霜期平均 184 天，年均降水量 546.9 mm，降水年内分布不均，主要集中在 7—9 月，地下水位 30 m，深井抽水灌溉（图 12-2）。冬小麦 – 夏玉米轮作是当地主要的种植制度，耕层（0 ～ 20 cm）土壤有机质为 9.4 g/kg、全氮为 1.4 g/kg、硝态氮为 13.2 mg/kg、铵态氮为 1.0 mg/kg、有效磷为 22.5 mg/kg。

奶牛养殖场奶牛存栏量 1 190 头，青年牛 350 头、泌乳牛 840 头；厌氧池容积为 1 500 m³，贮存池容积为 2 500 m³。液体粪肥养分特征为 pH 7.4 ～ 8.4，化学需氧量 2 385 ～ 3 762 mg/L，总氮 369.6 ～ 417.1 mg/L，铵态氮 203.9 ～ 302.8 mg/L，总磷 50.6 ～ 70.0 mg/L。

图 12-2　项目核心试验区和技术示范区

（2）粪污处理

采用干清粪工艺，奶牛场粪水通过刮板进入集粪沟，沉淀泥沙后由管道进入厌氧池，经厌氧处理后变为液体粪肥，由管道进入贮存池贮存。液体粪肥在小麦、玉米需水和需肥季节，经配水稀释后管道运输至农田，在非需水和需肥季节，液体粪肥在贮存池贮存，避免外排造成环境污染（图 12-3）。

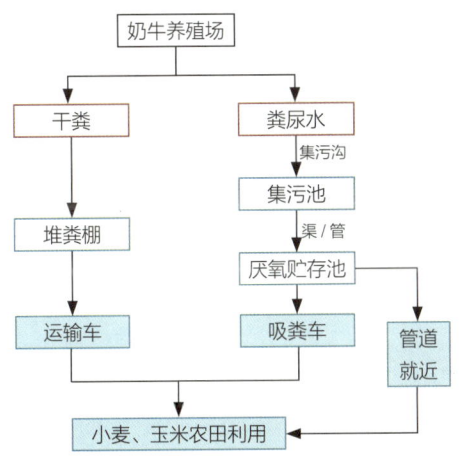

图 12-3　粪污处理与利用技术模式

（3）还田技术要点

液体粪肥施用应避开小麦、玉米籽粒吸收养分的时段。在小麦生育期内，一般可进行 2～3 次液体粪肥施用，玉米生育期内，一般可进行 1～2 次液体粪肥施用。施用量应不超过小麦、玉米的灌溉定额。

根据奶牛液体粪肥中氮素含量，将液体粪肥与清水混合稀释，使得液体粪肥中氮浓度为 127 mg/L；在小麦越冬期、拔节期及玉米种植后需肥需水时期，小麦季液体粪肥氮带入量为 210 kg/hm²，玉米季液体粪肥氮带入量为 105 kg/hm²；3 次施用奶牛场液体粪肥，均采用表施的方式（图 12-4 至图 12-7）。监测结果显示，液体粪肥施用后，保证作物产量的同时减低氮损失 24%。

图 12-4　液体粪肥与清水混合　　　　　　　图 12-5　小麦越冬期施用

图 12-6　小麦拔节期施用　　　　　　　　图 12-7　玉米种植后施用

（4）技术效果

小麦 – 玉米轮作种植，按照传统施肥一个轮作期氮 420 kg/hm²、五氧化二磷 180 kg/hm² 和氧化钾 135 kg/hm²，折成肥料量为尿素 913 kg/hm²、过磷酸钙 1 500 kg/hm²、氯化钾 265 kg/hm²。按照每千克尿素 2.0 元、过磷酸钙 1.0 元、氯化钾 1.7 元，在一个传统小麦 – 玉米轮作期，每公顷购买化学肥料需要花费 3 776.5 元。相比传统小麦 – 玉米施肥模式，液体粪肥还田利用模式，每公顷节约化学肥料购买费用 3 776.5 元。

控制养殖粪水污染对改善农村、农业生产及居民生活环境非常重要，是目前我国政府所关注的重点问题之一,《国务院关于促进乡村产业振兴的指导意见》(国发〔2019〕12 号)中指出,推进种养循环一体化,将养殖粪水处理后农田利用,有效解决粪水排放所造成的污染问题,减少病虫害传染源,美化环境。农田利用可带动一系列相关产业共同发展,实现治污与致富同步、环保与创收双赢。

2. 湖北十堰郧阳区设施白菜种植体系液体粪肥还田模式

(1)基本情况

湖北十堰郧阳区地处亚热带季风气候区,年平均气温 15.4 ℃,年平均降水 769.6 mm(图 12-8)。谭家湾镇大棚土壤为黄棕壤,种植前耕层(0 ~ 20 cm)土壤有机质 6.58 g/kg、pH 值 7.7、全氮含量 0.5 g/kg、硝态氮含量 40.6 mg/kg、铵态氮含量 2.0 mg/kg、速效磷含量 36.9 mg/kg。

宏阳生态养殖有限公司出栏生猪 2 万头,厌氧池容积 1 000 m^3,场区外建有液体粪肥贮存池 2 个,贮存池单个容积 1 000 m^3,供设施蔬菜地液体粪肥施用,贮存池布置于高处,满足液体粪肥自流需求。液体粪肥为经过厌氧处理后,养分特征为 pH 值 7.5,总氮 773.0 mg/L,铵态氮 702.0 mg/L,总磷 19.1 mg/L,总钾 746.0 mg/L。

图 12-8 十堰市谭家湾试验区

(2)粪污处理

采用漏缝地板下刮粪板清粪方式,固体粪便运送至发酵车间,采用好氧技术生产堆肥,施用于周边农田;养殖粪水经收集沟进入厌氧池进行厌氧发酵,后由管道流入贮存池贮存。液体粪肥在设施蔬菜需肥季节,进行设施白菜施用,在非需肥季节,液体粪肥在贮存池贮存,避免外排造成环境污染(图 12-9)。

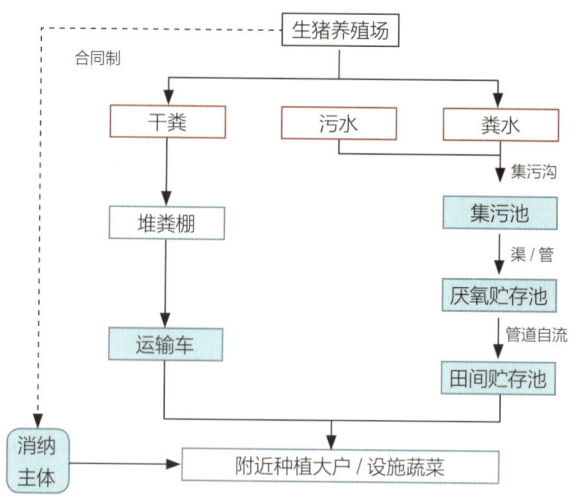

图 12-9　粪污处理与利用技术模式

（3）还田技术要点

液体粪肥施用应避开白菜可食部分，在白菜生育期内，一般可进行 2 ～ 3 次液体粪肥施用。作基肥施用后，应及时翻土覆盖；作追肥施用时，可与水适当稀释，采用表施的方式施入，施用量应不超过白菜的灌溉定额。

白菜种植期前，表施猪场液体粪肥 14 m³，施入后及时将液体粪肥翻入土内；在白菜莲座期可将液体粪肥与水充分混合后施用，表施 15 m³；在白菜结球期将液体粪肥与水充分混匀后施用，表施 7.5 m³。每茬白菜种植时，液体粪肥氮全量替代化肥氮，氮带入量为 281 kg/hm²，较常规施氮减少 20%，在保证设施白菜产量的情况下，氮素盈余量比常规施肥降低了 29.2%，提高了白菜对所施氮的利用能力，是降低氮素盈余的有效措施（图 12-10 至图 12-13）。

图 12-10　白菜育苗

图 12-11　白菜田间管理

图 12-12 白菜莲座期施用　　　　图 12-13 白菜收获

（4）技术效果

每茬白菜种植需施用蔬菜专用肥（N–P$_2$O$_5$–K$_2$O 为 18-8-18）1 500 kg/hm^2，按照每千克专用肥 3.0 元，一茬白菜每公顷购买专用肥需要花费 4 500 元，猪场液体粪肥利用设施白菜节约化学肥料购买费用 4 500 元。

猪场液体粪肥农田利用可提高土壤有机碳水平，提升地力与产能，同时，显著降低粪污随意堆放对温室气体排放及农业面源污染的影响，减少畜禽粪污等对生态环境的污染，保护农村生态环境，生态效益显著。

3.山西晋中榆次区液体粪肥还田模式

（1）基本情况

山西得天缘农业科技开发有限公司，位于山西省晋中市榆次区，是一家规模化、现代化生猪养殖、饲料加工、苗木种植等综合性现代化生猪养殖龙头企业（图12-14）。建有粪污处理中心 8 处，厌氧发酵贮存池 17 个，总容积 33 万立方米，粪肥还田管网工程 140 km，固、液运输车 10 辆。

图 12-14 山西得天缘农业科技开发有限公司试验区

（2）粪污处理

粪污采用水泡粪工艺，在猪舍内贮存 60 天后，进入暂存池调制匀浆，进行固液分离，分离后的固体部分堆沤发酵后用于生产有机肥，液体部分采用滞留期大于等于 180 天的全封闭式黑膜储存 – 厌氧一体化发酵池，实现猪场粪污的序批式厌氧动态发酵。充分厌氧发酵后的液体粪肥通过增压泵输送到农田进行利用（图 12-15）。

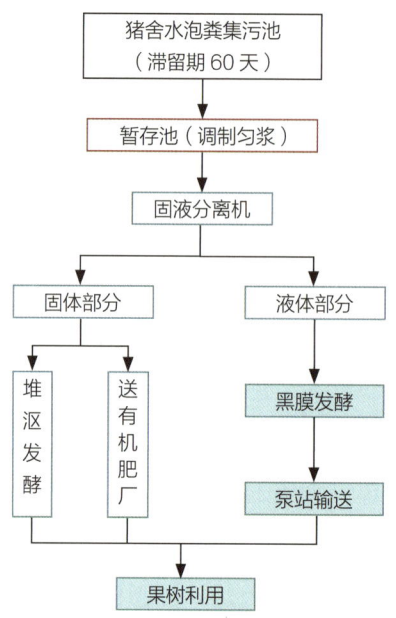

图 12-15　粪污处理与利用技术模式

（3）还田技术要点

猪场液体粪肥可作为基肥或追肥施用，可采用表施和深施两种较为常用的方式；一般在 3 月中下旬到 4 月上旬施用基肥。1 年生枣树在距树干 40 cm 处向外挖坑，深度为 40 ～ 60 cm；2 年以上的枣树，以沟施或穴施为主。在果树行间或株间开沟施肥，沟宽、深度均为 30 ～ 50 cm；在树冠外围稍远处每隔 50 cm 左右，环状挖若干宽长各 30 cm 左右、深 20 ～ 30 cm 的穴，将肥料施入穴中（图 12-16，图 12-17）。

图 12-16　液体粪肥施用管道布设

图 12-17　液体粪肥施用后效果监测

（4）技术效果

红枣是当地的主要经济作物之一，液体粪肥施用前，由于土壤肥力不足且缺水，每亩枣树最高毛收益为 3 000 元 / 年，液体粪肥施用后，红枣种植户收入由原来的 3 000 元 / 年增加至 8 000 元 / 年，同时红枣品质大幅提升，当地红枣产业增收 30% 以上。液体粪肥施用于苹果树后，苹果产量增幅达 200%，农户收入达到每年 5 万～ 6 万元。

第四节
畜禽养殖粪肥还田利用装备

随着农业现代化程度的提高和农村劳动力的转移，畜禽粪肥机械化还田、农机与农艺结合为推进粪污就地、就近资源化利用提供了重要支撑。适合的还田装备可以提高肥料利用率、减少环境污染、提高农民生产收益。我国地域辽阔、土地类型和种植模式多样，畜禽养殖和粪污处理利用技术多样，对还田装备提出了新的需求，总体上根据不同粪肥的物理形态，施用装备可分为固体撒施设备和液体施用设备两大类。

一、畜禽养殖粪肥还田机械要求

1. 均匀化要求

施肥均匀性是影响肥料有效性和利用率的重要因素之一，农业生产过程中，施肥不均匀会导致土壤肥力和产量不均。和施用化肥相比，均匀施用粪肥难度大，通过自动化、智能化设计可实现均匀、精准施用。

2. 防压实要求

避免土地压实设计，通过一体化轻量设计减轻还田设备设施自重，通过前后轮交错排列避免重复碾压，使土地均匀受压；另外，改变牵引方式如自走式代替传统的牵引罐车，可以防止土地压实。

3. 养分减损要求

减少养分损失贯穿于肥料生产、贮存、施用各个环节。不同撒施方式、撒施设备对养分损失具有显著影响。特别是以铵态氮为主的粪肥，施用不当将导致大量养分损失，降低肥料利用率。

4. 适用场景要求

我国幅员辽阔，种植和养殖模式多样，对粪肥还田设备的不同应用场景提出了新的要求。应满足开阔平原、土地连片地区的大型还田、丘陵山地和零散地块的小型轻简化还田需求。同时，也需要考虑玉米、小麦、果树、草地等不同种植类型需求。

5. 安全性要求

对粪肥还田设备安全性也有较高要求。由于粪肥具有腐蚀性，因此还田设备的防腐要求较高，特别是液体粪肥。如液态罐车有压力容器需配备超压、低压保险，大尺寸的罐车考虑液体粪肥晃动的问题，罐车载荷量大还需考虑拖拉机刹车的问题。

二、固体有机肥撒施机械

固体有机肥撒施机按照行走方式和撒肥部件主要分为两类。以行走方式划分为轮式自走式、履带自走式、牵引式和后悬挂式；以撒肥部件划分为横辊破碎后抛式、立辊破碎后抛式、离心圆盘式、锤爪侧抛式、横辊破碎圆盘撒施式，本节以撒肥部件为分类的主要依据。

固体撒施机根据动力驱动方式、输肥方式以及撒肥方式的不同而具有多种类型。目前，欧美等发达国家的固体粪肥撒施设备已达到较高技术水平，常见的撒施装备有离心圆盘式、桨叶式与锤片式撒肥装置。离心圆盘式撒施机械利用撒肥盘高速旋转产生的离心力对肥料进行抛撒，该种机型具有较大的工作幅宽，适用于流动性较好的颗粒有机肥料，如德国 ZA-M 系列施肥机施肥幅宽范围为 10～36 m，可通过智能平台调控施肥量，但该类撒施机工作时肥料纵向与横向抛撒不均匀，需通过重叠作业加以改善。桨叶式撒施机普遍体积庞大，载肥量大，工作效率高，适用于平原大农场作业，肥料经由抛撒桨叶的高速旋转实现破碎以及向后抛撒，具有较大的肥料抛撒幅宽，与离心圆盘式施肥机相似，肥料抛撒在纵、横向分布不均匀。锤片式撒施机大多为侧式抛撒，对粪肥的种类与含水率适应性较好，如法国 ProTwin 系列锤片式撒施机，具有双搅龙输肥装置，抛撒装置由锤片构成，粪肥被锤片快速抽打后，实现破碎、均匀抛撒，但功耗较高。

我国固体粪肥施用机械设备研发取得较快进展。吴爱兵等研制的螺杆式施肥机可撒施高含水率、高含杂率的有机肥，适用范围广；山东天盛机械科技股份有限公司与农业农村部南京农业机械化研究所联合研发的 LDFC-2.6 履带式撒肥机，撒肥幅宽 4 ～ 8 m，容积 2.6 m³，适合水田、大棚、果园及大田等工作环境。郝延杰等研发的精准有机肥施肥机可精准调节施肥量和幅宽，同时可对料箱与施肥情况进行实时监控。

1. 横辊破碎后抛式撒肥机

（1）功能及特点

该类装备大多由拖拉机牵引，破碎辊可为单个或两个，水平置于肥箱后方，破碎辊上固接的叶片可对肥料进行破碎。工作时肥料通过链板输肥机构和液压推肥机构整体向后缓慢运动，肥料接触到高速旋转的破碎拨料辊被抛到田中。该类撒肥机结构简单，操控方便，价格较低，但抛撒幅宽有限，适合小田块作业。

（2）代表设备

①禹城阿里耙片有限公司 2FP 系列横螺旋式后抛撒肥机（图 12-18、表 12-5）。

图 12-18　禹城阿里耙片有限公司 2FP 系列横螺旋式后抛撒肥机

表 12-5　主要技术参数

名称	单位	参数
容积	m³	10
抛撒幅宽	m	12 ～ 16

续表

名称	单位	参数
载重量	t	8
轮胎	—	460/85D 965
配套动力	HP	80 ~ 130
整机重量	kg	4500
整机尺寸	m×m×m	7.44×2.585×2.62

②美国 The Pik Rite 公司 Hydra-Ram 790 双辊厩肥撒施机（图 12-19、表 12-6）。

图 12-19　美国 The Pik Rite 公司 Hydra-Ram 790 双辊厩肥撒施机

表 12-6　主要技术参数

名称	单位	参数
配套动力	HP	100
配套输出转速	r/min	1 000
载重	t	11.5
满载容积	m³	14
上拨料辊转速	r/min	294
下拨料辊转速	r/min	337

2. 立辊破碎后抛式撒肥机

（1）功能及特点

立辊破碎后抛式撒肥机的叶片有仿爪型和带刀螺旋式两种，通常撒肥圆盘固接于立辊底部并同步转动，可对底部肥料进行宽幅撒施。该类撒肥机撒施幅宽较大，适合于规模化农牧场投入使用，撒施效率高，破碎效果好，但撒施均匀性不足。

（2）代表设备

①呼伦贝尔市蒙拓农机科技股份有限公司 2F-10.6 垂直型施肥机（图 12-20、表 12-7）。

图 12-20　蒙拓 2F-10.6 垂直型施肥机

表 12-7　主要技术参数

名称	单位	参数
最大容量	m^3	15.4
撒肥辊数量	个	2
撒肥辊直径	mm	914
单辊叶片数	个	14
液压油缸形成	mm	2 032
设计压力	nPa	21

该装备与 120 马力以上的拖拉机配套使用，主要用于有机牲畜粪肥抛撒还田作业，适合于规模化农牧场投入使用。

②黑龙江德沃科技开发有限公司 2FJL-9 立轴后抛式施肥机（图 12-21、表 12-8）。

图 12-21　德沃 2FJL-9 立轴后抛式施肥机

表 12-8 主要技术参数

名称	单位	参数
外形尺寸	mm×mm×mm	7 340×3 180×2 820
配套动力	HP	40~180
配套输出轴转速	r/min	1 000
箱体容积	m³	9.5
满载容积	m³	15.1
行进速度	km/h	4~6
抛撒宽度	m	7.62~9.15

3.圆盘式撒肥机

（1）功能及特点

圆盘式撒肥机主要撒施粉状、颗粒状商品有机肥。肥料在肥箱底部的输肥链板带动下往后运动，落到高速旋转的撒肥圆盘上，被均匀地撒到田中。撒肥量可通过调节肥箱尾部的出肥口大小来控制。该类撒施机具有通过性强、适应性广、幅宽较大、撒肥均匀性高等优点。

（2）代表设备

①大连雨林系列牵引式撒肥机（图 12-22、表 12-9）。

图 12-22 大连雨林牵引式撒肥机

表 12-9 主要技术参数

名称	单位	参数
配套动力	HP	≥50
肥箱容积	m³	3~12

②山东天盛机械科技股份有限公司 LDFC-2.6 履带式撒肥机（图 12-23、表 12-10）。

图 12-23　天盛 LDFC-2.6 履带式撒肥机

表 12-10　主要技术参数

名称	单位	参数
容积	m³	2.6
动力	HP	75
撒肥幅宽	m	4～8
整机尺寸	m×m×m	4.3×1.6×1.8
整机重量	kg	2 450

适合水田、大棚、果园，亦可用于大田撒肥工作。还可在恶劣的地况下进行撒肥工作，能有效提高工作效率、解决劳动力缺乏问题。

③加拿大 J.Bond &Sons（JBS）有限公司圆盘式撒肥机（图 12-24、表 12-11）。

图 12-24　JBS 圆盘式撒肥机

表 12-11　主要技术参数

名称	单位	参数
配套动力	HP	≥ 35
长	mm	3 658 ~ 6 096
宽	mm	1219
高	mm	1219
容积	m³	4.6 ~ 6.1
作业效率	km/h	2.2
施肥深度	cm	20 ~ 40
施肥宽度	cm	120
作物行距	cm	≥ 200

主要针对大田和标准化果园对商品有机肥的撒施。

4. 刀辊破碎圆盘撒肥机

（1）功能及特点

主要针对厩肥撒施，两破碎辊高速旋转对肥料进行破碎，落入下方撒肥圆盘后被抛撒出去。肥料破碎充分，撒肥幅宽较大，撒肥较均匀。

（2）典型设备

①英国 G.T. Bunning & Sons 撒肥机（图 12-25、表 12-12）。

图 12-25　英国 G.T. Bunning & Sons 撒肥机

表 12-12　主要技术参数

名称	单位	参数
载重量	t	22
容积	m³	23
整机尺寸	mm×mm×mm	6000×1600×1580
链板尺寸	mm	20
制动器尺寸	mm×mm	420×200
最大撒肥宽度	m	24
PTO 转速	r/min	1000
自重	kg	8200

②美国 Meyer Manufacturing 公司 9524 Truck Mnt 撒肥机（图 12-26、表 12-13）。

图 12-26　美国 Meyer Manufacturing 公司 9524 Truck Mnt 撒肥机

表 12-13　主要技术参数

名称	单位	参数
长度	mm	7 569
宽度	mm	2 591
高度	mm	2 553
容积	m³	17
整机重量	kg	12 300
动力	HP	300

履带式底盘，不易下陷，对土壤压实小，载重量大，撒肥效率高和均匀度高。

三、液体粪肥还田装备

有机液肥施用装备按还田方式可分为直接喷洒式、滴流管式、浅/深施式、拖管式，前三种还田方式通常是采用粪肥施用罐车挂载各类施肥机设备。液体有机肥施肥机根据不同类型，主要由罐体、抽吸装置、洒施装置和行走系统构成，工作方式分为地表喷洒和深施，基本工作原理为肥料罐经充气加压后，液肥经由总管、分配器均匀稳定分配至各分管，喷洒于地表或深施至合适土层。地表喷洒式液体施肥机的施肥装置为喷枪或喷头，液体有机肥经由喷枪或喷头喷洒至地面，该施肥机结构简单、工作阻力小，作业效率高，但存在喷洒不均匀、重施、漏施现象。深施式液体施肥机是将有机肥直接注入土壤中，使农作物地下根系可充分吸收养料，降低了液体肥的挥发和流失，同时减少对环境的污染，但对机械设备要求较高，如美国约翰迪尔公司的 2510 L 型液体施肥机，其作业幅宽可达 20 m，施肥深度可达 508 mm。为应对日益严格的环境保护政策，提高液体粪肥机械还田效率，德国荷马（Holmer）机械制造有限公司开发了系列自走式粪肥还田机械，与牵引式设备相比机动性能更强，田间工作时速达到 32 km，一体化轻量设计避免土地压实，而且可配备不同的施肥装置，进行拖管式或注入式施肥。拖管式还田装备通过拖管将储存在田间地头的沼液池/粪污池中的有机液肥输送至施肥机具进行撒施还田，根据挂载的施肥机具，可采用直接喷洒式也可采用浅/深施式。拖拽式还田装备不需配备罐车，无须考虑罐车防腐、压力保险等问题，但作业距离受限，拖管滑动易损伤植被。

与发达国家相比，我国液体粪肥撒施设备研发还处于起步阶段。如北京国科诚泰农牧设备有限公司研发了 SP、FLEX 系列浅/深施式液肥还田机，容积 9～23 m³、施肥宽幅 12～24 m；董和银等研制的 9YPE-10 型液态肥施肥机由拖拉机牵引行进，使用真空泵作为动力驱动，可进行液态肥的自动吸取和机械化撒施作业；李文哲等研究设计了沼液沼渣暗灌施肥机使用脉冲式分配器，减少了出口处的堵塞现象，具有较好的田间施肥质量。但总体上，我国液体有机肥施肥装置主要是从国外进口，设备的研发和制造尚处于引进消化吸收阶段，成熟的产品较少，液体施肥机的研发还有很大的发展空间。

1.滴流管式还田装备

（1）功能及特点

滴流管式是将有机液肥通过分配器均匀分配到每个管道，管道贴地（庄稼）前行，液肥流到地表，相比直接喷洒液肥在地表，滴流管式的氮流失约40%，施肥效率约60%。该还田方式可在有作物、无作物的地面进行撒施。

（2）典型设备

比利时JOSKIN公司PENDITWIST滴管式还田装备（图12-27、表12-14）。

图12-27　比利时JOSKIN公司PENDITWIST滴管式液肥撒施罐车

表12-14　主要技术参数

名称	单位	参数					
型号	—	90/RP1	120/RP2	135/RP2	150/RP2	160/RP2	180/RP2
作业幅宽	m	9	12	13.5	15	16	18
滴流管个数	个	30/36	40/48	46/54	50/60	54/64	60/72
间隔	cm	30/25	30/25	30/25	30/25	30/25	30/25
重量	kg	1 050/1 100	1 140/1 220	1 290/1 370	1 470/1 560	1 500/1 530	1 590/1 620

2.浅/深施式还田装备

（1）功能及特点

浅施式是采用注射式将有机液肥施用于作物根部附近一定土壤深度（≤5 cm）的撒施技术，氮损约30%，肥料利用率较高（70%）；深施式是将有机液肥施用于作物根部附近较深土壤层的撒施技术（5～30 cm），撒施深度较大，氮损失仅为10%左右，深施式相较浅施式有更好的肥料利用率（90%），且对环境污染较小。浅施和深施式均采用粪肥施用罐车进行还田撒施，通过挂载的不同肥料分配和撒施设备进行区别。

（2）典型装备

①北京国科诚泰农牧设备有限公司（浅 / 深施式）液肥还田机（图 12-28、表 12-15）。

图 12-28　北京国科诚泰农牧设备有限公司（浅 / 深施式）液肥还田机

表 12-15　主要技术参数

名称	单位	参数			
机型	—	SP9	SP15	FLEX16	FLEX23
长 × 宽 × 高	m×m×m	7.21×2.52× 2.73	8.10×2.52× 2.71	8.10×2.87× 2.88	8.95×3.67× 3.11
容积	m³	9	15	16	23
传动轴转速	r/min	1000	1000	1000	1000
抛洒幅宽	m	12	12	12/24	12/24
最低功率	HP	100	140	140	200
自重	kg	2 990	3 785	4 820	7 435

②丹麦 Samson（萨姆森）PGII 液体撒肥机械（图 12-29、表 12-16）。

图 12-29　丹麦 Samson（萨姆森）PGII 液体撒肥机械

表 12-16　主要技术参数

名称	单位	参数			
型号	—	PG II 20（罐体）	SD 500	TD8	CM6
载重重量	kg	8 800	3 485	2 650	2 250
容积	m³	19.8	—	—	—
转运宽度	m	—	2.95	2.9	2.96
作业宽度	m	—	5	8	6
开沟深度	cm	—	3 ~ 12	—	15
分配器极限流量	L	—	7 000	—	7 000

3. 拖管式还田装备

①功能及特点

拖管式（Draghose）是拖拉机直接配备施肥机具，通过拖管将储存在田间地头的储液罐／沼液池中的有机液肥输送至施肥机具进行撒施还田，根据挂载的施肥机具，还田方式可为直接喷洒式，也可为浅／深施式。该还田方式不需配备罐车，可避免罐车防腐、压力保险、作业不稳定（晃动）、土地压实等问题。由于拖拉机带动拖管在田地上作业，对田地平整度、连续性要求高，作业距离受限，拖管滑动易损伤植被作物。

②典型装备

北爱尔兰 SlurryKat 公司液肥撒施配备拖管（图 12-30、表 12-17）。

图 12-30　北爱尔兰 SlurryKat 公司液肥撒施配备拖管

表 12-17 主要技术参数

名称	单位	参数	
型号	—	OROFLEX 20 SK	OROFLEX 320 SK
适用类型	—	液肥撒施和灌溉	液肥撒施
作业距离	m	200	最大 400
拖管直径	mm	102～203	102～203
平均弯曲半径	mm	1 600～2 500	1 600～2 500
载重量	kg	1.3～3.3	1.3～2.7

第十三章
畜禽粪污综合
利用原理与模式

第一节
畜禽粪污土地承载力测算方法

　　畜禽粪污经过无害化处理可以变成有机肥料，适量施用可以显著改良土壤，培肥地力，提高农作物品质和产量。要加快推进畜禽养殖废弃物处理和资源化，以沼气和生物天然气为主要处理方向，以就近就地用于农村能源和农用有机肥为主要使用方向，为我们指明了畜禽粪污处理利用的方向。因此，国务院办公厅《关于加快推进畜禽养殖废弃物资源化利用的意见》提出要制定畜禽粪污土地承载能力测算方法，为合理布局畜禽养殖和规模养殖场测算配套农田面积提供科学依据。

　　科学合理利用畜禽粪污是实现其资源价值，减少农业面源污染的重要手段，产生的粪污弃之不用或过量施用都会造成环境污染，制定畜禽粪污土地承载力测算指南主要是为实现种养平衡，测算配套面积提供方法和工具。一是从区域布局看，通过制定土地承载力测算指南，全面了解该区域的养殖负荷、环境容量情况，根据作物种植情况，科学测算该区域的最大养殖能力，便于制定农牧循环发展规划，但是目前我国还没有统一的环境承载能力测算方法可以参考；二是从养殖企业生态发展看，《畜禽规模养殖污染防治条例》鼓励和支持采取种养结合方式就地就近利用畜禽粪肥，要求新建和改扩建养殖场进行环境影响评价，但目前尚缺乏养殖场配套农田面积的测算方法；三是从国外经验看，国外主要以还田利用为主，制订了完善的利用指南和规定，如美国规定畜禽粪污不能直接排放，规模养殖场必须制订畜禽粪污养分管理计划，并按照计划进行农田利用；欧洲根据硝酸盐方案，规定单位面积土地粪肥氮养分施用量不能超过 $170 \ kg/hm^2$。

一、相关术语和定义

畜禽粪污指畜禽养殖过程中产生的粪便、尿液、污水、养殖垫料和少量散落饲料等的总称。

畜禽粪污土地承载力指在土地生态系统可持续运行的条件下，一定边界内农田、人工林地和人工草地等种植用地所能承载的最大畜禽存栏量下所产生的氮或磷排泄量，以猪当量计。

猪当量指主要用于衡量畜禽氮或磷排泄量的度量单位。以 1 头 70 kg 体重猪一天的粪尿中氮或磷的排泄量乘以 365 为 1 个猪当量，以氮排泄量 11 kg、磷排泄量 1.65 kg，其他畜禽按氮或磷的排泄量折算。

二、测算方法

1. 测算原则和边界确定

畜禽粪污土地承载力及规模养殖场配套土地面积的测算，以植物养分需求和粪污处理成粪肥后其养分供给的氮平衡为基础测算；对于设施蔬菜等作物为主或土壤本底值磷含量较高的特殊区域、农用地，宜以磷平衡为基础。植物的粪肥养分可施用量根据土壤肥力、作物类型和产量、粪肥施用比例等确定。畜禽粪肥养分供给量根据畜禽种类、养殖量、粪便收集和处理方式等确定。

区域畜禽粪污土地承载力测算以县、乡镇、村等行政区域内的种植用地为边界；规模养殖场粪便消纳配套土地面积测算以养殖场可实施畜禽粪便还田利用的种植用地（包括自有和流转土地）为边界。

2. 典型区域畜禽粪污土地承载力测算方法

（1）资料收集

①收集区域内种植业生产信息

A. 区域内主要作物种类、产量，可从当地统计年鉴或统计公报中获取。

B. 区域内土壤养分特征，可从当地土壤基础数据库中获取。

C. 区域内农业生产中有机肥和化肥配合施用的比例，可经实地调查或专家推荐获取。

②收集区域内畜禽养殖信息

A.畜禽种类、各种畜禽的存（出）栏量，可从当地统计年鉴或统计公报中获取。

B.不同畜禽粪污收集和处理可以从本区域实地调查获取。

C.不同畜禽粪便的粪尿产生量，粪尿中氮（磷）养分含量，可经实地调查获取。

（2）测算步骤

①区域内土地可承纳的粪肥氮（磷）总量

A.根据作物种类、产量，计算区域内所有作物需氮（磷）总量。

B.根据土壤肥力，确定作物需氮（磷）总量中的需要施肥供给的比例。

C.根据区域内作物生产中粪肥养分投入占总施肥养分投入的比例，以及粪肥中的氮（磷）当季利用率系数，计算该区域内土地可承纳的来自粪肥供给的氮（磷）总量。

②区域内畜禽粪污氮（磷）养分供给量

A.根据养殖畜禽种类和存栏量，通过粪便排泄的氮（磷）排泄系数，计算各类畜禽通过粪便排泄的氮（磷）总量。

B.根据各畜禽粪污的收集方式、处置工艺等数据参数，计算各类畜禽粪污中实际可利用的氮（磷）量。

C.根据各畜禽粪污中实际可利用的氮（磷）数量，求和得出区域内所有畜禽粪污中实际可供给的氮（磷）总量。

③单位猪当量的粪肥养分供给量

A.根据各种畜禽通过粪便排泄的氮磷养分量，折算成以猪为单位的换算系数，主要畜禽按存栏量折算：100头猪相当于15头奶牛、30头肉牛、250只羊、2 500只家禽，其他畜禽可以按照相近的系数进行折算，计算获得区域以猪当量计总的存栏量。

B.将根据上述步骤计算得到的区域内畜禽粪污氮（磷）养分供给总量除以该区域以猪当量计总的存栏量，获得单位猪当量的粪肥养分供给量。

④区域内土地畜禽粪污承载力评估

A.将区域内可承纳的土地粪肥氮（磷）总量除以单位猪当量的粪肥养分供给量，计算获得理论上该区域最大养殖量。

B.将该区域内折算成猪当量计的实际养殖量与理论养殖量（以猪当量计）进行比较，当前者大于后者时，表示该区域畜禽粪污量超载，反之，则不超载。

（3）测算方法

①植物养分需求量测算

根据上述资料收集中获得的信息，计算边界内植物总氮（磷）养分需求量 $NU_{r,n}$，单位为千克每年（kg/a），按式（1）计算：

$$NU_{r,n}=\sum (P_{r,i}\times Q_i\times 10)+\sum (A_{t,j}\times AA_{t,j}\times Q_j)\cdots\cdots\cdots\cdots （1）$$

式中：

$P_{r,i}$—边界内第 i 种作物（或人工牧草）总产量，单位为吨每年（t/a）；

Q_i—边界内第 i 种作物形成 100 kg 产量所需要吸收的氮（磷）养分量，单位为千克每 100 千克（kg/100 kg），主要植物生长养分需求量推荐值参见表 13-1；

10—换算系数，将 kg/100 kg 换算为 kg/t；

$A_{t,j}$—边界内第 j 种人工林地总的种植面积，单位为公顷（hm^2）；

$AA_{t,j}$—边界内第 j 种人工林地单位面积年生长量，单位为立方米每公顷（m^3/hm^2），主要人工林地单位面积年生长量推荐值；

Q_j—边界内第 j 种人工林地的单位体积的生长量所需要吸收的氮（磷）养分量，单位为千克每立方米（kg/m^3）；主要人工林地生长养分需求量推荐值参见表 13-1。

②粪便养分可施用量计算

粪便氮（磷）养分可施用量以 $NU_{r,m}$ 表示，单位为千克每年（kg/a），按式（2）计算：

$$NU_{r,m}=\frac{NU_{r,n}\times FP\times MP}{MR}\cdots\cdots\cdots\cdots\cdots\cdots\cdots\cdots\cdots\cdots （2）$$

式中：

$NU_{r,n}$—边界内植物氮（磷）养分需求量，单位为千克每年（kg/a）；

FP—作物总养分需求中施肥供给养分占比，单位为百分比（%）；不同土壤肥力下作物总养分需求中施肥供给养分占比参见 13-2；

MP—土地施肥管理中，畜禽粪便养分可施用量占施肥养分总量的比例，单位为百分比（%），该值根据当地实际情况确定，推荐值为 50% ～ 100%；

MR—粪便当季利用率，单位为百分比（%）；粪便氮素单季利用率取值范围推荐为 25% ~ 30%，磷素单季利用率推荐值为 30% ~ 35%。

③畜禽粪便养分总量

根据上述收集的信息，计算畜禽粪便总氮（磷）养分供给量 $Q_{r,p}$，单位为吨每年（t/a），按式（3）计算：

$$Q_{r,p} = \sum AP_{r,i} \times MP_{r,i} \times 365 \times 10^{-6} \quad\cdots\cdots\cdots\cdots（3）$$

式中：

$AP_{r,i}$—边界内第 *i* 种动物年均存栏量，单位为头或只；

$MP_{r,i}$—第 *i* 种动物粪便中氮（磷）日排泄量，单位为克每头或每只（g/ 头）；主要畜禽氮（磷）排泄量推荐值参见表 13-3；

365 — 一年的天数，单位为天 / 年（d/a）；

10^{-6} — 单位换算值，单位为吨 / 克（t/g）。

④畜禽粪便养分可收集量

畜禽粪便氮（磷）养分可收集量以 $Q_{r,c}$ 表示，单位为吨每年（t/a），单个畜种的粪便养分可收集量按式（4）计算，边界内所有畜种的粪便养分可收集量按式（5）计算：

$$Q_{r,C,i} = \sum Q_{r,p,i} \times PC_{i,j} \times PL_j \quad\cdots\cdots\cdots\cdots\cdots（4）$$

$$Q_{r,C} = \sum Q_{r,C,i} \quad\cdots\cdots\cdots\cdots\cdots\cdots（5）$$

式中：

$Q_{r,C,i}$—边界内第 *i* 种畜禽粪便养分可收集量，单位为吨每年（t/a）；

$Q_{r,p,i}$—边界内第 *i* 种畜禽粪便养分产生量，单位为吨每年（t/a）；

$PC_{i,j}$—边界内第 *i* 种动物在第 *j* 种清粪方式所占比例，单位为百分比（%），该比例根据调研实际获得；

PL_j—第 *j* 种清粪方式氮（磷）养分收集率，单位为百分比（%）；主要清粪方式粪便养分收集率推荐值参见表 13-4。

⑤畜禽粪便养分可供给量

畜禽粪便氮（磷）养分可供给量以 $Q_{r,Tr}$ 表示，单位为吨每年（t/a），单个畜种的粪便养分可供给量按式（6）计算，边界内所有畜种的粪便养分可供给量按式（7）计算：

$$Q_{r,Tr,i}=\sum Q_{r,c,i} \times PT_{i,k} \times PL_k\cdots\cdots\cdots\cdots\cdots\cdots（6）$$

$$Q_{r,Tr}=\sum Q_{r,Tr,i}\cdots\cdots\cdots\cdots\cdots\cdots\cdots\cdots\cdots（7）$$

式中：

$Q_{r,Tr,i}$—边界内第 i 种畜禽粪便处理后养分可供给量，单位为吨每年（t/a）；

$Q_{r,c,i}$—边界内第 i 种畜禽粪便养分可收集量，单位为吨每年（t/a）；

$PT_{i,k}$—边界内第 i 种动物的粪便在第 k 种处理方式所占比例，单位为百分比（%），该比例根据调研实际获得；

PL_k—第 k 种粪便处理方式下氮（磷）养分留存率，单位为百分比（%）；主要粪便处理方式氮（磷）养分留存推荐值参见表 13-5。

⑥猪当量粪便养分可供给量折算

猪当量粪便养分可供给量折算以 $NS_{r,a}$ 表示，单位为千克每猪当量每年［kg/（猪当量 /a）］，按式（8）计算：

$$NS_{r,a}=\frac{Q_{r,Tr}\times1\,000}{A}\cdots\cdots\cdots\cdots\cdots\cdots\cdots（8）$$

式中：

$Q_{r,Tr}$—边界内畜禽粪便养分可供给量，单位为吨每年（t/a）；

1 000—单位换算值，单位为千克每吨（kg/t）；

A—边界内饲养的各种动物折算成猪当量的饲养总量，单位为猪当量，按式（9）计算：

$$A=\sum AP_{r,i} \times MP_{r,i} \times MP_{r,p}\cdots\cdots\cdots\cdots\cdots\cdots（9）$$

式中：

$AP_{r,i}$—边界内第 i 种动物年均存栏量，单位为头或只；

$MP_{r,i}$—第 i 种动物粪便中氮（磷）日排泄量，单位为克每头或只（g/ 头）；主要畜禽氮（磷）排泄量推荐值参见表 13-3；

$MP_{r,p}$—猪排泄粪便中氮磷的日产生量，单位为克每头（g/ 头）；猪的氮（磷）排泄量推荐值参见表 13-3。

⑦区域畜禽粪便土地承载力

区域畜禽粪便土地承载力以 R 表示，单位为猪当量，按公式（10）计算：

$$R=\frac{NU_{r,m}}{NS_{r,a}}\cdots\cdots\cdots\cdots\cdots\cdots\cdots\cdots\cdots\cdots（10）$$

式中：

$NU_{r,m}$—粪便养分可施用量，单位为千克每年（kg/a）；

$NS_{r,a}$—猪当量粪便养分可供给量，单位为千克每猪当量每年［kg/（猪当量 /a）］。

⑧区域畜禽粪便土地承载力比较

基于本部分⑥和⑦中计算获得区域的实际养殖量（A）和区域畜禽粪便土地承载力（R）进行比较，当 $R>A$ 时，表明该区域畜禽养殖不超载，反之超载，需要调减养殖量。

3.规模化畜禽养殖场配套土地面积测算方法

（1）资料收集

①收集畜禽养殖场的信息

A.畜禽种类、各生长阶段的畜禽存栏量。

B.养殖场各阶段畜禽的清粪方式类型及其占比。

C.养殖场的各种粪污处理方式及其占比。

D.养殖场的固体粪污和液体粪污处理后的利用去向及占比。

②收集养殖场配套土地的信息

A.养殖场周边拟配套农田栽培的主要农作物种类，该种作物在该区域的平均产量。

B.配套农田的作物种植制度。

C.养殖场拟配套种植的人工牧草的种类，牧草的平均预期产量。

D.养殖场拟配套的土地的土壤质地，养分含量等特征参数。

（2）测算步骤

①养殖场畜禽粪污氮（磷）实际就地可利用量

A.根据养殖场饲养畜禽种类、各阶段动物的平均存栏量，通过分阶段的粪便排泄的氮（磷）排泄系数，计算养殖场通过粪便排泄的氮（磷）总量。

B.根据养殖场不同饲养阶段动物粪便的收集方式、粪污处置工艺等参数，计算养殖场可利用的氮（磷）量。

C.根据养殖场处理的粪便作为肥料等资源化利用方式向外销售的比例，计算获得养殖场畜禽粪污氮（磷）实际就地可利用量。

②作物单位耕地可接受的粪肥氮（磷）养分量

A.根据配套土地上作物种类和预期的产量计算，单位面积土地作物需氮（磷）总量。

B.根据配套土地的土壤养分状况，确定作物养分需要量中由施肥供给的占比。

C.根据农田生产中粪肥投入占施肥养分投入的比例，并结合①②的结果计算某种作物单位耕地可接受的粪肥氮（磷）养分量。

③养殖场配套土地面积承载力系数

根据上述计算获得的养殖场就地利用的畜禽粪便氮（磷）养分总量除以某种作物的单位耕地可接受的粪肥氮（磷）养分量，就可以获得种植该种作物需要配套的农田面积，并与实际可利用的农田面积进行比较，如果前者小于后者，说明养殖场配套的农田面积足够，反之，则说明养殖场养殖量超载。

（3）具体测算方法

①畜禽粪便养分总量

根据上述收集的信息计算规模化养殖场粪便养分总量，以 $Q_{r,p}$ 表示，单位为吨每年（t/a），按式（3）计算。

②畜禽粪便养分可收集量

规模化养殖场粪便养分可收集量以 $Q_{r,C,i}$ 表示，单位为吨每年（t/a），按式（4）计算。

③畜禽粪便养分可供给量

规模化养殖场畜禽粪便养分可供给量以 $Q_{r,Tr,i}$ 表示，单位为吨每年（t/a），按式（6）计算。

④畜禽粪便养分就地利用量

规模化养殖场粪便养分就地利用量以 $Q_{r,u,i}$ 表示，单位为吨每年（t/a），按式（11）计算。

$$Q_{r,u,i}=Q_{r,Tr,i}\times PU_i \quad\cdots\cdots\cdots\cdots\cdots\cdots\cdots\cdots\cdots\cdots\cdots\cdots\cdots\cdots（11）$$

式中：

$Q_{r,Tr,i}$——规模养殖场内第 i 种畜禽粪便养分可供给量，单位为吨每年（t/a）；

PU_i——规模养殖场内第 i 种动物粪便就地利用比例，单位为百分比（%）。

⑤单位土地植物养分需求量

根据资料收集部分获得的信息，计算规模养殖场边界内单位土地在一个年度内种植的植物总氮（磷）养分需求量 $NA_{r,n}$，单位为千克每公顷（kg/ hm^2），作物和人工牧草按式（12）计算，人工林地按式（13）计算：

$$NA_{r,n} = \sum (AP_{r,i} \times Q_i \times 10) \quad\cdots\cdots\cdots\cdots\cdots\cdots\cdots\quad (12)$$

$$NA_{r,n} = \sum (AA_{t,j} \times Q_j) \quad\cdots\cdots\cdots\cdots\cdots\cdots\cdots\quad (13)$$

式中：

$AP_{r,i}$——边界内第 i 季作物（或人工牧草）单位面积产量，单位为吨每年每公顷 [t/（a/hm^2）]，主要作物和人工牧草单位面积产量推荐值参见表 13-6；

Q_i——边界内第 i 种作物形成 100 kg 产量吸收的氮（磷）养分量，单位为千克每 100 千克（kg/100 kg）；主要作物和人工牧草生长养分需求量推荐值参见表 13-1。

10——换算系数，将 kg/100 kg 换算为 kg/t；

$AA_{t,j}$——边界内第 j 种人工林地单位面积年生长量，单位为立方米每公顷（m^3/hm^2），主要人工林地单位面积年生长量推荐值参见表 13-6。

Q_j——边界内第 j 种人工林地的单位体积的生长量所需要吸收的氮（磷）养分量，单位为千克每立方米（kg/m^3）；主要人工林地生长养分需求量推荐值参见表 13-1。

⑥单位土地粪便养分可施用量

单位土地植物粪便养分可施用量以 $NA_{r,m}$ 表示，单位为千克每年每公顷 [kg/（a/hm^2）]，按式（14）计算：

$$NA_{r,m} = \frac{NA_{r,n} \times FP \times MP}{MR} \cdots\cdots\cdots\cdots\cdots\cdots\cdots (14)$$

式中：

$NA_{r,n}$——边界内单位土地植物氮（磷）养分需求量，单位为千克每年每公顷 [kg/（a/hm^2）]；

FP—作物总养分需求中施肥供给养分占比，单位为百分比（%）；不同土壤肥力下作物总养分需求中施肥供给养分占比参见表13-2；

MP—土地施肥管理中，畜禽粪便养分可施用量占施肥养分总量的比例，单位为百分比（%），该值根据当地实际情况确定，推荐值为50%～100%；

MR—粪便当季利用率，单位为百分比（%）；粪便氮素当季利用率取值范围推荐为25%～30%，磷素当季利用率推荐为30%～35%。

⑦养殖场配套土地面积

养殖场配套土地面积以 A_r 表示，单位为公顷（hm^2），按公式（15）计算：

$$A_r = \frac{Q_{r,u,i} \times 1\,000}{NA_{r,m}} \cdots\cdots\cdots\cdots\cdots\cdots\cdots\cdots（15）$$

式中：

$Q_{r,u,i}$—边界内第 *i* 种畜禽粪便养分就地利用量，单位为吨每年（t/a）；

1 000—单位换算值，单位为千克每吨（kg/t）；

$NA_{r,m}$—边界内单位耕地植物氮（磷）粪便养分可施用量，单位为千克每年每公顷［kg/（a/hm²）］。

表13-1　主要作物形成100 kg产量需要吸收氮磷量参考值

单位：kg

作物种类		氮	磷
大田作物	小麦	3	1
	水稻	2.2	0.8
	玉米	2.3	0.3
	谷子	3.8	0.44
	大豆	7.2	0.748
	棉花	11.7	3.04
	马铃薯	0.5	0.088
蔬菜	黄瓜	0.28	0.09
	番茄	0.33	0.1
	青椒	0.51	0.107
	茄子	0.34	0.1
	大白菜	0.15	0.07
	萝卜	0.28	0.057
	大葱	0.19	0.036

续表

作物种类		氮	磷
果树	桃	0.21	0.033
	葡萄	0.74	0.512
	香蕉	0.73	0.216
	苹果	0.3	0.08
	梨	0.47	0.23
	柑橘	0.6	0.11
经济作物	油料	7.19	0.887
	甘蔗	0.18	0.016
	甜菜	0.48	0.062
	烟叶	3.85	0.532
	茶叶	6.40	0.88
人工草地[a]	苜蓿	0.2	0.2
	饲用燕麦	2.5	0.8
人工林地	桉树	3.3	3.3
	杨树	2.5	2.5

注：a 人工林地单位为每立方米生物量所需氮磷养分量（kg/m³）。

表 13-2 土壤不同氮磷养分水平下施肥供给养分占比参考值

土壤氮磷养分分级		I	II	III
土壤全氮含量 /（g/kg）	旱地	> 1.0	0.8 ~ 1.0	< 0.8
	水田	> 1.2	1.0 ~ 1.2	< 1.0
	菜地	> 1.2	1.0 ~ 1.2	< 1.0
	果园	> 1.0	0.8 ~ 1.0	< 0.8
土壤有效磷含量 /（mg/kg）		> 40	20 ~ 40	< 20
施肥供给占比 /%		35	45	55

表 13-3 不同动物每天氮磷排泄量推荐值

单位：g/ 头

动物	参考体重 /kg	氮	磷
猪	70	30.0	4.5
奶牛	550	196.0	32.0

续表

动物	参考体重 /kg	氮	磷
肉牛	400	109.0	14.0
家禽	1.3	1.2	0.18
山羊	35	11.3	2.35
绵羊	40	12.2	0.92

注：不同动物的氮磷养分排泄量推荐值基于参考体重，其他体重的氮磷排泄量按照如下公式折算：$MP_{site} = MP_r \times W_{site}^{0.75} \div W_{default}^{0.75}$，式中：$MP_{site}$ 需要计算动物氮磷排泄量；MP_r 为本表中给出的不同动物氮磷排泄量推荐值；W_{site} 需要计算动物的平均体重；$W_{default}$ 为本表列出的不同动物的参考体重。

表 13-4　主要清粪方式粪便养分收集率推荐值

清粪方式	氮收集率 /%	磷收集率 /%
干清粪	88.0	95.0
水冲清粪	87.0	95.0
水泡粪	89.0	95.0
垫料	84.5	95.0

表 13-5　主要处理方式养分留存推荐值

粪便处理方式	氮留存率 /%	磷留存率 /%
堆肥	68.5	76.5
固体贮存	63.5	80.0
厌氧消化	95.0	75.0
氧化塘	75.0	75.0
沼液贮存	75.0	90.0

⑧典型条件下不同作物土地承载力推荐值

畜禽粪便作为粪肥施用受植物类型、产量、种植制度和土壤养分含量等诸多因素影响，土地承载力存在一定的变化范围，典型条件下的以氮或磷为养分测算的单位面积单季植物在不同产量范围的土地承载力推荐值范围参见表 13-6 和表 13-7。

表 13-6 单位面积畜禽粪便土地承载力推荐值（以氮为基础）

作物种类		产量水平 / （t/hm²）	单位面积土地承载力 [b]（猪当量 / hm²）	
			粪便全部就地利用	固体粪便堆肥外供 + 肥水就地利用
大田作物	小麦	4.5 ~ 9.0	18.0 ~ 36.0	34.5 ~ 69.0
	水稻	4.5 ~ 10.5	12.4 ~ 28.9	25.9 ~ 60.4
	玉米	6.0 ~ 10.5	18.0 ~ 31.5	36.0 ~ 63.0
	谷子	3.0 ~ 6.0	15.0 ~ 30.0	29.0 ~ 58.0
	大豆	2.3 ~ 3.8	21.9 ~ 36.1	42.6 ~ 70.3
	棉花	1.8 ~ 3.3	27.0 ~ 49.5	54.0 ~ 99.0
	马铃薯	15 ~ 30	10.1 ~ 20.3	19.1 ~ 38.3
蔬菜	黄瓜	40 ~ 200	14.4 ~ 72.0	28.8 ~ 144.0
	番茄	50 ~ 200	21.0 ~ 84.0	42.0 ~ 168.0
	青椒	30 ~ 60	20.0 ~ 40.0	39.0 ~ 78.0
	茄子	45 ~ 120	20.0 ~ 53.3	39.0 ~ 104.0
	大白菜	80 ~ 150	16.0 ~ 30.0	30.7 ~ 57.5
	萝卜	25 ~ 75	9.2 ~ 27.5	18.3 ~ 55.0
	大葱	45 ~ 65	11.0 ~ 16.0	22.1 ~ 31.9
果树	桃	20 ~ 60	5.0 ~ 15.0	11.0 ~ 33.0
	葡萄	10 ~ 45	9.6 ~ 43.2	19.2 ~ 86.4
	香蕉	37 ~ 97	35.2 ~ 92.2	69.4 ~ 181.9
	苹果	30 ~ 75	12.0 ~ 30.0	22.5 ~ 56.3
	梨	5 ~ 30.5	3.0 ~ 18.3	6.0 ~ 36.6
	柑橘	22 ~ 45	17.6 ~ 36.0	33.7 ~ 69.0
经济作物	油料	1.3 ~ 4.4	11.7 ~ 39.6	24.4 ~ 82.5
	甘蔗	45 ~ 120	10.5 ~ 28.0	21.0 ~ 56.0
	甜菜	6.4 ~ 73.4	3.9 ~ 45.1	7.9 ~ 90.2
	烟叶	1.1 ~ 4.6	5.3 ~ 22.1	10.6 ~ 44.2
	茶叶	0.1 ~ 1.9	0.8 ~ 15.9	1.6 ~ 31.2
人工草地	苜蓿	5.0 ~ 20	1.1 ~ 4.5	2.6 ~ 10.5
	饲用燕麦	4.0 ~ 10	30.0 ~ 75.0	60.0 ~ 150.0
人工林地 [a]	桉树	10 ~ 40	7.5 ~ 30.0	15.0 ~ 60.0
	杨树	12 ~ 20	15.0 ~ 25.0	30.0 ~ 50.0

注：表中所列单位面积土地承载力值为单季作物的推荐值。

a 桉树和杨树等人工林地的产量水平单位为立方米每公顷每年 [m³/（hm²/a）]。

b 以土壤氮养分水平 Ⅱ 级、粪肥施用比例 MP50%、粪便氮单季利用率 MR25% 为基础计算。

表 13-7　单位面积畜禽粪便土地承载力推荐值（以磷为基础）

作物种类		产量水平 /（t/hm²）	单位面积土地承载力 [b]（猪当量 / hm²）	
			粪便全部就地利用	固体粪便堆肥外供 + 肥水就地利用
大田作物	小麦	4.5 ~ 9.0	28.5 ~ 57.0	70.5 ~ 141.0
	水稻	4.5 ~ 10.5	22.5 ~ 52.5	56.3 ~ 131.3
	玉米	6.0 ~ 10.5	12.0 ~ 21.0	28.5 ~ 49.9
	谷子	3.0 ~ 6.0	8.0 ~ 16.0	21.0 ~ 42.0
	大豆	2.3 ~ 3.8	10.4 ~ 17.1	26.5 ~ 43.7
	棉花	1.8 ~ 3.3	34.4 ~ 63.0	85.9 ~ 157.5
	马铃薯	15 ~ 30	7.9 ~ 15.8	20.3 ~ 40.5
蔬菜	黄瓜	40 ~ 200	22.4 ~ 112.0	56.0 ~ 280.0
	番茄	50 ~ 200	31.0 ~ 124.0	78.0 ~ 312.0
	青椒	30 ~ 60	20.0 ~ 40.0	50.0 ~ 100.0
	茄子	45 ~ 120	28.0 ~ 74.7	70.0 ~ 186.7
	大白菜	80 ~ 150	34.7 ~ 65	88.0 ~ 165.0
	萝卜	25 ~ 75	9.2 ~ 27.5	22.5 ~ 67.5
	大葱	45 ~ 65	9.8 ~ 14.2	25.8 ~ 37.2
果树	桃	20 ~ 60	4.0 ~ 12.0	10.0 ~ 30.0
	葡萄	10 ~ 45	31.8 ~ 143.1	79.8 ~ 359.1
	香蕉	37 ~ 97	50.0 ~ 131.0	124.9 ~ 327.4
	苹果	30 ~ 75	15.0 ~ 37.5	37.5 ~ 93.8
	梨	5 ~ 30.5	7.3 ~ 44.7	18.0 ~ 109.8
	柑橘	22 ~ 45	14.7 ~ 30.0	38.1 ~ 78.0
经济作物	油料	1.3 ~ 4.4	6.8 ~ 23.1	17.6 ~ 59.4
	甘蔗	45 ~ 120	4.5 ~ 12.0	11.3 ~ 30.0
	甜菜	6.4 ~ 73.4	2.5 ~ 28.9	6.2 ~ 71.3
	烟叶	1.1 ~ 4.6	3.2 ~ 13.3	9.5 ~ 39.8
	茶叶	0.1 ~ 1.9	0.6 ~ 10.6	1.4 ~ 25.8
人工草地	苜蓿	5.0 ~ 20	6.4 ~ 25.5	15.8 ~ 63.0
	饲用燕麦	4.0 ~ 10	9.8 ~ 24.4	24.8 ~ 61.9
人工林地 [a]	桉树	10 ~ 40	31.5 ~ 126.0	78.0 ~ 312.0
	杨树	12 ~ 20	18.9 ~ 31.5	46.8 ~ 78.0

注：表中所列单位面积土地承载力值为单季作物的推荐值。

a　桉树和杨树等人工林地的产量水平单位为立方米每公顷每年 [m³/（hm²/a）]

b　以土壤磷养分水平Ⅱ级、粪肥施用比例 MP 50%，粪便磷单季利用率 MR 30% 为基础计算。

第二节
典型区域农田承载力分析评价

一、全国典型区域畜禽粪肥养分供给量

基于畜禽粪便土地承载力测算方法，以 2017 年全国主要畜禽养殖量和 2017 年主要农作物产量进行测算，并将中国分成华北区、东北区、华东区、中南区、西南区和西北区，进行了全国典型区域畜禽粪便中氮磷养分可供给量测算、主要农作物畜禽粪肥养分需求量测算，在此基础上进行了分区的以氮和磷为基础的畜禽粪便土地承载力和承载力指数的测算。

1. 全国典型区域畜禽粪肥氮养分供给量分析

基于主要畜禽养殖情况，估算得到 2017 年我国畜禽粪肥氮养分总的供给量为 445.3 万吨，这与刘晨峰等人基于第二次全国污染源普查数据计算得出的全国畜禽粪肥氮素产生量为 463 万吨一致，显著高于王秀芳等人计算的氮供给量（899.84 万吨），分析主要原因可能是后者仅以产生系数计算，没有考虑粪便处理利用过程中的氮养分损失，但都与 2007 年中国畜禽养殖粪便中的总氮产生量（1 476 万吨）相比有显著的降低。通过不同区域的比较发现，全国六大典型区域畜禽粪肥氮养分供给量以中南地区最高，为 113.0 万吨，占全国的 25.4%；东北地区最低，为 45.7 万吨，占全国的 10.3%，其余四个区域的畜禽粪肥氮供给量分别为华北 60.1 万吨，占全国的 13.5%；华东 97.7 万吨，占全国的 21.9%；西南 82.2 万吨，占全国的 18.5%；西北 46.5 万吨，占全国的 10.4%。总体来看，我国畜禽粪肥氮养分供给主要分布在中南、华东和西南三个地区，远远高于其他地区，这与张藤丽等人得出

的 31 个省份中四川省、河南省和山东省的畜禽粪便产生量较多的结论相一致（图 13-1）。

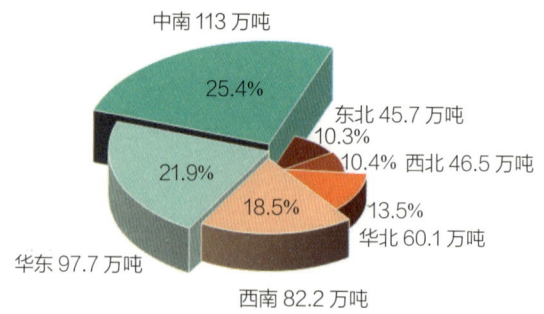

图 13-1　区域畜禽粪肥氮养分供给量

2. 全国典型区域畜禽粪肥磷养分供给量分析

与畜禽粪便氮养分供给测算方法一致，估算出 2017 年我国畜禽粪肥磷养分总的供给量为 118.9 万吨，结果与王秀芳等人核算出的全国畜禽粪肥磷养分产生量 141.22 万吨相近。全国 6 大区域畜禽粪肥磷养分供给量主要分布在中南、华东两地区，占到全国的 54.5%，分别为 32.6 万吨和 32.3 万吨；西北地区最低，为 10.1 万吨，仅占全国的 8.5%；其余三个区域的畜禽粪肥磷供给量依次为西南地区 > 华北地区 > 东北地区，分别为西南 18.3 万吨，占全国的 15.4%；华北 14.2 万吨，占全国的 11.9%；东北 11.5 万吨，占全国的 9.7%（图 13-2）。总体而言，我国典型区域畜禽粪肥磷的养分供给量分布与氮的分布大体一致，即在中南和华东地区显著高于其他地区，中南和华东地区的畜禽养殖业规模化程度较高，且形成了一定的养殖体系，华东地区以山东为代表，规模化的养殖场占据大部分；中南地区以河南和湖北为代表，规模化养殖也较为普及，且畜禽粪污的处理也形成了一定的体系，所以规模化养殖带来的畜禽粪肥磷养分供给也较高。

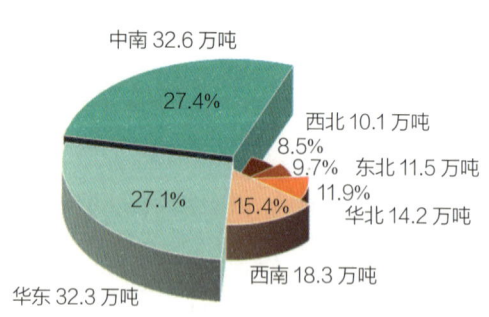

图 13-2　区域畜禽粪肥磷养分供给量

二、全国典型区域主要作物养分需求量分析

1. 全国典型区域主要作物氮养分需求量分析

通过统计年鉴获得的我国主要作物的产量，按照土地承载力测算方法，估算获得2017年我国主要作物氮养分总的需求量为2 350.1万吨。全国6大区域作物氮养分需求量以中南地区最高，为602.9万吨，占全国的25.6%；西北地区最低，为215.9万吨，占全国的9.2%；其余四个区域的畜禽粪肥氮供给量分别为华北291.8万吨，占全国的12.4%；东北386.6万吨，占全国的16.5%；华东575.9万吨，占全国的24.5%；西南277.1万吨，占全国的11.8%（图13-3）。作物氮养分需求量在中南和华东地区都较高，其次为东北地区。东北地区主要为黑土地，土质营养较为丰富，所以需要额外补充氮养分较少，但是由于粮食种植量巨大，也需要额外补充氮养分。中南和华东地区的作物种植量也很大，且伴随很多的经济作物，所以需要的氮供给量最高。西北地区地理环境适合种植的土地面积少，经济作物较多，所以氮需求量较低。

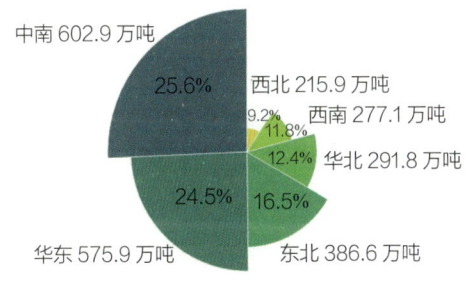

图13-3　区域主要作物氮养分需求量

2. 全国典型区域主要作物磷养分需求量分析

通过统计年鉴获得的我国主要作物的产量，按照土地承载力测算方法，估算获得2017年我国主要作物磷养分总的需求量为559.1万吨。全国6大区域作物磷养分需求量以华东地区最高，为159.1万吨，占全国的28.6%；西北地区最低，为51.8万吨，占全国的4.8%；其余四个区域的畜禽粪肥磷供给量分别为华北57.3万吨，占全国的9.5%；东北71.8万吨，占全国的19.0%；中南158.7万吨，占全国的23.8%；西南60.4万吨，占全国的14.3%（图13-4）。作物磷养分需求量在中南和华东地区都较高，其次为东北地区。东北地区主要为黑土地，土质营养较为丰

富，所以需要额外补充磷养分相对较少，但是由于粮食种植量巨大，也需要额外补充磷养分。中南和华东地区的作物种植量也很大，且伴随经济作物，所以需要的磷供给量最高。西北地区地理环境适合种植的土地面积少，经济作物较多，所以磷需求量较低。

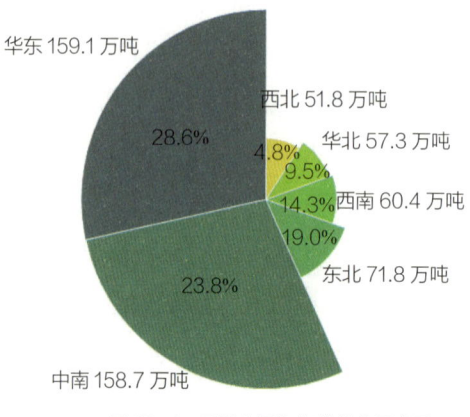

华东 159.1 万吨　28.6%
西北 51.8 万吨　4.8%
华北 57.3 万吨　9.5%
西南 60.4 万吨　14.3%
东北 71.8 万吨　19.0%
中南 158.7 万吨　23.8%

图 13-4　区域主要作物磷养分需求量

三、全国典型区域土地承载力测算分析

1. 全国典型区域土地承载力

基于上述计算获得不同区域农作物养分需求量，按照土地承载力测算方法，以粪肥氮 30% 替代为基础进行测算，估算获得我国总的土地承载力为 1 708.3 百万头猪当量。全国 6 大区域土地承载力测算分析汇总结果如下，中南地区可承载的畜禽养殖量最高，为 445.2 百万头猪当量，占全国的 26%；西南地区可承载的畜禽养殖量最低，为 182.0 百万头猪当量，占全国的 10.6%。其余四个区域分别为华北 231.9 百万头猪当量，占全国的 13.6%；东北 252.5 百万头猪当量，占全国的 14.8%；华东 414.5 百万头猪当量，占全国的 24.3%；西北 182.1 百万头猪当量，占全国的 10.7%（图 13-5）。由于中南和华东两个区域的作物氮养分需求量较大，所以其所能承载的畜禽养殖量也相对最高，且这两个区域的畜禽养殖规模化程度高，畜禽粪污的处理有一定的规模，所以其粪污的利用率也相对较高。

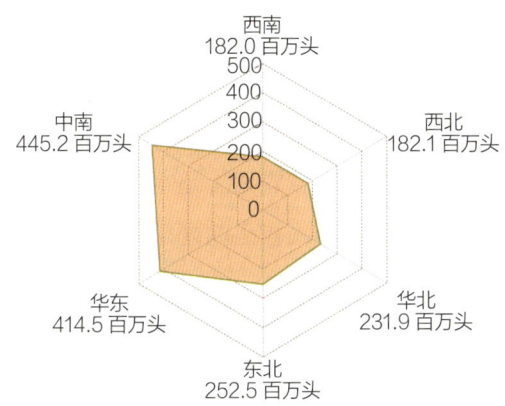

图 13-5 区域土地承载力（以氮 30% 代替为基础）

　　以粪肥氮 50% 替代化肥氮为基础进行测算，估算获得我国总的土地承载力为 2 847.2 百万头猪当量。全国 6 大区域土地承载力测算分析汇总结果如下，中南地区可承载的畜禽养殖量最高，为 742.0 百万头猪当量，占全国的 26%；西南地区可承载的畜禽养殖量最低，为 303.4 百万头猪当量，占全国的 10.6%。其余四个区域分别为华北 386.5 百万头猪当量，占全国的 13.6%；东北 420.9 百万头猪当量，占全国的 14.8%；华东 690.9 百万头猪当量，占全国的 24.3%；西北 303.6 百万头猪当量，占全国的 10.7%（图 13-6）。各区域以有机肥代替 50% 的化肥施用，所能有效利用的畜禽粪肥的量相较于代替 30% 的化肥施用有效利用的畜禽粪肥的量接近 1.5 倍。王奇等人以欧盟农业政策中规定的年施氮量 170 kg/hm² 为基准，核算出的 2007 年全国畜禽养殖允许总量为 25.03 亿头猪当量处于以氮 30% 和 50% 替代为基础的土地承载力之间。

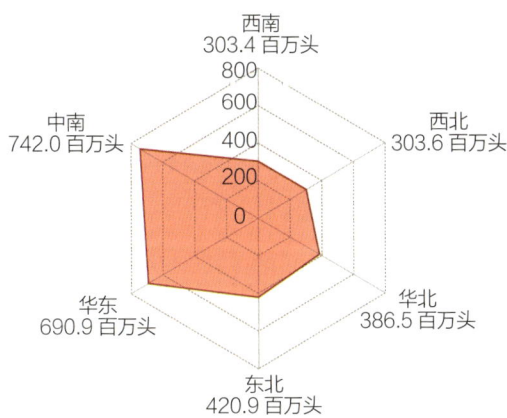

图 13-6 区域土地承载力（以氮 50% 代替为基础）

2. 全国典型区域土地承载力指数

按照区域土地承载力测算方法，估算我国全域畜禽粪便土地承载力指数为0.42，这与2007年土地承载力指数0.64相比有所下降。全国典型6大区域的畜禽养殖产生的畜禽粪肥量均未超过其区域农田土地承载力，其中西南地区的土地承载力指数最大约为0.73，这与张晓华等人得出的处于西南地区的四川省的畜禽养殖量已接近50%的环境容量结论一致；华北、西北、中南和华东地区土地承载力指数相近，平均为0.40；而东北地区土地承载力指数最低，仅约为0.29（图13-7）。我国西南地区养殖数量较大，而可消纳粪污的农田面积有限，导致土地承载力指数偏高，这也显示出可能带来的环境污染风险，因此需要从源头控制该区域养殖区养殖数量。同时鼓励大中型规模养殖场（户）向还有较大发展空间的东北地区转移，以推动实现畜禽粪污末端资源利用全量还田，实现种养结合模式就地消纳。

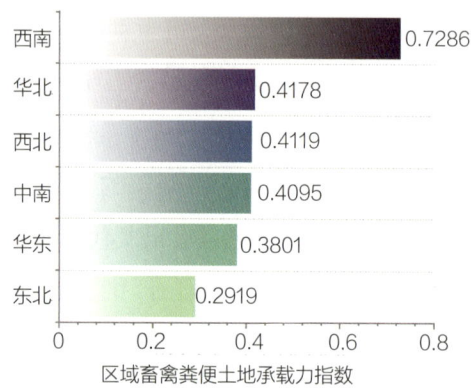

图13-7 区域土地承载力指数（以氮30%代替为基础）

如果以氮50%代替为基础估算，我国全域畜禽粪便土地承载力指数为0.25。全国典型6大区域的畜禽养殖产生的畜禽粪肥量均未超过其区域土地承载力，这与王秀芳等人在粪肥施用比例50%，施肥养分供给占比55%的情况下，全国平均氮、磷养分供需比均低于0.5一致。意味着各区域畜禽规模养殖还有进一步发展的空间。其中西南地区的土地承载力指数最大，约为0.44；华北、西北和中南地区土地承载力指数相近，均在0.25左右；东北地区土地承载力指数最低，仅约为0.18（图13-8）。总的来看，东北地区畜禽养殖规模比起西南地区更具有增长空间，这也与东北地区主要农作物面积和产量高成正比例关系。据统计，2019年河北省畜禽养殖总量和土地承载力分别为4 590万头猪当量和10 003万头猪当量，与2009年相比畜禽养殖总量下降了 19%。

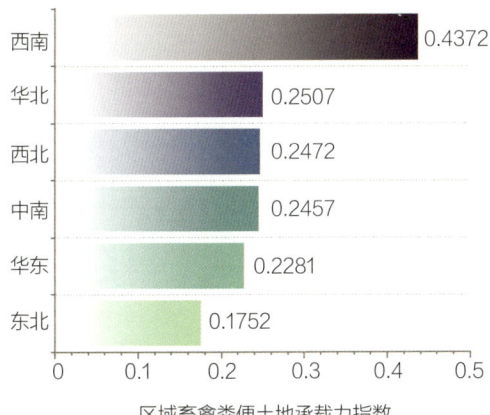

西南 0.4372
华北 0.2507
西北 0.2472
中南 0.2457
华东 0.2281
东北 0.1752

区域畜禽粪便土地承载力指数

图 13-8　区域土地承载力指数（以氮 50% 代替为基础）

第三节
就地、就近高效还田模式

一、工艺流程与特点

1. 工艺流程

畜禽粪污就地、就近高效还田主要基于全量还田模式，即养殖场产生的畜禽粪污不进行固液分离，一起收集养殖粪污，进行无害化处理后全部就近就地还田利用。即舍内产生的固（液）体粪污不经过分离，全部收集进入舍外粪污贮存设施，一般通过密闭式贮存发酵，发酵过程中产生的部分沼气可以收集用于炊事用气，无害化处理后的液体粪肥通过合适方式在作物、果蔬等的施肥季节全部还田利用（图13-9）。

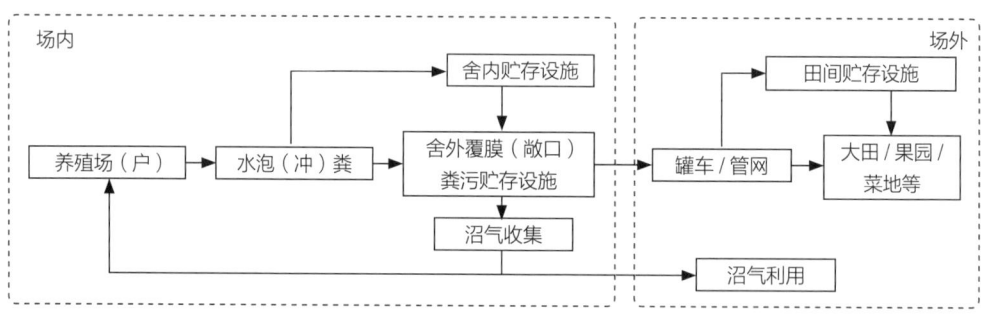

图13-9　就地、就近高效还田模式工艺流程图

2. 工艺特点

适用范围：该模式适用于猪场水泡（冲）粪工艺或奶牛场的自动刮粪回冲工艺，粪污的总固体含量小于15%；需要配套能消纳粪污养分含量的农田。

主要优点：固体和液体粪污不需要分离，收集、处理、贮存设施建设和运行成本低、节省人力；固（液）体粪污全量收集，养分利用率较高。

主要缺点：固液不分离，舍内空气质量可能较差；粪污贮存周期较长，需要配套建设粪污贮存设施；一般需配套专业化的搅拌设备、施肥机械、农田施用管网等；粪污长距离运输成本高，限制施用范围。

二、典型案例分析—— 畜禽粪污就近就地高效还田案例

1. 地区特点

（1）地理信息

该案例依托"牧原集团蒙城分公司"牧原十场场区，该场位于安徽省亳州市蒙城县坛城镇。该镇位于淮北平原腹地，地势平坦。年平均气温14 ℃，降水量850 mm，无霜期约210天，属于暖温带半湿润季风气候区，气候温和，雨热同期，降水主要集中在6—7月。

（2）土壤特性

土壤质地为中壤 – 重壤土，pH 范围为 5.5 ～ 7.5。耕地质量等级为三等地至二等地。耕层 15 ～ 20 cm，耕地土壤养分含量如表 13-8 所示。

表 13-8　土壤基础肥力状况

参数	有机质 / %	全氮 / （mg/kg）	有效磷 / （mg/kg）	速效钾 / （mg/kg）	有效铜 / （mg/kg）	有效铁 / （mg/kg）	有效锰 / （mg/kg）	有效锌 / （mg/kg）	有效硫 / （mg/kg）
含量	2.26	930	13.42	164	1.44	39.99	28.52	0.59	39.90

2. 作物特点

（1）作物类型

主要大田作物是小麦和籽粒玉米，种植面积大。

（2）种植特点

该地区小麦 – 玉米一年两熟，无固定灌溉季节（具体需求根据天气情况，雨水充足，墒情良好则不进行灌溉），干旱时利用地头露天水井进行喷灌。养殖场周边多为散户种植，土地流转程度低。

3. 粪污处理技术

养殖场生猪存栏 9.7 万头，其中育肥猪 5.8 万头、保育猪 3.9 万头。蒙城第十分场年出栏生猪 20 万头。养殖场畜禽粪污收集处理流程如图 13-10。

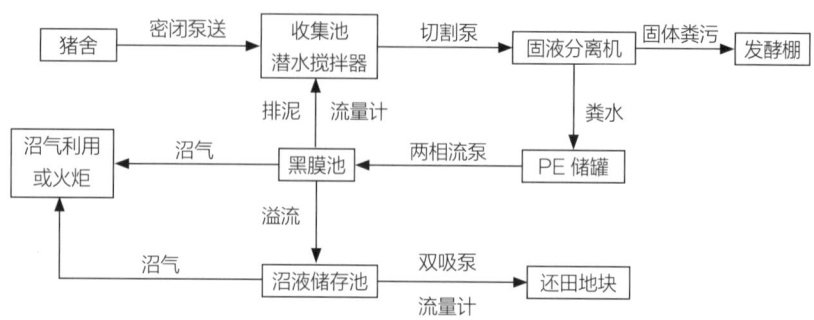

图 13-10　养殖场畜禽粪污收集处理流程

养殖场中猪舍采用全漏缝地板结构，粪污通过密闭泵输送到收集池里。粪污在单元底部的暂存时间为饲养一个批次，一般保育猪是 2 个月，育肥猪是 4 个月。

粪污收集后进行固液分离，固体粪污进入发酵棚堆积发酵，液体粪污输送到黑膜沼气池（体积 15 800 m³，共 2 个，无加温设备），厌氧发酵 45 天。该池密闭可产生沼气，用于场内饲料消毒锅炉使用，剩余沼气燃烧。

每月黑膜沼气池底部排泥管将固体部分排出，送至固液分离区，固体粪污进入发酵棚。沼液进入覆膜的 24 万立方米沼液储存池。沼液贮存时间一般不低于 180 天，根据作物生长规律进行还田。在还田时，通过双吸泵和压力罐将沼液注入施肥管网，输送到农田。

4. 液体粪污还田技术

养殖场年产液体粪污（经过处理要还田的）约 20.4 万立方米，场界与待还田地块的直线距离为 36 ～ 2 578 m，一般沼液输送最远半径（是利用还田压力罐，增压输送沼液，能让泵送沼液到最远距离）为 3 km，施肥管网每隔 60 ～ 80 m 设置一个出水口，每个出水口接软管可以再辐射 200 m（软管的最远端与出水口之间的最远距离为 100 m）（图 13-11）。

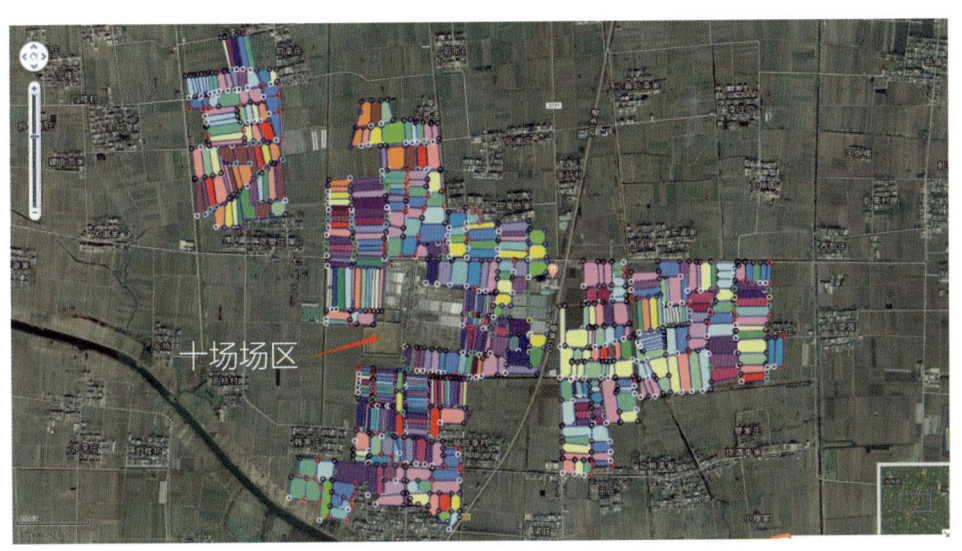

图 13-11 牧原十场场区所在地示意图

5. 配套土地面积测算

养殖场委托河南宏信检测技术有限公司，对本公司的畜禽养殖液体粪污、施肥管网覆盖区的土壤养分进行检测。根据检测结果和当地玉米、小麦每百千克产量的需氮、磷、钾量，按照《畜禽粪污土地承载力测算技术指南》，以沼液中的总氮、总磷浓度测算畜禽液体粪污还田量和化肥减施量，理论需求还田面积 6 502 亩（表 13-9 至表 13-11）。

表 13-9 液体粪肥成分

含水量 /%	pH	氨氮 /(mg/L)	总氮 /(mg/L)	总磷 /(mg/L)	砷 /(μg/L)	镉 /(μg/L)	铬 /(μg/L)	铜 /(μg/L)	汞 /(μg/L)	铅 /(μg/L)	锌 /(μg/L)
> 99	7.4	813.87	1 214.54	86.38	< 5	< 0.1	8	869	< 0.1	3	1 940

表 13-10 小麦和玉米的养分需求

作物 / 项目	需氮量 /（kg/100kg 产量）	需磷量 /（kg/100kg 产量）	平均产量 /（kg/亩）	需氮量 /（kg/亩）	需磷量 /（kg/亩）	年总需氮量 /（kg/亩）	年总需磷量 /（kg/亩）
小麦	3	1	550	16.5	5.5	30.3	7.3
玉米	2.3	0.3	600	13.8	1.8		

注："每 100 千克需氮量""每 100 千克需磷量"数据来源于《畜禽粪污土地承载力测算技术指南》。

表 13-11 养殖场的肥力供给水平

年出栏规模 /万头	年产沼液量 /m³	氮肥供给量 /kg	磷肥供给量 /kg	施肥供给养分占比 /%	粪肥占施肥比例 /%	粪肥中氮素利用率 /%	粪肥中磷素利用率 /%	可满足土地面积（以 N 计）/亩	可满足土地面积（以 P 计）/亩
20	204 400	248 252	17 656	45	70	25	30	6 502	2 303

注：1."粪肥占施肥比例""粪肥中氮素利用率""粪肥中磷素利用率"数据来源于《畜禽粪污土地承载力测算技术指南》。

2."可满足土地面积（以 N 计）"与"可满足土地面积（以 P 计）"的值不同，实际配套土地面积一般大于这两个计算结果，考虑的是该区域粪肥利用的前期部分农户接受程度低，需要将粪肥的肥力优势及效果通过连续的试验田、示范田进行推广，使周边社区农户接受并认可，达成减投增收的效果。同时考虑天气因素（如降雨）对施肥时期的影响，以及调整种植结构亩均养分需求量降低等影响导致亩均施用量减小。

土地面积测算，以玉米为例：

①玉米的目标产量为 600 kg，以氮肥计算，需要氮肥量为：

600 kg × 2.3 kg 需氮量 /100 kg =13.8 kg

②土壤原本供氮水平为：

土壤碱解氮 100 mg/kg，能被植物吸收利用的土壤氮量为 100 mg/kg × 0.6 × 150 t × 10⁻⁶=9 kg

0.6 为养分校正系数，是在空地不施肥料所得产量计算校正系数，能吸收并被植物转化为产量的。

150 t 为每亩耕层（0 ～ 20 cm）土壤的质量。

③依靠化肥和粪肥提供的氮养分量为：13.8−9=4.8 kg

6. 还田施肥管网

养殖场肥水通过场区内的双吸泵和压力罐打入施肥管网输送到田边地头，运输路径长度范围为 36 ～ 2 578 m。施肥管网沿田边铺设，不影响耕作，养殖场液体粪污还田时，需要用带有孔隙的活动式可移动的临时水管连接施肥管网出水口，将一面带有孔隙的管带铺在田间，进行喷施。喷施时，用双吸泵将养殖场内肥水及时泵到管网中，田间施肥管网的每个出水口都有闸门控制。

施肥管网铺设在场区周边的农田地头，铺设深度约 1 m，埋在地下由黑膜沼液池上的还田泵输送（图 13-12）。管道是 PVC 材质，直径有 200 mm、160 mm、110 mm 三种。其中，可移动临时水管的特征如下：蓝水带，外径 80 mm，长度一般为 20 m，材质为化纤涤纶经过圆筒编织而成，厚度为 1.5 mm 以上。透明喷带，长度为 100 m/ 盘，孔径为 1.5 mm，塑料材质，直径 90 mm，孔距 30 cm。

注：图中彩色圆点代表施肥管网出水口的位置，红色线条代表施肥管网铺设的位置

图 13-12　施肥管网图示

7. 施肥措施

每年施用肥水 4 次，每亩沼液施用量在 30 m³ 左右。由于施肥管网的实际覆盖土地面积大于需求面积，所以在沼液还田施用时，不会对同一地块同时施用底肥和追肥。例如，若同一块地进行了两次底肥还田，就不会再进行追肥。

2019 年建档立卡数据显示每亩小麦配施化肥约 37.5 kg，每亩玉米配施化肥约 40 kg。每亩地喷施肥水需要 1 人，用时约 40 分钟（根据肥水还田标准、喷灌覆盖面积及流量来计算，例如还田标准是 10 m³/ 亩，管带覆盖面积 330 m²，流速 15 m³ /h，则每亩施用 40 分钟 ）。

（1）第一次施粪肥

施肥时间：每年小麦收获期为 5 月底至 6 月初。小麦收获完成后、玉米播种前，进行第一次肥水施用，时间一般在 6 月上旬。

8. 还田监测

为保证沼液利用的长远效果，牧原公司进行持续监测。在作物种植前收获后，对待还田的沼液、场区周围土壤和地下水等取样送检（表13-12）。

表13-12　样品类型、检测指标及频次

样品类别	检测指标			送检时间
	业务需求2次/年	特征因子1次/年（9月）	环境因子1次/年（9月）	
沼液	pH、电导率、总氮、氨氮、总磷、总钾、COD	铜、锌	砷、汞	5月、9月
地下水	pH、高锰酸盐指数、氨氮、硝酸盐、亚硝酸盐、总硬度	铜、锌	—	5月、9月
土壤	pH、电导率、有机质、全氮、碱解氮、速效钾、有效磷	铜、锌	砷、铅、镉、汞、铬、镍	6月、10月
农产品品质依据作物种类而定	（不同作物参考农产品检测标准）	铜、锌	砷、铅、镉、汞、铬、镍	6月、10月

9. 技术效果

（1）经济效益

常规施用化肥的田地：每亩化肥成本为296.6元，作物收入为2 259.9元。

施用粪肥和化肥的田块：每亩肥料成本为582.35元，作物收入为2 496.1元。由于粪肥施用管网铺设、施肥等相关费用由牧原公司出资，实际上种植户每亩化肥投入为246.6元。

在其他成本不变的情况下，相比于常规施用化肥，施用畜禽粪肥时，种植户可以增收286.2元/亩。综合考虑施用粪肥的其他成本投入，每亩施肥成本增加了285.75元（表13-13）。

表13-13　小麦－玉米一年两熟种植模式施用畜禽肥水经济效益分析

单位：元/亩

类别	施用畜禽粪肥田块的成本和收入	未施用畜禽粪肥田的成本和收入
化肥费用	146.6（其中玉米田化肥投入74.6元、小麦田化肥投入72元）	196.6（其中玉米田化肥投入100.6元、小麦田化肥投入96元）
管网铺设费用	209	0
田间储存池	—	—
机械施肥费用	100	100
粪肥施用人工费	90（每亩每次底肥和追肥的人工浇灌费用分别为30元和15元）	0
电费	15.75（按照每度电0.5元计算）	0
折旧费用	21（按10年折旧）	0
作物收入	2 496.1（其中玉米收入1 273.4元、小麦收入1 222.7元）	2 259.9（其中玉米收入1 127.4元、小麦收入1 132.5元）

注：1. 蓝水带每年需要160盘，每盘长20 m，单价110元，可使用两年；喷带每年使用120盘，每盘100 m，单价230元，可使用1年。2. 与农民签订施肥协议，没有租赁土地费用。3. 施肥管网的管道建设、使用和维护的主体是牧原公司，不向农民收费。

（2）生态效益

减化肥：施用畜禽肥水的田块每亩每年配施化肥77.1 kg，每亩每年共计可替代26.3 kg化肥。与玉米、小麦常规施化肥相比，每亩可减少化肥施用总量的25.4%。

节水量：能在一定程度上节约用水。如果适宜播种期内土地干旱，可每亩节约水量30 m³；如果适宜播种期内土壤墒情适宜，则起不到节约用水的效果。

（3）社会效益

惠民众：牧原蒙城十场区域已铺设并运行的施肥管网2.7万米，最大覆盖9 000多亩农田，惠及约1 000户农民。周围民众希望进行粪肥还田，一是肥水不用钱，可以节约化肥使用量，减少生产成本；二是施用肥水可以促进作物增产、增收。

增加产量：施用畜禽粪肥的地块，小麦亩均产量542.2 kg，玉米亩均产量617.5 kg；相比周边未施用畜禽肥水的田块，小麦增产40 kg，玉米增产70.8 kg。

区域内某奶牛场存栏奶牛 2 700 余头，其中泌乳牛 1 200 余头。舍内采用自走式刮粪机清粪，将牛舍中粪尿全部推入粪道中。粪污泵至场内干湿分离间进入集粪池，经均质搅拌后，进行干湿分离。固体部分主要由第三方生产有机肥。液体部分通过场内管道，泵送至密闭贮存囊中，经过至少 6 个月的厌氧发酵，根据作物施肥规律，在春秋两季分别进行底肥施用。该场建有密闭贮存囊 3.5 万立方米，年产液体粪肥约 6.5 万立方米，配套液体粪肥还田面积约 6 500 亩。

（2）效益分析

增加产量：常规施化肥的田块，玉米产量约 676 kg/ 亩。粪肥部分替代化肥的田块，玉米产量约 717 kg/ 亩。每亩玉米产量增加约 6%，效益增加约 90 元。

提高效益：常规施化肥的田块，底肥投入约 87 元 / 亩。相比于常规施用化肥，粪肥部分替代化肥的田块，每亩减少化肥投入 43 元 / 亩。加上粮食增效部分，亩均增加经济效益 133 元。

减施化肥：相比于常规施用化肥，在保证不减产且增产的前提下，每亩可减少约 16 kg 的化肥底肥用量，实现用畜禽粪肥替代 50% 的化肥作为底肥。

2. 广西玉林市福绵区"截污建池、收运还田"第三方服务案例

（1）基本情况

南流江位于广西壮族自治区东南部，发源于玉林市大容山南侧，流经玉林市北流市、玉州区、福绵区、博白县和钦州市浦北县、北海市合浦县等 6 个县，于合浦县注入北部湾的廉州湾。南流江长 287 km，流域面积 8 635 km²，是广西南部独自流入大海的河流中流程最长、流域面积最广、水量最丰富的河流，被玉林人民称为"母亲河"。

近年来，南流江水体污染问题严重，水质持续恶化，"母亲河"不再是当地群众记忆中的样貌。2018 年上半年，国控横塘断面水质始终为劣 V 类，成为广西唯一丧失使用功能的劣 V 类水体，呈现"一江污水向南流"的状态。

福绵区位于玉林市境内，东北连玉州区，西北接兴业县，南邻博白县，东南与陆川县接壤。辖区 787 km²，共有 6 个镇，而南流江干流就流经 5 个镇，6 条主要支流流经全区。南流江福绵段的水质恶化同样严重。2017 年，南流江跨县区断面

六司桥（南流江出福绵区、进博白县交界处）水质年均值为Ⅳ类，未达到当年设定的Ⅲ类水质目标，水质与2016年相比进一步恶化。中央环保督察组入驻玉林市后，福绵区受理75件举报案件，其中50%都与畜禽养殖污染有关。广西壮族自治区生态环境厅监测也显示，南流江横塘断面水质为劣Ⅴ类，主要超标因子为氨氮、总磷和五日生化需氧量。生态环境厅根据监测分析结果，向福绵区反馈了"南流江横塘断面水质超标主要原因是畜禽养殖污染、城镇生活污水截流不彻底及农村生活污水直排"的意见。

针对水体污染问题，福绵区认真查原因找根源，全面打响了水污染防治攻坚战。考虑到当地服装制造业发达，印染等工艺对水体有较大污染，立即将涉水制造业全部搬迁到工业园区，规范管理，并对污水进行深度处理，但水质改善效果并不明显。随后，针对畜禽养殖场（户）环保意识不强、环保监管压力不大，畜禽粪污直排现象严重，对水体和农村人居环境产生了较大影响的问题，福绵区及时调整工作重心，将污染治理重点转向了畜禽养殖。福绵区家家户户都有养猪的传统，生猪养殖量大，养殖密度也大，2018年5月全区生猪存栏量达24.22万头，规模养殖场171家，占总户数的5.73%，生猪存栏占比55.05%；规模以下养殖场（户）2 813家，占总户数的94.27%，生猪存栏占比44.95%，总体呈现"点多面广、生产落后"的特点。

（2）技术模式

面对生态文明建设的新形势新要求，福绵区认真贯彻"绿水青山就是金山银山"理念，在治理养殖污染过程中不搞简单的一拆了之、一禁了之，而是更多考虑生产生态协调发展，从资源化利用出发，从结果导向出发，找对策想法子，最终确定了"种养结合，分类指导"的路径，即采取种养结合、农牧联动的畜禽粪污资源化利用模式，分类指导规模养殖场和小散养殖户。规模养殖场方面，探索推行多种粪污资源化利用模式，更多落实养殖场主体责任，严格执法监管与加强指导服务同步推进。散养方面，要求养殖户将粪污经沼气池或化粪池处理腐熟后，就地储存，政府组建畜禽粪污收集服务专业合作社，收集畜禽粪污并转运提供给种植业主，实现就近还田（图13-17）。

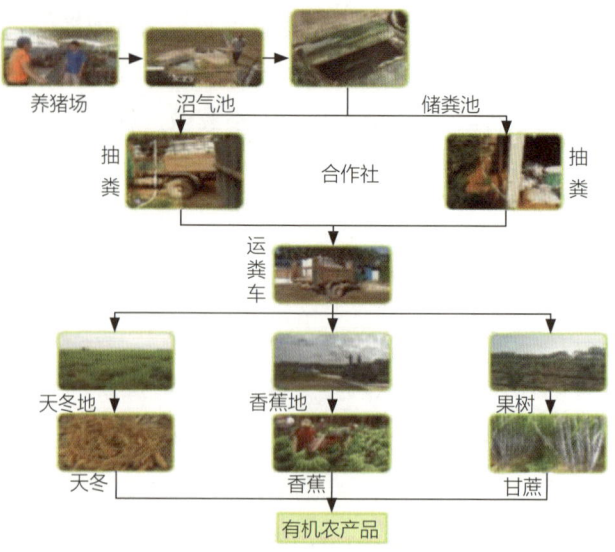

图 13-17 福绵区"截污建池、收运还田"模式

①截污建池。对养殖户，要求落实主体责任，按要求建设足够容量的储液池，养殖过程中产生的液体粪污全部进入池中贮存发酵。要求按不低于 0.2 m³/ 头猪建沼气池、不低于 0.5 m³/ 头猪建储粪池。材质上分砖 + 水泥和软体防渗膜两种，砖 + 水泥的要有防雨和雨污分流设计；软体防渗膜的要科学选址、防火、防刺，粪污防渗、防漏和全收集。封堵排污口，杜绝违法直排风险。当地属南亚热带季风气候区，气温较高，热量充足，在这种气候条件下，粪污发酵周期短，一般 15 ～ 20 天就可以发酵腐熟，而且能够全年发酵。在空间方面，福绵区地处桂东南丘陵盆地，地势较为平坦，全区总面积只有 787 km²，养殖户和种植户空间布局相对紧密，畜禽粪污转运成本低。而且福绵区土地流转率排全区前列，种植面积广，对畜禽粪肥的需求量大。

②收运还田。全区建有 11 个沼液粪肥收运喷施合作社及引进 2 个第三方专业公司，政府通过购买粪污运输车无偿交予合作社和第三方使用，并给予适当补偿，市场化产生的转运费用，倒逼养殖场户减少冲洗水和粪污量。收运的粪污根据周边需求进行合理规划利用。喷施有机肥以经济作物为主，并根据经济作物品种多、施肥节点多的特点，合理制订还田计划。以农作物为辅，全面提高基本良田质量，促进农作物生态循环发展。以林业为补充，做好多余粪污兜底消纳，调节施肥周期。

（3）运行机制

养殖场户的粪污收起来了，种植户也有了施用畜禽粪肥的意愿，如何有效对接双方需求，让粪肥高效经济地"流转"起来，成为一道待解难题。依靠种养双方直接联系，发挥人熟地头熟的优势，是个好方法。但也存在对接面窄的问题，可能会造成养殖场的粪肥找不到下家，或者种植户不能及时足量获得粪肥。福绵区创新思路，选择"让专业的人干专业的事"，培育专业合作社，构建市场化粪肥"收运还田"机制。在辖区 6 个镇组建了 11 家收运还田专业合作社，按照"有偿清运、付费还田、成本自负、长期运营"的原则，专门开展上门收粪、转运到田、施肥到地的一条龙服务。政府对专业合作社给予积极引导和适当支持，安排本级财政资金采购 25 辆液体粪肥收运施用专用车，作为国有资产交由专业合作社免费使用。如发现合作社因自身原因工作不力，政府随时收回车辆，这也成为监督合作社的一个手段。除了物力支持，福绵区还注重构建长效机制，通过加强监管和引导利用，大力推进"受益者付费"模式。

（4）效益分析

①社会效益。"截污建池、收运还田"运行以来，畜禽养殖污染问题迎刃而解，畜禽粪污资源化利用迅速铺开，产业发展、生态环境改善，畜禽粪污的资源属性得到利用，也催生和保障了第三方服务组织的发展，形成了畜禽粪污还田利用的持续运营机制。

②经济效益。对养殖场（户）而言，按要求修建贮存池，自行利用粪肥，有剩余时支付每吨 15 元左右的粪污转运服务费用即可。同时，付费模式也倒逼养殖场户减少不必要的冲洗用水，生产方式向清洁养殖方式转变，畜牧产业走上了绿色健康发展的快车道。专业合作社向种养双方收费，每立方米粪肥收费 45 ～ 60 元，刨去人工、运输等运营成本后，净利润能达到 10 ～ 15 元，完全实现了持续良好发展。

③社会效益。该模式推广后，周边水质逐步改善，南流江（福绵段）水质明显好转。据监测，福绵区南流江干流六司桥断面水质 2018 年 4 月、5 月均为Ⅴ类水，而 6—12 月连续 7 个月水质提升为Ⅳ类水及以上，其中 10 月、12 月水质达到Ⅲ类，氨氮和总磷浓度较之前显著降低。总体而言，2018 年 4—12 月福绵区南流江水质逐步好转并趋于稳定，基本扭转了水质恶化的局面。

第五节
集中处理案例及经济分析

畜禽粪污集中处理包括依托大型养殖企业或第三方废弃物处理企业对周边的畜禽养殖场固体或者液体粪污进行统一收集，集中进行处理，实现专业化运营，包括能源化集中处理和肥料化集中处理等。

一、工艺流程与特点

1. 工艺流程图（图13-18）

以专业生产可再生能源为主要目的，依托专门的畜禽粪污处理企业，收集县域内一定范围的畜禽养殖场粪便和污水，投资建设大型沼气工程，进行高浓度厌氧发酵，沼气发电上网或提纯生产生物天然气，沼渣生产有机肥农田利用，沼液农田利用或深度处理达标排放。

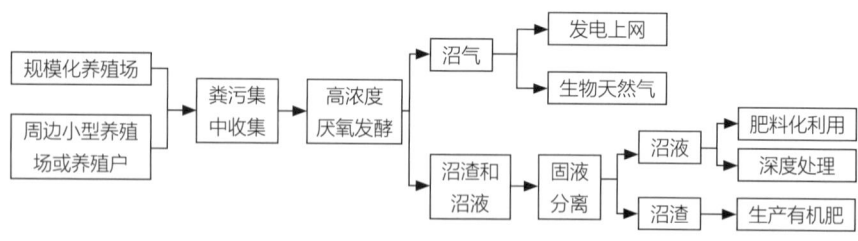

图13-18　集中处理中心工艺流程图

2. 模式特点

（1）主要优点

对养殖场的粪便和污水集中统一处理，减少小规模养殖场粪污处理设施的投资；专业化运行，能源化利用效率高；沼气工程产生的沼液、沼渣经过固液分离、好氧腐熟、调配等多种工艺，可为周边蔬菜、果树提供"不同作物、不同生长周期"所必需的有机肥料资源，实现农业农村废弃物治理"零排放"，生产商品有机肥进行销售，提高产品附加值。

（2）主要不足

一次性投资高，沼液产生量大、集中，处理成本较高，需配套后续处理利用工艺。

（3）适用范围

适用于大型规模养殖场或养殖密集区，具备沼气发电上网或生物天然气进入管网条件，需要地方政府配套政策予以保障。

二、典型案例——诸城舜沃农业科技有限公司

1. 基本情况

山东诸城舜沃农业科技有限公司集中处理中心主要依托周边 30 km 范围内肉鸡规模化养殖场 30 家，肉鸭规模化养殖场 200 家。自属养殖场中猪舍采用全漏缝地板结构，尿泡粪存放池里的粪污通过管道泵输送到预混池里，每 15 天输送 1 次。

外来粪污来源于该公司周边 30 km 的鸡场和鸭场等，鸡粪采用密闭式固粪车、鸭粪采用密闭式自吸罐车，年收集鸡粪、鸭粪等 20 万吨。外收的粪污先进入预混池进行调配，调配后的粪污进入 20 000 m³ 的厌氧罐发酵（有加热盘管）。中温发酵 40 天以上，沼气进入 4 000 m³ 的气柜暂存，经脱硫系统、预处理系统后用于发电，并入国家电网。

沼气工程处理后的粪污先进行固液分离，固体部分经传输装置传送到有机肥发酵车间进行二次发酵，作为生产商品有机肥原料。液体部分（沼液）泵入场外 50 000 m³ 的密闭沼液暂存池 60～180 天，同时进行二次发酵，产生的余气返回场区气柜。在还田时，通过大功率自吸泵将沼液注入施肥管网，输送到农田（图 13-19）。

图 13-19　诸城舜沃农业科技有限公司粪污集中处理运行模式

该集中处理中心沼气发电上网，同时集中处理中心产生的沼渣和沼液进行肥料化就地还田利用，公司配备还田设施包括：

①池容 50 000 m^3 的密闭式沼液存放池 1 座；

②池容 5 000 m^3 的沼液曝气暂存池 1 座；

③55 kW 高程自吸泵 2 台（流量：150 m^3/h，扬程：60 m）并配备中央控制系统；

④直径 200 mm 的 PE 管道铺设长度为 7.5 km，其中包括主管道 4.1 km；管道东线 1.65 km；管道中线 1.15 km；管道西线 0.6 km；包括管道阀门 34 个，枢纽控制站 1 个；

⑤田间 1 500 m^3 的沼液 + 水掺混池 1 座，配备 50 kW 变压器 1 台，35 kW 潜污泵 1 个及相应设施。

2. 沼液集中利用施肥措施

每年施用沼液 2 次，每亩沼液施用量在 30 ～ 40 m^3。作物生长期配合飞防添加磷酸二氢钾追肥。

①第一次施用沼液

A. 施肥时间：每年小麦收获期为 6 月中旬。小麦收获完成后、玉米播种前，进行第一次沼液还田，时间一般在 6 月中旬到 6 月底。

B. 预处理：首先把沼液从密闭式沼液暂存池抽到 5 000 m³ 好氧曝气池加除臭菌种曝气，因作基肥施用沼液不需要稀释，曝气后直接从曝气池通过水泵输送到田间施用。

C. 施用量：作为基肥施入田间，每亩玉米地施用液体粪肥 15 ～ 20 m³，基肥不再施用化肥。

D. 追施化肥：穗期和花粒期，在无人机飞防时，分别追施磷酸二氢钾 2 kg/ 亩和 3 kg/ 亩。

②第二次施用沼液

A. 施肥时间：每年玉米收获期为 10 月上旬。玉米收获完成后、小麦播种前，进行第二次粪肥施用，时间一般在 10 月上旬至 10 月末。

B. 预处理：同第一次施用沼液的处理方式一致，沼液作为小麦底肥施用时，无须稀释。

C. 施用量：作为小麦基肥施入田间，每亩小麦地施用沼液肥 10 ～ 15 m³。

D. 施用方法：同第一次施用。

③第三次施用沼液

A. 施肥时间：每年小麦追肥时间为年前 12 月中下旬至来年 2 月下旬，进行小麦越冬水、返青水的施用。

B. 预处理：首先把沼液从密闭式沼液暂存池抽到 5 000 m³ 好氧曝气池加除臭菌种曝气，曝气后从曝气池通过水泵输送到田间 1 500 m³ 沼液掺混站，按 1：1 的比例加入清水进行稀释后形成混合液进行还田，防止烧苗。

C. 肥水用量：进行小麦追肥还田时，施用量为每亩施用稀释后的沼液 10 ～ 20 m³。

D. 施用方法：小麦拔节前进行的追肥均采用可移动水管喷施肥水。

E. 配施化肥：拔节期和灌浆期，在无人机飞防时，分别追施磷酸二氢钾 2 kg/ 亩和 3 kg/ 亩。

3. 效益分析

①经济效益

常规施用化肥的田地：每亩化肥成本为 360 元左右，作物收入为 2 080 元。

施用沼液和化肥的田块：每亩施用沼液、化肥等总成本为 136.71 元。其中，人工费用，按 16 元 / 时算，9 人 ×12 小时 ×16 元 /50 亩，每亩人工费用为 34.56

元;电费,运行功率按 55 kW 计算,55 kW× 电价 0.6 元 /4.16 亩(每小时浇灌 4.16 亩),用电费为 0.65 元;设施折旧费用,按总投入 110 万元、8 年折旧、每年灌溉土地 1 500 亩算,110 万元除以 8 年折旧除以 1 500 亩,折旧费用为 91.5 元;管理费用每亩地按 10 元计算(常规施用化肥的田块按普通农户,不计管理成本)(表 13-14)。

玉米种植产生的秸秆,由沼气工程全部回收利用,按每亩产生黄储秸秆 1.2 t 计算,每吨秸秆收购价按 150 元计算,减去运输成本 50 元,每亩地可增收 130 元。

表 13-14 小麦 – 玉米一年两熟种植模式施用沼液经济效益分析

单位:元 / 亩

项目	施用畜禽粪肥田块的成本和收入	未施用畜禽粪肥田的成本和收入
化肥费用	20(其中玉米田化肥投入 10 元、小麦田化肥投入 10 元)	360(其中玉米田化肥投入 130 元、小麦田化肥投入 130 元)
机械施肥费用	8	8
沼液 / 浇水施用人工费	103.68(每亩每次底肥和追肥的人工浇灌费用分别为 34.56 元和 69.12 元)	69.12
电费	0.65(按照每度电 0.6 元,5kW·h 输送大概 90 m³ 计算)	0
折旧费用	91.5(管网铺设 87 万元、 田间储存池 23 万元,按 8 年折旧)	0
作物收入	2 080(其中玉米收入 1 200 元、小麦收入 880 元)	2 080(其中玉米收入 1 200 元、小麦收入 880 元)

②生态效益

A. 减化肥:施用畜禽粪肥的田块每年每亩配施化肥 2 kg,可替代 100 kg 化肥。与玉米、小麦常规施化肥相比,每亩可减少 98% 的化肥施用。

B. 节约用水:每年液体粪肥还田 3 次,可节约用水量 30 m³ 左右。

C. 环境污染治理:通过对种植地农作物秸秆利用和畜禽粪污处理,实现对农作物秸秆的全回收再利用,减少了秸秆焚烧带来的环境污染。通过对中小散户粪污的收集利用,减少了粪污乱排乱放。

③社会效益

该公司直接吸纳当地 50 名农民就业,每个农民年收入超过 3 万元,实现了部分农民的转移。并通过给农民、基地提供沼肥,让果蔬种植实现增收。

第十四章
畜禽废弃物利用与减排固碳

第一节
畜禽废弃物温室气体排放原理

一、畜禽废弃物温室气体产生概述

当前，畜禽废弃物处理利用过程中温室气体主要在其堆肥处理过程中产生，主要包括二氧化碳、甲烷和一氧化二氮。在畜禽废弃物堆肥过程中产生二氧化碳的过程为循环过程，排放的二氧化碳源于生物生长过程中汲取的自然环境中的二氧化碳，因此，畜禽粪污处理利用过程中产生的二氧化碳通常不计为全球变暖的贡献因子。然而，甲烷和一氧化二氮都是对温室效应贡献较大的温室气体，根据政府间气候变化专门委员会第五次评估报告指出，其 100 年温室效应分别是 CO_2 的 28 倍和 265 倍。由于畜禽粪污孔隙度较低，氧气扩散距离有限，物料含水率较高，易造成堆肥过程中堆体存在大量局部厌氧或兼性厌氧区域，促进了产甲烷菌和反硝化菌的生长繁殖。以畜禽废弃物最常见的处理工艺堆肥为例，在整个畜禽粪便堆肥周期中，有 0.1% ~ 12.6% 的初始有机碳以甲烷的形式挥发，0.02% ~ 9.9% 的初始氮以一氧化二氮的形式挥发，不仅造成空气污染，也造成了养分资源流失。

二、堆肥过程甲烷产生机制

畜禽废弃物甲烷产生与厌氧发酵相同，存在水解、酸化、产乙酸和产甲烷共 4 个阶段。

①水解阶段是固体有机废弃物向甲烷转化的第一步，同样也是好氧微生物分解有机物的第一步。在这一阶段，废弃物中的脂肪、淀粉、多糖、纤维素以及蛋白质

等有机物在水解微生物的作用下分解转化为可溶态小分子有机质，可生化性提高，水解微生物主要包括厚壁菌门、变形菌门、拟杆菌门及放线菌门等，可以通过释放胞外酶，将复杂的有机物转化为简单态的单糖、氨基酸等，这些小分子有机物能够穿越细胞膜被微生物利用，成为畜禽废弃物处理体系中好氧和厌氧微生物代谢以及产甲烷的碳源。与其他有机组相比，纤维素类物质分子结构致密且呈现出高聚合度的结晶体状态，降解难度大，水解效率低，通常只能依赖特定的细菌和真菌等释放水解酶，促成纤维素以及半纤维素到纤维二糖以及葡萄糖的转化，保证后续利用的顺利进行。

②酸化阶段将水解产物可溶性糖、氨基酸以及长链脂肪酸等物质继续分解生成小分子有机酸、醇等有机物。可溶性糖与甘油分子的酸化产物主要为乙酸、丙酸、丁酸、戊酸和乳酸等挥发性脂肪酸；氨基酸经过氨化作用主要分解为小分子有机酸、铵根离子和氨；而脂肪酸则被氧化降解为挥发性脂肪酸（VFAs）和氢气。这些酸化产物中，乙酸、氢气以及二氧化碳可以直接被产甲烷菌利用生成甲烷，是产甲烷的直接底物；而其余有机酸如乳酸、丙酸、丁酸、戊酸和己酸以及醇等有机分子则无法被产甲烷菌直接利用，只能作为产甲烷的间接底物，待进一步转化分解后供产甲烷使用。与厌氧消化相似，畜禽废弃物处理过程中，例如好氧堆肥有机物质的水解与酸化几乎同时发生，部分细菌群落更是身兼多职，可以同时承担有机底物的水解与酸化，代谢效率高。如瘤胃梭菌除了水解纤维素外还能将碳水化合物转化为挥发性脂肪酸与氢气；拟杆菌门的产乙酸嗜蛋白质菌可以将纤维素、淀粉以及糖等多种有机组分转化为乙酸、丙酸、氢气以及二氧化碳等。其中大部分水解酸化细菌多在堆体含水率较高且温度适中的升温期、降温期及腐熟期出现，生长代谢迅速且适应性较强，这也使得在好氧堆肥初期，易降解有机质含量较高但好氧速率较快的情况下，经常出现有机酸产生，导致堆肥体系 pH 下降的现象。而产甲烷菌对堆肥环境敏感且生长代谢较慢，这易导致甲烷往往在堆肥的降温期产生。

③产乙酸阶段连接了堆肥体系中厌氧区域底物的水解酸化以及产甲烷，可以为产甲烷菌及时提供代谢底物从而促进甲烷产生。在产乙酸细菌的代谢作用下，有机酸等分子可以被氧化分解为乙酸、氢气和二氧化碳，其中氢气和二氧化碳又作为产甲烷原料被氢营养型产甲烷菌直接利用生成甲烷。

④产甲烷阶段实现了有机底物到甲烷的最终转化。产甲烷细菌的最佳生长条件是缺氧（严格厌氧微生物），氧化还原电位低于 -200 mV、较高的含水率、中性 pH

以及富含有机物的基质。这些条件可以在堆肥过程的早期阶段和降温期发现，在堆肥早期，大量的营养物质和可用的有机化合物来源会刺激微生物生长，耗尽堆中的氧气水平；而在堆肥降温期，堆肥体系温度逐渐下降，水蒸气散逸速度逐渐降低，导致体系含水率逐渐升高，产生部分厌氧区域，同样会诱发产甲烷菌的生长繁殖。

畜禽废弃物处理过程中，厌氧区域中的产甲烷菌主要为甲烷短杆菌属、甲烷杆菌属、甲烷杆菌科、甲烷八叠球菌属、鬃毛甲烷菌属、甲烷球菌属。这些产甲烷菌生长缓慢且种群数量少。目前已知的产甲烷途径主要分为两种，一种是通过分解乙酸产生甲烷，另一种则是通过合成氢气和二氧化碳生成甲烷，其对应的产甲烷菌分别称为乙酸营养型产甲烷菌和氢营养型产甲烷菌。乙酸营养型产甲烷菌消耗体系中的乙酸进行产甲烷。在厌氧发酵中，鬃毛甲烷菌属是目前已知的仅以乙酸为底物的乙酸营养型产甲烷菌，对乙酸有很强的亲和力且产甲烷效率高，可以在低浓度乙酸环境中生存。甲烷八叠球菌属则能够同时以乙酸、氢气和二氧化碳为底物产生甲烷，根据实际环境在氢营养型以及乙酸营养型之间自由切换。其余产甲烷菌则均为氢营养型产甲烷菌，它们以氢气为产甲烷底物并与产乙酸菌形成互营，是促进体系中短链脂肪酸降解以及反应体系中甲烷稳定产生的关键菌种。与乙酸营养型产甲烷菌相比，氢营养型产甲烷菌在不稳定的消化环境中还具有更高的适应性，生长繁殖也更快，因此，在堆肥降温期甲烷的产生主要来源于氢营养型产甲烷菌。然而，在实际厌氧发酵过程中，氢营养性产甲烷菌的产甲烷效率低于乙酸营养型产甲烷菌，厌氧过程中超过 70% 的甲烷由乙酸转化而成。

由于畜禽废弃物原料中赋存微生物种类的不同，可能会影响堆肥初期甲烷产生。例如，以畜禽废弃物沼渣堆肥为例，其原料中通常存在大量产甲烷菌，易导致堆肥初期甲烷的排放。进入高温期后，有机物剧烈降解，氧气大量消耗，易形成局部厌氧环境，促进甲烷产生；此外，厌氧环境易促进产酸菌繁殖，产生乙酸等有机酸，为甲烷产生提供底物。然而，由于堆肥工艺及规模的不同，部分高温期温度相对较低的研究（< 70℃），高温期发现了堆体大量甲烷的排放；而当高温期堆肥温度达到 80℃ 以上时，可能会限制甲烷八叠球菌属、鬃毛甲烷菌属和甲烷短杆菌属等产甲烷菌活性，降低相关产甲烷基因（例如 *mcr*）丰度，减少甲烷产生。随着堆肥进入降温期后，堆体中水分蒸发量显著降低，体系含水率升高，易产生团聚体，形成厌氧环境，促进甲烷产生。随着产甲烷底物的逐渐耗尽，腐熟期甲烷排放量逐渐降低。因此，甲烷主要产生于堆肥初始阶段、高温期后段和降温期，但由于堆肥

物料的种类和运行工艺不同，甲烷产生规律可能存在一定差异。然而，堆肥过程中，甲烷具体产生路径及不同路径的各类微生物贡献仍不清楚，有待进一步研究。

三、氧化亚氮产生机制

一氧化二氮的产排主要是硝化和反硝化作用共同完成，涉及代谢通路中的同化硝酸盐还原、异化硝酸盐还原、反硝化、硝化及氮固定路径。与甲烷的排放类似，一氧化二氮排放不仅会受到物料生物活性的影响，还会受到处理体系内氮可用性和气体扩散的影响。所谓堆肥中的硝化反应，是指由于好氧微生物的作用在堆肥内积蓄的铵态氮被硝化细菌氧化的过程。该阶段主要由两个过程组成：①亚硝化过程，即铵根离子在氨氧化细菌的作用下氧化为 NO_2-，这个过程主要涉及亚硝酸细菌，通过产生氨单加氧酶和羟胺脱氢酶进行，中间过渡产物是羟胺。由于该过程是一个慢反应，所以该阶段在整个硝化反应的反应速率中起着决定性作用，该过程涉及的菌类形态多样，包括亚硝化单胞菌属、亚硝化球菌属、亚硝化螺菌属和亚硝化叶菌属等。第二阶段，在硝化细菌作用下，亚硝酸被氧化为硝酸，这类菌的形态也多样，包括硝化杆菌属（*Nitrobacteria*）、硝化球菌属和硝化囊菌属等。②硝化过程，即 NO_2^- 在亚硝酸盐氧化微生物作用下，利用亚硝酸盐氧化还原酶将 NO_2^- 氧化为三氧化氮的过程，这类菌的形态也多样，包括硝化杆菌属、硝化球菌属和硝化囊菌属等。由于硝化细菌为好氧自养菌且对温度较为敏感（20 ℃～30 ℃为较适宜温度），所以通常多数仅出现在高温期之后。

反硝化过程主要是在缺氧条件下，由反硝化细菌将三氧化氮和二氧化氮还原为一氧化氮和一氧化二氮的过程，随后在氧化亚氮还原酶的作用下，一氧化二氮又被还原为氮气。通常，反硝化菌在有氧情况下，进行有氧呼吸，以氧为最终电子受体，没有反硝化作用。但在缺氧条件下，则以三氧化氮为最终电子受体，并能将三氧化氮还原为一氧化二氮，最终还原为一氧化二氮和氮气。因此，反硝化细菌属于兼性厌氧微生物类群，在有氧和无氧条件下均能生长，这是由于微生物体内具有两套酶系统，在不同的外界条件下，不同的酶系统发挥作用的结果。与硝化细菌相似，反硝化细菌同样易受到温度的影响（20 ℃～40 ℃为较适温度）。然而，在典型的好氧堆肥结束时，一氧化二氮的排放量通常会逐渐降低，主要是因为携带产生氧化亚氮还原酶的相关微生物逐渐出现并不断富集，从而促进了一氧化二氮转化为氮气。硝化过程与反硝化过程相辅相成，由于堆体内部氧气分布不均匀，常存在好氧和少量厌氧区域，好氧区域产生的三氧化氮可作为反硝化过程的终端电子受体，促进堆肥过程中一氧化二氮产生。

第二节
畜禽废弃物减排技术及案例

一、粪污干清粪减排技术

1. 技术简介

为更好地转变养殖场的传统养殖模式，降低对水资源的消耗，减少污染气体排放，提高资源利用效率，应积极推广应用干清粪生产技术。干清粪生产技术是畜禽粪尿固液分离后，利用人工、机械收集和清除粪便的养殖场清理工艺。能够保持固体粪便营养成分，提高有机肥肥效，粪便直接堆积发酵后生产优质的有机肥直接还田；产生污水量少，污染物含量低，易于净化处理，污水转移到沼气发酵池进一步发酵处理，将污水中有机物质进一步分解，提高污水营养价值，然后将其输入农田或者作为药液喷洒在农作物表面。与其他处理方式相比，能降低后续粪尿处理的成本，是目前理想的清粪技术之一。主要分为人工清粪和机械清粪两种（图14-1）。

人工清粪是指依靠人力使用铁锹、扫帚和人力车等工具，把粪便清理出畜禽养殖场，该技术适用于小型养殖场，具有设备简单、不用电力、能耗低、一次性投资少等优点，可大量减少污水的有机物浓度和排放量，但该工艺劳动强度大、人工成本高且工作效率低。机械清粪指采用专用的机械设备进行清粪，适用于中型以及上规模养殖场，包括使用固定链式刮粪板、机械铲车、清粪罐车和滑移装载机等清粪工艺将粪便从舍内清运至舍外，该清粪方式通过增加清粪频率可减少粪便在养殖区域滞留时间，进而减少粪便处理前的温室气体产生量，可减轻劳动强度、提高工作效率，但一次性投入较大，后期进行维护成本也高。

图 14-1 人工清粪（左）与机械清粪（右）方式

2. 减排效果

利用干清粪技术可将混合废水分离为固态粪便和液态废水，利于高浓度污染物的高效处置及综合利用，生产工艺用水量可减少 40% ~ 50%；废水的化学需氧量、氨氮、总磷和总氮等指标分别降低 88%、55%、65% 和 54%，同时减少甲烷排放。

二、粪污贮存减排技术

1. 技术简介

粪污贮存过程中会向外界释放二氧化碳、甲烷、氨气和氮氧化物等气体，并产生传播疾病的蝇蛆。为避免这些问题发生，一种方法是尽量在贮存过程中使粪便朝着无害化的方向发展，另一种方法是把握好贮存周期，尽快将粪便转移。畜禽养殖场建设畜禽粪污暂存池时需注意：粪污暂存池容积不小于单位畜禽粪污日产生量（m^3/d）× 暂存周期（天）× 设计存栏量（头、只、羽），暂存周期按转运处理最大时间间隔确定。贮存过程中鼓励采取加盖等措施，减少恶臭气体排放和雨水进入。

固体粪便通常通过在粪堆上覆盖一些物料或塑料膜以减少气体的挥发，或者在贮存过程中加入辅料，也能够减少有害气体的排放，如秸秆、木屑和稻草等。液体粪污可采用固定式覆盖贮存和漂浮式覆盖贮存。固定式覆盖指在液体粪污贮存设施上加盖或覆膜，应配备气体通风口或气体回收处理装置，以防止易燃气体的积聚。漂浮式覆盖指采用几何形状的塑料覆盖片、蛭石等可漂浮物，宜用于降水较少区域表面积较大的液体粪污贮存设施（图 14-2）。

图 14-2　储粪池（左）和储液池（右）
（广西省养殖粪污固液分离贮存全量还田模式　韦宇供图）

2. 减排效果

在室温环境温度下，塑料薄膜的覆盖能够减少 90% 左右的一氧化二氮排放量和 80% 左右的二氧化碳排放量，然而甲烷只是在贮存 0 ～ 9 天有所减少，后期大幅增加，这是堆体内形成厌氧菌的缘故，所以，采用膜覆盖法贮存粪便贮存周期控制在 1 个星期。覆盖稻草和锯末不同程度地影响猪粪贮存温室气体及氨气的排放。研究表明，由于高碳添加剂可以增加储存初期的畜禽粪便碳氮比、粪便干物质含量，以及调整粪便排风孔隙，使得高碳添加剂如秸秆可以有效减少温室气体的放排量，其中一氧化二氮的总排放量能减少 57% 左右，甲烷的总排放量减少 13% 左右。

三、生物发酵床减排技术

1. 技术简介

生物发酵床养殖技术是一项可有效控制畜禽饲养环境、有效处理畜禽粪污、控制养殖环境污染的新技术，又称"零排放养殖技术"等。采用稻壳、锯末、碎秸秆等作为生物发酵床垫料，定期在垫料上喷洒微生物菌剂，家禽养殖可采用原位和网下生物发酵床，垫料中稻壳占比不超过30%，垫料厚度不低于40 cm，需定期翻耙发酵床，翻耙次数每周至少1次，保证垫料和粪污充分混合。北方蒸发量大的地区，羊养殖可采用原位生物发酵床，垫料厚度不低于15 cm，不用翻耙，清粪间隔非冬季不超过40天，冬季不超过60天。畜禽一直在垫料上生活，畜禽每天排泄出来的粪尿被垫料里的特殊有益微生物迅速降解，不需要冲洗养殖圈舍，从而没有任何粪污排出养殖场，养殖场也无臭味，养殖一定批次畜禽出栏后，垫料即可全部清出圈舍成为优质固态有机肥，因此，发酵床养殖是一种可以实现畜禽养殖污染"近零排放"的环保型清洁生产技术（图14-3）。

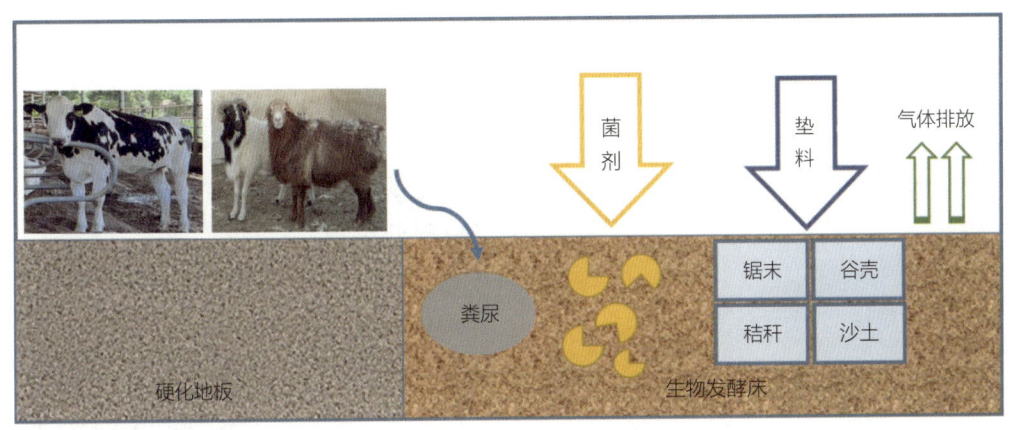

图14-3 生物发酵床技术原理示意图

2. 减排效果

推广发酵床式养殖方式，降低畜禽疾病感染率，抑制病原菌生长，同时还能降低禽舍内甲烷、一氧化二氮、氨气和硫化氢等释放量，对畜舍内有害气体具有净化作用。相对于漏缝地板（半/全）和实体地板来说，生物发酵床具有明显的气体减排作用，这可能是因为发酵床微生物活性随粪尿的积累而增强。与局部漏缝地板和实体地板相比，生物发酵床的设计能降低有害气体的浓度与排放系数，有效缓解舍内空气环境的负面影响。

四、固体粪污堆肥技术

1. 技术简介

密闭好氧堆肥技术是众多堆肥技术中最有利于气体减排的，主要分为覆膜静态好氧堆肥技术和密闭式反应器好氧堆肥技术。

覆膜静态好氧堆肥是用分子膜将有机废弃物包裹，通过微压送风系统，让氧气与有机废弃物充分接触，使堆体迅速升温发酵。利用分子膜的选择透过性特点，使气体水分子快速通过膜材表面降低物料含水率，同时能阻隔臭气分子，刺激性气味的氨气与凝结水一起回落到物料中，这样无须外加除臭系统便解决了环保臭味的问题，同时也提高了肥效，减少污染气体排放，具有固氮效果好、养分含量高、投资和运行成本低等明显优势（图14-4）。

图14-4　覆膜静态好氧堆肥减排技术现场

密闭式反应器好氧堆肥是一种可把物料输送、高温发酵、通风搅拌和气体收集等多种功能集成于一体的好氧堆肥装置。在这种堆肥方式下，如果物料水分含量为

55% ～ 65% 可以直接进料，水分含量高于 65% 仍需要加入辅料或腐熟返料。该技术结合洗气塔等氨回收装置可将密闭反应器堆肥中释放的氨气消除或回收利用，从而达到减少氨气及其他有害气体向大气中排放的目的。密闭式反应器占地面积小，仅为槽式发酵的 20% ～ 25%，处理周期短，可减少物料存放时间。由于其一体式的设计，大大降低了设备维护难度及人员配置，臭味也能得到很好的控制，同时还具有操作简便、处理费用低的优势（图 14-5）。

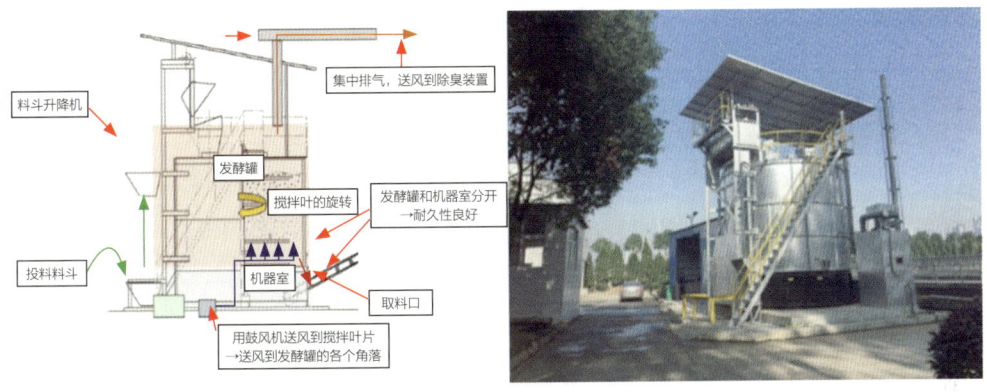

图 14-5　密闭式反应器堆肥技术示意图（左）和实物图（右）

2. 减排效果

多项研究已证实，堆肥过程中的气体排放与堆肥原料性质以及工艺条件相关，堆肥物料的组成（原料和辅料）、性质（碳氮比、含水率）以及堆肥通风条件是影响气体排放的重要因素，恰当的辅料添加、碳氮比和含水率调控和通风设置可以达到减排的效果。选择富含碳的辅料与畜禽粪便联合堆肥均可促进有机物降解，其中以稻草或锯末为辅料时的温室气体排放量较低。初始碳氮比对堆肥过程氮损失影响较大，总氮和一氧化二氮的损失均随碳氮比的增加而降低，其中碳氮比为 20 ～ 25 时最适宜氮素保留。初始含水率显著影响甲烷和一氧化二氮的排放，其排放量随含水率的增加呈显著上升趋势，以含水率为 60% ～ 65% 最为适宜。通风速率（以堆肥干基计）为 0.1 ～ 0.2 L/（kg·min）时，甲烷排放和总碳损失较低；通风速率为 0.1 ～ 0.3 L/（kg·min）时，二氧化氮和总氮损失较低。因此，为降低畜禽粪便堆肥过程碳氮损失和温室气体排放量，建议采用的工艺参数为：通风速率 0.1 ～ 0.3 L/（kg·min）、含水率 60% ～ 65%、碳氮比为 20 ～ 25（图 14-6、图 14-7）。

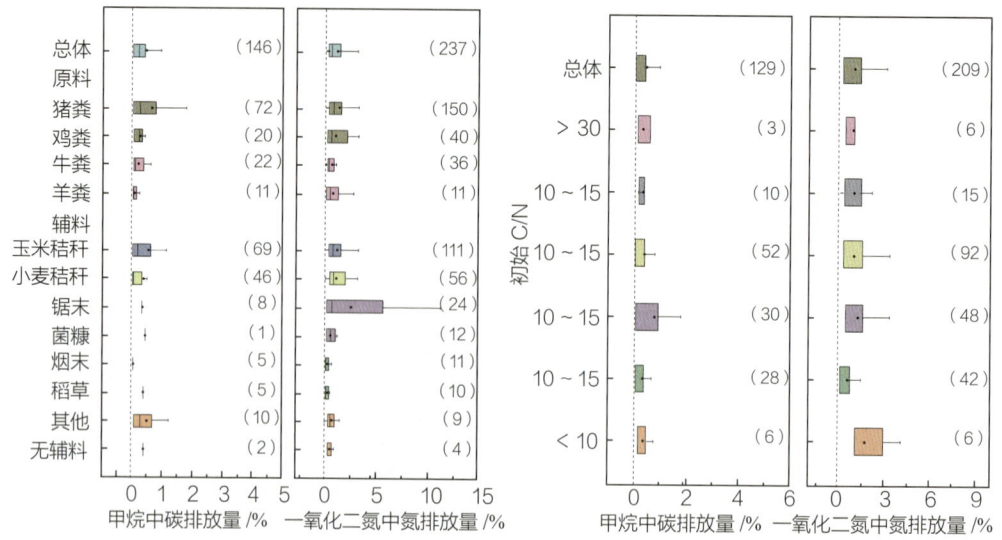

图 14-6　畜禽粪便好氧堆肥不同原料辅料（左）和不同初始 C/N 比（右）条件下的 CH_4-C 和 N_2O-N 损失

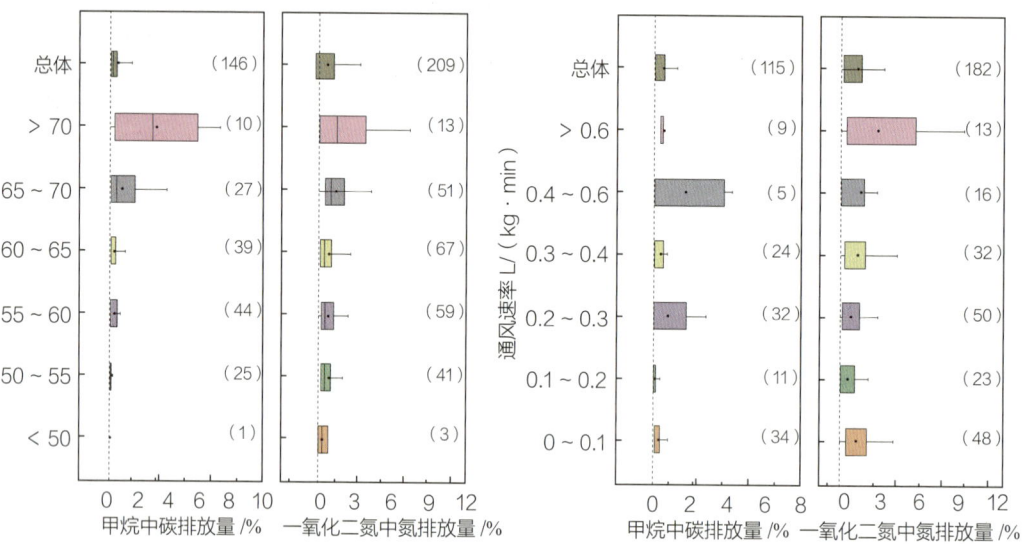

图 14-7　畜禽粪便好氧堆肥不同初始含水率（左）和不同通风速率（右）条件下的甲烷中碳和一氧化二氮中氮损失

在此基础上，传统堆肥通过优化工艺条件实现单一污染物减控，往往会有一些弊端，比如降低堆肥效率影响腐熟进程，抑或是增加另一种污染物的风险。因此，通过添加外源添加剂或生物强化等方式来控制堆肥过程减排的新途径，可以在现行技术的基础上进行应用。外源添加剂可根据作用机制分为物理、化学和生物添加剂，物理添加剂包括生物炭、沸石等；化学添加剂有磷酸盐、镁盐和铁盐等；以及生物添加剂，如微生物菌剂、腐熟物料等。添加剂的加入不仅可以减少二氧化碳、甲烷等气体排放，还可以提高酶的活性。整体来看，外源添加剂技术减少了 30.2% 的 TN 损失，其中，包括 34.1% 的 NH_3-N 和 31.3% 的 N_2O-N 损失，并减少了 25.5% 的 TC 损失，其中，包括 28.1% 的 CO_2-C 和 32.6% 的 CH_4-C 损失（图 14-8、图 14-9）。

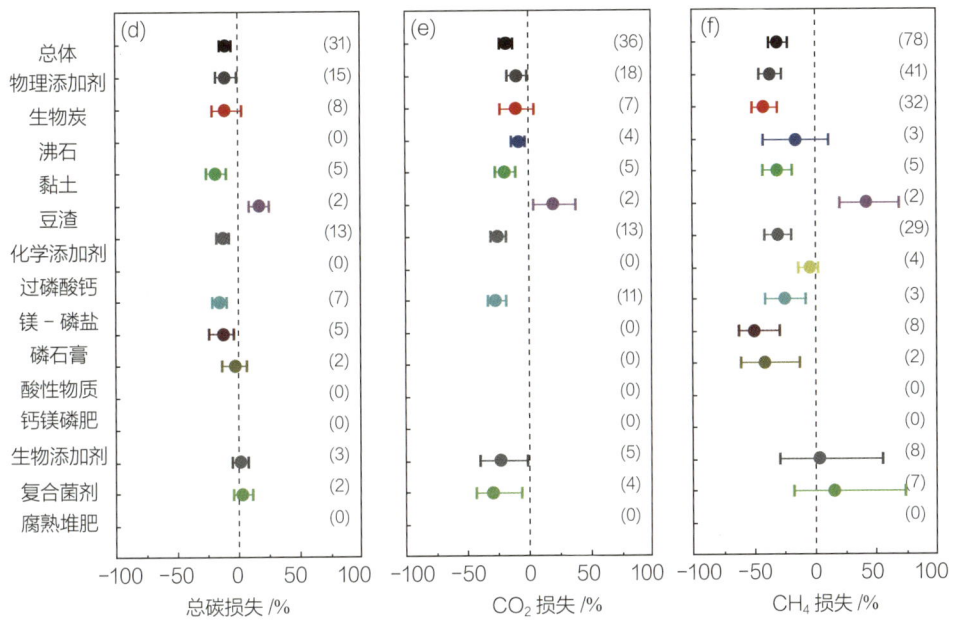

图 14-8 畜禽粪便好氧堆肥不同添加剂条件下的碳素损失

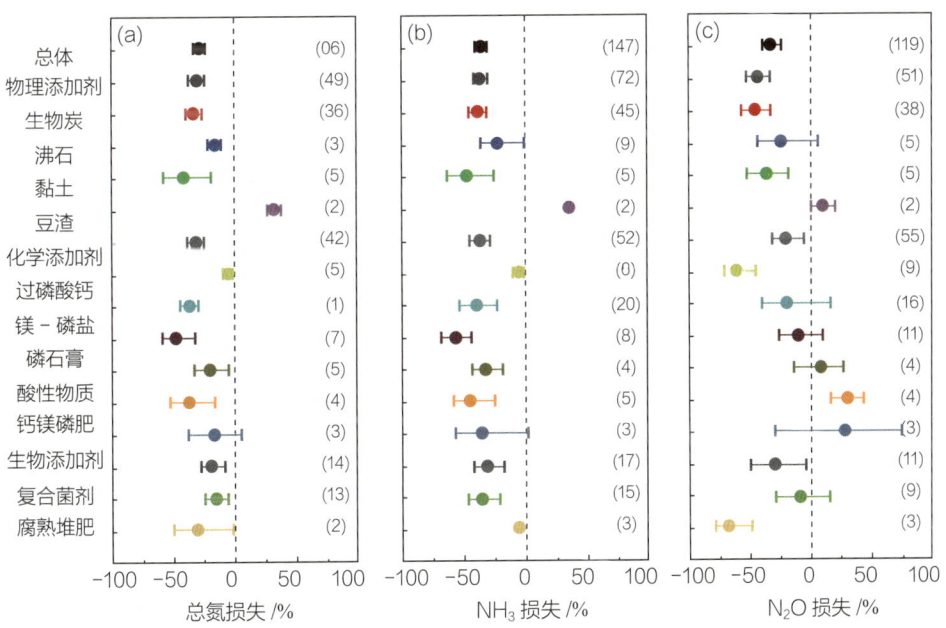

图 14-9 畜禽粪便好氧堆肥不同添加剂条件下的氮素损失

五、粪污沼气发酵减排技术

1. 技术简介

畜禽粪污的沼气处理技术是对畜禽粪污和秸秆等农业废弃物的综合利用。沼气发酵又称为厌氧消化、厌氧发酵，是指有机物质（如人畜家禽粪便、秸秆、杂草等）在隔绝空气和保持一定水分、温度、酸碱度、碳氮比等条件下，通过各类微生物的分解代谢，最终形成甲烷和二氧化碳等可燃性混合气体的过程。产生的沼气经净化后可直接用作燃气、养殖场及周边农户采暖或炊用，或通过沼气发电机组发电自用或上网，沼液、沼渣作为有机肥料还田，沼液需要进一步贮存发酵还田利用，沼渣由于处于还原状态，尚未腐熟，需进一步与秸秆等辅料堆肥生产有机肥，其整体工艺流程见图14-10所示。冬季对沼气发电机组余热进行回收，用于预处理池及厌氧反应器的保温和增温。养殖较为密集的区域，可以联合多个养殖户构建大型的沼气工程，将沼气池和各个养殖场的排污渠道连接，每天收集养殖场所产生的粪便、尿液和各种污水，通过厌氧发酵将粪便污水当中的各种有机物进行进一步分解，生产出营养价值更高的营养物质。

畜禽粪污采用沼气工程进行厌氧处理的，应配套调节池、固液分离机、贮气设施、沼渣沼液贮存池等设施设备，并采取必要的除臭措施。根据不同工艺可配套完全混合式厌氧反应器、升流式厌氧固体反应器、干法厌氧发酵反应器、升流式厌氧污泥床反应器、升流式厌氧复合床、内循环厌氧反应器、厌氧颗粒污泥膨胀床反应器或竖向推流式厌氧反应器等设施设备。畜禽粪污采用户用沼气池进行厌氧处理的，应符合户用沼气池设计规范要求，建设必要的配套设施。

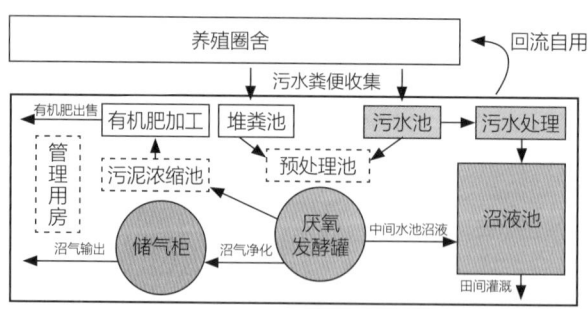

图14-10 粪污沼气发酵减排技术流程图

2. 减排效果

厌氧发酵的粪便管理方式具有降低甲烷的排放量的潜力，并持续产生电能或热能，或为作物种植提供肥料。大中型养殖场通过建设大型沼气工程可以减少温室气体排放，按照政府间气候变化专业委员会（IPPC）2006 年推荐的方法，以一个建在我国南方的沼气工程为例进行计算，一个年出栏万头猪的养猪场因沼气工程而每年获得的温室气体减排效益为 781 t CO_2 当量。目前，使用畜禽粪便池生产沼气和有机肥的技术已经成熟，大力推广沼气工程不仅能够产生沼气进行循环利用，从而节约能源，也是有效减少养殖场温室气体排放的绿色通道。

六、畜禽废弃物减排案例分析

1. 多物料厌氧干发酵与沼渣沼液堆肥耦合工艺减排效果比较

（1）技术目标和范围

量化和比较不同农业有机固体废物处理方案包括厌氧消化、好氧堆肥和厌氧好氧耦合技术。在此基础上选择了 5 个不同的方案，分别为单一物料湿法发酵、双物料干法发酵、三物料干法发酵、好氧堆肥和厌氧好氧耦合技术。在厌氧发酵系统中，物料和接种物混合后置于厌氧消化反应罐，产生沼气和沼渣沼液。沼气热电联产后用于生产生物能源（电力和热能）。沼渣沼液固液分离后，沼液按照废水处理，沼渣可作为有机肥替代矿质肥料。在堆肥系统中，物料和接种物在堆肥厂进行处理以产生堆肥。堆肥被用作有机肥替代矿质肥料。在厌氧好氧耦合系统中，物料和接种物被送入消化槽，产生沼气和沼渣沼液。沼气用于供热和发电。在沼渣沼液中添加玉米秸秆作为调理剂进行好氧堆肥。产生的堆肥产品用作有机肥替代化肥。

（2）功能单位与系统边界

所有情景没有相同的物质输出，但是所有的情景都使用牛粪。因此，功能单位是处理规模化养殖场产生的 1 t 鲜牛粪（湿重 82%）。整个处理过程包括物料收集—运输到农田—堆肥 / 厌氧发酵应用的整个生命周期过程中所有的过程。

（3）情景设置

本研究在现有的 3 种农业有机固体废弃物处理处置的基础上，选择了 5 种不同的情景（图 14-11）。

情景 1（S1）：现行废弃物处理方案，利用连续搅拌槽反应器（CSTR）系统中对牛粪进行湿法厌氧消化（L-AD）。本研究中，物料、接种物和水的混合物含固率（TS）为8%，物料与接种物（F/I）比为1（VS比），中温发酵（35℃）。

情景2（S2）：牛粪和玉米秸秆混合厌氧干发酵。本研究假设罐体采用车库式厌氧干发酵，中温发酵（35℃），混合物料TS为20%。牛粪和玉米秸秆厌氧发酵比例设定为3：2（VS比），F/I比为4（VS比）。

情景3（S3）：牛粪、玉米秸秆和番茄秧混合厌氧干发酵。本研究假设罐体采用车库式厌氧干发酵，中温发酵（35℃），混合物料TS为20%。牛粪、玉米秸秆和番茄秧厌氧发酵比例设定为36：24：20（VS比），F/I比为4（VS比）。

情景4（S4）：牛粪、玉米秸秆和番茄秧好氧堆肥。牛粪、秸秆和番茄秧按照VS比48：32：20混合后与去离子水和接种物（F/I=4）混合得到混合物料，其含水率65%。

情景5（S5）：在情景3的基础上，沼渣沼液和玉米秸秆按湿重比85：15均匀混合后，加入去离子水调节含水率至65%。

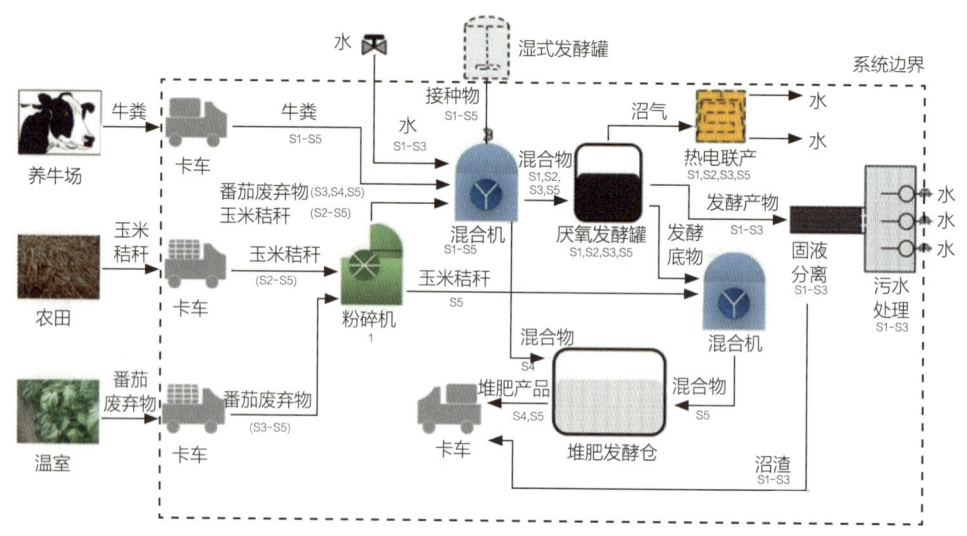

情景1（S1）：厌氧湿式发酵（L-AD）；情景2（S2）：牛粪和玉米秸秆联合高固态厌氧发酵（SS-AD）；情景3（S3）：牛粪、玉米秸秆、番茄秧厌氧发酵（SS-AD）；情景4（S4）：牛粪、玉米秸秆、番茄秧堆肥；情景5（S5）：牛粪、玉米秸秆、番茄秧厌氧好氧耦合

图14-11　农业有机废弃物处理系统边界

（4）不同情景减排效果

5个情景的全球变暖潜势（GWP）净值均为负值，每个情景功能单位的净CO_2排放量在 $-163 \sim 2751\ kg\ CO_2$ 当量（图14-12）。在研究结果中，正值表示会产生

环境足迹即对环境造成负担，负值表示减少的碳足迹即减少环境负担。全球变暖趋势减少碳足迹主要来自沼气热电联产后由于可替代化石燃料的使用产生电力和热能，沼渣代替化学肥料，避免玉米秸秆焚烧和番茄秧填埋。尽管在情景4和情景5中，玉米秸秆和番茄秧的运输量大，造成运输过程的环境负担大，但是与此同时，由于避免了玉米秸秆焚烧，这两种情景减少的碳足迹较高。其原因主要是焚烧玉米秸秆所产生的二氧化碳、甲烷和一氧化二氮的排放量更高，从而造成了最大的环境负担。就全球变暖趋势而言，情景5是最有利的选择，GWP是估算气候变化影响最常用的类别指标。情景4的净GWP为负，比情景1低。在情景1、2、3和5中，厌氧发酵过程对GWP的贡献较大，分别为61%～86%。这主要是厌氧发酵过程考虑到5%的甲烷损失，以及厌氧发酵工厂的建设和运营都包含在系统边界内。堆肥过程也对GWP有贡献，值得注意的是，沼渣堆肥具有很大的降低GWP的潜力。与情境4相比，情景5在堆肥过程中GWP降低了53%。

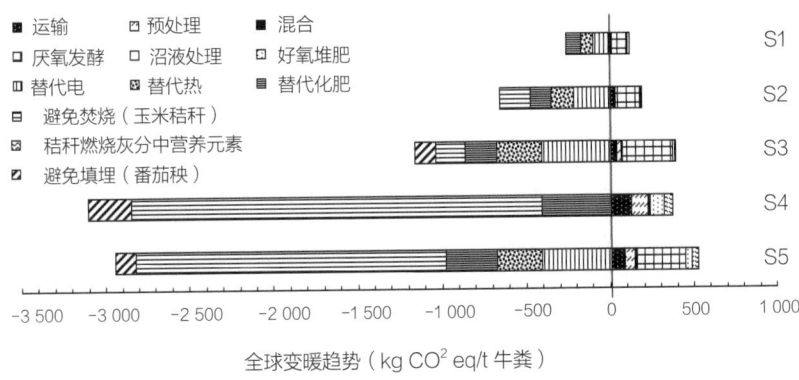

图 14-12　基于农业废弃物处理的 5 个情景的全球变暖趋势

2. 典型养殖场不同废弃物管理模式减排效果比较

（1）技术目标和范围

采用生命周期评价法对比分析北京市郊区某养猪场废弃物处理不同方案对电力、燃油等能源消耗，以及处理过程中排放的污染物对环境造成的影响。研究的系统边界范围包括原料和能源投入、废弃物处理过程以及产品输出和污染物排放。选取的研究对象是位于北京市顺义区的一家规模化养猪场，该猪场 2010—2011 年两年平均出栏数 15 050 头，出栏重量约 2 005 LU（LU：牲畜单位，Livestock Unit，1 LU= 500 kg 牲畜体重）。猪场采用常规圈舍饲养方式和人工干清粪方法收集猪粪尿。

猪场年平均饲料消耗量 3 993 t，废水产生量约 35 000 m³，干清粪便量约 2 240 t。养猪场建有一体化废弃物综合处理设施，包括沼气工程、沼液等污水处理工程以及沼渣与剩余猪粪堆肥设施。废弃物主要处理流程见图 14-13。猪舍产生的全部污水和大部分粪便进入沼气站进行厌氧发酵处理；厌氧发酵后的沼液经固液分离后液相进行二级污水处理后排放，沼渣及夏季多余干清猪粪进入堆肥设施生产有机肥。目前，该养殖场沼气工程处理粪便量约为猪场全年粪便产生量的 3/4，其余 1/4 直接进入堆肥设施进行好氧发酵处理。

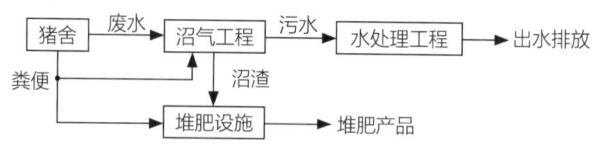

图 14-13　某规模化养猪场废弃物处理流程

（2）功能单位

本研究选取的养猪场位于北京市郊区，2010—2011 年平均出栏生猪和种猪总数 12 899 头（1 956 LU；另有死猪 2 151 头，49 LU）。生命周期评价选取的功能单位为整个养猪场一年的总生产量，即 1 956 LU 出栏猪数。各评价环节的输入与输出及其环境影响均基于整个养猪场一年的生产量。

（3）废弃物管理方案

方案一（现行废弃物处理模式）

以典型养猪场现有废弃物管理设施为基础，将现行废弃物处理模式作为生命周期评价基础方案。方案一的废弃物处理系统物流如图 14-14 所示。

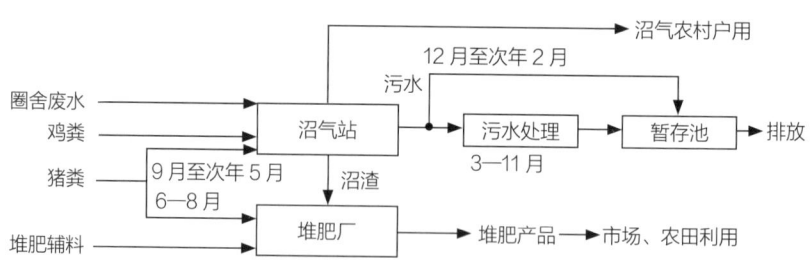

图 14-14　养猪场废弃物处理现行方案

方案二（优化养分资源输出）

方案二针对养猪场现行废弃物处理方案存在的污水中氮、磷等养分含量较高、处理难度大的问题，以养分资源转移和输出为主要目标，猪舍废水仍全部进入沼气站进行处理；猪舍清出的固相粪便不再作为沼气站原料，而是全部进入堆肥厂进行处理生产堆肥，堆肥厂采用必要的污染气体减排技术（堆肥辅料与添加材料将以玉米秸秆与过磷酸钙为例），减少环境污染；取消沼气站鸡粪原料的添加，减少沼气站养分投入；沼气站出水不再进行水处理，而是经具有覆盖和防渗措施的暂存池沉淀后，全部用于农田利用。方案二主要用于与方案一进行养分资源流向和环境效益对比，暂不考虑其实际应用所需的管理学和经济学条件。该方案造成的沼气产量下降计入能源消耗与产出量计算，以及相关的环境影响计算中，但不考虑其经济损失。方案二的废弃物处理系统物流如图14-15所示。

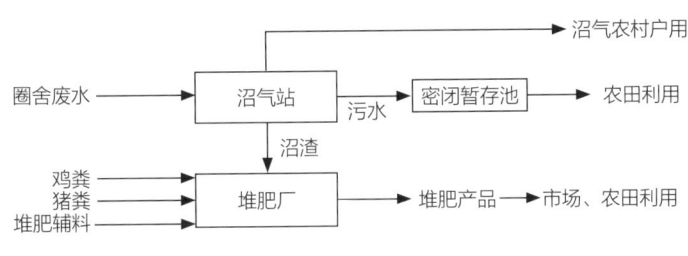

图14-15　养猪场废弃物处理方案二

方案三（现行方案 + 废水资源化利用）

由于方案二采用了出水农田资源化利用措施，为了对比废弃物处理不同环节的环境影响，本方案在方案一的基础上，不改变现行废弃物处理系统内的物料流向；在处理末端增加与方案二相同的出水农田资源化利用措施（图14-16），并假设方案三可利用的农田面积与方案二相同。

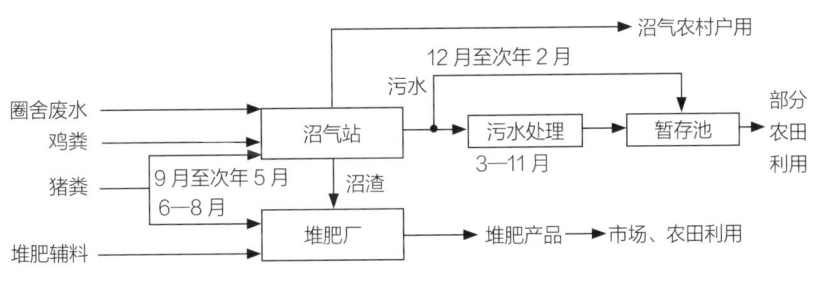

图14-16　养猪场废弃物处理方案三

（4）减排效果

①不同方案堆肥过程中气体减排情况

如表 14-1 所示，方案二堆肥过程添加材料的使用以过磷酸钙为例，总氮损失、NH_3-N 和 N_2O-N 排放量分别为初始总氮的 28.1%、16.8% 和 0.76%，甲烷中碳排放量为初始总有机碳的 0.24%，约折合每吨混合原料排放率 0.49 g/kg。除 N_2O 排放率外，方案二的总氮损失率、氨和甲烷相对排放率低于现状方案一和方案三（表14-1）。堆肥过程中排放的其他气体如挥发性有机化合物、氮氧化合物和含硫气体等因未进行试验测定，暂未列入本研究的输出清单分析中。

表 14-1　不同方案堆肥过程主要污染气体和总氮损失

堆肥方案	甲烷 /（kg/t）	氨 / %	氧化亚氮 / %	总氮损失 / %
方案一	0.55	40.4	0.76	49.8
方案二	0.49	16.8	0.76	28.1
方案三	0.55	40.4	0.76	49.8

②沼气热电联产利用减排情况

在方案一至方案三的基础上，若进一步进行沼气热电联产利用，将抵消沼气工程的一部分电力和燃煤消耗。以方案一为例，在方案一基础上增加沼气热电联产的环境影响，对比分析结果如图 14-17 所示。除臭氧层损耗潜值（OLDP）外，若将厌氧发酵沼气用于热电联产，可使其他各项环境影响降低 0.2% ～ 21.4%。其中总酸化效应、富营养化效应和温室效应分别为现状条件下的 92.9%、99.8% 和 85.3%。方案二沼气用于热电联产的环境效益与方案一相似，总酸化效应、富营养化效应和温室效应分别将降低 11.0%、0.7% 和 18.4%。总体而言，提高养殖场系统中各个环节的能量利用效率和循环利用率将在一定程度上降低整个系统的环境影响。

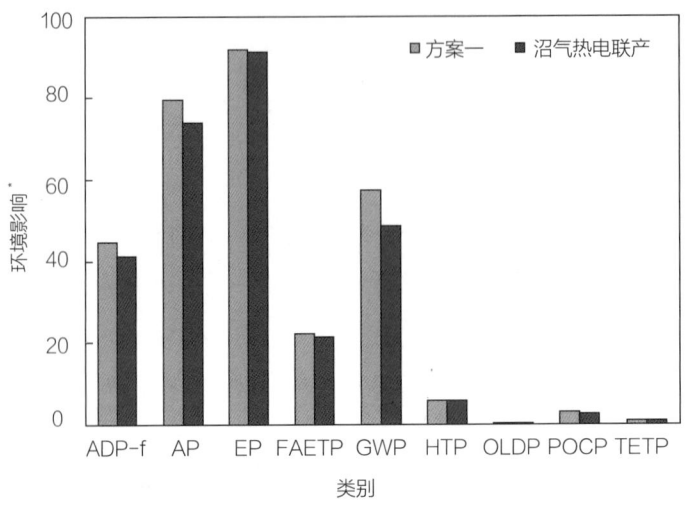

图 14-17　基于方案一递进的沼气热电联产环境影响分析

图中环境影响类别（从左至右）分别为：化石能源损耗潜值（ADP-f）、酸化潜势（AP）、富营养化潜值（EP）、淡水水生生态毒性潜力（FAETP）、全球变暖潜力（GWP）、人类毒性潜力（HTP）、臭氧层消耗潜能值（OLDP）、光化学烟雾潜值（POCP）、陆地生态毒性潜能（TETP）。计量单位分别为：10^6 兆焦耳（10^6 MJ）、10^3 千克二氧化硫当量（10^3 kg SO_2-Eq）、10^3 千克磷酸盐当量（10^3 kg PO_4-Eq）、10^5 千克二氯苯当量（10^5 kg DCB-Eq）、10^5 千克二氧化碳当量（10^5 kg CO_2-Eq）、10^5 千克二氯苯当量（10^5 kg DCB-Eq）、1 千克三氯氟甲烷当量（1kg R11-Eq）、10^3 千克乙烯当量（10^3 kg 乙烯 -Eq）、10^5 千克二氯苯当量（10^5 kg DCB-Eq）。

③不同方案生命周期环境影响评价

生命周期评价的环境影响评价步骤是对数据清单分析中所涉及的资源耗竭以及污染物排放对环境所造成的压力进行定性和定量评价的过程。本研究使用 Gabi 软件对养猪场废弃物管理系统不同方案进行建模和环境影响结果运算，方案一至方案三的主要环境影响分析结果见表 14-2。与现状方案一相比，方案二的各项环境影响均有所降低，例如酸化效应从 79.4 t SO_2 当量下降到 61.9 t SO_2 当量；富营养化效应从 91.7 t 磷酸盐当量下降到 34.1 t 磷酸盐当量；温室效应从 5 714 t CO_2 当量下降到 5 611 t CO_2 当量。方案三在现状方案基础上进行废水资源化利用后，化石能源消耗、酸化效应、富营养化效应和温室效应等环境影响相比现状均有所降低。

表 14-2　养猪场生命周期环境影响评价结果

环境影响类别	单位	方案一	方案二	方案三
非生物资源损耗（以化石能源计）	MJ	44 414	43 115	43 237
酸化效应	吨	79.4	61.9	58.9
富营养化效应	吨	91.7	34.1	56.0
淡水水生生态毒性潜值	吨	2 208	2 204	2 207

续表

环境影响类别	单位	方案一	方案二	
全球变暖趋势（100 年）	吨	5 714	5 611	
人体毒性潜值	吨	1 171	1 154	1 1t
臭氧层损耗潜值	kg	0.20	0.18	0.19
光化学臭氧生成趋势	吨	3.15	3.11	3.13
陆生生态毒性潜值	吨	92.7	91.7	92.6

　　对优化养分资源输出方案与现行废弃物处理系统进行对比分析，结果表明：优化养分资源输出方案可使养殖场废弃物处理系统总酸化效应、富营养化效应和温室效应分别降低 64.1%、96.7% 和 22%。总体而言，采用优化养猪场养分资源输出方案，使较多的养分通过堆肥产品输出，有利于降低养猪场废弃物处理环节的环境影响。

第三节
畜禽废弃物还田固碳技术及案例

目前，我国畜禽粪便年产生量为 38 亿吨，但资源化利用率小于 35%，约 4 亿吨有机碳以温室气体形式排放，若将其转化为有机肥，其年产量将达 2 亿吨，因而畜禽粪便还田固碳技术对全球温室效应具有重要影响。

一、固碳技术原理

固碳又称碳封存，是指增加除大气之外的碳库碳含量的措施，包括物理固碳和生物固碳。物理固碳是将二氧化碳长期储存在开采过的油气井、煤层和深海里。生物固碳是将无机碳即大气中的二氧化碳转化为有机碳即碳水化合物，固定在植物体内或土壤中。土壤碳库包括有机碳库和无机碳库，土壤碳库的增加或减少主要取决于土壤有机质的输入和输出速率。土壤有机质通过为植物生长提供营养物质和使土壤团聚体保持水分来影响土壤质量和作物生产。维持较高水平土壤有机质对农业生态系统生产力发展影响深远，其积累可以增加土壤碳的固定。而有机肥还田是增加土壤碳的重要方式，有机肥中富含植物生长所需的各种大量和微量元素，能持久促进植物生长，施用有机肥可提高土壤有机质含量，尤其可提高土壤有机质中活性组分比例，同时为土壤微生物提供充足的碳源，提高微生物生物量和土壤酶活性，增加易氧化土壤有机质含量，提高土壤碳固存量（图 14-18）。

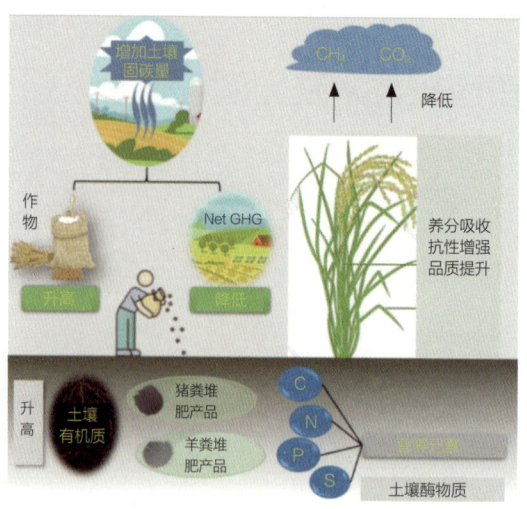

图 14-18　堆肥还田固碳机理

二、堆肥产品类型

根据不同的划分指标，可将堆肥产品分成以下类别。

1. 按工业化程度

按照工业化程度不同可将其分为普通农家肥和商品有机肥。两者的主要区别是商品有机肥需要取得国家认可的有机肥料登记证书。而普通农家肥则只对原料进行了堆肥处理，不成立企业，也不需要获得肥料登记，其产品或者为自家使用，或者提供他人作为有机肥的生产原料。目前农家肥仍占有相当比例，商品有机肥则是工厂化生产经营单元，接受政府各级部门的管理与调控。

2. 按加工工艺

按照产品加工工艺不同可将堆肥产品分为普通有机肥、生物有机肥和有机－无机复合肥。①普通有机肥是以各类有机废弃物为原料，经高温发酵充分腐熟后，生产出的商品有机肥料，呈粉末状或颗粒状。商品有机肥营养元素齐全，能够改良土壤，改善土壤理化性状，增强土壤保水、保肥、供肥的能力。②生物有机肥是指将特定功能微生物与经无害化处理、腐熟好的有机物料复合而成的一类兼具微生物肥料和有机肥效应的肥料，应用于农业生产中，能发挥特定的肥料效果。生物有机肥中的有益微生物进入土壤后与土壤中微生物形成相互间的共生增殖关系，可抑制有害菌生长，同时有益菌在生长繁殖过程中会产生大量的代谢产物，可促进和调控作物生长，增强作物抗逆抗病能力，连年施用可大大缓解连作障碍。③有机－无机复合肥料是指兼具有机和无机营养的复混肥料，是在有机肥基础上通过添加合适比例的无机营养，进一步加工生产出的肥料。有机－无机复混肥料具备长效与短效相结合的特点，而且通常结合不同作物需要有不同的专用配方，因此往往受到农户的欢迎（图 14-19）。

除此之外，堆肥产品随应用领域拓展还有不同的产品类型，如园艺基质、土壤改良剂、土壤修复剂、养殖垫料、水处理滤料等。

| 商品有机固态肥 | 生物有机肥 | 商品有机液态肥 |

图 14-19　有机肥类型

三、堆肥产品特点

1. 养分全面

堆肥含有丰富的有机物质，以及能够满足植物生长需要的 N、P、K、Ca、Mg 及微量营养元素，具有养分全面的特点。

2. 养分释放缓慢

相对于化肥，堆肥中的养分释放缓慢，可维持供肥的持续性和有效性。有时在初次施用堆肥时作物增产，土壤质量及作物品质改善可能效果不显著，但大量研究表明，长期施用有机肥对土壤及作物均有积极的效果，这是由于后茬作物也能利用前茬施入土壤中的养分；另外堆肥中含有多种糖类物质，施用有机肥可增加土壤中的各种糖类，在有机物的降解下释放出大量的能量，为土壤微生物生长、发育、繁殖活动提供能量。

3. 生物有效性高

堆肥产品往往含有大量的有益微生物及微生物产生的各种酶，堆肥施入土壤中可大大提高土壤酶活性，可显著改善植物根际微环境。

综合来说，堆肥产品应用于农业生产中有以下作用：第一，堆肥能显著提升土壤中有机质含量，培肥土壤，为作物提供必要的营养元素，提高氮肥利用率，促进作物产量和品质的提高；第二，堆肥中含有维生素、激素、酶、生长素、泛酸和叶酸等，可促进作物生长和增强抗逆性，提高植物生长活力，增强植物对病虫害的抵抗力；第三，堆肥是很好的土壤改良剂，可改善土壤质量，提高土壤的缓冲能力，降低土壤容重，促进土壤团聚体的形成，能有效克服因长期化肥投入造成的土壤板结、酸化问题；第四，堆肥施入土壤，经过一系列途径的分解，转化形成各种腐殖酸物质。腐殖酸是一种高分子物质，具有很高的阳离子交换及络合能力，对土壤中的重金属及其他有害物质有很好的吸附能力，起到对有害物质的钝化、减害作用，为粮食安全生产提供有利条件。

四、影响还田固碳因素

1. 培肥方式

有机培肥是影响土壤有机碳变化的最主要的农田管理措施之一，据估计至2030年，全球农业每年的固碳潜力可达到 $5\,500 \sim 6\,000\ Mt \cdot CO_2\text{-eq}$，其中农田土壤固碳大约占89%，因而增加土壤碳固定是应对全球气候变化的重要途径。研究指出，农业土壤具有较大的固碳潜力，通过施用有机肥可增加固碳0.4亿～1.5亿吨，约为总固碳量的1/6。长期施加有机肥能促进土壤有机碳的积累，提高土壤有机碳含量。洛桑试验站的试验表明，施用有机肥150年后，土壤有机碳较不施肥增加3倍。李下刚等研究表明，施用有机肥后，土壤有机碳含量增加且几乎所有有机碳组分均随着施用量的增加而增加。Pan等17年定位试验研究表明，与不施肥相比，秸秆还田配施化肥处理的稻田土壤有机碳增加16.5%，化肥配施猪厩肥处理增加17.9%。从长期定位试验积累的资料看，与单纯施用化学肥料相比，化肥与有机肥及作物稻秆的合施能够不同程度地增加作物产量及保持土壤肥力（图14-20）。

研究表明，单施化肥会导致土壤中轻组有机碳的含量下降，而配施不同的有机肥和化肥会提高土壤中轻组有机碳含量，其中土壤轻组有机碳含量提高最多的施肥方法是配施畜禽粪肥和化肥。

图 14-20　不同培肥方式种植效果

2. 耕作方式

在农业领域中，传统的机械耕作破坏了土壤结构，使土壤温度和土壤渗透性增加，加速土壤矿化，有机碳量增加。与传统耕作相比，免耕、少耕可以降低土壤表面风化，有利于土壤有机碳的增加。保护性耕作集秸秆留茬覆盖、秸秆碎混还田、免耕－深松合理轮耕、有机无机肥配施、水肥高效利用、间套种植、垄膜覆盖、杂草综合防除等技术，配套免耕精量播种机、深松耕联合整地机等机械装备（图14-21），有效解决秸秆全量还田难、秸秆腐解缓慢、农田有机质低、免耕播种质量差等难题，通过减少土壤扰动，降低土壤侵蚀，促进蓄水保墒，提高土壤有机碳含量，增强土壤固碳能力。据统计，全球每年因土壤退化导致 0.3% ～ 0.8% 的耕地不再适合农业生产。自 20 世纪 30 年代以来，保护性耕作已经为世界各国广泛采用。采用保护性耕作能够有效地防止土壤侵蚀，同时还能够保持水土、节约能源。实施保护性耕作后，减少了对土壤的扰动，一方面降低了土壤有机质的矿化分解作用，另一方面还能够促进土壤团聚体的发育。土壤团聚体被认为是土壤养分的贮藏库，是土壤结构的基本单元。常规耕作模式下，土壤结构的破坏以及频繁的干湿交替作用，使得原来受到团聚体保护的土壤有机碳暴露出来。这些有机碳容易被土壤微生物利用，导致土壤有机矿化速率提高，加速了土壤碳的释放。采用保护性耕作后，土壤中粗团聚体数据显著增加，团聚体中碳的含量也相应增加。

图14-21　保护性耕作技术

3. 施肥方式

在追施农家有机肥料的时候，采取深施的方法，对充分利用肥效是有非常大的作用的。深施是将畜禽粪肥施在植物根系密集层附近，以免造成养分挥发损失，同时达到碳素固定的目的（图14-22）。同时深耕可扩大根系活动范围及养分吸收空间，促进扎根、壮苗，打破农田土壤犁底层，加深耕层，改善耕层结构，增强土壤入渗速度，进而提高土壤蓄水、保墒、抗旱能力。农家有机肥深施的优势：

①能够使农家有机肥，在土壤内面继续通过微生物发酵腐烂，使没有分解的腐殖质，继续分解成植物所需要的营养成分，加快肥料的转化率，提高肥料的转化程度，增强肥效。②农家有机肥分解出来的氨态氮和硝态氮，不容易变成气体挥发掉，能够在土壤内面被作物根系很快地吸收利用，减少氮元素肥料的损耗，提高肥料的利用率。③农家有机肥在微生物作用下分解出来的能够溶解于水的营养物质，被土壤固定下来，形成土壤颗粒团结构，保护了营养物质不被土壤表面的雨水冲刷而带走，保住了肥料的肥效，提高了肥料的利用率。

图 14-22 深耕施肥机

4. 作物类型

牧草种植技术是指通过对中轻度退化草地切根改良、重度退化草地免耕补播、多年生人工草地混播建植，以及林草复合、灌草结合、草田轮作等（图 14-23），提升草地生产力，增加牧草产量，提高草地生态系统固碳能力，促进草牧业可持续发展。草原植物是固碳的重要载体，例如，被称为"牧草之王"的苜蓿，单位叶面积固碳量为每天 44.72 g/m^2，释放氧气量为每天 32.52 g/m^2，苜蓿能通过其自身地上有机体和与它共生的根瘤菌固定大量的大气二氧化碳，在固碳的同时还能固氮，增加土壤肥力。具备抗旱、耐寒等特性的冰草，固碳量为每天 9.96 g/m^2，不仅能用于生态修复，且草质优良、柔软、适口性好，幼嫩时是羊、牛、马、骆驼的优质饲料。有"草原卫士"之称的芨芨草，具有节水、耐旱、耐寒、耐盐碱等特点，早春幼嫩时，动物爱吃，晚秋成熟时，可用于造纸、造丝，又可编织筐、草帘、扫帚等，还可改良碱地，保护渠道及保持水土。据了解，"十四五"时期，我国将实施退化草原修复 2.3 亿亩，每修复一亩草地约固定 0.1 t 碳，草原固碳潜力巨大。

图14-23　牧草种植

五、典型案例

1. 堆肥在粮食生产中应用效果定位试验

（1）试验概况

①堆肥原料

EM 堆肥原料：秸秆（麦秸、玉米秸等），畜禽粪，棉仁饼，糠荻，红糖及 EM 原液。

传统堆肥材料：除不加红糖及 EM 原液，其余原料与 EM 堆肥一样。

堆肥堆制方法：将经过筛选的原料充分混匀后，分别按传统堆肥的方法和 EM 微生态工程技术进行堆制发酵制成堆肥。

②试验基地

中国农业大学曲周试验站位于河北省邯郸市，曲周县北部，为黑龙港地区上游，属内陆冲积平原浅层咸水型盐渍化低产地区。这里属温带半湿润季风气候区，光、热、水等气候资源比较丰富，但受季风的强烈影响，冬春寒冷干燥，夏季温暖多雨，降水少，蒸发强烈，春旱尤为严重，可一年两熟。试验地为长期定位试验。本试验于 1993—2003 年进行，供试土壤为改良后的盐化潮土，试验地基础土壤肥力水平基本相同。种植制度为冬小麦 – 夏玉米一年两熟制。

③试验设计

按照作物施肥量不同，共设置 6 个处理，从处理 1 到处理 5 分别为：EM 堆肥 15 t/hm^2，传统堆肥 15 t/hm^2，EM 堆肥 7.5 t/hm^2，传统堆肥 7.5 t/hm^2，当地一般堆肥。对照处理：不施肥。田间排列，随机区组，三次重复，小区面积 10.5 m×3 m，种植冬小麦、夏玉米两季作物，先耕地，划定小区，按各处理施入肥料，人工再翻地，然后播种；夏玉米先播种，定苗后，按各处理施入肥料。小区一经划定，不再变化。均按当地管理水平统一管理，在所有 EM 处理的小区内，全生育期喷施 EM 0.2% 稀释液 3 次，每次每亩 EM 原液 1L，没有 EM 小区喷等量清水。

（2）结果分析

①土壤容重和孔隙度

土壤物理环境首先影响作物的水分和空气状况，但也直接影响养分的供应和保蓄。土壤容重是用来表示单位原状土壤固体的重量，是衡量土壤松紧状况的指标。土壤容重与土壤肥力关系密切，同时也对作物生长有重要作用。土壤容重测定采用环刀法。

从表 14-3 可以看出，2003 年的各处理的土壤容重和孔隙度基本上层土好于下层土，0 ～ 20 cm 土壤容重，处理 1 比处理 2 低 2%，处理 3 比处理 4 低 5.8%；有机堆肥处理比单施化肥处理低 3.1% ～ 8.7%，有机肥处理 1 ～ 3 比 CK 低 1.2% ～ 3.3%；处理 4 与对照之间出现异常，分析其原因可能是取土方法不对，或者对土样进行试验时，过程出现差错，有待进行重新观察。相应各处理的土壤总孔隙度也是处理 1 最好，有机肥处理比化肥处理高 3.8% ～ 10.7%，有机肥处理 1 ～ 3 比 CK 高 1.8% ～ 3.6%。20 ～ 40 cm 层面上，EM 有机堆肥与等量有机堆肥处理之间无显著差异，有机堆肥处理比化肥处理和 CK 分别低 1.5% ～ 3.2%、2.4% ～ 4.1%；土壤总孔隙度，有机肥处理比处理 5 和 CK 分别高 1.9% ～ 4.0%、3.0% ～ 5.1%。总的来说，以 EM 有机堆肥处理 1 的土壤容重和总孔隙度效果最好。

以上说明，一方面有机堆肥是团粒结构的胶结剂，能够改善土壤孔隙状况，促进团粒结构形成，降低土壤容重；另一方面，生物有机堆肥中的大量有益菌能够产生大量的多糖物质，这些多糖物质大都属于黏胶成分，与植物黏液、矿物胶体和有机胶体结合在一起，可以改善土壤团粒结构，增强土壤的物理性能。两者结合起来，表现出最优的改土效果。

表 14-3　不同层土壤施肥后容重和孔隙度情况

处理	0 ~ 20 cm		20 ~ 40 cm	
	容重 / (g/cm³)	孔隙度 /%	容重 / (g/cm³)	孔隙度 /%
CK	1.38	48.06	1.47	44.49
1	1.33	49.77	1.41	46.75

续表

处理	0 ~ 20 cm		20 ~ 40 cm	
	容重 / (g/cm³)	孔隙度 /%	容重 / (g/cm³)	孔隙度 /%
2	1.35	48.93	1.42	46.54
3	1.33	49.73	1.43	46.02
4	1.41	46.65	1.44	45.81
5	1.46	44.95	1.46	44.97

②有机质

有机质是土壤的重要组成部分，在很大程度上决定土壤碳物质固定量。由表14-4两季作物生育期内平均有机质含量的数据可看到，冬小麦生育期内 0 ~ 20 cm 土层各处理土壤有机质平均含量由大到小依次为：处理 1 ＞处理 2 ＞处理 3 ＞处理 4 ＞处理 5 ＞ CK。EM 有机肥处理比等量传统有机堆肥高 1.7% ~ 1.8%，有机堆肥处理比单施化肥处理高 55.0% ~ 65.5%，比 CK 高 91.9% ~ 104.8%。处理 1 比处理 2、处理 5 和 CK 分别高 1.8%、65.5% 和 104.8%。夏玉米生育期内 0 ~ 20 cm 土层各处理土壤有机质平均含量由大到小为：处理 1 ＞处理 2 ＞处理 3 ＞处理 4 ＞处理 5 ＞ CK。EM 有机肥比等量传统有机堆肥高 5.5% ~ 5.8%，有机堆肥比单施化肥处理 5 高 38.0% ~ 65.6%，比 CK 高 76.9% ~ 112.3%。处理 1 比处理 2、处理 5 和 CK 分别高 5.5%、65.6% 和 112.3%。20 ~ 40 cm 土层各处理土壤有机质平均含量由大到小为：处理 1 ＞处理 2 ＞处理 3 ＞处理 4 ＞处理 5 ＞ CK。EM 有机肥比等量传统有机堆肥高 1.9% ~ 6.1%，有机堆肥比单施化肥处理 5 高 10.4% ~ 37.1%，比 CK 高 20.8% ~ 50.1%。处理 1 比处理 2、处理 5 和 CK 分别高 1.9%、37.1% 和 50.1%。

由此可以看出，单施化肥没有改变土壤肥料效果，而有机肥对长期保持土壤肥力有关键作用，EM 生物有机肥效果较为突出，这是其中的微生物菌剂一方面使肥料中的有机质补充到土壤中，可以提高土壤有机质，另一方面其中的有益微生物大量繁殖，在其生命活动中合成大量有机化合物，促进土壤有机质的合成，这些都可以增加土壤有机质的含量。

表 14-4　土壤有机质情况

单位：%

处理	冬小麦	夏玉米	
	0 ~ 20 cm	0 ~ 20 cm	20 ~ 40 cm
CK	0.91	0.91	0.62

续表

处理	冬小麦	夏玉米	
	0 ~ 20 cm	0 ~ 20 cm	20 ~ 40 cm
1	1.86	1.94	0.92
2	1.83	1.84	0.87
3	1.77	1.71	0.76
4	1.74	1.62	0.74
5	1.12	1.17	0.67

③作物产量

表 14-5 是历年来的冬小麦和夏玉米产量，各处理历年的产量，大体呈现一致的波动，主要是受品种和气候因素的影响。对冬小麦而言，1997—2000 年间，除 1998 年由于气候原因减产外，表现出逐年增产的趋势。从小麦多年平均产量来看，施肥各处理（处理 1 ～处理 5）分别比 CK 增产 168.2%、153.2%、151.5%、131.4%、107.3%；处理 1 比处理 2、处理 3 分别增产 5.9%、6.6%；处理 2 比处理 4 增产 9.4%；处理 3 比处理 4 增产 8.7%。夏玉米年均产量，施肥各处理（处理 1 ～处理 5）分别比 CK 增产 92.7%、70.5%、66.9%、54.5%、43.7%；处理 1 比处理 2、处理 3 分别增产 13.0%、15.5%；处理 2 比处理 4 增产 10.3%；处理 3 比处理 4 增产 7.9%。处理 1 在 1997 年（收获年份），也就是试验的第四年，开始达到亩产吨粮水平；处理 2 和处理 3 从 1998 年开始达到亩产吨粮水平。虽然各年度总产量有波动，但这三个处理在 1998 年后一直保持亩产吨粮的水平。

表 14-5 不同施肥处理作物产量汇总

单位：kg/hm^2

年份	项目	处理 1	处理 2	处理 3	处理 4	处理 5	CK
1995 年	冬小麦	6 202.5	5 511.0	5 683.8	5 037.0	4 575.0	3 429.0
	夏玉米	7 443.0	6 747.0	6 324.0	5 689.0	5 898.0	4 749.0
	总产	13 645.5	12 258.0	12 007.8	10 726	10 473.0	8 178.0
1996 年	冬小麦	6 183.0	5 322.0	4 563.0	4 216.5	3 702.0	2 812.5
	夏玉米	5 992.5	5 400.0	5 154.0	4 602.0	4 347.0	3 402.0
	总产	12 175.5	10 722.0	9 717.0	8 818.5	8 049.0	6 214.5
1997 年	冬小麦	7 641.0	7 305.0	7 249.5	6 873.0	6 162.0	4 027.5
	夏玉米	8 257.5	7 657.5	7 213.5	6 907.5	5 323.5	5 077.5
	总产	15 898.5	14 962.5	14 463.0	13 780.5	11 485.5	9 105.0

续表

年份	项目	处理1	处理2	处理3	处理4	处理5	CK
1998年	冬小麦	7 065.0	6 817.5	6 214.5	5 850.0	5 272.5	4 242.0
	夏玉米	9 765.0	9 622.5	8 797.5	8 737.5	8 062.5	7 485.0
	总产	16 830.0	16 440.0	15 012.0	14 587.5	13 335.0	11 727.0
1999年	冬小麦	8 115.0	7 365.0	6 900.0	6 090.0	5 685.0	2 520.0
	夏玉米	10 860.0	10 245.0	9 101.5	8 494.5	7 885.5	5 328.0
	总产	18 975.0	17 610.0	16 501.5	14 584.5	13 570.5	7 848.0
2000年	冬小麦	8 203.5	7 789.5	7 239.0	6 859.5	6 523.5	2 565.5
	夏玉米	11 880.0	9 870.0	9 559.5	8 649.0	7 605.0	4 984.5
	总产	20 083.5	17 659.5	16 798.5	15 508.5	14 128.5	7 550.0
2001年	冬小麦	7 386.0	6 589.5	6 118.5	5 793.0	5 353.5	2 817.9
	夏玉米	10 707.8	9 817.5	9 146.3	9 081.6	8 381.3	5 587.6
	总产	18 093.8	16 407.0	15 264.8	14 874.6	13 026.0	7 036.5
2002年	冬小麦	6 817.5	6 420.0	6 213.0	6 084.0	5 505.0	2 086.5
	夏玉米	10 950.0	9 391.5	9 067.5	8 700.0	7 521.0	4 950.0
	总产	17 767.5	15 811.5	15 280.5	14 784.0	13 734.8	8 405.5
2003年	冬小麦	5 610.0	5 316.0	5 154.0	5 023.5	4 930.5	2 665.5
	夏玉米	11 938.5	11 077.5	10 560.0	9 333.0	9 333.0	7 150.5
	总产	17 548.5	16 393.5	15 714.0	14 356.5	14 263.5	9 816.0
2004年	冬小麦	6 676.5	6 382.5	6 850.5	6 030.0	4 696.5	2 509.5
	夏玉米	10 552.5	9 030.0	8 977.5	8 347.8	7 297.5	4 147.6
	总产	17 229.0	15 412.5	15 828.0	14 377.8	11 994.0	6 657.1
2005年	冬小麦	5 940.2	5 667.5	5 424.0	5 334.6	5 182.5	1 795.5
	夏玉米	11 352.0	10 120.5	10 060.5	9 258.4	9 169.8	6 870.5
	总产	17 292.2	15 788.0	15 485.5	14 593.0	14 352.3	8 666.0
年均	冬小麦	6 547.2	6 180.9	6 140.9	5 647.7	5 060.0	2 441.1
	夏玉米	10 553.1	9 339.9	9 139.5	8 468.5	7 872.7	5 476.9
	总产	17 100.3	15 520.8	15 280.4	14 116.2	12 932.7	7 918.0

2. 津龙公司培肥改土促进粮食增产

（1）案例概述

河北津龙公司始建于 1998 年，是一家集生猪养殖、饲料生产、生猪屠宰、肉牛养殖、奶牛养殖、农业种植于一体的国家级农业产业化重点龙头企业。公司总资产 2.3 亿元，拥有固定员工 380 人、季节性临时工 600 多人，其中技术人员 80 多人。公司成立以来，始终坚持产业化经营和规模发展，致力于发展循环农业，实现了生态养殖、食品加工、清洁能源、有机肥料、生态种植的有机统一，走出了一条低消耗、低排放、高效益的现代农业发展道路。该企业目前已经形成了农业种植（粮食）—饲料加工—生猪养殖—屠宰加工—猪肉制品深加工—销售，农业种植（饲草、秸秆）—肉牛、肉驴、奶牛养殖—销售，养殖（粪污）—沼气处理利用—沼渣沼液—有机肥—农业种植等多条循环链，循环经济运行质量不断提高。

津龙公司主要将畜禽粪污集中收集，并进行厌氧沼气发酵处理，产生的沼渣进行堆肥，沼液经过净化处理作为液肥，将有机肥还田利用，种植小麦和玉米。粮食生产主要采用华北平原典型的冬小麦 - 夏玉米一年两熟复种制。2012 年，该系统玉米收获面积 356 hm²，小麦收获面积 667 hm²。与传统农户型粮食生产方式相比，该系统粮食生产过程除田间灌溉外，所有农艺措施都采用机械完成。在津龙公司"种—养—沼"循环模式背景下，该粮食生产系统产出的玉米籽粒作为饲料进行加工，供给养殖业系统利用，而小麦籽粒则作为商品粮直接出售。目前，园区粮食总产达到 1.3 万吨，小麦、玉米育种面积 2 000 亩，牧草面积 4 000 亩，果树 300 亩，设施蔬菜面积 800 亩，3 000 t 蔬菜储存库 1 个。

（2）不同施肥方式粮食生产情况

津龙公司以沼气为纽带的"种—养—沼"典型循环农业背景下的粮食生产系统（循环型）与分离型粮食生产系统（非循环型）的原始投入产出数据如表 14-6 所示。所有原始数据都来自 2012—2013 年间对河北省景县津龙公司的实地调研，通过调研问卷与数据实测的方式，以一个完整的生产年度为界限，对该系统各种投入、产出数据进行详细记录。津龙循环型粮食生产模式与非循环型模式的区别主要在于作物养分供给方式的不同：津龙公司以大型沼气工程产出的沼渣作为有机肥在粮食生产过程中实行有机肥、无机肥配施，而非循环型粮食生产系统则单纯依靠化肥提供所需养分。在此基础上，由于养分管理方式的不同，导致作物产量产生一定程度的差异。从粮食产量来看，循环型粮食生产系统通过有机肥与无机肥配施实现粮食增产，提高作物种植产率。

表 14-6　不同类型粮食生产投入产出情况

单位：hm²/a

模式	单位	循环型		非循环型	
		冬小麦	夏玉米	冬小麦	夏玉米
地下水	m³	2 250	750	2 250	750

续表

模式	单位	循环型		非循环型	
		冬小麦	夏玉米	冬小麦	夏玉米
N	kg	264	114.75	293.55	124.65
P_2O_5	kg	112.5	101.25	134.85	108.75
K_2O	kg	127.5	114.75	133.05	116.55
有机肥（粪便沼渣）	kg	1875	375	0	0
药剂	kg	0.45	2.7	0.45	2.7
燃油等	kg	1 617.9	660	1 617.65	660
农机	kg	10.8	11.1	10.8	11.1
粮食产量	kg	7 500	9 000	6 548.25	7 474.5
秸秆产量	kg	8 804	9 367.35	7 687.05	7 779.6

（3）优化施肥后粮食生产情况

津龙公司粮食生产系统当前的养分管理主要采用有机肥、无机肥配施的方式，施肥量为 N 264 kg / hm²，P_2O_5 112.5 kg / hm² 和 K_2O 127.5 kg / hm²，但在有机肥大量投入的情况下，该系统化肥投入量相比于该地区普通农户的常规施肥水平而言，并没有明显下降。依据以往研究，分析模拟出该地区麦玉轮作制度下冬小麦推荐施肥量为 N 91 kg / hm²，P_2O_5 75 kg / hm² 和 K_2O 45 kg / hm²，因而通过优化冬小麦施肥措施调控，环境影响综合指数降低 18.8%，可持续性综合指数提高 0.38%。可见，通过优化冬小麦施肥水平，可降低津龙粮食生产中环境影响，同时提高作物产量和土壤肥力（表 14-7）。

表 14-7　施肥优化前后综合影响比较

指标体系	评价指标	单位	初始	优化
环境影响	大气污染	sej/J	4.68×10^1	4.58×10^1
	水体污染	sej/J	4.37×10^6	4.37×10^6
	土壤污染	sej/J	3.44×10^3	3.44×10^3
	综合指数	sej/J	3.23×10^{-10}	2.64×10^{-10}
可持续性	能值自给率（ESR）	NA	0.26	0.28
	净能值产出率（EYR）	NA	1.71	1.51
	环境负荷率（ELR）	NA	5.59	4.02
	综合指数（ESI）	NA	0.31	0.38

第四节
畜禽粪便生物炭还田固碳与温室气体减排技术及案例

中国是一个农业大国，同时也是牧畜业大国，每年约产生畜禽粪便 4.5×10^{10} t，如何实现畜禽粪便规模化处置与资源化利用已经成为制约城镇可持续发展的一个重大环境问题。另一方面，气候变化是当今人类面临的全球性环境问题，农业生产活动是重要的温室气体人为排放源，其中畜禽养殖过程的温室气体年排放总量达 7.1 亿吨，相当于每年人为温室气体排放总量的 14.5%，其中大约有 10% 的排放量来源于粪便。围绕实现"碳达峰、碳中和"的"双碳"目标要求，2022 年农业农村部及国家发改委颁布的《农业农村减排固碳实施方案》将"农田固碳扩容"作为六项重点任务之一。因此，采用热解炭化等工艺将畜禽粪便转化为生物炭再还田利用，不仅可以解决畜禽粪便环境污染问题，还可为土壤提供改良材料，将在农业领域"碳中和"进程中发挥重要作用。

一、畜禽粪便生物炭制备流程及应用特点

畜禽粪污热解炭化技术基本原理是将畜禽粪污调质脱水后烘干预处理后，再在 300 ℃～ 800 ℃下绝氧热解炭化，快速转化为生物炭，产生的热解气作为系统自身能源，所得生物炭及其改性产品用于土壤改良，从而实现畜禽粪便快速减量化与无害化（图 14-24）。

图 14-24　畜禽粪污生物炭应用流程图

畜禽粪污热解炭化技术特点有以下几方面：

（1）处理量大：热解炭化采用热化学处理技术，与其他非热化学处理技术相比，处理速度快，处理周期短，设备处理量大，占地面积小；

（2）减量化显著：一次性减少体积和总量 80% 以上，实现快速减量化；

（3）无害化彻底：彻底消除抗生素，稳定固化重金属，高效去除畜禽粪便中的病毒、寄生生物和有毒污染物；

（4）污染物产生量低：由于采用缺氧或绝氧热解工艺，与焚烧相比，排放标准远优于国际及欧盟行业指标，而且大量减少 CO_2 气体排放，无灰色污染；

（5）资源化利用率高：可转化成更稳定、缓慢释放的营养源，在土壤中保持更恒定和更长期的营养供应，可作为生物炭改良材料、种苗基质或生物炭肥料，实现资源化利用。

二、畜禽粪便生物炭制备技术案例

国内开展畜禽粪便生物炭制备的研究机构较多。中国科学院城市环境研究所开发出多元有机固废热解炭化资源化技术及核心装备，将畜禽养殖粪污、污泥、秸秆等有机固废调质后干化脱水，再通过热解炭化工艺制备生物炭，实现病原菌、抗生素等有机污染物完全消解，重金属固化稳定，所得生物炭产品可用于土壤改良或废水净化；南京农业大学开展了畜禽养殖废弃物炭化转窑工业系统评价、猪粪生物炭的性质与功能分析及生态安全评估，并探究不同配比猪粪生物质炭基肥对辣椒增产及品质改善方面的效果，以期达到猪粪生物炭联合炭化的最佳配比，为猪粪炭化工业化及其产品的农业应用提供依据；浙江金华生物质产业科技研究院、浙江大学也开展了猪粪单独炭化或与污泥、稻壳等有机固废耦合炭化研究，发现高温热解技术显著降低了猪粪中重金属生物有效性，减少了猪粪中可交换态重金属含量，获得具有高营养价值的生物炭，具有较大的应用前景。

中国科学院城市环境研究所的畜禽粪便生物炭制备技术应用的装备系统流程如图 14-25 所示。

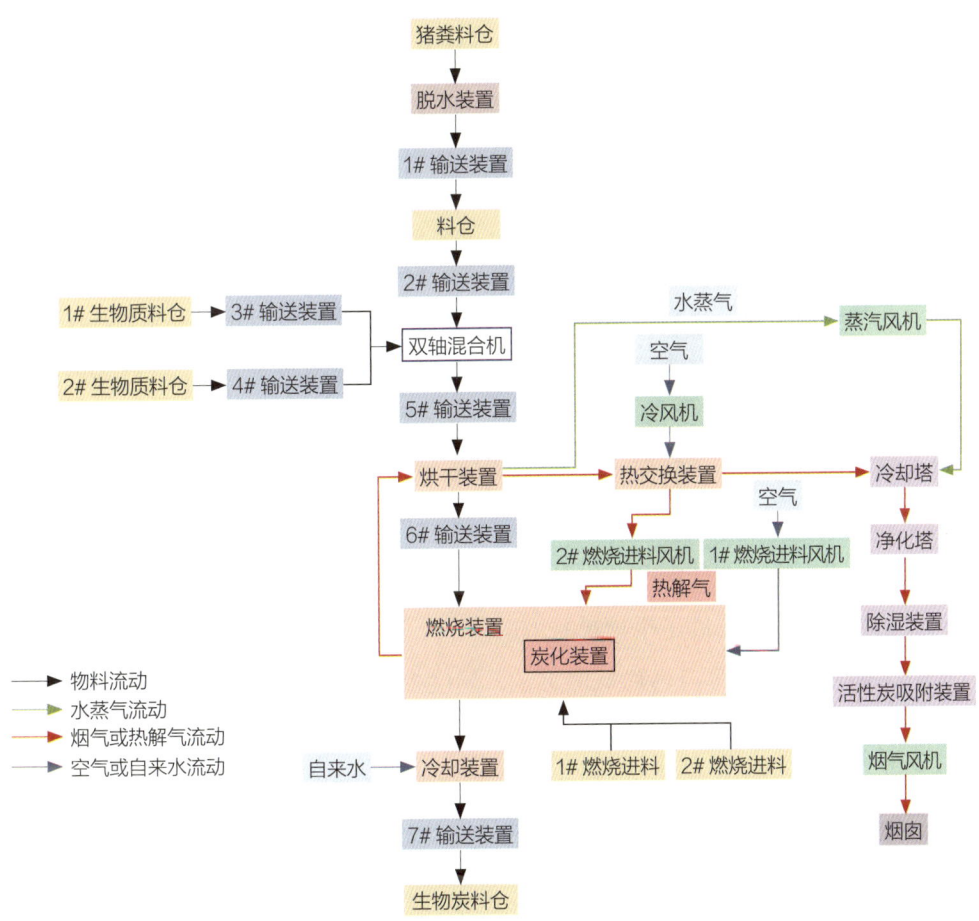

图 14-25　畜禽废弃物热解炭化资源化利用技术应用装备系统

畜禽废弃物热解炭化资源化利用技术应用装备系统主要由原料调理、干燥脱水、热解炭化、冷却回收以及能源循环等组成,包括脱水机、螺旋输送机、双轴混合机、进料螺旋输送器、出料螺旋输送器、烘干装置、炭化装置、冷却装置、热交换装置、冷却塔、净化塔、除湿装置、活性炭吸附装置及风机装置等。应用系统流程分为以下六个部分。①调理:将畜禽粪污添加调理剂进行混合调理。②干燥脱水:将调理后的畜禽粪污在烘干装置中进行低温预烘干脱水,使含水率降至<10%,得到烘干后的畜禽粪污,水蒸气和剩余少量尾气。③热解炭化:将所述烘干后的畜禽粪污于热解炭化装置中进行间接加热,得到生物炭粉末和可燃气。④冷却回收:将所述生物炭粉经冷却装置间接冷却,回收高温生物炭的散热从而预热空气,用于加热装置燃料燃烧所需空气;得到冷却生物炭粉用于养殖废水吸附预处理吸附剂或用于土壤改良。⑤能源循环:热解炭化。⑥产生的热解气直接引入燃烧装置炉膛中燃烧,高温烟气用于热解炭化装置供热;间接冷却以空气为冷却介质,空气被预热后作为燃烧所用的空气,提高燃烧效率;热解炭化装置出口烟气尾气作为低温烘干脱水间接加热的热源,实现余热回收利用,最后烟气被净化后直接排放,实现综合处理系统能源自给。

应用优点包括以下几个方面:

(1)热解炭化制备生物炭粉末用于畜禽粪污干燥前调质预处理,充分利用其多孔性能,大大提高了畜禽粪污干燥效率;将畜禽养殖粪污调质后进行干燥脱水,然后与其他废弃物混合热解炭化制备生物炭,实现高效减量化与资源化利用,完全消减抗生素,固化重金属,从而达到畜禽粪污高效规模化处置的目标。

(2)热解得到的生物炭产品可以直接用于土壤改良,也可以作为吸附脱色剂用于养殖废水尾水排放前的深度净化后再用于土壤改良,为养殖废水尾水超低排放提供良好的吸附材料,拓展了生物炭的用途。

(3)采用干燥与间接热解炭化工艺,温度控制简单,系统运行稳定,处理量高。热解炭化产生的热解气直接引入燃烧装置炉膛中燃烧,高温烟气用于热解炭化装置供热;间接冷却以空气为冷却介质,空气被预热后作为燃烧所用的空气,提高燃烧效率;热解炭化装置出口烟气尾气作为低温烘干脱水间接加热的热源,实现余热回收利用,最后烟气被净化后直接排放,实现综合处理系统能源自给,充分实现余能的回收利用,节能减排效益显著,充分体现了清洁生产与循环经济理念。

(4)不仅适用于集约化养殖场畜禽粪污的无害化处理与规模化处置利用,也适用于污泥、秸秆、沼渣、农林废弃物与园林废弃物等有机固废低碳高值资源化。

经济效益分析：以处理规模为 20 t/d 的畜禽粪污热解炭化处理项目为例（适用于存栏量 1 万头猪养殖企业），投资额 200 万元，畜禽粪污处理成本 80 ～ 100 元 /t，所得生物炭产品价值 ≥ 1 000 元 /t；畜禽粪污减量化率 ≥ 80%，无害化率 100%；氮、磷、钾等有效元素固持回收率 ≥ 70%，抗生素等有机污染物去除率 ≥ 99%；生物炭用于土壤改良应用，显著增加土壤 pH，降低土壤温室气体累积排放量，促进土壤生化反应、微生物环境与养分循环，促进植物生长，提高土壤质量（图 14-26）。

图 14-26　处理规模为 20 t/d 的畜禽粪污热解炭化处理

三、畜禽粪便生物炭还田固碳减排的作用机制及影响因素

畜禽粪污制备生物炭产品除直接施用还田外，还可通过制备炭基肥的方式实现资源化利用，其制备工艺主要包括吸附法、掺混法、混合造粒法和包膜法。其中，吸附法是充分利用生物炭多孔性与吸附性，将液肥中的多种组分吸附于生物炭表面；掺混法指把生物炭和化肥按比例进行掺拌混合；混合造粒法指将生物炭与肥料分别粉碎后，再进行团粒法造粒或挤压法造粒后使用；包膜法为生物炭表面喷涂缓释包膜材料后包裹速效性化肥颗粒。包膜法和混合造粒法是目前生物炭制肥生产的主要方式。生物炭还田是施用于土壤的过程，固碳减排作用机制主要包括以下几个方面：

（1）碳贮存：生物炭的稳定性是决定其固碳能力的决定性因素。与大多数有机物中的碳不同，生物炭中碳的化学性质在加热过程中发生改变，产生有高度抗性的芳香族结构，更容易抵抗生物降解和热化学降解，具有更高的稳定性。因此，生物炭中的碳化合物可以在很长一段时间内保持稳定，甚至是数百年或数千年。生物炭在土壤中具有较长的寿命，可以稳定地贮存碳。将生物炭还田到土壤中，将碳永久固定在土壤中，减少了碳的排放，表现了在固碳减排方面的积极作用。

（2）改善土壤结构：生物炭还田改善土壤的物理性质，如生物炭中的稳定碳组分可以增加土壤的总碳库，增加土壤的孔隙度和结构稳定性，有利于土壤通气性和水分渗透性的提高。这有助于提高土壤的碳贮存能力，避免在缺氧环境下氮素经由反硝化作用以 NO_x 形式释放。有研究认为，生物炭的多孔性使得土壤具有良好的通气性，从而避免了在缺氧环境下氮素经由反硝化作用以 NO_x 形式释放；同时，生物炭对氮和碳元素的固定以及高度芳构化的生物炭含有高的 C/N 比，这也是 NO_x 被抑制的重要原因。

（3）增强土壤肥力：生物炭富含有机质和营养元素，还可以吸附土壤中的营养物质，减少了营养物质的流失。这不仅有助于提高土壤的肥力，减少化肥的使用量，而且能减少化肥的生产和施用带来的碳排放。

（4）抑制 CH_4 和 N_2O 排放：生物质炭的多孔隙结构是土壤微生物良好的栖息环境，而且可以增加土壤孔隙率和含氧量，这可能会抑制厌氧反硝化过程及 N_2O 的排放；生物炭在土壤中的应用还可以影响土壤微生物的群落结构和代谢过程，从而进一步抑制 CH_4 和 N_2O 等温室气体的生成和排放。

（5）促进植物生长：生物炭中的有机质和微量元素可以为植物提供养分，促进植物的生长，增加了植物对二氧化碳的吸收，进而促进了碳的固定。肖婧等基于 97 篇文献中 819 组数据开展的整合分析得出，与不施生物质炭相比，施用畜禽粪便生物炭的平均增产效应值达 16.5%。

现有研究表明，畜禽粪便生物炭还田固碳减排的主要影响因素包括：

（1）原料选择：生物炭含碳量丰富，具有高度的物理稳定性、生物化学抗分解性以及较大的比表面积、多孔结构等优良特性，不但能大幅度提升土壤碳库，还有利于农田土壤固持养分，提高养分利用率，改善土壤微生态环境，从而对土壤 N_2O 排放产生影响。不同畜禽粪便生物炭的固碳量不一，现有研究发现牛粪生物炭固碳潜力大于猪粪生物炭和鸡粪生物炭，牛粪生物炭可显著抑制 23.0% 的 N_2O 排放。生物炭对 NH_4^{+}/NH_3 的吸附作用会降低硝化作用的底物可利用性，从而降低 N_2O 的排放。除了生物炭自身含碳量较高，其还可以对土壤有机质本身的矿化产生负激发效应，从而显著增加土壤有机碳含量。

（2）热解温度：家禽粪便生物炭的 pH 为 8.7 ～ 10.3，较高温度下生产的生物炭增加了土壤的 pH，低温下生物炭的碳回收率比高温下的大。随着温度升高，生物炭表面酸性官能团减少，碱性官能团增多，生物炭 pH 值升高，其对酸性土壤碳库可以起到明显增加作用。高温制备生物炭由于其芳香化程度高，C 稳定性强，且孔隙更小，开孔较多，微孔结构更多，固碳减排效益优于低温制备生物炭。一般认为与生物炭氧化还原能力和吸附能力有关的 H/C 是决定其降低 N_2O 排放的重要因子，（H/C）<0.3 时（热解温度为 200 ℃ ～ 700 ℃）时生物炭降低 N_2O 排放的能力更强。在较高的热解温度下制备的生物炭可显著提高作物的产量，其中小于 500 ℃的温度下获得的粪便生物炭显示出更高的营养含量，使作物获得更强的抗性，能够减少反硝化产生的 N_2O 通量。

（3）土壤特性：生物炭中的稳定碳组分可以增加土壤的总碳库，进而提高土壤肥力，实现其固碳减排的作用。猪粪生物炭可显著增加土壤有机碳含量和 C/N，降低了土壤硝态氮含量，提高土壤有机质的碳化程度，减少土壤 CO_2 的排放量。一般情况下，在生物炭最初添加的几周内，原生土壤中有机质矿化会增加，但在长期（超过两年）时间中，有机质矿化呈下降的趋势（平均减少 4%）。酸性土壤（pH<5）对生物炭提高作物产量的响应大于中性土壤。生物炭的施加会使沙质土持水能力提升、残余含水量增大；而壤质、黏质土持水能力下降，残余含水量、田间持水量降低。生物炭在粗等质地和中等质地土壤中对 CO_2 通量均有促进作用，而 CH_4 通量仅在粗质土壤中对生物炭的施加具有显著的负效应。

四、畜禽粪便生物炭还田对温室气体减排的大田实验案例

生物炭还田的固碳减排潜力表现在热解后的生物炭稳定性更高，土壤中添加生物炭后促进植物生长，增加的生物量可转化为生物炭或其他长效碳产品，减少现有土壤有机碳矿化等。因此，在生物炭全生命周期评价过程中，生物炭还田通过增加植物产量、增加土壤总碳含量、削减温室气体排放等生态系统效益实现碳减排。Milagros Ginebra 等在智利 Ñuble 地区农场开展过相关的实验研究，其采用农场废弃物（家禽、猪、乳牛等粪便）和桉木废弃物在 500 ℃ ～ 550 ℃的条件下热解 2 小时得到四种生物炭：桉木渣生物炭（EWBC）、奶牛粪便生物炭（DMBC）、猪粪便生

物炭（PMBC）和家禽粪便生物炭（PLCM），再通过大田实验研究了添加畜禽生物炭对温室气体排放的影响。上述大田实验采用的生物炭和初始土壤特征如表 14-8 所示。

表 14-8　生物炭的特性和初始土壤特征

特征	单位	家禽粪便生物炭（PLCM）	奶牛粪便生物炭（DMBC）	猪粪便生物炭（PMBC）	桉木渣生物炭（EWBC）	土壤（范围 0 ~ 10 cm）
pH 值	—	10.24	10.16	8.2	5.73	5.86
总氮（TN）	g/kg	8.4	16.7	33.9	2.8	4.1
总碳（TC）	g/kg	116.1	472.2	418.8	841.5	69.1
碳氮比（C/N）	—	13.8	28.2	12.4	300.5	16.9
硝氮（NO_3-N）	g/kg	9.4	0.3	7.86	0.38	10.3
氨氮（NH_4^+-N）	g/kg	5.79	1.02	9.58	0.55	7.6
钾	g/kg	14.78	8.88	16.15	0.32	0.27
磷	g/kg	22.19	4.35	13.17	1.58	0.015
镁	g/kg	12.32	3.75	12.85	0.06	0.15
钙	g/kg	223.8	10.76	30.57	0.71	1.14
氢	g/kg	0.7	5.3	19.4	25.8	
硫	g/kg	2.3	0.1	2.6	—	—
无机碳	g/kg	59.7	2.6	4.7	0.8	—
氢 / 有机碳	—	0.14	0.13	0.56	0.3	—
碳酸钙	%	12.69	1.69	2.45	0.39	—
可氧化有机碳	g/kg	45	287.8	294.4	81.3	—
含砂率	%	—	—	—	—	47.9
含泥率	%	—	—	—	—	31
含黏土率	%	—	—	—	—	21.1
堆密度	t/m³	—	—	—	—	1.1

为了评估不同生物炭作为改良剂对牧草产量和关键土壤化学性质的影响，大田实验研究建立了多个实验块，各实验块之间设有 1 m 宽的缓冲区。处理组包括（Ⅰ）未经改良的土壤，Soil 对照组；（Ⅱ）传统商品肥，NPK；（Ⅲ）PLCM；（Ⅳ）PMBC；（Ⅴ）DMBC 和（Ⅵ）EWBC。每种生物炭改良剂的使用量为 11 t/hm²。上述生物炭的添加比例是通过固定生物炭 / 土壤比值为 1 ∶ 100（w/w），使用 10 cm 深度的土壤体积密度（1.1 g/cm³）来核定的。在播种前，每一种生物炭改良剂都被

均匀地撒在土壤表面，然后人工翻土混合到 10 cm 的土壤深度；在没有添加任何改良剂的地块分别进行氮、磷、钾含量和土壤控制，模拟了同样的土壤扰动，以利于对比研究。

上述大田实验开展近 1 年时间，研究结果表明：以 1% 的添加比例施用生物炭可以在牧草系统中发挥明显作用，改善土壤特性，可调整 pH 值，提高有效磷含量，减少氮的矿化，并提高土壤中有机碳含量，从而明显增加了牧草的产量；虽然研究表明添加上述生物炭对土壤中二氧化碳的排放影响不明显，但添加生物炭可明显减少一氧化二氮气体排放，削减量达到 23% ～ 50%，这对于农业温室气体减排具有重要意义。

五、技术发展趋势

畜禽粪便可作为生物炭制备的重要来源，把畜禽粪便转化为生物炭还田利用不仅可以减少畜禽粪便带来的环境污染问题，还能把碳封存在土壤之中以降低温室气体的排放，改善土壤肥力，增加农作物产量，提高农业生产水平，这对于发展农业循环经济具有重要意义，将产生良好的经济效益、社会效益与环境效益。但新技术在推广应用过程中，还需要进一步关注以下环节：

（1）畜禽粪便生物炭种类、制备方法、施用量及土壤类型等因素都会影响其还田固碳减排效果，因此，在还田应用时应根据实际情况解析营养组分缓释性能和精准协同减排固碳机理，优化生物炭与肥料的复配比例与方式，拓展生物炭还田利用路径或方案。

（2）畜禽粪便中含有抗生素、重金属和致病菌，因此，在提高畜禽粪便生物炭固碳能力的同时也要全流程开展生物炭在农田土壤中潜在污染风险的长期监测与评估；特别是应注重开展大区域尺度、不同土壤质地及复杂环境条件对畜禽生物炭还田固碳减排规律、污染风险及其调控机制等相关研究，为规模化应用提供生态安全保障。

参考文献

［1］ 王萌，周丽丽，耿润哲.农业面源污染治理的技术与政策研究进展［J］.环境与可持续发展，2020，45（1）：98-103.

［2］ 沈贵银，孟祥海.农业面源污染治理：政策实践、面临挑战与多元主体合作共治［J］.云南民族大学学报：哲学社会科学版，2022，39（1）：58-64.

［3］ Zha S P，Zhang S Q，Cheng T T，et al. Agricultural Fires and Their Potential Impacts on Regional Air Quality over China[J]. Aerosol and Air Quality Research, 2013, 13（3）：992-1001.

［4］ Pochana K, Keller J. Study of factors affecting simultaneous nitrification and denitrification（SND）[J]. Water Science and Technology, 1999, 39（6）：61-68.

［5］ 谭秋成.中国农业温室气体排放现状及挑战［J］.中国人口·资源与环境，2011（10）：69-75.

［6］ 万遂如.关于我国畜牧业生产中限制抗生素的使用问题［J］.养猪，2017（1）：1-5.

［7］ Zhang Q Q, Ying G G, Pan C G, et al, Comprehensive evaluation of antibiotics emission and fate in the river basins of China: source analysis, multimedia modeling, and linkage to bacterial resistance[J]. Environ Sci Tech, 2015, 49（11）：6772-6782.

［8］ 国家环境保护总局自然生态保护司.全国规模化畜禽养殖业污染情况调查及防治对策［M］.北京：中国环境科学出版社，2002.

［9］ 周杰灵，严火其.20世纪以来美国生猪粪肥养分管理变迁研究［J］.中国农史，2019，38（01）：35-45.

［10］ 余海波，方向东，刘开武.发达国家治理畜禽养殖污染的法规及经验［J］.四川畜牧兽医，2015，42（12）：13-14，16.

［11］ 曹晓晴，杨军，孙江明.日本、韩国畜牧业发展与饲料粮需求变化的分析［J］.世界农业，2016（3）：110-117.

［12］ Hou Y, Bai Z, Lesschen J P, et al. Feeduse and nitrogen excretion of livestock in EU-27[J]. Agric Ecosyst Environ, 2016, 218：232-244.

［13］ 魏兆堂.堆肥技术在粪污资源化利用中的应用［J］.中国畜禽种业，2019，15（5）：38-39.

［14］ MILLNER P, INGRAM D, MULBRY W, et al. Pathogen reduction in minimally managed composting of bovine manure [J]. Waste Management, 2014, 34（11）：1992-1999.

［15］ 苏佳佳，李凤鸣，李伟，等.畜禽粪污堆肥技术装备发展现状与趋势［J］.农业工程，2022，12（04）：12-18.

［16］ 周海宾，丁京涛，孟海波，等.中国畜禽粪污资源化利用技术应用调研与发展分析［J］.农业工程学报，2022，38（09）：237-246.

［17］ 侯世忠，曲绪仙，崔红，等.赴美畜禽粪污无害化处理及资源化利用技术培训总结［J］.山东畜牧兽医，2018，39（06）：46-52.

［18］ 金书秦，韩冬梅，王莉，等.畜禽养殖污染防治的美国经验［J］.环境保护，2013，41（02）：65-67.

［19］ 孟祥海，张俊飚，李鹏，等.畜牧业环境污染形势与环境治理政策综述［J］.生态与农村环境学报，2014，30（01）：1-8.

［20］ 王晓栋，解玮，宛涛，等.国外畜牧产业化经营的经验启示：以美国为例［J］.草原与草业，2019，31（01）：11-14.

［21］张平远.美国农业水资源污染与保护［J］.小城镇建设,1998(12):49.

［22］曾韵婷,向玥皎,马林,等.欧盟养分管理政策法规对中国的启示［J］.世界农业,2011,4(总384):39-43.

［23］王济民,刘春芳,申秋红,等.中国畜牧业管理法规政策和技术［M］.北京:中国农业科学技术出版社,2011:13-22.

［24］王军凯.畜禽养殖污染防治技术与政策［M］.北京:化学工业出版社,2004:5-30.

［25］潘丹.中国畜禽养殖污染治理政策选择研究［M］.北京:中国环境出版社,2015:9-16.

［26］潘丹,孔丹斌.鄱阳湖生态经济区畜禽养殖污染评价及治理政策研究［M］.北京:中国环境出版社,2015:123-136.

［27］程波.畜禽养殖业规划环境影响评价方法与实践［M］.北京:中国农业出版社,2012:118-129.

［28］杨世琦,刘晨峰.规模化畜禽养殖农田的消纳能力评估方法与案例研究［M］.北京:中国农业科学技术出版社,2016:39-45.

［29］张克强,高怀友.畜禽养殖业污染物处理与处置［M］.北京:中国农业科学技术出版社,2004:22-30.

［30］武深树.畜禽粪便污染防治技术［M］.长沙:湖南科学技术出版社,2014:7-15.

［31］武深树.畜禽粪便污染治理的环境成本控制和区域适宜性分析［M］.长沙:湖南科学技术出版社,2013:9-15.

［32］沈根祥,汪雅谷,袁大伟.上海市郊农田畜禽粪便负荷量及其警报与分级［J］.上海农业学报,1994,10(增刊):6-11.

［33］张慧敏,章明奎,顾国平.浙北地区畜禽粪便和农田土壤中四环素类抗生素残留［J］.2008,24(3):69-73.

［34］张绪美,董元华,王辉,等.中国畜禽养殖结构及其粪便N污染负荷特征分析［J］.环境科学,2007,28(6):1311-1318.

［35］林源,马骥,秦富.中国畜禽粪便资源结构分布及发展展望［J］.中国农学通报,2012,28(32):1-5.

［36］邹成义.现代动物饲料配方设计要点［J］.饲料工业,2012,33(17):57-59.

［37］詹志春.饲料原料的全数据分析与养殖业可持续发展［J］.养殖与饲料,2016(5):7-8.

［38］郭彬彬,孙爱东,丁为民,等.种鹅舍环境智能监控系统的研制和试验［J］.农业工程学报,2017,33(9):180-186.

［39］金成龙,翟振亚,王丹,等.甘氨酸铜替代硫酸铜对断奶仔猪生长性能、血清生化参数和粪铜排放的影响［J］.广东农业科学,2015,42(01):100-104.

［40］韩博,史言,王伟,等.育成牛不同铜源的生物利用率研究［J］.东北农业大学学报,1998(02):18-28.

［41］宋毅,蒲倍,郑萍,等.不同铜源对猪生长性能及组织和粪便中铜含量的影响［C］//中国畜牧兽医学会动物营养学分会第十二次动物营养学术研讨会.2016.

［42］刘强,王聪,董宽虎,等.富铜醇母对西门塔尔牛阉牛瘤胃发酵及尿嘌呤衍生物的影响［J］.动物营养学报,2008(03):318-322.

［43］柴毛毛,郭玉光,李阳源,等.博落回提取物替代抗生素对肉鸡生长性能、盲肠微生物和盲肠紧密连接的影响［J］.微生物学报,2020,60(08):1718-1728.

［44］安娟,赵晓川.反刍动物甲烷排放机制及其调控［J］.饲料工业,2006,27(13):57-59.

［45］刘伟,鞠婷婷,王永侠,等.日粮添加蛋源溶菌酶对岭南黄鸡生产性能和免疫功能的影响［J］.中国畜牧杂志,2018,54(06):112-117.

［46］ 帖余，李丽，刘军，等.菌酶协同处理对发酵菜粕的影响［J］.食品与发酵工业，2019,45（17）:117-122.

［47］ 张桂杰，易学武，鲁宁，等.利用净能体系配制低蛋白质日粮对生长和育肥猪生长性能与胴体品质的影响［J］.动物营养学报，2010,22（03）:557-563.

［48］ 曾燕霞，王晶，季海峰，等.低蛋白质日粮对育肥猪生产性能、氮代谢及血液生化指标的影响［J］.家畜生态学报，2017,38（06）:30-36.

［49］ 刘尧君，任曼，曾祥芳，等.低氮日粮补充支链氨基酸提高断奶仔猪生长性能和氮的利用效率［J］.中国畜牧杂志，2014,50（07）:44-47.

［50］ 陈艳新，李志伟.日粮添加不同糖源对育肥猪生长性能、养分消化及氮代谢的影响［J］.中国饲料，2021（20）:25-28.

［51］ 王彬，黄瑞林，李铁军，等.半乳甘露寡糖对猪门静脉血流速率、氨基酸和葡萄糖的净吸收量及耗氧量的影响［J］.养猪，2006（03）:1-4.

［52］ 李娟花.日粮添加麸皮对育肥猪生长性能、肠道表观消化率及粪中微生物组分和氮代谢的影响［J］.中国饲料，2022（12）:54-57.

［53］ 史慧玲，杨福，郝晓鸣，等.不同的益生菌组合对保育猪粪污氮磷减排的影响［J］.饲料研究，2015（10）:24-27.

［54］ 刘景，陈炳钿，何姝颖，等.不同磷源对育肥猪生长性能、血清指标、骨骼钙和磷代谢以及肠道微生物的影响［J］.动物营养学报，2022,34（01）:104-114.

［55］ 王星凌，刘春林，赵红波.饲粮粗蛋白质水平对中国荷斯坦奶牛产奶性能、氮利用及血液激素的影响［J］.动物营养学报，2012,24（04）:669-680.

［56］ 崔朝阳，李文娟，张帆，等.枯草芽孢杆菌对花生秧、燕麦和苜蓿干草瘤胃微生物发酵和降解特性的影响［J］.中国畜牧杂志，2023,30（2）:1-10.

［57］ 李远航，刘洋，刘铭羽，等.稻草－绿狐尾藻复合人工湿地技术处理养猪废水综合效益分析［J］.农业现代化研究，2018, 39(2): 325-334.

［58］ 李裕元，李希，吴金水，等.绿狐尾藻区域适应性与生态竞争力研究［J］.农业环境科学学报，2018, 37（10）: 2252-2261.

［59］ 李裕元，李希，孟岑，等.我国农村水体面源污染问题解析与综合防控技术及实施路径［J］.农业现代化研究，2021, 42(2): 185- 197.

［60］ 夏梦华，刘铭羽，郭宁宁，等.美人蕉、梭鱼草和黄菖蒲人工湿地系统对养猪废水的脱氮特征研究［J］.生态与农村环境学报，2020, 36(8): 1080-1088.

［61］ 王丽莎，李希，李裕元，等.亚热带丘陵区绿狐尾藻人工湿地处理养猪废水氮磷去向［J］.环境科学，2021, 42(3): 1433-1442.

［62］ 杨林章，施卫明，薛利红，等.农村面源污染治理的"4R"理论与工程实践——总体思路与"4R"治理技术［J］.农业环境科学学报，2013, 32(1): 1-8.

［63］ 吴飞，陈家顺，刘锋，等.饲粮中添加绿狐尾藻对肥育猪生长性能、血清生化指标和胴体品质的影响［J］.动物营养学报，2017, 29(10): 3657-3665.

［64］ 陈广银，董金竹，吴佩，等.不同贮存方式对猪粪水理化特性的影响［J］.华南农业大学学报，2022, 43(04): 38-46.

［65］ 丁京涛，张朋月，赵立欣，等.养殖粪水长期贮存过程理化特性变化规律［J］.农业工程学报，2020, 36(14): 220-225.

［66］ 亓守贺 , 祝国强 , 徐钰娇 , 等. 奶牛粪水密闭贮存过程中理化特性变化分析 [J]. 畜牧与兽医 , 2022, 54(06): 40-46.

［67］ 王霜 , 邓良伟 , 王兰 , 等. 猪场粪污中重金属和抗生素的研究现状 [J]. 中国沼气 , 2016, 34(4): 25-33.

［68］ 殷勤. 施用猪场粪水对种植土地土壤理化性状及菌群组成的影响 [D]. 泰安: 山东农业大学 , 2019.

［69］ 张朋月 , 丁京涛 , 孟海波 , 等. 牛粪水酸化贮存过程中氮形态转化的特性研究 [J]. 农业工程学报 , 2020, 36(8): 212-218.

［70］ 郑苇 , 刘淑玲 , 靳俊平. 不同清粪工艺下猪、牛、鸡养殖场粪水和污水厌氧消化技术探讨 [J]. 环境卫生工程 , 2017, 25(5): 58-60,63.

［71］ 祝国强 , 王宇 , 刘轩溢 , 等. 猪粪水密闭贮存过程中理化特性变化分析 [J]. 黑龙江畜牧兽医 , 2022(3): 53-58.

［72］ 丁京涛 , 沈玉君 , 孟海波 , 等. 沼渣沼液养分含量及稳定性分析 [J]. 中国农业科技导报 , 2016, 18(4): 139-146.

［73］ 马艳茹 , 丁京涛 , 赵立欣 , 等. 沼液中氮的回收利用技术研究进展 [J]. 环境污染与防治 , 2018, 40(3): 339-344.

［74］ 姚爱莉 , 顾蕴璇 , 方国渊 , 等. 鸡粪厌氧消化废液的生物处理研究 [J]. 中国沼气 , 1997(3): 16-21.

［75］ 叶小梅 , 常志州 , 钱玉婷 , 等. 江苏省大中型沼气工程调查及沼液生物学特性研究 [J]. 农业工程学报 , 2012, 28(6): 222-227.

［76］ 丁京涛 , 张朋月 , 华冠林 , 等. 北京大中型沼气工程冬季运行状况及发酵前后物料理化生物特性 [J]. 农业工程学报 , 2018, 34(23): 213-220.

［77］ 陈定敢 , 李焕烈. 猪场水泡粪工艺设计探讨 [J]. 养猪 , 2013(1): 73-78.

［78］ 鲁秀国 , 饶婷 , 范俊 , 等. 氧化塘工艺处理规模化养猪场污水 [J]. 中国给水排水 , 2009, 25(8): 55-57.

［79］ 宋成芳 , 单胜道 , 张妙仙 , 等. 畜禽养殖废弃物沼液的浓缩及其成分 [J]. 农业工程学报 , 2011, 27(12): 256-259.

［80］ 孟海玲 , 董红敏 , 黄宏坤. 膜生物反应器用于猪场污水深度处理试验 [J]. 农业环境科学学报 , 2007(4): 1277-1281.

［81］ 彭剑峰 , 宋永会 , 袁鹏 , 等. SPRR 工艺回收养猪废水营养元素研究 [J]. 农业环境科学学报 , 2007(6): 2173-2178.

［82］ 肖华 , 徐杏 , 周昕 , 等. 膜技术在沼气工程沼液减量化处理中的应用 [J]. 农业工程学报 , 2020, 36(14): 226-236.

［83］ 陶智伟 , 冯亮 , 肖惠群 , 等. 磷酸铵镁法回收养猪沼液中营养元素的研究 [J]. 水处理技术 , 2016, 42(1): 96-100.

［84］ 杨明珍 , 包震宇 , 师晓春 , 等. 鸟粪石沉淀法处理沼液实验研究 [J]. 工业安全与环保 , 2011, 37(3): 31-32.

［85］ 张正红 , 何文辉 , 向天勇 , 等. 鸟粪石沉淀—光合细菌复合序批式生物膜反应器协同处理猪场沼液 [J]. 环境污染与防治 , 2018, 40(4): 404-408.

［86］ 郭俊元 , 王茜 , 罗力 , 等. 氧化镁改性沸石去除猪场废水中氨氮的性能及机理 [J]. 环境工程 , 2015, 9（10）: 4903-4909.

［87］ 马艳茹 , 孟海波 , 沈玉君 , 等. 秸秆炭强化镁镧氧化物对沼液磷的回收效果 [J]. 农业工程学 , 2022, 38（5）: 194-203.

［88］ 马艳茹 , 孟海波 , 沈玉君 , 等. 改性生物炭对沼液氨氮的吸附效果研究 [J]. 中国农业科技导报 , 2018, 20

（11）：135-144.

［89］ 王凡，董晓楠.活性炭吸附深度处理奶牛养殖废水试验研究［J］.建筑与预算,2016(07):52-54.

［90］ 贺舒敏，王海曼.高级氧化法处理养猪废水研究进展［J］.辽宁化工,2022,51(06):773-775,789.

［91］ 邹志刚，张浩，曾馥平，等.广西农村畜禽养殖污水生态湿地处理系统设计与运行［J］.农村经济与科技,
      2019,30(21):76-77.

［92］ 国家畜禽养殖废弃物资源化利用科技创新联盟.宁夏中卫市沙坡头区畜禽粪污资源化利用情况［J］.畜牧
      业环境,2019 (01):43-48.

［93］ 史亚微，王垚，高虹，等.畜禽废水吹脱处理工艺应用研究综述［J］.安徽农业科学,2021,49(13):13-17.

［94］ 尹福斌，詹源航，岳彩德，等.膜分离技术在大型养殖场沼液处理中的应用与展望［J］.农业环境科学学报,
      2021,40(11):7.

［95］ 李艳，王欣，孙利利.生物质热解气化技术的关键点分析［J］.资源节约与环保,2015(03):82-83.

［96］ 吕永兴，吴创之，周意，等.中等规模的鸡粪气化实验研究［J］.现代化工,2010,30(S2):271-273,275.

［97］ 尚斌.畜禽粪便热解特性试验研究［D］.北京：中国农业科学院,2007.

［98］ 孙立，张晓东.生物质热解气化的原理与技术［M］.北京：化学工业出版社,2013.

［99］ 郭佳俐，郑蕾，朱立新，等.畜禽粪便资源化处理的研究进展［J］.中国乳业,2021(11):47-55.

［100］ 辛娅.牛粪热解特性与水蒸气气化制取富氢气体的研究［D］.武汉：华中农业大学,2017.

［101］ 辛娅，曹红亮，王殿龙，等.湿牛粪在固定床反应器内热解制富氢气体参数研究［J］.太阳能学
      报,2016,37(10):2675-2681.

［102］ 韩芳，林聪.畜禽养殖场沼气工程技术模式能值评价［J］.中国沼气,2014,32（1）：70-74.

［103］ 肖莉凡，孙颖杰，孙永明，等.分散原料沼气集中供气运行分析［J］.新能源进展,2018,6（4）：283-287.

［104］ 马宗虎，傅国志，徐攀.规模化猪场特大型沼气发电并网工程案例分析［J］.猪业科学,2013（1）：58-60.

［105］ 邱韶峰，王明磊，梁磊，等.大型奶牛场沼气发电工程能源利用效率及经济社会效益实例分析［J］.中国
      奶牛,2021（11）：49-54.

［106］ 蓝天，蔡磊，蔡昌达，等.大型蛋鸡场2MW沼气发电工程［J］.中国沼气,2009,27（3）：31-33.

［107］ 董泰丽，陈莉.畜禽粪便资源化循环利用关键技术与模式探讨——以山东民和为例［J］.安徽农业科学,
      2020,48（17）：216-220.

［108］ 张良，方翔，王建荣，等.甘肃省高台县国家试点规模化生物天然气项目技术方案与实施［J］.环境工程
      学报,2020,14（7）：1958-1965.

［109］ Cui P, Chen Z, Zhao Q, et al. Hyperthermophilic composting significantly decreases N$_2$O emissions by regulating N$_2$O-
      related functional genes［J］. Bioresource Technology, 2019, 272: 433-441.

［110］ Nozhevnikova A N, Mironov V V, Botchkova E A, et al. Composition of a Microbial Community at Different Stages
      of Composting and the Prospects for Compost Production from Municipal Organic Waste（Review）［J］. Applied
      Biochemistry and Microbiology, 2019, 55（3）: 199-208.

［111］ 任芝军.固体废物处理处置与资源化技术［M］.哈尔滨：哈尔滨工业大学出版社,2010.

［112］ 巴士迪，张克强，杨增军，等.奶牛粪便翻堆式与槽式堆肥过程气体排放规律及养分损失原位监测［J］.
      生态环境学报,2021,30（02）：420-429.

［113］ 杨浩君，曾庆东，韦建吉.堆肥发酵工艺流程及主要设备［J］.现代农业装备,2017（04）：35-38.

［114］ 邓亚琴，王宇蕴，李兰，等.云南省畜禽粪污土地消纳能力的评估及其肥料化发展前景［J］.农业环境科
      学学报,2021,40（11）：2419-2427.

［115］ 徐鹏翔，杨军香，李季. 畜禽粪便堆肥工艺与控制参数［J］. 畜牧业环境，2018（01）：33-37.

［116］ 柴晓利，楼紫阳，等. 固体废物处理处置工程技术与实践［M］. 北京：化学工业出版社，2009：57－59.

［117］ 边炳鑫，赵由才，康文泽，等. 农业固体废物的处理与综合利用［M］. 北京：化学工业出版社，2004：144－148.

［118］ 马学良，赵明杰，郭景峰，等. 养殖场条垛堆肥翻堆设备发展趋势分析［J］. 中国家禽，2010,32（06）：8-11.

［119］ 孙晓曦，黄光群，何雪琴，等. 功能膜法好氧堆肥技术研究进展［J］. 中国乳业，2021（11）：73-82.

［120］ 杨丽楠，李昂，袁春燕，等. 半透膜覆盖好氧堆肥技术应用现状综述［J］. 环境科学学报，2020,（10）:3559-3564.

［121］ 王涛. PMCT 装配式膜覆盖堆肥系统研究［J］. 中国给水排水，2019（20）:26-30.

［122］ 王涛. 膜覆盖条垛堆肥技术与应用案例［J］. 中国环保产业，2013（12）:25-28.

［123］ 查贵生. 采取沤肥方法就地自制农家肥［J］. 科技园地，2017（04）：68-69.

［124］ 朱丽梅. 畜禽粪便堆肥技术研究［J］. 栽培育种，2017（05）：33.

［125］ 席北斗，杨天学，李鸣晓，等. 农村固体废弃物处理及资源化［M］. 北京：化学工业出版社，2019：66-67.

［126］ 蔡琳琳，李素艳，龚小强，等. 好氧堆肥－蚯蚓堆肥结合法处理绿化废弃物与牛粪［J］. 浙江农林大学学报，2018,35（02）:261-267.

［127］ 高超群，赵帆，隋玉健. 不同畜禽基料对蚯蚓养殖的影响［J］. 吉林畜牧兽医，2018,39（02）:47, 49.

［128］ KM Wilkinson, TD Landis, DL Haase. et al. Tropical Nursery Manual: A guide to starting and operating a nursery for native and traditional plants[J]. Forest Service, 2014（732）:101-121.

［129］ 汪胜德. 现代园艺栽培基质［M］. 北京：中国林业出版社，2006.

［130］ Solange Ramazzotti, Gianquinto Giorgio, Pardossi Alberto, et al. Good Agricultural Practices for greenhouse vegetable crops［M］. Rome：FAO Plant Production and Protection Paper. 2013:279-280.

［131］ Biermann U, Bornscheuer U T, Feussner I, et al. Fatty acids and their derivatives as renewable platform molecules for the chemical industry[J]. Angew Chem Int Ed, 2021, 60（37）, 20144-20165.

［132］ 周涛，李阳，宋楠，等. 电刺激对餐厨垃圾－污泥共厌氧发酵产挥发性脂肪酸的影响［J］. 环境工程学报，2016, 10(12): 7195-7201.

［133］ Chen Y, Jiang X, Xiao K, et al. Enhanced volatile fatty acids（VFAs）production in a thermophilic fermenter with stepwise pH increase—Investigation on dissolved organic matter transformation and microbial community shift[J]. Water Res, 2017, 112: 261-268.

［134］ Kumi P J, Henley A, Shana A, et al. Volatile fatty acids platform from thermally hydrolysed secondary sewage sludge enhanced through recovered micronutrients from digested sludge[J]. Water Res, 2016, 100: 267-276.

［135］ Sawatdeenarunat C, Sung S, Khanal S K. Enhanced volatile fatty acids production during anaerobic digestion of lignocellulosic biomass via micro-oxygenation[J]. Bioresour Technol, 2017, 237: 139-145.

［136］ Cavinato C, Da Ros C, Pavan P, et al. Influence of temperature and hydraulic retention on the production of volatile fatty acids during anaerobic fermentation of cow manure and maize silage[J]. Bioresour Technol, 2017, 223: 59-64.

［137］ Wang X, Li Y, Liu J, et al. Augmentation of protein-derived acetic acid production by heat-alkaline-induced changes in protein structure and conformation[J]. Water Res, 2016, 88: 595-603.

［138］ 叶永森，王辉. 让畜禽远离瘟疫［J］. 中国畜牧杂志，2005(11):60-61.

［139］ 徐延亮，刘军，黎霞，等.载体选择对畜禽粪污除臭微生物菌剂效果的影响［J］.中国沼气，2021，39(06):3-8.

［140］ 周思邈，柴小龙，梁晓飞，等.规模化养猪过程中臭气的减排措施研究进展［J］.中国畜牧杂志，2022，58(01):49-55.

［141］ 杨刚.生物除臭技术在生猪养殖过程中的应用［J］.当代畜禽养殖业，2020(10):48-49.

［142］ 王海洲.非规模畜禽养殖污染治理和粪污资源化利用技术简介［J］.山东畜牧兽医，2020，41(10):42-44.

［143］ 刘杨，尚斌，董红敏，等.规模猪场机械通风育肥舍氨气产生及排放研究［J］.农业环境科学学报，2020，39(09):2058-2065.

［144］ 蔡相毅.养殖场禽畜粪便的合理处置［J］.畜牧兽医科技信息，2020(08):36.

［145］ 唐延天，邓盾，李贞明，等.畜禽规模化养殖场臭气减排调控技术研究进展［J］.广东农业科学，2020，47(04):106-113.

［146］ 崔晓东，张建伟，王梁，等.畜禽场除臭技术研究进展［J］.中国畜牧业，2019(22):62-63.

［147］ 韩昆鹏，杨凌，卞红春，等.微生物除臭技术在畜禽养殖臭气治理中的研究应用进展［J］.山东畜牧兽医，2019，40(07):74-77.

［148］ 刘建伟，高柳堂，韩昌福，等.养殖场典型功能区恶臭气体处理工艺选择与工程实例［J］.安全与环境工程，2019，26(03):109-114.

［149］ 周忠强，沈根祥，徐昶，等.上海市典型畜禽养殖场恶臭污染物排放特征调查［J］.浙江农业学报，2019，31(05):790-797.

［150］ 王文林，刘筱，韩宇捷，等.规模化猪场机械通风水冲粪式栏舍夏季氨日排放特征［J］.农业工程学报，2018，34(17):214-221.

［151］ 许稳，刘学军，孟令敏，等.不同养殖阶段猪舍氨气和颗粒物污染特征及其动态［J］.农业环境科学学报，2018，37(06):1248-1254.

［152］ 李全宏.沈阳市农村禽畜粪便污染现状调查研究［J］.乡村科技，2018(17):118-119.

［153］ 王悦，赵同科，邹国元，等.畜禽养殖舍氨气排放特性及减排技术研究进展［J］.动物营养学报，2017，29(12):4249-4259.

［154］ 耿辉，苏芸，耿博，等.养猪场恶臭气体无组织扩散规律研究［J］.黑龙江畜牧兽医，2016(11):131-133.

［155］ 王莉.畜禽粪便对环境的污染及解决途径［J］.当代畜牧，2015(05):31-32.

［156］ 闫志英，许力山，李志东，等.畜禽粪便恶臭控制研究及应用进展［J］.应用与环境生物学报，2014，20(02):322-327.

［157］ 郑芳.规模化畜禽养殖场恶臭污染物扩散规律及其防护距离研究［D］.北京：中国农业科学院，2010.

［158］ 汪开英，魏波，罗皓杰.畜禽规模养殖场的恶臭检测与评估方法［J］.中国畜牧杂志，2009，45(24):24-27.

［159］ 徐廷生，雷雪芹，赵芙蓉，等.养殖场粪污的恶臭成分及其产生机制［J］.中国动物保健，2001(07):37-38.

［160］ Borowski S, Matusiak K, Powałowski S, et al. A novel Microbial-mineral preparation for the removal of offensive odors from poultry Manure[J]. International Biodeterioration & Biodegradation, 2017, 119: 299–308.

［161］ Kim J H, Ko G P, Son K H, et al. Arazyme in combination with dietary carbohydrolases influences odor emission and gut microbiome in growing-finishing pigs[J]. Science of The Total Environment, 2022, 848: 157735.

［162］ Wang Y C, Han M F, Jia T P, et al. Emissions, measurement, and control of odor in livestock farms: A Review[J].

Science of The Total Environment, 2021, 776: 145735.

[163] 徐廷生, 刘冠琼, 郭黛健, 等. 除臭材料及其施用方式对猪舍空气净化效果的研究 [J]. 家畜生态学报, 2005(5): 55-58.

[164] 李振. 除臭剂在动物生产中的应用 [J]. 粮食与饲料工业, 2005(7): 36-38.

[165] 朱淑斌. 除臭剂在养猪生产中的应用 [J]. 中国畜牧兽医文摘, 2008(6): 52-53.

[166] 杨柳, 邱艳君. 除臭菌株对畜禽养殖场恶臭气体的控制研究 [J]. 中国沼气, 2014, 32(3): 36-39.

[167] 王艾伦, 金敬岗, 汪开英. 畜禽场微生物除臭技术的研究进展 [J]. 中国畜牧杂志, 2019, 55(1): 18-21, 28.

[168] 黄仁术. 畜禽粪污除臭剂的研究与应用 [J]. 黑龙江畜牧兽医, 2010(19): 75-77.

[169] 郭军蕊, 刘国华, 杨斌, 等. 畜禽养殖场除臭技术研究进展 [J]. 动物营养学报, 2013, 25(8): 1708-1714.

[170] 张家林. 畜用除臭剂的研究与应用 [J]. 中国畜牧杂志, 1992(4): 59-61.

[171] 汪连松. 沸石粉除臭效果好 [J]. 中国禽业导刊, 1998(D4): 10.

[172] 叶芬霞, 朱瑞芬, 叶央芳. 复合微生物吸附除臭剂的制备及其除臭应用 [J]. 农业工程学报, 2008(8): 254-257.

[173] 氏家俊明, 刘炳智. 化学除臭剂 [J]. 军队卫生杂志, 1986(1): 69-72.

[174] 石宝明, 单安山. 饲用酸化剂的作用与应用 [J]. 饲料工业, 1999(1): 6-8.

[175] 林清, 张琪, 马翔. 微生态饲料添加剂在养殖业中的应用现状 [J]. 中国牛业科学, 2018, 44(1): 52-53, 59.

[176] 程皇座, 赵旦华, 马渭青, 等. 益生菌制剂在育肥猪养殖中的应用研究进展 [J]. 中国饲料, 2018(21): 36-40.

[177] 戴荣国, 周晓容, 丁玉春, 等. 中草药除臭剂调控鸡粪臭气和氮磷排放研究 [J]. 中兽医医药杂志, 2008(5): 30-32.

[178] 李维炯, 倪永珍. EM（有效微生物群）的研究与应用 [J]. 生态学杂志, 1995(5): 58-62, 65.

[179] Zhu J, Bundy D S, Li X W, et al. Controlling Odor and Volatile Substances in Liquid Hog Manure by Amendment[J]. Journal of Environmental Quality, 1997, 26(3): 740-743.

[180] Yan Z Y, Liu X F, Yuan Y X, et al. Deodorization study of the swine manure with two yeast strains[J]. Biotechnology and Bioprocess Engineering, 2013, 18(1): 135-143.

[181] Zhang, Wang L, Wei Y. Effects of Bacillus amyloliquefaciens and Bacillus pumilus on Rumen and Intestine Morphology and Microbiota in Weanling Jintang Black Goat[J]. Animals, 2020, 10(9): 1604.

[182] Boisen S, Hvelplund T, Weisbherg M R. Ideal amino acid profiles as a basis for feed protein evaluation[J]. Livestock Production Science, 2000, 64(2-3): 239-251.

[183] Swensson C. Relationship between content of crude protein in rations for dairy cows, N in urine and ammonia release[J]. Livestock Production Science, 2003, 84(2): 125-133.

[184] 王隆柏, 岑晓鹏, 康永松, 等. 现代化规模养猪场除臭技术简述 [J]. 福建畜牧兽医, 2021, 43: 27-29.

[185] 易诚, 邓景衡, 龙九妹, 等. 规模化畜禽养殖场除臭研究进展 [J]. 湖南生态科学学报, 2020, 7: 49-54.

[186] 周思邈, 柴小龙, 梁晓飞, 等. 规模化养猪过程中臭气的减排措施研究进展 [J]. 中国畜牧杂志, 2022, 58: 49-55.

[187] 李文英, 彭智平, 于俊红, 等. 珠江三角洲典型集约化猪场废水污染特征及风险评价 [J]. 环境科学, 2013, 34(10): 3963-3968.

［188］徐俊，郝国辉，景茜，等.畜禽养殖场废水中铜铁铬镉元素测定的研究[J].农业环境与发展，2009(4): 74-75, 84.

［189］章杰，王永，马力，等.种养结合循环利用模式下养殖废水污染物分析[J].西南民族大学学报，2011, 37(2):222-227.

［190］黄治平，徐斌，张克强，等.连续四年施用规模化猪场猪粪温室土壤重金属积累研究[J].农业工程学报，2007, 23(11): 239-244.

［191］钟攀，李泽碧，李清荣，等.重庆沼气肥养分物质和重金属状况研究[J].农业环境科学学报，2007, 26: 165-171.

［192］丁京涛，张朋月，华冠林，等.北京大中型沼气工程冬季运行状况及发酵前后物料理化生物特性[J].农业工程学报，2018, 34(23): 213-220.

［193］朱泉雯.重金属在猪饲料—粪污—沼液中的变化特征[J].水土保持研究，2014, 21(6): 284-289.

［194］卫丹，万梅，刘锐，等.嘉兴市规模化养猪场沼液水质调查研究[J].环境科学，2014, 35(7): 2650-2657.

［195］杨涛，李建国，陈院华，等.畜禽养殖场沼液重金属含量现状及安全性分析[J].江西农业学报，2017, 29(2): 63-66.

［196］辛格，高亚茹，陈国松，等.沼液成分与重金属含量分析[J].化工时刊，2018, 32(1): 9-15.

［197］魏自民，席北斗，王世平，等.垃圾堆肥对难溶性磷转化及土壤磷素吸附特性影响[J].农业工程学报，2006, 22(2): 142-146.

［198］周莉娜，蔡函臻，李荣华，等.膨润土调质对污泥堆肥的脱毒及重金属钝化和雌酮消除作用[J].环境科学，2017(07): 1-11.

［199］杨坤，李军营，杨宇虹，等.不同钝化剂对猪粪堆肥中重金属形态转化的影响[J].中国土壤与肥料，2011,06 (6): 43-48.

［200］高洋.凹凸棒添加堆肥过程中的重金属形态变化与生物毒性研究[D].兰州：兰州交通大学，2015.

［201］蔡敏，冯露，李富程，等.pH及蒙脱石投加量对其吸附沼液中碳氮磷和重金属的影响[J].广东农业科学，2018, 45(12): 62-68.

［202］汤施展.生物质炭和木醋液对畜禽养殖废水中重金属的钝化效果分析[D].哈尔滨：东北农业大学，2018.

［203］郭荣发，廖宗文，陈爱珠.活化磷矿粉在砖红壤上的施用效果[J].湖南农业大学学报，2004, 06: 233-235.

［204］张树清，张夫道，刘秀梅，等.高温堆肥对畜禽粪中抗生素降解和重金属钝化的作用[J].中国农业科学，2006, 39(2): 337-343.

［205］鲍艳宇，颜丽，娄翼来，等.鸡粪堆肥过程中各种碳有机化合物及腐熟度指标的变化[J].农业环境科学学报，2005, 24(4): 820-824.

［206］荣湘民，宋海星，何增明，等.几种重金属钝化剂及其不同添加比例对猪粪堆肥重金属（As, Cu, Zn）形态转化的影响[J].水土保持学报，2009, 23(4): 136-140, 160.

［207］李远瞩，李国学，刁剑雄，等.麦秆黄原酸酯的合成条件优化及其在去除沼液中重金属的应用[J].农业环境科学学报，2012, 31(09): 1848-1853.

［208］李国学，孟凡乔，姜华，等.添加钝化剂对污泥堆肥处理中重金属（Cu、Zn、Mn）形态影响[J].中国农业大学学报，2000, 5(1): 105-111.

［209］Say R, Denizli A, Yakup Arıca M. Biosorption of cadmium(II), lead(II) and copper(II) with the filamentous fungus Phanerochaete chrysosporium[J]. Bioresource technology, 2001, 76(1): 67-70.

［210］万利利.微生物菌剂接种对城市污泥堆肥过程的影响研究[D].长沙：中南大学，2014.

［211］ 郭瑞华，靳红梅，吴华山，等.规模猪场污水多级处理系统中重金属总量及其形态变化特征 [J].农业工程学报，2018,34(6): 210-216.

［212］ 赵光，郑盼，郭海娟，等.沼液微生物絮凝剂重金属吸附特性的研究 [J].中国沼气，2016,34(05): 17-21.

［213］ 候月卿，赵立欣，孟海波，等.生物炭和腐殖酸类对猪粪堆肥重金属的钝化效果 [J].农业工程学报，2014,30(11): 205-215.

［214］ 蒋强勇.不同钝化剂对猪粪堆肥重金属钝化效果研究 [D].长沙：湖南农业大学，2009.

［215］ 敖蒙蒙，刘利，魏健，等. β - 内酰胺类抗生素臭氧氧化机理与降解途径 [J].土木与环境工程学报（中英文），2021,43(06):187-196.

［216］ 陈永山，章海波，骆永明，等.典型规模化养猪场废水中兽用抗生素污染特征与去除效率研究 [J].环境科学学报，2010,30(11):2205-2212.

［217］ 成登苗，李兆君，张雪莲，等.畜禽粪便中兽用抗生素削减方法的研究进展 [J].中国农业科学，2018,51(17):3335-3352.

［218］ 程铭.Fenton 氧化 + 混凝沉淀法预处理抗生素废水试验研究 [D].武汉：武汉科技大学，2021.

［219］ 迟翔，周文兵，武林，等.Fenton 法对沼液中三种四环素类和三种磺胺类抗生素氧化去除的研究 [J].农业环境科学学报，2018,37:2451-2455.

［220］ 邓雯文.鸡粪堆肥中细菌群落变化规律及与重金属、抗生素和养分的相关性研究 [D].成都：四川农业大学，2019.

［221］ 丁工尧.天津市养殖场粪污中抗生素与抗性基因污染特征的分析 [D].哈尔滨：东北农业大学，2021.

［222］ 冯丽蓉. 竹柳生物炭及负载 MnO_2 的复合材料对土霉素的吸附和催化降解性能研究 [D].北京：中国科学院大学（中国科学院烟台海岸带研究所），2020.

［223］ 韩跃飞.养猪场废水中抗生素去除技术研究 [D].上海：华东理工大学，2019.

［224］ 胡斌.钴钆改性生物炭的制备及其对抗生素吸附性能研究 [D].南宁：广西大学，2021.

［225］ 钱勋.好氧堆肥对畜禽粪便中抗生素抗性基因的削减条件探索及影响机理研究 [D].咸阳：西北农林科技大学，2016.

［226］ 史娟.汉中稻壳活性炭改性及吸附水中磺胺类抗生素的研究 [J].粮食与油脂，2022,35(04):94-99.

［227］ 孙博成.模拟养殖废水中环丙沙星的超声降解实验研究 [D].西安：西安理工大学，2017.

［228］ 邝义萍，罗晓栋，莫测辉，等.广东省畜牧粪便中喹诺酮类和磺胺类抗生素的含量与分布特征研究 [J].环境科学，2011,32(04):1188-1193.

［229］ 王娜.环境中磺胺类抗生素及其抗性基因的污染特征及风险研究 [D].南京：南京大学，2014.

［230］ 王亚书，王欣宇，李昱洁，等.养殖业抗生素的使用及其危害 [J].吉林畜牧兽医，2019,40(09):61-63.

［231］ 王振旗，杨林燕，曹国民，等.猪场废水抗生素类新型污染物控制关键技术研究成果 [J].净水技术，2020,39(11):49-54.

［232］ 徐士新.国内外兽药研发与畜禽用药趋势 [J].兽医导刊，2015(19):33-34.

［233］ 晏广.规模化奶牛养殖场废水中抗生素的去除技术研究 [D].上海：华东理工大学，2020.

［234］ 尹福斌，詹源航，岳彩德，等.膜分离技术在大型养殖场沼液处理中的应用与展望 [J].农业环境科学学报，2021,40(11):2335-2341.

［235］ 于雯文，刘京华，王力萍，等.纳米 ZnO 光催化处理养殖废水中盐酸四环素污染的研究 [J].应用化工，2018,47(12):2586-2589.

［236］ 余声. $MgFe_2O_4$ 复合物的制备及其催化超声降解四环素的活性研究 [D].沈阳：辽宁大学，2021.

［237］张国栋，董文平，刘晓晖，等.我国水环境中抗生素赋存、归趋及风险评估研究进展［J］.环境化学，2018,37(07):1491-1500.

［238］张剑桥，楼耀尹，叶志隆，等.混凝前处理对猪场沼液 MAP 回收时抗生素残留的影响［J］.中国环境科学，2018,38(07):2483-2489.

［239］张树清，张夫道，刘秀梅，等.规模化养殖畜禽粪主要有害成分测定分析研究［J］.植物营养与肥料学报，2005(06):116-123.

［240］张甜，姜博，邢奕，等.吸附法去除水中抗生素研究进展［J］.环境工程，2021,39(03):29-39.

［241］张玮玮，弓爱君，邱丽娜，等.废水中抗生素降解和去除方法的研究进展［J］.中国抗生素杂志，2013,38(06):401-410.

［242］郑佳伦，刘超翔，刘琳，等.畜禽养殖业主要废弃物处理工艺消除抗生素研究进展［J］.环境化学，2017,36(01):37-47.

［243］钟雪晴，朱雅莉，王玉娇，等.含抗生素废水的微藻处理技术及其进展［J］.化工进展，2021,40(04):2308-2317.

［244］周婧，支苏丽，宫祥静，等.三类抗生素在两种典型猪场废水处理工艺中的去除效果［J］.农业环境科学学报，2019,38(02):430-438.

［245］周婧.猪粪中兽用抗生素检测方法及其季节性污染特征研究［D］.哈尔滨：东北农业大学，2019.

［246］朱婉婷，于晓彩，田思瑶，等.CuO/ZnO 复合光催化剂降解海水养殖废水中盐酸四环素［J］.环境污染与防治，2020,42(03):305-309.

［247］李纤慧，李建政，张成成，等.畜禽粪便中抗生素抗性基因的分布特征及消减技术研究进展［J］.微生物学报，2022 (12):4740-4755.

［248］穆虹宇，庄重，李彦明，等.我国畜禽粪便重金属含量特征及土壤累积风险分析［J］.环境科学，2020,41(02): 986-996.

［249］潘伟，刘辉，艾华庭，等.畜禽粪便抗生素残留和控制策略的现状研究［J］.畜牧业环境，2020, 7: 8-10.

［250］吕凤莲.冬小麦 / 夏玉米轮作体系有机无机肥配施的农学和环境效应研究［D］.咸阳：西北农林科技大学，2019.

［251］伊晓云，马立锋，石元值，等.茶园有机肥使用和有机肥替代化肥技术［J］.中国茶叶，2018, 40(6): 10-13.

［252］杜会英，冯洁，郭海刚.麦季牛场肥水灌溉对冬小麦 - 夏玉米轮作体系土壤氮素平衡的影响［J］.农业工程学报，2015, 31(3): 159-165.

［253］靳红梅，常志州.追施沼液对不同 pH 土壤 CH$_4$ 和 N$_2$O 排放的影响［J］.农业环境科学学报，2013, 32(8): 1648-1655.

［254］李硕，王选，张西群.猪场废水施用对玉米 - 小麦农田氨排放、氮素利用与表观平衡的影响［J］.中国生态农业学报，2019, 27(10): 1502-1514.

［255］郭瑞华，靳红梅，吴华山，等.规模猪场污水多级处理系统中重金属总量及其形态变化特征［J］.农业工程学报，2018, 34(6): 210-216.

［256］颜青，赖睿特，张克强，等.养殖肥液施用方式配合 NBPT-DCD 对土壤 N$_2$O 的减排效应［J］.节水灌溉，2021, 7: 26-30.

［257］董颐玮，梁栋，李丹阳，等.沼液主要养分含量特征分析［J］.江苏农业学报，2021, 37(5): 1206-1214.

［258］张岳芳，周炜，王子臣，等.氮肥施用方式对油菜生长季氧化亚氮排放的影响［J］.农业环境科学学报，2013, 32(8): 1690-1696.

［259］ 陶晓婷, 朱正杰, 高威, 等. 规模化猪场处理废水与化肥配施对小麦氮素吸收利用的影响[J]. 农业环境科学学报, 2014, 33(3): 555-561.

［260］ 王洪媛, 盖霞普, 翟丽梅, 等. 生物炭对土壤氮循环的影响研究进展[J]. 生态学报, 2016, 36(19): 5998-6011.

［261］ 蒋会东, 徐晓燕, 李永杰, 等. 不同沼液用量和不同施用时期对盆栽水稻生长的影响[J]. 天津农业科学, 2022, 28(4): 70-74.

［262］ 王忠江, 蔡康妮, 王丽丽, 等. 施灌沼肥对土壤氨挥发和氮素下渗规律的影响[J]. 农业机械学报, 2014, 45(5): 139-143.

［263］ 陈永生. 农业废弃物肥料化利用范例和装备选型[M]. 北京: 中国农业出版社出版, 2019: 62-90.

［264］ 张克强, 杜连柱, 杜会英, 等. 国内外畜禽养殖粪肥还田利用研究进展[J]. 农业环境科学学报, 2021, 40(11): 2472-2481.

［265］ 刘晨峰, 汪志锋, 赵兴征, 等. 基于二污普数据果菜茶畜禽粪污氮承载评估[J]. 环境科学研究, 2020, 3(12): 2657-2664.

［266］ 宋歌, 李景, 王敬宽, 等. 河北省畜禽粪污土地承载力及替代化肥潜力的时空分布特征[J]. 河北地质大学学报, 2022, 45(5): 71-79.

［267］ 王奇, 陈海丹, 王会. 基于土地氮磷承载力的区域畜禽养殖总量控制研究[J]. 中国农学通报, 2011, 27(3): 279-284.

［268］ 王秀芬, 尤飞, 郑海霞, 等. 中国畜禽粪尿肥料化利用养分平衡分析[J]. 中国农业资源与区划, 2023, 44(3): 40-46.

［269］ 张藤丽, 焉莉, 韦大明. 基于全国耕地消纳的畜禽粪便特征分布与环境承载力预警分析[J]. 中国生态农业学报, 2020, 28(5): 745-755.

［270］ 张晓华, 王芳, 郑晓书, 等. 四川省畜禽粪便排放时空分布及污染防控[J]. 长江流域资源与环境, 2018, 27(2): 433-442.

［271］ 陈源泉, 隋鹏, 严玲玲, 等. 有机物料还田对华北小麦玉米两熟农田土壤有机碳及其组分的影响[J]. 农业工程学报, 2016, 32(S2): 94-102.

［272］ 刘晓雨. 施用有机物料对农田固碳减排及生产力的影响: 田间试验及整合研究[D]. 南京: 南京农业大学, 2013.

［273］ 王小龙. 基于生命周期评价与能值分析的循环农业评价理论、方法与实证研究[D]. 北京: 中国农业大学, 2016.

［274］ 张方方. 旱作春玉米农田土壤碳氮库对覆盖及有机物料配施的响应[D]. 咸阳: 西北农林科技大学, 2022.

［275］ 罗一鸣. 基于农场尺度的高温堆肥典型污染气体减排及生命周期评价研究[D]. 北京: 中国农业大学, 2013.

［276］ 李扬阳. 基于农业产业园区废弃物厌氧好氧耦合工艺与评价[D]. 北京: 中国农业大学, 2019.

［277］ 袁京, 刘燕, 唐若兰, 等. 畜禽粪便堆肥过程中碳氮损失及温室气体排放综述[J]. 农业环境科学学报, 2021, 40(11): 2428-2438, 2590.

［278］ 农业农村部农业生态与资源保护总站. 农业农村减排固碳十大技术模式[J]. 农学学报, 2021, 11(12): 13.

［279］ 全国畜牧总站. 畜禽粪便资源化利用技术: 源头减量模式[M]. 北京: 中国农业科学技术出版社, 2017.

［280］ 刘兴能, 宋晓宏, 彭超超, 等. 生物发酵床在畜禽养殖中的研究进展[J]. 现代畜牧兽医, 2020(10): 49-54.

图书在版编目（CIP）数据

畜禽粪便无害化处理与资源利用 / 印遇龙主编.

长沙 ： 湖南科学技术出版社，2024. 9. -- ISBN 978-7-5710-3146-6

Ⅰ. X713

中国国家版本馆 CIP 数据核字第 2024H9P645 号

CHUQIN FENBIAN WUHAIHUA CHULI YU ZIYUAN LIYONG

畜禽粪便无害化处理与资源利用

主　　编：印遇龙

出 版 人：潘晓山

责任编辑：李　丹

出版发行：湖南科学技术出版社

社　　址：长沙市芙蓉中路一段 416 号泊富国际金融中心

网　　址：http://www.hnstp.com

湖南科学技术出版社天猫旗舰店网址：

　　　　http://hnkjcbs.tmall.com

邮购联系：0731-84375808

印　　刷：长沙超峰印刷有限公司

　　　　（印装质量问题请直接与本厂联系）

厂　　址：宁乡市金洲新区泉洲北路 100 号

邮　　编：410600

版　　次：2024 年 9 月第 1 版

印　　次：2024 年 9 月第 1 次印刷

开　　本：787 mm×1092 mm　1/16

印　　张：41.5

字　　数：758 千字

书　　号：ISBN 978-7-5710-3146-6

定　　价：98.00 元